生物产业高等教育系列教材（丛书主编：韦革宏）
科学出版社“十四五”普通高等教育本科规划教材

微生物学

（第三版）

主　　编　丑敏霞　韦革宏

编写人员（按姓氏笔画排序）

卫亚红（西北农林科技大学）
王媛媛（沈阳农业大学）
韦革宏（西北农林科技大学）
丑敏霞（西北农林科技大学）
那仁格日勒（内蒙古农业大学）
李　佳（河北农业大学）
李　蘅（内蒙古农业大学）
李炳学（沈阳农业大学）
陈　春（西北农林科技大学）
林雁冰（西北农林科技大学）
廖国建（西南大学）
颜　霞（西北农林科技大学）

科学出版社
北　京

内 容 简 介

本书在保留第二版内容的基础上，对部分内容进行了更新、修正或补充，同时进行了数字资源建设，添加了知识拓展、实践应用、学说发展、研究证伪、巨匠小传等相关视频及教学课件等资源。全书共11章，围绕微生物的形态结构、生理代谢、遗传变异、生态互作、系统分类5个方面，由微观到宏观、由静态到动态、由孤立到联系，第二到十章对微生物的基本生物学知识进行了全面系统、深入浅出的阐述，力求信息准确、内容及时更新、行文简洁；同时，在绪论中对微生物的总体特征及微生物学的发展简史做了概述，在最后一章对目前的研究焦点——作物微生物组与绿色农业发展进行了介绍和展望。

本书可供农林院校、综合性大学、师范院校的生物学科专业与其他相关专业的本科生使用，也可供从事微生物学相关研究、管理、生产及应用工作的科技人员参考。

图书在版编目（CIP）数据

微生物学 / 丑敏霞，韦革宏主编. -- 3版. --北京：科学出版社，2024. 9.
--（科学出版社"十四五"普通高等教育本科规划教材）. -- ISBN 978-7-03-079376-8

Ⅰ. Q93

中国国家版本馆CIP数据核字第2024AC8343号

责任编辑：丛　楠　马程迪 / 责任校对：严　娜
责任印制：赵　博 / 封面设计：马晓敏

科学出版社 出版
北京东黄城根北街16号
邮政编码：100717
http:// www.sciencep.com
天津市新科印刷有限公司印刷
科学出版社发行　各地新华书店经销
*
2008年1月第　一　版　开本：787×1092　1/16
2024年9月第　三　版　印张：21
2025年1月第二次印刷　字数：538 000

定价：79.80元

（如有印装质量问题，我社负责调换）

丛书序

人类社会的发展历程始终伴随着对各类自然资源的开发和利用。生物资源因其具有的易用性、可再生性和功能多样性等特征，在社会生产中扮演着重要角色。随着科技进步，人们基于生物学原理，通过生物技术和生物工程手段，开发出一系列服务于食品、医药、能源、环境等领域的产品与技术，推动了现代生物产业的蓬勃发展。生物产业涵盖农业、畜牧业、渔业、林业、食品、生物医药、生物能源和环境保护等多个领域，已成为21世纪最具创新活力、影响最为深远的新兴产业之一。以生命科学前沿领域的不断创新为主要动力，通过保护性开发与利用生物资源，大力发展生物产业，有助于解决目前人口增长、粮食安全、气候变化和环境污染等全球性挑战，既是我国经济高质量发展的强大助力，也是新质生产力发展的重要增长点。

生物产业的发展关键在于科技创新，这既包括生命科学领域基础理论的突破，也涉及生物技术和生物工程的工艺与设备的革新和升级，是一个横跨多学科的系统性工程。在这一发展过程中，迫切需要大量具备坚实理论基础、创新理念素养和综合实践能力的优秀人才，在生物产业发展的各环节发挥关键性支撑作用。国家和社会发展的这种强烈需求对我国高校的生物相关专业教育教学提出了更高的要求，不仅要夯实基础教学，还要加强知识更新、学科交叉、实践能力培养，以及学科体系的综合性和系统性建设。为此，西北农林科技大学牵头组织福建农林大学、内蒙古农业大学、东北农业大学、湖北大学等多所国内院校的百余位教师，联合科学出版社，合作编写了本套“生物产业高等教育系列教材”，期望以新形态教材建设带动课程建设，通过构建系统化、现代化的教材体系，完善生物产业课程教学体系，满足新兴生物产业发展对创新人才培养的需求。

“生物产业高等教育系列教材”的编写人员均为长期从事生命科学领域教学的一线教师，并且具有丰富的生物产业技术研发与生产实践经验。他们基于自己对生物产业发展历程和趋势的深刻理解，按照本领域课程教学的要求与学生学习的习惯和规律，围绕着生物产业发展这一主线，编写了13本教材，涵盖了从基础研究到技术工艺和工程实践的完整产业体系。其中，《生物化学》《微生物学》《免疫学基础》是对生命学科基础知识的介绍；《细胞工程》《基因工程》《酶工程》《发酵工程》《蛋白质工程》《生物分离工程》是对生物产业发展几个核心工程技术的分别论述；《生物工艺学》和《生物技术制药》介绍了当前生物产业中的核心行业及其关键技术；而《生物工程设备》和《生物发酵工厂设计》则聚焦生物资源产业化过程中至关重要的设备与工厂建设。

“生物产业高等教育系列教材”具备两个突出特点，一是农业特色鲜明，二是形式和内容新颖。农业作为生物产业的重要组成部分，凭借新兴工程技术推动农业现代化，是我国生物产业发展的重要任务之一。本系列教材的编写人员，多数来自农林院校，或者有从事农林相关领域教学和研究的经历。因此，本系列教材在涵盖生命科学基础理论知识和通用工程技术的同时，特别注重现代生物技术在农林牧渔业中的应用，为推动现代农业发展和培养相关领域的人才提供了有力支持。此外，为了丰富教学形式，提升知识更新速度，以及加强实践教学效果，本系列中的多本教材采用了数字教材或纸数融合教材的形式。这种创新形式不仅拓展了教材的内容，也有助于将生命科学领域的最新研究成果与生物产业发展的最新动态实时融入教学过程，从而有效地实现培养创新型生物产业人才的目标。

2024 年 1 月 1 日

前　　言

《微生物学》第二版于 2022 年有幸作为普通高等教育“十四五”规划教材出版，此次根据教育部办公厅关于组织开展战略性新兴领域“十四五”高等教育教材体系建设工作的通知要求再次进行修订。目前，微生物学不仅是高等院校生物类专业必开的一门重要基础课或专业基础课，也是现代高新生物技术的理论与技术基础，其发展对于加强生命科学的基础研究及技术创新意义重大。

本版为新形态纸数融合教材，因此本次修订主要有以下特点：首先，依旧遵循信息精准、及时，既能反映全貌又要行文简洁的原则，在第二版的基础上，根据目前相关研究进展，进一步更新、修正或补充了部分内容，如巨细菌华丽硫珠菌的发现、鞭毛马达结构、厌氧氨氧化、光合细菌的光合电子传递、真核生物固氮的报道等。其次，进行了数字化资源建设，包括知识拓展、实践应用、学说发展、研究证伪、巨匠小传等相关视频及教学课件等资源。

此次参与修订的老师基本为第二版原班人员，均为国内部分农林和综合性高等院校教师，他们长期奋战在微生物学教学及科研工作第一线，有着较为丰富的理论基础和实践经验，使得本书的修订能按照预定的目标进行。

本书共分 11 章，具体分工是：第一章韦革宏，第二、六章丑敏霞，第三章廖国建，第四章那仁格日勒，第五章林雁冰，第七章颜霞、卫亚红，第八章李佳，第九章李炳学、王媛媛，第十章李蘅，第十一章陈春。全书由丑敏霞统稿。

本书在修订过程中参考了众多国内外优秀教材及大量研究文献，在此一并表示衷心的感谢！主要参考文献附于书后。本书在修订和出版过程中，得到了参与修订的老师所在院校有关领导、师生的关心和大力支持。科学出版社的领导和编辑同志一如既往对本书的出版做了大量辛勤细致的指导，在此谨致以衷心的感谢！

编　者

2024 年 5 月 3 日

《微生物学》（第三版）教学课件索取

凡使用本教材作为授课教材的高校主讲教师，可获赠教学课件一份。通过以下两种方式之一获取：

1．扫描左侧二维码，关注“科学 EDU”公众号→样书课件，索取教学课件。

2．填写下方教学课件索取单后扫描或拍照发送至联系人邮箱。

<table>
<tr><td>姓名：</td><td colspan="2">职称：</td><td>职务：</td></tr>
<tr><td colspan="2">电话：</td><td colspan="2">电子邮箱：</td></tr>
<tr><td colspan="2">学校：</td><td colspan="2">院系：</td></tr>
<tr><td colspan="3">所授课程（一）：</td><td>人数：</td></tr>
<tr><td colspan="3">课程对象：□研究生 □本科（_____年级） □其他_____</td><td>授课专业：</td></tr>
<tr><td colspan="4">使用教材名称 / 作者 / 出版社：</td></tr>
<tr><td colspan="3">所授课程（二）：</td><td>人数：</td></tr>
<tr><td colspan="3">课程对象：□研究生 □本科（_____年级） □其他_____</td><td>授课专业：</td></tr>
<tr><td colspan="4">使用教材名称/作者/出版社：</td></tr>
<tr><td colspan="4">您对本书的评价及下一版的修改意见：</td></tr>
<tr><td colspan="3">推荐国外优秀教材名称/作者/出版社：</td><td rowspan="2">院系教学使用证明（公章）：</td></tr>
<tr><td colspan="3">您的其他建议和意见：</td></tr>
</table>

联系人：丛楠 咨询电话：010-64034871 回执邮箱：congnan@mail.sciencep.com

目　录

第一章
绪　　论

在地球大约 46 亿年的历史中，微生物细胞最早出现在距今 43 亿～38 亿年前。在最初 20 亿年里，大气中没有氧气，只有氮气、二氧化碳和一些其他气体，只有进行厌氧代谢的微生物才能在这种条件下生存。随后的 10 亿年间，从阳光中获取能量的光养微生物出现了，这些光养微生物是不产氧的，如紫色硫细菌和绿色硫细菌。又进化了近 10 亿年，产氧的蓝细菌出现了，大气中开始有了氧气。这些早期的光养微生物生活在一种叫作微生物垫（microbial mat）的结构中，这种结构至今仍然存在。在经过地球大气的氧化作用之后，多细胞生命形式最终进化成今天的植物和动物，但是植物和动物才存在了大约 5 亿年。因此，从地球上的生命时间表来看，80%的生命历史都归于微生物，在很多方面，地球可以被看作一个微生物星球。

一、微生物的类群及其特点

微生物（microorganism，microbe）是对所有形体微小、结构较为简单的低等生物的统称。

（一）微生物的类群

微生物的类群十分庞杂，按其结构、化学组成及生活习性等可分成三大类，即真核微生物、原核微生物和非细胞微生物。

真核微生物包括真菌（酵母菌、霉菌和蕈菌）、单细胞藻类和原生动物等，其细胞核分化程度较高，有核膜、核仁和染色体；胞质内有完整的细胞器（如内质网、核糖体及线粒体等）。原核微生物的细胞核分化程度低，仅有原始的核质，没有核膜与核仁，细胞器不完善；这类微生物种类众多，包括细菌、放线菌、蓝细菌、立克次氏体、支原体、衣原体及古菌等。非细胞微生物没有典型的细胞结构，无产生能量的酶系统，只能在宿主活细胞内生长繁殖，病毒和亚病毒属于此类型微生物；由于它们的形体简单微小，生物学特性比较接近，研究方法与生产应用方面也较为近似，因此把它们都归属于微生物学研究的对象。

（二）微生物的特点

微生物具有生物的共同特点：基本组成单位是细胞（非细胞微生物除外），主要化学成分包括蛋白质、核酸、多糖和脂类等，新陈代谢等生理活动相似，遗传机制相同，都具备繁殖能力等。微生物是一些个体微小、构造简单的低等生物，具有不同于其他大型生物的特点，这些共性在微生物理论与实践应用方面都有极其重要的意义。

1．体积小、比表面积大　微生物的个体相当微小，测量其大小通常以微米（μm）或纳米（nm）为单位。因此人们一般用肉眼不能直接看到，必须借助于显微镜将其放大几百倍、几千倍甚至上万倍才能看清楚，有些微生物如病毒用普通的光学显微镜（简称光镜）难以看到，只能采用电子显微镜将它们放大几万倍甚至十几万倍才能观察清楚。

一个体积恒定的物体，被切割得越小，切出的数量越多，其相对表面积（也称作比表面积）越大。这里所说的比表面积，是指某一物体单位体积所占有的表面积，即比表面积＝表面积/体积。物体的体积越小，其比表面积就越大。微生物体积通常很小，如一个典型的球菌，其体积为 0.5～15μm³，然而其比表面积却很大。若设人体比表面积为 1，则与人体等重的大肠杆菌（*Escherichia coli*）比表面积约为人的 30 万倍。据估算，乳杆菌的比表面积约为 12 万，鸡蛋为 1.5，而 90kg 体重的人一般仅有 0.3。

正是因为具有较大的比表面积，微生物才拥有巨大的吸收面、排泄面及与环境交换信息的交换面，从而大大提高了其生理代谢速率。

2．吸收多、转化快 大的比表面积使得微生物对环境信息、物质和能量交换具有很强的接纳能力，为微生物生物量的产生和代谢产物积累提供了充分的物质基础，从而使微生物有可能更好地发挥“活的化工厂”的作用。例如，在适宜条件下大肠杆菌每小时可消耗其自身质量 2000 倍的糖；乳酸菌每小时可产生自身质量 1000 倍的乳酸；1 头 500kg 的乳牛 24h 约产生 0.5kg 蛋白质，而同样质量的酵母 24h 则可产生多达 5 万 kg 的蛋白质。

3．生长旺、繁殖快 微生物具有极快的生长与繁殖速度，其中细菌的繁殖速度比植物快 500 倍，比动物快 2000 倍，这是高等动植物无法比拟的。例如，在适宜的条件下，大肠杆菌细胞分裂一次仅需 20min，那么 24h 就能繁殖 72 代，最初的 1 个细胞即可繁殖约 4.7×10^{21} 个，理想状态下质量可高达 5.0×10^{6}kg 左右。但是这必须以足够的营养、空间和适宜的环境条件为前提，而实际生产中由于营养缺乏、竞争加剧和生存环境恶化等，微生物以几何级数分裂的速度只能维持数小时。因而在液体培养过程中，细菌细胞的浓度一般仅能达到 10^{8}～10^{9} 个/mL。

微生物的快速繁殖能力在工业发酵上可大大提高生产效率，在科学研究中可以缩短科研周期。当然，对于一些危害人、畜和农作物的病原微生物及导致物品霉腐变质的有害微生物，它们的生长速度需要严格防控。

4．适应强、易变异 为了适应多变的环境条件，微生物在长期的进化中形成了许多灵活的代谢调控机制，可产生多种诱导酶，具有极强的抗逆性。微生物对各种环境条件的适应能力极为惊人，尤其在面临极端恶劣环境如高温、低温、强酸、强碱、高盐、高辐射、高压等条件时，仍然可以正常生长，其适应能力堪称生物界之最。例如，海洋深处的某些硫细菌可以耐受 100℃以上的高温；某些嗜盐细菌还可以生存在浓度为 32%的盐水中等。

微生物个体微小、结构简单、易受环境条件影响，加上繁殖快、数量多，即使变异频率极低，也可在短时间内繁衍大量遗传变异的后代，主要涉及诸如形态结构、代谢途径、生理类型、各种抗性及代谢产物的变异类型等。诱变选育具有优良性状的微生物菌种，是发酵工业的关键一环。其中，最突出的例子就是青霉素生产菌株产黄青霉（*Penicillium chrysogenum*）的选育。1943 年产黄青霉每毫升发酵液中青霉素含量仅为 20 单位左右，这样的产品很难作为药物使用，而且生产成本很高。通过诱变育种和配合其他措施，目前的发酵单位量已大幅度提高，每毫升发酵液中青霉素含量达到 5 万～10 万单位。有益的变异能为人类社会创造巨大的经济和社会效益，而有害变异则成为人类大敌。最初青霉素对金黄色葡萄球菌（*Staphylococcus aureus*）的最低抑制浓度为 0.02μg/mL，然而由于金黄色葡萄球菌发生变异产生了耐药性菌株，有些对青霉素的耐药性较原始菌株提高了 1 万倍。例如，1961 年在英国首次发现的耐甲氧西林金黄色葡萄球菌（methicillin resistant *S. aureus*，MRSA），其致病机制与普通金黄色葡萄球菌并无两样，但危险的是，它对多数抗生素不起反应，感染体弱的人后会造成致命炎症。我国 MRSA 感染率也在上升，20 世纪 70 年代，在上海医院检测到的 MRSA 感染只占金黄色葡萄球菌感染的 5%，1994～1996 年上升到 50%～77.9%，2001 年已达到 80%～90%。

5. 分布广、种类多 因其极强的适应能力，微生物在环境中达到了“无处不在”的地步。它们可以生活在动植物体内，也可以生存在土壤、大气、冰川、海底、盐湖、沙漠甚至酸性矿水、岩层、油井等各种生境中，不同的生态环境塑造了具有独特生理特点的微生物类群。

微生物是地球上生物量最大、生活范围最广、生物多样性最为丰富的类群，是生命必需营养物质的关键储存库。据估计，地球上有 2×10^{30} 个微生物细胞。所有微生物细胞中的碳总量占地球生物量的很大一部分（约 21%），而微生物细胞中氮和磷的总量几乎是所有植物和动物细胞总量的 4 倍，同时微生物中 DNA 也占据了生物圈总 DNA 的主要部分（约 31%），它们的遗传多样性远远超过了植物和动物。虽然不同的生境均受到微生物的强烈影响，但微生物的贡献往往因为其体积小而被忽视。例如，在人体内部，每一个人体细胞对应 1～10 个微生物细胞（主要是细菌），每一个人体基因对应 200 多个微生物基因，这些微生物为人类提供营养并具有对健康至关重要的其他益处。微生物的多样性除了物种多样性以外，还体现在基因组种类多样性、生理代谢类型多样性、代谢产物多样性、遗传多样性及生态类型多样性等方面。

（三）微生物在生物界的分类地位

在发现微生物之前，卡尔·冯·林奈（1707～1778 年）进行了生物分类工作，他将自然界分成动物界、植物界和矿物界。但人们发现了微生物之后，藻类由于有细胞壁，能进行光合作用，因而被归于植物界。原生动物无细胞壁，由单细胞组成，异养生活，能运动，被归于动物界。但是有些物种介于植物和动物之间，如眼虫，它同时具有动物与植物两种特性，是一种“原生动物”，眼虫细胞既具有含叶绿素的叶绿体，能够进行光合作用，自己制造营养，又能运动，并像真正的动物那样进食，鉴于眼虫细胞没有细胞壁，科学家给它起了另外一个名字——裸藻。

随着人们对微生物认识的逐步深入，生物分类从两界系统过渡到三界、四界、五界甚至六界系统。1977 年，我国学者王大耜与陈世骧等提出将所有生物分为六界，即病毒界、原核生物界、真核原生生物界、真菌界、植物界和动物界，微生物囊括了其中的病毒界、原核生物界、真核原生生物界和真菌界。

到了 20 世纪 70 年代，美国微生物学家和生物物理学家卡尔·乌斯等根据 16S/18S rRNA 基因序列的比较，将生物分为三域：细菌域、古菌域和真核域。细菌域包括细菌、放线菌、蓝细菌和各种除古菌以外的其他原核生物；古菌域包括嗜泉古菌界、广域古菌界和初生古菌界等；真核域包括菌物界、植物界和动物界。除高等动植物外，其他绝大多数生物都属于微生物范畴，可见微生物在生物界中占有极为重要的地位。所有的细胞生物也有某些共同的特征和基因。例如，大约 60 个基因普遍存在于所有三域的细胞中；对这些基因的研究表明，三域都是从一个共同祖先——最后的共同祖先（last universal common ancestor，LUCA）进化而来。系统发育树也在持续更新，美国加利福尼亚大学戴维斯分校基因研究中心的乔纳森·艾森发现，某些采自海水中的生物样本的基因序列与目前已知的基因序列完全不同，推测地球上可能存在着三域之外的第四域生物，但是目前三域系统依然是生物界较为认同的主流分类系统。

二、微生物学研究内容及其发展简史

（一）微生物学研究内容

微生物学（microbiology）是生物学的一个分支，它是研究微生物在一定条件下的形态结构、生理生化、遗传变异，以及进化、分类、生态等生命活动规律及其应用的一门学科。其根本任务是通过对群体、细胞、分子水平上的研究，在弄清不同类型微生物生命活动规律的基础上，将其应用于工业发酵、医疗卫生、环境保护和生物工程等领域，同时发掘、利用和保护更多有益微生物，预防、控制和消灭有害微生物。

微生物学的发展经历了一个多世纪，根据研究对象与任务的不同，已经分化出大量的分支学科，并还在不断地形成新的学科和研究领域，现简单归为以下几类。

1）根据研究对象的类群可分为：细菌学、真菌学、病毒学、藻类学、原生动物学，以及自养菌生物学和厌氧菌生物学等。

2）根据微生物生命活动过程与功能可分为：总学科为普通微生物学，其分支学科包括微生物形态学、微生物生理学、微生物分类学、微生物遗传学、微生物生态学、微生物细胞生物学、微生物生物化学、微生物分子生物学、微生物基因组学、细胞微生物学等。

3）根据微生物的应用领域可分为：总学科为应用微生物学，其分支学科有工业微生物学、农业微生物学、石油微生物学、医学微生物学、药用微生物学、诊断微生物学、兽医微生物学、卫生微生物学、食品微生物学、乳品微生物学及抗生素学等。

4）根据微生物所处的生态环境可分为：环境微生物学、土壤微生物学、海洋微生物学、水生微生物学、地质微生物学、宇宙微生物学及微生态学等。

5）按与人类疾病关系可分为：人体微生态学、流行病学、医学微生物学、微生物免疫学及病原微生物学等。

此外，随着现代理论和技术的发展，微生物学与其他学科交叉、融合又形成了一些新的学科，如分析微生物学、化学微生物学、微生物信息学、微生物地球化学、微生物化学分类学、微生物数值分类学、微生物生物工程学及微生物基因组学等。

（二）微生物学发展简史

微生物学的发展史可分为5个时期，即史前期、初创期、奠基期、发展期和成熟期。

1. 史前期（8000年前～1676年） 史前期是人类还未见到微生物个体之前经历的一段漫长历史时期。当时人们虽然未见到微生物个体，却已自发地频繁与微生物打交道，根据自己的经验，在实践中开展利用有益微生物和防治有害微生物的活动，但是仅仅停留在低水平的实践应用阶段。

我国人民在长期的生产实践中积累了丰富的经验，早在4000～5000年前的“龙山文化”时期已经采用谷物制酒，发明了制曲酿酒工艺。公元前17世纪（殷商时期）就有酒、醴等的记载，表明当时酿酒业已经比较发达。酿酒的复式发酵法是我国古代劳动人民的一大发明，我国驰名世界的黄酒和白酒，均是在此基础上发展产生的。直到19世纪末，欧洲人才建立了这种方法，称为“淀粉发酵法”。制作红曲是中国古代的又一项重大发明，红曲是我国的特产，不仅是一种无害的食品原料，还可入药。2000年前，我国已经掌握微生物制醋、做酱的传统方法。微生物方法制酱也是我国首创，日本木下浅吉所著《实用酱油酿造法》中，记载了日本制酱方法最早经由中国传入。北魏时期贾思勰的《齐民要术》是我国最古老、最完整的一部农书，也是微生物发展史上的重要经典著作之一，书中详细记载了制醋、做酱等的流程。长期以来，我国劳动人民一直采用盐腌、糖渍、烟熏、风干等方法保存食品，这些储存方法都是利用抑制微生物生长繁殖的原理来防止食品腐烂变质的。

我国很早便认识到微生物与传染病流行的关系，也了解到微生物与动植物病害的关系及其防治措施。2000 年前就已经描绘了鼠疫流行的情景，秦汉时期《神农本草经》中也记载了关于“白僵（病）”的现象，明朝李时珍所著《本草纲目》中也提到了不少植物病害。我国很早就已经采用茯苓、灵芝等真菌治疗疾病，对作物病害、蚕病也有各种防治措施。

在微生物防治疾病方面，春秋时代的名医扁鹊主张“防重于治”。《左传》中曾经记载采用麦曲治疗腹泻的方法。周灵王时期描绘了狂犬病来源于疯狗并提出驱逐疯狗预防狂犬病的见解，汉朝进一步记述了狂犬病的主要特征与发病季节，公元 3 世纪便有“取脑（疯狗脑）敷之”的记载，与现代防治狂犬病的免疫学方法相似。东晋时期葛洪在《肘后备急方》中除了详细描述有关天花的症状外，还提及了天花的流行方式。《医宗金鉴》中记载种痘预防天花的方法，在宋真宗时代已得到广泛应用。当时是采用天花患者身上的痘痂，接种在儿童的鼻孔中预防天花。到了明代已经出现《治痘十全》专著，这种预防天花的方法日后由亚洲传至欧洲及美洲各国。这些都是我国古代人民对世界医学的重要贡献，已成为现代免疫学的起源。在半个多世纪之后，英国内科专家爱德华·詹纳发明和普及了一种预防天花病的方法——牛痘人工接种法，由于接种方法简单，安全可靠，1904 年传入我国取代了人痘方法（图 1-1）。

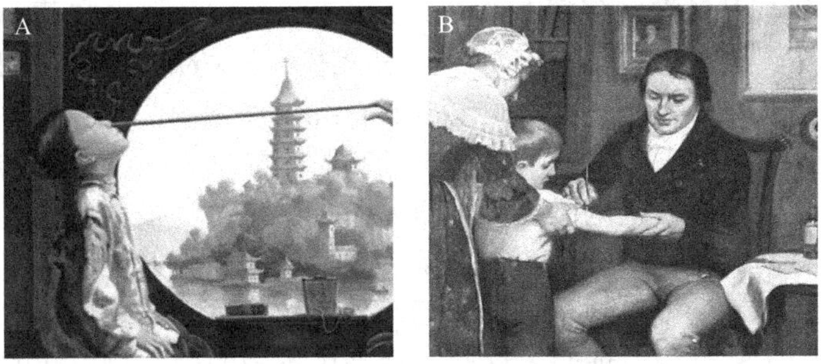

图 1-1 天花疫苗接种的起源与发现

A. 中国古代人痘接种术；B. 首次牛痘人工接种法

在冶金方面，《山海经》中描述了“松果之山，濩水出焉，北流注于渭，其中多铜”的情景，是我国关于生物湿法冶金的最早记载。唐、宋年代已有官办的湿法炼铜工厂，当时最高铜产量每年达到 100 多万斤[①]。1670 年西班牙的里奥廷托矿报道了有关酸性矿水浸出含铜矿石的方法。1947 年美国科学家科尔莫和辛克尔首次从矿山酸性废水中分离鉴定出浸矿细菌——嗜酸氧化亚铁硫杆菌，并证实了微生物在浸出矿石中的生物化学作用。

2. 初创期（1676～1861 年） 人类对微生物的利用虽然很早，也推测到自然界存在着肉眼看不到的微小生物，但由于当时技术条件的限制，无法通过实验证实。然而，显微镜的发明揭开了微生物世界的奥秘。1676 年荷兰贸易商与科学家安东尼·范·列文虎克（Antony van Leeuwenhoek）采用自制可放大 200～300 倍的简单显微镜，在雨水、牙垢、血液、污水和腐败有机物中观察并描绘了微小生物，他将观察结果写成报告寄给了英国皇家学

① 1 斤＝0.5kg

会，几经周折后得到了英国皇家学会的认可，其报告在学会的刊物上发表，使人类的认识领域扩展到微生物的世界中（图 1-2）。列文虎克因此被称为光学显微镜与微生物学之父，是现代微生物学的开拓者。列文虎克去世后，大多数人认为微生物是稀少的，对人类或社会的影响甚微或无影响，加上相关技术匮乏，致使对微生物的研究一直停留在形态描述上，没有将其形态与生理活动及人类生产实践联系起来，对微生物的活动规律及其与人类的关系也不甚了解，未能发展成为一门学科，因此将这一时期称为“形态学时期”。

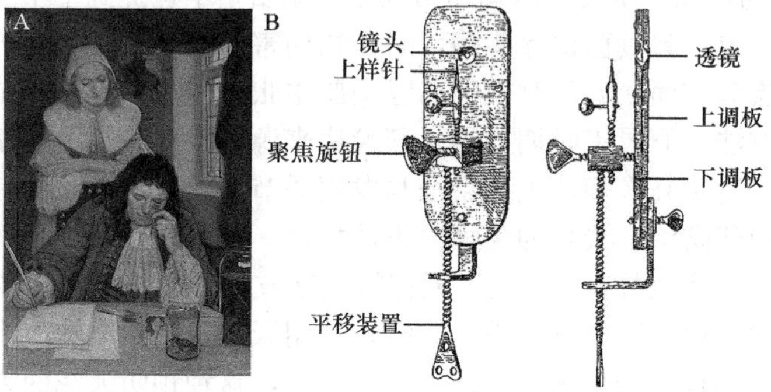

图 1-2 列文虎克及其单式显微镜构造图

A．列文虎克工作情景图；B．单式显微镜构造图

3．奠基期（1861～1897 年） 微生物学作为一门学科，在 19 世纪中期才逐渐发展起来。19 世纪三四十年代马铃薯晚疫病在欧洲广泛流行，造成了严重灾荒，60 年代又出现酒变酸和蚕病危害等问题，这些引起了人们对微生物的进一步关注。这一时期，以法国微生物学家、近代微生物奠基人路易斯·巴斯德（Louis Pasteur）和德国医生兼微生物学家、细菌学始祖之一的罗伯特·科赫（Robert Koch）为代表的科学家陆续开展了微生物生理活动的研究，并与生产和预防疾病联系起来，为微生物学研究奠定了理论与技术基础。

巴斯德通过研究酒的变质、蚕病、鸡霍乱、牛炭疽病及人的狂犬病，获取了许多微生物学知识。在发表“关于乳酸发酵的记录”之后，他开始对发酵本质进行探索，研究了丁酸、乳酸、乙酸和乙醇的发酵过程，证明了这些过程是由不同的微生物引起的（图 1-3）；发现酒的变质是有害微生物繁殖的结果；采用加热消毒法成功防止了葡萄酒与啤酒的变质，开创了沿用至今的巴氏消毒法。

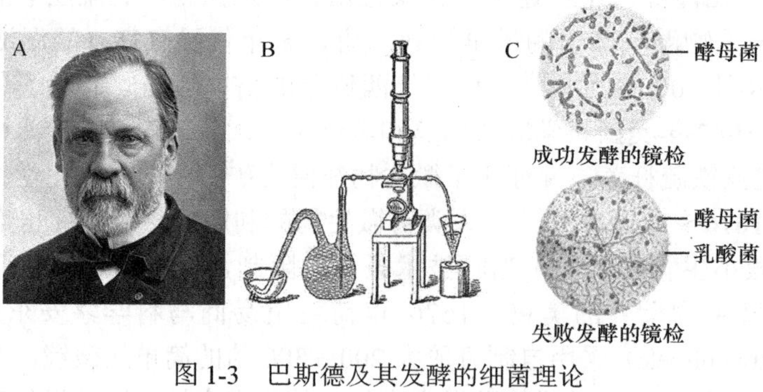

图 1-3 巴斯德及其发酵的细菌理论

A．路易斯·巴斯德；B．乙醇发酵简单装置；C．乙醇发酵中的酵母菌与杂菌乳酸菌的镜检

蚕病、畜禽业炭疽病和鸡霍乱的流行失控导致养蚕业与畜牧业濒临崩溃，巴斯德仔细地

研究了这些病的病原体，证实是病原微生物感染的事实，进而提出采用隔离方法控制病害蔓延，用接种疫苗的方法预防疫病，并研制出了有效防治这些疾病的活菌苗和减毒疫苗。1861年巴斯德用严密的科学实验令人信服地否定了微生物的“自然发生说”。他自制了一个具有长而弯曲颈的曲颈瓶，其中装有有机物浸汁，经灭菌后瓶内一直保持无菌状态，若烧瓶正立，有机物不腐败；若将烧瓶倾斜，使浸汁与颈部灰尘接触，则浸汁迅速腐败（图 1-4），从而确立生命来自生命的胚种学说（germ theory）。从此，对微生物研究从形态描述进入生理学研究新阶段，微生物学开始成为一门独立的科学。

资源 1-1

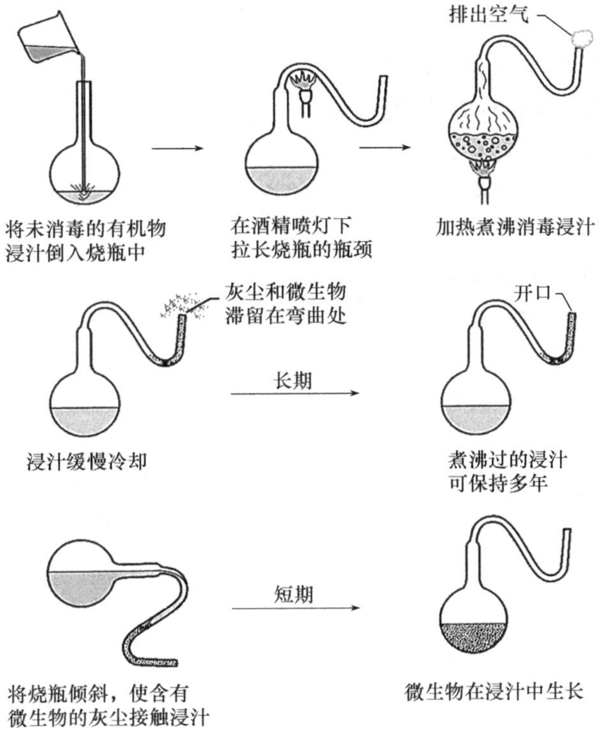

图 1-4 巴斯德的曲颈瓶实验

这一时期的另一位细菌学奠基人科赫，于 1882 年把早年应用的马铃薯固体培养技术改进为用明胶及琼脂平板培养，建立了分离和纯培养技术，并与他的助手创立了显微摄影、悬滴培养及染色等一整套微生物研究方法。1877 年他首次分离出炭疽杆菌，之后在 1882～1883 年又分离出结核分枝杆菌、链球菌和霍乱弧菌等病原微生物。依据病原说，他提出了著名的科赫法则（图 1-5）：①病原微生物总是在患传染病的动物中发现，不存在于健康个体中；②可从原宿主中获得病原微生物的纯培养物；③纯培养物人工接种健康宿主，可以诱发与原宿主相同的症状；④从人工接种后发病宿主中，可以再次分离出同一病原微生物的纯培养物。他的工作为病原微生物学系统研究方法的建立奠定了基础，推动其成为一门独立的学科。1905 年，科赫获得了诺贝尔生理学或医学奖，主要是为了表彰他在肺结核研究方面的贡献。

资源 1-2

巴斯德与科赫的杰出工作为微生物学作为生命科学中一门重要的独立分支学科奠定了坚实的基础。此后，微生物学迅速发展，各分支学科也相继建立。许多微生物学家为此做出了重要贡献。例如，荷兰科学家马蒂纳斯·拜耶林克建立了富集培养技术，并在 1889 年获得了根瘤菌的第一个纯培养物；拜耶林克还建立了病毒学，他在荷兰一家生产酵母的公司工作

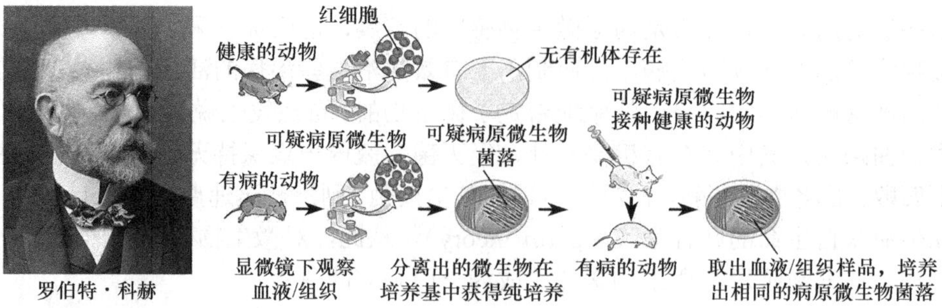

图 1-5　科赫法则示意图

时，建立了微生物与生物工艺学之间的联系。一年后，俄国科学家维诺格拉德斯基发现了细菌中氧气和硝化作用的关系。1892 年俄国植物学家伊万诺夫斯基在研究烟草花叶病毒（TMV）时发现了超显微生物病毒的存在，扩大了人们对微生物的认识，奠定了病毒学基础。

这一时期的主要成就可以概括为：①建立了一系列微生物学研究的基本方法；②开启了寻找人和动物病原微生物的“黄金时期”；③把微生物的研究从形态描述推进到生理学研究的新水平；④微生物学作为独立学科开始建立。

4．发展期（1897～1953 年）　1897 年，德国化学家爱德华·比希纳采用酵母菌无细胞滤液进行乙醇发酵取得成功，他把酵母菌细胞的生命活力和酶的化学作用紧密结合，大大推动了微生物学、生物化学、发酵生理学和酶化学的发展，为微生物代谢学研究书写了崭新的一页。此后，微生物生理与代谢的研究也日益蓬勃发展起来。1928 年英国生物学家、药学家、植物学家亚历山大·弗莱明发现了青霉素能抑制细菌生长，这一发现开创了抗生素领域；1945 年，他与英国病理学家弗洛里和英国化学家钱恩因为“发现青霉素及其临床效用”而共同获得诺贝尔生理学或医学奖。此后，其他科学家也陆续开展了对抗生素的深入研究，纷纷从微生物中寻找得到各种抗生素类物质。1944 年，美国土壤微生物学家赛尔曼·瓦克斯曼先后找到了链霉素、氯霉素、四环素、金霉素等数百种抗生素，抗生素工业如雨后春笋一般发展起来，形成了强大的现代化医药产业。除医学应用以外，抗生素也广泛用于动植物病害与杂草防治和食品保藏等方面。

1935 年美国生物化学家和病毒学家温德尔·斯坦利发现 TMV 的侵染性可被胃蛋白酶破坏，因此认为 TMV 主要由蛋白质组成，并且首先从受感染的植物细胞中获得了 TMV 病毒晶体，随后还将病毒成功地分离为蛋白质和 RNA 组分，斯坦利也因此与另外两名科学家一起荣获 1946 年的诺贝尔化学奖。接着，其他病毒的核蛋白组成被相继证实，核蛋白由核酸与蛋白质组成，且仅有核酸具有侵染能力。这些发现不仅为病毒病的治疗指明了方向，还为探索生命的本质和起源提供了线索。

20 世纪 30 年代电子显微镜的发明，突破了光学显微镜的限制，为微生物学等学科提供了重要的观察工具。1939 年德国科学家古斯塔夫·考舍（Gustav Kausche）、埃德加·普凡库赫（Edgar Pfannkuch）和赫尔穆特·鲁斯卡（Helmut Ruska）在电子显微镜下观察到 TMV。1941 年美国遗传学家乔治·比德尔和爱德华·塔特姆（1958 年获诺贝尔生理学或医学奖）分离并研究了脉孢菌的突变体，提出了著名的“一个基因一种酶”的假说（被誉为“分子生物学第一大基石”），这一发现将遗传学和生物化学紧密结合起来，不仅推进了微生物遗传学和微生物生理学的建立与发展，也促进了分子遗传学的形成。1944 年美国细菌学家奥斯瓦尔德·艾弗里、科林·麦克劳德和麦克林恩·麦卡蒂共同完成了证明脱氧核糖核酸（DNA）是肺炎链球菌遗传物质的实验，指出引起转化现象的本质物质是细胞内的脱氧核糖核酸分子，而不是当时人们普遍认为的蛋白质。他们的发现也因此开启了分子遗传学领域的大门，并为免疫化学的发展做出了巨大贡献。

发展期的主要成就为：①微生物进入生化水平的研究，如对无细胞酵母菌“酒化酶”的研究；②应用微生物的分支学科进一步扩大，出现了抗生素等学科，为医药生产和抗生素工业发展奠定了基础；③开始寻找各种有益微生物代谢产物；④普通微生物学成为一门独立学科。

5. 成熟期（1953 年至今）　进入 20 世纪，电子显微镜的发明、同位素示踪原子的应用、生物化学及生物物理学等边缘学科的建立，极大地推动了微生物学向分子水平的纵深方向发展。

1953 年美国生物学家詹姆斯·沃森和英国生物学家、物理学家弗朗西斯·克里克共同发现了 DNA 的双螺旋结构，揭示了核酸的分子结构及其对生物中信息传递的重要性（被誉为“分子生物学第二大基石”），开创了分子生物学的新纪元。在此后的 20 多年里，分子遗传学、分子免疫学、细胞生物学等学科相继建立，而 DNA 重组技术更是开辟了广阔的应用前景，这些发现促使生物学的面貌发生了革命性的变化，此时期科学的发展历史被称为“生物学的革命”。

与此同时，微生物学的各分支学科也得到相应的纵深发展，取得了一些重大研究成果。例如，在微生物系统学研究方面，20 世纪 70 年代以后开始对各大类微生物展开了分子生物学的研究工作，积累了大量的基础性材料，美国微生物学家和生物物理学家卡尔·乌斯在 1977 年依据 16S rRNA 序列上的差别，将原核生物分成两大类，起初称为真细菌和古菌，认为这两类生物和真核生物一起从一个具有原始遗传机制的祖先分别演化而来，因此将三者各设置为一个“域”，作为比“界”高一级的分类系统，按细胞生命形式分类，可分为古菌域、细菌域和真核域。1978 年美国生物学家罗伯特·魏泰克和林恩·马古利斯根据当时分子生物学研究的最新资料，提出一个新的三原界学说，认为在生物进化的早期，各类生物都是由一类共同的祖先沿着三条进化路线发展的，从而形成了三个原界——古菌原界、真细菌原界及真核生物原界，三原界学说还吸取了真核起源的“内共生学说”思想。在微生物生理学方面，开始探索生物大分子如何装配成各种细胞器，并与遗传学相结合研究基因的表达和调控，到 20 世纪 80 年代末固氮酶合成与活性调节已经取得较大突破。在微生物遗传学方面，建立了 DNA 重组技术。微生物生态学的研究，不仅突破了原有的土壤、水体、地矿等环境，而且进入了宇宙空间和深入微生物赖以生存的微环境，使人们进一步关注极端环境下微生物的生命活动。在医学微生物方向，发现了一些新的病原微生物如人类免疫缺陷病毒（HIV）、与慢性胃炎和溃疡病有关的幽门螺杆菌等。在工业微生物应用领域中，新的微生物资源不断被发现与开发，20 世纪 80 年代开发的阿维菌素农药因广谱、高效、低毒而被誉为“超级抗生素”，广泛用于杀灭家畜体内外多种寄生虫和防治植物虫害等。在方法与技术发展方面，新理化分析技术的丰富和电子计算机的应用，促使微生物学的研究由定性过渡到定量，并朝自动控制方向发展。以聚合酶链反应（PCR）为代表的体外扩增特定 DNA 片段的分子生物学技术和 DNA 重组技术等基因工程的运用，使具有目的基因功能的生物工程菌完成了构建，从而获得了许多常规技术或天然来源无法得到的微生物产物。

DNA 双螺旋结构模型的建立，标志着微生物学发展成熟期的到来。这一阶段的发展有：①微生物学从一门在生命科学中较为孤立的以应用为主的学科，发展成为一门十分热门的前沿基础学科；②在基础理论研究方面进入分子水平的研究，微生物迅速成为分子生物学研究中最主要的对象之一；③在应用研究方面，向着更自觉、更有效和可人工控制的方向发展；④微生物基因组的研究促进了生物信息学和合成生物学的建立与发展。

三、微生物学与人类社会发展

微生物学与人类社会发展有着极为密切的关系，它对医学、工业、农业、生态环境、生物化学和分子生物学等都有重大影响，促进了人类的进步。

（一）微生物学与医疗保健

微生物病原菌曾给人类带来巨大灾难。14 世纪中叶，鼠疫耶尔森氏菌（*Yersinia pestis*）引起的瘟疫导致约 1/3 的欧洲人死亡。即使是现在，人类社会仍然遭受着微生物病原菌引起的疾病灾难威胁。21 世纪以来人类大规模暴发的冠状病毒流行事件，更是给我们敲响了警钟，加强病毒学、病原微生物学及流行病学的研究极为迫切。

医疗保健战线上的"六大战役"，即外科消毒手术的建立、人畜重大传染病病原菌的发现、免疫防治法的发明与应用、磺胺等化学治疗剂的普及、抗生素的大规模生产与推广及近年来利用工程菌生产多胺类生化药物等，这些科学发现与应对措施使原来猖獗的传染病得到了较好的控制。天花等烈性传染病已彻底绝迹，小儿麻痹症也已基本消灭，乙型脑炎等流行病正被逐步控制和消灭。另外，20 世纪 70 年代中期，甲型流感病毒的生态学研究有了突破性进展，锁定了野生水禽和海岸鸟是甲型流感病毒的自然寄生宿主，它们也是维持甲型流感病毒生物多样性的主要"基因池"。随着病毒学的发展，至今已发现 20%左右的癌症为病毒引起，同时有些病毒有望为癌症治疗提供新思路。例如，溶瘤病毒是一类倾向于感染肿瘤细胞，在其中大量复制导致细胞裂解并进一步激发机体抗肿瘤免疫反应的病毒，已引起广泛关注；将一些嗜肿瘤病毒如新城疫病毒、单纯疱疹病毒-1、呼肠孤病毒、溶瘤腺病毒等改造成溶瘤病毒，使其特异性识别、感染并摧毁肿瘤细胞，但是在正常细胞内不能复制而不具有杀伤作用，具有更高的抗肿瘤效应和更小的副作用。另外，科学家还开展了对真菌毒素和细菌毒素、衣原体、支原体等的研究工作。我国科学家汤飞凡于 1956 年首先分离并成功培养沙眼衣原体，在国际学术界引起了轰动，荣获国际沙眼防治组织颁发的沙眼金质奖章。越来越多的研究表明，人体健康与微生物组关系密切，包括消化道微生物组、呼吸道微生物组、生殖道微生物组、口腔微生物组、表皮微生物组等，微生物组是人体不可分割的一部分。

兽医学微生物领域已经开展了对布鲁氏菌病等多种人畜共患传染病诊断技术和疫苗应用方面的研究工作。目前已经陆续制定了常见诊断制剂的标准化方法，开发了多种疾病的诊断技术；成功研制出了许多细菌病原的安全有效的菌苗，为防治这些细菌性传染病做出了贡献；对动物病毒病的研究也取得了显著成绩，我国首次研制并应用的马传染性贫血疫苗、猪瘟疫苗、猪肺疫-猪瘟-猪丹毒三联疫苗等多种疫苗，在国际上得到了较高的评价。

（二）微生物学与工业发展

食品罐藏防腐的应用、酿造技术的改造、纯种厌氧发酵的建立、液体深层通气搅拌大规模培养技术的创建及代谢调控发酵技术的发明，使得古老的酿造技术迅速发展成为工业发酵新技术；接着，又在遗传工程等高新技术的推动下，进一步发生质的飞跃，发展为发酵工程，并与遗传工程、细胞工程、酶工程和生物反应器工程联系在一起，共同组成当代一个崭新的技术学科——生物工程。

微生物在食品发酵、石油、化工、冶金和环保等行业的应用日趋广泛，特别是在医药工业方面，几乎所有的抗生素都是微生物的代谢产物。在抗生素、氨基酸、有机酸、多糖、寡糖、维生素、酶制剂等生产领域，我国都已具备相当大的规模。例如，抗生素产量不断增加，质量逐步提升，品种逐渐增多，发酵单位量也稳步上升，抗生素的产量居世界首位，远销世界各国；我国的一步发酵法生产维生素 C 和十五碳二元酸生产新工艺与十二碳二元酸及其衍生物工业化生产技术，都已经达到国际先进水平；我国成功地以薯干和废糖蜜为原料，用微生物发酵法生产味精、柠檬酸、甘油、有机酸等，产量高，质量好，扭转了过去依赖进口产品的局面；尤其是利用发酵法生产酶制剂，极大地促进了酿酒、食品、印染、制糖、纺织、皮革等行业的发展；我国已成功地采用微生物发酵法进行石油脱蜡，降低油品凝固点，以满足工业生产和国防建设的需要。此外，微生物以石油为原料发酵生产蛋白质、有机酸、酶制剂、氨基酸等报道已有不少。利用微生物（主要是细菌）或其代谢产物可以提高原油产量和采收率，这种开采技术以其可观的经济效益、独特的优点和广阔的发展前景，引起了各国石油工业界的重视，20 世纪 90 年代以后，我国也开始开展微生物采油技术的研究与应用工作。生物冶金中耐胁迫浸矿微生物的研究也取得一定的突破，分离选育了氧化能力强的嗜酸细菌与嗜酸热细菌，并成功应用于铜、锰、铀、钴、金、镍等矿物的浸出与提取过程。

（三）微生物学与农业生产

微生物的作用及其在农业可持续发展中的地位日益突显，在杀虫菌剂、微生物肥料、沼气、污水处理、饲料青贮加工等方面得到了广泛应用。

我国已成功研制出多种微生物农药，如防治园林、蔬菜、农田害虫的苏云金杆菌，防治松毛虫等的白僵菌制剂，防治蚊子幼虫的球形芽孢杆菌制剂等。农用抗生素如春雷霉素、井冈霉素、庆丰霉素、内疗素等得到了推广应用。“鲁保一号”微生物除草剂已用于大豆菟丝子的防治，并获得良好的效果。微生物肥料领域已筛选出根瘤菌、自生固氮菌、联合固氮菌、磷细菌、菌根真菌等多种微生物功能菌剂。生物质经过微生物发酵作用生成沼气等生物能源技术，在农村曾经得到普遍推广利用。赤霉素等生物生长激素、糖化饲料、畜禽用生物制品的研究与应用进展也较为显著。另外，在植物病毒病害的调查、鉴定及防治等领域取得了显著的成绩，昆虫病毒的研究也取得了一定的进展，已成功研制出一批生物安全性高的昆虫病毒杀虫剂。

（四）微生物学与环境保护

微生物与环境保护的关系已受到广泛重视。随着社会发展与人口增长，发展与保护之间的矛盾越来越突出，过量生产、过度开发已造成严重的环境污染和资源的逐渐匮乏，生态环境日益恶化。许多有识之士认为，未来的世纪是人类向大自然偿还生态债的世纪，而其中微生物所发挥的作用与功效是不容忽视的，因为微生物是食物链中的重要环节、污水处理中的关键角色、自然界重要元素循环的主要推动者及环境污染和监测的重要指示生物等。例如，在生活污水和工业废水处理过程中，都会用到微生物，我国也已成功选育了一批高效降解污染物的功能菌株，并且开发出了配套的新型生物治理工艺，广泛应用于含酚、氰、有机磷、有机氯、丙烯腈、硫氰酸盐、石油、重金属及染料等废水的生物处理中。

（五）微生物学与基础理论研究

微生物本身的生物学特性和独特的研究方法，使其成为现代生命科学在分子、基因、基因组和后基因组等微观水平上研究的基本对象和良好工具。微生物和微生物学的理论与研究技术正在被广泛应用于其他生命科学的研究中，各种新方法和新技术在微生物学研究中广泛应用，并且推动着生命科学日新月异的进步，直接或间接地推动着人类文明的发展。

翻开生命科学发展的历史，可以了解到一些生命现象的规律及其内在机制，首先是在研究微生物的生命活动过程中被阐明的。例如，1897 年德国化学家爱德华·比希纳通过实验发现，酵母菌无细胞培养液中葡萄糖可以被转化产生乙醇和 CO_2，初次总结生物体内糖酵解的主要途径，从而奠定了近代酶学的基础。1928 年弗雷德里克·格里菲斯通过肺炎双球菌（*Diplococcus pneumoniae*）的转化实验，首次证明了 DNA 是绝大部分生物的遗传物质。法国生物学家方斯华·贾克柏和贾克·莫诺使用模式微生物 *E. coli* 作为研究对象，发现了 *E. coli* 的乳糖代谢系统，认识到微生物是如何控制基因来调控代谢反应需要的，其中乳糖操纵子的基因调控是第一个被清楚了解的遗传调控机制，被视为原核生物基因调控最重要的范例。最早用于重组 DNA 技术的研究对象是细菌，1973 年美国遗传学家斯坦利·科恩和赫伯特·玻意尔首次设计了重组 DNA 的实验，成功将目的基因或 DNA 片段导入细菌细胞内，树立了现代生物技术时代的里程碑。分子生物学的发展揭示了生命本质的高度有序性和一致性，是人类在认识论上的重大飞跃，而微生物作为研究生命本质的重要材料将继续发挥不可替代的作用。

微生物的多样性，归根到底是基因的多样性，它为生命科学提供了丰富的基因库，为人类了解生命起源和生物进化提供了绝好的证据，开展微生物多样性的研究无疑会开辟生命科学知识的新领域。微生物是基因工程的重要外源 DNA 载体，而微生物生理代谢类型的多样性自然成为最丰富的外源基因供体；用于基因切割与缝合的数千种工具酶大多数也源自微生物。此外，微生物学是整个生物学科中第一门具有自己独特实验技术的学科，如显微镜观察与染色技术、消毒灭菌技术、无菌操作技术、纯种分离和培养技术、合成培养基技术、选择性和鉴别性培养技术、突变型标记和筛选技术、原生质体制备和融合技术、各种 DNA 重组技术、深层液体培养技术及菌种冷冻保藏技术等，这些技术已逐步扩散到生命科学各个领域的研究中，成为研究生命科学的必要手段，从而为整个生命科学的发展做出了方法学上的贡献。

总之，在生命科学发展的里程碑如 DNA 遗传物质的解码、中心法则的提出、遗传工程的建立和人类基因组计划的实施等事件中，微生物学发挥了无可替代的作用。目前，微生物学正进一步向地质、海洋、大气、太空等领域渗透，其与能源、信息、材料、计算机等的结合也将开辟新的研究领域。微生物学的研究技术和方法也将会在借鉴吸纳其他学科先进技术的基础上，朝自动化、定向化和定量化发展。21 世纪，微生物学仍是生命科学中的领先学科，也将为改善人类生活的各个方面做出更大的贡献。

小　结

微生物在地球生命史上扮演着不可替代的角色，其多样性、广泛分布和生存适应能力使其成为最早出现、最为丰富的生物类群之一。微生物学研究内容包括形态结构、生理生化、遗传变异、进化等，应用于医疗、工业、农业和环保等领域。其发展历程经历史前、初创、奠基、发展和成熟 5 个阶段，对人类社会发展产生深远影响，推动科学进步与社会繁荣。微生物学的研究涉及细菌学、真菌学、病毒学等多个领域，对生态学、生物化学、基因组学等也有重要意义。

复习思考题

1. 什么是微生物？它包括哪些主要类群？
2. 微生物的主要特点有哪些？
3. 为什么说微生物的“体积小、比表面积大”是决定其他4个共性的关键？
4. 微生物学的定义及其根本任务是什么？它包括哪些分支学科？
5. 微生物学发展史分为哪些时期？各个时期杰出的代表科学家及其主要成就有哪些？
6. 什么是科赫法则？什么是胚种学说？试述列文虎克、巴斯德和科赫对微生物学的贡献。
7. 试述微生物学与人类社会发展的关系。

第二章 原核微生物

原核微生物通常是指一大类细胞核无核膜包裹，只存在称作核区（nuclear region）的裸露 DNA 的原始单细胞生物，包括真细菌（eubacterium）和古菌（archaea）两类。其中，真细菌又包括细菌、放线菌、蓝细菌、支原体、衣原体和立克次氏体。一般情况下，细菌被认为是长度为 1～10μm、未分化的单细胞，虽然这一描述符合大多数情况，但实际上细菌在外观和功能上有着极大的差异。最小的细菌直径不超过 0.2μm，有的细菌长度可达 700μm。有些细菌可以分化形成多种细胞类型，有些甚至是多细胞的，如多细胞趋磁细菌（*Magnetoglobus*）。对环境样本的 rRNA 基因序列乃至整个基因组序列分析表明，可能存在至少 80 个细菌门，目前有特征描述的约 30 门，且 95%集中于放线菌门、厚壁菌门、变形菌门或拟杆菌门。古菌在生理上非常多样化，但其形态多样性低于细菌，大多数古菌是长度为 1～10μm 的未分化细胞。对环境 DNA 序列的分析表明，可能存在 12 个或更多古菌门，了解比较清楚的有广古菌门（Euryarchaeota）、泉古菌门（Crenarchaeota）、奇古菌门（Thaumarchaeota）、纳古菌门（Nanoarchaeota）和初古菌门（Korarchaeota）。要注意的是，虽然古菌最先分离自极热、极酸等极端环境，但并不是所有的古菌都是极端微生物。例如，产甲烷菌在湿地和动物（包括人类）的肠道中很常见，其产生甲烷，对大气中的温室气体组成有重大影响。奇古菌门的物种栖息在世界各地的土壤和海洋中，是全球氮循环的重要贡献者。此外，尚未发现古菌中存在任何已知的动植物的病原体或寄生虫。

第一节 细　菌

细菌（bacteria）是一类细胞结构简单、种类繁多、多以二分裂方式繁殖和水生性较强的原核生物。细菌是原核微生物的一大类群，在自然界中分布广泛，与人类生产和生活关系密切，是微生物学的主要研究对象。

在自然界中有大量的细菌寄居。特别是在温暖、潮湿和富含有机物的地方，各种细菌的生长繁殖和代谢均极其旺盛。在夏天，固体食品表面时而会出现一些水珠状、鼻涕状、浆糊状等形态多样的小突起，如果用小棒挑动一下，往往会拉出丝状物来，手摸常有黏、滑的感觉。如果在液体中出现混浊、沉淀或液面飘浮“白花”，并伴有小气泡冒出，也说明其中可能长有大量细菌。

细菌大量繁殖时常常引起各种食物和工、农业产品腐烂变质，有时会散发出一股特殊的臭味或酸败味，也会引起作物的病害。少数病原菌曾夺走无数生命。随着科学技术的进步，以及人类对细菌的研究和认识的深入，由细菌引起的人类和动植物传染病不仅得到较好的控制，而且有益细菌被发掘和应用于工、农、医、药和环保等生产实践中，给人类带来极其巨大的经济、社会和生态效益。

一、细菌的形态与大小

细菌是单细胞原核微生物，在一定环境条件下具有相对稳定的结构，细菌细胞的外表特征可从形态、大小和细胞间的排列方式加以描述。细菌的形态极其简单，大部分为球状（球菌）、杆状（杆菌）和螺旋状（螺旋菌）。仅少数为其他形状，如丝状、三角形、方形和圆盘形等。

细菌大小的量度单位是微米（μm，即 10^{-6}m）。在表示微生物细胞大小时，通常采用直径表示球菌、宽×长表示杆菌的大小。以大肠杆菌（*Escherichia coli*）为例，它的细胞平均长度约为 2μm，宽度约为 0.5μm，若把 1500 个细胞首尾相连，仅等于一颗芝麻的长度（3mm）；若把 120 个细胞肩并肩挨在一起，其宽度才抵得上一根人头发的粗细（60μm）。其重量更是微乎其微，若以每个 *E. coli* 细胞湿重约 10^{-12}g 计，则大约 10^9 个大肠杆菌才达 1mg 重。

（一）球菌

球菌（coccus）单独存在时，呈圆球形或椭球形，直径为 0.5～1μm，根据其细胞分裂的方向、数目及排列方式的不同（图 2-1），可分为：①单球菌，细胞在一个平面上进行分裂，分裂后菌体全部散开，单独存在，如尿素小球菌；②双球菌，细胞在一个平面上分裂一次后，两个细胞不分开，成对排列，如淋病奈瑟球菌、肺炎双球菌；③链球菌，细胞在一个平面上多次分裂后不分开，排列成链状，如乳链球菌；④四联球菌，细胞在两个相互垂直的平面上各分裂一次后，形成的 4 个细胞排列在一起，形成“田”字，如四联球菌；⑤八叠球菌，细胞在三个相互垂直的平面上各分裂一次，8 个新细胞排列在一起，呈立方体形，如藤黄八叠球菌、尿素生孢八叠球菌；⑥葡萄球菌，细胞在不规则平面上进行多次分裂，菌体排列无一定规则，呈葡萄状，典型的有葡萄球菌属的细菌。

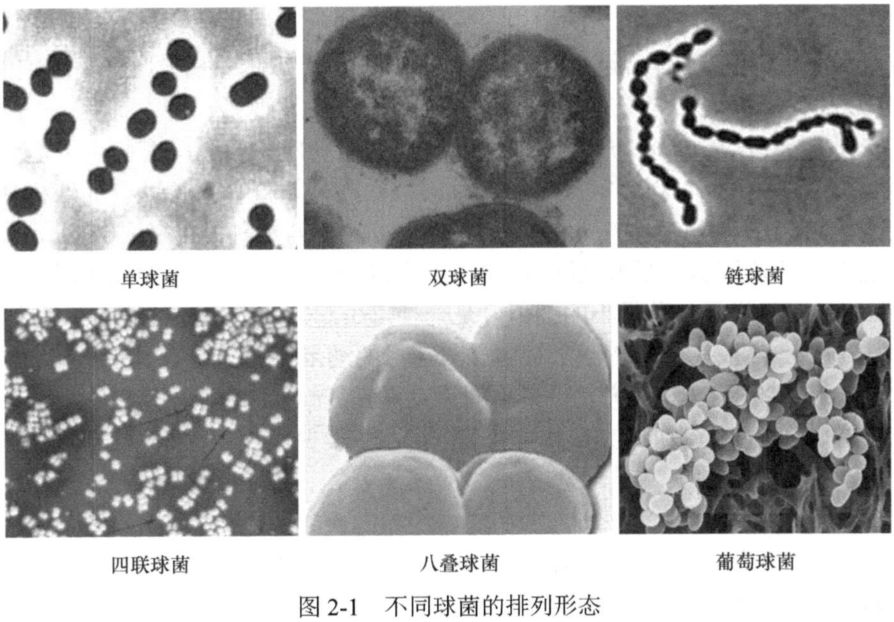

图 2-1 不同球菌的排列形态

（二）杆菌

杆状的细菌称为杆菌（bacillus），杆菌长 1～18μm、宽 0.4～12μm，其细胞外形较球菌复杂，常见的有短杆（球杆）状、棒杆状、梭状、梭杆状、分枝状、螺杆状、竹节状（两端平截）和弯月状等（图 2-2）。杆菌的排列方式有链状、栅状、“八”字状，以及由鞘衣包裹在一起的丝状等，与球菌不同，杆菌的排列方式不能作为分类鉴定的依据。典型的杆菌有大肠杆菌、枯草芽孢杆菌、链杆菌、变形杆菌等。

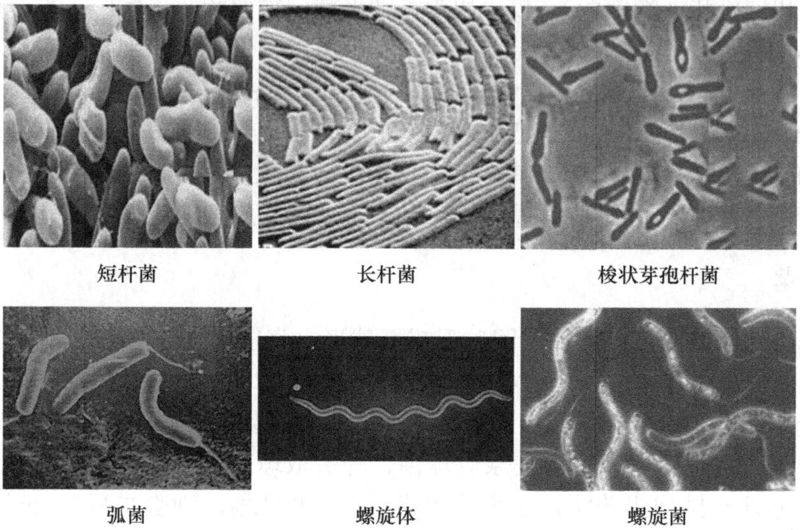

图 2-2　杆菌及螺旋菌的形态

杆菌是细菌中种类最多的类型，细胞呈杆状或圆柱形，一般粗细（直径）比较稳定，而长度则常因培养时间、培养条件不同而有较大变化。

除了常见的杆菌，也发现了个别大型或小型的杆菌。例如，1985 年以来，科学家先后在红海和澳大利亚海域生活的刺尾鱼肠道中，发现了一种巨型的共生细菌，称为费氏刺骨鱼菌（*Epulopiscium fishelsoni*），其细胞长度竟达 200～500μm，其体积是大肠杆菌细胞的 10^6 倍。1997 年，德国科学家 Schulz 等又在非洲西部大陆架土壤中发现了一种大细菌——纳米比亚嗜硫珠菌（*Thiomargarita namibiensis*），其细胞平均大小为 0.1～0.3mm，有些可以达到 0.75mm，肉眼清楚可见。更有甚者，2022 年在加勒比海的小安提列斯群岛瓜德罗普岛红树林沼泽水域中的沉叶上发现的华丽硫珠菌（*Thiomargarita magnifica*，暂定种），长约 0.9cm，最长的达到 2cm，为白色细丝状单细胞的厘米级细菌！这些巨细菌参与了自然界中的硫代谢。1998 年，芬兰学者 Kajander 等报道了一种最小的细菌，是一种可引起人和动物尿结石的“纳米细菌”，直径最小仅为 50nm。然而，由于“纳米细菌”与球形的纳米羟基磷灰石具有相似的结构和对被感染组织细胞的毒性作用，对其究竟是最小的具有自我复制能力的有机生物体，还是一种被胎球蛋白包裹的纯粹的纳米羟基磷灰石颗粒尚无定论，主要原因在于尚未得到其全基因组序列。

（三）螺旋菌

螺旋状的细菌称为螺旋菌（图 2-2），一般长 5～50μm，宽 0.5～5μm，根据菌体的弯曲情况分为螺旋菌、弧菌、螺旋体等。若螺旋不足一环，呈香蕉状或逗点状，则称为弧菌（vibrio）；2～6 环的小型、坚硬的螺旋状细菌可称为螺旋菌（spirillum）；而旋转周数多（通常超过 6 环）、体长而柔软的螺旋状细菌则专称为螺旋体（spirochaeta），如梅毒螺旋体，也有的螺旋体旋转周数较少，如钩端螺旋体不到 6 环，呈“C”形或“S”形。

1．螺旋体　大小为（0.1～3）μm×（5～250）μm，为革兰氏阴性菌（G^-菌），由脆弱的外膜、肽聚糖-细胞膜复合物和原生质柱组成，细胞中心为原生质柱（包括细胞核和细胞质），原生质柱外缠绕着 2～100 根及以上的周质鞭毛（periplasmic flagellum），又称为内鞭毛（endoflagellum）或轴丝，轴丝夹在细胞壁外膜和细胞膜之间，也就是周质空间，使菌体在液体环境中可游动或沿纵轴旋转和屈曲运动。螺旋体广泛地分布于自然界及动物体内，属于化能异养型，有腐生和寄生两大类，腐生型常存在于污泥和垃圾中，而寄生型常引起人畜重要疾病。

2．螺旋状或弧状的 G^-菌　这类细菌细胞呈螺旋状或弧状，螺旋圈数一到多个。具有典型的细菌鞭毛且多为端生，化能有机营养的大多数种不能利用糖类，有的种可以在含有 H_2、CO_2 和 O_2 的混合气体中自养生长；有的可在微氧条件下固氮。这类细菌有霍乱弧菌、螺菌属（*Spirillum*）、固氮螺菌属（*Azospirillum*）、蛭弧菌属（*Bdellovibrio*）等。蛭弧菌属中有一类特别的细菌，称为蛭弧菌，它们可以寄生在另外一些菌体上，利用宿主的细胞质组分作为营养生长发育，也可无宿主而生存。与螺旋体不同，螺旋菌无外鞘、内鞭毛和像螺旋形开塞钻一样的运动方式。此外，螺旋菌通常是相当硬的细胞，而螺旋体非常细而柔韧。

二、细菌细胞的构造与功能

细菌细胞的模式构造见图 2-3。图中把一般细菌都具有的构造称为一般构造，包括细胞壁、细胞膜、细胞质和核区等，而把仅在部分细菌中才有的或在特殊环境条件下才形成的构造称为特殊构造，主要是鞭毛、菌毛、性毛、糖被、芽孢等。

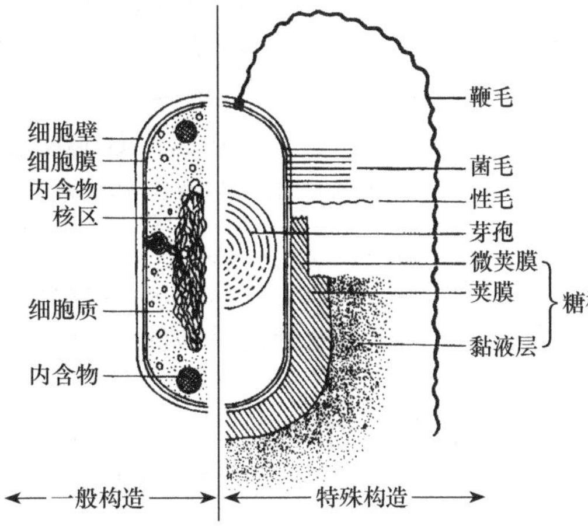

图 2-3　细菌细胞的模式构造（周德庆，2020）

（一）细菌细胞的一般构造与功能

1．细胞壁（cell wall）　位于细胞最外部的一层厚实、坚韧的外被，主要成分为肽聚糖。具有固定细胞外形和保护细胞不受损伤等生理功能。

由于细菌细胞既微小又无色透明，故一般要经过染色才能在显微镜下观察到菌体，细菌的其他结构如芽孢、荚膜、鞭毛等也需特殊染色，才能在显微镜下清楚看到。在各种染色法中，尤以鉴别染色中的革兰氏染色法（Gram staining）最为重要（此法由丹麦医生 C. Gram 于 1884 年发明），即将细菌经结晶紫初染后，用媒染剂碘液处理，再用乙醇脱色，最后用番红复染。染色结果能将细菌区分成两大类，一类被最终染成紫色，称为革兰氏阳性菌（Gram positive bacteria，G^+菌）；另一类被染成红色，称为革兰氏阴性菌（Gram negative bacteria，G^-菌）。

（1）G^+菌的细胞壁　G^+菌细胞壁厚 20～80nm，化学组分简单，一般含 90%肽聚糖和 10%磷壁酸。肽聚糖含量丰富，有 15～50 层，占细胞干重的 40%～90%。

1）肽聚糖（peptidoglycan）：又称为胞壁质（murein）、黏肽（mucopeptide），是原核微生物真细菌细胞壁中的特有成分。肽聚糖分子由肽和聚糖两部分组成，其中的肽包括四肽尾和肽桥两种，而聚糖则是由 *N*-乙酰葡糖胺和 *N*-乙酰胞壁酸两种单糖交替连接成的长链。这种肽聚糖交织成致密的网格状结构覆盖在整个细胞上，由图 2-4 可知，每一肽聚糖单体由三部分组成。

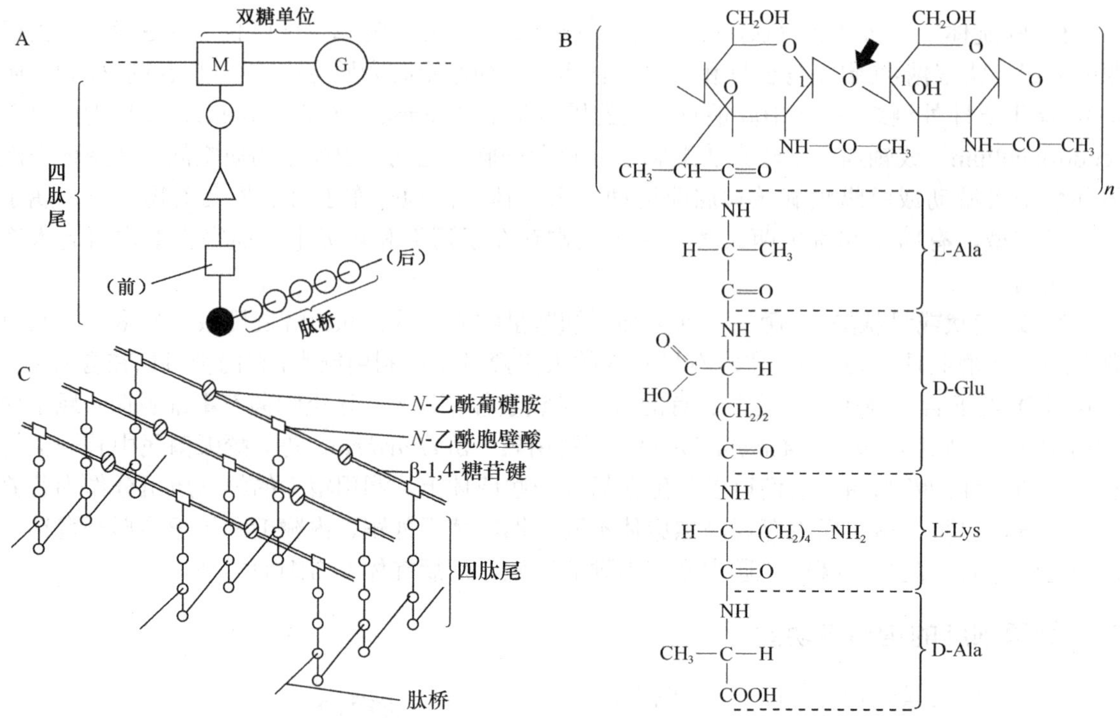

图 2-4　G^+菌肽聚糖单体（周德庆，2020）

A. 单体模式；B. 四肽聚糖结构，箭头示溶菌酶水解位点；C. 肽聚糖的立体结构（片段）。
M. *N*-乙酰胞壁酸；G. *N*-乙酰葡糖胺

A．双糖单位：由一个 *N*-乙酰葡糖胺通过 β-1,4-糖苷键与一个 *N*-乙酰胞壁酸相连。这一双糖单位中的 β-1,4-糖苷键易被卵清、人泪和鼻涕及部分细菌和噬菌体中的溶菌酶（lysozyme）破坏而分解。

B．四肽尾［或四肽侧链（tetrapeptide side chain）］：由 4 个氨基酸分子按 L 型与 D 型交替方式连接而成。在金黄色葡萄球菌（*Staphylococcus aureus*）中，连接在 *N*-乙酰胞壁酸上的四肽尾为 L-Ala→D-Glu→L-Lys→D-Ala，其中两种 D 型氨基酸一般仅在细菌细胞壁上见到。

C．肽桥［或肽间桥（peptide inter bridge）］：在金黄色葡萄球菌中，肽桥为甘氨酸五肽，它起着连接前后两个四肽尾分子的“桥梁”作用。肽桥的变化甚多（目前已超过 100 种），由此形成了“肽聚糖的多样性”。例如，藤黄微球菌的肽桥氨基酸组成与肽尾相同，也连接于甲肽尾的第四个氨基酸与乙肽尾的第三个氨基酸之间，而星星木棒杆菌的肽桥则由一个 D-Lys 组成，并连接于甲肽尾的第四个氨基酸与乙肽尾的第二个氨基酸之间。

2）磷壁酸（teichoic acid）：是 G^+菌细胞壁上的一种特有成分，为弱酸性物质，主链由醇（核糖醇或甘油）和磷酸分子交替连接而成，侧链是单个的 D-Ala 或葡萄糖分别以酯键或糖苷键相连。按照组分分为甘油磷壁酸和核糖醇磷壁酸。据其在细胞表面上的固定方式也可分为两类，一类是与肽聚糖分子共价结合的，称为壁磷壁酸；另一类跨越肽聚糖层与细胞膜相交联，称为膜磷壁酸或脂磷壁酸。磷壁酸的含量会随培养基成分而改变，一般占细胞壁质量的 10%，有时可接近 50%。

磷壁酸的主要生理功能为：①磷壁酸带有大量的负电荷，可与环境中的 Mg^{2+}等阳离子结合，以提高细胞膜上一些合成酶的活力；②调节细胞内自溶素（autolysin）的活力，防止细胞因自溶而死亡；③可作为噬菌体的特异性吸附受体；④赋予 G^+菌特异的表面抗原，因而可用于菌种鉴定；⑤增强某些致病菌（如 A 族链球菌）与宿主细胞间的粘连，避免被白细胞吞噬，并有抗补体的作用；⑥贮藏元素。

（2）G^-菌的细胞壁　G^-菌细胞壁结构和组分更为复杂，分为内壁层和外壁层两部分，下面以大肠杆菌为典型代表阐述。

1）内壁层：为肽聚糖层，很薄（2～3nm），仅 1～3 层，占细胞壁干重的 5%～10%，机械强度较 G^+菌弱。G^-菌肽聚糖单体结构与 G^+菌基本相同，差别仅在于：①四肽尾的第三个氨基酸分子不是 L-Lys，而是被一种只存在于原核生物细胞壁上的特殊氨基酸——内消旋二氨基庚二酸（m-DAP）所代替；②没有特殊的肽桥，故前后两单体间的连接仅通过甲四肽尾的第四个氨基酸（D-Ala）的羧基与乙四肽尾的第三个氨基酸（m-DAP）的氨基直接相连，因而只形成较稀疏、机械强度较差的肽聚糖网套（图 2-5）。

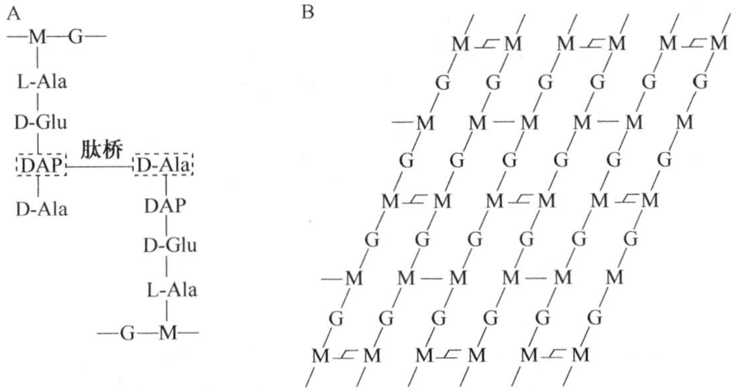

图 2-5　G^-菌（*E. coli*）细胞壁肽聚糖结构

A．肽聚糖单体；B．网格局部。M．*N*-乙酰胞壁酸；G．*N*-乙酰葡糖胺

2）外壁层：又称为外膜（outer membrane），是 G^-菌细胞壁所特有的结构，它位于壁的最外层，化学成分为脂多糖、磷脂和若干种外膜蛋白。这一层实际上也是一个脂质双分子层，但它不像细胞膜那样仅由磷脂和蛋白质构成；相反，外膜也含有多糖，并且脂质和多糖连接形成复合体。因此，外膜也通常被称为脂多糖层（图 2-6）。

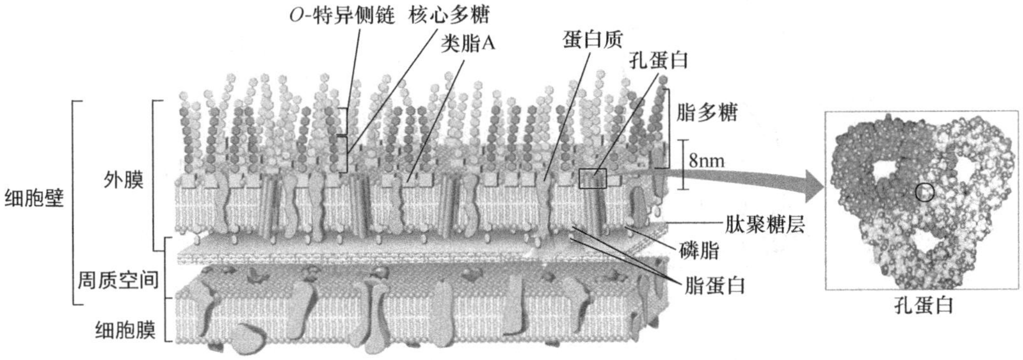

图 2-6　G^-菌细胞壁结构（Madigan et al.，2019）

孔蛋白形成 4 个孔，三个蛋白质内部各一个，蛋白质之间有一个较小的圈示意的中央孔

A．脂多糖（lipopolysaccharide，LPS），是 G^-菌特有的成分，它位于细胞壁最外层，厚 8～10nm，结构较为复杂，由类脂 A、核心多糖（core polysaccharide）区和 *O*-特异侧链（*O*-specific side chain，或称为 *O* 多糖或 *O* 抗原）组成。脂多糖的功能是：①脂多糖中的类脂 A 是构成 G^- 菌致病物质内毒素的基础；②吸附 Ca^{2+}、Mg^{2+}等阳离子提高了其在细胞表面的浓度；③决定细胞壁抗原多样性；④是某些噬菌体吸附的受体；⑤具有控制某些物质进出细胞的部分选择性屏障功能，可透过水、气体、氨基酸、双糖等小分子营养物，阻拦溶菌酶、抗生素、去污剂、染料等物质进入细胞造成毒害。

除对 G^- 菌细胞本身的作用外，脂多糖的一个重要生物活性是它对动物的毒性。常见的人类革兰氏阴性病原体包括沙门氏菌、志贺氏菌和大肠杆菌等，这些病原体引起的一些胃肠道症状与脂多糖层有关，特别是类脂 A，"内毒素"一词指的就是脂多糖的这种有毒成分。一些内毒素会引起人类强烈的症状，包括胀气、腹泻和呕吐，沙门氏菌和大肠杆菌的肠道致病性菌株所产生的内毒素可在被污染的食物中传播。

脂多糖层的组成如下。

脂多糖
- 类脂A：两个*N*-乙酰葡糖胺及5个长链脂肪酸
- 核心多糖区
  - 内核心区
    - 三个2-酮-3-脱氧辛糖酸（KDO）
    - 三个L-甘油-D-甘露庚糖（Hep）
  - 外核心区：5个己糖（Hex），包括葡糖胺、半乳糖、葡萄糖等
- *O*-特异侧链：多个4 Hex或5 Hex单位，内含半乳糖、葡萄糖、鼠李糖、甘露糖，以及一种或多种双脱氧己糖，如阿比可糖、可立糖、泊雷糖或泰威糖等

B．外膜蛋白（outer membrane protein），指嵌合在脂多糖和磷脂层外膜上的 20 余种蛋白质，多数功能还不清楚。其中的脂蛋白具有使外膜与内壁肽聚糖层紧密连接的功能；另有一类中间有孔道、可控制某些物质（如抗生素等）进入外膜的三聚体跨膜蛋白，称为孔蛋白（porin），有特异性与非特异性两种。

G^+菌和 G^-菌的细胞壁结构和成分间的显著差别不仅反映在染色反应上，更反映在一系列形态、构造、化学组分、生理生化特性等的差别上（图 2-7，表 2-1），从而对生命科学的基础理论研究和实际应用产生了巨大的影响。

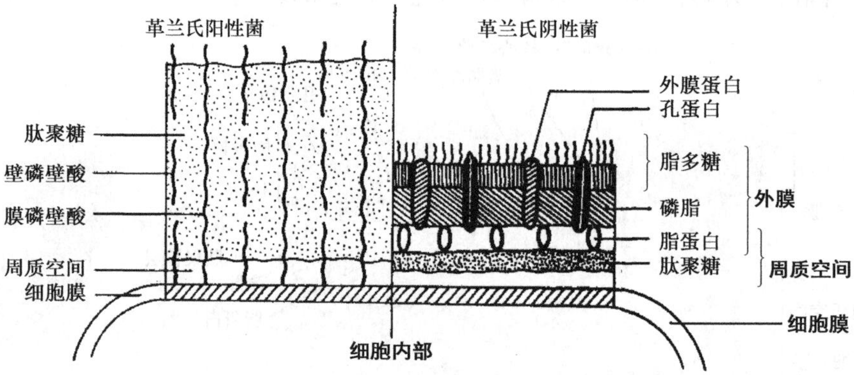

图 2-7　G^+菌与 G^-菌细胞壁的比较（周德庆，2011）

（3）革兰氏染色反应的机制　这是微生物学鉴别染色中重要的染色方法。1983 年，T. Beveridge 等用铂代替革兰氏染色中的原有媒染剂碘，再用电子显微镜（简称电镜）观察到结晶紫与铂复合物可被细胞壁阻留，从而证明了 G^+菌和 G^-菌染色的区别主要是由其细胞壁化学成分的差异引起的。G^+菌通过结晶紫液初染和碘液媒染后，在细胞膜内可形成不溶于水的

表 2-1　G^+菌与 G^-菌一些生物学特性的比较

比较项目	G^+菌	G^-菌
革兰氏染色反应	能保留结晶紫而染成紫色	可经脱色而复染成红色
肽聚糖层	厚，多层，75%亚单位交联，网络致密坚固，三维立体结构	一般单层，30%亚单位交联，网络较疏松，二维平面结构
磷壁酸	多数含有，含量较高（<50%）	无
外膜	无	有
脂多糖（LPS）	无	有
类脂和脂蛋白含量	低（仅抗酸性菌类含类脂），一般无（约占细胞壁干重<2%）	含量较高（约占细胞壁干重>20%）
鞭毛结构	基体上着生 2 个环	基体上着生 4 个环
产毒素	以外毒素为主	以内毒素为主
对机械力的抗性	强	弱
细胞壁抗溶菌酶	弱	强
对青霉素和磺胺	敏感	不敏感
对链霉素和氯霉素	不敏感	敏感
产芽孢	有的产	不产

结晶紫与碘的复合物，G^+菌由于其细胞壁肽聚糖含量高、层次多且交联成致密网状，细胞壁较厚而间隙小，当遇脱色剂乙醇（95%）处理时，肽聚糖网因失水而使网孔缩小，再加上它不含类脂，故乙醇的处理不会破坏细胞结构，因此结晶紫与碘的复合物仍牢牢滞留在细胞壁内，使其保持紫色。而 G^-菌因其外膜层类脂含量高、肽聚糖层薄且交联度差，乙醇脱色时，以类脂为主的外膜迅速溶解，这时薄而松散的肽聚糖网不能阻挡结晶紫与碘的复合物溶出，因此细胞被乙醇洗成无色。这时，再经沙黄等红色染料复染，就使 G^-菌呈现红色，而 G^+菌仍保持最初的紫色。

（4）抗酸细菌的细胞壁　抗酸细菌（acid-fast bacteria）是一类细胞壁中含有大量分枝菌酸（mycolic acid）等蜡质的特殊 G^+菌。最常见的为分枝细菌，如分枝杆菌属的结核分枝杆菌、麻风分枝杆菌等。分枝杆菌的细胞壁内含有大量的脂质，包围在肽聚糖的外面，所以分枝杆菌一般不易着色，要经过加热和延长染色时间的抗酸染色法来促使其着色。一旦分枝杆菌中的分枝菌酸与染料结合，就很难被酸性脱色剂脱色，用盐酸乙醇处理也不脱色，故称为抗酸细菌。当再加碱性亚甲蓝复染后，分枝杆菌仍然为红色，而其他细菌及背景中的物质为蓝色。

在抗酸细菌的细胞壁中约含有 60%的类脂，肽聚糖含量则很少，因此虽从染色反应上属于革兰氏阳性菌，但从其类脂外壁层（相当于革兰氏阴性菌的外膜，为适应物质运送，在这层透性极差的膜上嵌埋着许多有透水孔的蛋白质）和肽聚糖内壁层的结构来看，又与革兰氏阴性菌的细胞壁相似（图 2-8）。

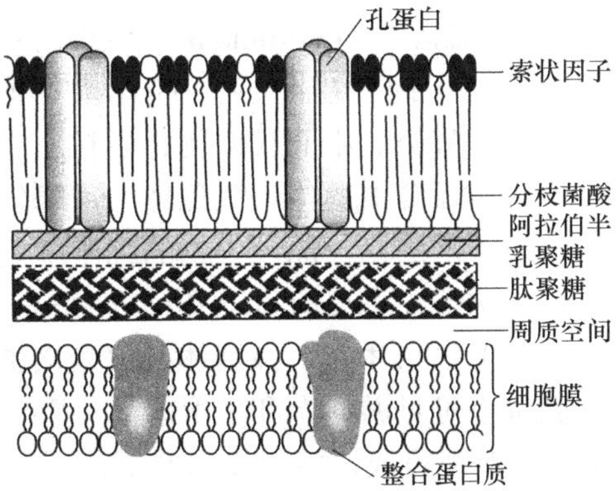

图 2-8　抗酸细菌细胞壁构造
（沈萍和陈向东，2016）

（5）缺壁细菌（cell wall deficient bacteria）　细菌在自然界长期进化中和在实验室菌种自发突变的特殊情况下，都会产生少数缺细胞壁的细菌。

L 型细菌（L-form of bacteria）：1935 年，英国

李斯特（Lister）预防医学研究所发现一株念珠状链杆菌（*Streptobacillus moniliformis*）发生自发突变，成为细胞膨大、对渗透压十分敏感、在固体培养基上形成“油煎蛋”似的小菌落，由于该所名字第一个字母是L，故称该菌为L型细菌。经研究，它是一种细胞壁缺损细菌。许多G^+菌或G^-菌在实验室或宿主体内都可产生L型突变。通常所说的L型细菌专指那些在实验室或宿主体内通过自发突变而形成的遗传性稳定的细胞壁缺损菌株。

原生质体（protoplast）：指在人为条件下，用溶菌酶除净处于等渗蔗糖溶液中G^+菌的细胞壁，或用青霉素抑制新生细胞壁合成后，仅剩有一层细胞膜包裹的圆球状渗透敏感细胞。G^+菌最易形成原生质体，这种原生质体除对相应的噬菌体缺乏敏感性、不能进行正常的鞭毛运动和细胞不能分裂外，仍保留着正常细胞所具有的其他功能。原生质体比正常细菌更易导入外源遗传物质，不同菌种或菌株的原生质体间易发生细胞融合，因而原生质体有利于遗传学基本原理的研究和进行杂交育种。

原生质球（spheroplast）：又称为球状体，是指用溶菌酶、EDTA（乙二胺四乙酸）处理细胞时，可得到残留了部分细胞壁的原生质体。通常由G^-菌形成，球状体与上述原生质体的性质类似。

支原体（mycoplasma）：是在长期进化中形成的、适应自然生活条件的无细胞壁的原核生物，因为它的细胞膜中含有一般原核生物所没有的甾醇，故即使缺乏细胞壁，细胞膜仍有较高的机械强度，有关支原体的详细内容见本章第五节。

（6）周质空间（periplasmic space） G^-菌外膜与细胞膜间的狭窄胶质空间（12～15nm）、G^+菌肽聚糖层与细胞膜之间的空间均称为周质空间（图2-6和图2-7），其中存在着多种周质蛋白，包括水解酶类、合成酶类和运输蛋白等。

2．细胞膜（cell membrane） 细胞膜是一层紧贴在细胞壁内侧，包围着细胞质的柔软、脆弱、富有弹性的半透性薄膜，厚7.5～10nm，占细胞干重的10%～30%。由磷脂（20%～30%）、蛋白质（50%～70%）和少量糖类（2%）组成。

细胞膜具有以下生理功能：①作为渗透屏障，维持细胞内正常的渗透压；②能选择性地控制细胞内外营养物质和代谢产物的运送和交换；③是合成细胞壁和糖被有关成分（如肽聚糖、磷壁酸、脂多糖和荚膜多糖等）的重要场所；④参与DNA复制与子细胞的分裂；⑤膜上含有与氧化磷酸化或光合磷酸化等能量代谢有关的酶系，故是细胞的产能基地；⑥是鞭毛基体的着生部位，并可提供鞭毛旋转运动所需的能量。

与真核生物不同，除了支原体及甲基营养细菌外，原核生物的细胞膜上一般不含甾醇。

3．细胞质（cytoplasm）及细胞内含物（cell inclusion） 细胞质是指被细胞膜包围的除核区以外的一切半透明、胶体状、颗粒状物质的总称。细胞质主要成分为核糖体、蛋白质、贮藏物、酶类、中间代谢物、质粒、各种营养物质和大分子的单体等，其含水量约为80%。少数细菌还含类囊体、载色体、羧酶体、磁小体或气泡等有特定功能的细胞结构。与真核生物明显不同的是，原核生物的细胞质是不流动的。细胞内含物是指细胞质内一些形状较大的颗粒状构造，主要有以下几种物质。

（1）核糖体 核糖体又称为核蛋白体，是多肽和蛋白质合成的场所。在细菌中，电子显微镜下可见游离态和多聚态的小颗粒分布于细胞质中，沉降系数为70S，由50S大亚基和30S小亚基组成，核糖体由RNA和蛋白质构成，其中RNA占60%，蛋白质占40%。

（2）贮藏物（reserve material） 一类由不同化学成分累积而成的不溶性颗粒，主要功能是储存营养物，种类很多，常见的有如下几种。

1）聚羟基烷酸酯（polyhydroxyalkanoate，PHA）：PHA 是 R-羟基烷酸单体的聚酯，细菌和古菌都具有合成 PHA 的代谢能力。在有过量的碳源但其他营养或环境因子（氮、磷、氧等）限制的条件下，一些细菌或古菌细胞内会积累 PHA 颗粒作为碳源和能量的储存物。根据单体中碳原子数目的不同可将 PHA 分为短链（3～5 个碳原子）、中链（6～14 个碳原子）和长链（＞14 个碳原子）3 种，其中最常见的 PHA 是 3-羟基丁酸酯聚合物（poly-β-hydroxybutyrate，PHB）。PHB 不溶于水而溶于氯仿，可用尼罗蓝或苏丹黑染色。除了储存功能外，PHB 还可以增强细菌对各种胁迫的抵抗力。当巨大芽孢杆菌（*Bacillus megaterium*）生长在含乙酸或丁酸的培养基中时，其 PHB 含量可达干重的 60%左右。棕色固氮菌（*Azotobacter vinelandii*）的孢囊中也含有 PHB。PHB 的化学结构式（$n>10^3$）为

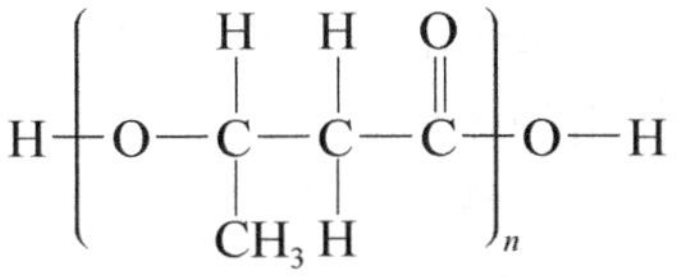

PHA 是由生物合成的高聚物，具有无毒、可塑和易降解等特点，是用于制造医用塑料和快餐盒等的优质原料。同时，因其良好的生物降解性和生物相容性，PHA 在药物缓释体系中发挥着越来越重要的作用。PHA 的生产除了通过细菌发酵的途径外，还可利用转基因植物，这是一种可持续、可再生的材料生产方式。目前已在烟草、马铃薯、棉花、油菜、玉米、苜蓿等植物中实现了包括 PHB、PHBV（3-羟基丁酸酯和 3-羟基戊酸酯的共聚物）及中长链 PHA 等的合成，其中在马铃薯块根中合成 PHA 最具生产前景。

2）淀粉（starch）和糖原（glycogen）：均为葡萄糖的多聚体，是碳源和能源的贮藏物质，存在于某些肠道细菌和梭状芽孢杆菌中。遇碘液变蓝为淀粉，变红为糖原。

3）硫滴（sulfur droplet）：某些硫细菌和光合细菌在富含硫化氢的环境中，可将硫化氢氧化成硫，呈固态硫滴累积在细胞内，当环境中缺乏硫化氢时，可提供硫素营养。

4）异染粒（metachromatic granule）：又称为迂回体或捩转菌素（volutin granule）。最初是在迂回螺菌（*Spirillum volutans*）中被发现的，可用亚甲蓝或甲苯胺蓝染成红紫色。颗粒大小为 0.5～1.0μm，是无机偏磷酸的聚合物，分子呈线状，一般在含磷丰富的环境中形成。具有贮藏磷元素和能量，以及降低细胞渗透压等作用。在白喉棒状杆菌和结核分枝杆菌中极易见到，故可用于这类细菌的鉴定。

5）藻青素（cyanophycin）与藻胆蛋白（phycobiliprotein）：藻青素为非核糖体多肽，由天冬氨酸骨架和精氨酸侧链基团组成（1∶1），发现于多数蓝细菌和少数异养细菌中，如不动杆菌属（*Acinetobacter*）等，主要为氮源贮藏物。藻青素的结构为

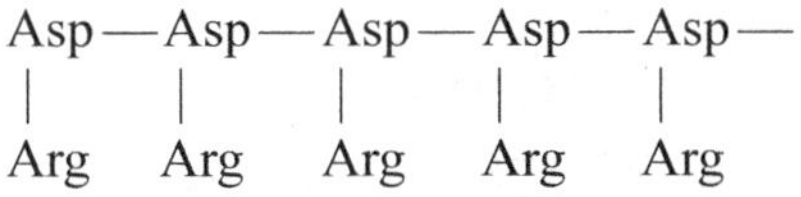

藻胆蛋白是水溶性色素-蛋白复合体，存在于蓝细菌及真核的红藻、部分隐藻和少数甲藻中，主要功能是构成光合作用的捕光色素系统（具体见第六章），在一些藻类中藻胆蛋白也可以作为贮藏蛋白，使藻类在氮源缺乏的季节得以生存。

（3）磁小体（magnetosome）　存在于少数水生螺菌属和嗜胆球菌属等趋磁细菌中的磁性颗粒链，颗粒大小为 50～120nm，形状为平截八面体、平行六面体或六棱柱体等，成分为 Fe_3O_4 和（或）Fe_3S_4，外由一层磷脂、蛋白质或糖蛋白膜包裹，无毒，具有导向功能，即借鞭毛引导细菌游向最有利的泥、水界面的微氧环境处生活。趋磁细菌有一定的实用前景，

包括用作磁性定向药物和抗体，以及制造生物传感器等。

（4）羧酶体（carboxysome）　羧酶体又称为羧化体，是存在于一些自养细菌细胞内的多角形或六角形内含物，直径约 100nm，外裹一层薄的蛋白质膜，内含核酮糖-1,5-二磷酸羧化酶，在自养细菌的 CO_2 固定中起着关键作用。存在于化能自养的硫杆菌属、贝日阿托氏菌属和一些光能自养的蓝细菌中。

（5）载色体（chromatophore）和绿色体（chlorosome）　载色体和绿色体是光合细菌进行光合作用的部位，由单层的与细胞膜相连的内膜所围绕，主要化学成分是蛋白质和脂类。它们含有菌绿素（细菌叶绿素）、类胡萝卜素等色素及光合磷酸化所需的酶系和电子传递体。在红硫菌科的细菌中为载色体，绿硫菌科中为绿色体。

（6）类囊体（thylakoid）　类囊体由单位膜组成，含有叶绿素、胡萝卜素等光合色素和有关酶类，为蓝细菌进行光合作用的场所。

（7）气泡（gas vacuole）　气泡是存在于许多光能营养型、无鞭毛运动细菌中的泡囊状内含物，其中充满气体，大小为（0.2～1.0）μm×75nm，内有数排柱形小空泡，外由 2nm 厚的蛋白质膜包裹。具有调节细胞相对密度，使其漂浮在最适水层中的作用，借以获取光能、氧和营养物质。每个细胞含数个至数百个气泡，它主要存在于多种蓝细菌中。

4．核区（nuclear region or area）和质粒　核区又称为核质体（nuclear body）、原核（prokaryon）、拟核（nucleoid）或核基因组（genome），是指原核生物所特有的无核膜包裹、无固定形态的原始细胞核，是负载遗传信息的主要物质基础。用福尔根（Feulgen）染色法可见到呈紫色、形态不定的核区。

核 DNA 分子一般为双链环状，长度为 0.25～3.00mm，如 *E. coli* 的核区为 1.1～1.4mm，已测得其基因组大小为 4.64Mb，共由 4300 个基因组成。也有线状存在的核 DNA，如放线菌。原核细胞内 DNA 的高级结构主要与三个因素有关：DNA 本身的超螺旋、外界大分子的挤压和拟核相关蛋白（nucleoid-associated protein，NAP）的相互作用。每个细胞所含的核区数目与该细菌的生长速度密切相关，核区除在染色体复制的短时间内呈双倍体外，一般均为单倍体，但是由于核的分裂通常在细胞分裂之前，而且细菌细胞的生长较快，所以有时在一个细胞内可见 4 个原核。在快速生长的细菌中，核区 DNA 可占细胞总体积的 20%。

细菌细胞中存在的质粒是指一种独立于染色体外，能自我复制并稳定遗传的共价闭合环状或线状 DNA 分子。质粒的分子量较菌体的染色体小得多，通常仅为染色体分子量的 1.5%～3%，只含有次级代谢相关的基因。

（二）细菌细胞的特殊构造与功能

1．S 层（S layer）　S 层是一层包围在某些原核微生物细胞壁外、由单一蛋白质或糖蛋白亚基以方块形或六角形方式排列的连续层，呈类晶格状态，类似于建筑物中的地砖。例如，嗜水气单胞菌的 S 层覆盖了 LPS，但菌毛可以从晶格的孔隙中伸出。除了作为分子筛和离子通道外，S 层还具有类似荚膜的保护屏障作用，能抗噬菌体、蛭弧菌及蛋白酶。研究表明，S 层蛋白可能与细菌的黏附有关。例如，S 层蛋白被认为是乳酸菌的黏附素之一，气单胞菌的 S 层也被发现是一种黏附素，可介导细菌对宿主细胞的黏附及内化（internalization）进入巨噬细胞等。革兰氏阳性菌、革兰氏阴性菌和古菌中都可发现 S 层结构。例如，常见的细菌有芽孢杆菌属（*Bacillus*）、梭菌属（*Clostridium*）、乳杆菌属（*Lactobacillus*）、棒杆菌属（*Corynebacterium*）、弯曲菌属（*Campylobacter*）、异常球菌属（*Deinococcus*）、气单胞菌属

（*Aeromonas*）、假单胞菌属（*Pseudomonas*）、水螺菌属（*Aquaspirillum*）、密螺旋体属（*Treponema*）及一些蓝细菌等；常见的古菌有脱硫球菌属（*Desulfococcus*）、盐杆菌属（*Halobacterium*）、甲烷球菌属（*Methanococcus*）和硫化叶菌属（*Sulfolobus*）等。

S 层在细胞壁表面的结合方式也有不同，革兰氏阳性菌中，S 层一般结合在肽聚糖层的表面，但有些菌具有两层 S 层（由相同或不同亚基构成），如芽孢杆菌属和棒杆菌属等；在革兰氏阴性菌中，S 层一般都直接黏合在细胞壁的外膜上；而在有些古菌中，S 层可紧贴在细胞膜外，由它取代细胞壁。也有学者认为 S 层是糖被的一种。

2. 糖被（glycocalyx）　糖被是指包被于某些细菌细胞壁外的一层厚度不定的透明胶状物质。糖被按其有无固定层次、层次厚薄又可细分为荚膜、微荚膜、黏液层、菌胶团。荚膜（capsule）即大荚膜（macrocapsule），厚约 200nm，相对稳定，附着在单个细胞壁外，有明显的外延和一定的形状；荚膜的含水量很高，经特殊染色后可在光学显微镜下看到。在实验室中，若用碳素墨水对产荚膜细菌进行负染色（即背景染色），可方便地在光学显微镜下观察到荚膜。厚度在 0.2μm 以下者，在光学显微镜下不能直接看到，必须以电子显微镜或免疫学方法才能证明，称为微荚膜（microcapsule）。黏液层（slime layer）无明显的边沿，与细胞表面结合松散，可向周围环境扩散，在液体培养基培养会增加培养基的黏度。有的细菌能分泌黏液将许多细菌黏合在一起，形成一定形状的黏胶物，即菌胶团（zoogloea）。糖被的有无、厚薄，除与菌种的遗传特性相关外，还与环境尤其是营养条件密切相关。糖被不是细胞壁的一部分，因为它们不赋予细胞显著的结构强度。

（1）糖被的成分　一般是多糖，少数是蛋白质或多肽，也有多糖与多肽复合型的。少数细菌如黄色杆菌属（*Xanthobacter*）的菌种，既有含 α-聚谷氨酰胺的荚膜，又有含大量多糖的黏液层。这种黏液层无法通过离心沉淀，有时甚至将液体培养的容器倒置时，整个呈凝胶状态的培养物仍不会流出。

（2）糖被的功能　具体如下：①保护作用，含有大量极性基团，可保护菌体免受干旱损伤；处于细菌细胞最外层，可有效保护菌体免受或少受多种杀菌、抑菌物质的损伤，如溶菌酶、补体等；可防止噬菌体的吸附和裂解。②抗吞噬作用，荚膜因其亲水性，带正电及其空间占位、屏障作用，可有效抵抗宿主吞噬细胞的吞噬作用，如肺炎双球菌的荚膜可保护它们免受宿主白细胞的吞噬（图 2-9）。③黏附作用，荚膜多糖可使细菌彼此间粘连，也可黏附于细胞或物体表面，是引起感染的重要因素。例如，可引起龋齿的唾液链球菌（*Streptococcus salivarius*）和变异链球菌（*S. mutans*）就会分泌一种己糖基转移酶，使蔗糖转变成果聚糖，由它把细菌牢牢黏附于牙齿表面，这时细菌发酵糖类所产生的乳酸在局部累积，严重腐蚀齿表珐琅质层，引起龋齿。④贮藏养料，以备营养缺乏时重新利用，如黄色杆菌的荚膜等。⑤细菌间的信息识别作用，如根瘤菌属（*Rhizobium*）。⑥堆积代谢废物。⑦有的具有抗原性，如伤寒杆菌的 Vi 抗原及大肠杆菌的 K 抗原等。

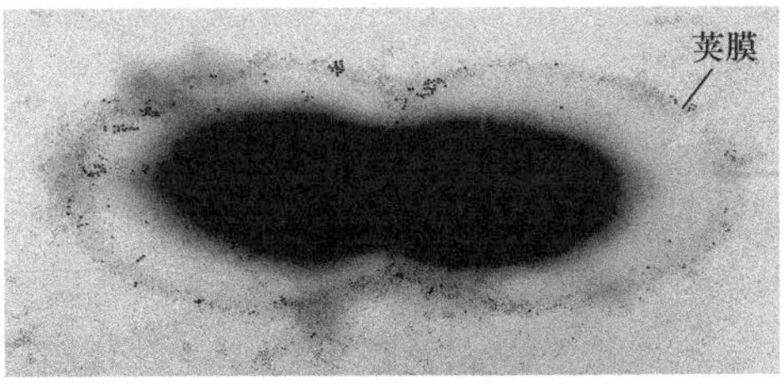

图 2-9　肺炎双球菌的荚膜

（3）糖被与生产实践有密切的联系　具体如下：①用于菌种鉴定；②用作药物和生化试剂，如肠膜明串珠菌（*Leuconostoc mesenteroides*）的糖被可提取葡聚糖以制备“代血浆”或葡聚糖生化试剂；③用作工业原料，如野油菜黄单胞菌（*Xanthomonas campestris*）的黏液层可提取一种用途极广的胞外多糖——黄原胶（xanthan），已被用于石油开采中的钻井液添加剂及印染和食品等工业中；④用于污水的生物处理，如形成菌胶团的细菌，有助于污水中有害物质的吸附和沉降。当然，若管理不当，有些细菌的糖被也会给人类带来有害及致病作用。

3．鞭毛（flagellum） 生长在某些细菌细胞膜上、穿过细胞壁伸展到菌体细胞之外的长丝状、波曲状的蛋白质附属物，称为鞭毛，具有运动功能。其数目为一至数十条。观察鞭毛最直接的方法是用电子显微镜。用特殊的鞭毛染色法使染料沉积在鞭毛上，加粗后的鞭毛也可用光学显微镜观察。在暗视野中，对水浸片或悬滴标本中运动着的细菌，也可根据其运动方式判断它们是否具有鞭毛。在下述两种情况下，单凭肉眼观察也可初步推断某细菌是否存在鞭毛：①在半固体（0.3%～0.4%琼脂）直立柱中用穿刺法接种某一细菌，培养后，若在穿刺线周围有呈混浊的扩散区，说明该菌具有运动能力，可推测其长有鞭毛。②若某菌在平板培养基上长出的菌落形状大、薄且不规则，边缘极不圆整，说明该菌运动能力很强；反之，若菌落外形圆整、边缘光滑、厚度较大，则说明它是无鞭毛的细菌。

在各类细菌中，弧菌、螺旋菌普遍都有鞭毛。杆菌中约有一半种类长有鞭毛，其中的假单胞菌类都长有端生鞭毛，其他有的着生周生鞭毛，有的没有。球菌一般无鞭毛，仅个别属如动性球菌属（*Planococcus*）才长有鞭毛。鞭毛在细胞表面的着生方式多种多样，主要有单鞭毛菌（monotricha）、丛鞭毛菌（lophotricha）、两端单鞭毛菌（amphitrichate）、周鞭毛菌（peritricha）等，此外还有侧生鞭毛。

鞭毛着生方式
- 端生
  - 单端生
    - 一根：霍乱弧菌（*Vibrio cholerae*）、蛭弧菌属（*Bdellovibrio*）等
    - 一束：荧光假单胞菌（*Pseudomonas fluorescens*）等
  - 两端生
    - 一根：鼠咬热螺旋体（*Spirochaeta morsusmuris*）等
    - 一束：红螺菌（*Spirillum rubrum*）、蔓延螺菌（*S. serpens*）等
- 周生
  - 肠杆菌科：大肠杆菌（*Escherichia coli*）、伤寒沙门氏菌（*Salmonella typhi*）等
  - 芽孢杆菌科：枯草芽孢杆菌（*Bacillus subtilis*）、丙酮丁醇梭菌（*Clostridium acetobutylicum*）等
- 侧生：反刍月形单胞菌（*Selenomonas ruminantium*）

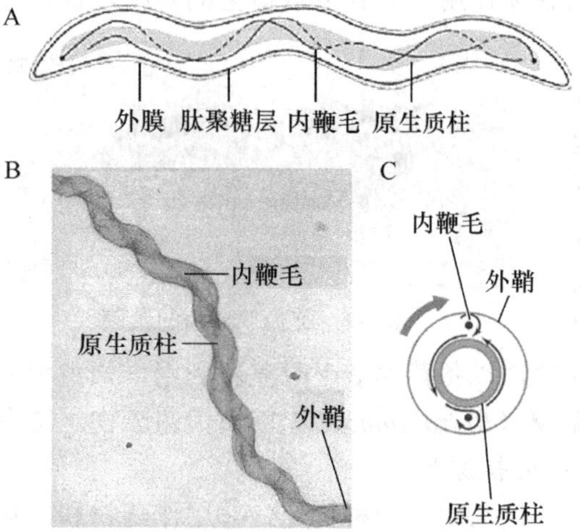

图 2-10 螺旋体结构（Madigan et al.，2019）

A．螺旋体鞭毛模式图；B．*Spirochaeta zuelzerae* 电镜图；C．内鞭毛与原生质柱的旋转方向

另外，正如前文所述，螺旋体的鞭毛非常特殊，为周质鞭毛或内鞭毛，2～100 根及以上鞭毛分别着生于细胞两极，缠绕着细胞。内鞭毛像典型的细菌鞭毛一样旋转。然而，当两个内鞭毛旋转方向相同时，原生质柱的旋转方向相反，导致螺旋体细胞弯曲，产生一种类似螺旋形开塞钻的运动，使细胞能够钻过黏性材料或组织（图 2-10）。

鞭毛的有无和着生方式在细菌的分类和鉴定工作中是一项十分重要的形态学指标。

（1）鞭毛的结构与合成 原核生物（包括古菌）的鞭毛有共同的构造，均由基体、钩形鞘和鞭毛丝三部分组成。革兰氏阴性菌鞭毛最为典型，大肠杆菌鞭毛的基体（basal body）由 L、P、

MS、C 4 个环及中心杆组成，最外层为 L 环，嵌在细胞壁的外膜上，接着为内壁层上的 P 环，再往里是 MS 环，共同嵌埋在细胞膜和周质空间并被 MotA 和 MotB 蛋白包围。MotA 和 MotB 是跨膜蛋白，MotA 五聚体围绕 MotB 二聚体，二者共同组成质子通道，构成鞭毛马达中的定子（stator）。FliG、FliM 和 FliN 蛋白在鞭毛基底形成一个功能复合体，称为切换复合体（switch complex），即 C 环，处于细胞膜和细胞质的交界处。整个基体构成了转子（rotor），转子与定子一起，形成鞭毛马达（motor），如图 2-11 所示。在大肠杆菌和伤寒沙门氏菌中，参与鞭毛组装和运行的蛋白质有 50 余种，与鞭毛力矩产生有关的主要是上述 5 种蛋白质（MotA、MotB，FliM、FliN、FliG）。此外，C 环还确定着鞭毛的旋转方向，也就是顺时针/逆时针（CW/CCW）的切换。

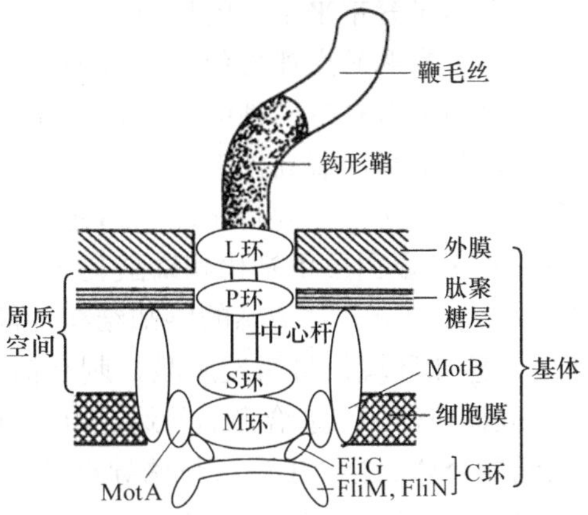

图 2-11 细菌鞭毛着生示意图

把鞭毛基体与鞭毛丝连在一起的结构称为钩形鞘或鞭毛钩（hook），直径约 17nm，其上着生一条长 15～20μm、直径 15～20nm 的鞭毛丝（filament）。鞭毛丝是由大约 20 000 个鞭毛蛋白（flagellin）亚基沿着中央孔道螺旋状缠绕而成，每周约 5.5 个亚基。鞭毛蛋白是一种球状或卵圆状的蛋白质，分子质量为 30 000～60 000Da。

正在生长的鞭毛末端有种被称为“帽子”的蛋白质。鞭毛的合成与组装起始于 MS 环和 C 环，然后是其他环、鞭毛钩及帽子。随后，鞭毛蛋白在细胞质内合成，通过直径 3nm 的中央孔道向上运输，由帽子蛋白引导至鞭毛的游离端装配；因此，鞭毛的生长是靠其顶部延伸而非基部延伸。此外，鞭毛马达在细胞质中有一个输出装置，类似于细菌的Ⅲ型分泌系统（type Ⅲ secretion system，T3SS），用于形成鞭毛丝、鞭毛钩和中心杆的蛋白质的跨膜输出。

G^+菌和 G^-菌的鞭毛构造稍有区别：G^+菌没有外壁层，鞭毛结构较简单，如枯草芽孢杆菌的鞭毛基体仅有 MS 环和 C 环，其他均与 G^-菌相同。

（2）*鞭毛的运动方式与机制*　就鞭毛运动的方式曾有过“旋转论”（rotation theory）和“挥鞭论”（bending theory）的争议。1974 年，美国学者 M. Siverman 和 M. Simon 通过逆向思维创造性地设计了一个巧妙的“拴菌试验”（tethered-cell experiment），即设法把单毛菌鞭毛的游离端用相应抗体牢固地“拴”在载玻片上，然后在光学显微镜下观察该细胞的行为，结果发现，该菌只能在载玻片上不断打转而未做伸缩“挥动”，因而肯定鞭毛运动是旋转运动。

当鞭毛马达逆时针旋转（CCW）时，所有鞭毛丝在菌体后绑定成束，类似于船舶螺旋桨，产生推进力驱动菌体向前直线游动。当其中有马达顺时针旋转（CW）时，鞭毛解束，此时脱离的鞭毛产生的推进力方向各不相同，菌体在不同方向力作用下原地翻转（tumble），从而改变运动方向，这是一个主动重新定向的过程。鞭毛菌依次以前进、翻转方式交替运动而向目标呈折线状运动轨迹前进。

鞭毛马达的旋转不依赖 ATP 供能，驱动力来自跨膜的 H^+（或 Na^+）电化学势能，当 H^+（或 Na^+）经由定子流过细胞膜时，会在 C 环上产生扭矩，从而驱动基体旋转并带动鞭毛丝的转动以推动菌体前进。过去几十年，由于缺乏对鞭毛马达三维结构的解析，质子动力势如何驱动定子单元中力的产生并高效传输扭矩一直不清楚。近年来随着低温电子显微镜的发展，鞭毛马达的详细结构及组装细节逐渐呈现。例如，2021 年浙江大学研究团队解析了细菌鞭毛马达装置的原子分辨率冷冻电镜结构，发现鞭毛马达通过各结构元件间的精妙配合，可将质子泵转化来的机械能毫无损耗地传给鞭毛丝，从而使其高速旋转并带动细菌快速运动。这个发现不仅使人们更好地认识了这一高效的分子发动机，还为合成生物学、生物物理学、纳米机器人等研究带来了新的启发。

（3）鞭毛的生理功能　鞭毛的功能是运动，运动使细菌能对环境中的不同物理、化学或生物因子做有方向性的应答，从而趋利避害，这称为趋性。这些因子往往以梯度差的形式存在，若细菌向着高梯度方向运动，就称为正趋性，反之则称为负趋性。按环境因子性质的不同，趋性又可分为趋化性、趋光性、趋渗性等。鞭毛细菌的趋化性机制涉及蛋白质分子的构象变化、蛋白质甲基化和磷酸化等。甲基受体趋化蛋白（methyl-accepting chemotaxis protein，MCP）有一个非常敏感的感知结构，能感知胞外 μmol/L 到 nmol/L 的专一配体并与之结合。MCP 感知环境信号引发刺激，刺激信号通过双组分调控系统 CheA（组氨酸激酶）和 CheY（反应调节器）传递给鞭毛马达。MCP 可通过连接因子 CheW 与 CheA 形成 MCP-CheW-CheA 三元复合体。当 MCP 未与诱导剂结合时，CheA 自我磷酸化形成 CheA-P，并将信号传递给 CheY。CheY 是一个小蛋白，能在细胞中自由扩散，一经磷酸化就与 FliM 开关蛋白相互作用，使得鞭毛旋转由逆时针变为顺时针，或者调节其转速。当诱导剂与 MCP 结合时，构象改变，CheA 磷酸化被抑制，CheY 也无法磷酸化，导致平滑的旋转行为；趋斥剂则刺激 CheA 的自我磷酸化，细胞内 CheY-P 水平上升，导致细胞做翻转运动。在最初的趋化反应后，细菌需要适应持续存在的刺激，MCP 的甲基化水平是适应反应的关键，甲基转移酶 CheR 和甲基酯酶 CheB 这一甲基化去甲基化系统对 MCP 进行可逆的甲基化修饰，共同调节细菌对环境的适应性。

细菌鞭毛的转速为 300～2400r/s，甚至超过一级方程式赛车发动机的转速，因此鞭毛菌的运动速度极高，每秒钟能跑出自己身长 60～100 倍的距离。一般端生鞭毛菌的运动速度明显高于周生鞭毛菌，速度在 20～80μm/s，最高可达 100μm/s（每分钟达到 300 倍体长），逗号弧菌（*Vibrio comma*）则每秒高达 200μm。鞭毛的旋转速度不是恒定的，而是根据质子动力势的强度进行调整。

资源 2-1

4. 菌毛（fimbria，复数 fimbriae）　菌毛又称为纤毛、伞毛、线毛或须毛，是一种长在细菌体表的纤细、中空、短直且数量较多的蛋白质类附属物，具有使菌体附着于物体表面上的功能，可以在液体表面形成薄膜或在固体表面形成生物膜。它的结构比鞭毛简单，无基体等构造，直接着生于细胞膜内侧的菌毛基粒上，主要成分是菌毛蛋白。直径一般为 3～10nm，长 0.2～2μm，每个细菌一般有 250～300 根，周身分布。菌毛多数存在于 G^- 致病菌中，它们借助菌毛可使自己牢固地黏附在宿主的呼吸道、消化道或泌尿生殖道等黏膜上，如淋病奈瑟氏球菌（*Neisseria gonorrhoeae*）就可借其菌毛黏附于人体泌尿生殖道的上皮细胞，引起严重的性病。

5. 性毛（pilus，复数 pili）　性毛又称为性菌毛（sex-pilus 或 F-pilus），构造和成分与菌毛相同，但比菌毛长，并且每个细胞仅少数几根。主要功能是介导接合作用及病原菌对宿主的黏附，一般见于 G^- 菌的雄性菌株（供体菌）上，具有向雌性菌株（受体菌）传递遗传物质的作用；后一作用也在 G^- 病原菌中研究较多，但是在某些 G^+ 病原菌中也存在，如酿脓链球菌（*Streptococcus pyogenes*）上也有性毛介导的黏附，该菌会导致链球菌性咽喉炎和猩红热。此外，有的性毛还是 RNA 噬菌体的特异性吸附受体（图 2-12）。

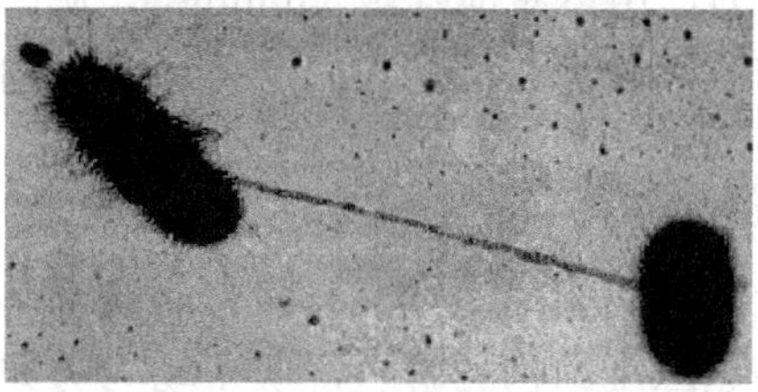

图 2-12　大肠杆菌的性毛（Madigan et al.，2019）

要注意的是，这类菌毛中有一个重要的类别，称为四型菌毛（type IV pilus），除了帮助细胞黏附，还能使细胞在 ATP 供能的情况下蹭动（twitching motility），导致细胞在固体表面的滑行，如假单胞菌属（*Pseudomonas*）和莫拉克斯氏菌属（*Moraxella*）中的某些种。

资源 2-2

6. 芽孢　某些细菌在其生长发育后期，在细胞内形成的一个圆形或椭圆形、厚壁、含水量低、折光性强、具有抗逆性的休眠体，称为芽孢（spore），也称为内生孢子（endospore）。由于每一个营养细胞内仅形成一个芽孢，故芽孢不是细菌的繁殖方式。

芽孢具有较厚的壁和高度的折光性，在光学显微镜下为一透明的小体，染色时不易着色，需要强染色剂（孔雀绿等）加热染色，芽孢大小和在菌体中的位置因菌种而异。能产芽孢的细菌种类很少，主要是 G^+ 菌的 2 属——好氧性的芽孢杆菌属（*Bacillus*）和厌氧性的梭菌属（*Clostridium*）。阳性球菌只有尿素生孢八叠球菌。需要说明的是，严格厌氧的脱硫肠状菌属（*Desulfotomaculum*）也产芽孢，该菌革兰氏染色阴性，但细胞壁属革兰氏染色阳性类型，《伯杰氏系统细菌学手册》（第二版）已将其归于革兰氏阳性菌。不同芽孢着生部位见图 2-13。

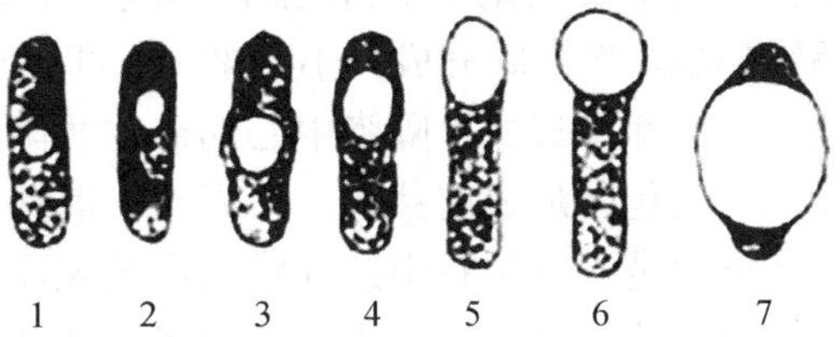

图 2-13　细菌芽孢的形态和位置

1. 球形，在中心；2. 卵形，偏离中心，不膨大；3. 卵形，近中心，膨大；4. 卵形，偏离中心，稍膨大；5. 卵形，在极端，不膨大；6. 球形，在极端，膨大；7. 球形，在中心，特别膨大

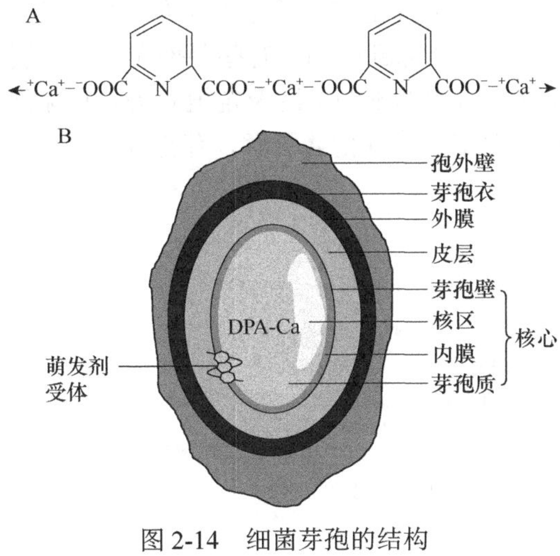

图 2-14　细菌芽孢的结构

A. DPA-Ca；B. 芽孢结构示意图

芽孢的结构较为复杂，如图 2-14 所示。首先最外层是孢外壁，重量占芽孢干重的 2%～10%，多层，厚约 25nm，主要成分是脂蛋白及少量的氨基糖；透性差，松散地包围着芽孢，但不附着在芽孢衣上，被认为是芽孢衣最外层的扩增，可有可无。其次是芽孢衣，厚约 3nm，3～15 层，含有疏水性的角蛋白，占芽孢总蛋白的 50%～80%，其中水溶性差的胱氨酸、半胱氨酸和酪氨酸含量很高；芽孢衣非常致密，对多价阳离子的透性差，对溶菌酶、蛋白酶、表面活性剂有很强的抗性。再次是皮层，较厚，体积较大，占芽孢总体积的 36%～60%，含特有的芽孢肽聚糖，与母细胞壁肽聚糖相比，芽孢肽聚糖呈纤维束状、交联度小、负电荷强，其双糖单位的胞壁酸上发生了 δ-内酰胺化修饰，不含肽侧链或单个的 L-Ala。芽孢核心由芽孢壁、芽孢膜（内膜）、芽孢质和核区组成；芽孢壁为一薄层与母细胞类似的肽聚糖，芽孢质中含有核糖体、胞质酶等，含水量极低且高度矿化，主要包含 Ca^{2+}、Mn^{2+}和 Mg^{2+}，它们可与芽孢的特殊成分 2,6-吡啶二羧酸（dipicolinic acid，DPA）结合成螯合物的形式，芽孢质中还含有 α 和 β 型小的酸溶性蛋白（small acid-soluble protein，SASP），SASP 能结合和稳定芽孢 DNA，使得 DNA 高度浓缩化，增强其抗逆性。

芽孢是生命世界中抗逆性最强的一种构造，其抗热、抗化学药物和抗辐射等能力都十分强大。例如，肉毒梭菌（*Clostridium botulinum*）的芽孢在沸水中要经 5.0～9.5h 才被杀死；

巨大芽孢杆菌（*Bacillus megaterium*）芽孢的抗辐射能力比 *E. coil* 细胞强 36 倍。芽孢的休眠能力更为突出，在常规条件下，一般可保持几年至几十年而不死亡。有的芽孢甚至可休眠数百至数千年。

（1）芽孢形成　当产芽孢细菌处于不利的生长条件，特别是营养物质受限而细胞又不能通过启动几种适应性反应机制如趋化性、吸收或代谢潜在的二次能源等为持续的细胞生长提供足够营养时，细胞将进入产孢途径。尽管营养限制是关键，但一个完全饥饿的细胞也不能产生芽孢，因为芽孢形成是一个耗能的生物合成过程。芽孢的起始受到严格控制，涉及众多调控因子，如 SpoOA 和 σ^H。其形成过程如图 2-15 所示。①轴丝形成：营养细胞内，分开存在的两个染色体 DNA 浓缩，形成一个束状染色体。②隔膜形成：细胞膜内陷，向心延伸，隔膜形成，将细胞分成大小两部分，即不对称分裂。隔膜的形成涉及 FtsZ 环在分裂位点的定位。③前芽孢形成：隔膜中心的壁物质降解，较大部分的细胞膜围绕较小的部分生长延伸，直至将其包围形成前芽孢，即裹吞。前芽孢的双层膜形成并与母细胞膜分离，抗逆性提高。要注意的是，双层膜中的外膜与内膜表面极性相反，这种膜结构被认为干扰了离子和低分子营养物质的正常运输过程，导致渗透性降低和随后芽孢原生质体的水分流失。芽孢原生质体的脱水过程进一步伴随着 2,6-吡啶二羧酸钙（DPA-Ca）的积累。DPA 在母细胞中合成，随后被转运至芽孢核心与 Ca^{2+}等二价阳离子螯合（图 2-14）。DPA 为芽孢特有，营养细胞不含，与芽孢抗性相关。芽孢核心中的 SASP 也在这个阶段开始合成。此时，芽孢核心 pH 比营养细胞低一个单位。④皮层形成：内、外两层膜之间填充芽孢肽聚糖，形成皮层。⑤芽孢衣合成：皮层形成过程中，前芽孢外膜表面合成外壳物质并沉积，形成芽孢衣。芽孢衣含有 50 种以上的蛋白质，富含 Cys 和 Tyr。原生质体持续脱水，芽孢抗热性急剧增加。有些芽孢在形成皮层和芽孢衣的同时，合成和组装孢外壁，孢外壁可能与芽孢对靶细胞的黏附及定植有关。⑥芽孢成熟：芽孢形成完成，此时芽孢具有很强的抗热性和折射率。⑦芽孢囊裂解，芽孢释放。

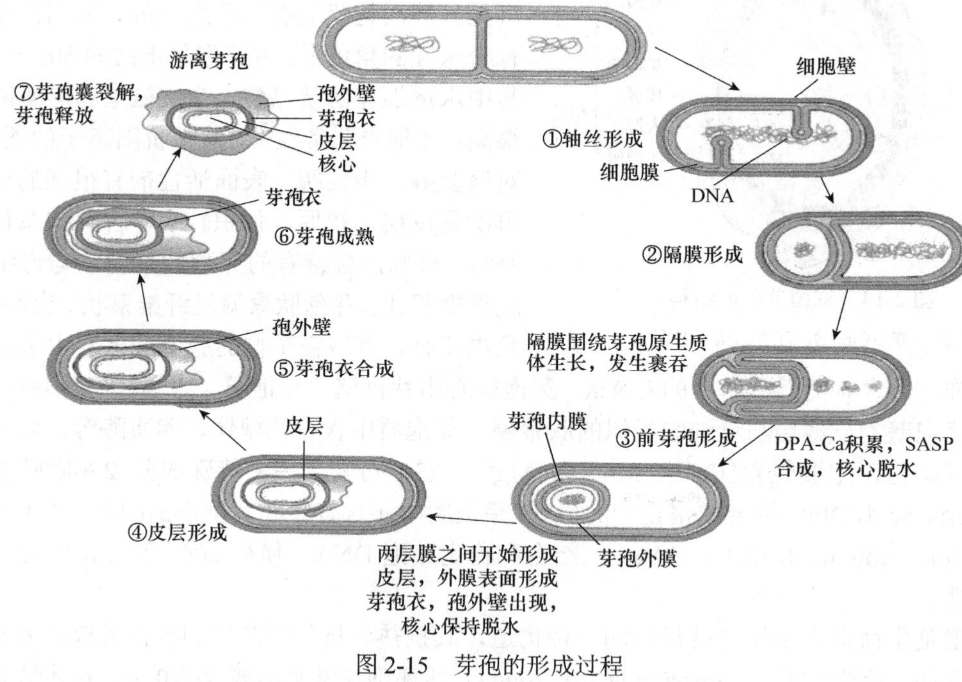

图 2-15　芽孢的形成过程

（2）芽孢萌发　休眠的芽孢变成营养细菌的过程称为芽孢萌发，包括活化、出芽、生长三个阶段。芽孢萌发主要是由称作萌发剂的营养物触发的，如氨基酸、葡萄糖、果糖、嘌呤核苷酸等，溶菌酶、表面活性剂（*n*-十二烷胺）、盐类等非营养物及物理方法也能促使芽孢发芽。萌发剂与芽孢膜上的受体结合后触发了一系列反应：首先，Zn^{2+}、H^{+}和其他一些单价阳离子释放，H^{+}释放导致核心pH从6升至7，这对于激活酶活性至关重要。接着，DPA-Ca释放，外界水分进入芽孢核心。随后，皮层肽聚糖水解，相应的水解酶只针对含有δ-内酰胺化胞壁酸（muramic-δ-lactam）的肽聚糖，因此不会降解芽孢壁中的肽聚糖。皮层解聚过程中，细胞壁的扩张和水分的进一步吸收导致核心膨胀，上述过程伴随光密度、折射、抗性减弱及消失等。在萌发的最后阶段即生长阶段，细胞呈杆状，各类酶活化，芽孢核心开始合成新的mRNA和蛋白质，进一步合成DNA，准备分裂。生长出的细胞失去了作为芽孢时的耐药性，对增加的盐浓度和抗生素敏感。

（3）芽孢的耐热机制　芽孢具有高度耐热性，其机制还不完全清楚。对于湿热的抗性机制，目前至少已经确定了4个因素，包括产孢温度、SASP对芽孢DNA的保护、芽孢核心矿化和脱水，其中核心脱水是最主要的因素，芽孢的平均含水量不到30%。产孢温度较高，则芽孢核心含水量降低，孢子的耐热性较强。SASP与DNA的结合导致DNA的构象从B型螺旋变为更加紧凑的A型螺旋，提高了DNA对紫外线（UV）、酶、化学药剂及热的抗性；另外，当芽孢萌发时，SASP还能作为碳源和能源。芽孢核心含大量的矿质离子，具有高水平的DPA-Ca，占芽孢干重的10%，DPA-Ca能够结合细胞中的自由水，使得芽孢核心含水量降低，同时矿物离子、DPA-Ca增加了DNA、蛋白质等生物大分子的稳定性。芽孢衣赋予芽孢抵抗降解皮层的外源性酶、某些化学物质和原生动物捕食的能力，但它在抵抗热、辐射和其他一些化学物质方面几乎没有作用。此外，DNA的损伤修复机制也与芽孢抗性相关。

研究细菌的芽孢有着重要的理论和实践意义。芽孢的有无、形态、大小和着生位置是细菌分类和鉴定的重要形态学指标。在实践上，芽孢的存在有利于提高菌种的筛选效率、长期保藏及对各种消毒、杀菌措施优劣的判断。当然，芽孢也增加了医疗器材使用、食品生产、传染病防治和发酵生产中的种种困难。

细菌的休眠构造除芽孢外，还有孢囊。孢囊（cyst）是棕色固氮菌等在外界缺乏营养的条件下，由整个营养细胞外壁加厚并失水而形成的一种抗干旱但不抗热的圆形休眠体。一个营养细胞仅形成一个孢囊，因此与芽孢一样，也不具繁殖功能。孢囊在适宜条件下，可发芽并重新进行营养生长。

7. 伴孢晶体（parasporal crystal）　少数芽孢杆菌，如苏云金芽孢杆菌（*Bacillus thuringiensis*），在形成芽孢的同时，会在细胞内的芽孢旁形成一颗菱形、方形或不规则形的碱溶性蛋白质晶体，称为伴孢晶体（即δ内毒素），其重量可达芽孢干重的30%左右。因伴孢晶体对鳞翅目、双翅目和鞘翅目等200多种昆虫和动植物线虫有毒杀作用，可将这类细菌制成对人畜安全、植物无害的环保型生物农药——细菌杀虫剂。杀虫机制为，当敏感害虫吞食伴孢晶体后，先被虫体中肠内的碱性消化液分解为毒性肽，并特异性地结合在中肠上皮细胞的蛋白质受体上，使细胞膜上产生一个小孔（直径为1～2nm），进而使中肠里的碱性内含物及菌体、芽孢都进入血管腔，pH下降，幼虫全身瘫痪、细胞膨胀，很快使昆虫患败血症而死亡。

三、细菌的繁殖

细菌繁殖的方式主要为裂殖，只有少数种类进行芽殖。

(一) 裂殖

裂殖（fission）是指一个细胞通过分裂而形成两个子细胞的过程。首先是环形双链DNA分子双向连续复制，复制起点附着在细胞膜上。随着膜的生长和细胞的分裂，两个子细胞基因组不断分离，各自形成一个核区；细胞膜在细胞长轴的中间位置内陷，与此同时，肽聚糖插入形成横隔壁，横隔壁向内生长并在细胞中心会合使细胞质分开，最后形成两个子细胞。对杆状细胞来说，有横裂（指分裂时细胞间形成的隔膜与细胞长轴呈垂直状态）和纵裂（指分裂时细胞间隔膜与细胞长轴呈平行状态）两种方式，多为横裂。

1. 二分裂（binary fission） 二分裂即一个细胞完成染色体复制并在其对称中心形成隔膜后，进而分裂成两个形态、大小和构造完全相同的子细胞。绝大多数细菌都以这种分裂方式繁殖。在少数细菌中，还存在着不等二分裂（unequal binary fission），其结果是产生了两个在外形、构造上有明显差别的子细胞，如柄细菌属的细菌，通过不等二分裂产生了一个有柄、不运动的子细胞和另一个无柄、有鞭毛、能运动的子细胞。

2. 三分裂（trinary fission） 可进行厌氧光合作用的暗网菌属（*Pelodictyon*）的绿色硫细菌，能形成松散、不规则、三维构造并由细胞链组成的网状体。细胞成对以“一分为三”的方式三分裂，形成一对“Y”形细胞，随后仍进行二分裂，其结果就形成了特殊的网眼状菌丝体（图2-16）。

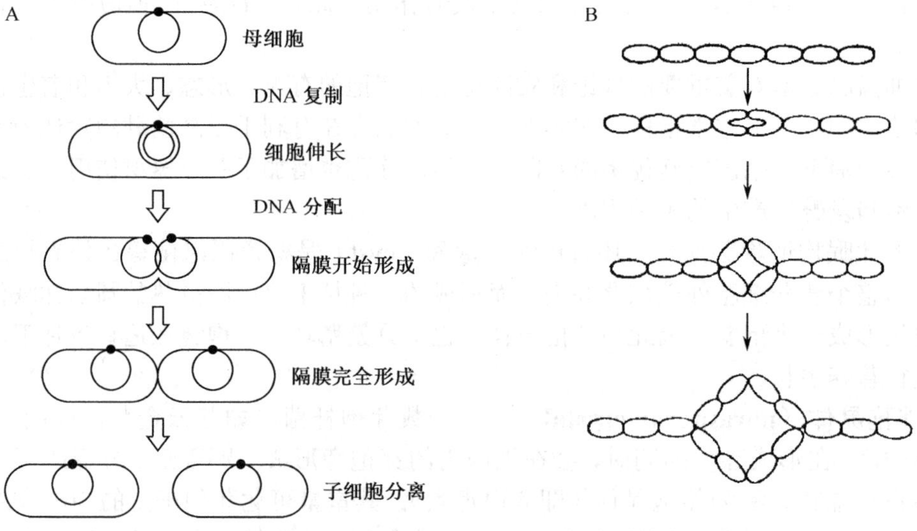

图2-16 细菌分裂繁殖图（周德庆，2020）

A. 二分裂；B. 格形暗网菌通过三分裂形成网眼

3. 复分裂（multiple fission） 具有端生单鞭毛的蛭弧菌属（*Bdellovibrio*），当它在宿主细菌体内生长时，会形成不规则的盘曲的长细胞，然后细胞多处同时发生均等长度的分裂，形成多个弧形子细胞的繁殖方式。

（二）芽殖

以出芽方式繁殖的细菌统称为芽生细菌（budding bacteria）。出芽时，母细胞在某一部位生出突起并逐渐膨大成为子细胞，最后脱离或不脱离母细胞，这种繁殖方式称为芽殖（budding）。在此过程中，母细胞保留原有的细胞壁，而子细胞则合成新壁。子细胞形成后，母细胞仍然存在，一般不运动；但脱离母细胞的新生子细胞常以鞭毛运动。芽生细菌的出芽方式分为直接和间接两种，前者在母细胞上直接长出芽细胞，如巴氏杆菌属（*Pasteurella*）和芽生杆菌属（*Blastobacter*）；后者的母细胞先于一端生出长丝状菌柄，再于菌柄末端长出芽体并膨大成子细胞，如生丝微菌属（*Hyphomicrobium*）和红微菌属（*Rhodomicrobium*）。有少数芽生细菌兼以二分裂方式繁殖，如红假单胞菌属（*Rhodopseudomonas*）。

四、细菌的群体特征

（一）固体培养基中的群体特征

1．菌落（colony）　菌落是指在固体培养基上形成的以母细胞为中心的一堆肉眼可见的，有一定形态、构造等特征的子细胞集团。如果菌落是由一个单细胞繁殖形成的，则它就是一个纯种细胞群或克隆（clone），称为微生物的纯培养。如果把大量分散的纯种细胞接种在固体培养基的较大表面上，长出的大量“菌落”已相互连成一片，这就是菌苔（bacterial lawn）。

2．细菌菌落形态　细菌菌落一般具有湿润、较光滑、较透明、较黏稠、易挑取、质地均匀及菌落正反面或边缘与中央部位的颜色一致等性质。细菌是较为均质的单细胞生物，细胞间充满着毛细管状态的水。不同形态、生理类型的细菌，在其菌落形态、构造等特征上也有许多明显的差别。例如，有芽孢的细菌往往长出外观粗糙、干燥、不透明且表面多褶的菌落；无鞭毛、不能运动的细菌尤其是球菌通常形成较小、较厚、边缘圆整的半球状菌落；有鞭毛、运动能力强的细菌一般形成大而平坦、边缘多缺刻（甚至呈树根状）、不规则形的菌落；有糖被的细菌，会长出大型、透明、蛋清状的菌落。微生物个体（细胞）形态与群体（菌落）形态之间的相关性，可用于微生物的分离、纯化、鉴定、计数、选种和育种等一系列工作中。

（二）半固体培养基中的群体特征

在半固体培养基内生长的纯种细菌，会出现许多特有的培养性状，可利用它进行菌种鉴定。半固体培养法通常把明胶半固体培养基灌注在试管中，形成高层直立柱，然后用穿刺接种法接入试验菌种。根据明胶柱液化层中呈现的不同形状来判断某细菌是否有蛋白酶产生和某些其他特征；若使用的是半固体琼脂培养基，则从直立柱表面和穿刺线上细菌群体的生长状态及是否有扩散现象来判断该菌的运动能力和其他特性。

（三）液体培养基中的群体特征

细菌在液体培养基中生长时，会因其细胞特征、比重、运动能力及和氧气关系等的不同而形成几种不同的群体形态：多数表现为混浊，部分表现为沉淀，一些好氧细菌则在液面上大量生长，形成有特征性的、厚薄有差异的菌醭（pellicle，微生物黏附于液体表面上形成的细胞薄层）或环状、小片状不连续的菌膜（scum）等，中部形成的称为凝絮，底部形成的称为沉淀。

五、细菌的生物膜与群体感应

（一）生物膜

生物膜（biofilm）是指附着于物体表面，被细菌自身分泌的胞外聚合物（extracellular polymeric substance，EPS）包裹的有组织的细菌群体。EPS 包括多糖、蛋白质、核酸和脂类物质等，构成了细菌生长的直接环境。不同种类不同环境的细菌形成的生物膜中 EPS 差异很大，但是多糖和蛋白质不可或缺，其是 EPS 的主要成分，脂质在 EPS 中所占比例很低，但对生物膜的黏附能力有重要影响，并赋予了 EPS 重要的属性——疏水性。除了内部细菌和 EPS，生物膜中还存在一些信号分子充当细菌间联络的信使，如下文讲到的群体感应过程中合成的自诱导物及只广泛分布于细菌中的环二鸟苷酸（c-di-GMP）等，调节着细菌在游离状态与生物膜状态间的转变。生物膜可以由单一菌种构成，也可由多种细菌构成。有些生物膜形成多层，每一层有不同的微生物，这些生物膜被称为微生物垫，由各种光养菌和化养菌组成的微生物垫常见于温泉流出物和海洋潮间带。

只要条件适宜，任何细菌都可以形成生物膜。大部分生物膜黏附于活体组织或固体表面，称为经典附着型生物膜；少部分细菌在没有底物的情况下也可以形成生物膜，称为非附着型生物膜，如铜绿假单胞菌嵌入气道黏液内形成的生物膜。

生物膜的形成是一个动态过程，附着型生物膜的形成包括细菌黏附、定植与发展、成熟和散播等阶段。

（1）黏附　当游离菌感受到外界环境的生存压力后，会通过鞭毛、纤毛或表面蛋白黏附到物体表面。此时，单个附着的细菌仅由少量的 EPS 包裹。在此阶段，由于缺乏成熟的生物膜保护，其抗性不强，此时抗菌药物的疗效相对较好。

（2）定植与发展　黏附后，鞭毛消失，细菌分泌的信号分子（如群体感应信号分子）浓度随着细胞增殖达到一定阈值并调节相关基因的表达，合成和分泌大量 EPS 特别是胞外多糖，黏结单个细菌形成团块，即微菌落（microcolony），由单个定植细胞发展而成的少数细胞组成的肉眼看不见的细胞群体。大量微菌落彼此融合使生物膜加厚。此阶段细菌的抗性、遗传交换效率、降解大分子的能力等提高。

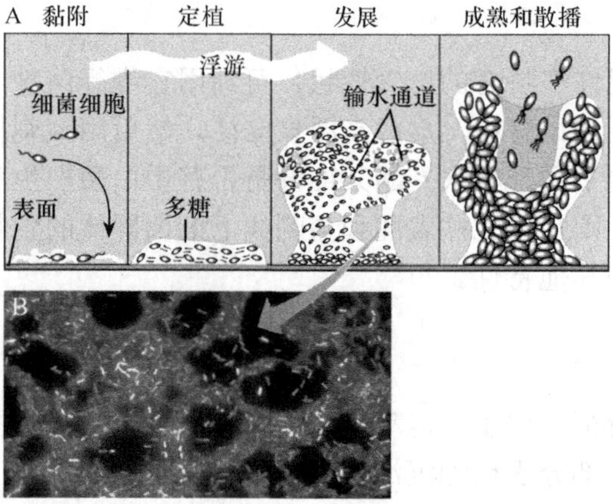

图 2-17　生物膜的形成（Madigan et al.，2019）

A．模式图；B．在不锈钢管上形成的 4′,6-二脒基-2-苯基吲哚（DAPI）染色的生物膜显微照片

（3）成熟和散播　成熟的生物膜形成高度的有组织结构，由类似蘑菇状或堆状的微菌落组成，在这些微菌落之间围绕着输水通道，可以运送养料、酶、代谢产物和排出废物等。此时细菌对抗生素表现出明显的耐药性。然而，由于 EPS 对物质交换的阻碍，最终导致生物膜内部营养物质的缺乏及有毒代谢产物的积累，这时生物膜会分泌胞外水解酶降解 EPS，破坏生物膜，使细菌分散并再次转化为游离状态。这些从生物膜中脱离出来的游离菌在时机成熟时又可以重新黏附定植于其他位置，发展成新的生物膜，整个过程如图 2-17 所示。

生物膜是自然界细菌常见的生长形式，其紧密交织的结构可以防止有害化学物质（如抗生素或其他有毒物质）渗透，充当细菌被原生生物啃食的屏障，还可避免细胞被冲到一个可能不太有利的栖息地。细菌生物膜影响我们生活的许多方面，包括人类健康。正是由于细菌存在游离菌与生物膜之间的不断循环转化，最终引发持续性感染。据统计，80%细菌感染与生物膜形成相关，生物膜中的细菌形态和生理作用均与游离菌不同，对抗生素的耐受性可以提高 10～1000 倍，且对宿主免疫防御的抗性很强，是造成细菌耐药性的主要原因。例如，肺囊性纤维化就是由顽固的细菌（如金黄色葡萄球菌、铜绿假单胞菌等）生物膜引起的，细菌生物膜充满肺部，阻止气体交换。此外，生物膜也与植入医疗设备（如人工心脏瓣膜和关节）和留置设备（如导管）造成的难以治疗的感染有关。生物膜还会造成水分配系统的污垢和堵塞，还可能在燃料储存罐中形成，通过产生诸如硫化氢等酸化剂污染燃料。

（二）群体感应

群体感应（quorum sensing，QS）又称为数量阈值感应，是微生物响应群体密度来协调基因表达的通信系统，由群体感应信号分子所介导，其核心包括信号分子的产生、传递、识别和调控应答几个环节。

QS 是已知的细菌间通信的主要方式之一。在菌群生长过程中，不断产生自诱导物（autoinducer，AI；又称为细菌信息素或细菌激素）并分泌到周围环境中，通过感应 AI 分子的浓度来监测周围细菌的数量，当环境中微生物种群密度达到阈值时，胞外信号分子的浓度也达到一定的水平，随后信号分子回到细胞内并与相应受体结合，受体蛋白构象改变，引起其与 DNA 启动子区域的结合或脱离，从而激活或抑制下游靶基因的表达；或者受体蛋白结合信号分子后，通过一系列的信号级联反应影响特定基因的表达，进而调控微生物群体的生理行为，使得群体表现出少量菌体或单个菌体所不具备的特征，如生物发光、抗生素合成、生物膜形成等。这一感应现象只有在细菌密度达到一定阈值后才会发生，所以也有人将这一现象称为细胞密度依赖的基因表达。

根据信号分子和感应机制的不同，细菌 QS 系统大致可分为三个代表性的类型：革兰氏阴性菌一般合成 *N*-乙酰基高丝氨酸内酯（*N*-acetylhomoserine lactone，AHL）衍生物作为 AI，AHL 是一类水溶性分子，一些短链的 AHL 被证实可自由出入细胞，这些小分子被称为第一类自身诱导物（AI-1）；革兰氏阳性菌则通常以小分子寡肽作为自诱导物（autoinducer peptide，AIP），AIP 不能自由出入细胞，而是经由 ABC 转运系统或其他膜通道蛋白通过细胞膜；哈氏弧菌（*Vibrio harveyi*）能分泌呋喃酰硼酸二酯信号分子，被称为 AI-2，在革兰氏阳性和阴性菌中都有发现，被认为是种间细胞交流的通用信号分子。研究发现，有些细菌能利用两种或两种以上的不同信号分子调节自身群体行为，这说明群体感应机制是极为复杂的。

QS 系统起初在研究海洋费氏弧菌（*V. fischeri*）的发光现象时被发现，后来证实许多细菌利用该系统调控体内特定基因的表达与细胞功能，除了生物发光、抗生素合成、生物膜形成外，还与根瘤菌-豆科植物共生、蓝细菌中异形胞的分化、芽孢杆菌中感受态及芽孢的形成、根癌农杆菌中 Ti 质粒融合转移、病原菌胞外酶及毒素产生、色素合成、耐药性形成、细菌运动、种间竞争等有关。进一步的研究表明，QS 系统不仅介导着细菌种内、种间的行为，还涉及与高等生物特别是植物之间的信息交流，如植物致病菌或共生菌在宿主体内的定植和感染均与 QS 系统密切相关，因此我们可以利用 QS 系统对细菌的某些功能进行干扰或促进，从而达到有益于人类的目的，如利用群体感应淬灭酶或抑制剂破坏病原菌的感染等。此外，近年来在古菌、真菌、锥虫，甚至哺乳动物细胞如癌细胞中也发现了 QS 系统。

第二节 放 线 菌

放线菌（actinomyces）是真细菌的一大类群，杆状或丝状，陆生性较强，属放线菌门放线菌纲。放线菌最显著的特征是基因组 DNA 中富含 GC，因此也可将放线菌定义为一类主要呈丝状生长、高 GC 含量的革兰氏阳性菌。放线菌广泛分布在含水量较低、有机物较丰富和呈微碱性的土壤中。每克土壤中放线菌的孢子数一般可达 10^5～10^7 个，泥土所特有的泥腥味主要来自放线菌产生的土臭味素（geosmin）。

放线菌与人类的关系极其密切，绝大多数属于有益菌。至今报道过的近万种抗生素中，放线菌产生的抗生素约占微生物来源抗生素的 70%，如红霉素、链霉素、四环素、多氧霉素等。近年来获得的多种新生化药物多数是放线菌的次级代谢产物，如抗癌剂、酶抑制剂、抗寄生虫剂、免疫抑制剂和农用杀虫（杀菌）剂等。放线菌还是蛋白酶、葡萄糖异构酶等酶制剂及维生素 A、维生素 B_{12} 等的产生菌。弗兰克氏菌属（*Frankia*）能与非豆科植物共生固氮。此外，放线菌在甾体转化、石油脱蜡和污水处理中也有重要应用。由于许多放线菌有极强的分解纤维素、石蜡、角蛋白、琼脂和橡胶等的能力，故它们在环境保护、提高土壤肥力和自然界物质循环中起着重大作用。只有极少数放线菌能引起人和动植物病害。

一、放线菌的形态构造

放线菌的种类很多，形态、构造、生理和生态类型多样，放线菌纲可以分为 5 亚纲 9 目。9 目中，以放线菌目种类最多，包括微球菌属（*Micrococcus*）、节杆菌属（*Arthrobacter*）、丙酸杆菌属（*Propionibacterium*）、棒杆菌属（*Corynebacterium*）、诺卡氏菌属（*Nocardia*）、分枝杆菌属（*Mycobacterium*）、放线菌属（*Actinomyces*）、链霉菌属（*Streptomyces*）等 200 余属。

放线菌纲
- 酸微菌亚纲（Acidimicrobidae）：酸微菌目（Acidimicrobiales）
- 红色杆菌亚纲（Rubrobacteridae）：红色杆菌目（Rubrobacterales）
  - 土壤红杆菌目（Solirubrobacterales）
  - 嗜热油菌目（Thermoleophilales）
- 红蝽杆菌亚纲（Coriobacteride）：红蝽杆菌目（Coriobacteriales）
- 腈基降解菌亚纲（Nitriliruptoride）：腈基降解菌目（Nitriliruptorales）
  - 尤泽比氏菌目（Euzebyales）
- 放线菌亚纲（Actinobacteridae）：放线菌目（Actinobacterales）
  - 双歧杆菌目（Bifidobacteriales）

许多放线菌有一个特有的发育周期是产生抗干燥的孢子。丝状放线菌的菌丝从末端伸长并不断延伸和产生分枝，形成了一个叫作菌丝体（mycelium）的丝状网络，类似于丝状真菌。当营养物质消耗殆尽时，菌丝体形成气生菌丝，气生菌丝分化为孢子，孢子可以存活和扩散。下面重点以链霉菌属为例加以介绍，这是放线菌中最重要的一个属。

（一）链霉菌的形态构造

链霉菌细胞呈丝状分枝，菌丝纤细，直径为 0.5～2μm。链霉菌生活周期复杂（图 2-18A），生长始于孢子萌发。在固体培养基上，孢子萌发形成芽管，芽管通过顶端生长并发生分枝，生成基内菌丝（substrate mycelium/hypha，又称基质菌丝、营养菌丝或一级菌丝），基内菌丝色浅、较细，具有吸收营养和排泄代谢废物的功能，这个阶段是链霉菌的营养生长阶段。随着营养物质的消耗，基内菌丝离开营养基表面向空气延伸，分化出颜色较深、直径较粗且疏水的气生菌丝（aerial mycelium/hypha，或称二级菌丝），此阶段常伴随次级代谢产物的合成。随后，气生菌丝顶端分化为产孢丝或孢子丝（spore-bearing mycelium，sporogenic mycelium，spore hypha），孢子丝中分化出隔膜形成多细胞的孢子链，孢子链成熟后释放出单个游离的分生孢子（conidium），整个生活周期完成。

传统上认为链霉菌的生活周期主要经历了基内菌丝、气生菌丝及孢子丝这几个阶段，近年来的研究进一步将其分为初级分化菌丝 MⅠ（first compartmentalized mycelium）、次级多核菌丝 MⅡ（second multinucleated mycelium）和孢子丝三个阶段（图 2-18B、图 2-18C），且次级多核菌丝 MⅡ分为两种类型，一种是早期 MⅡ，细胞表面无疏水层，另一种是末期 MⅡ，细胞表面有疏水层。在生长的早期（MⅠ时期），菌丝体中存在一种特殊的隔膜（septa）结构，将菌丝体分隔成一个个大小为 1μm 左右的单核区域，这种隔膜是由大量膜泡聚集形成的几微米长的跨膜结构，被称为 Cross-membrane。在一些 Cross-membrane 中有新细胞壁合成，表明隔膜 Cross-wall 开始形成。随后，Cross-wall 结构逐渐取代 MⅠ时期的隔膜结构，将菌丝体分隔成相连的多核隔室，其后 Cross-wall 形成较快，难以观察到 Cross-membrane。Cross-wall 是一个单层细胞壁结构，中间有很多由细胞膜组成的孔道，相邻隔室之间可以通过这些孔道发生物质交换。此时菌丝体生长进入 MⅡ时期，气生菌丝开始形成。当菌丝体继续分化为前孢子丝后，孢子隔膜形成，将前孢子丝分隔并断裂成多个大小、形态相同的单核孢子，开始新一轮菌种繁殖。在上述菌丝发育与分化过程中，伴随着隔膜结构从 Cross-membrane 过渡到 Cross-wall，最后形成孢子隔膜。在液体培养中，链霉菌不产生孢子，只有 MⅠ和 MⅡ（细胞表面无疏水层）两个阶段。

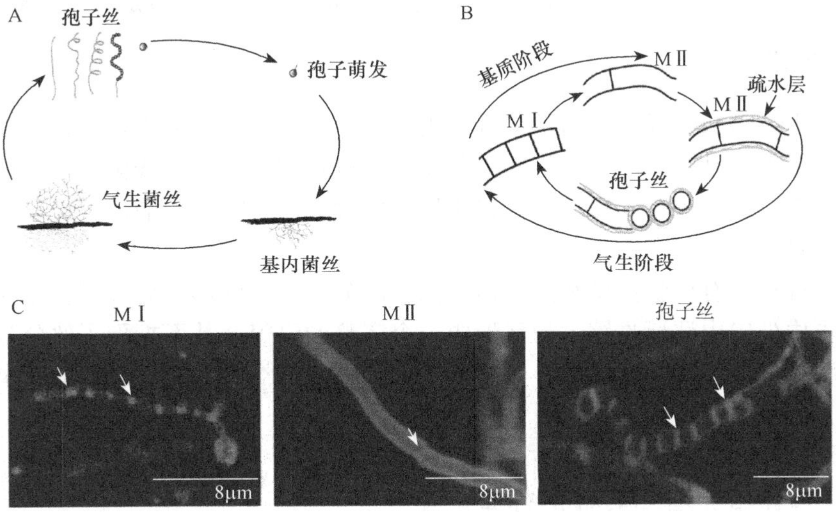

图 2-18　链霉菌的生活周期及菌丝体隔膜分布

A．链霉菌不同发育阶段的形态（Scherr and Nguyen，2009）；B．链霉菌不同发育阶段的细胞特征（Yagüe et al.，2013）；C．不同类型菌丝的共聚焦激光扫描荧光显微照片，箭头示隔膜（Manteca et al.，2010）

可见，链霉菌为单核或多核的多细胞原核微生物。链霉菌的这种多细胞菌丝生长方式及其在生长发育过程中多样的隔膜形式，反映了其细胞分裂的复杂性及多样性，使其成为研究细胞分裂的理想材料。

链霉菌孢子丝形态多样，有直、波曲、钩状、螺旋状、轮生（一级轮生或二级轮生）等多种形态。螺旋状的孢子丝较常见，其螺旋的松紧、大小、转数和转向都较稳定。转数为1～20周，多数为5～10周，转向大多为左旋。孢子有球、椭圆、杆、圆柱、瓜子、梭或半月等形状，其颜色十分丰富，且与其表面纹饰相关。孢子表面因种而异，有光滑、褶皱、疣、刺发、鳞片状或毛发状，刺又有粗细、大小、长短和疏密之分。气生菌丝和产孢结构的排列与形状，常作为链霉菌菌种鉴定分类的依据。

（二）其他放线菌所特有的形态构造

1. 无气生菌丝 以诺卡氏菌属（*Nocardia*）为代表的原始放线菌具有分枝状、发达的营养菌丝，但多数无气生菌丝。当营养菌丝成熟后，会以横割分裂方式形成形状、大小较一致的杆菌状、球菌状或分枝杆状的分生孢子。

2. 菌丝顶端形成少量孢子的放线菌 有的放线菌会在菌丝顶端形成一至数个孢子。例如，小单孢菌属（*Micromonospora*）多数是不形成气生菌丝的，但会在分枝的基内菌丝顶端产一个孢子；小双孢菌属（*Microbispora*）和小四孢菌属（*Microtetraspora*）的放线菌则在基内菌丝上不形成孢子，仅在气生菌丝顶端分别形成2个和4个孢子；小多孢菌属（*Micropolyspora*）的放线菌则既在气生菌丝又在基内菌丝顶端形成2～10个孢子。

3. 具有孢囊并产孢囊孢子的放线菌 孢囊链霉菌属（*Streptosporangium*）的放线菌具有由气生菌丝的孢子丝盘卷而成的孢囊，它长在气生菌丝的主丝或侧丝的顶端，内部产生多个无鞭毛的孢囊孢子。

4. 有孢囊并产游动孢子的放线菌 游动放线菌属（*Actinoplanes*）放线菌的气生菌丝不发达，在基内菌丝上形成孢囊，内含许多呈盘曲或直行排列的球形或近球形的孢囊孢子，其上着生一至数根端生或周生鞭毛，可运动。它们都是放线菌分类鉴定时的重要形态学指标。

二、放线菌的繁殖

通常情况下，多数放线菌是借形成各种无性孢子和菌丝体断裂进行繁殖的，前者最为常见，仅少数种类是以基内菌丝分裂形成孢子状细胞进行繁殖的。放线菌处于液体培养时很少形成孢子，当在实验室进行摇瓶培养和在工厂的发酵罐中进行深层液体搅拌培养时，主要靠菌丝片段进行繁殖。

放线菌无性孢子有分生孢子和孢囊孢子两种。分生孢子的形成通过两种途径进行：①细胞膜内陷，再由外向内逐渐收缩，最后形成一个完整的隔膜，从而把孢子丝分割成许多分生孢子；②细胞壁和细胞膜同时内陷，再逐步向内缢缩，最终将孢子丝缢裂成一串分生孢子。

三、放线菌的群体特征

（一）在固体培养基上的群体特征

在固体培养基表面，由于多数放线菌有基内菌丝和气生菌丝的分化，气生菌丝成熟时又会进一步分化成孢子丝并产生成串的干粉状孢子，它们伸展在空间，并且集中于一处形成菌落，由于菌丝间没有毛细管水存积，于是其菌落特征与细菌有明显差别：菌落表面干燥、不透明、表面呈致密的丝绒状，上有一薄层彩色的“干粉”；菌落小而不广泛延伸，菌落周围具放射状菌丝；与培养基的连接紧密，难以挑取；菌丝和孢子常具不同色素，使菌落的正反面呈不同色泽，以及在菌落边缘的琼脂平面有变形现象等。

少数缺乏气生菌丝或气生菌丝不发达的原始放线菌如诺卡氏菌属，其菌落外形与细菌接近。

（二）在液体培养基上的群体特征

对放线菌进行室内摇瓶培养时，常可见到在液面与瓶壁交界处粘贴着一层菌苔、培养液清而不混浊、培养液中悬浮着许多珠状菌丝球、一些大型菌丝球沉在瓶底等现象。

第三节 古　　菌

一、古菌的特点

古菌（archaea）又称为古生菌或古细菌，是一个在进化途径上很早就与真细菌和真核生物相互独立的类群，是一群具有独特基因结构或系统发育生物大分子序列的单细胞原核微生物，典型代表有产甲烷菌属、极端嗜盐菌属、嗜热嗜酸菌属和超嗜热菌属等。

1977 年，Woese 等在研究了 60 多种不同细菌的 16S rRNA 序列后，发现了一群序列奇异的细菌——甲烷细菌，之后又发现一些极端嗜热、嗜盐细菌的 16S rRNA 序列同一般细菌的相似性均低于 63%，根据其生长的特殊生境，认为这是地球上的第三生命形式，命名为古细菌，即古菌。他们在比较了三类生物的 16S/18S rRNA 序列后，提出了生命的“三域学说”，即认为生命是由细菌域（Bacteria）、古菌域（Archaea）和真核生物域（Eukarya）构成，并由此构建了一个总生命进化树。

起初，人们认为古菌都是一些生活在温泉、盐湖等极端环境的嗜极生物，但近年来发现它们的栖息地其实十分广泛，从土壤、海洋到河流湿地，甚至人类的大肠、口腔与皮肤上均有分布。海洋中的古菌尤多，特别是一些浮游生物，其中的古菌可能是地球上数量最大的生物群体。现在，古菌被认为是地球生命的一个重要组成部分，在碳循环和氮循环中可能扮演重要角色。古菌的共同特点是对极端环境（高温、高盐、低 pH、严格厌氧）的适应性强和以自养代谢为主。一般偏利共生或互利共生，尚未发现作为病原体或寄生物的古菌。

尽管古菌的形状大小与细菌更为相似［少数古菌有不寻常的形状，如方形嗜盐菌（*Haloquadratum walsbyi*）为正方形细胞］，但其与真核生物的亲缘关系更为密切，特别是在一些代谢途径（如转录和翻译）有关酶的相似性上。古菌通过分裂、出芽、断裂进行无性繁殖，未发现能产生孢子的种类。古菌的细胞组成、结构、细胞膜类脂成分、核糖体的 RNA 碱基顺序、代谢、呼吸进化等与细菌及真核生物既有相似处又有区别（表 2-2）。

表 2-2　古菌与细菌及真核生物的比较

同于细菌	同于真核生物	古菌独有
没有细胞核和膜结构细胞器	没有肽聚糖	独特的细胞壁结构
环状基因组	DNA 与组蛋白结合	细胞膜由醚键构成
基因组成操纵子	翻译从甲硫氨酸起始	鞭毛蛋白结构
无转录后修饰	相似的 RNA 聚合酶、启动子及其他转录机制	核糖体结构
多顺反子 mRNA	相似的 DNA 复制与修复	tRNA 的序列和代谢
细胞大小（远小于真核生物）	相似的 ATP 酶（Type V）	没有脂肪酸合酶

二、古菌的细胞构造与功能

（一）细胞壁与鞭毛

在古菌中，除热原体属（*Thermoplasma*）没有细胞壁外［膜中含有脂聚糖（lipoglycan）可以支持细胞，见支原体］，其余都具有与真细菌结构相似的细胞壁。然而，从化学成分来看，真细菌和古菌细胞壁的差别甚大。从现有的研究来看，古菌细胞壁中都不含真正的肽聚糖，而含假肽聚糖、糖蛋白或蛋白质，大多数古菌的细胞壁由表面层蛋白质构成的 S 层取代。

甲烷杆菌属（*Methanobacterium*）的假肽聚糖（pseudopeptidoglycan）结构与肽聚糖相似，但其多糖骨架是由 *N*-乙酰葡糖胺和 *N*-乙酰塔罗糖胺糖醛酸（*N*-acetyltalosaminouronic acid）以 β-1,3-糖苷键（不被溶菌酶水解）交替连接而成，肽尾由 L-Glu、L-Ala 和 L-Lys 三个 L 型氨基酸组成，肽桥则由一个 L-Glu 组成（图 2-19A）。

与细菌一样，鞭毛在古菌中也广泛存在，并且也通过旋转方式运动。但是，古菌鞭毛与细菌鞭毛存在明显差异（图 2-19B）：古菌鞭毛直径约为细菌鞭毛的一半（10～13nm）；不同于细菌中由单一类型的蛋白质组成鞭毛丝，古菌中存在几种不同的鞭毛蛋白，且与细菌鞭毛蛋白几乎没有同源性，装配方式也与细菌相异；此外，对盐细菌的研究表明，古菌鞭毛是由 ATP 直接驱动的，而不是如细菌鞭毛由质子动力势驱动。极端嗜盐菌细胞的游动速度仅为大肠杆菌细胞的 1/10 左右，起初推测这是因为古菌鞭毛更细，降低了鞭毛马达的扭矩和功率，造成游动速度较慢。然而随后的研究发现，甲烷球菌（*Methanocaldococcus*）细胞的游动速度比盐细菌快近 50 倍，比大肠杆菌快 10 倍，移动速度接近每秒 500 个细胞长度，是地球上速度最快的生物！另外，从进化上看，细菌鞭毛与细菌的 T3SS 共享一个共同祖先（鞭毛出现的时间比 T3SS 早得多，而 T3SS 主要局限于变形菌门，有人提出鞭毛是 T3SS 的进化祖先），但是，古菌鞭毛被认为可能从细菌Ⅳ型菌毛进化而来。这意味着古菌和细菌的鞭毛马达采用了根本不同的能量耦合机制，这两种鞭毛是在 35 亿年前原核生物分化时分别进化的。

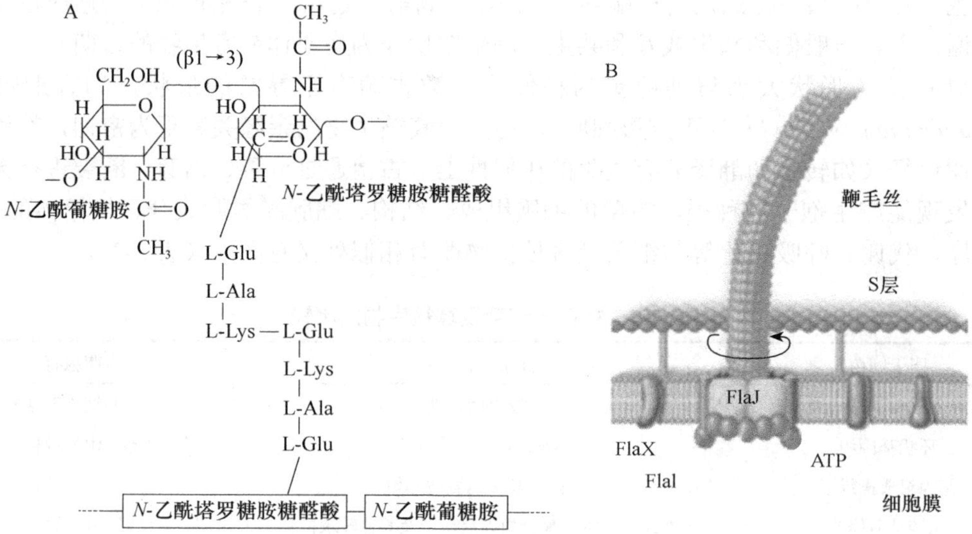

图 2-19　古菌的假肽聚糖结构（A）及鞭毛结构（B）（Madigan et al.，2019）

FlaX、FlaI 和 FlaJ 为鞭毛组成蛋白

（二）细胞膜

古菌细胞膜具有某些独特性和多样性：①其磷脂的亲水头仍由甘油组成，但疏水尾却由长链烃组成，一般都是异戊二烯的重复单位（如四聚体植烷、六聚体鲨烯等）；②亲水头与疏水尾间通过特殊的醚键（R—O—R′）连接成甘油二醚或甘油四醚，而在其他原核生物或真核生物中则是通过酯键（$R-\underset{\underset{O}{\|}}{C}-O-R'$）把甘油与脂肪酸连在一起的；③古菌的细胞膜中存在着独特的单分子层或单、双分子层混合膜。例如，当磷脂为双甘油四醚时，连接两端两个甘油分子间的两个植烷侧链间会发生共价结合，形成二植烷，从而出现独特的单层膜（图2-20）。与脂质双分子层相比，脂质单分子层膜具有极强的耐热性，因此广泛分布在嗜热古菌中；④在甘油分子的 C3 位上，可连接多种与真细菌和真核生物细胞膜上不同的基团，如磷酸酯基、硫酸酯基及多种糖基等；⑤细胞膜上含有多种独特脂类，仅在各种嗜盐菌中就发现有细菌红素、α-胡萝卜素和β-胡萝卜素、番茄红素、视黄醛和萘醌等。

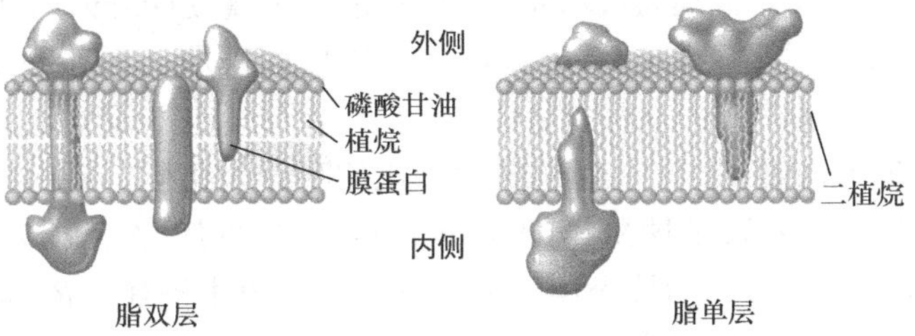

图 2-20　古菌的双层（含甘油二醚）和单层膜（含双甘油四醚）（Madigan et al.，2019）

此外，古菌在基因上与细菌及真核生物也有诸多不同，大约有 15%的古菌基因是古菌中独有的。这些古菌独有蛋白质的功能大部分未知。尽管只有一种 RNA 聚合酶，但其结构与功能和真核生物中的 RNA 聚合酶Ⅱ非常相似。古菌基因有内含子，主要在 tRNA 和 rRNA 基因中，少数出现在编码蛋白质的基因中。蛋白质合成开始时的氨基酸与真核生物一样为甲硫氨酸，而真细菌是甲酰甲硫氨酸。

第四节　蓝　细　菌

蓝细菌（cyanobacteria）旧名蓝藻（blue algae）或蓝绿藻（blue-green algae），是一类进化历史悠久（在 30 亿年前已形成）、G^-、无鞭毛的大型单细胞原核生物，含叶绿素 a、β-胡萝卜素及藻胆蛋白等光合色素，能进行产氧型光合作用，不同于真核藻类，蓝细菌不含叶绿体。与光合细菌的区别是：光合细菌进行较原始的光合磷酸化作用，反应过程不放氧，为厌氧生物，而蓝细菌能进行光合作用并且放氧。它的出现使整个地球大气从无氧转为有氧状态，从而孕育了一切好氧生物的进化和发展，彻底改变了地球上的生物类型及多样性。

一、蓝细菌的形态

蓝细菌有球状、杆状、长丝状甚至分枝状等各种形态。细胞体积一般比细菌大，直径为 0.5～100μm。细胞形态多样，大体可分为 5 类（图 2-21）。

1. 色球藻目（Chroococcales）　二分裂繁殖或芽殖，形成单细胞或细胞集合体，如

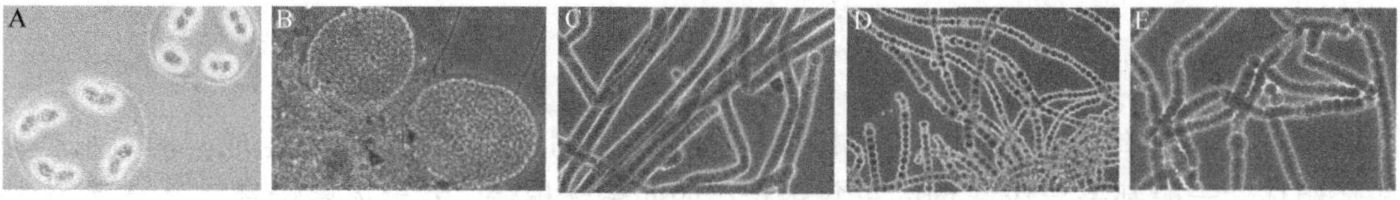

图 2-21 蓝细菌的 5 种形态类型举例（Madigan et al.，2019）

A．黏杆藻；B．宽球藻，复分裂形成含有数百个细胞的结构；C．鞘丝藻；D．节球藻；E．费氏藻

黏杆藻属（*Gloeothece*）、黏杆菌属（*Gloeobacter*）、聚球藻属（*Synechococcus*）、蓝丝菌属（*Cyanothece*）、黏球菌属（*Gloeocapsa*）、集胞藻属（*Synechocystis*）和原绿球藻属（*Prochlorococcus*）等。

2．宽球藻目（Pleurocapsales） 由复分裂形成小球状单细胞，如皮果藻属（*Dermocarpa*）、宽球藻属（*Pleurocapsa*）、异球藻属（*Xenococcus*）、黏囊藻属（*Myxosarcina*）、拟甲色球藻属（*Chroococcidiopsis*）等。

3．颤藻目（Oscillatoriales） 无异形胞分化的菌丝，在丝状鞘套内的球状单细胞，借二分裂和菌丝断裂繁殖，如颤藻属（*Oscillatoria*）、鞘丝藻属（*Lyngbya*）、螺旋藻属（*Spirulina*）、节旋藻属（*Arthrospira*）、鞘藻属（*Microcoleus*）、假鱼腥藻属（*Pseudanabaena*）、束毛藻属（*Trichodesmium*）。

4．念珠藻目（Nostocales） 有异形胞分化的不分枝菌丝，通过菌丝断裂和静息孢子繁殖，如鱼腥藻属（*Anabaena*）、节球藻属（*Nodularia*）、念珠藻属（*Nostoc*）、眉藻属（*Calothrix*）、筒孢藻属（*Cylindrospermum*）、伪枝藻属（*Scytonema*）、植生藻属（*Richelia*）。

5．真枝藻目（Stigonematales） 有异形胞分化的分枝状菌丝，经由链丝段和静息孢子繁殖，如费氏藻属（*Fischerella*）、真枝藻属（*Stigonema*）、拟绿胶藻属（*Chlorogloeopsis*）、软管藻属（*Hapalosiphon*）。

不少种类，尤其是水生种类在其壁外还有黏质糖被或胶质外套（鞘），它不但可把各单细胞集合在一起，还可以滑行运动。

二、蓝细菌的细胞构造与特化形式

1．细胞构造 与 G^- 菌相似，细胞壁为双层，细胞壁的主要成分是肽聚糖，对溶菌酶和青霉素敏感；没有核膜和核仁，只有拟核，核糖体大小为 70S。

细胞质内有复杂的光合色素层，通常以类囊体的形式出现，是蓝细菌细胞内进行光合作用的部位，在其类囊体膜上含有叶绿素 a、β-胡萝卜素、藻胆蛋白。藻胆蛋白主要有藻蓝蛋白、藻红蛋白、别藻蓝蛋白及藻红蓝蛋白 4 种，和 β-胡萝卜素一样为辅助光合色素，这 4 种色素的比例变化使蓝细菌呈现不同的颜色，藻蓝蛋白常占优势，故菌体常呈蓝绿色。原绿藻（prochlorophytes）是蓝细菌中唯一一个除了含叶绿素 a 还含有叶绿素 b 的特殊类群，但不含藻胆蛋白。此外，蓝细菌细胞内还有能固定 CO_2 的羧酶体。在水生性种类的细胞中，常有气泡构造。细胞中的内含物有可用作碳源营养的糖原、PHB，可用作氮源营养的藻青素和储存磷的聚磷酸盐等。蓝细菌细胞内的脂肪酸较为特殊，含有二至多个双键的不饱和脂肪酸，而其他原核生物通常只含饱和脂肪酸和单个双键的不饱和脂肪酸。

2．细胞的特化形式 ①异形胞（heterocyst），是存在于丝状生长种类中的形大、壁厚、专司固氮功能的细胞，数目少而不定，位于细胞链的中间或末端，如鱼腥藻属和念珠藻属的种类等；②静息孢子（akinete），是一种长在细胞链中间或两端的形大、壁厚、色深的休眠细胞，同时也具繁殖作用，富含贮藏物，能抵御干旱等不良环境，如鱼腥藻属和念珠藻属的种类；③藻殖段（hormogonium），又称为连锁体或链丝段，是由长细胞链断裂而成的短链段，具有繁殖功能；④内孢子（endospore），少数种类如管孢藻属（*Chamaesiphon*）能在细胞内形成许多球形或三角形的内孢子，待成熟后即可释放，具有繁殖作用。

蓝细菌营养需求极为简单，只需空气、阳光、水分和少量无机盐就能生长，因此分布极广，在淡水、海水和土壤中普遍存在，在岩石表面、温泉、盐湖、荒漠和冰原等各种极端环境中，蓝细菌通常是主要的或唯一的产氧光合生物，故被誉为“先锋生物”；有些蓝细菌还能与真菌、苔蕨类、苏铁类植物、珊瑚甚至一些无脊椎动物共生。蓝细菌对海洋生产力至关重要，海水中80%的光合作用来自蓝细菌，而地球总光合生产力的35%由蓝细菌贡献；蓝细菌固氮代表了地球海洋中大部分的新氮输入，特别是在营养匮乏的热带和亚热带水域。蓝细菌不仅在岩石分化、土壤形成、增加氮素营养、保持水体生态平衡中起着重要的作用，在人类生活中也有着重大的经济价值，有些可食用，如发菜（*Nostoc flagelliforme*）、地耳（*N. commun*）、盘状螺旋蓝细菌（*Spirulina platensis*）、极大螺旋蓝细菌（*S. maxima*）等，后两种分别产于中非的乍得和中美洲的墨西哥，目前已开发成有一定经济价值的“螺旋藻”产品；许多蓝细菌具有固氮能力，如与鱼腥蓝细菌（*Anabaena azollae*）共生的水生蕨类满江红，是一种良好的绿肥。但是，有的蓝细菌在氮、磷等元素过量的富营养化水域中过度繁殖，会造成海水“赤潮”和湖泊的“水华”，给渔业和养殖业带来严重危害；此外，还有少数水生种类如微囊藻属（*Microcystis*）会产生毒素，可诱发人和动物的肝、肾病变，甚至发展为肝癌。

第五节　其他原核微生物

支原体、立克次氏体和衣原体是三类同属G^-的代谢能力差、主要营细胞内寄生的小型原核生物。从支原体、立克次氏体至衣原体，其寄生性逐步增强，因此它们是介于细菌与病毒间的一类原核生物（表2-3）。

表2-3　真细菌、支原体、立克次氏体、衣原体和病毒的比较

项目	真细菌	支原体	立克次氏体	衣原体	病毒
直径/μm	0.5～2.0	0.1～0.3	0.2～0.5	0.2～0.3	<0.25
可见性	光学显微镜可见	光学显微镜勉强可见	光学显微镜可见	光学显微镜勉强可见	电镜可见
细胞结构	有	有	有	有	无
含核酸类型	DNA和RNA	DNA和RNA	DNA和RNA	DNA和RNA	DNA或RNA
核糖体	有	有	有	有	无
细胞壁	有，含肽聚糖	无	有，含肽聚糖	有，不含肽聚糖	无
细胞膜	有	有（含甾醇）	有（无甾醇）	有（无甾醇）	无
繁殖时个体完整性	保持	保持	保持	保持	不保持
大分子合成	有	有	有	无	无
产ATP系统	有	有	有	无	无
氧化谷氨酰胺能力	有	有	有	无	无
对抑制细菌抗生素的反应	敏感	敏感（对抑制细胞壁合成者例外）	敏感	敏感（青霉素例外）	有抗性

一、支原体

支原体（*Mycoplasma*）是一类无细胞壁、介于独立生活和细胞内寄生生活间的最小型原核生物。最初是从患传染性胸膜肺炎的病牛中分离出来的，称为胸膜肺炎微生物，许多种类是人和动物的致病菌，常引起禽畜呼吸道、肺部、尿道生殖系统的炎症，如牛胸膜肺炎症等。支原体在自然界分布较广，有些腐生种类生活在污水、土壤或堆肥中，少数种类可污染实验室的组织培养物。1967 年后，在患丛枝病的桑、马铃薯等许多植物的韧皮部中也发现了支原体，为了与感染动物的支原体相区分，一般称侵染植物的支原体为类支原体（mycoplasma-like organism，MLO）或植原体（phytoplasma），它们可引起桑、稻、竹、玉米、泡桐、枣树、板栗等的黄花病、矮缩病或丛枝病。

支原体的特点有：①支原体是在长期进化过程中形成的、适应自然生活条件的无细胞壁的原核生物，细胞很小，直径一般为 150～300nm，多数为 250nm 左右，故光镜下勉强可见；②因细胞膜中含有一般原核生物所没有的甾醇，故即使缺乏细胞壁，其细胞膜仍有较高的机械强度和韧度；③无壁，G^-且形态易变，对渗透压较敏感，但是比原生质体抗渗透压，能在引起原生质体溶解的条件下生存；④对抑制细胞壁合成的抗生素不敏感，但是对其他靶点非细胞壁的抗生素（如与核糖体结合的四环素、红霉素等，破坏含甾体的细胞膜的两性霉素、制霉菌素等）都很敏感；⑤菌落小（直径为 0.1～1.0mm），在固体培养基表面呈特有的“油煎蛋”状；⑥以二分裂和出芽等方式繁殖；⑦能在含血清、酵母膏和甾醇等营养丰富的培养基上生长；⑧多数能以糖类作能源，能在有氧或无氧条件下进行氧化型或发酵型产能代谢；⑨基因组很小，仅为 0.6～1.1Mb（约为 *E. coli* 的 1/5～1/4），如生殖支原体（*M. genitalium*）的基因组为 0.58Mb，含 470 个基因（1995 年）。

有些支原体细胞膜中除了含有甾醇，还含有脂聚糖，是与膜脂共价结合并嵌入多种支原体细胞膜中的长链杂多糖，在某些方面类似于革兰氏阴性菌外膜的脂多糖，只是缺乏类脂 A。脂聚糖有助于稳定细胞膜，也被认为有助于支原体附着到动物细胞的表面受体。

二、立克次氏体

立克次氏体（*Rickettsia*）是一类专性寄生于真核细胞内的G^-原核生物。1909 年，美国医生霍华德·泰勒·立克次（Howard Taylor Ricketts）首次发现落基山斑疹伤寒的病原体，他在研究该菌时，不幸被感染并失去生命，故人们将此病原体命名为立克次氏体。它与支原体的区别是有细胞壁和不能独立生活；与衣原体的区别在于其细胞较大、无滤过性和存在产能代谢系统。

从 1972 年起，因陆续在某些患病植物韧皮部中也发现了类似立克次氏体的微生物，为与寄生在动物细胞中的立克次氏体相区别，特将其称作类立克次氏体细菌（Rickettsia-like bacteria，RLB）。

立克次氏体的特点与细菌相似：①细胞较大，为（0.3～0.6）μm×（0.8～2.0）μm，光镜下清晰可见；②细胞形态多样，有球状、双球状、杆状至丝状等；③有细胞壁，G^-，肽聚糖层中含有 *N*-乙酰胞壁酸和二氨基庚二酸，细胞壁外层含有与细菌类似的脂多糖复合物，但脂质含量明显高于细菌；④细胞膜透性高，易于从宿主细胞获得所需物质；⑤绝大多数在真核细胞内专性寄生，宿主为虱、蚤等节肢动物和人、鼠等脊椎动物，在没有宿主细胞的情况下一般无法培养，必须在鸡胚、敏感动物或合适的组织培养物上培养；⑥以二分裂方式繁殖

（每分裂一次约 8h）；⑦能量代谢途径不完整，不能利用葡萄糖或有机酸产生能量，只能利用谷氨酸和谷氨酰胺产能；⑧对四环素和青霉素等抗生素敏感；⑨对热敏感，一般在 56℃以上经 30min 即被杀死；⑩基因组很小，如 1998 年 11 月公布的普氏立克次氏体（*Rickettsia prowazeki*）基因组为 1.1Mb，含 834 个基因。

立克次氏体是人类斑疹伤寒、恙虫病和 Q 热等严重传染病的病原体。对人类致病的主要种类是普氏立克次氏体（*R. prowazeki*）、斑疹伤寒立克次氏体（*R. typhi*）和恙虫病立克次氏体（*R. tsutsugamushi*），一般寄生于虱、蚤、蜱等节肢动物体内。立克次氏体属和埃立克氏体属（*Ehrlichia*）通过节肢动物叮咬传播；其他属，如沃尔巴克氏体属（*Wolbachia*），是昆虫和其他节肢动物的专性寄生物或互生种类。

三、衣原体

衣原体（*Chlamydia*）是一类比立克次氏体小，在真核细胞内营专性能量寄生的小型 G^- 原核生物。曾长期被误认为是“大型病毒”，直至 1956 年由我国著名微生物学家汤飞凡等自沙眼中首次分离到病原体后，才逐步证实其为一类独特的原核生物。

衣原体的特点有：①有细胞构造，球形或卵球形，核糖体大小为 70S，细胞内同时含有 RNA 和 DNA；②有细胞壁（但无肽聚糖，尽管基因组中含有肽聚糖合成的相关基因），G^-；③有一定的代谢活性，能进行有限的大分子合成，但产生能量的酶系统不完整，必须依赖宿主获得 ATP，因此又被称为“能量寄生型生物”；④以二分裂方式繁殖；⑤对抑制细菌的抗生素和药物敏感；⑥只能用鸡胚卵黄囊膜、小白鼠腹腔等动物组织或活体进行培养。

衣原体的生活史十分独特（图 2-22），存在大小两种细胞，小型球状（$\Phi<0.4\mu m$）的是具有感染力的细胞，称作原体（elementary body），细胞厚壁、致密，不能运动，不生长（RNA∶DNA＝1∶1），抗干旱，有传染性。原体经空气传播，一旦有合适的新宿主，就可通过吞噬作用进入细胞，在其中生长并转化为无感染力的始体（initial body）或网体（reticulate body）。始体为大型球状（$\Phi=1.0\sim1.5\mu m$），细胞壁薄而脆弱，易变形，无传染性，生长较快（RNA∶DNA＝3∶1），通过二分裂可在细胞内繁殖成一个微菌落，即“包涵体”，随后每个始体细胞又重新转化成原体，待细胞裂解释放后，重新通过气流传播并感染新的宿主，整个生活史约需 48h。

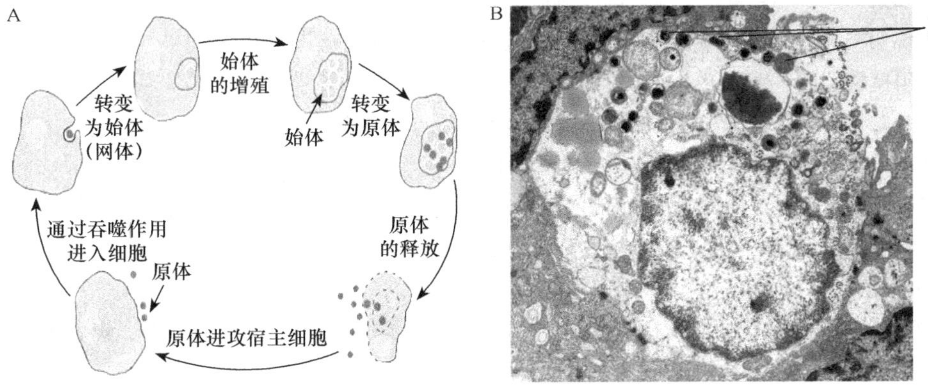

图 2-22　衣原体的侵染循环（Madigan et al.，2019）

A．模式图；B．受感染的人输卵管细胞正在破裂，释放出成熟的原体

与立克次氏体相比，衣原体不需节肢动物媒介而通过空气传播，因此原体的抗干燥能力就显得尤其重要。研究最深入的人类病原体是衣原体属（*Chlamydia*）和嗜衣原体属（*Chlamydophila*），如引起鹦鹉热等人畜共患病的鹦鹉热衣原体（*Chlamydophila psittaci*）、引起人体沙眼病的沙眼衣原体（*Chlamydia trachomatis*）及引起非典型肺炎的肺炎衣原体（*Chlamydophila pneumoniae*）。

小　结

原核微生物即广义的细菌，包括真细菌和古菌两类，真细菌又包括细菌、放线菌、蓝细菌、支原体、衣原体、立克次氏体，它们的共同特点是个体微小、结构简单、核无核膜包裹、进化地位低。

细菌是原核微生物的主要类型，形态主要为球状、杆状、螺旋状三类，细胞小且透明，一般经适当的染色在光学显微镜下观察。细胞结构分为一般构造和特殊构造。一般构造中的细胞壁成分、结构复杂而多样，G^+菌、G^-菌、抗酸细菌的细胞壁各有其特点，此外还有各种缺壁细菌；基于细胞壁成分与结构的差别，可通过革兰氏染色加以区分。细菌的鞭毛、芽孢、糖被等特殊构造可作为菌种鉴定的依据，其结构、种类、形成机制等的研究具有重要的理论意义和实践价值。

放线菌是一类主要呈丝状生长、以孢子繁殖为主、陆生性较强、高 GC 含量的 G^+菌，许多为抗生素生产菌。放线菌形态、构造、生理、生态类型多样，典型代表为链霉菌，其细胞形态有基内菌丝、气生菌丝及孢子丝三种类型；链霉菌生活周期复杂，为多细胞菌丝生长方式并出现多样的隔膜形式。古菌是一个在进化上很早就独立于真细菌和真核生物的类群，对古菌的研究促使了生命“三域学说”的创立。古菌的细胞壁、鞭毛、细胞膜等细胞结构和组成、基因表达、代谢等与细菌及真核生物既有相似处又有区别。蓝细菌是一类进化历史悠久、G^-、无鞭毛的大型单细胞原核生物，能在类囊体上进行产氧型光合作用。蓝细菌细胞形态多样，可分为 5 种类群，细胞有不同的特化形式。支原体、立克次氏体和衣原体是三类 G^-、代谢能力差、主要营细胞内寄生的小型原核生物。支原体无细胞壁，介于独立生活和细胞内寄生生活之间；立克次氏体是专性寄生物，以节肢动物为媒介进行传播；衣原体为专性能量寄生物，寄生性更强，生活史独特。

复习思考题

1. 试比较 7 类原核微生物的主要特性。
2. 细菌细胞的主要形态如何？螺旋菌和螺旋体有何不同？
3. 典型细菌的大小和重量是多少？试设想几种形象化的比喻并加以说明。
4. 比较说明 G^+菌、G^-菌、抗酸细菌、古菌细胞壁的主要构造及其异同。
5. 简述磷壁酸、脂多糖的组成与功能。
6. 什么是缺壁细菌？试比较 4 类缺壁细菌的形成、特点及应用。
7. 试述革兰氏染色法的机制并说明此法的重要性。
8. 细菌细胞的常见贮藏物有哪些？简述羧酶体、载色体、绿色体、类囊体的功能。
9. 糖被的种类有哪些？荚膜的化学组成与功能如何？
10. 何为 S 层？有何功能？
11. 鞭毛的种类、结构、功能及其运动机制、运动方式如何？请比较 G^+菌、G^-菌、螺旋体和古菌鞭毛的异同。
12. 何谓“拴菌试验”？它如何能证明鞭毛的运动机制？
13. 简述芽孢的结构、形成与萌发过程及其抗热机制，并说明芽孢与营养细胞有何区别。

14．试述菌毛和性毛的结构与功能。

15．什么是菌落？细菌菌落与放线菌菌落有何主要区别？试讨论细菌的细胞构造与菌落形态间的相关性。

16．谈谈对生物膜和群体感应的认识。

17．比较古菌与真细菌、真核生物之间的异同。

18．放线菌有什么特点？链霉菌的细胞形态及其生活周期是怎样的？

19．蓝细菌的五大类群各有何特点？其细胞有哪些特化形式？功能如何？

20．与细菌相比，立克次氏体、衣原体、支原体有哪些独特特征？

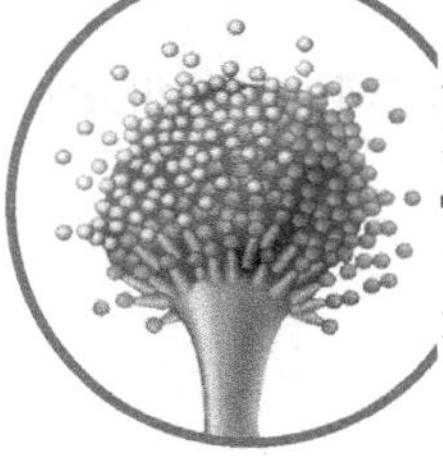

第三章 真核微生物

第一节 概　　述

真核微生物是一大类具有真正细胞核、核膜和核仁，进行有丝分裂，细胞质有线粒体，部分还有叶绿体等细胞器的微生物。真核微生物包括真菌、黏菌、藻类和原生动物等。真菌是主要类群，包括单细胞的酵母菌、单细胞或多细胞的丝状真菌（霉菌）及产生子实体的蕈菌（大型真菌）。真菌与人类关系密切，可用来在发酵工业中生产乙醇、抗生素（青霉素、灰黄霉素等）、有机酸（柠檬酸、葡萄糖酸等）和酶制剂（淀粉酶、纤维素酶等）；食品加工业中制造各种酒类、面包、酱油、豆腐乳等，或者直接作为食品，如香菇、木耳、草菇、蘑菇等；灵芝、茯苓、天麻等真菌的子实体是名贵药材；土壤真菌参与了有机物的分解和物质循环；真菌在饲料发酵、植物生长激素（赤霉素）产生、生物防治害虫等方面也有十分重要的作用。真菌的危害也不小，如霉菌造成农作物的病害，引起农产品、纺织品和其他工业品发霉变质，污染导致食品腐败变质，产生毒素，如黄曲霉产生的黄曲霉素可引起人畜中毒甚至致癌。不少动物病原真菌可能会带来危害甚至灾难，如导致两栖生物大灭绝的蛙壶菌，以及被称为“超级真菌”的耳念珠菌。同时，酵母菌、脉孢菌等真核微生物也是研究基因沉默、凋亡和 RNA 抑制的良好模型。

一、真核微生物与原核微生物的比较

真核微生物与原核微生物在某些方面具有相似性，如细胞基本结构都包含细胞壁、细胞质等，都采用多种方式繁殖，并且以无性繁殖为主。但是二者在细胞组成成分、细胞结构、繁殖方式等方面存在显著的差异（表 3-1）。

表 3-1　原核微生物与真核微生物的比较

项目	原核微生物	真核微生物
细胞核	无，也无核膜与核仁结构	有
细胞器	无	有（线粒体、内质网、高尔基体、溶酶体等）
液泡和囊泡	部分原核生物有类似功能的结构	有
叶绿体	无，光合色素存在于类囊体或细胞膜上	植物和藻类有
核糖体	小，70S	大，80S（细胞质核糖体）
微管	无或稀少	有
细胞骨架	有	有
细胞壁	通常有，结构复杂，有肽聚糖	真菌、藻类有，结构相对简单，无肽聚糖
细胞膜	通常无甾醇（支原体除外）	有甾醇

续表

项目	原核微生物	真核微生物
鞭毛	光学显微镜下难见，仅由一根鞭毛丝构成，旋转马达式驱动细胞运动	光学显微镜下可见，与膜结合，通常为“9+2”结构，挥鞭式驱动细胞运动
染色体	一般一条，环状或线状，普遍存在质粒	多于一条，线状
DNA 包装	高级结构的形成取决于 DNA 本身的超螺旋、外界大分子的挤压和拟核相关蛋白（nucleoid-associated protein，NAP）的相互作用	与组蛋白结合
遗传重组	转导、转化、接合等	减数分裂和配子融合、水平基因转移
有丝分裂	无	有
繁殖方式	一般无性	有性、无性等多种
细胞大小	较小，通常直径小于 2μm	较大，通常直径大于 2μm

二、真核微生物的主要类群

真核微生物是形体微小、结构简单的真核生物的统称。真核微生物不是一个单系类群，而是包含了属于不同生物界的几个类群，包括菌物界（Mycetalia，即广义上的“fungi”）中的真菌（Eumycota 或狭义的“fungi”）、假菌（Chromista、pseudofungi）、黏菌（Myxomycota），植物界中的显微藻类（algae），动物界中的原生动物和微型后生动物。真菌是一类低等的真核生物，是本章的重点，主要包括酵母菌、霉菌和大型子实体真菌。据估计，地球上可能存在 150 万种真菌，目前被描述的大约有 10 万种。在生物演化过程中，真菌形成了一个区别于其他原生生物的种系群，并且与动物的关系更为密切。真菌具有以下特点：①无叶绿素，不能进行光合作用；②通过孢子进行繁殖；③一般具有发达的菌丝体；④细胞壁多数含有几丁质；⑤营养方式是异养型；⑥陆生性较强。

三、真核微生物的细胞构造与功能

真核细胞与原核细胞相比，其形态更大，结构更加复杂，细胞器的功能更为专一。真核微生物发展出许多由膜包围着的细胞器。更重要的是，它们进化出核膜包裹着的完整细胞核。

（一）细胞壁

细胞壁见于藻类（纤维素为主）和真菌（壳聚糖为主）中，主要作用是维持细胞硬度及保护细胞免受各种外界因子（渗透压、病原微生物等）损伤。成分主要是多糖，还有少量蛋白质和脂质。不同的真菌，细胞壁所含的多糖种类各不相同，在低等真菌中，以纤维素为主，酵母菌以葡聚糖为主，而发展至高等陆生真菌时，以几丁质为主。

（二）细胞膜

真核微生物的细胞膜与原核微生物类似，也是磷脂双分子层的液态镶嵌结构。不同的是真核微生物细胞膜中通常含有甾醇。细胞膜中含有甾醇则韧性更强，对外界环境的抵抗力更强。

（三）鞭毛和纤毛

某些真核微生物细胞表面长有毛发状、具有运动功能的细胞器。其中形态较长（150～

200μm）、数量较少者称为鞭毛；而较短（5～10μm）、数量较多者称为纤毛。真核微生物的鞭毛和纤毛与原核生物鞭毛的功能相同，但是在构造、运动机制等方面差别很大。鞭毛和纤毛的结构基本相同，均由基体、鞭杆组成。基体又称为生毛体或动体，短杆状，直径为120～170nm，长为200～500nm，结构与中心粒一样为“9(3)+0”型，即横切面外围有9个三联体，中央没有微管和鞘。鞭杆的外部包裹一层细胞膜，内部则是由微管及结合蛋白组成的轴丝。轴丝为“9(2)+2”型，即中间是2根中央鞘包裹的中央微管，外围是9组微管二联体，由基体三联体中的两根微管延伸而来（图3-1）。微管连接蛋白将外围的微管二联体连接在一起，其中二联体的A管（亚丝）有放射辐条伸向中央微管，放射辐条头是自由的，不与中央鞘相连。A管上还有两个动力蛋白臂伸向相邻的B管，其上的动力蛋白（dynein）具有ATP酶活性。鞭毛的运动是由轴丝动力蛋白所介导的相邻二联体的相对滑动引起的：A管伸出的动力蛋白与相邻二联体的B管接触，可使动力蛋白结合的ATP水解，释放能量，造成动力蛋白头部构象改变，向相邻二联体正极滑动，使相邻二联体之间产生弯曲力，相邻二联体之间的动力蛋白向两侧交替滑动将导致鞭毛向不同方向弯曲。具有鞭毛的真核微生物有鞭毛纲的原生动物、藻类、卵菌及一些水生真菌如芽枝霉门、壶菌门和新美鞭菌门真菌的游动孢子或配子；具有纤毛的真核微生物主要是纤毛纲的原生动物。

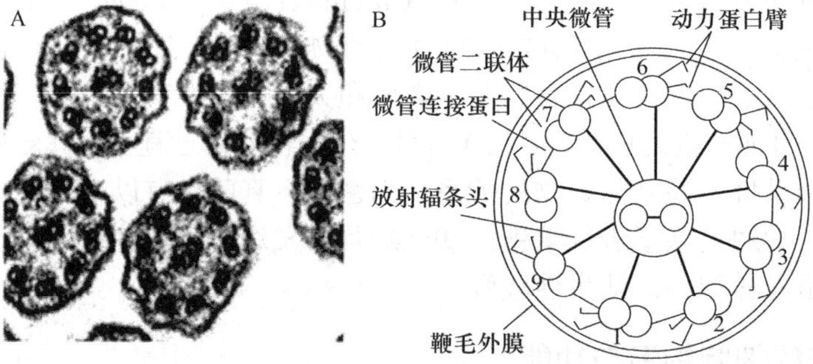

图3-1　真核微生物鞭毛的基本结构

A. 电镜照片；B. 横切面示意图

（四）细胞质和细胞器

真核微生物细胞质的流动性明显和原核微生物有差异。一般而言，原核微生物细胞质不具有流动性，而真核微生物细胞质具有流动性。真核微生物含有多种细胞器，如液泡、内质网、溶酶体、线粒体等。溶酶体是由单层膜包裹、含有多种酸性水解酶的囊泡状细胞器，主要起细胞内的消化作用。微体是一类由单层膜包裹的细胞器的总称，也包含多种酸性水解酶，但是与溶酶体不同。微体有两种基本类型，即过氧化物酶体和乙醛酸循环体，前者含有一种或几种氧化酶类，可以使细胞免受过氧化氢的伤害；后者主要存在于植物细胞中，是细胞中脂类向糖类转化的场所。真核微生物还含有一些独特的细胞器，如下所述。

几丁质酶体（chitosome）又称壳质体，这种细胞器是菌丝顶端生长所需的微小囊泡，包含大量的几丁质合成酶，负责将几丁质合成酶运输到菌丝尖端细胞表面以不断合成几丁质微纤丝，使菌丝延伸。

氢化酶体（hydrogenosome），内含氢化酶、丙酮酸：铁氧还蛋白、乙酸：琥珀酸CoA转移酶、琥珀酸硫激酶等，常存在于鞭毛基体附近，为其运动提供能量。与线粒体相似，其由双层膜包裹，内膜上有类似嵴的结构。在寄生于蟑螂体内的纤毛虫（*Nyctotherus ovalis*）氢化酶体中发现了基因组及核糖体类似颗粒。有人认为氢化酶体是线粒体的厌氧衍生物。氢化酶体存在于厌氧性的原生动物和厌氧真菌中，2010 年在厌氧后生动物中也有发现。

膜边体（lomasome），一种位于菌丝细胞膜和细胞壁之间、由单层膜包裹的细胞器，为很多真菌所特有。膜边体由高尔基体或内质网的特定部位形成，膜边体之间能相互结合，也可与其他细胞器结合。功能尚不明确，可能与分泌水解酶和细胞壁合成有关。

（五）细胞核

真核细胞具有含核膜的细胞核，核膜上有核孔，可以有选择地允许物质进出。细胞核是细胞遗传信息存储、复制和转录的主要部位。遗传物质以染色体形式存在。染色体由包含 DNA 和蛋白质的染色质所组成。真核微生物可以有多条染色体，如粗糙脉孢菌有 7 条、酿酒酵母有 16 条等。

第二节　酵　母　菌

酵母菌（yeast）是一群单细胞的真核微生物。这个术语不是系统进化的分类单元，只是一个无分类学意义的形态学名称。通常是指以芽殖或裂殖来进行无性繁殖的单细胞真菌，便于与霉菌区分。极少数种可产生子囊孢子进行有性繁殖。酵母菌含有除菌毛和鞭毛外的其他细胞器。由于其有巨大的经济价值，国内外对其相关的基础和应用研究一直都非常活跃。酵母菌与人类关系密切，在酿造、食品、医药工业等方面占有重要地位。利用酵母菌体，还可提取核苷酸、辅酶 A、细胞色素（Cyt）c 和核黄素等药物。酵母菌细胞体积小，表面积大，代谢旺盛，繁殖速度是动物的 2000 多倍。商品化生产酵母菌体可用以补充食物或饲料等。

酵母菌喜欢潮湿或液态的生境，有些也会寄生于生物体内。酵母菌也常给人类带来危害。腐生型酵母菌能使食物、纺织品和其他原料腐败变质，少数嗜高渗透压酵母菌如鲁氏酵母（*Saccharomyces rouxii*）、蜂蜜酵母（*Saccharomyces mellis*）可使蜂蜜、果酱败坏；有的是发酵工业的污染菌，它们消耗乙醇、降低产量或产生不良气味，影响产品质量。某些酵母菌可引起人类的病害。例如，白假丝酵母（*Candida albicans*，又称白色念珠菌）可引起皮肤、黏膜、呼吸道、消化道及泌尿系统等方面的多种疾病；新生隐球菌（*Cryptococcus neoformans*）可引起脑膜炎、肺炎等。

资源 3-1

一、酵母菌的形态与结构

酵母菌常见的细胞形态有球状、卵圆状、椭圆状、柱状或香肠状等多种。连续芽殖后，长大的子细胞与母细胞并不立即分离，其间仅以极小的面积相接触，形成藕节状的细胞串，这就是假菌丝（pseudohypha）。酵母菌细胞一般比细菌个体大得多，为（1～5）μm×（5～30）μm。

（一）细胞壁

细胞壁厚约 25nm，约占细胞干重的 25%，是一种坚韧的结构。其化学组成主要是：外为甘露聚糖，内为葡聚糖（glucan），中间是蛋白质分子，呈“三明治”状。并非所有的酵母菌都含有甘露聚糖，但是都含有葡聚糖。蛋白质约占细胞壁干重的 10%，其中部分是与细胞壁结合的酶，如葡聚糖酶、甘露聚糖酶、蔗糖酶、碱性磷酸酶和脂酶等。细胞壁还含有少量类脂和以环状形式分布在芽痕周围的几丁质。

蜗牛消化酶（内含纤维素酶、甘露聚糖酶、葡糖酸酶、几丁质酶和脂酶等30余种酶类）能够有效水解酵母菌的细胞壁，可用来制备酵母菌的原生质体，也可用它来水解酵母菌的子囊壁，借以把能抗一般酶水解的子囊孢子分离出来。

（二）细胞膜

酵母菌细胞膜主要由蛋白质、类脂（甘油酯、磷脂、甾醇等）和糖类（甘露聚糖等）组成。其中甾醇以麦角甾醇为主。麦角甾醇经紫外线照射后可形成维生素 D_2。发酵酵母（*Saccharomyces fermentati*）所含的总甾醇量高达细胞干重的22%，其中麦角甾醇达细胞干重的9.66%。

（三）细胞核

酵母菌具有多孔核膜包起来的定型细胞核——真核，活细胞中的核可用相差显微镜加以观察。除细胞核外，酵母菌的线粒体和环状的“2μm 质粒”中也含有 DNA。酵母菌线粒体 DNA 是环状分子，分子质量为 50×10^6Da，比高等动物线粒体中的 DNA 大 5 倍，类似于原核生物中的染色体，可通过密度梯度离心与染色体 DNA 相分离。线粒体上的 DNA 量占酵母菌细胞总 DNA 量的 15%～23%，它的复制相对独立。2μm 质粒可作为外源 DNA 片段的载体。

（四）其他细胞构造

在成熟的酵母菌细胞中，有一个大型的液泡（vacuole），内含一些水解酶及聚磷酸、类脂、中间代谢物和金属离子等；液泡可以是营养物和水解酶类的贮藏库，还可以调节渗透压。氧充足时，酵母菌细胞内会形成许多线粒体，杆状或球状，内膜经折叠后形成嵴，其上富含参与电子传递和氧化磷酸化的酶，在嵴的两侧均匀分布着圆形或多面形的基粒。缺氧时，酵母菌细胞只能形成无嵴的、无氧化磷酸化功能的简单线粒体。

有的酵母菌如白假丝酵母（*Candida albicans*）中，还发现只有一层约 7nm 单位膜包裹的、直径约 3μm 的圆形或卵圆形的细胞器，也称为微体，可能参与甲醇和烷烃的氧化。

二、酵母菌的繁殖和生活史

酵母菌的繁殖方式有多种类型。繁殖方式是鉴定酵母菌的重要特征之一。

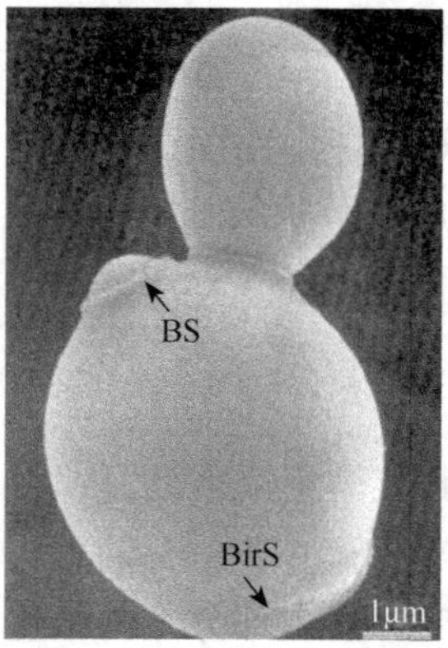

图 3-2　酿酒酵母的芽殖

（一）无性繁殖

1. 芽殖（budding）　芽殖是酵母菌最常见的繁殖方式。营养和生长条件良好时，酵母菌生长迅速，所有细胞上都长有芽体，芽体上还可形成新的芽体，成为簇状的细胞团（图 3-2）。

芽体的形成过程：在细胞形成芽体的部位，水解酶分解细胞壁多糖，使细胞壁变薄，大量新细胞物质——核物质（染色体）和细胞质等在芽体起始部位上堆积，使芽体逐步长大。当芽体达到最大体积时，它与母细胞相连部位形成了一块隔壁。隔壁是由葡聚糖、甘露聚糖和几丁质构成的复合物。最后，母细胞与子细胞在隔壁处分离。于是，在母细胞上就留下一个芽痕（bud scar，BS），而在子细胞上就相应地留下一个蒂痕（birth scar，BirS）。

2．裂殖（fission）　酵母菌的裂殖与细菌的裂殖相似。其过程是细胞伸长，核分裂为二，然后细胞中央出现隔膜，将细胞横分为两个相等大小的、各具有一个核的子细胞。进行裂殖的酵母菌种类很少，如裂殖酵母属的八孢裂殖酵母（*Schizosaccharomyces octosporus*）等。

3．无性孢子　掷孢子（ballistospore）是掷孢酵母属等少数酵母菌产生的无性孢子，外形呈肾状。这种孢子形成于卵圆形的营养细胞上生出的小梗上。孢子成熟后，通过一种特有的喷射机制将孢子射出。倒置培养皿培养掷孢酵母并使其形成菌落，其射出的掷孢子可在皿盖上形成菌落的模糊镜像。此外，有的酵母如白假丝酵母等还能在假菌丝的顶端产生厚垣孢子（chlamydospore）。

（二）有性繁殖

酵母菌的有性繁殖通过形成子囊（ascus）和子囊孢子（ascospore）进行。一般通过邻近的两个性别不同的细胞各自伸出一根管状的原生质突起，随即相互接触、局部融合，并形成一个通道，再通过质配、核配和减数分裂，形成4个或8个子核，每一子核与其附近的原生质一起，在其表面形成一层孢子壁后，形成一个子囊孢子，原营养细胞即成为子囊。

（三）生活史

生活史或生命周期（life cycle）是指个体经一系列生长、发育而产生下一代个体的全部过程。各种酵母菌的生活史可分为三个类型。

1．营养体既可以单倍体（*n*）也可以二倍体（2*n*）形式存在　酿酒酵母是这类生活史的代表。其特点为：一般情况下都以营养体状态进行芽殖；营养体既可以单倍体形式存在，也能以二倍体形式存在；在特定条件下进行有性繁殖。其生活史的全过程为（图3-3）：子囊孢子在合适的条件下发芽产生单倍体营养细胞；单倍体营养细胞不断进行芽殖；两个性别不同的营养细胞彼此接合，在质配后即发生核配，形成二倍体营养细胞；二倍体营养细胞并不立即进行核分裂，而是不断进行芽殖。酵母有两种接合类型，称作a和α，是一种原始的性别分化，因此很有研究价值。特定条件（如在含乙酸钠的McClary培养基、石膏块、胡萝卜条、Gorodkowa培养基或kleyn培养基上）时，二倍体营养细胞转变成子囊，细胞核进行减数分裂，并形成4个子囊孢子；子囊经自然破壁或人为破壁（如加蜗牛消化酶溶壁，或加硅藻土和石蜡油研磨等）后，释放出单倍体子囊孢子。酿酒酵母的二倍体营养细胞因其体积大、生活力强，故广泛地应用于工业生产、科学研究或遗传工程实践中。

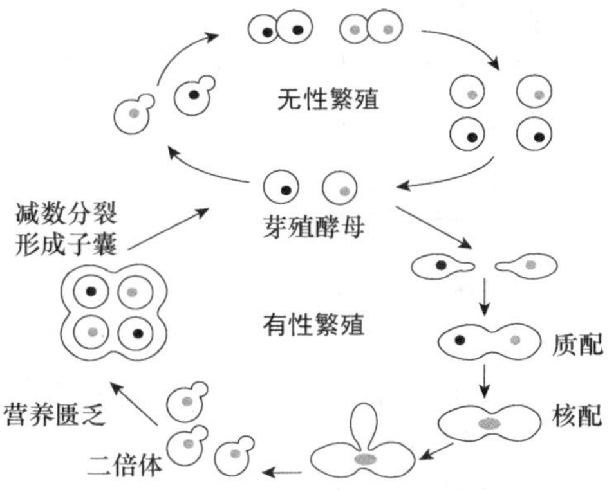

图3-3　酿酒酵母的生活史（Kavanagh，2017）

2．营养体只能以单倍体（*n*）形式存在　这一类型的代表为八孢裂殖酵母。其主要特点是：营养细胞为单倍体；无性繁殖以裂殖方式进行；二倍体细胞不能独立生活，故此阶段很短。其主要过程为：单倍体营养细胞借裂殖进行无性繁殖；两个营养细胞接触后形成接合管，发生质配后即行核配，于是两个细胞联成一体；二倍体的核经过一次减数分裂和一次有丝分裂，形成8个单倍体的子囊孢子；子囊破裂，释放子囊孢子（图3-4）。

3．营养体只能以二倍体（2*n*）形式存在 这一类型的典型代表是路德类酵母（*Saccharomycodes ludwigii*）。其特点为：营养体为二倍体，不断进行芽殖，此阶段较长；单倍体的子囊孢子在子囊内发生接合；单倍体阶段仅以子囊孢子形式存在，故不能进行独立生活。过程为：单倍体子囊孢子在子囊内成对接合，并发生质配和核配；接合后的二倍体细胞萌发，穿破子囊壁；二倍体的营养细胞可独立生活，通过芽殖方式进行无性繁殖；在二倍体营养细胞内的核发生减数分裂，营养细胞成为子囊，其中形成 4 个单倍体子囊孢子（图 3-5）。

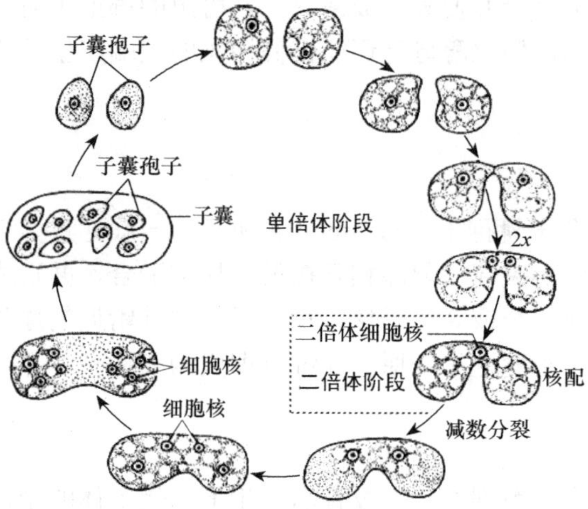

图 3-4 八孢裂殖酵母的生活史

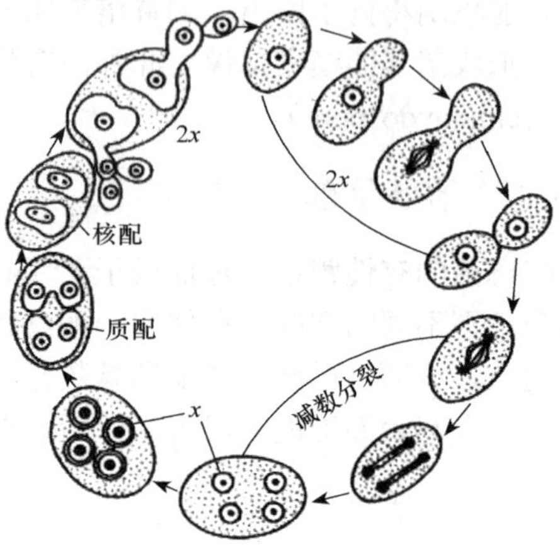

图 3-5 路德类酵母的生活史

酵母菌细胞有两种生活形态，即单倍体和二倍体。单倍体的生活史较简单，通过有丝分裂繁殖，在环境压力较大时通常死亡。二倍体细胞（酵母的优势形态）也通过简单的有丝分裂繁殖，但在外界条件不佳如营养状况不好时进入减数分裂，生成一系列单倍体的孢子，条件适合时孢子萌发。

三、酵母菌的菌落

酵母菌是单细胞微生物，细胞粗短，细胞间充满毛细管水，在固体培养基表面形成的菌落也与细菌相仿，一般都有湿润、较光滑、有一定的透明度、容易挑起、菌落质地均匀，以及正反面和边缘、中央部位的颜色都很均一等特点。但酵母菌细胞比细菌大，细胞内颗粒较明显，细胞间隙含水量相对较少，不能运动，菌落较大、较厚、外观较密和较不透明。酵母菌菌落的颜色比较单调，多数呈乳白色，少数为红色，个别为黑色。另外，凡不产生假菌丝的酵母菌，其菌落更为隆起，边缘圆整，而产生假菌丝的酵母菌，则菌落较平坦，表面和边缘较粗糙。酵母菌菌落一般有酒香味。

四、酵母菌的群体感应

真菌中的群体感应发现较晚，主要调控细胞形态、生长、发育和生物被膜形成等生理过程。真菌中研究比较深入的群体感应信号分子（quorum sensing signal molecule，QSSM）是白色念珠菌的法尼醇和酪醇，以及新生隐球菌的群体感应寡肽 Qsp1。白色念珠菌是一种条件致病菌，酵母态、菌丝态、假菌丝态之间的多态性转变对于其致病性至关重要。研究发现，细胞密度低于 10^6 个/mL 时，白色念珠菌呈丝状，高密度时以酵母态生长。控制这种密度依赖的形态转换的关键分子是法尼醇。酪醇是另一种 QSSM，可缩短生长停滞期，并刺激菌丝体和生物被膜的形成。新生隐球菌是一种重要的条件致病菌，每年导致数十万人死亡。研究发现该菌存在寡肽 Qsp1 介导的细胞密度依赖性生长，当接种密度低于 10^3 个/mL 时突变株 TUP1（编码合成寡肽前体）不能生长，加入含有活性寡肽的高密度培养物可以恢复突变株生长。最近中国科学家揭示了这个现象背后的机制，隐球菌 Qsp1 作为关键胞外信号分子激发了新生隐球菌的有性繁殖和减数分裂过程。当细胞密度升高时，细胞密度感应分子 Qsp1 在胞外大量积累，高浓度的 Qsp1 分子诱导 α 同性生殖的发生并随后启动减数分裂过程，最终导致高感染性同性孢子的产生。

资源 3-2

第三节　霉　　菌

一、霉菌的形态与结构

（一）菌丝

霉菌（mold）是形成分枝菌丝真菌的统称，是丝状、无光合作用、异养型真核微生物。菌丝体较发达，不产生大型肉质子实体结构。菌丝（hypha）是丝状或管状结构，由坚硬的含几丁质的细胞壁包被，一般无色透明，宽度多为 3～10μm。菌丝内含大量真核生物的细胞器。在菌丝顶端部位可见液泡，在老的菌丝部位含有大的液泡。液泡变大所形成的压力驱使细胞质向菌丝顶端集中。菌丝有分枝，分枝的菌丝相互交错而成的群体称为菌丝体（mycelium）。霉菌的菌丝分为有隔菌丝和无隔菌丝两种类型。

1．菌丝的生长　　顶端生长：蛋白质、脂肪和糖类主要在亚顶端区域合成，微泡囊由内质网（或高尔基体）分泌产生，内含有细胞壁合成所需的前体物质，当其从亚顶端移向最顶端并与细胞膜融合时（微泡囊与微管和微丝相连，由微管和微丝运送到菌丝顶端），泡囊膜形成细胞膜，内含的细胞壁前体物质在细胞壁和细胞膜间隙处聚合，成为细胞壁，导致菌丝顶端向前延伸，原来顶端的细胞壁和细胞膜被推向后部，细胞壁在被推向后部的过程中因其多糖分子之间发生交联而硬化。

菌丝的极性生长仅发生在菌丝顶端，顶体（spitzenkörper，SPK）是与菌丝顶端生长相关的结构，具有高度动态性和多形性，在菌丝生长中起核心作用。超微结构研究表明，顶体区域是由囊泡、核糖体、微管、肌动蛋白和一些功能尚不清楚的颗粒物质组成。分泌囊泡在释放细胞壁前体物质之前在顶体上聚集，微管也在菌丝顶端聚集，这表明顶体可能是微管凝聚组织中心；此外，当细胞壁合成酶，如几丁质合成酶酶体、葡聚糖合成酶抵达顶体的时候，顶体直接参与了细胞壁的建成过程（图 3-6）。

分枝形成：顶端可塑性的细胞壁由新生的几丁质和葡聚糖微纤丝，通过结晶化过程和共价键交联而变得坚硬。在新的菌丝分枝处，坚硬的细胞壁可由于水解酶的作用而重新变得可塑，使新的分枝形成。

2．菌丝顶端结构　　包括顶端区、亚顶端区、成熟区和隔膜区。

（1）顶端区　　最初的几微米区域，包括延伸区和硬化区，其细胞壁内层是几丁质层，外层为蛋白质层。

（2）亚顶端区　　即次生壁形成区，顶端 3～6μm 以后的区域，开始出现内质网、高尔基体和线粒体等细胞器结构，微泡囊散布其间，距顶端 40～100μm 处出现核；细胞壁由内至外依次为几丁质层、蛋白质层和葡聚糖蛋白网层。

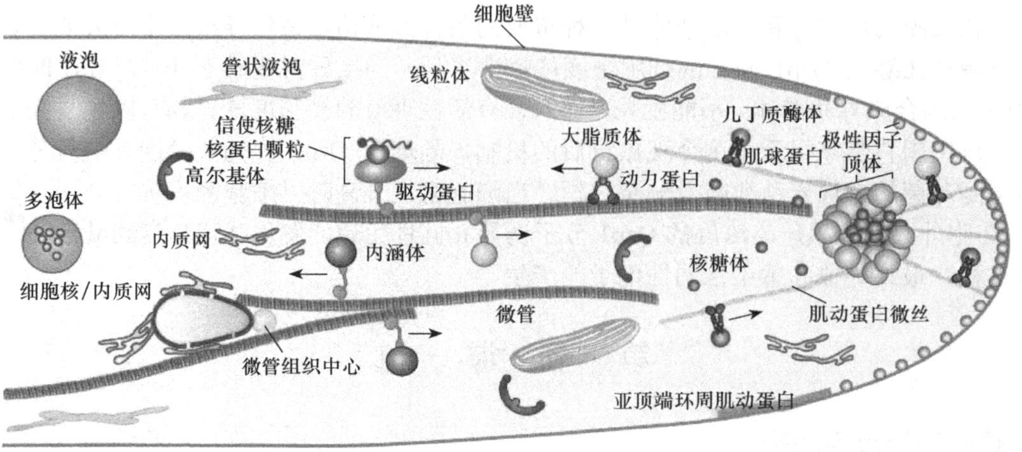

图 3-6　菌丝的顶端生长（Riquelme，2013）

（3）成熟区　　核之后的区域，由内至外为几丁质层、蛋白质层、葡聚糖蛋白质层和葡聚糖层。

（4）隔膜区　　由菌丝内壁向内延伸形成。不同类别的真菌，菌丝隔膜形式不同，低等真菌的隔膜呈封闭状，白地霉菌丝为孔径一致的多孔隔，而镰刀菌的多孔隔则为中央孔大、周围孔小，子囊菌菌丝为单孔隔，担子菌为复式隔。

3．有隔菌丝与无隔菌丝

（1）有隔菌丝　　有横隔膜将菌丝分隔成多个细胞，在菌丝生长过程中细胞核的分裂伴随着细胞的分裂，每个细胞含有 1 至多个细胞核（图 3-7A）。不同霉菌菌丝中的横隔膜的结构不一样，有的为单孔式，有的为多孔式，还有的为复式。但无论哪种类型的横隔膜，都有利于相邻两细胞内的物质交流。

（2）无隔菌丝　　菌丝中没有横隔膜，整个菌丝就是一个单细胞，菌丝内有许多核，在菌丝生长过程中只有核分裂和原生质量的增加，没有细胞数目的增多（图 3-7B）。

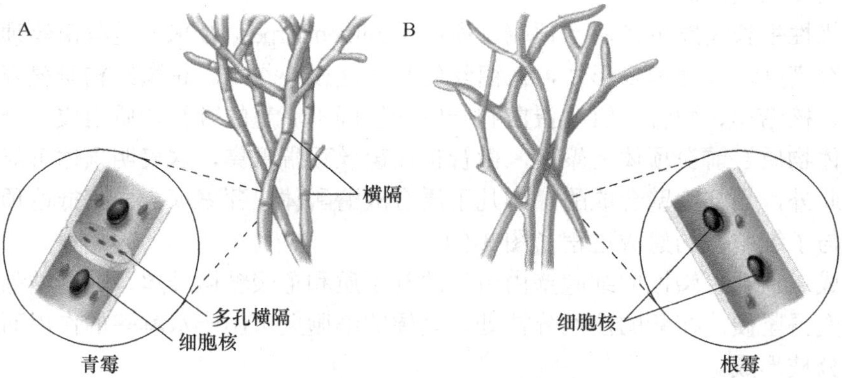

图 3-7　菌丝的基本结构（Talaro and Chess，2018）

（二）菌丝体的特化结构

菌丝体是菌丝通过顶端生长进行延伸，并多次重复分枝而形成的微细网络结构，是由许多菌丝相互交织而形成一个菌丝集团，可以分为营养菌丝体和气生菌丝体。在长期的进化中，菌丝体发展出各种特化结构（图 3-8）。

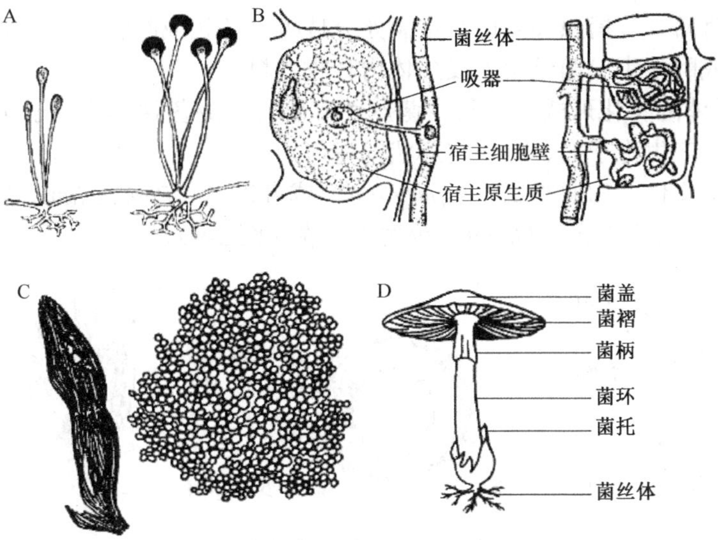

图 3-8　真菌菌丝的几种特化结构

A．假根；B．吸器；C．菌核；D．子实体

1．营养菌丝体的特化形式

（1）假根　　假根是根霉属（*Rhizopus*）真菌的匍匐枝与基质接触处分化形成的根状菌丝，在显微镜下假根的颜色比其他菌丝要深，它起固着和吸收营养的作用。

（2）匍匐菌丝（stolon）　　匍匐菌丝又称为匍匐枝。毛霉目真菌在固体基质上常形成与表面平行、具有延伸功能的菌丝。

（3）吸器（haustorium）　　吸器是某些寄生性真菌从菌丝上产生出来的旁枝，侵入宿主细胞内形成指状、球状或丛枝状结构，用以吸收宿主细胞中的养料。真菌的侵染菌丝进入宿主组织后，有的只在宿主细胞间蔓延，有的则能穿透细胞壁进入胞内形成吸器，直接从宿主体内获得营养物质。

（4）附着胞（appressorium）　　许多植物寄生真菌在其分生孢子萌发形成的芽管或老菌丝顶端发生膨大，并分泌黏性物质，借以牢固地黏附在宿主的表面，这一结构就是附着胞。当感染植物的时候，附着胞通过分泌的黏液牢牢地附着到宿主表面，并且通过提高附着胞内渗透压活性物质的浓度产生巨大的膨压，射出一钉状结构（称为侵染钉）垂直于植物表皮侵入宿主组织或细胞内部。

（5）附着枝（hyphopodium）　　若干寄生真菌由菌丝细胞生出 1～2 个细胞的短枝，以将菌丝附着于宿主上，这种特殊的结构即附着枝。

（6）菌核（sclerotium）　　由菌丝体交织成团状的一种坚硬休眠体。它的外层由深色厚壁菌丝组成，内层由淡色菌丝构成。不同真菌所产生的菌核，其形状和大小也各不相同，药用的茯苓、猪苓、茯神、雷丸和麦角等都是真菌的菌核。引起水稻纹枯病的离心丝核菌（*Rhizoctonia centrifuga*）所形成的菌核小如油菜籽，而茯苓可重达 60kg。在条件适合时，菌核可萌发产生子实体、菌丝和分生孢子等。

（7）菌索（rhizomorph）　　有些高等真菌的菌丝体平行排列组成长条状似绳索，叫作“菌索”。菌索周围有外皮，尖端是生长点，多生在树皮下或地下，根状，白色或其他各种颜色。它有助于真菌迅速运送物质和蔓延侵染，以及在不适宜的环境条件下呈休眠状态。

（8）菌环和菌网　捕虫类真菌常由菌丝分枝组成环状或网状组织来捕捉线虫类原生动物，然后从环上或网上生出菌丝侵入线虫体内吸收养料。

2．气生菌丝体的特化形式　气生菌丝体主要特化成各种形式的子实体。子实体是指在其里面或上面可产生孢子的、有一定形状的任何构造。

结构简单的子实体，如曲霉属（*Aspergillus*）或青霉属（*Penicillium*）等的分生孢子头，根霉属（*Rhizopus*）或毛霉属（*Mucor*）等的孢子囊（图 3-9）。

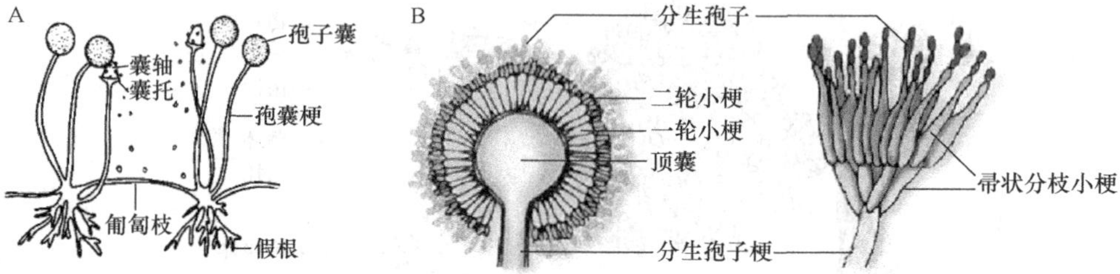

图 3-9　结构简单的子实体

A．根霉；B．分生孢子头，左为曲霉，右为青霉

结构复杂的子实体：产无性孢子的结构复杂的子实体主要有分生孢子器（pycnidium）、分生孢子座（sporodochium）和分生孢子盘（acervulus）（图 3-10）。分生孢子器是一个球形或瓶形结构，在器的内壁四周表面或底部长有极短的分生孢子梗，在梗上产生分生孢子。分生孢子座是由分生孢子梗紧密聚集成簇而形成的垫状结构，分生孢子长在梗的顶端，这是瘤座孢科（Tuberculariaceae）真菌的共同特征。分生孢子盘是分生孢子梗在宿主角质层或表皮下簇生形成的盘状结构，盘中有时夹杂有刚毛。

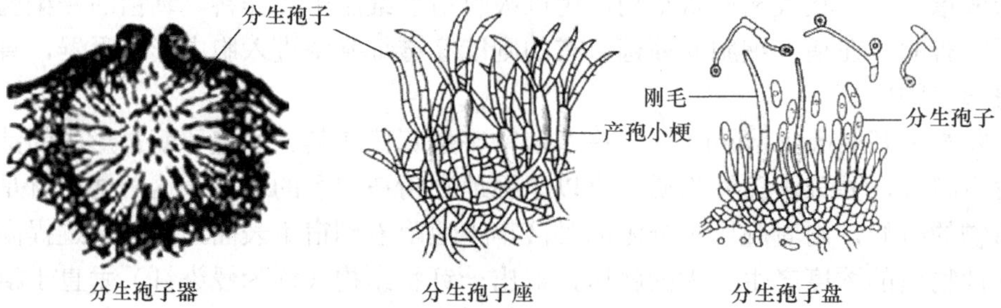

图 3-10　结构复杂的子实体

产有性孢子的结构复杂的子实体称为子囊果（ascocarp）。在子囊与子囊孢子发育过程中，从原来的雄器和雌器下面的细胞上生出许多菌丝，它们有规律地将产囊菌丝包围，形成有一定结构的子囊果。子囊果有三种类型：第一种为完全封闭圆球形，称为闭囊壳（cleistothecium）；第二种有孔，称为子囊壳（perithecium）；第三种呈盘状，称为子囊盘（apothecium）。子囊孢子成熟后即被释放出来。子囊孢子的形状、大小、颜色、纹饰等差别很大，多用来作为子囊菌的分类依据。

二、霉菌的繁殖

（一）无性繁殖

无性孢子是霉菌进行繁殖的主要方式，这些孢子如图 3-11 所示。

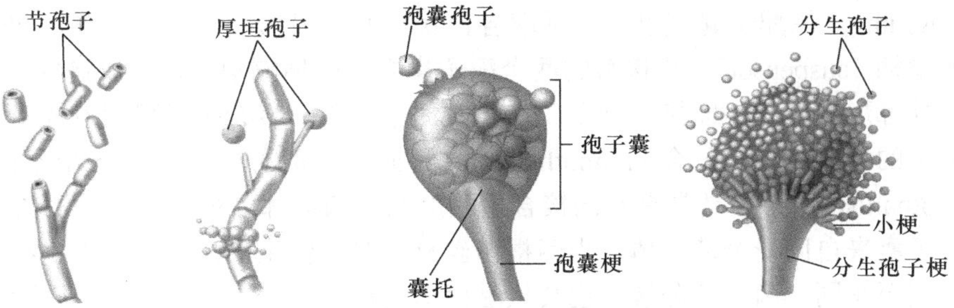

图 3-11 霉菌的几种无性孢子（Talaro and Chess，2018）

1．节孢子（arthrospore） 由菌丝断裂而成，又称粉孢子或裂孢子。节孢子的形成过程是菌丝生长到一定阶段，菌丝上出现许多横隔，然后从横隔处断裂，产生形如短柱状、筒状或两端呈钝圆形的节孢子。

2．厚垣孢子（chlamydospore） 又称为厚壁孢子。它是由菌丝中间（少数在顶端）的个别细胞膨大、原生质浓缩和细胞壁变厚而形成的休眠孢子。厚垣孢子呈圆形、纺锤形或长方形，它是霉菌度过不良环境的一种休眠细胞，寿命较长，菌丝体死亡后，上面的厚垣孢子还活着，一旦环境条件好转，就能萌发成菌丝体。

3．孢囊孢子（sporangiospore） 生在孢子囊内的孢子称为孢囊孢子。这是一种内生孢子，在孢子形成时，气生菌丝或孢囊梗（sporangiophore）顶端膨大，并在下方生出横隔与菌丝分开而形成孢子囊（sporangium）。孢子囊逐渐长大，然后在囊中形成许多核，每一个核包以原生质并产生孢子壁，即成孢囊孢子。原来膨大的细胞壁就成为孢囊壁。支持孢子囊的梗叫作孢囊梗。孢囊梗伸入孢子囊中的部分叫囊轴。孢子囊成熟后破裂，孢囊孢子扩散出来，遇适宜条件即可萌发成新个体。分为无鞭毛、有鞭毛两种，前者如接合菌的孢囊孢子，后者如壶菌的游动孢子。

4．分生孢子（conidiospore） 由气生菌丝顶端的分生孢子梗（conidiophore）结构形成，是霉菌中常见的一类无性孢子，是生于菌丝细胞外的孢子，所以称为外生孢子。也有些真菌的分生孢子就着生在菌丝的顶端。孢子可以是单细胞的，内含单倍体核，也可是多核的，含有几个来自有丝分裂的单倍体核。

（二）有性繁殖

真菌的有性繁殖非常复杂，其亲本结合方式可以分为配子结合、配子囊结合（同型、异型）、受精作用及体细胞结合等方式，其中又有同宗、异宗配合之分。总体上，真菌有性繁殖主要通过产生有性孢子进行。真菌有性孢子是两个性细胞（或菌丝）结合形成的。有性孢子的形成过程一般经过质配、核配和减数分裂三个阶段。大多数真菌的菌体是单倍体，但异水霉属（*Allomyces*）例外。真菌的性器官通常被称为配子囊（gametangia），它们可以产生不同性别的细胞（配子），或者具有配子功能的核。形态上有明显差异的配子囊，雄配子囊称为雄器（antheridium），雌配子囊称为产囊体（ascogonium）。大部分霉菌都缺乏分化的性器官，菌丝和核就起到了配子囊和配子的作用。在霉菌中，有性繁殖不及无性繁殖普遍，仅发生于特定条件下，而且一般培养基上不常出现。常见的真菌有性孢子有接合孢子、子囊孢子和担孢子，此外，异水霉属真菌有性繁殖方式为游动配子配合。

1．接合孢子（zygospore） 由菌丝生出的形态相同或略有不同的配子囊接合而成。接合孢子的形成过程是两个相邻的菌丝相遇，各自向对方生出极短的侧枝，称为原配子囊

(progametangium)。原配子囊接触后，顶端各自膨大并形成横隔，即配子囊，配子囊下面的部分称为配囊柄（suspensor）。相接触的两个配子囊之间的横隔消失，其细胞质与细胞核互相配合，同时外部形成厚壁，即接合孢子。在适宜的条件下，接合孢子可萌发成新的菌丝体。真菌接合孢子的形成有同宗配合（homothallism，不同接合型的核位于一个菌丝体中）和异宗配合（heterothallism，必须是具有不同接合型核的两个菌丝体才能融合）两种方式。同宗配合是雌雄配子囊来自同一个菌丝体，当两根菌丝靠近时，便生出雌雄配子囊，经接触后产生接合孢子，甚至在同一菌丝的分枝上也会接触而形成接合孢子。而异宗配合是两种不同菌系的菌丝相遇后形成的。这种有亲和力的菌丝，在形态上并无区别，通常用“+”或“−”来代表。

能形成接合孢子的为接合菌门真菌，根霉属（*Rhizopus*）和毛霉属（*Mucor*）是接合菌门的重要类群，同属接合菌纲毛霉菌目。二者很多特征相似：菌丝白色无隔，菌丝体发达，无性繁殖均产生孢囊孢子，有性繁殖形成接合孢子；主要区别在于根霉有假根和匍匐菌丝而毛霉没有，此外，根霉孢子囊的囊轴与孢囊梗连接处有囊托，毛霉则为菌环（囊领）。根霉和毛霉都是重要的食品工业微生物，可产淀粉酶转化淀粉为糖，在酿酒工业上多用作糖化菌。总状毛霉（*M. racemosus*）在腐乳的酿造过程中产生蛋白酶、淀粉酶、酯酶等多种酶系，分解原料中的多种成分，从而形成腐乳独特的色、香、味。有些毛霉还能产生草酸、乳酸、琥珀酸和甘油等。根霉属微生物也是脂肪酶的重要生产菌，并在甾体激素转化、有机酸（延胡索酸、乳酸）的生产中被广泛利用。

2. 子囊孢子（ascospore）　子囊（ascus）是含有一定数量子囊孢子的袋状结构。子囊分为同型配子囊和异型配子囊。同型配子囊是指两个营养细胞（单核、单倍体）结合后形成子囊，如酿酒酵母。异型配子囊是由产囊体（ascogonium）和雄器（antheridium）相结合所形成的。有性繁殖开始时，一些菌丝体的分枝分别形成较小的雄器和较大的产囊体。当雄器与产囊体相遇后，雄器中的多个细胞核可经由产囊体上的受精丝进入产囊体，与其中的多个细胞核两两配对形成双核。随后从产囊体上形成若干产囊丝（ascogenous hypha），产囊丝顶端细胞有一对核，分别来自雄器和产囊体。顶端细胞随后弯曲成钩状体，称作产囊丝钩或钩顶细胞（hook cell），钩顶细胞中的双核有丝分裂后被两个隔膜分隔为三个细胞，顶端和基部细胞都是单核的，中间双核的细胞称作子囊母细胞。子囊母细胞中的双核进行核配成为一个二倍体的细胞核，随后细胞伸长，经减数分裂和有丝分裂后形成 8 个子囊孢子（图 3-12）。在子囊母细胞发育过程中，产囊丝钩顶部的单核细胞向下弯曲与基部的单核细胞融合形成双核细胞，并继续生长形成一个新的产囊丝钩，再次形成子囊母细胞并发育成子囊。这一过程可以重复多次。由于一个产囊体上可以生出许多产囊丝而每根产囊丝在发育出一个钩顶细胞后又可侧生出另一根产囊丝，结果产生成丛的子囊，这些子囊被包裹在一个由菌丝组成的包被内，形成具有一定形状的子实体，即子囊果（ascocarp）。子囊果有三种类型，即前文述及的闭囊壳、子囊壳和子囊盘。从雄器与产囊体的细胞核配对开始到双核在子囊母细胞中核配，是子囊菌的单倍体双核阶段；子囊母细胞中的双核核配到减数分裂之前，是子囊菌的二倍体阶段。子囊菌在核配后紧接着就进行减数分裂，因此它的二倍体阶段很短。子囊菌门真菌为高等真菌，约 32 000 种，占真菌的 1/3 左右，形态千差万别，共同点是形成子囊。除酵母菌为单细胞外，绝大部分子囊菌是多细胞，菌丝有隔；无性繁殖时，单细胞种类芽殖，多细胞种类产生分生孢子，如链孢霉属（*Neurospora*）、红曲霉属（*Monascus*）、赤霉属（*Gibberella*）、木霉属（*Trichoderma*）、曲霉属（*Aspergillus*）和青霉属（*Penicillium*）等。

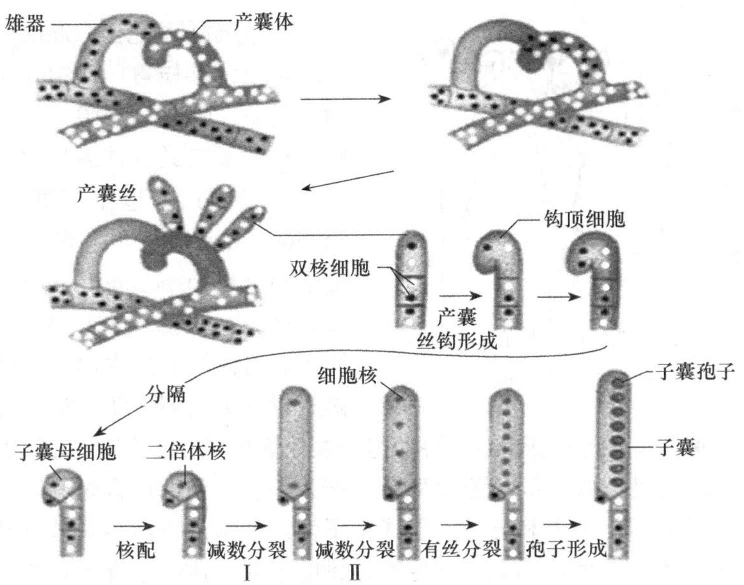

图 3-12 子囊菌的有性繁殖过程

曲霉属和青霉属同为散囊菌目发菌科，分布广泛，无性繁殖时都能形成分生孢子头，但二者的形状不同。曲霉分生孢子梗顶端膨大成为顶囊，一般呈球形，顶囊表面长满一层或两层辐射状小梗（初生小梗与次生小梗），最上层小梗瓶状，顶端着生成串的球形分生孢子，孢子呈绿、黄、橙、褐、黑等颜色，以上几部分结构也合称“孢子穗”；分生孢子梗生于足细胞上，并通过足细胞与营养菌丝相连。青霉无足细胞，分生孢子梗顶端不膨大，无顶囊，经多次分枝，产生几轮对称或不对称小梗，小梗顶端产生成串的青色分生孢子，孢子穗形如扫帚。美国学者 Thom 按照分生孢子梗的形态，把青霉属分为四组，即分生孢子梗只有一轮分枝的一轮青霉、两轮分枝的二轮青霉、三轮及以上分枝的多轮青霉、不对称地产生或多或少轮层分枝的不对称青霉。孢子穗的形态构造是曲霉和青霉分类鉴定的重要依据。此外，它们大多数仅发现了无性阶段，极少数可形成子囊孢子，如匍匐曲霉（产生子囊果）。

曲霉是发酵工业和食品加工业的重要菌种，产蛋白酶和淀粉酶的能力都很强，可用于制酱、酿酒、制醋曲。现代工业利用曲霉生产各种酶制剂（淀粉酶、蛋白酶、果胶酶等）、有机酸（柠檬酸、葡萄糖酸、五倍子酸等），农业上用作糖化饲料菌种，如黑曲霉、米曲霉等。生长在花生和大米上的曲霉，有的能产生对人体有害的真菌毒素，如黄曲霉毒素 B_1 能导致癌症，有的则引起水果、蔬菜、粮食霉腐。青霉主要用于生产抗生素，如产黄青霉（*Penicillium chrysogenum*）、点青霉（*Penicillium notatum*）等，有些青霉可用来生产葡萄糖酸等有机酸，很多青霉是果蔬的腐烂菌。

3. 担孢子（basidiospore） 担孢子是担子菌门真菌产生的有性孢子。在担子菌中，两性器官多退化，以菌丝结合的方式产生双核菌丝，在双核菌丝的两个核分裂之前可以产生钩状分枝而形成锁状联合（具体见第四节），这有利于双核并裂。双核菌丝的顶端细胞膨大为担子，担子内 2 个不同性别的核配合后形成 1 个二倍体的细胞核，经减数分裂后形成 4 个单倍体的核，同时在担子的顶端长出 4 个小梗，小梗顶端稍微膨大，最后 4 个核分别进入了小梗的膨大部位，形成 4 个外生的单倍体的担孢子（图 3-13）。担孢子多为圆形、椭圆形、肾形和腊肠形等。

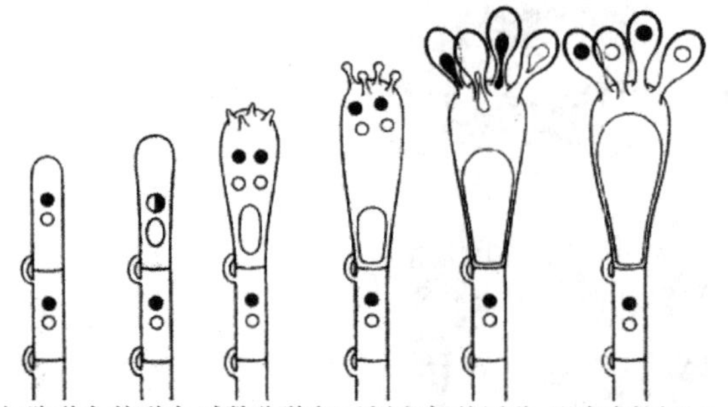

图 3-13 担子菌的有性繁殖过程

4. 游动配子配合（planogametic copulation） 异水霉属为芽枝霉门（Blastocladiomycota）真菌，腐生，菌丝无隔膜，菌丝体为发达的树枝状，一主干二叉分枝或假轴式分枝，枝上生有两种孢子囊：厚壁孢子囊［减数分裂孢子囊（meiosporangium）］和薄壁孢子囊［有丝分裂孢子囊（mitosporangium）］，存在明显的世代交替现象。生活史大致如下（图 3-14）：孢子体（二倍体）上产生厚、薄壁孢子囊（多元分体产果式），薄壁孢子囊萌发时不经过减数分裂，形成游动孢子囊（zoosporangium），游动孢子囊破裂释放出二倍体的游动孢子（zoospore），游动孢子为单鞭毛，游动一段时间后静止变圆并产生孢壁，条件适宜时其附着于靶标表面萌发出假根穿透基质，继而产生主干和分枝，形成孢子体；厚壁孢子囊经减数分裂产生单倍体的游动孢子，释放后发育为配子体，其上可产生雌、雄配子囊，雌配子囊无色较大，雄配子囊橙色较小，一种配子囊位于菌丝顶端，另一种则位于其下，交替成串珠状排列，具体哪种配子囊在顶端则因种而异，雌配子较大，雄配子较小，均具单鞭毛，为异形配子，雌配子和雌配子囊可释放诱雄激素吸引雄配子，二者配合后形成具双鞭毛的合子，后者进一步发育为孢子体。

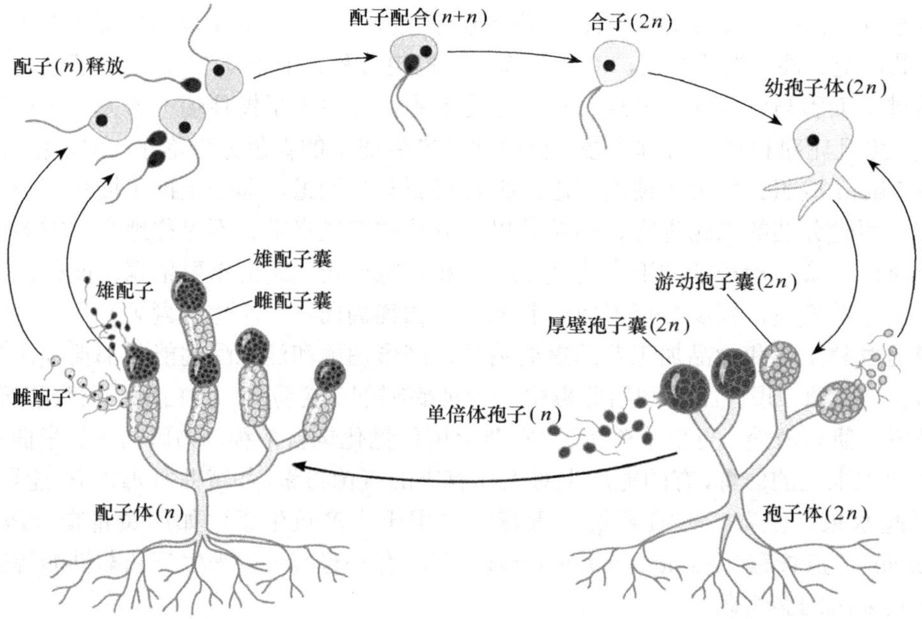

图 3-14 大配囊异水霉（*Allomyces macrogynus*）的生活史（Lee et al.，2010）

三、霉菌的菌落

菌丝顶端的生长使霉菌可以从一个点或一个接种物（inoculum）向新的区域延伸，琼脂平板上的菌落呈放射状。霉菌的菌落由分枝状菌丝体组成，由于菌丝较粗而长，菌落常呈疏松、绒毛状、絮状或蛛网状，比细菌菌落大几倍到十几倍；霉菌孢子的形状、构造和颜色及产生的色素使得菌落表现出不同结构和色泽特征。有些霉菌，如根霉、毛霉、链孢霉的菌丝生长很快，在固体培养基表面蔓延，以致菌落没有固定大小。如果在固体发酵食品过程中污染了这一类霉菌，若不及时采取措施，往往造成严重的经济损失。也有不少种类的霉菌，其生长有一定的局限性，如青霉和曲霉。一般菌落中部的菌丝菌龄较大，而菌落边缘的菌丝是最幼嫩的。同一种霉菌，在不同成分的培养基上形成的菌落特征可能有变化，但各种霉菌在一定的培养基上形成的菌落大小、形状、颜色等相对一致。因此，菌落特征也是霉菌鉴定的主要依据之一。

第四节 蕈 菌

蕈菌（mushroom）是指能形成大型子实体或菌核组织（如茯苓）的高等真菌，又称为伞菌，菌体大小为（3～18）cm×（4～20）cm 或更大，在分类上大多属于担子菌门，少数为子囊菌门。蕈菌主要为食用菌和药用菌，如香菇、平菇、木耳、银耳、猴头、金针菇、茶树菇、杏鲍菇，以及灵芝、茯苓、虫草等；有些为有毒蕈菌，如鹅膏属、盔孢属和环柄菇属中的一些种类；此外，还有一些特性不明、尚待辨识的其他蕈菌。从外表上看，蕈菌不像微生物，但从其进化历史、细胞构造、早期发育特点、各种生物学特性和研究方法等方面，都可证明其与显微真菌这一典型的微生物并无二致，其大型子实体是肉眼可见、用手可摘的，可看作真菌菌落在陆生条件下的特化与高度发展形式。

蕈菌是一种古老的生物，2016 年的研究报告显示，4.4 亿年前的化石蕈菌可能是生活在旱地的最古老的生物。据估算，地球上的蕈菌物种数量为 15 万～16 万，目前已知的仅有 1.6 万种，其中约 50%（7000 种）具有不同程度的可食性，包括约 700 种药用蕈菌在内的 3000 多种被认为是可食用蕈菌。这 3000 多种蕈菌中，只有大约 200 种被用于试验性栽培，100 种进行了经济种植，约 60 种用于商业化栽培，而在许多国家进行大规模工业化生产的仅 10 多种。有毒蕈菌的数量接近 500 种，一些野生的不明蕈菌可能具有致命的毒性。

一、蕈菌的繁殖

蕈菌形态多样，基本构成为子实体和菌丝体。菌丝体由许多分枝菌丝组成，分布于土壤、腐木等基质内，分解基质，吸收养料，属营养器官。在整个生活史中，菌丝有单核菌丝、双核菌丝、三级菌丝及担子果的分化。

单核菌丝：由担孢子萌发形成的菌丝，其细胞内含有一个细胞核，也称为初生菌丝。它通常是不能结实的。

双核菌丝：两条相同或不同的单核菌丝发生细胞质融合，而核不融合。细胞内含有两个核的称为双核菌丝，也叫作次生菌丝或二级菌丝。

在大多数蕈菌中，双核菌丝的隔膜处有一个锁状突起叫作锁状联合（clamp connection），是双核细胞构成的二级菌丝通过形成钩状突起而联合两个细胞不断使双核细胞分裂，从而使菌丝尖端不断向前延伸的过程。锁状联合是双核菌丝所具有的结实性标志，即能产生子实体。蕈菌的生活史如图 3-15 所示，首先担孢子萌发形成菌丝，初期为多核菌丝，持续时间很短或不明显，迅速产生横隔形成单核初生菌丝。随后，两条性别不同的单核初生菌丝各自生出突起，接触融合后形成双核次生菌丝。双核菌丝靠锁状联合持续伸长。条件适宜时，许多双核菌丝分化为多种菌丝束（三级菌丝），菌丝束再形成菌蕾，最后分化、膨大成大型子实体，即幼担子果。幼担子果成熟后，双核菌丝顶端膨大，其中的两核发生核配，形成二倍体核，经一次减数分裂后形成 4 个担孢子。担孢子成熟后弹射出来，遇合适环境再萌发，开始新的生活史循环。

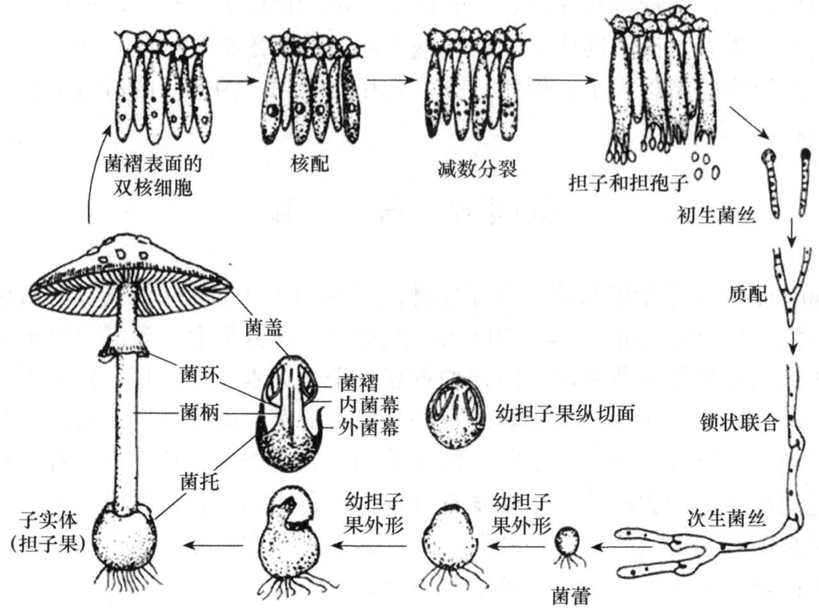

图 3-15　蕈菌的生活史（周云龙和马绍斌，2013）

子实体属繁殖器官，有些种类的幼担子果被内、外菌幕所包裹，成熟后残留在菌柄上的部分分别称为菌环、菌托（图 3-15）。其中的菌褶由外向内分为子实层、子实层基和菌髓三部分。菌褶的两面均为子实层，主要由无隔担子、侧丝和囊状体组成。侧丝是由不育的双核细胞形成的；囊状体是某些种类的子实层中存在的少数大型细胞，起源大多如同担子，可生在菌褶两侧或边缘。子实层基是子实层下的一些较小的细胞。菌髓由一些疏松排列的长形菌丝构成，位于菌褶中央。

二、蕈菌的用途与栽培现状

作为食药用菌，目前蕈菌的用途主要有 5 种：一是膳食食品，2016 年全球食药用蕈菌产量为 3350 万吨；二是膳食补充剂（dietary supplement，DS）产品，药用菌 DS 市场量不断增长，目前每年超过 200 亿美元；三是开发一类名为"蕈菌方剂或蕈菌药"的新药；四是植物保护中的天然生物防治剂，具有杀虫、杀真菌、杀细菌、除草、杀线虫和抗病毒活性；五是药妆产品。蕈菌的药理学特性目前已被广泛认可，许多高等担子菌的子实体、孢子、菌丝和菌丝培养液中含有不同类型的具有生物活性的化合物，如三萜、凝集素、类固醇、酚、多酚、内酯、他汀类药物、生物碱和抗生素，最重要的是，药用菌提供了具有抗癌和免疫刺激作用的多糖（尤其是 β-葡聚糖）及多糖-蛋白质复合物的无限来源，它们构成了一个巨大而有待开发的新型药物领域。

蕈菌不仅提供了富含蛋白质的食物来源，促进了药物开发与生产，还具有重要的生态学意义。例如，木质纤维素作为工农业生产的废弃物每年在全世界范围内大量产生，处理不当会造成严重的环境污染，而蕈菌可以合成胞外过氧化物酶、纤维素酶、木质素分解酶、蛋白酶、果胶酶、木聚糖酶和氧化酶等多种酶分解转化纤维素，因此，利用这些废料通过固态发酵来种植蕈菌，不仅可变废为宝，还减轻了废弃物污染。此外，利用蕈菌菌丝体去除或分解污染物并最终将其吸收，可进行污染环境的生物修复。

人类很早就开始栽培食药用蕈菌了，中国是第一个成功栽培出许多主流蕈菌品种的国家，如黑木耳（*Auricularia auricula-judae*，公元 600 年）、金针菇（*Flammulina velutipes*，公元 800～900 年）、香菇（*Lentinus edodes*，公元 1000～1100 年）、草菇（*Volvariella volvacea*，公元 1700 年）和银耳（*Tremella fuciformis*，公元 1800 年）。双孢蘑菇（*Agaricus bisporus*）栽培起源于法国（1650 年），是唯一一种国外首先种植的主要商业蕈菌品种。目前，食药用菌生产在农业基础产业中稳步增长，2013 年，世界人工栽培食用蕈菌的产量已经增加到 3400 万吨，中国是主要生产国，产量超过 3000 万吨，约占世界总产量的 88%。其中，香菇是主要的栽培种类，约占世界栽培蕈菌的 22%；侧耳属有 5～6 个栽培品种，约占 19%；木耳属 2～3 个品种，占 17%；双孢蘑菇占 15%。由于蕈菌栽培是劳动密集型的农业生产活动，可以为妇女和年轻人创造收入和提供就业机会，特别是在发展中国家的农村地区，从而产生巨大的经济和社会效益。以中国为例，1978 年中国蕈菌总产量只有 6 万吨，在世界总产量中的占比不到 6%，而至 2012 年，中国的蕈菌产量已达到 2830 万吨，在世界中的占比上升到 85%；同年，中国从事食药用蕈菌行业的总人数超过 3500 万，其中只有 15% 是真正的种植户，其他行业包括了食品加工、饮料制造、贸易和管理、运输、营销、批发、零售和出口等。可见，蕈菌产业正在产生广泛的正向溢出效应。

蕈菌正在给人类带来越来越多的福祉，然而要警惕的是，由于毁灭性开采、生态环境破坏等，野生蕈菌资源正明显减少，濒危物种逐年增加。例如，欧洲分布的 8000 种真菌中，20% 的菌种生存受到威胁，已报道的至少半数大型真菌被列入了其中一个国家的濒危物种红色目录。戴玉成等于 1992～2009 年在全国范围内对中国多孔菌进行了系统调查，初步将 48 种中国多孔菌列为濒危种，占中国多孔菌总数的 8%，其中绝大多数生长于原始森林中，主要在倒木和腐朽木上，它们几乎不能在人为干扰的森林内生存。

第五节　其他真核微生物

一、黏菌

黏菌（myxomycete，slime mold）是一类有趣的真核微生物。它们既像真菌，又似原生动物。有人将其称为黏菌虫（mycetozoa），形象地表明了黏菌的特点。由于它在生物系统中占有特殊地位，因而有关黏菌的生态学、分类学等历来都被中外研究者所重视。

（一）黏菌的形态与结构

黏菌生活周期中有三个形态不同的阶段：原质团（或假原质团，也称为变形虫群合体）阶段、子实体阶段（形成孢子囊和孢子）、游动孢子阶段（孢子萌发产生游动孢子或配子）。

1. 原质团（plasmodium）阶段　原质团阶段即形成原生质团块。最初为不定型黏团，逐渐发展为扇形，最后成为网状。原质团在基物上呈湿润和黏稠状，并具有黄、红、粉红或灰等颜色。它们能在基物上爬行，并在爬行的路途上留下一条明亮的“黏径”。在显微镜下，原质团可分为外质和内质两部分。外质较黏，被一层膜束缚。内质由分枝网状菌脉组成。菌脉中的原生质有规则地流动：先向一个方向流动，慢慢停下来，再向返回的方向流动，并按一定时间间隔重复该过程。菌脉也会发生变化，彼此连接而增大，或在其内原生质流向别处时收缩或消失。原生质流动是肌动蛋白或肌球蛋白作用引起的，该作用与肌肉肌动球蛋白的收缩特性类似。现已从多头绒泡菌的原质团中提取出了这些物质。原质团中含有大量二倍体核，这些核的惊人之处在于它们能同步进行有丝分裂。利用这一特点可以详细研究有丝分裂。

同一菌种的两块原质团接触后能融合为一块。融合在数小时内完成。在接触处，可看到颗粒状物在原质团间流动。两个不同菌种或同一菌种不同地区分离株的原质团都不能融合，甚至还可能发生相互致死效应。

活的原质团靠吞噬细菌、酵母菌和其他有机物颗粒生活，也能通过养分吸收方式生活。将细菌和酵母菌用活性染料染色后饲喂原质团，可在显微镜下追踪它们在原质团中的位置和去向。变形虫群合体（grex）是由单倍体变形虫（形态与原生动物中的变形虫相似，故也称为变形虫）聚集在一起而形成的群体。聚集后的单倍体变形虫彼此并不融合，仍维持个体独立，但群合体可作为一个囊体活动，因此将群合体称为假原质团（pseudoplasmodium）。将变形虫群合体放入水中时，组成群合体的单个变形虫彼此散开。在营养丰富时变形虫通常不发生聚集，食物缺乏时变形虫相互吸引，聚合在一起。变形虫的聚集受它们分泌的群合黏菌素控制。它们能聚集成各种美丽的图案：同心圆状、螺旋状和分枝状。变形虫聚集而成的群合体可长达 2～4mm，其内的变形虫数目尚难以确定。变形虫群体有一个突起的尖端，具有趋光和趋温湿特性，群体移动途径上会留下黏性痕迹。

2．子实体阶段　黏菌的子实体颜色和外形都很漂亮，颜色有淡粉红色、黄色和紫色等，形态为一根细茎，顶生各种形状的头部；或无茎，平铺生长。黏菌子实体有三种类型。

（1）孢子囊（sporangium）　有柄，顶生孢子囊；或无柄，圆形、柱形或杯形。孢子囊内生大量孢子，在众多孢子之间分布一些线状孢间丝，起支持孢子的作用。

（2）复孢囊　许多无柄的孢子囊在基物表面堆积而成的块状或不定型结构。长度可达几厘米。假丝菌（*Reticularia lycoperdor*）在腐树干上可形成鸡蛋大小的复孢囊。

（3）孢堆果（sorocarp）　柄顶端生成的成堆孢子被坚韧外膜包围所形成的结构称为孢堆果。孢堆果有圆球形、梨形等多种形状。有些菌种在柄上只生一个或几个孢子，称为孢子果。有些菌种在柄的基部还有一个盘状底座紧贴于基物上，称为基盘。

黏菌的子实体是在原质团或变形虫群合体上产生的。在食物耗尽和有光线的条件下形成子实体。黏菌产生孢子时原质团群合体都有趋光爬行的习性，它们常从土缝中爬出来，恰好在土缝边缘形成子实体。形成过程为：原质团或群合体变圆，逐渐向上堆积成帽状或蛞蝓状，随后一部分原质团或变形虫成为茎，另一部分成为顶端，由顶端再分化成孢子囊和孢子，茎（或柄）变硬成为无生命的物质。成熟孢子多为单倍体，厚壁、深色。在不利条件下可存活数年之久。

3．游动孢子阶段　黏菌孢子遇到合适条件时萌发，生出一个变形虫或释放出一个有鞭毛的游动孢子，游动孢子经短时间游动成为变形虫。变形虫无细胞壁，不定型，直径小于10μm，可以伸出伪足捕食细菌或其他颗粒状食物。凡生活周期有游动孢子和变形虫两个阶段的菌种，其形态随水的有无而变化。将变形虫放在水中，它们能生出鞭毛游动，除去水分，则变为爬行的变形虫。

游动孢子和变形虫都具有配子功能。两个单倍体变形虫结合成双倍体合子。凡形成原质团的菌种，由合子发展成原质团。变形虫群合体由许多单倍体变形虫聚集而成。

另外，在遇到黑暗、干燥和食物缺乏等不良条件时，原质团外面会形成一层硬壳，将原质团包围，形成菌核（sclerotium），该结构抗不良环境的能力强。

（二）黏菌的繁殖和生活周期

1．无性繁殖 主要为变形虫裂殖。培养单个变形虫能得到某一菌种的无性繁殖系。盘基网柄菌（*Dictyostelium discoideum*）有无性繁殖过程。

2．有性繁殖 培养变形虫时，在琼脂表面出现的透明水滴状物质就是新形成的小原质团。大多数情况下原质团是通过两个变形虫异宗结合产生的。有些菌种的单孢子也能产生原质团，这是通过同宗结合产生的。原质团的 DNA 含量为变形虫的倍数，说明原质团形成时发生了核的结合。

变形虫群合体中的有性过程与变形虫不同。把两个不同交配型的群合体混在一起时，能形成大囊胞（macrocyst）。大囊胞能消化周围的变形虫，它个体大，圆或椭圆形，单个或簇生。有三层壁，最内层的成分为纤维素，内含一个大核和几个小核。大囊胞是有性结合的产物，大多为异宗结合，也有同宗结合，它萌发时进行减数分裂，放出变形虫。人工培养时，潮湿、温暖和黑暗都能促进大囊胞形成。但诱发大囊胞萌发极不容易。这与大囊胞的后熟时间、光线及某些抑制物质有关。多头绒泡菌具有有性过程。

黏菌发现至今已有 100 余年，但对黏菌仍了解不足，这类微生物被忽略与它们难以培养有一定关系。黏菌具有特殊的形成结构，它们惊人整齐的同步分裂、井然有序的聚集和细胞的分化能力使黏菌成为极有价值的细胞学和分子生物学研究材料。黏菌的经济意义将在深入研究中得到开发。

二、卵菌

（一）卵菌的分类地位与农业生产

卵菌（oomycete）分类地位独特，由于菌丝形态、营养汲取方式等与真菌类似，传统上一直将卵菌归为真菌。直到 20 世纪 80 年代，化石证据及分子系统发育树研究表明，卵菌与原生生物界的金褐藻和不等鞭毛藻（dinoflagellate）亲缘关系更近，因此，微生物学家将其重新划归为假菌界（Chromista）。目前，已发现至少有 1800 种卵菌，除了一些腐生卵菌外，大部分卵菌是植物、动物及其他生物的病原菌。多数水生的种类为腐生，作为水生生态系统中的一个类群，在养分降解和再循环过程中扮演重要角色，少数为鱼卵和鱼类的重要寄生菌，如寄生水霉（*Saprolegnia parasitica*）为渔业大害。多数陆生卵菌为维管束植物的兼性或高度专性寄生菌，引起一些重要农作物的严重病害，如马铃薯晚疫病、柑橘根腐和果腐病、多种植物幼苗的猝倒，以及瓜类的霜霉病。重要的植物病原菌包括疫霉（*Phytophthora*）、霜霉（*Peronospora*）、腐霉（*Pythium*）和白锈菌（*Albugo*）中的病菌。目前已知的 100 多种疫霉能侵染几乎所有的双子叶植物，造成作物疫病，因此，疫霉被称为植物杀手。例如，19 世纪的爱尔兰大饥荒即由致病疫霉（*P. infestans*）引起的马铃薯晚疫病，造成马铃薯减产，导致当时爱尔兰人口锐减了近 1/4。

（二）卵菌的繁殖

卵菌的菌丝没有或仅有很少隔膜，无性繁殖形成游动孢子（具两根鞭毛），细胞壁主要成分是 β-1,3-葡聚糖和纤维素（真菌主要是几丁质、壳聚糖），细胞膜中含胆固醇（真菌为麦角甾醇）。有性繁殖由雄器和藏卵器（oogonium）交配产生二倍体的卵孢子（oospore）。有性繁殖时，菌丝顶端或中间部分膨大成大型配子囊即球形的藏卵器，藏卵器附近的菌丝顶端同时形成小型配子囊即棒状的雄器。藏卵器和雄器中发生减数分裂，产生单倍体的核。交配前，藏卵器内的原生质收缩成单核的原生质团，称为卵球。受精时从雄器上产生许多分枝，称为受精丝，雄器中的细胞质和单倍体细胞核通过受精丝而进入藏卵器与卵球交配，此后卵球生出外壁即成为卵孢子（图 3-16）。卵孢子萌发时先生出一个芽管，然后分化游动孢子囊和产生游动孢子。藏卵器内可分化出 1 至几个卵球，其数目因菌种而异。每个卵球内只含一个核，多余的核都退化。在多卵球的藏卵器外可见几个雄器穿入，但只有一个雄核与一个卵球配合。卵孢子的数量取决于卵球的数量。适当条件下，卵孢子萌发形成营养菌丝或释放游动孢子。卵菌的营养生长期为二倍体，只在形成配子时发生减数分裂。

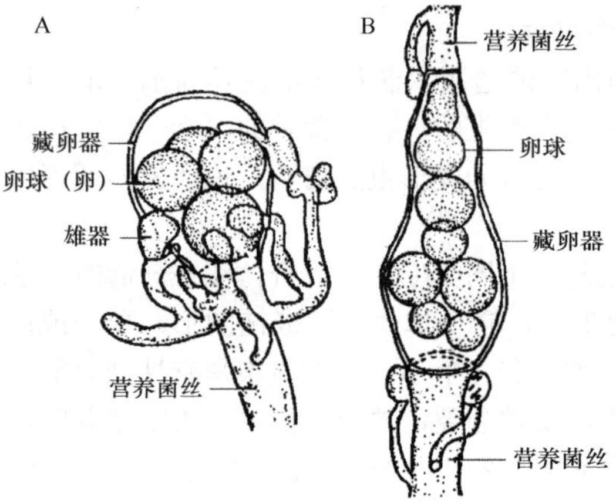

图 3-16　水霉的卵孢子

A．顶生藏卵器；B．间生藏卵器

三、藻类

藻类（algae）是含有叶绿素的不同于绿色植物的光合自养型微生物。藻类与植物的主要区别在于有性繁殖，它们是配子结合，单细胞转变为配子或由配子囊中产生配子。藻类的个体形态多样，大小相差极大。微生物学主要研究微小的藻类，这些藻类是土壤微生物、淡水域微生物和海洋微生物的组成部分。

（一）藻类的形态与结构

藻类包括单细胞个体和高度分化的多细胞个体。最小的藻类大小与细菌类似，如小单胞藻（*Micromonas* sp.）的大小为 1μm×1.5μm，大的藻类以 m 为计量单位，如褐藻（海带）长达 60～70m。单细胞个体呈圆球状、长杆状、弯曲状、星状和梭状等。单细胞可以生成各种形态的群落。丝状与管状体为细胞连续分裂的结果，有分枝或无分枝。藻类细胞有细胞壁。细胞壁组分主要为纤维素或其他多糖（木聚糖或甘露聚糖等）。硅藻细胞壁由二氧化硅组成，也含有蛋白质与多糖。有些藻类的细胞壁因碳酸钙沉积变硬，称为“石灰质”或“珊瑚形”藻类。藻类叶绿体形态比高等植物复杂，呈盘状、带状、螺旋状、星状、裂片状或分枝状等。藻类细胞中除含叶绿素外还含有胡萝卜素、叶黄素和藻胆蛋白，使藻体呈绿、红、黄、褐等颜色，许多藻体含淀粉核。藻类的贮藏物主要为淀粉，还有多糖和脂类。藻细胞含完整的膜系统，含 1 个或多个细胞核。

（二）藻类的繁殖与生活周期

1．繁殖　分无性与有性繁殖两种方式。无性繁殖的孢子有游动孢子和不动孢子，均由孢子囊产生，有的游动孢子囊也可以运动。有的藻类靠裂殖繁殖——纵裂或横裂。有些丝状藻的藻丝可以断裂，每一片段都能发育为一条新的藻丝。有性繁殖为配子生殖。同型或异型配子，同宗或异宗结合，形成合子。有些藻为卵配生殖，形成卵孢子。

2．生活周期 藻类的生活周期与真菌相似，分无性与有性阶段。无性阶段简单。许多单细胞藻的营养体长至一定大小时细胞分裂或形成游动孢子。无性繁殖至某时期则分化出配子，此时的藻体称为配子体。配子形成后结合，产生合子。由合子萌发生成的藻体称为孢子体。不同的藻类，其减数分裂时期、孢子体与配子体时期长短及有性与无性阶段的有无均不相同。藻类的生活周期多样。

（三）藻类的主要类型

根据藻类的形态和细胞结构将藻类分为11门：蓝藻门（Cyanophycophyta）、红藻门（Rhodophycophyta）、隐藻门（Cryptophyta）、甲藻门（Pyrrophycophyta）、金藻门（Chrysophycophta）、硅藻门（Bacillariophycophyta）、黄藻门（Xanthophycophyta）、褐藻门（Phaeophycophyta）、裸藻门（Euglenophyta）、绿藻门（Chlorophycophyta）和轮藻门（Charophyta），其中，蓝藻门为原核，其余为真核。此外，还有一个原绿藻门也为原核藻类，目前只发现一种原绿藻（*Prochloron didemni*），有人认为是蓝细菌和绿藻的中间生物。

四、原生动物

原生动物（protozoa）是指无细胞壁、能自由活动的单细胞真核微生物。原生动物在自然界分布广泛，在海水、河水、湖水、池水及雨后地上的积水中都能找到。土壤、动物粪便和其他生物体内也有分布。它们主要营腐生和寄生生活，少数与其他生物共生。原生动物种类很多，形态与生活周期差异很大。有的像动物，有的像植物。大的肉眼可见，小的用显微镜才能看到。用吞噬方式吸收养分，也可进行光合作用。能运动，通过有性和无性两种方式繁殖。原生动物以单细胞为其生命单位，细胞结构复杂。除一般细胞结构外，还有一些特殊结构。原生动物常作为污水生物处理系统或环境工程中的指示生物。

（一）原生动物的形态与大小

原生动物是最原始、最低等、结构最简单的单细胞动物。它们的个体很小，长度一般为100～300μm，在光学显微镜下观察可见。原生动物在生理上具有完善的系统，能依靠各种细胞器，行使多细胞动物具有的营养、呼吸、排泄和生殖等功能。原生动物行使摄食、消化、营养的细胞器有胞口、胞咽、食物泡和吸管等，行使排泄的细胞器为收集管、伸缩泡、胞肛，行使运动和捕食的细胞器为鞭毛、纤毛、刚毛、伪足等，感觉细胞器为眼点。有的细胞器行使多种功能，如伪足、鞭毛和纤毛均可同时执行运动、捕食和感觉的功能。原生动物的形态差别很大，有球状、椭球状、钟状、喇叭状、拖鞋状等，有的种如变形虫属，根本没有固定的形状。

（二）原生动物的结构

原生动物为单细胞生物，没有细胞壁，其细胞由细胞膜、细胞质和细胞核组成。

1．细胞膜 原生动物体表具有的一层很薄的膜，为原生动物的细胞膜。它是由细胞质的外层特化而来，其功能与多细胞动物的相同。有些原生动物的细胞膜很薄，可随原生质的流动而改变形状，如变形虫，而多数原生动物由于细胞膜内的蛋白质增厚，形成一定厚度的表膜，可保持虫体的特有形状，有些种类还能分泌特有的分泌物来加固体形，如表壳虫的几丁质外壳、鳞壳虫的硅质外壳、有孔虫的钙质外壳等。

2．细胞质 原生动物的细胞质可分为外质和内质两部分。外质透明清晰、致密，中央部分为内质，色泽较暗，有很多内含物的颗粒，细胞核与各种分化的细胞器位于其中。

3．细胞核 大多数为单核细胞，少数有两个或两个以上的细胞核，如多核变形虫、蛙片虫。核由核膜、核质和染色质构成，核膜上有小孔与细胞质沟通。根据染色质的多少和分布情况，将原生动物的细胞核分为致密核和泡状核。致密核的染色质多、分布均匀，与代谢有关，而泡状核的染色质少、分布不均匀，与生殖有关。

（三）原生动物的分类

目前已知的原生动物近 3 万种。根据运动器或摄食方式，可把原生动物分成五大类：肉足虫纲（具有伪足）、鞭毛虫纲（具有鞭毛）、纤毛虫纲（具有纤毛）、孢子虫纲和丝孢子虫纲，重点介绍前四纲。

1．肉足虫纲（Sarcodina） 该类原生动物只有细胞质本身形成的一层薄膜。它们形体小、无色透明，大多数无固定的形状，少数种类为球形。由于体内细胞质不定向流动而千姿百态，并形成伪足，作为运动和摄食的细胞器。绝大部分肉足类以细胞、藻类、有机颗粒和比它本身小的原生动物为食，是动物性营养。

肉足虫纲分为两个亚纲。体形可以任意改变的肉足类为根足亚纲（Rhizopodea），一般叫作变形虫，如辐射变形虫（*Amoeba radiosa*）、引起痢疾的溶组织内阿米巴（*Entamoeba histolytica*）等。体形不变呈球形、伪足呈针状的肉足类为辐足亚纲（Actinopodea），如太阳虫（*Actinophrys*）等。

2．鞭毛虫纲（Mastigophora） 这类原生动物具有一根或一根以上的鞭毛，又称为鞭毛虫，其鞭毛长度大致与其体长相等或更长些，在光学显微镜下能看到，鞭毛虫就是靠其鞭毛在水中进行运动的。根据营养类型，可将鞭毛虫分为植鞭亚纲（Phytomastigina）和动鞭亚纲（Zoomastigina）。

（1）植鞭亚纲 多数植物性鞭毛虫具有绿色色素体，是仅有的进行植物性营养的原生动物，如绿眼虫（*Euglena viridis*），也称为绿色裸藻；也有少数无色的植物性鞭毛虫，它们没有绿色的色素体，但具有植物性鞭毛虫所专有的某些物质，如坚硬的表膜和副淀粉粒等，也会进行动物性营养。在自然界中绿色的植物性鞭毛虫种类较多，在活性污泥中则无色的植物性鞭毛虫较多。

（2）动鞭亚纲 动物性鞭毛虫体内无绿色的色素体。一般体型很小，属动物性营养，有些还兼有动物性腐生型营养，在自然界中，主要生活在腐化有机物较多的水体内，在废水处理厂曝气池运行的初期出现。常见的有梨波豆虫（*Bodo edax*）和跳侧滴虫（*Pleuromonas jaculans*）等。

3．纤毛虫纲（Ciliata） 这类原生动物依靠细胞表面的无数短须同步而有节奏地摆动运动或捕食，其短须为纤毛。纤毛虫在原生动物中构造最复杂，是原生动物中最高级的一类，不仅有比较明显的胞口，还有口围（也叫前庭）和胞咽等吞食和消化的细胞器官，细胞核有大核（营养核）和小核（生殖核）两种，通常大核只有一个，小核则有一个以上。纤毛虫喜吃细菌及有机颗粒，竞争能力较强，为动物性营养，所以与废水生物处理的关系密切。纤毛虫可分为游泳型、固着型两种，前者如草履虫（*Paramecium caudatum*），后者又称为钟虫类。

4．孢子虫纲（Sporozoa） 营寄生生活，从低等的多细胞动物到脊椎动物体内都有孢子虫的寄生，一些种类表现出很强的宿主专一性。一些种类的孢子虫及裂殖子有一个顶复合器（apical complex）；而另一些种类的孢子虫具有极囊（polar capsule），极囊内有极丝（polar filament）。因此，1970 年 Levine 提出了将孢子虫分为两类：一类为具有顶复合器的，称为顶合器纲（Apicalcomplexa），即孢子虫纲（Sporozoa）；另一类为具极囊的孢子虫，称为丝孢子虫纲（Cnidospora）。

孢子虫纲的原生动物细胞结构简单，细胞一般呈圆形或长圆形，细胞质分为外质与内质，具有一个细胞核，细胞器不发达，没有伸缩泡、运动细胞器等，或仅在生活史的某个很短时期内出现鞭毛或伪足（如疟原虫仅在裂殖子阶段可做有限的变形运动）。孢子虫也没有取食及消化的细胞器，通过体表的微孔（micropore）或细胞膜表面的吞噬作用吸收宿主的营养，呼吸及排泄作用通过细胞膜以扩散或渗透的方式进行。

孢子虫类具有很强的繁殖能力，其生殖方式及生活史相当复杂，大多数孢子虫的生活史包括裂殖生殖（merogony）、配子生殖（gametogony）及孢子生殖（sporogony）三个时期，称为三段周期（triphasic cycle）。少数种类生活史中仅有配子生殖及孢子生殖时期，称为二段周期（diphasic cycle）。个别种生活史中仅有裂殖生殖，称为一段周期（phasic cycle）。

五、微型后生动物

原生动物以外的多细胞动物统称为后生动物（metazoa），其中，要借助显微镜或放大镜才能看清的叫作微型后生动物，它们大多生活在天然水体及废水生物处理构筑物中，属无脊椎动物，包括轮虫、线虫、寡毛类动物等。

轮虫（rotifer）是担轮动物门（Trochelminthes）轮虫纲的微小动物。因它有初生体腔，新的分类系统把它归入原腔动物门（Aschelminthes）。常见的有旋轮属（*Philodina*）、猪吻轮属（*Dicranophorus*）、腔轮属（*Lecane*）和水轮属（*Epiphanes*）等。轮虫长 0.04～2mm，多数不超过 0.5mm。它们分布广，多数自由生活，也可寄生。雌雄异体，卵生，多为孤雌生殖。

线虫（nematoda）隶属线形动物门的线虫纲（Nematoda），是无脊椎动物中一个很大的类群，种类多，数目极大，全球有 1 万余种。大多数线虫营自生生活，广泛分布在淡水、海水、沙漠和土壤等自然环境中；营寄生生活的只是其中很少的种类，常见的寄生于人体并能导致严重疾患的线虫有 10 余种，重要的有蛔虫、钩虫、丝虫、旋毛虫等。线虫为长线形，多在 1mm 以下。雌雄异体，卵生；营养型有三种：腐食性（以动植物的残体及细菌等为食）、植食性（以绿藻和蓝细菌为食）和肉食性（以轮虫和其他线虫为食）。

寡毛类包括颤体虫、颤蚓及水丝蚓等动物，属环节动物门寡毛纲。它们的共同特征是身体分节但不分区，疣足退化，体表具刚毛，但刚毛的数目远远少于多毛类，因此称为寡毛类。寡毛类体型大小差别很大，最小的个体不足 1mm，如原口虫科（Aeolosomatidae），最大的蚯蚓体长达 1～3m，身体通常为圆柱形，有时略扁，体表分节明显。水生或陆生。全球寡毛类动物有 3000 种左右。根据生殖腺、环带及刚毛等结构的有无将寡毛类分为带丝蚓目（Lumbriculida）、颤蚓目（Tubificida）和单向蚓目（Haplotaxida）三目。

小　　结

真核微生物是一大类具有细胞核、线粒体，部分还有叶绿体等细胞器的微小生物的统称。真核微生物在细胞结构与生物学特性上都与原核生物有很大不同，其中酵母菌和霉菌是两类非常重要的真核微生物。酵母菌为单细胞真菌，酿酒酵母是酵母菌的典型代表，细胞壁的主要成分是甘露聚糖、葡聚糖和蛋白质，有些还含有几丁质。酵母菌的繁殖包括无性和有性两种方式，其中无性的芽殖是酵母菌最常见的繁殖方式。根据营养体是否能够独立存在，可将酵母菌的生活史分为三种类型。霉菌是一类丝状真菌的统称，一般是指菌丝体发达又不产生大型肉质子实体结构的真菌。菌丝是霉菌营养体的基本单位，通过顶端生长的方式延伸，分为无隔菌丝和有隔菌丝。菌丝相互交织在一起形成菌丝体，菌丝体在功能上分化为营养菌丝体和气生菌丝体，前者有各种特化结构，后者的特化形态主要为子实体，在子实体上可形成各种无性或有性孢子进行繁殖，无性孢子有孢囊孢子、节孢子、厚垣孢子、分生孢子，有性孢子有接合孢子、子囊孢子、担孢子等。蕈菌一般是指能形成大型肉质子实体的丝状真菌，在整个生活史中，菌丝有单核菌丝、双核菌丝、三级菌丝及担子果的分化；其中，双核菌丝可以通过独特的锁状联合的方式使菌丝延伸。其他真核微生物还包括黏菌、卵菌、藻类、原生动物及微型后生动物。

复习思考题

1. 请比较真核微生物和原核微生物的主要差别。
2. 真核微生物细胞有哪些细胞器和特殊结构？鞭毛构造及运动机制是怎样的？
3. 什么是真菌、酵母菌和霉菌？
4. 酵母菌的生活周期及其无性繁殖和有性繁殖方式是怎样的？
5. 何谓菌丝及菌丝体？真菌菌丝如何生长？其顶端结构怎样？
6. 霉菌的菌丝有几种类型？菌丝体的特殊形态有哪些？有何功能？
7. 真菌的无性孢子有哪几种？各自的形成过程如何？
8. 真菌的有性孢子有哪几种？它们是如何形成的？
9. 请总结接合菌、子囊菌、异水霉菌的生活史。
10. 何谓异宗配合？何谓同宗配合？
11. 比较根霉与毛霉、青霉与曲霉的异同。研究它们有何实践意义？
12. 试比较细菌、酵母菌、放线菌和霉菌四大类微生物的细胞形态和菌落特征。
13. 何谓锁状联合？担孢子怎样形成？
14. 什么是蕈菌？生活史怎样？对食用菌、药用菌产业有何了解？
15. 卵菌有何特点？与真菌有何区别？为什么将其归为假菌界？
16. 黏菌的主要特征是什么？
17. 藻类的细胞结构有何特点？
18. 原生动物的细胞结构有何特点？
19. 什么是微型后生动物？有哪些种类？

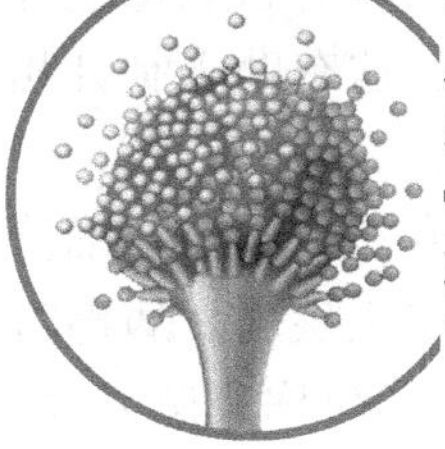

第四章 病 毒

第一节 概 述

病毒是在 19 世纪末才发现的一类微小病原体。“virus”一词的原意是“有毒”，表示一切引起传染病的物质。1892 年，俄国学者伊万诺夫斯基首次发现烟草花叶病原体可以通过细菌滤器。1898 年，荷兰生物学家拜耶林克（M. W. Beijerinck）进一步肯定了伊万诺夫斯基的结果并将这样的病原体命名为“病毒”（virus）。1935 年，美国生物化学家斯坦利（W. Stanley）提取出了烟草花叶病毒（tobacco mosaic virus，TMV）结晶，该病毒结晶具有致病性。这一研究成为分子生物学发展中的一个里程碑，斯坦利也因此荣获了诺贝尔奖。接着，Bawden 等证明烟草花叶病毒的本质为核蛋白质。随后，类病毒、卫星病毒、卫星核酸和朊病毒被相继发现，极大地丰富了病毒学的内容，使人们对病毒的本质又有了新的认识。病毒的定义随着分子病毒学的发展而不断更新。

随着研究的深入，现代病毒学家将这类非细胞型生物分为真病毒（euvirus，简称病毒）和亚病毒（subvirus）两大类。

- 非细胞型生物
  - 真病毒：至少含有核酸和蛋白质两种成分
  - 亚病毒
    - 类病毒：只含具有独立侵染性的RNA组分
    - 卫星：包括卫星病毒和卫星核酸
    - 朊病毒：只含有单一蛋白质组分

一、病毒的定义及特点

病毒是一种体积微小、结构简单、严格活细胞内寄生、以复制方式增殖的非细胞型微生物。病毒区别于其他生物的主要特征如下。

1）无细胞结构，核酸只有 DNA 或 RNA 一种，故又称为“分子生物”。

2）大部分病毒没有酶或酶系统极不完全，不能进行独立的代谢作用。

3）严格的活细胞内寄生，没有自身的核糖体，不能合成蛋白质；必须依赖宿主细胞进行自身的核酸复制，形成子代。

4）多数病毒个体极小，能通过细菌滤器，在电子显微镜下才可看见。

5）病毒对抗生素不敏感，对干扰素敏感。

6）在离体条件下，能以无生命的生物大分子状态存在，并可长期保持其侵染活力。

7）以核酸和蛋白质等“元件”的装配实现其大量繁殖。

二、病毒的宿主范围、培养、分离与纯化

病毒是因其致病性被发现的，病毒性疾病不仅传染性强、流行广泛，而且缺乏特效药物，

资源 4-1

临床治疗比较困难。新发病毒病时，首先需要疫情监测和预警的同时对新病毒进行检测和鉴定分类，确定其基因组序列、传播途径和致病性等特征。这有助于制订相应的防疫措施，加快药物研发过程和有效抗病毒药物的发现。

1．病毒的宿主范围 病毒在自然界中分布非常广泛，人、动物、植物、昆虫、细菌及真菌等均可被其寄生并引起感染。有的病毒与宿主和平共存，有的引起宿主疾病。病毒对人类健康的危害很大，约 75%的传染病由病毒引起，如肝炎、流行性感冒（简称流感）、腹泻、艾滋病、中东呼吸综合征（Middle East respiratory syndrome，MERS）、非典型肺炎即严重急性呼吸综合征（severe acute respiratory syndrome，SARS）、埃博拉出血热（Ebola hemorrhagic fever，EHF）和新型冠状病毒肺炎（coronavirus disease 2019，COVID-19）等。此外，过去认为是非传染性的疾病如糖尿病、高血压、心肌病和肿瘤等，现也被发现与病毒有关。然而，并非所有病毒侵染都对宿主有害，有的病毒能够锻炼宿主的免疫系统，如寄居在蝙蝠体内的狂犬病毒、埃博拉病毒和冠状病毒等。

2．病毒的培养 病毒的培养在病毒学研究中可用于病毒增殖、分离鉴定、抗原制备、疫苗和干扰素生产、病毒性疾病诊断和流行病学调查等。病毒的培养研究大致经历了三个阶段。

（1）*动物实验法* 动物实验法是最原始的病毒培养法。选用实验动物需符合健康、大小一致和易感性高等要求。常用实验动物有小鼠、仓鼠、兔子甚至灵长类动物等。根据不同病毒对组织的亲嗜性不同，接种处可有鼻内、皮内、脑内、皮下、腹腔或静脉，如脑炎病毒接种鼠脑内。接种后逐日观察实验动物发病情况，如有死亡，则取病变组织剪碎，研磨均匀，制成悬液，继续传代到另一个健康动物体内。此培养法缺点是无法长期保存病毒，易出现传代中病毒失去原有生物特异性、适应新的动物宿主的情况。例如，脊髓灰质炎病毒在小鼠体内培养、传代过程中失去了原先适于人类的特征，反而完全适应了小鼠这一宿主细胞。

（2）*鸡胚培养法* 鸡胚培养是许多人类与动物病毒常用的活体培养方法之一。根据病毒的特性可分别接种在鸡胚绒毛尿囊膜、尿囊腔、羊膜腔、卵黄囊、脑内或静脉内，如有病毒增殖，则鸡胚发生异常变化或羊水、尿囊液出现红细胞凝集等现象。

（3）*细胞培养法* 1949 年，哈佛医学院与波士顿儿童医院的医学家恩德斯（J. F. Enders）及其两名助手韦勒（T. H. Weller）和罗宾斯（F. C. Robbins）联手证明了人类细胞培养液里能繁殖脊髓灰质炎病毒，第一次实现了病毒在细胞培养液中的培养。三人因此共同获得了 1954 年的诺贝尔生理学或医学奖，并开启了现代病毒学和疫苗学研究。

目前，主要使用三种细胞培育病毒：①从胚胎或动物组织中制备的原代细胞。有限传代，通常不超过 20 次细胞分裂。常用的原代细胞来自猴肾、人胚胎羊膜和肾、人包皮和呼吸道上皮及鸡或小鼠胚胎。原代培养的人成纤维细胞（primary human foreskin fibroblast），可用于特定细胞分化状态的实验病毒学，也用于疫苗生产，尤其用于人类疫苗生产以避免产品被连续细胞系的潜在致癌 DNA 污染。②永生细胞系，来自肿瘤组织或通过化学、病毒诱变的原代细胞或二倍体菌株；常用的传代细胞系包括小鼠胚胎成纤维细胞系（mouse fibroblast cell line），如 3T3 细胞，以及人源上皮细胞系（human epithelial cell line），如 HeLa 细胞。永生细胞系提供了可以同步感染的统一细胞群，以进行病毒复制的生长曲线分析或生化研究。③二倍体细胞，由单一类型的同质群体组成，最多可分裂 100 次，但稳定遗传，仍保留二倍体染色体数，用于制备一些病毒疫苗。使用最广泛的二倍体细胞是从人类胚胎建立的细胞，如源自人类胚胎肺的 WI-38 细胞。

3. 病毒的分离与纯化 病毒分离是将疑有病毒而待分离的标本经处理后接种于相应敏感的宿主、鸡胚或细胞培养液中，培养一段时间后通过检查不同病毒的特异性以表征、确定病毒的存在，并对病毒进行提取和纯化。

病毒纯化的标准有：病毒感染性不能变，病毒颗粒大小、形态、密度和化学组成及抗原性质应当一致，并以病毒的基本理化性质为依据纯化病毒。病毒颗粒的主要化学成分是蛋白质，故可利用蛋白质提纯方法来纯化病毒，如盐析、等电点沉淀、有机溶剂沉淀、凝胶层析和离子交换等。病毒颗粒具有一定的大小、形状和密度，又是由蛋白质和核酸等组成，离心时它们比细胞蛋白质沉降更快，大多数病毒浮密度较高，可利用超速离心技术纯化病毒，如差速离心和氯化铯等密度梯度离心。

三、病毒的分类与命名

对已发现的病毒进行有序的分类并给以科学的名称，无论是在病毒的起源与进化研究方面，还是在病毒的鉴定与病毒性疾病防治方面都具有重要的意义。

（一）分类原则

最早是根据病毒与宿主的相互关系（病症、宿主范围、免疫性等）将病毒分为动物病毒、植物病毒和细菌病毒（噬菌体）三大类，这种分类方法因有其实用性而沿用至今。但这种分类方法并没有反映出病毒的本质特征。随着近代电子显微镜技术的发展及分离和提纯病毒新方法的应用，人们逐渐转向对病毒本身的结构特征（衣壳粒数目、构型、有无囊膜等）和化学组成进行比较，使病毒分类摆脱人为因素，朝着自然分类系统（即反映系统发育关系）的方向前进。现代病毒分类主要依据生化特性，特别强调核酸的结构，因此更能反映病毒的本质，主要包括病毒粒子的性状及生物学特性两大方面。

1. 病毒粒子的性状

1）病毒粒子的大小、形态、有无外膜、结构，以及病毒粒子对 pH、阴阳离子、热、辐射和表面活性剂的稳定性。

2）基因组核酸类型、大小、形态（线性、环状、超螺旋）、GC 含量比、核酸正义和反义链、分段或不分段、3′端和 5′端结构，以及基因组序列或部分序列的同源性、保守性、基因组结构、基因排列和表达、基因复制的策略、转录和翻译特点等。

3）病毒粒子蛋白质中结构蛋白的数目、大小、功能、氨基酸全序列或部分序列及其高级结构，血清学相关性，表面抗原决定簇图谱、蛋白质的糖基化和磷酸化等。

2. 生物学特性 生物学特性是指宿主范围、自然界传播方式与传播媒介的关系、致病性、病毒蛋白质的抗原性、组织趋向性、病理变化和地理分布等。

在此基础上建立的分类系统具有一定的科学性、合理性和可用性，但并不意味着该分类系统能完全正确反映病毒自然系统演化的相关性。现有病毒科、属及种的特性差别很大，但不相关的分类单位中病毒基因组却有高度相似性，如基因排列顺序和复制策略，甚至保守序列的功能域（functional domain）编码功能相似的蛋白质，如正链单链 RNA 病毒在其聚合酶（polymerase）、解旋酶（helicase）和蛋白酶（protease）的基因中都发现有保守的功能域序列。利用这些相似性构建部分系统演化的分类体系是很有希望的。因此，将关系较远的按此原则慎重地归纳、提高至目级是可能的。

（二）病毒分类系统

早期的病毒命名是以地名、症状或疾病、病毒粒子形态、人名、缩拼字及字母或数字命名，完全不能反映病毒的种属特征。为求统一，在已有的工作基础上，1998 年国际病毒分类委员会（International Committee on Taxonomy of Virus，ICTV）在第 10 届国际病毒大会上提出了 41 条新的病毒命名规则，主要内容如下：病毒分类系统依次采用目（order）、科（family）、属（genus）、种（species）分类等级，在科与属间可设或不设亚科。在未设立病毒目的情况下，科则为最高的病毒分类等级。“种”是构成一个复制系、占据特定的生态环境并具有多个分类原则特征（包括基因组、病毒粒子结构、理化特性和血清学性质等）的病毒；病毒种的命名应由少而有实意的词组成，种名与病毒株名应各有明确含义，不涉及属或科名，已经广泛使用的数字、字母及其组合可以作为种名的形容语，但新提出的数字、字母及其组合不再被接受。类病毒科名的词尾为“*viroidae*”、属名的词尾是“*viroid*”。

传统的 5 级病毒分类阶元（目、科、亚科、属、种）一直沿用至 2017 年。2020 年 4 月，ICTV 在线公布了最新的 2019 病毒分类系统，正式启用 15 级病毒分类阶元，废除之前的 5 级阶元，病毒分类学发生了重大改变，主要有两点：①通用的病毒分类系统采用域（realm，后缀为-*viria*）、亚域（subrealm，后缀为-*vira*）、界（kingdom，后缀为-*virae*）、亚界（subkingdom，后缀为-*virites*）、门（phylum，后缀为-*viricota*）、亚门（subphylum，后缀为-*viricotina*）、纲（class，后缀为-*viricetes*）、亚纲（subclass，后缀为-*viricetidae*）、目（order，后缀为-*virales*）、亚目（suborder，后缀为-*virineae*）、科（family，后缀为-*viridae*）、亚科（subfamily，后缀为-*virinae*）、属（genus，后缀为-*virus*）、亚属（subgenus，后缀为-*virus*）和种（species，后缀为-*virus*）的 15 级分类阶元。其中 8 个为主要等级（域、界、门、纲、目、科、属、种），其余为衍生等级。②与之前的规定不同，在设计新的分类阶元名称时可以使用人名。

在最新的 15 级系统中，大部分病毒归为双链 DNA 病毒域（*Duplodnaviria*）、单链 DNA 病毒域（*Monodnaviria*）、多样 DNA 病毒域（*Varidnaviria*）和 RNA 病毒域（*Riboviria*）4 域，在域以下共有 9 界 16 门（2 亚门）36 纲 55 目（8 亚目）168 科（103 亚科）1421 属（68 亚属）6590 种。其中，双链 DNA 病毒域下有 1 界 2 门 2 纲 2 目；单链 DNA 病毒域下有 4 界 5 门 8 纲 13 目；多样 DNA 病毒域下有 2 界 3 门 5 纲 11 目；RNA 病毒域下有 2 界 6 门 2 亚门 21 纲 28 目。仍有 1 目 24 科 3 属还没有归到“域”，并且没有合适的上一级分类阶元，有待完善。表 4-1 概括了一些重要的病毒科及其主要特征。

第二节　病毒的形态结构与化学组成

一、病毒的形态结构

由于病毒是一类非细胞生物体，故单个病毒不能称作“单细胞”。完整成熟的病毒颗粒称为病毒体（virion）或病毒粒子（virus particle），它是病毒在细胞外的存在形式，具有典型的形态、结构和传染性，在电子（或光学）显微镜下呈现特定的形态。

（一）病毒的大小与形态

目前用来研究病毒大小的方法主要有以下几种方法：①电子显微镜观察法，可直接测量

表 4-1 一些重要病毒科及其主要特征

核酸类型	病毒科	壳体对称[a]	包膜	壳体大小[b]/nm	壳粒数目	宿主范围[c]
dsDNA	痘病毒科	C	+	（200～260）×（250～290）（e）		A
（双链 DNA）	疱疹病毒科	I	+	100，180～200（e）	162	A
	虹彩病毒科	I	+	130～180		A
	杆状病毒科	H	+	40×300（e）		A
	腺病毒科	I	−	60～90	252	A
	乳多空病毒科	I	−	95～55	72	A
	肌尾病毒科	Bi	−	80×110（d）		B
	长尾病毒科	Bi	−	60×570（d）		B
ssDNA	丝杆病毒科	H	−	6×（900～1900）		B
（单链 DNA）	细小病毒科	I	−	20～35	12	A
	双粒病毒科	I	−	18×30（成对颗粒）		P
	微病毒科	I	−	25～35		B
反转录 DNA	嗜肝 DNA 病毒科	C	+	28（core），42（e）	42	A
和 RNA	花椰菜花叶病毒科	I	−	50		P
	反转录病毒科	I	+	100（e）		A
dsRNA	囊病毒科	I	+	100（e）		B
（双链 RNA）	呼肠孤病毒科	I	−	70～80	92	A，P
正链 RNA	披膜病毒科	I	+	45～75（e）	32	A
	黄病毒科	I	+	40～50（e）		A
	冠状病毒科	H	+	14～16（h），80～160（e）		A
	小 RNA 病毒科	I	−	22～23	32	A
	光亮病毒科	I	−	26～27	32	B
	雀麦花叶病毒科	I	−	25		P
负链 RNA	副黏病毒科	H	+	18（h），125～250（e）		A
	弹状病毒科	H	+	18（h），（70～80）×（130～240）		A，P
	正黏病毒科	H	+	9（h），80～120（e）		A
	布尼亚病毒科	H	+	2～2.5（h），80～100（e）		A
	沙粒病毒科	H	+	100～130（e）		A

a. 对称类型：I. 二十面体；H. 螺旋；C. 复杂；Bi. 双对称

b. 壳体大小：e. 有包膜病毒粒子直径；d. 头部直径×尾部长度；h. 螺旋壳体直径

c. 宿主范围：A. 动物；B. 细菌；P. 植物

病毒粒子的大小。②超速离心沉降法，根据病毒粒子的沉降速度，可用来推算病毒粒子的大小和分子量。③分级过滤法，根据病毒粒子能通过哪种孔径的超滤膜以估计其大小。④电离辐射和 X 射线衍射法，主要用于研究病毒结构的亚单位。⑤电泳法，根据电泳速度来测定病毒粒子的大小。一般来说，颗粒带静电荷量越多，颗粒越小，越近球形，则电泳速度越快。

描述病毒颗粒或其成分时常用的单位是 nm（10^{-9}m）和 Å（10^{-10}m）。病毒的大小相差很远，大多数病毒比细菌小得多，但比多数蛋白质分子大，如相当于一些小细菌的病毒到核糖体大小的病毒，直径为 10nm～1μm，通常在 100nm 左右（图 4-1）。小的病毒如口蹄疫病毒（foot-and-mouth disease virus，FMDV）和脊髓灰质炎病毒，粒径为 10～30nm，最小的 FMDV 病毒粒子可装入一个金黄色葡萄球菌的“空壳”之中。1981 年我国分离到一株含单链 DNA 的小病毒——菜豆畸矮病毒（bean distortion dwarf virus，BDDV），粒子大小仅为 9～11nm，提纯病毒颗粒的形态，除部分为小球状呈散生外，多数呈晶格状聚集体。双生病毒（*Gemini virus*）因其病毒颗粒两两连在一起而得名，含单链 DNA，直径只有 12～18nm，呈二十面体对称，如玉米条纹病毒、菜豆金黄花叶病毒、菜豆夏枯病毒和甜菜卷顶病毒等。有的病毒较大，如痘病毒（poxvirus）大小为 300nm×（200～250）nm，近似于最小的原核微生物——支原体。近年来不断报道的巨大病毒（图 4-2），正在改变人们对病毒和以细胞构成的生命体之间区别的认识。2003 年，法国科学家分离获得拟菌病毒（mimivirus），又称为咪咪病毒，直径为 400nm，最长可达 600nm，比脊髓灰质炎病毒大几十倍。2008 年发现的妈妈病毒（mamavirus），与咪咪病毒差不多大小，它的宿主是阿米巴原虫。2011 年报道的巨病毒（*Megavirus chilensis*）与咪咪病毒、妈妈病毒同属拟菌病毒科，直径约为 0.7μm，比咪咪病毒大 6.5%。2013 年，于智利中海岸河流沉积物表层（约 10m 深）和澳大利亚墨尔本附近一个淡水池塘底部泥浆中分离到的潘多拉病毒，直径可达 1μm，甚至超过了一些细菌（金黄色葡

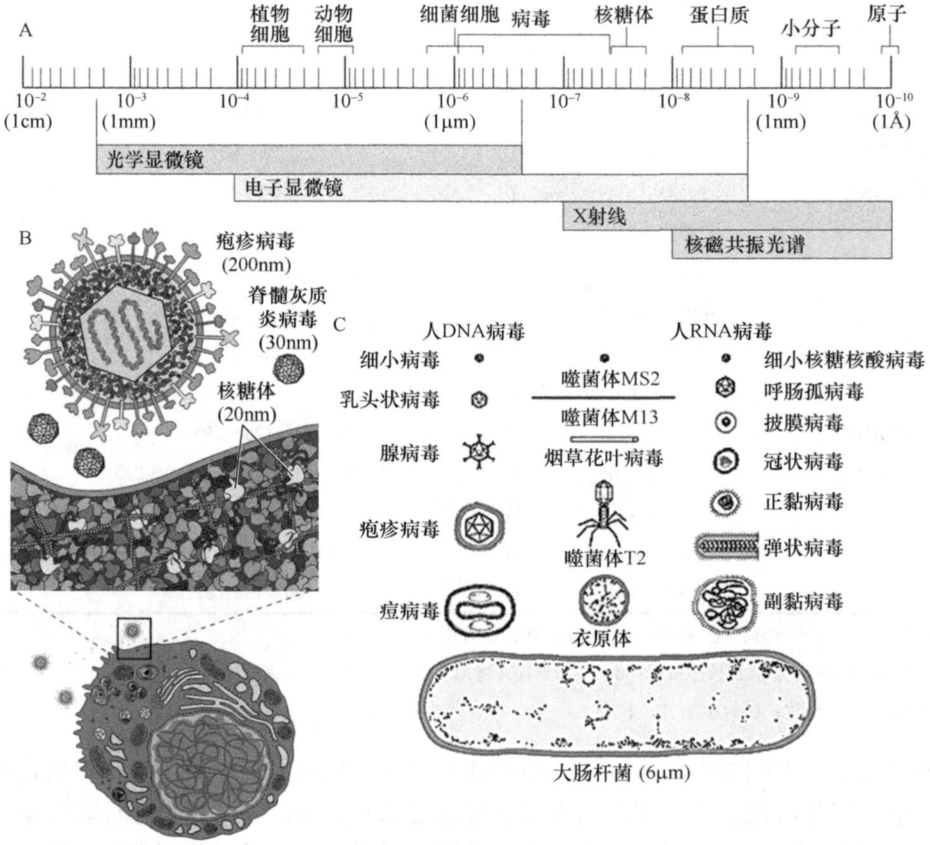

图 4-1 病毒的形态和相对大小

A．动植物细胞、细菌、病毒、蛋白质、分子和原子的大小，病毒学中使用的各种技术的分辨能力，从上到下依次为光学显微镜、电子显微镜、X 射线晶体学和核磁共振（NMR）光谱；B．疱疹病毒（herpesvirus）、脊髓灰质炎病毒（poliovirus）和典型宿主细胞之间的大小差异（Flint et al.，2015）；C．病毒的形态和相对大小

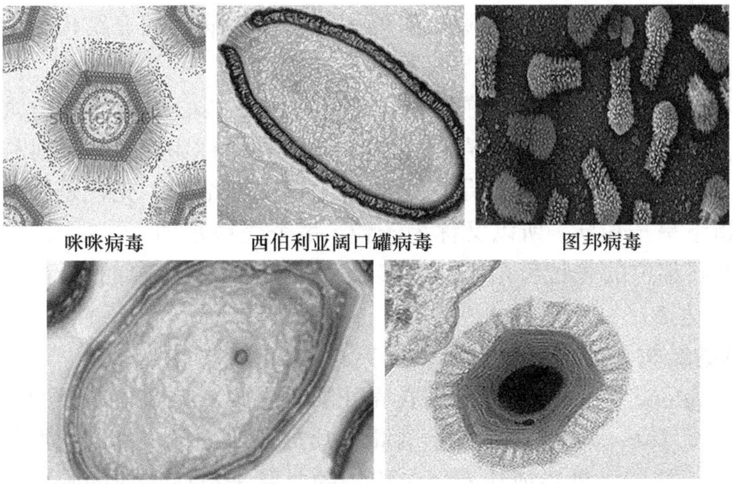

图 4-2 近些年来发现的巨大病毒

萄球菌直径在 0.5～1.0μm)，普通光学显微镜下可以看到，宿主也是阿米巴原虫。2014 年，法国的一个科研团队从俄罗斯远东地区采集到的冻土样本中分离到第三种超大型病毒——西伯利亚阔口罐病毒（*Pithovirus sibericum*)，其生存年代正是史前人类尼安德特人灭绝之时。2018 年又发现了一种新型寄生虫巨型病毒——图邦病毒（tupanvirus)。这些巨大病毒目前已知的受害者只有变形虫，暂未发现对人体或动物有害。它们的基因组非常大（300～2000kb 或更大，远大于一般对人体致病的病毒如流感和人类免疫缺陷病毒)，所携带的基因使它们能够完成 DNA 复制及修复、转录和翻译等工作，拥有制造蛋白质所必需的几乎全套基因，其 30%的基因组（可能更多）在其他生命形式中都未有发现。

病毒的形态多种多样，但大多数病毒呈球形或近似球形，少数呈杆状（植物病毒多见)、丝状（如埃博拉病毒)、弹状（如狂犬病毒)、砖形（如痘病毒）和蝌蚪形（如噬菌体）等。细菌病毒多为蝌蚪形，也有微球形和丝状的。大肠杆菌 T 系偶数噬菌体为蝌蚪形，具有直径为 40～100nm 的多面体头部及长约 100nm 的尾部。大肠杆菌噬菌体 ΦX174 为微球形，直径为 25～30nm。大肠杆菌噬菌体 M13 呈丝状，长达 600～800nm。动物病毒多呈球形、卵圆形或砖形。植物病毒多呈杆状或丝状，也有不少呈球状的二十面体。大多数植物病毒的长短介于 300nm（烟草花叶病毒）和 750nm（马铃薯 Y 病毒)，宽为 10～20nm。较短的杆状病毒如苜蓿花叶病毒长约 58nm，较长的病毒如甜菜黄花叶病毒（beet yellow mosaic virus）长约 1250nm。

总之，动物病毒比植物病毒、细菌病毒都小，目前发现最长的动物病毒之一是感染变形虫的西伯利亚阔口罐病毒，大小为 500nm×1500nm；而甜菜黄花叶病毒的丝状体是植物病毒中最长的，大小为 10nm×1950nm；铜绿极毛杆菌噬菌体，大小为 6nm×1300nm。

（二）典型病毒粒子的构造

病毒的结构包括两部分：基本结构和辅助结构。所有病毒都有的结构称为基本结构；某些病毒具有的结构称为辅助结构。

1．病毒的基本结构 包括核心和衣壳，二者合称为核衣壳（nucleocapsid)。

（1）核心（core） 位于病毒体中心，主要成分为核酸，或称为基因组（genome)，是病毒复制、遗传与变异的物质基础。除核酸外还含有少量病毒的非结构蛋白，如病毒核酸多聚酶、蛋白酶、反转录酶等。

（2）衣壳（capsid）　衣壳又称为壳体，是包围在核心周围的蛋白质外壳。由许多在电镜下可辨别的形态学亚单位——衣壳粒（capsomere，也称为壳粒）以对称的形式有规律地排列成一定形状，构成病毒的外壳，是病毒粒的主要支架结构。壳粒是构成病毒粒子的最小形态单位，在电镜下呈子粒状，所以又称为子粒。每个壳粒是由1～6个同种的多肽分子折叠而成。病毒粒上不同部位的壳粒可由不同的多肽分子组成，最简单的病毒粒子只有1～2种多肽，最复杂的可多达20种以上。

2．病毒的辅助结构　主要有包膜和刺突。

（1）包膜（envelope）　包绕病毒核衣壳外的双层膜。有些较复杂的病毒（一般为动物病毒，如流感病毒），其核衣壳外还被一层含蛋白质或糖蛋白的类脂双层膜覆盖，这层膜称为包膜，也称为囊膜、被膜、外膜或封套。包膜中的类脂来自宿主的细胞膜但被病毒改造成具有其独特抗原特性的膜状结构，易被乙醚等脂溶性溶剂所破坏。这种结构具有保护病毒核酸免受外界环境破坏的作用，还与宿主专一性和侵入等功能有关。

（2）刺突（spike）　包膜表面的突起物，称为刺突或囊膜突起（peplomer），化学成分为糖蛋白，能吸附宿主细胞或凝集红细胞。

有的病毒还有尾丝和基板（或基片）结构。

图4-3是病毒粒子的结构类型及其组成示意图。由于壳粒排列组合的方式不同，病毒粒子往往表现出不同的构型和形状。

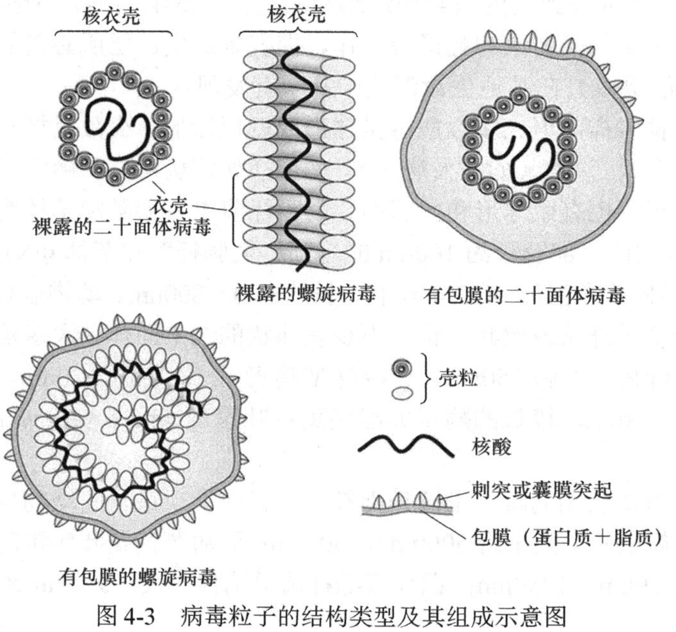

图4-3　病毒粒子的结构类型及其组成示意图

（三）病毒粒子的对称类型

根据壳粒排列方式的不同，病毒粒子的对称类型可分为螺旋对称、二十面体对称（等轴对称）、复合对称三种类型。通常只形成螺旋对称和二十面体对称两种，前者能使核酸与蛋白质亚基间的接触更为紧密，后者则有利于核酸分子以高度卷曲的形式包裹在小体积的衣壳中。

复合对称病毒的结构较复杂，其衣壳的特点是螺旋对称和二十面体对称相结合。

- 对称机制
  - 螺旋对称
    - 无包膜
      - 杆状：烟草花叶病毒等
      - 丝状：大肠杆菌的M13噬菌体等
    - 有包膜
      - 卷曲状：正黏病毒等
      - 弹状：狂犬病毒等
  - 二十面体对称
    - 无包膜
      - 小型：脊髓灰质炎病毒等
      - 大型：腺病毒等
    - 有包膜：疱疹病毒等
  - 复合对称
    - 无包膜：大肠杆菌的T系偶数噬菌体（蝌蚪形）等
    - 有包膜：痘病毒（砖形）等

1. 螺旋对称 壳粒沿着螺旋形的病毒核酸链对称排列，排列呈螺旋式叠加，形成丝状（如大肠杆菌噬菌体 fd）、杆状（如烟草花叶病毒）、卷曲状（如流感病毒）和弹状。它们最主要的特点都是长形，是形状不对称但同形的壳粒进行规则排列的最简单方式之一。这种排列像砌砖一样把壳粒一层一层地平垒起来形成衣壳，形似中空右手螺旋柱。螺旋结构的特征是只要改变螺旋的长度就可封闭任何体积，属于开放性结构。相反，具有二十面体对称性的衣壳是内部体积固定的封闭结构。在螺旋内部，每个衣壳蛋白分子都结合 RNA 基因组的三个核苷酸。因此，衣壳蛋白亚基彼此间及与基因组之间都以相同的相互作用参与，从而使病毒结构稳定，见于大多数杆状病毒、弹状病毒，最典型的例子为 TMV。

TMV 粒子呈杆状或线状，蛋白质衣壳由壳粒一个紧挨一个地呈螺旋排列而成，RNA 位于衣壳内侧螺旋状沟中。病毒粒子全长 300nm，直径为 15～18nm，由 130 个右手螺旋组成，螺距为 2.3nm，共有 2130 个壳粒，每一圈螺旋有 16.3 个壳粒，每 49 个壳粒组成三圈螺旋。RNA 螺旋的直径为 8nm，整个结构的中心是直径为 4nm 的开放孔洞（图 4-4）。整个病毒粒子的分子质量为$(39\sim40)\times10^{6}$Da。很多植物病毒和一些噬菌体都是这种螺旋对称的结构。不同病毒粒子的长短、粗细和螺距不同。其长短取决于核酸长度；亚基的大小影响病毒的粗细；螺距的大小则决定杆状结构的弯曲度。TMV 连续盘卷的壳粒是由相当强的次级键维持，所以其外壳坚硬不能弯曲。而直径为 12nm 的马铃薯 X 病毒（potato virus X，PVX）因螺距比 TMV 几乎大一倍，故可呈弯曲的丝状。

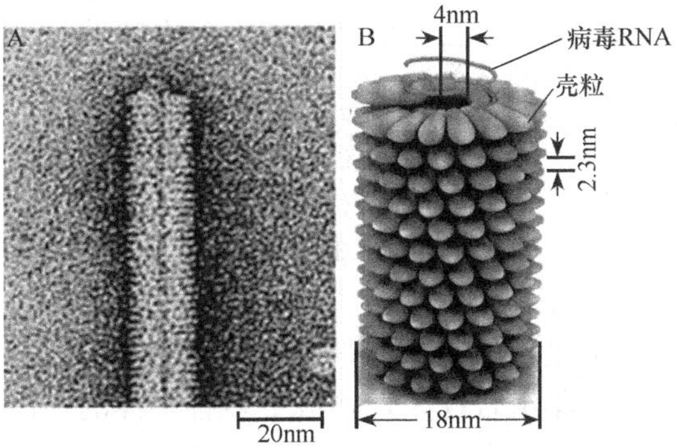

图 4-4 烟草花叶病毒（TMV）的电镜照片（A）及螺旋壳体示意图（B）

动物病毒未发现有此类无外膜、裸露的螺旋结构，但有些含负链 RNA 的病毒，如正黏病毒（orthomyxovirus）中的流感病毒，其负链 RNA 与一些碱性 N 蛋白质结合形成螺旋结构的核衣壳，再以脂蛋白的外膜包被。在核衣壳与外膜之间还有一层基质蛋白 M，同时与核衣壳及脂肪膜相连，把二者固定在一起。再如，弹状病毒粒子外形呈杆状或子弹状，如水疱性口炎病毒（vesicular stomatitis virus）、狂犬病毒（rabies virus）等。核酸为 ssRNA，衣壳粒以螺旋对称排列围绕着核酸，外包脂蛋白囊膜，囊膜表面呈现横的条纹，膜上也有血红蛋白凝集性质的刺突。

2. 二十面体对称 病毒粒子由许多蛋白质亚基排列成近似球形的封闭中空壳，基因组核酸即位于其中，壳粒沿着三根互相垂直的轴形成二十面体对称体，由 20 个等边三角形组成，有 30 条边和 12 个顶角。形状不对称但同形的壳粒如何进行规则排列才能形成对称的二十面体？只有每个三角形面的三个顶点各有一个壳粒，才可使每个壳粒与相邻壳粒等价相连，外壳处于自由能最低状态。腺病毒的衣壳就是一个典型代表。腺病毒无囊膜，其病毒粒子共有 252 个空心的球形壳粒，其中 240 个壳粒分布在二十面体的面上或边上，呈六边形，各个壳粒各自与 6 个壳粒相邻，称为六邻体（hexon）。另外 12 个壳粒位于二十面体顶角，是由各种多肽构成的五边形，各自与 5 个壳粒相邻，称为五邻体（penton）（图 4-5）。从每个五邻体的基底突出一根末端有顶球的刺突。12 个五邻体各由 5 个相邻的壳粒围绕着形成“五角形聚集”，240 个六邻体则各由 6 个壳粒围绕着形成“六角形聚集”。

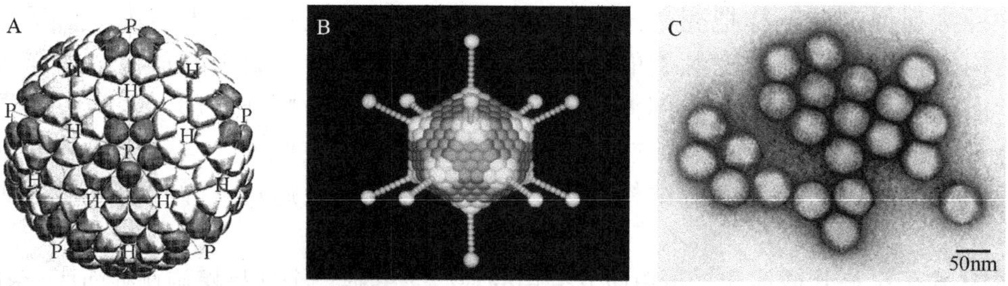

图 4-5　二十面体病毒的壳体结构及电镜照片

A. 豇豆褪绿斑驳病毒；B，C. 腺病毒。H. 六邻体，P. 五邻体

二十面体病毒颗粒的壳粒可以由单一肽链构成，60 个由单一肽链构成的壳粒可组成一个稳定的标准正二十面体衣壳。如在噬菌体 ΦX174 中，由 60 个 F 蛋白构成 12 个五聚体，再构成二十面体。许多二十面体病毒的衣壳壳粒并不是由单一肽链构成，而是由多条肽链构成。如在脊髓灰质炎病毒粒子的衣壳中，核衣壳含 4 种结构蛋白：VP1、VP3 和由 VP0 分裂而成的 VP2 和 VP4，在电镜下可见 60 个壳粒，每个壳粒由 VPl、VP2 和 VP3 三条肽链聚集（三聚体）形成（VP4 位于衣壳内部），5 个这种三聚体壳粒构成 1 个五聚体，即每个五聚体由 15 条肽链构成。

但是，不是所有具对称结构的多面体都是二十面体，由相同亚基构成的五角形聚集和六角形聚集组合起来，构成了多种多样的不同形状和大小的立体结构，由四面体到二十面体，有的规则，有的不规则（如天花病毒）。

3. 复合对称 这一类型都是一些结构与对称性复杂的病毒，如痘病毒（poxvirus）和有头有尾的噬菌体。痘病毒核酸为线性 dsDNA，是病毒中体积较大、结构最复杂的脊椎动物病毒。在光学显微镜下勉强可见，多数呈砖形，有的为卵圆或扁平柱状。在电子显微镜下不具明显的衣壳，但在病毒核髓外由较复杂的脂蛋白外膜包围，与普通的病毒外膜不同。最外层是双层囊膜（外膜），镶嵌着很多管状结构的蛋白质，并围绕一层可溶性的蛋白质抗原。病毒粒子内部是致密而呈哑铃状的核心，核心内含有蛋白质和全部或大部分病毒 DNA 分子。核心的外面是一层核心膜（core membrane，CM），核心膜的成分是脂质，在其之上有一层海绵基质。在核心两侧各有一性质不明的侧体（lateral body，LB）（图 4-6）。

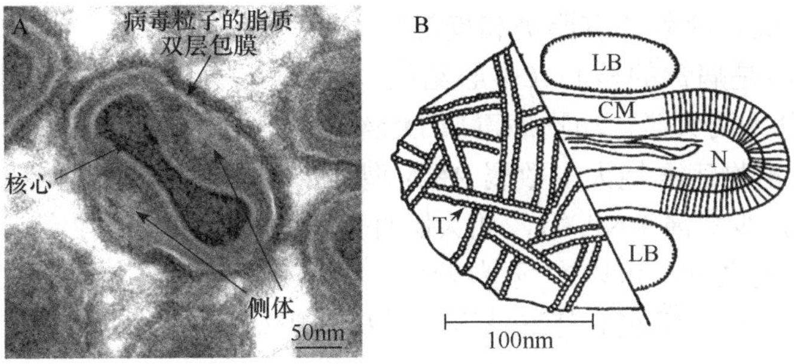

图 4-6 痘病毒电镜照片及结构示意图

A. 痘病毒具有复杂结构——成熟病毒粒子（mature virion，MV）内部有哑铃状核心（core）和被外膜包围的两个侧体（LB）；B. 痘病毒结构示意图，病毒体被包裹在 12nm 的脂质双层包膜（MV membrane）中，包膜表面有不规则管状蛋白（T）和病毒特异性蛋白。N. 核酸；CM. 核心膜；LB. 侧体

有头有尾的噬菌体可分为三类：短尾、可收缩的长尾和不能收缩的长尾，它们的头部都是对称二十面体，而尾部则为螺旋结构。以最复杂的 T 系偶数噬菌体为例，头部是对称二十面体，内含 dsDNA，尾部是 24 圈的螺旋结构，每圈由 6 个蛋白质亚基组成中空管道，尾部与头部之间有颈部（collar），尾部末端有尾板（baseplate，或基片），尾板上有尾丝（tail fiber）、尾钉或刺突（图 4-7）。

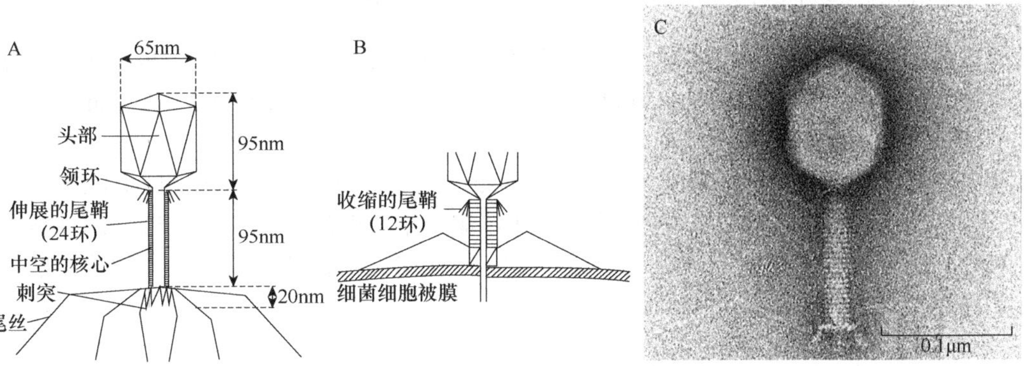

图 4-7 大肠杆菌（*E. coli*）T4 噬菌体结构和电镜照片（Willey et al.，2020）

A. 结构示意图；B. 噬菌体尾鞘收缩和尾管插入细菌细胞；C. T4 噬菌体电镜图

（四）病毒的群体形态

病毒颗粒感染宿主细胞并使其发生病变后，可形成一定形态构造、肉眼或借助光学显微镜就能识别和观察的特殊“群体”，如包涵体、噬斑、空斑、枯斑等。某些病毒感染的宿主细胞质或细胞核内在光学显微镜下可见一些非正常的斑块状结构，被称为包涵体（inclusion body）。病毒包涵体是由未装配的病毒亚基、完整的病毒体或宿主编码的蛋白质在受侵染的细胞中形成的聚集体，其形态大小、存在部位及染色性因病毒不同而异。被噬菌体侵染后，在细菌菌苔上形成肉眼可见的，具有一定形态、大小、边缘和透明度的斑点，即噬斑（plaque）。单层动物细胞被病毒感染后，也会形成类似噬斑的动物病毒群体，称为空斑。植物受病毒感染后可在叶片上出现枯斑（lesion）。

二、病毒的化学组成

病毒虽然形态各异，有球形、杆状、棒状、弹状及蝌蚪形，但是化学组成却很简单，主要由核酸和蛋白质组成，此外还有脂类和糖类等。

1. 核酸　核酸是病毒的核心（中心结构），构成病毒的基因组，其化学成分为 RNA 或 DNA。据此病毒分为两大类。动物病毒属 DNA 型为多，如天花病毒等，而有些则属 RNA 型，如流感病毒等。植物病毒绝大多数属 RNA 型，少数属 DNA 型，如花椰菜花叶病毒。噬菌体多数属 DNA 型，少数属 RNA 型，如大肠杆菌噬菌体 M13 和 f 2 等。

核酸有单链和双链之分，可以为线型或环型（开环或闭环）。RNA 多为单链（ssRNA），DNA 多为双链（dsDNA），但也有特殊情况，其核酸类型见表 4-2。

表 4-2　病毒的核酸类型

生物类型	核酸类型	例子	生物类型	核酸类型	例子
动物病毒	*dsDNA	多瘤病毒	植物病毒	dsRNA	水稻矮缩病毒
	ssDNA	细小病毒		*ssRNA	烟草花叶病毒
	dsRNA	呼肠孤病毒	噬菌体	*dsDNA	大肠杆菌 T 系偶数噬菌体
	ssRNA	脊髓灰质炎病毒		ssDNA	大肠杆菌噬菌体 ΦX174
植物病毒	dsDNA	卷心菜花叶病毒		ssRNA	大肠杆菌噬菌体 MS2
	ssDNA	双生病毒			

*表示占多数；动物病毒的 RNA 类型中以 ssRNA 较多；已知藻类病毒均为 dsDNA

有些病毒特别是噬菌体的病毒粒子，还有一些特殊的末端结构，如 λ 噬菌体具有黏性末端，T4 噬菌体具有反向重复（inverted repeat）、末端冗余序列（terminal redundancy）和环状排列（circular permutation）。

有些病毒 RNA 的 5′端有帽子结构（5′-cap structure）。其中一些病毒的 5′端结构不寻常：5′端的第一个碱基鸟嘌呤的第 7 位 N 被甲基化，第一个核苷酸与第二个核苷酸的连接方式是 5′-5′位而不是正常的 3′-5′位，与第二个碱基（N_2）或第三个碱基（N_3）相连的核糖的第二位即 2′-OH 也被甲基化（图 4-8）。

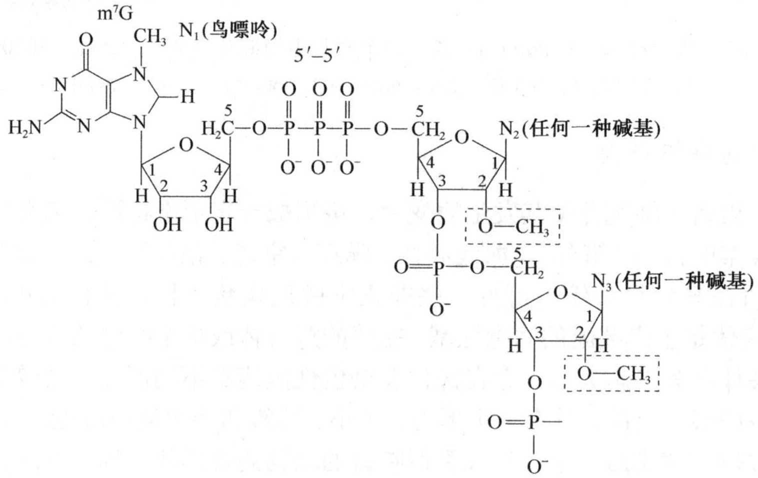

图 4-8　病毒 RNA 基因组 5′端帽子结构（N_1、N_2、N_3 均代表碱基）

有些病毒 RNA 的 5′端共价连有一个低分子质量的蛋白质（6～24kDa），这类蛋白质称为病毒基因组连接蛋白（virion protein genome linked，VPg）。此类病毒 RNA 5′端 pUpUp 的磷酸与蛋白质酪氨酸残基的羟基之间形成磷酸二酯键，如脊髓灰质炎病毒和口蹄疫病毒，是由病毒基因组编码的，可能与病毒的侵染性有关。

几乎所有侵染性 ssRNA 动物病毒和一些正链 RNA 植物病毒 3′端都有长几十或上百个腺苷酸串联在一起的结构，称为聚腺苷酸［poly（A)］。有不少的植物病毒 RNA 3′端非编码区有类似 tRNA 的三维结构，在体内或体外都能被氨酰化，能接受氨基酸，不同病毒接受的氨基酸种类不同。

不同病毒不仅核酸类型不同，而且含量差别也较大。大肠杆菌 T 系偶数噬菌体的核酸含量高达 50%以上，而另一些病毒，如流感病毒的核酸组成仅占 1%，烟草花叶病毒的核酸占5%。核酸含量与病毒结构的复杂性及功能有关，一个病毒粒子越复杂，其核酸含量越多。除极个别外，每个病毒粒子只含一分子核酸。对每种病毒粒子来说，核酸的长度也是一定的，一般由 1000～250 000 个核苷酸组成。最小的病毒少于 10 个基因，最大的病毒可含几百个基因。不同的病毒 DNA，其碱基含量也不一样，一般 GC 含量为 35%～75%。有些病毒还含有异常的碱基，如大肠杆菌 T 系偶数噬菌体的 DNA 中含有 5-羟甲基脱氧胞嘧啶核苷酸，它取代了脱氧胞嘧啶核苷酸；枯草芽孢杆菌噬菌体 PB5-2 的 DNA 中脱氧尿嘧啶取代了胸腺嘧啶等。

病毒基因组是病毒感染、增殖、遗传和变异等生命活动的基础。由于核酸决定病毒的感染性，故称其为感染性核酸。裸露的核酸易被核酸酶分解破坏，且不易吸附于细胞，故感染性比完整的病毒粒子低；但因其不受相应受体限制，感染宿主范围较广泛。

病毒的基因组有单分体基因组和多分体基因组等形式。病毒的全部基因组可能仅包含在一条完整的核酸链上，并被蛋白质包被形成均一的病毒颗粒，称为单分体基因组（monopartite genome），如 TMV。也有全部基因组分成多个部分，分别被蛋白质或成分复杂的外膜包被成大小不同的病毒颗粒，这样的基因组称为多分体基因组（multipartite genome），如烟草脆裂病毒（tobacco rattle virus，TRV）和苜蓿花叶病毒（alfalfa mosaic virus，AMV），单个病毒颗粒无侵染性。分段基因组是多分体基因组的特殊类型，基因组的多个分段被包在同一个病毒粒子中，如噬菌体 Φ6 含有三个分段的双链 RNA。

2．蛋白质　蛋白质是病毒的主要组成成分，其氨基酸组成与含量因病毒种类而异。比较简单的植物病毒大都只含一种蛋白质，其他病毒均由一种以上的蛋白质构成。病毒蛋白质根据其是否存在于病毒粒子中分为结构蛋白（structure protein）和非结构蛋白（non structural protein）两类。前者是指构成一个形态成熟、有感染性的病毒颗粒所必需的蛋白质，主要分布于衣壳、包膜中。其中，能与宿主细胞表面受体结合的蛋白质称为病毒吸附蛋白。病毒吸附蛋白与受体的相互作用决定了病毒感染组织的亲嗜性。后者指由病毒基因组编码，但不参与病毒体构成的蛋白质，包括病毒编码的酶类和病毒复制所必需的特殊功能的蛋白质，如蛋白质水解酶、DNA 聚合酶和反转录酶等。

（1）衣壳蛋白　衣壳蛋白主要是指构成病毒粒子外壳的蛋白质，由病毒核酸编码。植物病毒的衣壳蛋白较简单，动物和细菌病毒较复杂，不但种类多，而且功能多样。蛋白质亚基的组成和数目是区别不同衣壳蛋白的标志。衣壳蛋白主要有以下功能：①构成病毒的壳体，保护病毒的核酸；②无包膜病毒的壳体蛋白参与病毒的吸附、侵入，决定病毒的宿主嗜性；③是病毒的表面抗原，还可能有其他的功能活性。

（2）包膜蛋白　包膜蛋白包括包膜糖蛋白和基质蛋白（matrix protein）两类：①包膜糖蛋白与脂类形成脂蛋白，脂类来自宿主细胞膜上的双层磷脂。糖蛋白由病毒编码并糖基化，埋在宿主细胞膜双层脂肪区段的是它的疏水区，露在膜外的是亲水区，形成病毒粒子的表面糖蛋白；膜内露出的糖蛋白也是亲水的，与核心的糖蛋白以某种形式连接。一旦核心成熟，即以芽生（budding）方式向外释放，这样很自然地被已由病毒蛋白质所修饰的细胞膜或核膜所包被，从而形成病毒粒子的外膜。包膜糖蛋白是病毒的主要表面抗原，多为病毒的吸附蛋白，它们与细胞受体相互作用启动病毒感染发生。有些病毒的包膜糖蛋白还介导病毒的进入。此外它们还可能具有凝集脊椎动物红细胞、介导细胞融合的作用及酶活性等。②基质蛋白。有些有包膜的病毒，如正黏病毒的包膜结构中还有一种非糖基化的基质蛋白或称为内膜蛋白，它并不整合到外膜上，而是以离子键与膜蛋白包在膜内的亲水链相连，构成膜脂双层与核壳之间的亚膜结构，具有支撑包膜、维持病毒结构的作用。更重要的是它介导核衣壳与包膜糖蛋白之间的识别，在病毒芽生成熟过程中发挥重要作用。

（3）酶　大而且结构比较复杂的病毒多数含有酶，其中一类是分解性酶，能破坏宿主细胞膜和细胞壁，如噬菌体溶菌酶、流感病毒的神经氨酸酶等；另一类是合成性酶，主要催化核酸的合成，如呼肠孤病毒的RNA转录酶、鸡新城疫病毒的RNA聚合酶、劳斯肉瘤病毒的反转录酶及正链RNA病毒在复制时产生的依赖于RNA的RNA聚合酶等，它们在复制中起作用。但是一般来说，病毒不具酶或酶系极不完全，所以一旦离开宿主就不能进行独立的代谢和繁殖。

3. 其他　一般病毒只含蛋白质和核酸。较复杂的病毒，如痘病毒，其被膜中还含有脂类与多糖。脂类主要存在于包膜中，其中磷脂占50%～60%，其余则为胆固醇。多糖常以糖脂、糖蛋白形式存在。有的病毒含有胺类。植物病毒中还发现了12种金属阳离子。有的可能还含有类似维生素的物质。

第三节　病毒的复制

病毒是严格细胞内寄生物，只能在易感的活细胞内繁殖。病毒在宿主细胞内增殖是以自身基因为模板，在DNA或RNA聚合酶作用下复制出病毒基因组，经过转录、翻译过程合成病毒结构蛋白，然后在宿主细胞的细胞质或细胞核内装配成为成熟的、具感染性的病毒颗粒，再以各种方式释放子代病毒至细胞外，感染其他细胞。这种以病毒核酸分子为模板进行复制的方式称为自我复制（self-replication）。

一、病毒的测定

病毒的测定是根据病毒的理化性质对其数量、感染性、免疫学性质等进行定量分析的过程。测定方法不同，其意义有所不同，其中电镜观察法是对病毒直接计数，其他方法都是对感染性病毒颗粒的数量、侵染能力进行检测。

1. 病毒的直接计数　根据病毒的形态特点，可在电子显微镜下直接计算病毒颗粒数目，获得感染性和无感染性病毒的总数。这种方法简单、直接、准确，但不能区分有活性的病毒体和无活性的病毒体，也不能区分针对不同宿主有不同感染性的病毒体。

2. 病毒感染性的测定　感染性测定是分析病毒在宿主细胞内高速繁殖，随后释放感染性颗粒的能力，即对感染引起宿主或培养细胞某一特异性病理反应的病毒数量的测定。用感染性方法所测得的不是有感染性病毒颗粒的绝对数量，而是能够引起宿主细胞一定特异性反应的病毒最小剂量，即病毒的感染单位。

感染单位（infectious unit，IU）：能够引起宿主产生特异反应的病毒最小剂量称为1个感染单位（IU）。病毒效价（virus titer）：待测样品中的病毒数量，以单位体积病毒悬液的感染单位数目来表示（IU/mL），称为病毒效价或滴度。目前，感染单位的测定主要用空斑实验。

（1）*噬菌体双层琼脂平板法* 先在培养皿中倒入底层固体培养基，凝固后再倒入含有高浓度宿主细菌和一定稀释度噬菌体的半固体培养基。培养一段时间后如有噬菌体，则在双层培养基的上层出现透亮无菌的圆形空斑，即噬斑（图 4-9A）。再通过噬斑的计数，计算噬菌体的数量。该方法始于1930年左右，其基本原理是噬斑数目与加入样品中的有感染性的噬菌体颗粒数目成正比，统计噬斑数目可计算出噬菌体悬液的效价，以噬斑形成单位（plaque-forming unit，PFU）/mL 表示。

（2）*动物病毒的蚀斑测定* 1952年，Renato Dulbecco 进行了动物病毒的空斑试验，并证明了单层组织培养液中形成的空斑是由单个动物病毒颗粒形成的（图 4-9B）。

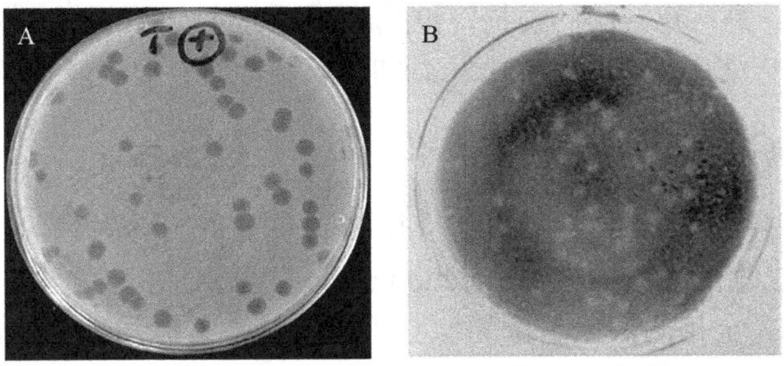

图 4-9 空斑实验（Flint et al.，2015）

A．噬斑；B．动物病毒蚀斑

（3）*植物病毒的摩擦叶片测定* 将植物病毒涂在纱布上或掺和在某些磨料内，然后用其摩擦叶片，完成病毒接种。在接种过病毒的植株叶片上计数产生的坏死斑数目。

然而，并不是所有的病毒都会形成空斑。对于那些不能用空斑实验或坏死斑实验测定的动植物病毒可用终点稀释检测法测定感染单位。

终点稀释检测法（endpoint dilution assay）：适用于检测某些不能杀死细胞，从而无法形成空斑的病毒滴度，或用于确定动物中病毒的毒性。有些病毒造成细胞病理效应，如杀细胞效应、形成包涵体、形成合胞体等，但不会形成空斑。所以，需用一块96孔培养板或类似的细胞培养容器接种单层细胞；加入不同稀释度（一般10倍稀释）的病毒悬液进行感染，每一行都加相同浓度的病毒，相邻行间病毒浓度差10倍（图 4-10）；孵育后，对单层细胞进行染色并观察记录。随着病毒稀释度的增加，细胞病理效应相应减弱，寻找一半细胞出现病理效应的那个稀释度。最终获得如图 4-10 所示的表格，即半数组织培养感染量（50% tissue culture infectious dose，$TCID_{50}$）曲线，表示导致半数细胞感染或产生病理效应的病毒数量。图中稀释度为 10^{-5} 时，一行细胞中正好有5个呈阳性，另5个呈阴性，因此该病毒的 $TCID_{50}$ 为100 000/mL，即每毫升样品中含有的病毒导致50%细胞感染需要稀释的倍数为 10^5。一般获得的稀释度不可能是整数，必须用差值法计算。

3．病毒的免疫学测定及鉴定 病毒的感染性测定只能确定病毒引起的感染能力（感染单位表示的数量），但不能提供病毒的组织特异性及性质等信息。免疫学测定是依据病毒的特异性抗原特性，制备特异的抗血清，用于测定病毒颗粒和其他特异成分，包括补体结合试验、中和试验、免疫荧光、酶联免疫吸附测定、血凝和溶血素试验等。

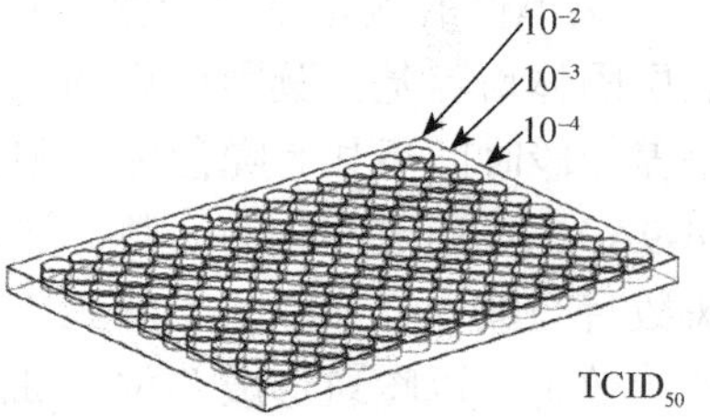

病毒稀释度	细胞病变效应									
10^{-2}	+	+	+	+	+	+	+	+	+	+
10^{-3}	+	+	+	+	+	+	+	+	+	+
10^{-4}	+	+	−	+	+	+	+	+	+	+
10^{-5}	−	+	+	−	+	−	−	+	−	+
10^{-6}	−	−	−	−	−	−	+	−	−	−
10^{-7}	−	−	−	−	−	−	−	−	−	−

图 4-10 终点稀释检测法（Flint et al.，2015）

"＋"代表细胞出现病变效应，如杀细胞效应，形成包涵体、合胞体等；"－"代表细胞未出现病变效应

病毒鉴定是利用形态学、生物化学与分子生物学、免疫学、物理化学方法鉴定病毒的性质，描述病毒特征的过程，是病毒分类的前提，也是诊断病毒性疾病的可靠办法。病毒鉴定包括病毒感染的宿主范围及感染症状、理化性质、血细胞凝集性质、血清及分子生物学鉴定等。

二、病毒的复制周期

从病毒进入宿主细胞开始，经过基因复制到释放出子代病毒，称为一个复制周期（replicative cycle），也称为感染周期（infection cycle）。无论是动物病毒、植物病毒或细菌病毒，其繁殖过程虽不完全相同，但基本相似。不同的病毒复制周期概括起来可分为侵入、脱壳、生物合成、装配与释放等连续步骤。

下面将以噬菌体为重点，兼顾植物病毒及动物病毒，阐释病毒的复制周期。噬菌体结构简单，但其复制周期非常独特。

（一）噬菌体的形态及分类

噬菌体（phage）是侵染细菌和放线菌等原核微生物的病毒，包括细菌噬菌体（bacteriophage）、放线菌噬菌体（actinophage）和蓝细菌噬菌体（cyanophage），广泛分布于自然界。1915 年英国人陶尔特（Twort）在培养葡萄球菌时发现菌落上出现了透明斑。他用接种针接触透明斑后再接触另一菌落，不久，被接触的部分又出现了透明斑。1917 年，法国人第赫兰尔（d'Herelle）在巴斯德研究所也观察到，痢疾杆菌的新鲜液体培养物在加入某种污水的无细菌滤液后，混浊的培养物变清了。若将此澄清液再进行过滤，并加到另一个敏感菌株的新鲜培养物中，结果同样会变清。以上现象被称为陶尔特-第赫兰尔（Twort-d'Herelle）现象。第赫兰尔将该溶菌因子命名为噬菌体。电镜下观察到的噬菌体有 3 种基本形态：蝌蚪形、微球形和丝状；从结构看又可分为 6 种不同的类型，现将它们概括于表 4-3 中。

表 4-3 几种噬菌体的形态及其核酸特征

类型	形态	描述	举例	
			大肠杆菌	其他细菌噬菌体*
1	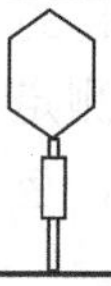	蝌蚪形收缩性长尾噬菌体，具六角形头部及可收缩的尾部，DNA 双链	T2 具有 5-羟甲基胞嘧啶 T4 T6	极毛杆菌属：S，PB-1 芽孢杆菌属：SP50 黏球菌属：MX-1 沙门氏菌属：66t

续表

类型	形态	描述	举例	
			大肠杆菌	其他细菌噬菌体*
2		蝌蚪形非收缩性长尾噬菌体，具六角形头部及长的无尾鞘的不可收缩尾部，DNA 双链	T1 T5 多阶段感染 λ 温和噬菌体	极毛杆菌属：PB-2 棒杆菌属：B 链霉菌属：K1
3	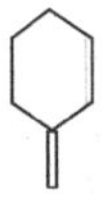	蝌蚪形非收缩性短尾噬菌体，具六角形头部及短而不可收缩的尾部，DNA 双链	T3 T7	极毛杆菌属：12B 土壤杆菌属：PR-1001 芽孢杆菌属：GA/1 沙门氏菌属：P22
4		六角形大顶壳粒噬菌体，具六角形头部，12 个顶角各有一个较大的壳粒，无尾部，DNA 单链	ΦX174-DNA 环状 S13	沙门氏菌属：ΦR
5	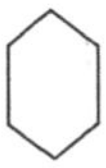	六角形小顶壳粒噬菌体，具六角形头部，无尾部，RNA 单链	f2 QB } 雄性专一噬菌体 MS2	极毛杆菌属：7S，PP7 柄细菌属
6		丝状噬菌体：无头部，蜿蜒如丝，DNA 单链	fd f1 } 雄性专一噬菌体 M13	极毛杆菌属

*表示只列举了少数例子

上述 6 类噬菌体，具有两项很重要的共同特点：一是它们的化学组成只包含蛋白质和核酸；二是所有的病毒粒只含有一个片段的核酸分子。但近年发现了一类含有脂肪的噬菌体，其中一种（Φ6）含有三个片段的双链 RNA。

表 4-3 中所列的 T 系噬菌体是研究得最广泛而又较深入的细菌噬菌体，人们对它们进行了从 T1～T7 的编号（按发现的先后顺序编号，即 Type 1，2，3，4，5，6，7），这类噬菌体呈蝌蚪形。后来发现，其中偶数者的结构和化学组成极为相似，故统称为 T 系偶数（even）噬菌体。

（二）烈性噬菌体的裂解途径

根据复制周期的差异，噬菌体可分为烈性噬菌体（virulent phage）和温和噬菌体（temperate phage）两类。烈性噬菌体是指能在宿主细菌细胞内增殖，产生大量子代噬菌体并引起宿主菌裂解的噬菌体，如 T4 噬菌体。烈性噬菌体的复制周期一般可分为吸附、侵入、生物合成、装配和释放等阶段，称为噬菌体的裂解周期（lytic cycle）（图 4-11）。

1．吸附/附着（adsorption） 吸附/附着是指病毒表面特异性的吸附蛋白（viral attachment protein，VAP）与宿主细胞表面受体发生特异性结合的过程。无包膜的裸露病毒 VAP 为核衣壳的组成部分，如 T 系偶数噬菌体 T4 依靠其尾丝蛋白对宿主菌细胞进行识别和吸附（图 4-12）；包膜病毒的 VAP 为包膜糖蛋白（如流感病毒包膜表面的血凝素糖蛋白）。研究表明，一种细菌细胞表面可被多种或多个噬菌体吸附感染。据测定，一个细菌细胞表面对噬菌体的吸附饱和量可达 250～360 个。此外，吸附过程还受环境因子如温度、pH 和阳离子浓度的影响。

不同宿主细胞的表面受体也不同，大部分动物病毒的细胞受体是镶嵌在细胞膜脂质双分

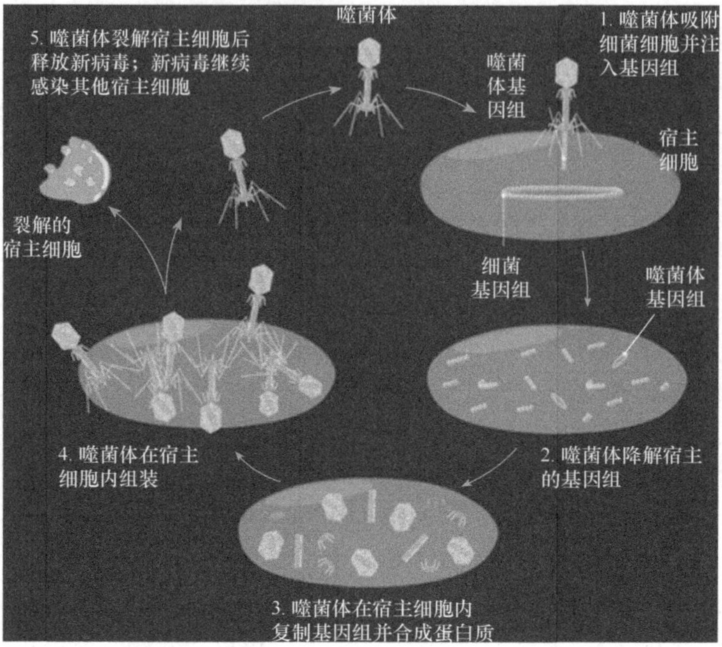

图 4-11 烈性噬菌体的裂解途径示意图

子层中的糖蛋白或糖脂、唾液酸寡糖苷。植物病毒迄今尚未发现有特异性细胞受体，其进入植物细胞的机制是通过伤口或媒介传播。

2．侵入/侵染（penetration） 侵入/侵染是指病毒或其部分结构进入宿主细胞的过程。一旦吸附完成，病毒或其部分结构（如核酸）进入宿主细胞，进行侵入；通常采用的是注射方式（图 4-12）。T4 噬菌体依靠尾部的尾丝固着于细菌细胞表面完成吸附后，尾部释放酶，水解细菌细胞壁的肽聚糖，使细胞壁穿孔。尾鞘就像一个可压缩的弹簧结构，收缩的同时将尾管穿入细胞壁空洞中。此时，病毒完成了穿墙打孔，并将头部的核酸通过中空的尾髓压入细胞内，而蛋白质外壳则留在胞外。

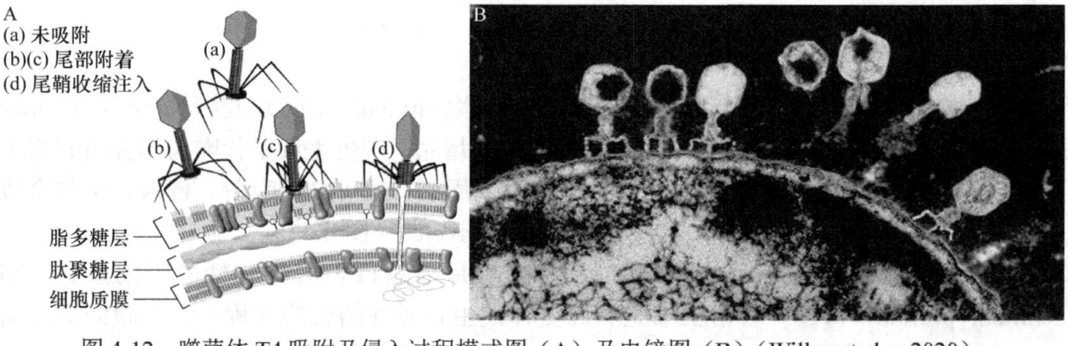

图 4-12 噬菌体 T4 吸附及侵入过程模式图（A）及电镜图（B）（Willey et al., 2020）

大肠杆菌 T 系偶数噬菌体能水解细菌细胞壁肽聚糖，其作用与溶菌酶相似（但不是噬菌体溶菌酶），使细菌细胞壁产生小孔，导致细菌细胞内物质漏出；但小孔很快会被细菌修复。如果大量噬菌体在短时间内吸附于同一细胞上，产生许多小孔，也可能引起细胞立即裂解，但并未进行噬菌体的增殖。这种现象称为自外裂解（lysis from without）。它显然不同于噬菌体在细胞内增殖而引起的裂解。尾鞘并非噬菌体侵入所必需的。有些噬菌体没有尾鞘，也不收缩，仍能将核酸注入细胞，如λ噬菌体。甚至小的丝状噬菌体M13，也是将DNA注入细胞，而留下90%的蛋白质在细胞外。另有丝状噬菌体f1和fd是单链DNA的雄性噬菌体，它们只侵入雄性菌株，通过雄性菌株的性菌毛将其DNA输入菌体，在细菌相互接合时，噬菌体的DNA又可通过雄性菌株的性菌毛传给雌性细菌。即使人工方法分离得到的裸露DNA，也可穿过细菌球形体。

不过，尾鞘的收缩可明显提高噬菌体核酸注入的速率，如T2噬菌体的核酸注入速率就比M13的快100倍左右。此外，噬菌体的尾鞘中还含有ATP酶，可水解ATP提供能量。

3. 生物合成（replication） 生物合成是指噬菌体DNA或RNA的复制、蛋白质的合成。一般在噬菌体核酸复制以前发生的基因表达被称为早期基因表达，所产生的早期蛋白质有的是核酸复制所需的酶，有的能抑制宿主细胞核酸和蛋白质的合成。噬菌体核酸复制开始以后的基因表达称为晚期基因表达，所产生的晚期蛋白质主要是构成病毒粒的结构蛋白质。其实，早期和晚期蛋白质中都包括一些对病毒复制起调控作用的蛋白质。

烈性噬菌体一般在很短的时间内能连续完成吸附、侵入、生物合成，产生大量子代噬菌体。

4. 装配和释放 装配（assembly）是指将病毒各部件组装在一起，形成成熟病毒粒子的过程。噬菌体的装配过程分批、分期进行，即首先头、尾部各自组装，随后头、尾结合，最后装上尾丝，最终形成有侵染力的噬菌体颗粒（图4-13）。

释放（release）是指烈性噬菌体颗粒借宿主细胞裂解而释放。释放时，噬菌体产生两种蛋白质：一种是破坏细胞膜的脂肪酶，另一种是噬菌体溶菌酶，破坏细胞壁。二者共同作用，导致宿主细胞破裂，病毒突然暴发式释放出来。而死亡的宿主细胞无法形成菌落，从而在细菌平板上形成肉眼可见的噬斑。

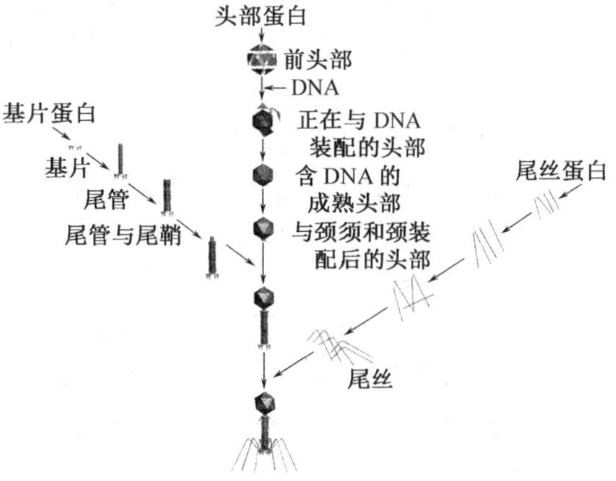

图4-13 T4噬菌体装配示意图（Willey et al.，2020）

（三）温和噬菌体的溶原性

温和噬菌体是指一类进入宿主细胞后不立即进入裂解周期，而是将其DNA整合到宿主染色体上，随宿主染色体的复制而复制，并将病毒基因组传递给子代宿主细胞的噬菌体。这种宿主细胞与病毒的关系称为溶原性（lysogeny）。需要指出的是，某些温和噬菌体如P1，其DNA并不整合到宿主的基因组中，而是游离于染色体之外，以单拷贝质粒的形式进行复制并分配到子细胞中去。

溶原性是温和噬菌体侵入宿主细菌细胞后产生的一种特性。当温和噬菌体侵入宿主细菌细胞以后，其DNA随宿主细胞DNA的复制而复制，但噬菌体的蛋白质不能合成，宿主细胞也不裂解，继续进行正常的分裂繁殖。含有温和噬菌体的DNA而又找不到形态上可见的噬菌体粒子的宿主细菌叫作溶原性细菌（lysogen）或溶原化细胞（lysogenic cell）。附着或整合在溶原性细菌染色体上，与宿主长期共存、同步复制的噬菌体基因组称为原噬菌体（prophage）或前噬菌体。少部分前噬菌体不进行整合，而是以线性或环状质粒的形式存在于细菌细胞中，如P1、N15、LE1、f20和fBB-1等前噬菌体。

温和噬菌体的典型代表是大肠杆菌 K12 菌株的 λ 噬菌体（λ phage），具有复合对称结构，但尾部不能收缩。λ 噬菌体的基因组是线状双链 DNA，具有黏性末端，即单链延伸 12 个核苷酸。因此，当噬菌体 DNA 进入宿主细胞后其两端互补单链通过碱基配对形成环状 DNA 分子。而后在宿主细胞的 DNA 连接酶等作用下形成封闭的环状 DNA 分子，即环化，可以作为基因转录的模板。

温和噬菌体进入菌体后，因生长条件不同，可具有两条截然不同的生长途径。一条是与烈性噬菌体相同的生长路线，引起宿主细胞裂解死亡；另一条即溶原化途径。原噬菌体可被诱发或自发地从宿主的染色体上游离出来进行复制，最终导致宿主细胞的裂解。当宿主细胞生长在营养丰富的培养基上时，λ 噬菌体一般进入裂解循环；对数期以后的细菌和培养在碳源匮乏培养基中的细菌为宿主时有利于 λ 噬菌体溶原化。

溶原性细菌具有下列基本特性。

1. 溶原性 溶原性是溶原性细菌的一种极其稳定的遗传特性。每个溶原性细菌的染色体上都含有原噬菌体，它随着细菌的生长繁殖而复制，将它传递给每个子代细菌，这些子代细菌均具溶原性。

2. 自发裂解 在没有任何外来噬菌体感染的情况下，极少数溶原性细菌中的原噬菌体也可恢复活动，进行大量复制，并成熟为噬菌体粒子，引起宿主细胞裂解，这种现象称为溶原性细菌的自发裂解。自发裂解的频率很低，如大肠杆菌溶原性品系，每 10^2～10^5 个溶原性细菌中才有一个细菌的原噬菌体脱离细菌染色体进入裂解途径，释放出新的子代噬菌体粒子并感染敏感细菌，使之仍具溶原性。由于此过程出现的频率极低，故溶原性细菌培养物中只有少量游离的噬菌体存在。

3. 诱发裂解 用某些适量的理化因子，如 H_2O_2、紫外线、X 射线、氮芥子气、乙酰亚胺和丝裂霉素 C 等处理溶原性细菌，能导致原噬菌体活化，产生有感染力的噬菌体粒子，结果使整个细胞裂解并释放出大量噬菌体粒子。

4. 免疫性 溶原性细菌对其本身产生的噬菌体或外来的同源（相关）噬菌体不敏感，这些噬菌体虽可进入溶原性细菌，但不能增殖，也不导致溶原性细菌裂解。溶原性细菌这种不敏感的特性叫作“免疫性”。例如，含有 λ 原噬菌体的溶原性细菌，对于 λ 噬菌体的毒性突变株有免疫性。或者说，毒性突变株对非溶原性宿主细胞有毒性，对溶原性宿主细胞（含 λ 噬菌体 DNA）却没有毒性。其他温和噬菌体对其毒性突变株的免疫关系也如此。

5. 溶原性细菌的复愈 有时溶原性细菌中的原噬菌体会消失，变成非溶原性细菌。这时，它既不发生自发裂解现象，也不发生诱发裂解现象，称为溶原性细菌的复愈或非溶原化。

6. 溶原性转换 溶原性细菌除具有产生噬菌体的潜力和对相关噬菌体的免疫性外，有时还伴有某些其他性状的改变，这种其他性状的改变称为溶原性转换（lysogenic conversion）。例如，白喉棒状杆菌产生白喉毒素、金黄色葡萄球菌某些溶血素、肉毒梭菌的毒素、激酶的产生都与溶原性有关；沙门氏菌、痢疾杆菌等抗原结构和血清型别也与溶原性有关。现在发现越来越多菌类的多种性状都受到溶原性的影响。这种现象很像肿瘤病毒能使正常细胞转化为肿瘤细胞的转化现象。

如何测定一种菌株是否为溶原性细菌呢？把待测菌株培养至对数期，用紫外线照射，以诱导原噬菌体复制。经进一步培养后将培养物过滤除菌，滤液与指示菌株（敏感菌株）混合后倒平板，观察是否形成噬斑。如果有噬斑出现，则说明此菌株是溶原性菌株。经验证明，从自然界分离得到的大多数细菌对一种或多种噬菌体是溶原性的。

由上述可知，温和噬菌体可以三种状态存在：①游离的具感染性的病毒粒子；②原噬菌体；③营养期噬菌体，在宿主细胞内指导特定的病毒核酸和蛋白质合成。烈性噬菌体则无原噬菌体状态。

（四）动物病毒、植物病毒的复制周期

1．动物病毒的复制周期 动物病毒可分为脊椎动物病毒和无脊椎动物病毒。脊椎动物病毒的复制周期可分为4个时期，包括吸附、侵入与脱壳、复制、装配与释放，与噬菌体的复制周期相似，但又有许多不同。

（1）吸附 大多数动物病毒无吸附结构，少数病毒如流感病毒的包膜表面有刺突，可吸附在宿主细胞表面的黏蛋白受体上。动物病毒感染时，过程与噬菌体相似，首先是病毒表面的吸附蛋白与敏感宿主细胞表面特异的受体结合。例如，严重急性呼吸综合征冠状病毒（severe acute respiratory syndrome-coronavirus，SARS-CoV）-2包膜上的刺突蛋白（S蛋白）与人体细胞表面受体——血管紧张素转换酶2（angiotensin-converting enzyme 2，ACE2）特异性识别，并吸附使病毒入侵（图4-14）。

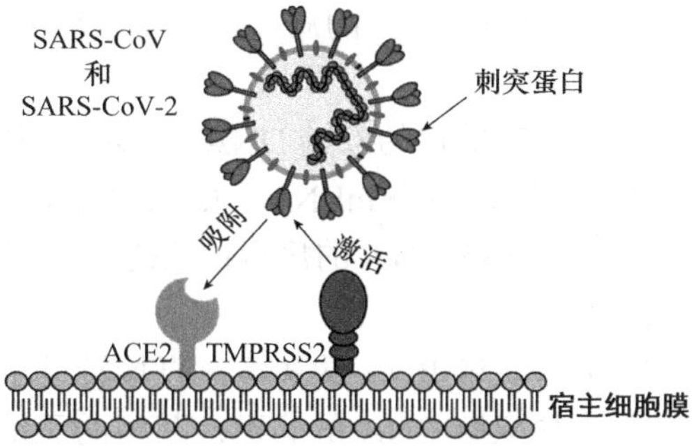

图4-14 包膜上刺突蛋白与人体细胞表面受体ACE2的相互作用（图片来源：Markus Hoffmann/German Primate Center）

SARS-CoV和SARS-CoV-2的刺突蛋白先被蛋白酶TMPRSS2激活，再结合ACE2受体，之后以膜融合方式侵入细胞

（2）侵入与脱壳 与噬菌体侵入细菌的过程不同，动物病毒侵入宿主细胞时病毒的核衣壳或整个病毒粒子侵入细胞。根据侵入方式的差异分为内吞作用、与细胞膜融合和移位三类。

内吞作用（endocytosis）：宿主细胞通过内吞作用将病毒整个吞入细胞，病毒被宿主细胞膜形成的囊泡包裹住。宿主细胞酶解病毒的外层，主要是包膜和衣壳。最后，释放出病毒核酸，完成侵入。代表性的动物病毒有流感病毒、禽流感病毒、痘病毒和腺病毒等。

与细胞膜融合（membrane fusion）：为包膜病毒侵入宿主细胞的一种方式。病毒的包膜与宿主细胞膜融合，继而脱去包膜，核衣壳进入宿主细胞质中。衣壳被酶解，释放出病毒的核酸，完成侵入。代表性动物病毒有人类免疫缺陷病毒、疱疹病毒和副黏病毒等。

移位（direct penetration）：是裸露病毒侵入宿主细胞的一种方式。宿主细胞膜使裸露的病毒壳体蛋白发生结构重排，将病毒核酸直接释放进入宿主细胞质，如脊髓灰质炎病毒、口蹄疫病毒和小RNA病毒等（图4-15）。

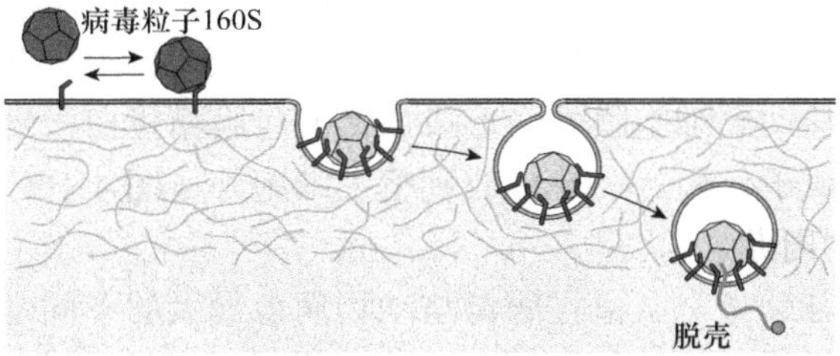

图4-15 脊髓灰质炎病毒通过移位方式侵入细胞（Flint et al.，2015）

上述过程与噬菌体感染原核生物细胞不同（壳体蛋白留在细胞外面），动物病毒基因组

和壳体的分离发生在细胞内，称为脱壳（uncoating）。

（3）复制　动物病毒的基因表达比噬菌体复杂得多。病毒侵入宿主细胞后，要表达自身的遗传信息，在细胞核或细胞质中转录和翻译，进行复制。其中，病毒核酸的转录是关键，主要由病毒本身的基因组决定，以病毒的 DNA 或 RNA 为模板，转录生成病毒 mRNA，才能翻译成病毒蛋白质。按照病毒基因组表达和复制的策略，围绕着病毒 mRNA 的生成，可将其分为 7 种类型。

1）含双链 DNA 的病毒：以其中一条 DNA 为模板，转录生成 mRNA，是最常规的类型，如乳头瘤病毒、腺病毒、疱疹病毒、痘病毒等。

2）含正链 DNA 的病毒：先利用宿主细胞中的核苷酸生成双链 DNA，再转录生成 mRNA，如细小病毒。

3）含有缺口的双链 DNA 病毒：先利用宿主细胞的核苷酸将缺口补齐，生成完整的双链 DNA，再转录生成 mRNA，如乙型肝炎病毒。

4）含正链 RNA 的病毒：正链 RNA 等同于 mRNA，如小 RNA 病毒、杯状病毒、黄病毒和冠状病毒等。

5）含负链 RNA 的病毒：直接转录生成 mRNA，如正黏病毒、副黏病毒和弹状病毒等。

6）含双链 RNA 的病毒：其中的正链 RNA 相当于 mRNA，可直接用于翻译，如呼肠孤病毒。

7）反转录病毒：病毒虽然含有正链 RNA，但不能直接当 mRNA，先要依靠反转录酶以 RNA 为模板，依次生成负链 DNA 和双链 DNA；再以双链 DNA 为模板生成 mRNA，继而指导病毒核酸和蛋白质的合成。这类病毒称为反转录病毒，属于最为独特的一种，典型代表是导致艾滋病的人类免疫缺陷病毒。

（4）装配与释放　病毒利用宿主细胞的物质和能量生成自身的组成元件，需要在细胞中不同的部位进行装配。其中，壳体在宿主细胞核或细胞质中装配；包膜在细胞核膜或细胞膜处形成。

裸露病毒没有包膜，装配成熟的核衣壳就是子代病毒体，主要靠细胞破裂释放，即通过细胞膜溶解或局部裂解突然释放大量病毒粒子，这种自溶作用称为杀细胞效应，代表病毒有腺病毒、脊髓灰质炎病毒和口蹄疫病毒等。有的裸露病毒也可以胞吐式释放，如脊髓灰质炎病毒形成类似于自噬小体的宿主细胞特异性囊泡，并包裹了病毒颗粒；成熟囊泡与细胞膜融合，胞吐式释放病毒颗粒（图 4-16A）。

有包膜的病毒，核衣壳还要在细胞内或通过与细胞膜的相互作用获得包膜才能成熟为子代病毒体，一般以胞吐式或出芽式释放。例如，甲型肝炎病毒核衣壳被宿主细胞内膜囊泡包裹，获得包膜，形成多囊泡体；多囊泡体与细胞膜融合，并胞吐式释放病毒（图 4-16B）。甲型流感病毒和人类免疫缺陷病毒通过宿主细胞膜出芽式获得包膜。在宿主细胞内人类免疫缺陷病毒装配成核衣壳，移动到细胞膜处，形成病毒的包膜糖蛋白；继而包膜糖蛋白包裹住核衣壳，以出芽的方式形成子代病毒，并释放到宿主细胞外（图 4-16C）。

2．植物病毒的复制周期

（1）侵染（被动）与脱壳　植物病毒与动物病毒最大的不同是侵染方式。植物病毒的侵染方式较为被动，主要通过植株的机械伤口或刺吸式口器昆虫进行传播侵染（图 4-17）。与动物病毒一样，植物病毒也是侵入宿主细胞后才脱去蛋白质衣壳。

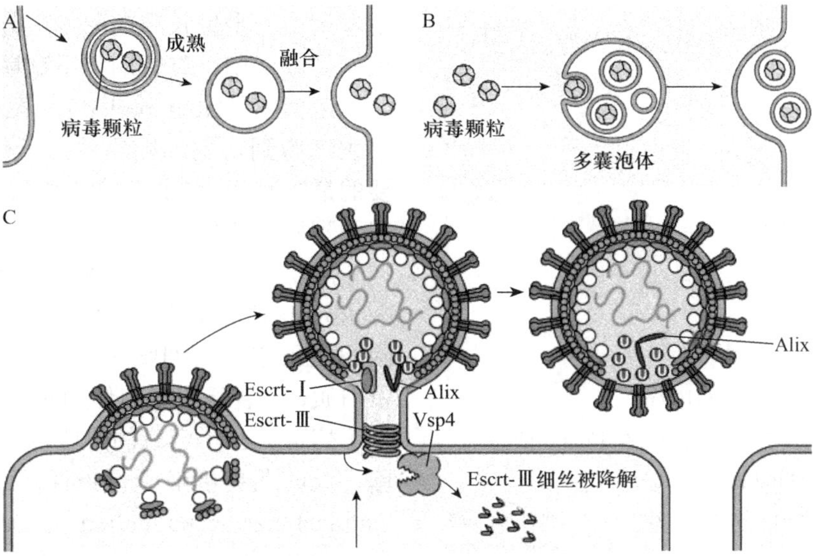

图 4-16 裸露病毒和有包膜病毒的释放（Flint et al.，2015）

A．脊髓灰质炎病毒（无包膜）的装配与胞吐式释放；B．甲型肝炎病毒胞吐式释放；C．人类免疫缺陷病毒出芽式释放，Alix 和 Escrt-Ⅰ 为适配器蛋白，与其他蛋白质结合后招募 Escrt-Ⅲ（细丝状多聚体），Escrt-Ⅲ 于芽颈处形成螺旋结构。病毒颗粒释放后 Escrt-Ⅲ 解聚成为自动抑制的单个亚基。Vsp4 为液泡分选蛋白 4，属于 AAA-ATP

（2）复制　植物病毒的核酸大多是正链 RNA，相当于 mRNA。因此，可以直接翻译生成病毒蛋白质。

（3）装配与释放（自组装）　植物病毒比较特别，不需要提供能量和特殊的生物酶，只需要保持合适的 pH 和温度，依靠壳体蛋白亚基和病毒核酸之间高度特异的分子间相互作用，自动地装配成完整的病毒颗粒，即自组装（self-assembly），如烟草花叶病毒的装配方式。

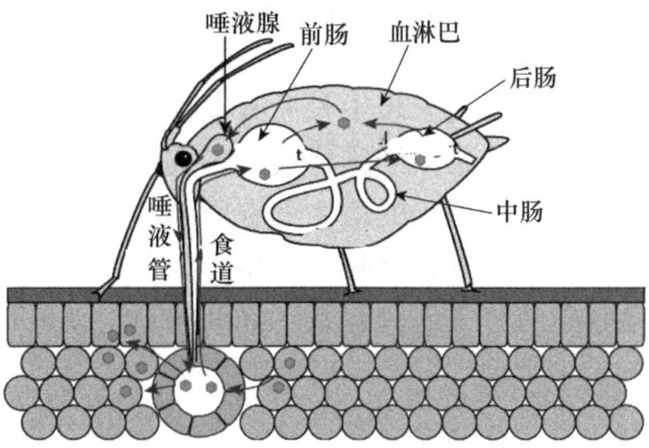

图 4-17 昆虫中植物病毒的循环途径

病毒通过食道向上传播，穿过中肠和后肠到达血淋巴；然后感染昆虫细胞并在载体中复制，或病毒颗粒不复制直接穿过唾液腺，并通过唾液管返回植物

三、一步生长周期

一步生长周期（one-step growth cycle）是一种研究病毒复制周期的方法，以感染时间为横坐标，以病毒的感染效价即病毒效价为纵坐标，绘制出病毒的特征性繁殖曲线。1939 年，Ellis 和 Delbruck 两位病毒学家首次在噬菌体研究中利用空斑实验提出该方法。具体过程如下。

1）于少量细菌培养液中加入病毒，通过短时间孵育让病毒吸附。

2）稀释培养液后继续孵育。通过稀释可以防止更多的病毒产生吸附，同时保证所有的感染同时发生。

3）每隔几分钟取样，观察、分析感染性噬菌体。

4）以感染时间为横坐标，病毒效价为纵坐标，绘制出病毒特征曲线，即一步生长曲线。

图 4-18 中曲线的起点是烈性噬菌体对细菌的吸附和侵入；随后噬菌体在细菌细胞内进行合成和装配，直到引起细胞的裂解，释放出子代噬菌体。因此，在宿主细胞裂解前，不会产

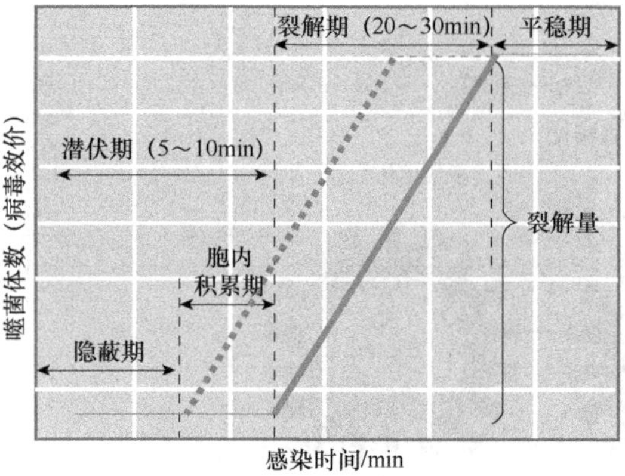

图 4-18 烈性噬菌体的一步生长周期曲线（Flint et al.，2015）

实线曲线代表噬菌体的实际感染效价，即宿主细胞自然裂解的效价，从细胞上清中测得；虚线曲线表示人为裂解宿主细胞测得的噬菌体感染效价，即细胞内测得的效价

生噬斑。一步生长周期曲线可分为 3 个时期，依次是潜伏期、裂解期和平稳期。

潜伏期（latent period）：从病毒核酸进入宿主细胞到宿主细胞释放出子代病毒粒所需要的最短时间。这个初始阶段几乎没有或只能观测到极少数的病毒。

潜伏期又可以分为两个阶段：①隐蔽期（eclipse period），又称为隐晦期，是噬菌体吸附和侵入宿主后细胞内只出现噬菌体核酸和蛋白质，未装配成噬菌体的时期。该时间段正处于病毒大分子合成的阶段，如果人为裂解细胞，此时其裂解液无侵染性。②胞内积累期（intracellular accumulation period），又称为成熟期或潜伏后期，是噬菌体开始装配的时期，在电镜下可见已装配好的噬菌体粒子，此时裂解液已具有侵染性。

裂解期（rise/burst period）：潜伏期后宿主细胞迅速裂解，病毒粒数目急剧增多的时期。这一阶段有噬斑形成或培养基中感染性病毒开始出现，即新组装好的病毒被释放。

平稳期（plateau period）：感染后的宿主细胞全部裂解，溶液中病毒效价达到最高点后的时期。

噬菌体的一步生长曲线很快也应用到了动物病毒领域。其纵坐标代表的是病毒效价，但由于每个受感染细胞释放的子代病毒数目并不相同，纵坐标实际上用裂解量来表示。裂解量是指每个受感染的宿主细胞所能产生的子代病毒颗粒的平均数目。因此，足够量病毒、同步侵染细胞和高倍稀释是一步生长曲线非常重要的三个环节。侵入每个细胞的具感染性的病毒颗粒数量称为感染复数（multiplicity of infection，MOI），可以确定病毒量是否足够。

第四节 动 物 病 毒

动物病毒包括脊椎动物病毒和无脊椎动物（即昆虫）病毒。

一、脊椎动物病毒

许多人类疾病如流行性感冒、肝炎、疱疹、流行性乙型脑炎、狂犬病、艾滋病和严重急性呼吸综合征等都由病毒引起。畜、禽等动物的病毒病也极其普遍，如猪瘟、牛瘟、口蹄疫、鸡瘟、鸡新城疫和劳斯肉瘤等，严重危害畜牧业和广大农村家庭养殖业的发展。两栖类、鱼类也有病毒病，如蛙的病毒性肿瘤、鱼的感染性肿瘤、鱼痘等。动物病毒传染性强，流行范围广，死亡率高，许多还是人畜共患病，缺乏有效的防治药物，致使有些病毒性疾病，至今还不可能很好地得到控制。

在已发现的动物病毒中约有 1/4 的病毒可致肿瘤，至少有 5 类病毒（乳头瘤病毒、反转录病毒、疱疹病毒、肝 DNA 病毒和黄病毒）与癌症发病有关。动物病毒侵入宿主细胞后可引起 4 种结果，见图 4-19。

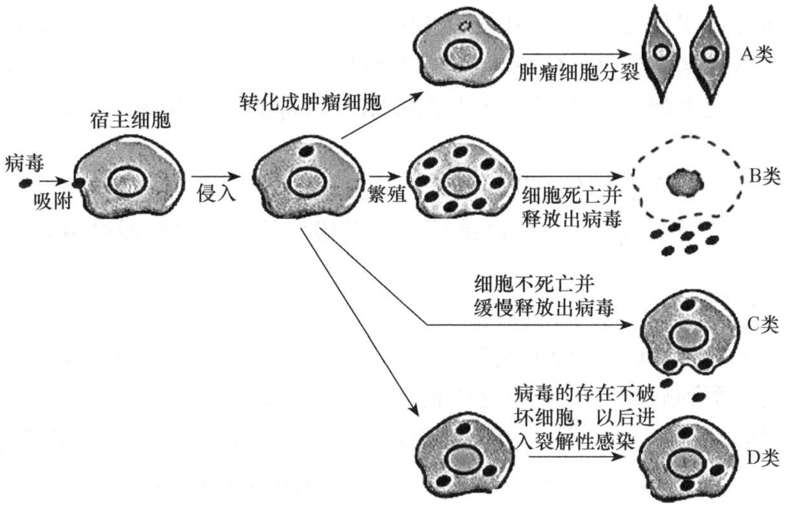

图 4-19 动物病毒感染的结果

A 类为将正常细胞转变成肿瘤细胞；B 类为裂解性感染；C 类为持久性感染；D 类为潜伏性感染

动物病毒大多呈球状，含有单链或双链的 DNA 或 RNA。有些是有包膜的，有些无包膜（裸露的），大小差异很大。

下面主要介绍近年来危害比较严重的几种动物病毒疾病及其流行病学和致病机制。

（一）人类免疫缺陷病毒

在人类的病毒病中，最严重的是 1981 年 1 月发现的引起获得性免疫缺陷综合征（acquired immune deficiency syndrome，AIDS，也称为艾滋病）的病毒，即人类免疫缺陷病毒（human immunodeficiency virus，HIV），其结构见图 4-20。AIDS 是一种慢性病毒病，以全身免疫系统损伤为特征，可致免疫缺陷，抗感染力下降，发生机体感染、恶性肿瘤及神经障碍等一系列临床综合征。由于缺乏有效的控制方法，AIDS 已成为威胁人类健康最严重的病毒传染病之一。

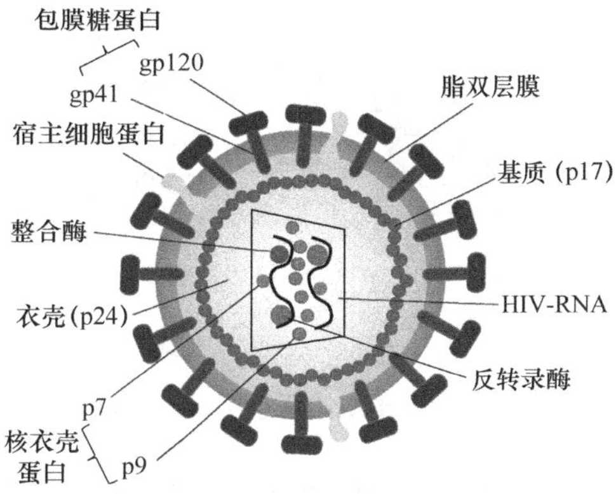

图 4-20 人类免疫缺陷病毒结构示意图

HIV 呈球形，直径为 100～120nm。病毒核心内含有 RNA 和酶（反转录酶、整合酶和蛋白酶）。病毒壳体由衣壳蛋白（p24）构成，壳体外为蛋白 p17 组成的基质，基质外包围着包膜，包膜为双层脂质蛋白膜，其中嵌有 gp120 和 gp41 两种糖蛋白，分别组成刺突和跨膜蛋白。目前发现 HIV 有 HIV-1 和 HIV-2 两种类型。其基因组由两条相同的正链 RNA 在 5′端通过氢键结合成二聚体。基因组全长 9749nt，有 3 个结构基因：*gag*（编码特异性抗原即壳体蛋白）、*pol*（编码反转录酶和整合酶）、*env*（编码包膜糖蛋白），以及其他一些附加基因和调节基因。两端有相同的长末端重复序列（long terminal repeat，LTR），含有病毒的启动子、增强子和 TATA 序列等调节病毒基因转录的顺式作用元件。

当 HIV 病毒进入宿主细胞后，其反转录酶利用病毒的 RNA 作为模板，反转录相应 DNA 分子。然后 dsDNA 转移到细胞核，并整合到染色体上，以此作为病毒复制的基地。HIV 病毒的宿主细胞通常是T淋巴细胞，HIV通过包膜糖蛋白gp120与T4淋巴细胞表面的CD4分子结合，此外还需要辅助受体CCR3及CCR8等参与，以膜融合的方式进入细胞中。这种白细胞在调节免疫系统上起主要作用，一旦受到HIV病毒的侵染和破坏，就会引起人体免疫功能的丧失。

HIV病毒主要通过血液和分泌物（精液、乳汁等），并经黏膜表面和皮肤的破损处进入体内。传播途径包括性生活、输血和使用血制品。患艾滋病的母亲也可通过胎盘或乳汁传给胎儿。

（二）冠状病毒

冠状病毒（coronavirus，CoV）是感染哺乳动物和鸟类的被膜RNA病毒。该名称源于在电子显微镜下能观察到病毒外围有皇冠状刺突，使病毒颗粒具有太阳日冕的外观。冠状病毒有α、β、γ、δ 4属。目前，共发现7种可感染人类的冠状病毒，包括人冠状病毒229E（human coronavirus 229E，HCoV-229E）、人冠状病毒OC43（human coronavirus OC43，HCoV-OC43）、SARS冠状病毒（severe acute respiratory syndrome coronavirus，SARS-CoV）、人冠状病毒NL63（human coronavirus NL63，HCoV-NL63）、人冠状病毒HKU1（human coronavirus HKU1，HCoV-HKU1）、中东呼吸综合征冠状病毒（Middle East respiratory syndrome coronavirus，MERS-CoV）和严重急性呼吸综合征冠状病毒（SARS-CoV-2）。其中HCoV-229E和HCoV-NL63属于α属冠状病毒，其余5种都属于β属冠状病毒。γ、δ属冠状病毒可引起多种禽鸟类发病。冠状病毒仅感染脊椎动物，可引起严重的呼吸道、消化道和神经系统疾病。

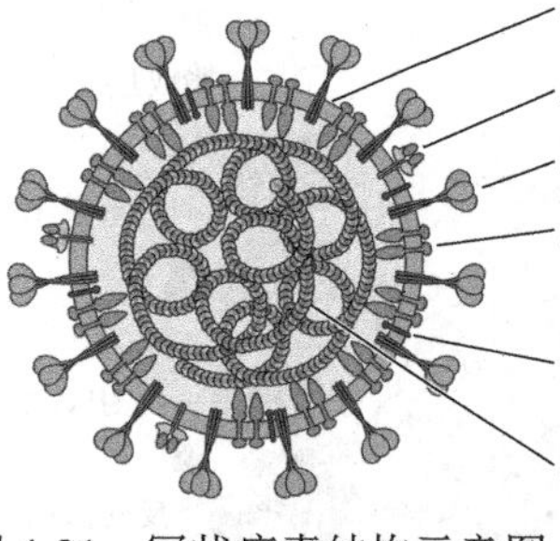

图4-21　冠状病毒结构示意图（Flint et al.，2015）

冠状病毒是有包膜的病毒，病毒粒子呈球形或椭圆形，直径为60～220nm，平均直径为100nm；包膜表面有长约20nm、末梢膨大的包膜糖蛋白突起（刺突），整个病毒形状像日冕（图4-21）。冠状病毒结构蛋白主要有核蛋白（nucleoprotein，N蛋白）、膜蛋白（membrane protein，M蛋白）、刺突蛋白（spike protein，S蛋白）、血凝素-酯酶（hemagglutinin-esterase，HE）和包膜糖蛋白（envelope glycoprotein，E蛋白）。核蛋白为磷酸化蛋白，与病毒RNA结合形成核衣壳，诱导细胞免疫，可能与调节RNA合成有关。膜蛋白是病毒包膜的重要成分，与病毒出芽部位有关，可能与核衣壳相互作用诱导产生干扰素。刺突糖蛋白结合细胞膜上特异性受体，诱导细胞融合，产生细胞免疫应答。

冠状病毒基因组是已知的最大RNA基因组，是线性正链单链RNA，大小为27～31kb，5′端有帽子结构，3′端有poly（A），含7～10个基因。所有冠状病毒的基因排列顺序均相同，为聚合酶—S蛋白—M蛋白—N蛋白。我国科学家和加拿大科学家相继完成了SARS冠状病毒的全基因组测序，分别为29 727个碱基和29 736个碱基，差别很小。

在全球，10%～30%的上呼吸道感染由HCoV-229E、HCoV-OC43、HCoV-NL63和HCoV-HKU1 4种冠状病毒引起，在造成普通感冒的病因中占第二位，仅次于鼻病毒。感染呈现季节性流行，每年春季和冬季为疾病高发期。潜伏期为2～5d，人群普遍易感，主要通过人与人接触传播。

起初，人们认为冠状病毒只会引起人类普通感冒。直到2002年，严重急性呼吸系统综合征冠状病毒出现。研究表明，蝙蝠是冠状病毒的主要宿主，2003 年暴发的 SARS 疫情可能是由果子狸作为中间宿主。2012 年暴发的 MERS 疫情是由单峰骆驼作为中间宿主传播给人类的。2019 年 12 月暴发的新型冠状病毒疫情有较大可能是由野生动物传播给人类的。

资源 4-2

（三）甲型流感病毒

流感病毒属于正黏病毒科（*Orthomyxoviridae*）。根据病毒核蛋白和膜蛋白抗原及其基因特性的不同，正黏病毒科分为甲型（A 型）流感病毒属、乙型（B 型）流感病毒属、丙型（C 型）流感病毒属和托高土病毒属。流感的传染源主要是流感患者，其次是隐性感染者。动物也可能为重要储存宿主和中间宿主。患者自发病后 5d 内均可通过鼻涕、口涎和痰液等分泌物排出病毒，传染期约 1 周，以病初 2～3d 传染性最强。以空气飞沫传播为主，其次通过病毒污染的茶具、食具和毛巾等间接传播，密切接触也是传播流感的途径之一。传播速度和广度与人口密度有关。一般来说，仅约 50%的感染患者会出现典型流感临床症状。

流感病毒是有包膜的多形性球形病毒（图 4-22），直径为 80～120nm，表面有血凝素和神经氨酸酶突起，核壳为螺旋对称，基因组为分段负链 RNA，甲、乙型流感病毒基因组有 8 个节段，丙型流感病毒和托高土病毒属基因组有 7 个节段。

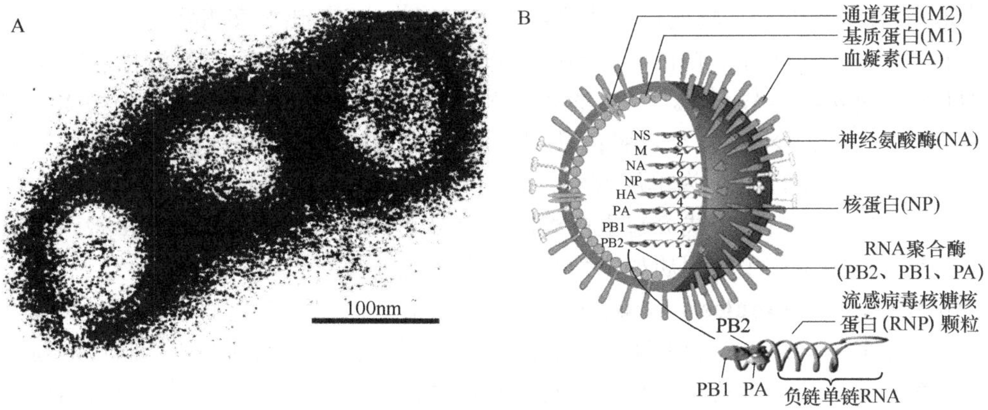

图 4-22 流感病毒电镜图片及结构模式图

A．负染色后的流感病毒颗粒电镜照片；B．甲型流感病毒颗粒结构模式图。NS．非结构蛋白

甲型流感病毒是一种常见的流感病毒，最容易发生变异。甲型流感病毒对人类致病性高，曾多次引起世界性大流行，且在动物中广泛存在，也能引起动物大量死亡。甲型流感病毒根据其表面血凝素（HA）和神经氨酸酶（NA）的结构及其基因特性的不同又可分成许多亚型，血凝素有 16 个亚型（H1～H16），神经氨酸酶有 9 个亚型（N1～N9）。至今发现的甲型流感病毒中能直接感染人的禽流感病毒亚型有 H1N1、H5N2、H5N1、H7N1、H7N2、H7N3、H7N7、H7N9、H9N2 和 H10N7，所有不同亚型流感病毒几乎均可在禽类中找到。

因此，有人认为禽类是流感病毒的基因库，与流感病毒大流行密切相关。其中 H1、H5、H7 亚型为高致病性，H1N1、H5N1、H7N9 尤为值得关注。

二、无脊椎动物病毒

昆虫病毒属于无脊椎动物病毒，主要以鳞翅目的昆虫病毒为主，其次为双翅目、膜翅目和鞘翅目。目前许多害虫能抵抗化学农药，且化学农药的残留可污染环境，因此这些昆虫病毒可被用作生物农药，成为害虫综合防治的重要手段。但有些昆虫具有经济上的重要性，如蜜蜂和家蚕，一旦染上病毒病，就会造成经济上的重大损失。

昆虫病毒可感染昆虫的各种组织细胞，如真皮、肠上皮、脂肪体、血和淋巴等，症状一般表现为昆虫停止取食、肠道麻痹或得败血症而死亡。

昆虫病毒病的一个相当普遍的特点是在被感染的动物细胞中形成多角形包涵体。根据包涵体的有无及包涵体在细胞中的位置、形状，可将昆虫病毒分为以下 4 种。

1．核型多角体病毒（nuclear polyhedrosis virus，NPV） 核型多角体病毒属于杆状病毒科（*Baculoviridae*）核型多角体病毒属（*Nucleopolyhedrovirus*），多角体位于宿主细胞核内，多角体颗粒在光学显微镜下呈多种形态，大多为五边形和六边形，直径为 0.5～15μm，大多数是 0.6～2.5μm。病毒颗粒杆状，核酸为双链环状 DNA，80～180kb。蚕多角体病毒就是一个典型，其杀虫过程一般为：NPV 先通过昆虫的口腔进入消化道，在碱性胃液作用下，多角体蛋白溶解，释放出病毒粒子，病毒粒子侵入宿主的中肠上皮细胞，进入体腔，吸附并进入血细胞、脂肪细胞、气管上皮细胞等，大量增殖，重复感染，宿主生理功能紊乱，组织破坏，死亡。

2．质型多角体病毒（cytoplasmic polyhedrosis virus，CPV） 质型多角体病毒隶属呼肠孤病毒科（*Reoviridae*）质型多角体病毒属（*Cypovirus*）。该类病毒颗粒一般单独或多个被包裹在病毒编码的多角体蛋白内，在感染细胞的细胞质内形成多面体包涵体。CPV 多角体的大小为 0.5～10μm，形态不一。CPV 的病毒颗粒呈球形，为二十面体，直径为 48～69nm，分子量为 6.5×10^7～2.0×10^8，无包膜；基因组由 10～12 个节段的双链 RNA 构成，不同于呼肠孤病毒科其他成员，CPV 为单层衣壳，而不是常见的双层衣壳结构，衣壳结构蛋白主要由衣壳蛋白、大突起蛋白及塔式突起蛋白组成。CPV 可感染枯叶蛾、松针黄毒蛾和黄地老虎等，主要在昆虫肠道中增殖。用质型多角体病毒防治松毛虫有很好的效果。

3．颗粒体病毒（granulosis virus，GV） 属于杆状病毒科 B 亚组，包涵体称为颗粒体，先在宿主细胞核内形成，核膜破裂后释放到细胞质，包涵体呈圆形或椭圆形颗粒状，如云杉卷叶蛾颗粒体病毒和菜粉蝶颗粒体病毒。包涵体内只含一个病毒颗粒，偶有两个。颗粒体长 200～500nm，宽 100～350nm，病毒核酸为 dsDNA。我国已制成菜粉蝶颗粒体病毒剂用于生物防治。

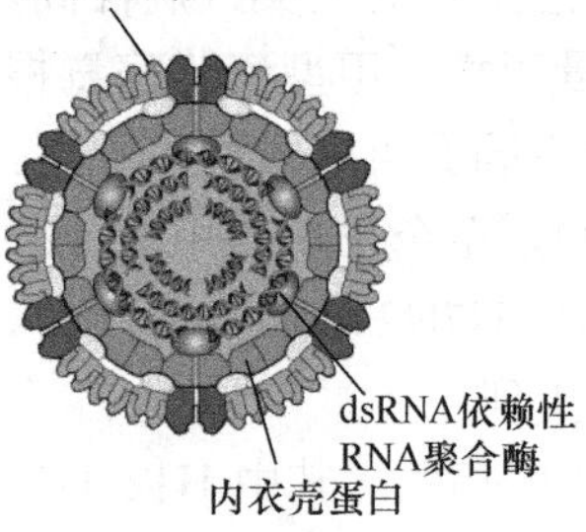

图 4-23 非包涵体病毒
（Flint et al.，2015）

4．非包涵体病毒（idnoreovirus） 非包涵体病毒不形成包涵体，病毒粒子游离于细胞质或细胞核内。呼肠孤病毒科昆虫非包涵体病毒属（*Idnoreovirus*）的病毒粒子一般为二十面体，球状，直径约 70nm，无包膜，具有双衣壳结构和 12 个塔状突起（图 4-23）；基因组由线状 dsRNA 的 10 个片段组成。非包涵体病毒宿主范围广泛，除昆虫纲外，还存在于蜘蛛纲、甲壳纲等，如沼泽大蚊虹色病毒、家蚕软化病病毒、柑橘红蜘蛛病毒、蟹瘫痪病病毒。用非包涵体病毒防治柑橘红蜘蛛较有效。

昆虫病毒主要是通过口器感染。昆虫吞入病毒进到中肠后，包涵体被中肠液溶解释放出病毒粒子进一步侵染细胞。昆虫病毒也可通过伤口和气孔等感染。

第五节 植物病毒

植物病毒病种类繁多，绝大多数种子植物均能发生病毒病，尤其是禾本科、豆科、十字花科、葫芦科和蔷薇科的植物受害较重，如水稻黄矮病、烟草花叶病、番茄丛矮病、马铃薯退化病和柑橘衰退病等。已研究和命名的植物病毒达1000多种，其中许多为重要的农作物病原体，引起的病害数量及造成的损失仅次于真菌病害，占植物病害第二位。植物病毒侵染症状主要有：①叶绿体被破坏或不能合成叶绿素，引起花叶、黄化和红化症状；②植物发生矮化、丛簇或畸形；③花色斑驳化，形成枯斑或坏死。

一、植物病毒的形态和分类

从病毒粒子的形态来看基本上有三种类型：杆状、线状或近球形的多面体；多数裸露（无包膜），少数有包膜；单一类型的蛋白质构成壳体。多数为单链RNA病毒（线状，ssRNA），少数为DNA病毒。

根据ICTV最新（2019年）公布的病毒分类系统，宿主是植物的包括植物病毒和植物亚病毒感染因子。其中植物病毒主要归属在单链DNA病毒域和RNA病毒域，包括2域3界7门（2个亚门）13纲16目31科（8个亚科）132属（3个亚属）1608种；植物亚病毒感染因子包括类病毒2科8属33种，卫星病毒4属6种，卫星核酸2科（2个亚科）13属142种。就植物病毒而言，主要有以下几个特点。

1）植物病毒半数以上是正链单链RNA。

2）相当多的正链单链RNA基因组分散在2个、3个甚至4个RNA分子上，多为分段或多分体基因组，包在单个或多个病毒粒子中。

3）绝大多数种的病毒粒子无外膜，仅弹状病毒、番茄斑萎病毒有外膜。

4）植物病毒专一性不强，一种病毒往往能寄生在不同科、属、种的植物上。例如，烟草花叶病毒（TMV）就可以侵染十余科、百余种草本和木本植物。一种病毒引起的症状可以因植物的种或品种而不同。一株植物可同时感染两种以上的病毒，可以产生与单独感染完全不同的症状，如马铃薯X病毒单独感染发生轻微花叶，Y病毒单独感染在有些品种上引起枯斑，而X病毒和Y病毒同时感染时，则使马铃薯发生显著的皱缩花叶症状。

5）植物病毒没有专门的侵入机制，主要通过昆虫作为媒介进行被动传播。半翅目刺吸式口器的昆虫如蚜虫、叶蝉和飞虱等是重要传播者。有的病毒则是通过带病植株的汁液接触无病植株伤口而感染，有的则是通过嫁接传染。

病毒侵染植物后，还出现内部细胞或组织的不正常表现。最突出的是感染病毒植株的细胞内形成包涵体，这是确诊病毒存在的依据。细胞包涵体有两类：一类是不规则形、六角形、纺锤形、针形和线形的结晶形包涵体，另一类是呈圆球形或椭圆形的非结晶形包涵体。前者通常由病毒粒子堆叠而成，而后者往往由病毒粒子和宿主细胞成分混合而成。包涵体在细胞内的分布因病毒而异，在原生质体、细胞核、叶绿体，甚至在空胞内都可以见到包涵体的存在。

二、植物病毒举例

下面仅介绍一些在病毒学领域研究方面做出重要贡献的，或在农、林、牧重要作物中造成严重病害和经济损失的病毒。

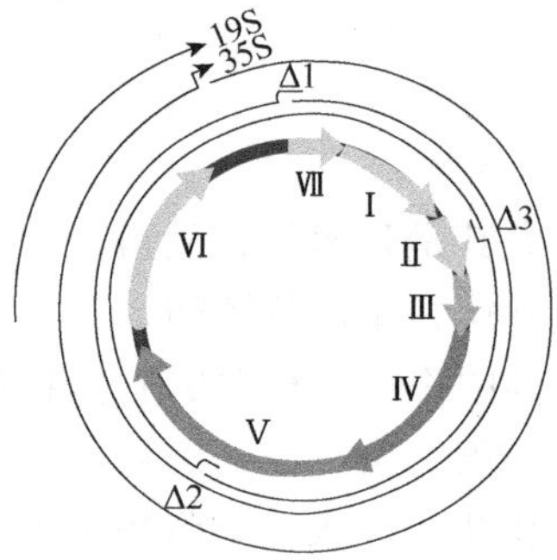

图 4-24　CaMV 基因组 DNA 结构（Haas et al.，2002）

中间细线表示双链环状 DNA，显示序列不连续(Δ1～Δ3)。内圈箭头显示 7 个开放阅读框（ORF），箭头之间的一长一短两段黑色粗线分别表示含有 35S 和 19S 启动子的基因间隔区。外围两条带箭头的细线分别表示 35S 和 19S RNA

1. dsDNA 病毒　主要代表为花椰菜花叶病毒（cauliflower mosaic virus，CaMV），病毒体含双链 DNA（dsDNA），有环状和线状两种类型；环状有侵染性，线状侵染性较小。分子质量为（4～5）×10^6Da，病毒粒子直径为 50nm，无外膜，二十面体结构，近球形或杆形。大小因属不同而异，但共同特点是 dsDNA 的两条链是不连续的，有缺口，进入宿主细胞后，这些单链缺口被修复，形成与组蛋白结合的超螺旋分子。该 DNA 被转录成全长、末端冗余的 35S RNA 和亚基因组 19S RNA（图 4-24）。每一种病毒缺口数目总是固定的，位置是特异的。推测可能是病毒复制时，反转录 RNA 的起点或终点，其复制过程与反转录病毒如 HIV 相似。dsDNA 中只有一条链为编码链，可编码 6～8 个蛋白质。CaMV 的 7 个开放阅读框（ORF）几乎连在一起，甚至有重叠。CaMV 的不同分离物全序列已完成测序，共 8016～8060bp，取决于不同株系，其中以中国株 8060bp 为最长。CaMV 的 35S 启动子在植物不同发育阶段的几乎所有组织中都能高效表达，因此已成为构建外源基因表达载体时使用最多的启动子。

2. ssDNA 病毒　双生病毒或双粒病毒科（*Geminiviridae*）有 50 多个成员，侵染宿主范围广，并造成非常严重的病害，给农业生产带来巨大损失。病毒粒子结构特殊，因含一个或两个较小的共价闭合 ssDNA，两个不完全的二十面体结构的圆形颗粒相连成双生而得名（图 4-25）。单个病毒粒子直径为 16～18nm，双生病毒粒子大小为 18nm×30nm，构成外壳的蛋白质亚基是 110 个而不是 120 个。有一种衣壳蛋白，有个别病毒还有两种少量次要的蛋白质，如玉米线条病毒（MSV）。

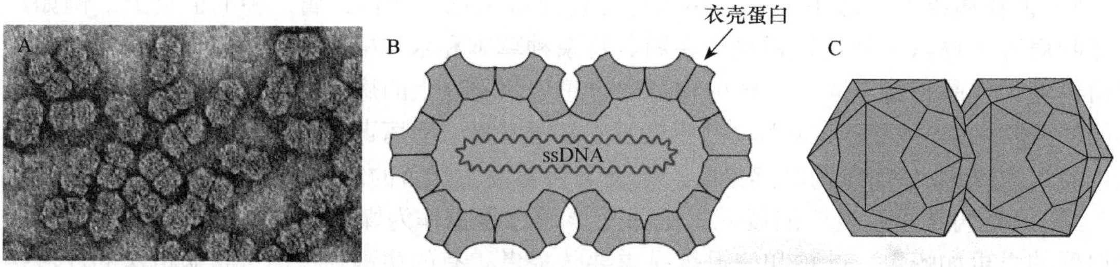

图 4-25　双生病毒

A．MSV 的电镜图；B．模式图；C．衣壳结构模式图。玉米线条病毒（MSV）长约 38nm，直径约 22nm，由 110 个衣壳蛋白形成的 22 个五聚体组成，每对双生病毒颗粒仅包含单个环形 ssDNA

双生病毒在自然界通过叶蝉或白粉虱传播，虫媒可保持传毒能力很久，甚至终生，但病毒并不能在虫体内复制。很多双生病毒也不能用机械方法接种，所以有些病毒仅存在于植物韧皮部或微管束系统。

3. dsRNA 病毒　植物 dsRNA 病毒主要集中在呼肠孤病毒科，该科宿主范围较广，有脊椎、无脊椎动物和植物。其中 3 属：斐济病毒属（*Fijivirus*）、植物呼肠孤病毒属（*Phytoreovirus*）和水稻病毒属（*Oryzavirus*）的成员都是植物病毒，而且大多数的植物呼肠孤病毒的宿主局限于禾本科植物，如水稻粗糙矮化病毒（rice ragged stunt virus，RRSV）。

RRSV 病毒粒子直径为 57～65nm，二十面体，顶点处有突起（图 4-26）。含有 10 条 dsRNA，8 种结构蛋白。RRSV 由褐飞虱（*Nilaparvata lugens*）传播，病毒也可在媒介虫体内增殖。

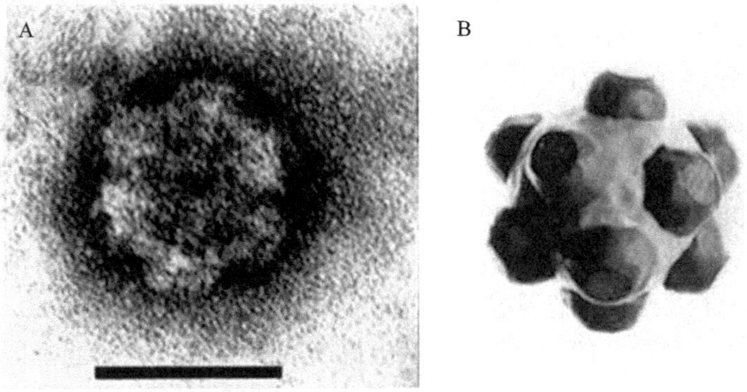

图 4-26 RRSV 病毒粒子结构

A．水稻粗糙矮化病毒（RRSV）粒子的电子显微镜照片（由 R.G. Milne 提供），标尺为 50nm；B．RRSV 粒子示意图（由 E. Shikata 提供）

4．负链单链 RNA 病毒和双义基因组病毒 植物弹状病毒为负链单链 RNA 病毒，包括细胞质弹状病毒（*Cytorhabdovirus*）和细胞核弹状病毒（*Nucleorhabdovirus*）2 属。大多数植物弹状病毒由叶蝉、飞虱或蚜虫传播，也有的由螨和网蝽传播。病毒在宿主植物和虫媒介体内复制。

番茄斑萎病毒（tomato spotted wilt virus，TSWV）属布尼亚病毒科（*Bunyaviridae*），主要特点是基因组分为 L、M 和 S 三段，三段的 5′端和 3′端含共有的 8 个保守互补碱基，可形成假环状结构（图 4-27）。M 段和 S 段的 ssRNA 是双义基因组（ambisense genome），即同一条 ssRNA 一部分为正链，可直接作为 mRNA 被翻译成蛋白质；另一部分为负链，必须先转录出正链 RNA 作为 mRNA 才被翻译。病毒粒子近圆形，直径为 75～80nm，有来自细胞内质网膜的外膜，核衣壳是通过内质网膜芽生的。结构蛋白有 4 种，两种为膜上突起的糖蛋白，一种为核衣壳蛋白，一种为转录酶。

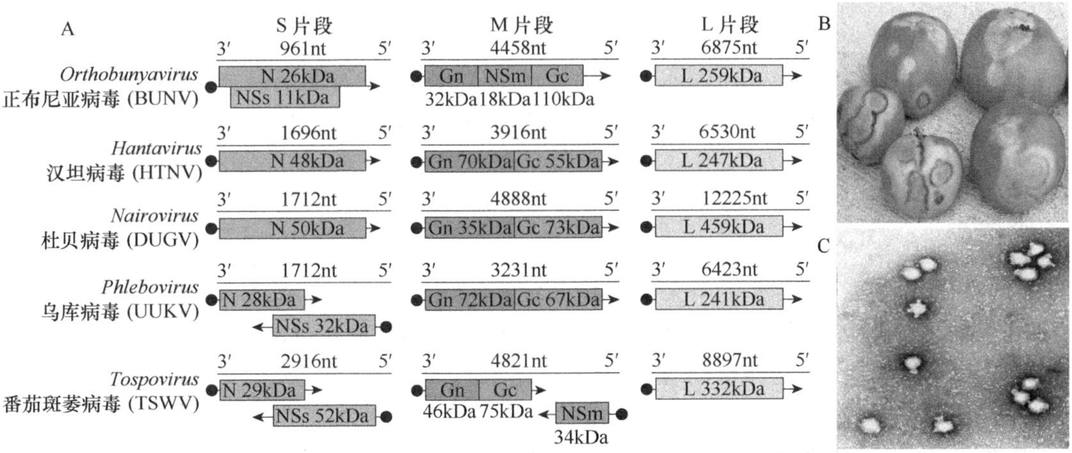

图 4-27 双义基因组病毒

A．布尼亚病毒科病毒基因组示意图；B．番茄斑萎病毒病；C．番茄斑萎病毒

TSWV 可侵染 70 科 925 种植物，给花卉、果树和蔬菜造成严重伤害。

5. 正链 RNA 植物病毒 根据基因组结构不同可分为单分体基因组病毒、双分体基因组病毒和三分体基因组病毒。单分体基因组病毒的典型代表就是对病毒学做出巨大贡献的烟草花叶病毒（TMV）；双分体基因组病毒如豇豆花叶病毒；三分体基因组病毒如苜蓿花叶病毒。

TMV 基因组全长 6390bp，5′端有 m^7Gppp 的帽子结构，3′端有非编码区，可使翻译增强 5 倍。全基因有 4 个 ORF，ORF1（69～3417nt）序列编码 126kDa 蛋白质，该蛋白质的 N 端和 C 端有甲基转移酶和解旋酶活性，ORF1 翻译时容易出现通读现象，通读后 ORF2（69～4917nt）编码一个 183kDa 的蛋白质，这两个蛋白质起点相同但终点不同。ORF3（4903～5709nt）编码 30kDa 的蛋白质，与细胞间的转运有关。全长的 RNA 并不能表达 30kDa 的蛋白质，而是在 TMV-RNA 复制时，合成 3 个终止点相同、5′端无帽子结构且起始不同的亚基因组，编码 30kDa 蛋白质的亚基因组 3′端也包含 ORF4（5712～6191nt）即衣壳蛋白基因，但不能表达，而是由 5712～6191nt 位置转录出来 5′端有帽子结构的亚基因组来表达。最后是 204nt 的 3′端非编码区（图 4-28）。TMV 是正链 RNA 植物病毒中研究最清楚的一个，如病毒的脱壳、核酸的复制、mRNA 的翻译、基因表达的调控等均有相当的代表性。

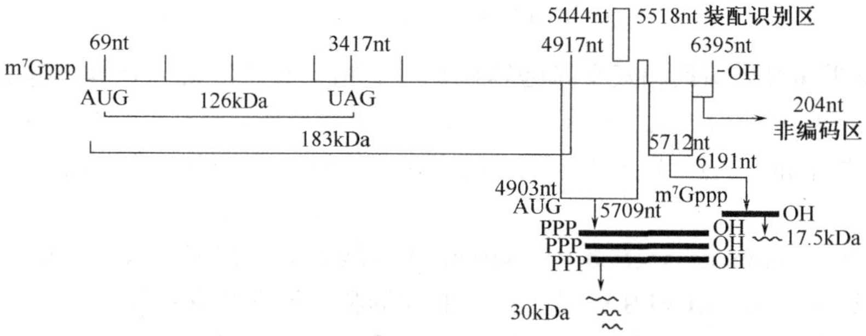

图 4-28 TMV 基因组翻译策略示意图

TMV 不需要虫媒，靠与染病植物的接触传播，单独侵染或与其他病毒混合感染造成植物严重病害，如 CMV 与 TMV 混合侵染引起香蕉花叶心腐病、烟草花叶病和番茄花叶病等。

第六节 亚 病 毒

亚病毒（subvirus）是一类比病毒更为简单的分子病原体，仅具有核酸或蛋白质一种成分，或者同时含有核酸和蛋白质，但因其功能不全而成为缺陷病毒，前者如类病毒、朊病毒；后者如卫星。

一、类病毒

类病毒（viroid）：一类能感染某些植物并使其致病的裸露的、共价闭合的环状 ssRNA 小分子，能在敏感细胞中自我复制，不需要辅助病毒。根据类病毒 RNA 结构和复制类型不同，可将类病毒分成 2 科：马铃薯纺锤形块茎类病毒科（*Pospiviroidae*）和鳄梨日斑类病毒科（*Avsunviroidae*）。

20 世纪 70 年代初期，美国学者 Diener 及同事在研究马铃薯纺锤形块茎类病病原时，观察到病原具有无病毒颗粒和抗原性、对酚等有机溶剂不敏感、耐热（70～75℃）、对高速离心稳定（说明其低分子量）和对 RNA 酶敏感等特点。所有这些特点表明，病原并不是病毒，而是一种游离的小分子 RNA。从而提出了一个新的概念——类病毒。在这个概念提出之前，人们一直认为，由蛋白质和核酸两种生物多聚体构成的体系是原始的生命体系，从未怀疑病毒是复杂生命体系最低极限的生物。

类病毒与病毒不同的是，类病毒没有蛋白质外壳，为共价闭合的单链 RNA 分子，呈棒状结构，由一些碱基配对的双链区和不配对的单链环状区相间排列而成。类病毒的基因组小，通常为 240～400nt，分子质量为 80～125kDa，大多数富含 GC（53%～60%），仅个别类病毒，如鳄梨日斑类病毒（avocado sunblotch viroid，ASBVd），GC 含量仅为 38%。因此 RNA 分子虽小却能在分子内部形成多个碱基配对且不易被降解的稳定结构，同时使分子外形呈杆状或棒状。例如，马铃薯纺锤形块茎类病毒（potato spindle tuber viroid，PSTVd，Vd 是用来与病毒加以区别）是由 359nt 组成的一个共价闭合环状 RNA 分子，长 50～70nm（图 4-29）。整个环由两个互补的半体组成，其中一个含 179nt，另一个含 180nt，两者间有 70%的碱基以氢键方式结合，共形成 122bp，整个结构中形成 27 个内环。

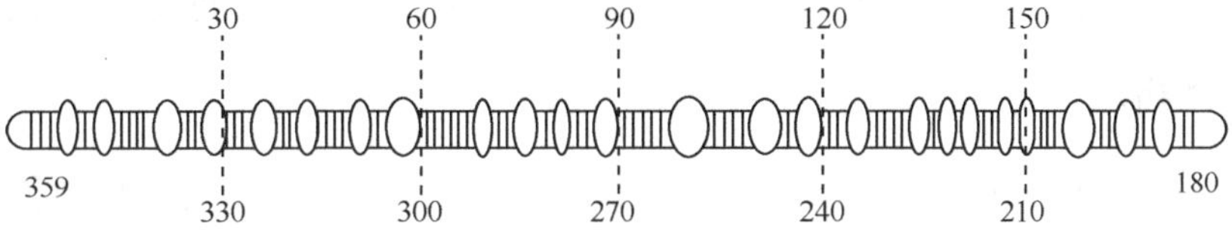

图 4-29 马铃薯纺锤形块茎类病毒的结构示意图（单位：nt）

目前已测序的类病毒变异株有 100 多个，它们的共同特点就是在二级结构分子中央有一段保守区。绝大部分类病毒 RNA 分子结构类似，有 5 个功能域（structural functional domain），从左到右依次为左端区（terminal left domain，T_L 区）、致病区（pathogenic domain，P 区）、中心保守区（central conserved region，CCR 区）、可变区（variable domain，V 区）和右端区（terminal right domain，T_R 区）。

CCR 由上下两链保守序列形成，同时上链保守区两侧有不完整的反向重复序列，上链既可形成发卡结构（hairpin structure），也可能成寡聚体（oligomer）或回文结构（palindromic structure），这些结构很可能与复制相关。马铃薯纺锤形块茎类病毒属、苹果锈果类病毒属（*Apscaviroid*）及锦紫苏类病毒属（*Coleviroid*）的部分成员都在左端区有末端保守区（terminal conserved region，TCR），而啤酒花矮化类病毒属（*Hostuviroid*）和椰树死亡类病毒属（*Cocadviroid*）左端区有末端保守发卡（terminal conserved hairpin，TCH）结构，这些末端结构域如此保守，必有其重要功能。

所有的类病毒 RNA 没有 mRNA 活性，不编码任何多肽。因此它们侵入宿主后，主要依赖宿主的转录机制复制，可能是借助宿主的 RNA 聚合酶Ⅱ和（或）宿主其他 RNA 聚合酶在细胞核中进行 RNA 到 RNA 的直接转录。

类病毒能独立引起感染，一旦接种至宿主植物体内能自我复制，有的可能造成病状，有时只在宿主中复制不诱发病变。在自然界中同一类病毒存在着毒力不同的类病毒株系。PSTVd 的弱毒株只减产 10%左右，而强毒株可减产 70%～80%。类病毒主要通过机械损伤途径传播，也可以通过宿主的无性繁殖及花粉和种子垂直传播，如 PSTVd。现仅知番茄雄株类病毒（tomato planta macho viroid，TPMVd）是蚜虫传播。类病毒病与病毒病在症状上没有明显的区别。类病毒感染后有较长的潜伏期，并呈持续性感染。

不同的类病毒具有不同的宿主范围，有些类病毒在被子植物中有广泛的宿主，有些宿主范围很窄。例如，对 PSTVd 敏感的宿主植物就数以百计，除茄科外，还有紫草科、桔梗科、石竹科、菊科等。柑橘裂皮类病毒（citrus exocortis viroid，CEVd）的宿主范围比 PSTVd 要窄些，但也可侵染蜜柑科、菊科、茄科、葫芦科等 50 种植物。少数如椰树死亡类病毒（coconut cadang-cadang viroid，CCCVd）只侵染单子叶植物。

二、卫星

卫星（satellite）是指需要辅助病毒才能完成其侵染循环中的关键过程如复制、移动、传播和（或）包被的亚病毒因子。根据是否编码自身的衣壳结构蛋白可将卫星分为卫星病毒和卫星核酸。

卫星具有以下突出特征：①卫星不编码 RNA/DNA 聚合酶，大多数卫星的复制依赖于辅助病毒；②卫星和辅助病毒之间无任何实质性的序列相似性；③除少数例外情况，卫星通常会加剧或减弱受感染宿主中辅助病毒引起的症状；④卫星可以改变，通常是阻止辅助病毒核酸在受感染的宿主细胞中积累，其自身核酸在宿主细胞中往往比辅助病毒有更高的表达量。

（一）卫星病毒

卫星病毒（satellite virus）是一类基因组缺损、大多依赖辅助病毒进行复制和表达的小分子 RNA 或 DNA 病毒，通常能编码自身的衣壳蛋白。卫星病毒与辅助病毒之间存在高度特异性。

根据 ICTV 的第九次报告和 Krupovic 提出的卫星分类标准，可将卫星病毒分为烟草坏死卫星病毒［包括烟草坏死卫星病毒（STNV）、樱子花叶卫星病毒（SPMV）、玉米白线花叶卫星病毒（SMWLMV）和烟草花叶卫星病毒（STMV）］、慢性蜜蜂麻痹卫星病毒（chronic bee-paralysis virus-associated satellite virus）、野田村卫星病毒（nodavirus-associated satellite virus）、腺联卫星病毒（adenovirus-associated satellite virus，ASV）、拟菌病毒卫星病毒（mimivirus-associated satellite virus）5 个亚组。卫星病毒首先发现于同烟草坏死病毒（tobacco necrosis virus，TNV）伴生的烟草坏死卫星病毒（satellite tobacco necrosis virus，STNV），STNV 与 TNV 并存，它们是两种大小不同的二十面体病毒，其壳体蛋白和核酸都不同。TNV 的直径为 22nm，是分子量为（1.3～1.6）$\times 10^6$ 的 ssRNA，基因组携带所有的遗传信息，有独立侵染性；STNV 直径为 18nm，是分子量为 0.4×10^6 的 ssRNA，所携带的遗传信息只编码本身的壳体蛋白，没有独立侵染能力。

其后在动物病毒及噬菌体中也发现了卫星病毒，如腺联卫星病毒属细小病毒科依赖病毒属，基因组为 4.7kb 的单链线状 DNA，由三种衣壳蛋白包装成二十面体，无包膜，以腺病毒、疱疹病毒、乳头瘤病毒作为辅助病毒。与其他卫星病毒不同，ASV 的复制并不依赖于辅助病毒，但是辅助病毒可以通过刺激或调整宿主细胞从而促进 ASV 的复制。此外，在无辅助病毒的情况下，细胞压力也能促使 ASV 进行转录、复制进而完成其生活周期。

细菌基因组中存在一类卫星前噬菌体，属于前噬菌体样元件中的一种。例如，大肠杆菌卫星噬菌体 P4，基因组为线状 dsDNA（11 627bp），携带的基因能自我复制并能使宿主菌溶原化，或以多拷贝质粒的形式存在于宿主细胞；若无助手噬菌体 P2 同时感染，不能产生成熟的子代卫星噬菌体。P4 与 P2 均属肌尾噬菌体科，因缺乏编码壳体蛋白的结构基因，P4 必须依赖 P2 合成的结构蛋白装配成仅能容纳相对较小的基因组的 P4 特有的头部衣壳。P2 通常由 gpN 蛋白形成 60nm 的二十面体头部外壳，而 P4 则会利用 gpN 蛋白形成一个 45nm 的头部外壳仅包裹自身的基因组。

（二）卫星核酸

卫星核酸是一类存在于辅助病毒壳体内、大多依赖辅助病毒进行复制的小分子 RNA 或 DNA 病原因子，不编码任何衣壳结构蛋白，而是被辅助病毒编码的衣壳蛋白包裹。

1960 年，在提纯烟草环斑病毒（tobacco ringspot virus，TRSV）时发现与 TRSV-RNA 一同包被的还有一些小分子 RNA，由几百个核苷酸组成，单独存在既无侵染性，也不能作为 mRNA 编码任何蛋白质（不能编码自己的蛋白质外壳），也不能被复制。只有辅助病毒 TRSV 存在时，才能借助 TRSV 的复制酶来复制，利用 TRSV 的外壳蛋白来包被。序列分析表明，TRSV-RNA 与其卫星 RNA 无同源性。至 1970 年，除研究比较多的黄瓜花叶病毒（cucumber mosaic virus，CMV）的 RNA1～RNA4 外，病毒粒子中还包有分子量极小的 RNA5。RNA5 与其他 4 种 RNA 无任何同源性，也不编码蛋白质，依赖辅助病毒 CMV 复制，病毒粒子装配时 RNA5 与其他的 CMV-RNA1～RNA4 共同被 CMV 外壳蛋白包被。RNA5 这种卫星 RNA 的存在可能会干扰辅助病毒的复制使病毒病害减轻，但有的却能加重，使之成为毁灭性病害。

卫星核酸又可以根据核酸类型和单双链特征分为三种。

1. 双链卫星 RNA 与单分病毒科、分体病毒科、呼肠孤病毒科病毒相关，宿主包括真菌和原生生物。这类卫星 dsRNA 大小为 0.5～1.8kb，可减轻辅助病毒引起的症状。

2. 单链卫星 RNA 这一类又可根据 RNA 的构型分为 5 个亚组。

（1）大卫星 RNA 又称为大单链卫星 RNA 亚组。这类卫星基因组为单基因组、线性正链单链 RNA，0.7～1.5kb，可编码一个非结构蛋白，在某些情况下这个蛋白质是卫星 RNA 复制所必需的。这些卫星 RNA 被辅助病毒（属于 *Secoviridae*、*Alphaflexiviridae*）引入宿主后很少改变病情的严重程度，如番茄黑环病毒卫星 RNA。

（2）小卫星 RNA 又称为小线状单链卫星 RNA 亚组。此类卫星的 RNA 为单基因组、线性正链单链 RNA，基因组小于 0.7kb，既不编码外壳蛋白也不编码非结构的功能蛋白。在宿主细胞中不能形成环状分子。卫星 RNA 有的可弱化辅助病毒（属于 *Tombusviridae*、*Bromoviridae*）所造成的病状，有时可加重，如黄瓜花叶病毒卫星 RNA。

（3）环状卫星 RNA 又称为环状单链卫星 RNA 亚组，曾被称为拟病毒，仅约 350nt，不编码任何功能蛋白，在受侵染的植物细胞中可以环状或线状存在。大部分可弱化辅助病毒（属于 *Secoviridae*、*Luteoviridae*、*Sobemoviridae*）所造成的病状，如烟草环斑病毒卫星 RNA。

（4）嗜肝 DNA 病毒相关类卫星 RNA（hepadnavirus-associated satellite-like RNA） 又称为 delta-virus，丁型肝炎病毒（hepatitis D virus，HDV）是该组典型代表，辅助病毒是乙型肝炎病毒（hepatitis B virus，HBV）。HDV 体形细小，直径为 35～37nm，核心含单链负链环状 RNA（1.7kb）和两个自身编码的 RNA 结合蛋白 S-HDAg（24kDa）、L-HDAg（27kDa），形成类似于核衣壳的核糖核蛋白（ribonucleoprotein，RNP），其外包以 HBV 的外膜蛋白 HBsAg。HDV 的复制并不依赖 HBV，而主要依赖于宿主蛋白质，特别是 RNA 聚合酶Ⅱ，从而完成其 RNA 指导的 RNA 合成。但是，HDV 必须通过 HBV 提供的包膜蛋白 HBsAg 来形成自己的外壳，如果没有 HBsAg，HDV 就不能侵入人体细胞，也就不能完成复制侵染循环。当肝细胞中单独存在 HDV 时，HDV 也能进行基因复制和表达，并完成核衣壳的组装，但是无法释放到细胞外，更无法侵染新的细胞。

（5）马铃薯卷叶病毒属相关的 RNA（polerovirus-associated RNA） 含 2.8～3kb 的单链 RNA，不依赖辅助病毒而能自我复制，但需要辅助病毒完成其衣壳包被和蚜虫传播。这一组的一些成员为植物致病原，如甜菜西部黄病毒 ST9 相关 RNA 及胡萝卜红叶病毒相关 RNA 可加重辅助病毒造成的症状。

3. 单链卫星 DNA 具有单基因组单链 DNA，目前仅从植物中分离得到，分为 α、β、δ 卫星三类，均为单链环状 DNA。α 卫星可自我复制，为 1.3～1.4kb，能够编码复制起始所需的 Rep 蛋白，因此复制不依赖辅助病毒，但在植物内进行昆虫传播和细胞间运动需要辅助病毒；辅助病毒包括菜豆金色花叶病毒属、香蕉束顶病毒属及矮缩病毒属相关病毒，可减轻辅助病毒引起的症状。β 卫星约为 1.3kb，复制及移动均依赖辅助病毒，编码致病决定因子 βC1 蛋白，加重其辅助病毒（菜豆金色花叶病毒属、玉米线条病毒属）引起的症状。δ 卫星约 0.7kb，不编码蛋白质，复制依赖于辅助病毒（菜豆金色花叶病毒属），可减轻辅助病毒病症状。

有些卫星核酸的基因组末端短序列与辅助病毒的完全相同，从而使卫星基因组和辅助病毒的基因组都能依赖同一种复制酶，即辅助病毒编码的复制酶。其往往较小、核酸复制效率高而干扰了辅助病毒的复制，使病害症状减轻或加重。

此外，无论动物病毒、植物病毒还是噬菌体在自然感染或实验室感染时，常会出现缺损的干扰颗粒，称为 DI 颗粒（defective interfering virus particle），这种 DI 颗粒也能干扰未缺损的野生型病毒。DI 颗粒的干扰与卫星基因组的干扰机制相似，是竞争同一种复制酶的结果。但 DI 颗粒和卫星核酸的基因组序列与各自相关病毒序列同源性则完全不同。DI 颗粒来自未缺损的野生型病毒在复制过程中的某种失误，缺损部分基因组而形成 DI 颗粒，所以 DI 颗粒的序列与野生型的完全同源，而卫星基因组序列与辅助病毒的根本不同。

三、朊病毒

朊病毒（virino）也称为蛋白侵染因子（proteinaceous infectious agent，prion），是一种比病毒小、不含核酸而仅含有疏水的可自我复制并具感染性的蛋白质分子。其本质为有侵染性的蛋白质颗粒或传染性蛋白因子。

美国学者普鲁西纳（S. B. Prusiner）因在 1982 年发现了羊瘙痒病致病因子——朊病毒而获得了 1997 年的诺贝尔生理学或医学奖。

纯化的感染因子称为朊病毒蛋白（prion protein，PrP）。致病性朊病毒用 PrP^{Sc} 表示，上标 Sc 起源于原型（prototype）的羊瘙痒病（scrapie）。之后发现所有已知哺乳动物的朊病毒疾病都与羊瘙痒病 PrP 相似，因此用 PrP^{Sc} 代表所有可传染且致病的朊病毒蛋白质。从广义讲，它代表朊病毒疾病（prion sickness）。PrP^{Sc} 具有抗蛋白酶 K 水解的能力，可特异地出现在被感染的脑组织中，呈淀粉样。

许多致命的哺乳动物中枢神经系统机能退化症均与朊病毒有关，如人的库鲁病（kuru disease，一种震颤病）、克-雅病（Creutzfeldt-Jakob disease，CJD，一种老年痴呆病）、致死性家族性失眠（fatal familial insomnia，FFI）和动物的羊瘙痒病（scrapie）、牛海绵状脑病（bovine spongiform encephalopathy，BSE）或称疯牛病（mad cow disease）、猫海绵状脑病（feline spongiform encephalopathy，FSE）等。正常的人和动物细胞 DNA 中有编码 PrP 的基因，其表达产物用 PrP^{C} 表示，是一种分子质量为 33～35kDa 的糖蛋白。PrP^{C} 与 PrP^{Sc} 有相同的氨基酸序列 PrP^{C} 有 43%的 α 螺旋和 3%的 β 折叠，而 PrP^{Sc} 约有 34%的 α 螺旋和 43%的 β 折叠。多个折叠使 PrP^{Sc} 溶解度降低、对蛋白酶的抗性增加。

哺乳动物的 PrP 基因多含 3 个外显子（exon），这已在小鼠、绵羊、叙利亚仓鼠及人体中得到证实。不过大多数人和叙利亚仓鼠的 mRNA 是由两个相隔大约 10kb 的外显子剪接而成。

人的 PrP 基因有 253 个氨基酸残基，而小鼠和仓鼠的却有 254 个氨基酸残基。这两种鼠的 PrP 基因的启动子分别含 3 个和 2 个 GC 及 9 聚体的重复序列，但缺 TATA 框。

朊病毒可通过食用被朊病毒感染的食品传播，或经由医源性感染传播，如使用人脑垂体分泌的激素、角膜移植、硬脑膜嫁接或脑电极植入等。人家族性的朊病毒则为遗传性传染。

既然 PrP^{Sc} 是一种蛋白质而且不含任何核酸，那么它在人或动物体内又是如何复制和传播的呢？Prusiner 等提出了杂二聚机制假说，即有侵染性的最小的朊病毒颗粒是 PrP^{Sc} 的二聚体。朊病毒可由 PrP^{Sc} 聚集成大小不均一的颗粒，难溶解，除非在变性条件下用表面活性剂处理，但是侵染力会丧失。PrP^{Sc} 单分子为感染物，与同源的宿主 PrP^{C} 分子结合，使 PrP^{C} 单体分子慢慢改变构象，形成 PrP^{Sc} 单体分子，中间经过 PrP^{C}-PrP^{Sc} 杂二聚物，再转变为 PrP^{Sc}-PrP^{Sc}。在这个过程中，有未知蛋白（protein X）可能起着调整 PrP^{C} 转化或维持 PrP^{Sc} 形态的作用。这个二聚物解离又释放出新的 PrP^{Sc}，因此不断复制下去（图 4-30）。

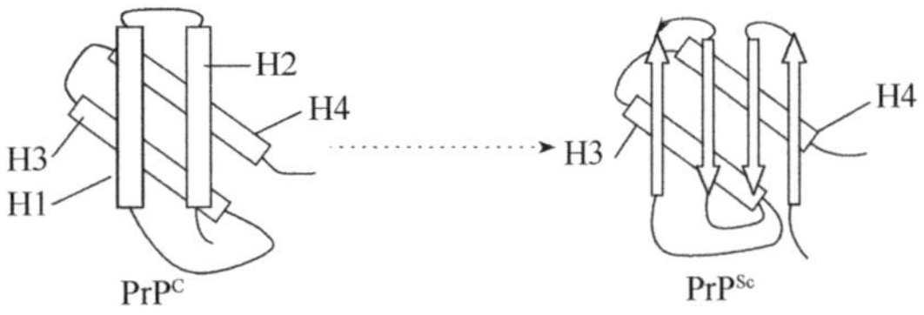

图 4-30 PrP^{C} 与 PrP^{Sc} 的分子结构模式图

PrP^{C}. 正常型蛋白；PrP^{Sc}. 致病型蛋白

朊病毒的发现在生物学界引起了震惊，因为它与目前公认的“中心法则”即生物遗传信息流的方向是 DNA→RNA→蛋白质的传统观念相违背。这一发现开辟了病因学的一个新领域，为研究其他传染性海绵状脑病的发病原理和病因性质提供了新思路，对生物科学的发展具有重大意义。

小 结

病毒是一种体积微小、结构简单、严格活细胞内寄生和以复制方式增殖的非细胞型微生物。病毒无细胞结构，主要成分为核酸和蛋白质；核酸只有 DNA 或 RNA 一种，故又称“分子生物”。病毒对抗生素不敏感，对干扰素敏感。在离体条件下，能以无生命的生物大分子状态存在，并可长期保持其侵染活力。从病毒进入宿主细胞开始，经过基因复制到释放出子代病毒，称为一个复制周期，也称为感染周期。病毒的复制概括起来可分为侵入、脱壳、生物合成、装配与释放等连续步骤。根据复制周期的差异，噬菌体可分为烈性噬菌体和温和噬菌体两类，其复制周期分别为烈性噬菌体的裂解途径和温和噬菌体的溶源性。一般以感染时间为横坐标，以病毒效价为纵坐标绘制出病毒的特征性繁殖曲线，即一步生长周期（或曲线），用于研究病毒复制周期。根据化学成分及其功能可把病毒分为真病毒（euvirus，简称病毒）和亚病毒（subvirus）两大类。

复习思考题

1. 何谓病毒？简述病毒与细胞生物的区别。
2. 病毒的核酸有哪几种类型和结构特征？
3. 病毒的复制类型有哪几类？
4. 病毒的复制循环可分为哪几个阶段？各阶段的主要过程如何？
5. 病毒有哪些对称类型？简述其典型构造。
6. 何谓烈性噬菌体？简述其生活史。
7. 什么叫原噬菌体和溶原菌？溶原菌有哪些特性？
8. 什么叫一步生长曲线？分几个时期？各时期有何特点？

9．植物病毒、动物病毒和噬菌体在形态、结构及其复制上有何不同？

10．何谓中心法则？

11．病毒的大小范围是怎样的？试述病毒的主要化学组成、构造及其功能。

12．简述病毒应该怎样分类更科学。

13．植物被病毒侵染后的症状主要有哪些？

14．何谓亚病毒？各有何特点？与病毒有何区别？你认为亚病毒的发现有何重大意义？

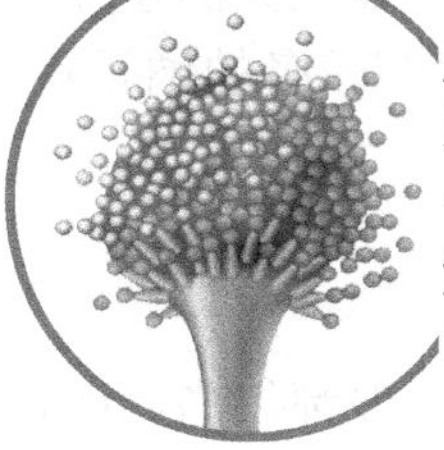

第五章 微生物的营养

和其他生物一样，微生物也需要不断地从外部环境中吸收所需要的各种物质，通过新陈代谢获得能量，合成细胞物质，同时排出代谢产物，使机体正常生长繁殖。环境中存在的能满足微生物生长、繁殖和进行各种生理活动需要的物质称为营养物质（nutrient substance）。营养物质是微生物生命活动的物质基础。微生物从外部环境中摄取和利用营养物质的过程称为营养或营养作用（nutrition）。营养是一切生命活动的起点，它为一切生命活动提供了必需的物质基础。有了营养，微生物才能进行代谢、生长和繁殖，并为人类提供各种有益的代谢产物和特殊的服务。

学习微生物的营养知识并掌握其中的规律，是研究和利用微生物的必要基础，对合理选择和设计符合微生物生理要求并有利于生产应用的培养基有重要意义。

第一节 微生物的营养物质

微生物营养物质的确定，主要依据组成细胞的化学成分及我们所需要的代谢产物。分析微生物细胞的化学组成，是了解微生物营养的基础。

一、微生物细胞的化学组成

微生物细胞与其他生物的化学元素组成成分类似，由碳、氢、氧、氮、磷和硫等各种矿质元素构成。其中碳、氢、氧、氮是微生物细胞的主要组成元素，占细胞干重的90%～97%，其余3%～10%为磷、硫等矿质元素。微生物细胞含碳量约占细胞干重的50%，氢元素占细胞干重的7%左右，而氮素的含量变化比较大，细菌和酵母菌细胞含氮量较高，占干重的7%～13%，霉菌含氮量较低，占干重的5%左右。幼龄细胞的含氮量比老龄细胞高；在含氮丰富的培养基上生长的细胞含氮量比在氮源缺乏的培养基上生长的细胞高。微生物细胞的这些元素主要以水、有机物和无机盐的形式存在。

（一）干物质

微生物细胞干物质中的主要元素及其含量见表5-1。

表5-1 微生物细胞干物质中的主要元素及其含量（以干重计） （单位：%）

元素	细菌	酵母菌	霉菌	元素	细菌	酵母菌	霉菌
碳	50	49.8	47.9	氧	20	31.1	40.2
氮	15	12.4	5.2	磷	3	—	—
氢	8	6.7	6.7	硫	1	—	—

微生物细胞的化学组成随微生物种类、培养条件和生长阶段的不同而存在巨大的差异。在一些特殊的环境中微生物可能富集某些特殊的元素，如海洋中的微生物含有较多的钠元素，某些鞘细胞可在鞘中沉积铁、锰的氧化物。

（二）水分

水是微生物及一切生物细胞中含量最多的成分。微生物细胞的含水量一般都很高，而且会因种类和生长期而异。通常情况下，细菌含水量为细胞鲜重的 75%～85%，酵母菌为 70%～85%，丝状真菌为 85%～90%。同一种微生物的含水量随发育阶段和生活条件的不同也有差别。一般衰老细胞较幼龄细胞含水少，休眠体含水量较营养体要少得多。霉菌孢子的含水量约为 39%，而细菌芽孢核心部分的含水量则低于 30%。微生物细胞水分可采用低温真空干燥、红外线快速烘干或高温（105℃）烘干等方法进行测定。

（三）有机物

微生物细胞的干物质中 90%以上是有机物，主要是蛋白质、核酸、碳水化合物、脂类、维生素及其降解产物。根据其作用可分为三类：一是结构物质，包括高分子的蛋白质、多糖、核酸和脂类等，它们是细胞壁、细胞核、细胞质和细胞器等的主要结构成分；二是贮藏物质，包括存在于细胞内的多糖和脂类，如淀粉、糖原、脂肪和多聚 β-羟基丁酸等；三是代谢底物和产物，包括存在于细胞内的糖、氨基酸、核苷酸、有机酸和维生素等低分子量化合物。它们既是细胞内同化成高分子化合物的前体，也是进一步分解代谢的中间产物，有些还能够以次级代谢产物的形式积累于细胞内或分泌到环境中。

二、微生物的营养物质及功能

微生物的营养要求与动植物相似，即异养型微生物与动物的营养要素基本吻合，自养型微生物与绿色植物的营养要素一致，它们之间存在着“营养上的统一性”，在元素水平上都需要 20 种左右，而且以碳、氢、氧、氮、硫、磷 6 种元素为主，在营养要素水平上都在六大类范围内，即碳源、氮源、能源、无机盐、生长因子和水。

1．碳源　凡能提供微生物生长繁殖所需碳元素或碳架的营养物质称为碳源（carbon source）。碳源物质通过微生物的分解利用，不仅为菌体本身的合成提供碳架来源，还可为生命活动提供能量，因此碳源往往也可作能源。微生物细胞物质及其代谢产物几乎都含有碳，所以碳是微生物细胞需要量最大的元素，又称为大量营养物（macronutrient）。

将微生物可利用的碳源范围称作碳源谱（spectrum of carbon source）。微生物的碳源谱极其广泛（表 5-2），不同微生物具有不同的碳源谱。自养型微生物能以无机碳作为唯一碳源，

表 5-2　微生物的碳源谱

类型	构成元素	化合物	培养基原料
有机碳	C·H·O·N·X	复杂蛋白质、核酸等	牛肉膏、蛋白胨、花生饼粉等
	C·H·O·N	多数氨基酸、简单蛋白质等	一般氨基酸、明胶等
	C·H·O	糖、醇、有机酸、脂类等	葡萄糖、蔗糖、淀粉、糖蜜等
	C·H	烃类	天然气、石油、石蜡等
无机碳	C·O	CO_2	CO_2
	C·O·X	$NaHCO_3$、$CaCO_3$ 等	$NaHCO_3$、$CaCO_3$ 等

合成简单的有机物，进而转化为复杂的多糖、类脂、蛋白质和核酸等细胞物质；异养型微生物必须利用有机碳，大多数微生物属于该类型。实验表明：所有天然有机物都可以被微生物利用。有些放线菌可以降解戊醇、石蜡甚至橡胶。一些细菌似乎可以利用任何物质作为碳源。

微生物的碳源谱虽然很广，但对于异养型微生物而言，最适的碳源是“C·H·O”型，而且其中糖类（单糖、寡糖和多糖）是利用最广泛的碳源，其次为醇类、有机酸和脂类。在糖类中，单糖优于双糖和多糖，己糖优于戊糖，葡萄糖、果糖优于甘露糖和半乳糖，淀粉明显优于纤维素和几丁质等纯多糖，纯多糖明显优于琼脂和木质素等杂多糖。氨基酸和蛋白质既可提供氮素，也能提供碳素，但用作碳源时不够经济。

需要指明的是，异养型微生物虽然必须以有机碳为碳源，但不少种类，尤其是生长在动物血液、组织和肠道中的有益或致病微生物，还需少量 CO_2 才能正常生长，培养这类微生物时，常需提供约 10%的 CO_2（*V*/*V*）。另外，在选择一种具体培养基原料时，不能简单地认为它就是某一种纯粹的营养要素。例如，糖蜜（molasses）是制糖工业中的一种当作废液处理的副产品，内含丰富的糖类、氨基酸、有机酸、维生素、无机盐等物质；马铃薯、玉米粉或红糖等都是发酵工业中常用的原料，习惯上把它们当作碳源使用，而事实上它们却几乎包含了微生物所需要的全部营养物质，只是各要素之间的比例不一定合适而已。

资源 5-1

2．氮源　一切能提供微生物生长繁殖所需氮素的营养物质，称为氮源（nitrogen source）。氮是微生物细胞需要量仅次于碳的元素。氮源的主要功能是提供细胞原生质和其他结构物质中的氮素，一般不作为能源使用。

微生物可利用的氮源范围称作氮源谱（spectrum of nitrogen source）。微生物的氮源谱也十分广泛（表 5-3），通常情况下，异养型微生物对氮源的利用顺序是：“N·CHO”或“N·CHO·X”类优于“N·H”类，更优于“N·O”类，而最不易被利用的是“N”类。实验室中常用富含氮的胰酪蛋白、牛肉膏、蛋白胨和酵母膏作为氮源。生产上常用鱼粉、玉米浆、尿素、蛋白水解液、饼粉（黄豆饼粉和花生饼粉）和蚕蛹粉等作为氮源。

表 5-3　微生物的氮源谱

类型	构成元素	化合物	培养基原料
有机氮	N·CHO·X	复杂蛋白质、核酸等	牛肉膏、酵母膏、饼粉及蚕蛹粉等
	N·CHO	尿素、氨基酸、简单蛋白质等	尿素、蛋白胨、明胶等
无机氮	N·H	NH_3、NH_4^+等	$(NH_4)_2SO_4$、NH_4NO_3 等
	N·O	NO_3^-	KNO_3 等
	N	N_2	空气

根据微生物对氮源利用的差异将其分为三个类型：一是固氮微生物（nitrogen-fixing microorganism，diazotroph），能以空气中的分子态氮（N_2）为唯一氮源，通过固氮酶系统将其还原成 NH_3，进一步合成所需的各种有机氮化物，如固氮菌、根瘤菌和蓝细菌等；二是氨基酸自养型微生物（amino acid autotroph），能以简单含氮化合物（铵盐、硝酸盐和尿素等）为唯一氮源合成氨基酸，进而转化为蛋白质及其他含氮有机物，绿色植物和很多微生物均为氨基酸自养型生物；三是氨基酸异养型微生物（amino acid heterotroph），不能合成某些必需的氨基酸，必须靠外源提供这些氨基酸才能生长，所有的动物和大量的异养型微生物属于该

类型，如乳杆菌属（*Lactobacillus*）需要谷氨酸、天冬氨酸、半胱氨酸、组氨酸、亮氨酸和脯氨酸等外源氨基酸才能生长。利用氨基酸自养型微生物将廉价的尿素、铵盐、硝酸盐或氮气等转化为菌体蛋白质或各种氨基酸，是解决人类食物和其他动物饲料蛋白质不足的一个重要方法，这对人类的生存和发展来说意义重大！

3. 能源 为微生物生命活动提供最初能量来源的营养物质和辐射能称为能源（energy source）。能源可分为两大类：光能和化（学）能。少数微生物可利用光能，大多数微生物的能源是化学物质。因此微生物的能源谱（spectrum of energy source）可分为以下几种。

能源谱
- 化学物质（化能营养型）
  - 有机物：化能异养型微生物的能源（同碳源）
  - 无机物：化能自养型微生物的能源（不同于碳源）
- 辐射能（光能营养型）：光能自养型微生物和光能异养型微生物的能源

上述碳源、氮源、能源要素或物质中，有些仅有一种功能，有些则具有多种功能，分别称为单功能或多功能营养物。例如，光辐射能仅提供能量，称为单功能营养物；有机物既是异养型微生物的能源又是其碳源物质，还原态无机物如 NH_4^+是硝酸细菌的氮源和能源物质，称为双功能营养物；氨基酸和蛋白质等同时具有碳源、氮源和能源三种功能，称为三功能营养物。

4. 无机盐 无机盐（inorganic salt）为微生物提供除碳、氮源以外的必需矿质元素。微生物细胞中的矿质元素占细胞干重的 3%～10%。其主要功能为：构成微生物的细胞结构，酶的组成成分和酶的激活剂，调节细胞渗透压，控制细胞的氧化还原电位，有时可作某些微生物的能源物质（S、Fe^{2+}等）。

根据微生物对矿质元素需要量的大小，通常将其分为两类，需要浓度为 10^{-4}～10^{-3}mol/L 的元素称为大量元素（macroelement），包括 P、S、K、Na、Ca 和 Mg 等；需要浓度为 10^{-8}～10^{-6}mol/L 的元素称为微量元素（microelement），包括 Fe、Cu、Zn、Mn、Mo、Co、Ni 和 B 等。微生物虽然需要多种微量元素，但需在培养基中添加的主要是 Mn、Zn、Mo、B、Cu 等。在自然界，微量元素无处不在，如自来水和其他营养物质中以杂质形态存在的数量已能满足微生物的生长需要，配制营养基时一般无需专门加入，过量反倒会对其造成毒害。主要矿质元素的来源和生理功能如表 5-4 所示。

资源 5-2

表 5-4 主要矿质元素的来源和生理功能

主要矿质元素	来源	生理功能
P	$H_2PO_4^-$、HPO_4^{2-}、PO_4^{3-}	核酸、核苷酸、磷脂的组分；参与能量转移；缓冲 pH
S	SO_4^{2-}、H_2S、S、$S_2O_3^{2-}$、有机硫化物	含硫氨基酸（半胱氨酸、甲硫氨酸等）的组成、生物素等的组成；硫细菌的能源；硫酸盐还原菌代谢中的电子受体
Mg	Mg^{2+}	许多酶的激活剂；光合微生物中的叶绿素或菌绿素组成成分
K	K^+	某些酶的激活剂；维持电位差和渗透压；物质运输
Na	Na^+	维持渗透压；某些嗜盐菌所需
Ca	Ca^{2+}	某些胞外酶的稳定剂；蛋白酶等的辅因子；细菌形成芽孢和某些真菌形成孢子所需
Fe	$FeSO_4$	细胞色素的成分；酶辅因子；促进白喉毒素和氯高铁血红素合成；Fe^{2+}是铁细菌的能源
Mn	Mn^{2+}	超氧化物歧化酶、氨肽酶和 L-阿拉伯糖异构酶等的辅因子
Cu	Cu^{2+}	参与光合作用的电子传递和光合磷酸化；参与呼吸代谢
Zn	Zn^{2+}	碱性磷酸酶及多种脱羧酶、肽酶和脱氢酶的辅因子
Mo	MoO_4^{2-}	固氮酶和硝酸盐还原酶的组分

除了大量元素和微量元素外，一些具有特殊形态结构和在特殊环境下生长的微生物具有特殊的矿质元素要求。例如，硅藻需要硅酸（H_2SiO_4）来合成其富含二氧化硅（SiO_2）的细胞壁；一些生活在盐湖和海洋中的细菌则可以在高浓度钠离子（Na^+）存在的情况下正常生存。

5. 生长因子 生长因子（growth factor）是一类调节微生物正常代谢所必需，但又不能用简单的碳、氮源自行合成或自身合成量不足以满足机体生长需要的微量有机物。狭义的生长因子一般仅指维生素（表 5-5），微生物最大生长时所需要的维生素浓度大约是 0.2μg/mL。广义的生长因子除维生素之外，还包括氨基酸、碱基（嘧啶和嘌呤）、卟啉及其衍生物、甾醇、胺类、C_4～C_6的分支或直链脂肪酸等。生长因子不提供能量，也不参与细胞结构组成，它们大多为酶的组成成分，与微生物代谢有着密切关系。

表 5-5 部分维生素的生理功能及微生物的需要量

维生素	生理功能	微生物的需要量
硫胺素（维生素 B_1）	焦磷酸硫胺素是脱羧酶、转醛酶、转酮酶的辅基，与氧化脱羧和酮基转移有关	金黄色葡萄球菌需要 0.5mg
核黄素（维生素 B_2）	黄素核苷酸（FMN 和 FAD）的前体，黄素蛋白的辅基，与氢的转移有关	多数微生物能自己合成，少数细菌如乳酸菌、丙酸菌等需要补给
烟酸（维生素 B_5）	NAD 和 NADP 的前体，为脱氢酶的辅酶，与氢的转移有关	多数微生物需要，弱氧化醋酸杆菌约需 3μg
对氨基苯甲酸	叶酸的前体，与一碳基团的转移有关	乳酸菌等需要，弱氧化醋酸杆菌约需 0.1μg
吡哆醇（维生素 B_6）	氨基酸消旋酶、转氨酶与脱羧酶的辅基，与氨基酸消旋、脱羧、转氨有关	乳酸菌和几种真菌需要，肠膜明串珠菌需要 0.025μg
泛酸	辅酶 A 的前体，乙酰载体的辅基，与酰基转移有关	乳酸菌等多种细菌和酵母菌需要 0.02μg
叶酸	辅酶 F（四氢叶酸）与核酸合成有关	乳酸菌、丙酸细菌等需要 200μg
生物素（维生素 H）	多种羧化酶的辅基，在 CO_2 固定、氨基酸和脂肪酸合成及糖代谢中起作用，油酸可部分代替生物素的作用	乳酸菌等多种细菌需要，干酪乳杆菌约需 1μg
维生素 B_{12}	钴酰胺辅酶，与甲硫氨酸和胸腺嘧啶核苷酸的合成和异构化有关	细菌普遍需要，真菌、放线菌大多能自己合成
维生素 K	甲基醌类的前体，起电子载体作用（如延胡索酸还原酶）	某些厌氧菌如产黑素拟杆菌需要

氨基酸是许多微生物都需要的生长因子，不同微生物合成氨基酸的能力差异很大。有些细菌如大肠杆菌能合成自己所需要的全部氨基酸，不需要补充。有些细菌如伤寒沙门氏菌（*Salmonella typhi*）能合成所需的大部分氨基酸，仅需补充色氨酸。还有些细菌合成氨基酸的能力极弱，如肠膜明串珠菌（*Leuconostoc mesenteroides*）需要从外界补充 17 种氨基酸和维生素等生长因子，才能正常生长。一般来说，革兰氏阴性菌合成氨基酸的能力比革兰氏阳性菌强。微生物需要氨基酸的量为 20～30μg/mL。

嘌呤和嘧啶也是许多微生物所需要的生长因子，其主要作用是构成核酸、辅酶和辅基。微生物生长旺盛时需要嘌呤和嘧啶的浓度为 10～20μg/mL。有些微生物不仅缺乏合成嘌呤和嘧啶的能力，而且不能把它们正常结合到核苷酸上。因此，这类微生物要供给核苷或核苷酸才能正常生长。

按微生物对生长因子的需要与否，可将微生物分为三种类型。

（1）生长因子自养型微生物（auxoautotroph） 指能自行合成生长因子，不需从外界补充生长因子的微生物。通常把这种不需外界生长因子而能在基本培养基（minimum medium，MM）上生长的菌株称为野生型菌株（wild type strain）或原养型（prototroph）菌株。多数真菌、放线菌和不少细菌（如大肠杆菌）属于此类。

（2）生长因子异养型微生物（auxoheterotroph） 指自身缺乏合成一种或多种生长因子的能力，需外源提供所需生长因子才能生长的微生物。例如，一般的乳酸菌都需要多种维生素、氨基酸、嘌呤和嘧啶等；流感嗜血杆菌（*Haemophilus influenzae*）需要卟啉及其衍生物；副溶血嗜血杆菌（*Haemophilus parahaemolyticus*）需要胺类；支原体需要甾醇等。

这类微生物可用作维生素等生长因子生物测定时的试验菌，可用来分析食物、药品等物质中的微量生长因子含量。其原理是：微生物的生长量与它必需的生长因子的浓度在一定范围内成正比。例如，乳杆菌属和链球菌属中的某些种可用来测定大多数的维生素和氨基酸，即微生物测定法（microbiological assay）。此法专一性强，灵敏度高，尽管现在已有许多化学分析方法，微生物测定法仍然用于维生素 B_{12} 及生物素等一些物质的分析。

通常将由于自发突变或诱发突变等原因从野生型菌株产生的需要特定生长因子才能生长的菌株称为营养缺陷型（auxotroph）菌株。

（3）生长因子过量合成型微生物 指在代谢活动中向细胞外分泌大量的维生素等生长因子，可用于生产维生素的一类微生物。几种水溶性和脂溶性维生素已部分或全部利用工业发酵生产，如利用阿舒假囊酵母（*Eremothecium ashbya*）和棉阿舒囊霉（*Ashbya gossypii*）生产维生素 B_2，其产量可达 2.5g/L 发酵液；还有用作维生素 B_{12} 生产菌的有谢氏丙酸杆菌（*Propionibacterium shermanii*）、橄榄链霉菌（*Streptomyces olivaceus*）、灰色链霉菌（*Streptomyces griseus*）与巴氏甲烷八叠球菌（*Methanosarcina barkeri*）等。

能提供生长因子的天然物质有酵母膏、蛋白胨、麦芽汁、玉米浆、动植物组织或细胞浸液及微生物生长环境的提取液等，也可以在培养基中加入成分已知和含量确定的复合维生素液。

6．水 水对于地球上所有生物的生存来说不可或缺，与其他生物一样，在微生物中，水是微生物细胞的主要组成成分。水是营养物质和代谢产物良好的溶剂，也是细胞中各种生化反应得以进行的介质；水的比热高，汽化热高，又是热的良好导体，能有效地吸收代谢过程中产生的热量，调节细胞内的温度；水还有利于生物大分子（DNA、蛋白质）结构的稳定。实验证明，缺水比饥饿更容易导致微生物死亡。

细胞内的水分通常以游离态和结合态两种形式存在，微生物细胞内游离水与结合水的比例大约为4∶1，两者的生理功能有所不同。结合水是原生质胶体系统中细胞物质的组成部分，它不流动，不易蒸发，不冻结，不能作为溶剂，也不渗透，所以细胞不能利用。游离水是处于自由流动状态的水分，是最基本的溶剂。

第二节 微生物的营养类型

微生物营养类型的划分方法有很多，按照不同的分类标准可划分为不同营养类型（表5-6）。

表 5-6 微生物营养类型的分类

分类标准	营养类型	基本特点
按照碳源分	自养型（autotrophy）	生物合成能力强，能够将一些简单的无机物合成复杂的细胞物质
	异养型（heterotrophy）	自身生物合成能力差，不能将简单的无机化合物合成复杂的细胞物质

续表

分类标准	营养类型	基本特点
按照能源分	光能营养型（phototrophy）	可以用光作为能源
	化能营养型（chemotrophy）	靠各种化学反应来获取能量
按照供氢体分	无机营养型（lithotrophy）	H^+的来源为无机物
	有机营养型（organotrophy）	H^+的来源为有机物
按照合成氨基酸能力分	氨基酸自养型（amino acid autotrophy）	能自行合成所需要的一切氨基酸
	氨基酸异养型（amino acid heterotrophy）	需从外界吸收现成的氨基酸
按照生长因子分	原养型（prototrophy）或野生型（wild type）	能在基本培养基上生长
	营养缺陷型（auxotrophy）	不能在基本培养基上生长，只能在完全培养基或相应的补充培养基上生长
按照取食方式分	渗透营养型（osmotrophy）	营养物质通过微生物细胞的细胞膜选择性地吸收
	吞噬营养型（phagotrophy）	多数原生动物能直接以细胞膜包围并吞食营养物
按照利用死或活的有机物分	腐生型（saprotrophy）	利用无生命活性的有机物（死的）
	寄生型（paratrophy）	利用有生命活性的有机物（活的）

一、光能无机自养型

光能无机自养型（photolithoautotrophy）也称为光能自养型。这类微生物利用光作为能源，以 CO_2 为基本碳源，还原 CO_2 的供氢体是还原态无机化合物（H_2O、H_2S 或 $Na_2S_2O_3$ 等）。它们都含一种或几种光合色素，主要有叶绿素（或菌绿素）、类胡萝卜素和藻胆素三大类，其中叶绿素或菌绿素为主要的光合色素，类胡萝卜素和藻胆素的主要功能为捕获光能并在强光照射时保护叶绿素。藻类、蓝细菌和光合细菌属于这种类型。

蓝细菌含叶绿素，其光合作用与高等植物一样，它们利用 H_2O 作为供氢体，在光照下同化 CO_2，并释放出 O_2，反应式如下

$$CO_2+H_2O\xrightarrow[\text{叶绿素}]{\text{光照}}[CH_2O]+O_2$$

紫色硫细菌和绿色硫细菌含细菌叶绿素，不能以 H_2O 作为光合作用中的供氢体，所以它们进行不产氧光合作用。它们利用的供氢体是 H_2S、S 和 $Na_2S_2O_3$ 等还原态硫化物，只在厌氧条件下获得光能。

利用 H_2S 生长时的反应式为

$$2H_2S+CO_2\xrightarrow[\text{菌绿素}]{\text{光照}}[CH_2O]+H_2O+2S$$

产生的元素硫或被分泌到细胞外（紫色硫细菌中的外硫红螺菌），或是沉积在细胞内（绿色硫细菌中的着色菌）。

光合细菌生长需要光和还原态物质及其他营养物质，故光合细菌多分布于有光照、厌氧及含有其他养分的水体中，如富含有机质、CO_2、H_2 和硫化物的浅水池塘及湖泊的亚表层水域中，蓝细菌和藻类则分布于表层水域中。光合细菌可以在无氧环境下利用从表层透过的蓝绿及绿色长波光及来自底层的 H_2S 等硫化物繁殖。

二、光能有机异养型

光能有机异养型（photoorganoheterotrophy）又称为光能异养型，这类微生物可以利用光

能、以简单有机物（有机酸、醇等）作为碳源和供氢体同化 CO_2，有别于利用 CO_2 为唯一碳源的自养型微生物。人工培养时通常需要供应生长因子。湖泊或池塘淤泥中的红螺菌属（*Rhodospirillum*）就是这一营养类型的代表。

一些紫色非硫细菌具有利用甲醇作为唯一碳源进行光合生长的能力。它们在厌氧条件下利用甲醇生长时，需要进行 CO_2 固定，此时的反应式为

$$2CH_3OH + CO_2 \longrightarrow 3[CH_2O] + H_2O$$

其特点为不以硫化物为唯一电子供体，需同时供给某些简单的有机物和少量维生素才能生长。有机物在这里除了与硫化物一起用作电子或氢供体外，也可以被直接同化利用。紫色非硫细菌不以元素硫为电子供体，也不在细胞内积累元素硫。它们中的一些类群在黑暗、好氧条件下停止光合色素的合成，依赖环境中的少量有机物进行化能异养，而在有光和厌氧条件下进行光能有机异养。这类微生物能利用低分子有机物迅速增殖，可用于净化高浓度有机废水。

光能无机自养型和光能有机异养型微生物都可以利用光能生长，在地球早期生态环境的演化过程中起重要的作用。

三、化能无机自养型

化能无机自养型（chemolithoautotrophy）又称为化能自养型，这类微生物能通过氧化无机物获得能量并能以 CO_2 为主要或唯一碳源，利用电子供体如 H_2、H_2S、Fe^{2+}或 NO_2^-等使 CO_2 还原为细胞物质。受无机物氧化产生能量不足的制约，这类微生物一般生长迟缓，某些类群（如硝化细菌）甚至只能在严格的无机环境中生长，有机物（甚至琼脂）的存在对其生长有毒害作用。

按照被氧化的无机物种类不同，可将该类微生物分为4个类型：硫（化）细菌、硝化细菌、铁细菌和氢细菌，它们在氧化无机物的过程中获得能量，用于将 CO_2 合成细胞物质，属于好氧化能无机自养型。这类微生物广泛分布于土壤和水中，在物质转化方面起着重要作用。以硫细菌为例，硫细菌通常氧化 H_2S、S、$S_2O_3^{2-}$等还原态无机硫化物而得到能量，其反应式为

$$H_2S + 2O_2 \longrightarrow SO_4^{2-} + 2H^+$$

$$S + H_2O + 3/2O_2 \longrightarrow SO_4^{2-} + 2H^+$$

$$S_2O_3^{2-} + H_2O + 2O_2 \longrightarrow 2SO_4^{2-} + 2H^+$$

再如，铁细菌能通过铁的氧化获得能量。它们常存在于含铁量高的酸性水中，将亚铁离子氧化成高铁离子，获得能量。氧化亚铁硫杆菌（*Thiobacillus ferrooxidans*）具有将硫或硫代硫酸盐氧化成硫酸和将亚铁氧化成高铁的能力，已用于尾矿或低品矿藏中铜等金属元素的浸出。其氧化黄铁矿的化学过程是

$$2FeS_2 + 7O_2 + 2H_2O \longrightarrow 2FeSO_4 + 2H_2SO_4$$

$$2FeSO_4 + H_2SO_4 + 1/2O_2 \longrightarrow Fe_2(SO_4)_3 + H_2O$$

生成的 $Fe_2(SO_4)_3$ 是强氧化剂和溶剂，可以溶解矿石，如可以溶解铜矿（CuS），从中浸出铜元素。

$$CuS + Fe_2(SO_4)_3 \longrightarrow CuSO_4 + 2FeSO_4 + S$$

溶出的 $CuSO_4$ 溶液再加入铁屑、废铁等便可将铜置换出来。生成的 $FeSO_4$ 和 S 还可以在这类细菌的作用下再次氧化成 H_2SO_4 和 $Fe_2(SO_4)_3$ 而循环使用。

四、化能有机异养型

化能有机异养型（chemoorganoheterotrophy）又称为化能异养型，以有机物为碳源、能源和供氢体。已知的绝大多数细菌、放线菌、全部真菌和原生动物均属于这一类型，就类群整体而言，它们几乎能利用全部的天然有机化合物和各种人工合成的有机聚合物。

在化能异养型微生物中，还可根据它们利用的有机物的特性和栖息场所，将其分为腐生型和寄生型。腐生型微生物利用无生命活性的有机物为生长的碳源和能源。寄生型微生物寄生在活细胞内，从宿主体内吸取营养物质。在腐生型和寄生型之间还存在着过渡类型，即兼性型。例如，结核分枝杆菌、痢疾志贺氏菌就是以腐生为主、兼营寄生的兼性寄生菌。寄生菌和兼性寄生菌大多数是有害微生物，可引起人、畜、禽、农作物的病害。腐生菌大多虽不致病，但可使食品、粮食、衣物、饲料、工业品发霉变质，甚至有些还产生毒素，引起食物中毒。腐生菌和兼性腐生菌在自然界物质循环中起重要作用。

应当指出，四大营养类型的划分不是绝对的，很多情况下取决于生长环境，实际上存在许多中间过渡和兼性类型。例如，红螺细菌在有光与厌氧的条件下为光能营养型，而在黑暗与有氧的条件下成了化能异养型，所以是兼性光能营养型。此外，许多紫色非硫细菌在无氧条件下为光能有机异养型，在一般的氧气条件下可氧化无机物获取能量，而在低氧条件下可同时进行光合作用和氧化型代谢。贝日阿托氏菌属（*Beggiatoa*）细菌提供了又一实例，它依赖于无机能源和有机碳源（有时为 CO_2），这些微生物有时被称为兼养型（mixotrophic），因为它们兼有化能无机自养和异养的代谢过程。由此可见，要对四大营养类型微生物下严格的定义是不容易的，其总结如表 5-7 所示。

表 5-7 微生物的主要营养类型

主要营养类型	基本碳源	能源	供氢体	代表性微生物
光能无机自养型	CO_2	光	无机物	藻类、紫色硫细菌、绿色硫细菌、蓝细菌
光能有机异养型	CO_2 及简单有机物	光	有机物	紫色非硫细菌、绿色非硫细菌
化能无机自养型	CO_2	化学能（无机物）	无机物	硫细菌、硝化细菌、氢细菌、铁细菌等
化能有机异养型	有机物	化学能（有机物）	有机物	大多数非光合细菌、真菌、原生动物

第三节 微生物对营养物质的吸收方式

绝大多数微生物（细菌、放线菌、蓝细菌、藻类、真菌、原生动物中的孢子虫和鞭毛虫等）以渗透的方式吸收营养物质。各种营养物质进入细胞必须通过细胞壁和细胞膜。普通细胞壁的网状结构允许分子质量低于 800Da 的小分子物质自由出入，但能阻挡高分子物质进入。所以复杂的高分子化合物如多糖、蛋白质、纤维素和果胶等在进入微生物细胞之前必须先经过胞外酶的初步分解。常见的胞外酶主要有淀粉酶、纤维素酶、果胶酶、几丁质酶、蛋白酶、核酸酶与脂酶等。细胞膜是控制营养物质进入和代谢产物排出细胞的主要屏障，具有选择性吸收功能，是细胞内外物质交换的主要界面。一般情况下，物质的脂溶性（或非极性）越高，越容易通过细胞膜。另外，分子的大小也与通透性有关。

由于营养物质的多样性和复杂性，微生物有多种营养物质运输的方式。通常认为，营养物质通过细胞膜的方式有 5 种：单纯扩散、促进扩散、主动运输、基团转位和膜泡运输。

一、单纯扩散

单纯扩散（simple diffusion）又称为被动运送或自由扩散，扩散速度慢，这是物质进出细胞最简单的一种方式。它是营养物质非特异性地从高浓度一侧被动或自由地透过细胞膜向浓度较低侧扩散，直至细胞膜内外的浓度相等为止（图 5-1），完全是因为细胞膜内外营养物质的浓度差而产生的物理扩散作用。由于进入细胞的营养物质不断被消耗，细胞内始终保持较低的浓度，故胞外营养物质能源源不断地通过单纯扩散进入细胞。这种扩散是非特异性的，但由于膜上含水小孔的大小和形状而对被扩散的物质分子大小有一定的选择性。这种吸收过程既不消耗能量，也不需要膜上载体蛋白的参与。因此，物质不能逆浓度运输。

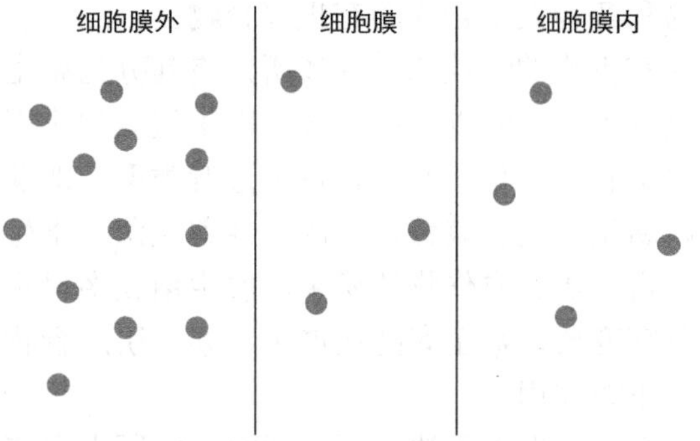

图 5-1　单纯扩散模式图

影响单纯扩散的因素主要是被吸收的营养物质的浓度差、分子大小、溶解性、极性、膜外 pH、离子强度和温度等。一般分子量小、脂溶性强、极性小、温度高时营养物质容易被吸收，反之则不易被吸收。pH 与离子强度是通过影响营养物质的电离程度而起作用的。因此，通过这种方式运送的物质种类不多，主要是一些气体（O_2、CO_2）、水溶性小分子（乙醇、甘油、某些氨基酸分子）及某些离子（Na^+）。

由于单纯扩散无特异性或选择性，物质不能逆浓度运输，而且扩散速度很慢，因此它不是物质运输的主要方式。

二、促进扩散

促进扩散（facilitated diffusion）又称为协助扩散，物质通过细胞膜上特殊蛋白质（包括载体、通道）的介导，从高浓度环境进入低浓度环境的传递过程（图 5-2）。其转运方式主要有两种：一是载体蛋白（carrier protein）介导，载体蛋白也称为通透酶（permease），是一类与被运输的离子或分子结合、通过改变自身的构型变化或移动完成物质运输的膜蛋白；二是通道蛋白（channel protein）介导，通道蛋白是一类横跨细胞膜，能使适宜大小的分子及带电荷的离子顺浓度梯度进行扩散，从细胞膜的一侧转运到另一侧的蛋白质。通道蛋白一般分为水通道蛋白和离子通道两种，水通道蛋白（aquaporin）又名水孔蛋白，是一种内在膜蛋白，

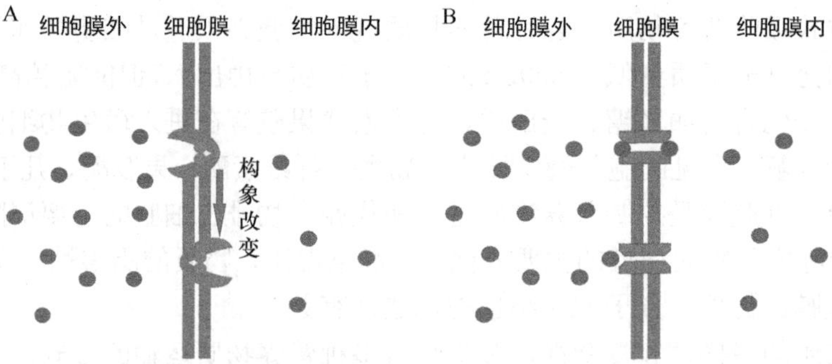

图 5-2　促进扩散中的载体蛋白（A）及通道蛋白（B）模式图

在细胞膜上组成“孔道”，可控制水在细胞中的进出；离子通道是由蛋白质复合物构成的，一种离子通道只允许一种离子通过。有些通道蛋白形成的通道通常处于开放状态，如钾泄漏通道；有些通道蛋白平时处于关闭状态，仅在特定刺激下才打开，而且是瞬时性开关，这类通道蛋白又称为门控通道（gated channel）。

载体蛋白与通道蛋白的化学本质均为蛋白质，都分布于细胞膜中并有控制特定物质跨膜运输的功能，且对被运输的物质具有高度的特异性或选择性。不同的是，载体蛋白在运输物质时需要改变自身结构并发生移动，而通道蛋白在运输过程中并不与被运输的分子或离子相结合，也不会移动。

通过促进扩散运送的营养物质主要有氨基酸、单糖、维生素及无机盐等。一般微生物通过专一的载体蛋白运输相应的营养物质，但也有微生物的几种载体蛋白可以运输同一种物质。例如，酿酒酵母有三种不同的载体蛋白运输葡萄糖。另外，某些载体蛋白可同时完成几种物质的运输。例如，大肠杆菌可通过一种载体蛋白运输亮氨酸、异亮氨酸和缬氨酸。

促进扩散多见于真核微生物中，如酿酒酵母对各种糖类、氨基酸、维生素的吸收。促进扩散在原核微生物中比较少见，如大肠杆菌（*Escherichia coli*）、伤寒沙门氏菌（*Salmonella typhi*）等肠道细菌对甘油的吸收。

三、主动运输

主动运输（active transport）是指一类必须利用能量并通过细胞膜上的特殊载体蛋白逆浓度梯度吸收营养物质的过程。这是微生物吸收营养物质的一种主要方式。由于它可以逆浓度梯度运送营养物质，因此对许多生存于低浓度营养环境中的微生物生存极为重要。

主动运输需要载体蛋白的参与，被运送的物质在细胞膜外侧与载体的亲和力强，能形成载体溶质复合物。进入膜内侧，在能量参与下，载体构型发生变化，与结合物的亲和力降低，营养物质被释放出来，载体蛋白重新利用（图 5-3）。

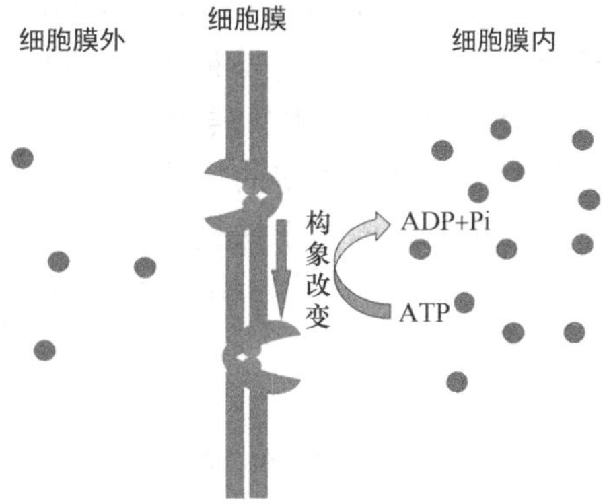

图 5-3 主动运输模式图

主动运输在某些方面类似于促进扩散。载体蛋白或通透酶对被运输的物质具有较强的专一性，性质相似的溶质分子会竞争性地与载体蛋白结合，在营养物质浓度较高的情况下主动运输也具有载体饱和效应。然而，两者最大的区别在于主动运输需要消耗能量且可进行逆浓度运输，而促进扩散不能。新陈代谢抑制剂可以阻止细胞产生能量而抑制主动运输，但对促进扩散没有影响（短时间内）。

主动运输的能量来源通常有两种方式。一种是间接能量驱动的质子动力（proton motive force，PMF）型。微生物在呼吸作用及细胞内的 ATP 水解过程中，会将 H^+排出膜外，从而产生了膜内外的电位差和质子浓度差，构成质子动力势。在质子动力势推动下，膜外 H^+与膜上载体蛋白结合向膜内运动的同时以两种方式来传送养料：同向运输（symport）和反向运输（antiport）。同向运输是指不同物质以同一方向进行跨膜运输，如大肠杆菌中，当一个质子进入细胞时，一个乳糖分子也被运输进入细胞。反向运输是指不同物质以相反的方向进行跨膜运输，如微生物可通过 Na^+/H^+反向运输来降低胞内 Na^+浓度，维持机体内外的盐平衡。

另一种方式为 ATP 动力型，即直接利用水解 ATP 提供的能量，实现离子或小分子逆浓度梯度或化学梯度的跨膜运动。下面我们以钠钾泵、ABC 转运蛋白、铁载体为例进行介绍。

钠钾泵由 α、β 两亚基组成。α 亚基是分子质量约为 120kDa 的跨膜蛋白，既有 Na^+、K^+ 结合位点，又具有 ATP 酶活性，因此钠钾泵又称为钠钾 ATP 酶。β 亚基为小亚基，是分子质量约为 50kDa 的糖蛋白，负责与细胞特异性的结合。α 亚基能在细胞膜上以很高的效率向胞外排出 Na^+，同时向胞内输入 K^+，每消耗一个 ATP 分子，逆电化学梯度泵出 3 个钠离子和泵入 2 个钾离子。这是主动运输中研究得最为深入的一种运输方式。

细菌、古菌和真核微生物具有结合蛋白转运系统或 ATP 结合性盒式转运蛋白（简称 ABC 转运蛋白），因含有一个 ATP 的结合盒（ATP-binding cassette，ABC）而得名。ABC 超家族中已被鉴定的有 45 个家族，其大部分都只在原核生物中出现。ABC 转运蛋白由两个跨膜结构域及两个细胞质 ATP 结合域组成，利用水解 ATP 的能量对各种营养物质进行跨膜转运。在原核生物中，ABC 转运蛋白位于细胞膜上，其 ATP 的水解发生在细胞质一侧。而在真核生物中，除细胞膜外，ABC 转运蛋白在细胞器膜上也有分布；大部分 ABC 转运蛋白的 ATP 水解作用也都发生在胞质侧，但是线粒体和叶绿体膜上的 ABC 转运蛋白的 ATP 水解则发生在细胞器基质侧。发生 ATP 水解的一侧通常被称作顺式面（*cis*-side），另一侧则被称作反式面（*trans*-side）。据此，可将 ABC 转运蛋白分为外向转运蛋白（exporter）和内向转运蛋白（importers）两种。外向转运蛋白将底物从顺式面通过膜运向反式面，或在生物膜的内膜和外膜之间进行转运；内向转运蛋白则将底物从反式面运往顺式面。原核生物中同时存在内向和外向两种 ABC 转运蛋白；而在真核生物中，除极少数特例外，都是外向转运蛋白。

铁载体（siderophore）是一种可以结合 Fe^{3+} 并将其供给微生物细胞利用的低分子量物质，一般分为氧肟酸盐型（hydroxamate）、儿茶酚盐型（catecholate）和羧酸盐型（carboxylate）三种类型（图 5-4）。当环境中可利用的铁元素较少时，微生物就会向环境中分泌铁载体与 Fe^{3+} 结合，其复合体到达表面后与细胞膜上的铁载体受体蛋白结合，然后 Fe^{3+} 被释放进胞内，或者其复合物通过 ABC 转运蛋白转运进入细胞（图 5-5）。在大肠杆菌中，铁载体受体蛋白位于细胞外膜即细胞壁的外壁层，当 Fe^{3+} 到达周质空间后在转运蛋白的帮助下进入细胞质，再被还原为 Fe^{2+}，由于铁载体对 Fe^{2+} 的亲和力较低，因此 Fe^{2+} 从铁载体上解离下来。近年研究表明，铁载体的作用不仅仅帮助细菌吸收铁，还对细菌毒力、植物健康及抗生素耐药性等有一定影响。

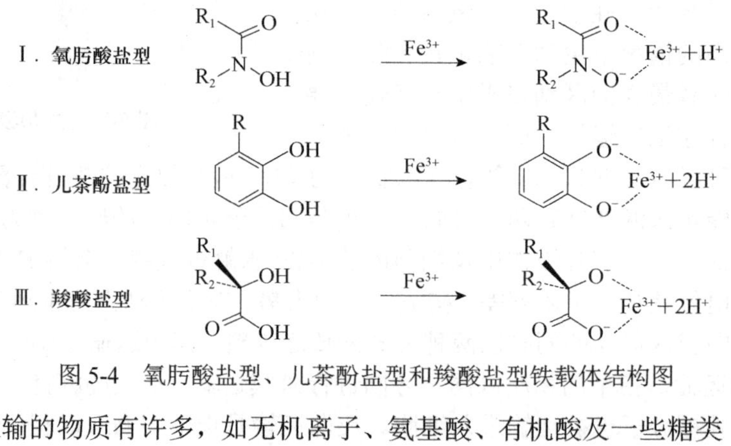

图 5-4 氧肟酸盐型、儿茶酚盐型和羧酸盐型铁载体结构图

通过主动运输的物质有许多，如无机离子、氨基酸、有机酸及一些糖类（乳糖、蜜二糖、阿拉伯糖及葡萄糖）等。例如，大肠杆菌用这种运输方式吸收各种糖类（阿拉伯糖、麦芽糖、半乳糖及核糖）和氨基酸（谷氨酸、组氨酸及亮氨酸）。

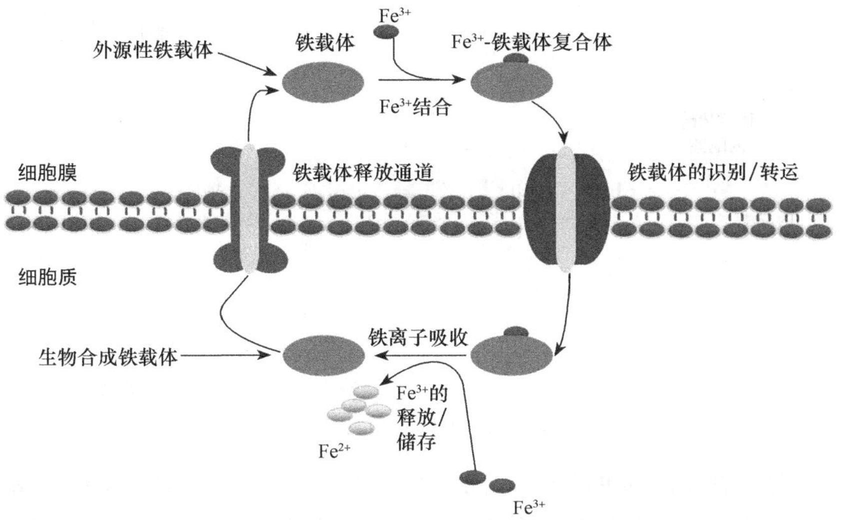

图 5-5　铁载体吸收模式图

四、基团转位

基团转位（group translocation）是一种既需要特异性载体蛋白，又需要消耗能量的物质运输方式，而且溶质在运输前后分子结构发生改变，因而不同于主动运输。通过基团转位运输的物质有各种糖类（葡萄糖、甘露糖、乳糖、果糖、麦芽糖及*N*-乙酰葡糖胺等）、核苷酸、丁酸、嘌呤、嘧啶及脂肪酸等。

目前仅在原核生物中发现了该过程。最著名的基团转位系统是磷酸烯醇丙酮酸-磷酸转移酶系统（phosphoenolpyruvate-phosphotransferase system，PTS），其运送机制在大肠杆菌中研究得较为清楚。此系统由 24 种蛋白质组成，运送某一具体糖至少有 5 种蛋白质参与，包括酶Ⅰ、酶Ⅱ（含 a、b、c 三种亚基）和一种低分子量的热稳载体蛋白（HPr）。许多糖通过这种方式进入原核生物细胞内，同时被磷酸化，磷酸烯醇丙酮酸（PEP）作为磷酸供体。

$$\text{PEP}+\text{糖（胞外）}\longrightarrow\text{丙酮酸}+\text{糖}\sim\text{P（胞内）}$$

该过程每运送一个糖分子，就要消耗一个 ATP 的能量。这里以大肠杆菌摄入葡萄糖为例，具体运送分两步进行。

（1）热稳载体蛋白（heat-stable carrier protein，HPr）的激活　细胞内高能化合物磷酸烯醇丙酮酸（PEP）的磷酸基团通过酶Ⅰ（EⅠ）的作用把 HPr 激活。

$$\text{HPr}+\text{PEP}\xrightleftharpoons{\text{EⅠ}}\text{P}\sim\text{HPr}+\text{丙酮酸}$$

HPr 是一种低分子量的可溶性蛋白，结合在细胞膜上，起着高能磷酸载体的作用。EⅠ是存在于细胞质中的一种可溶性蛋白。

（2）糖被磷酸化后运送到细胞膜内　膜外环境中的糖先与外膜表面的 EⅡc 结合，接着糖分子被由 P～HPr、EⅡa、EⅡb 逐级传递来的磷酸基团激活，最后通过 EⅡc 把这一磷酸糖释放到细胞质中（图 5-6）。

$$\text{糖（胞外）}+\text{P}\sim\text{HPr}\xrightleftharpoons{\text{E}}\text{糖}\sim\text{P（胞内）}+\text{HPr}$$

EⅡ在结构上多变，常由 3 个亚基或结构域组成，其中 EⅡa（也称为 EⅢ）为可溶性细胞质蛋白，EⅡb 也是亲水性蛋白，EⅡc 则是疏水性膜蛋白，后两者常结合在一起。EⅡ只专

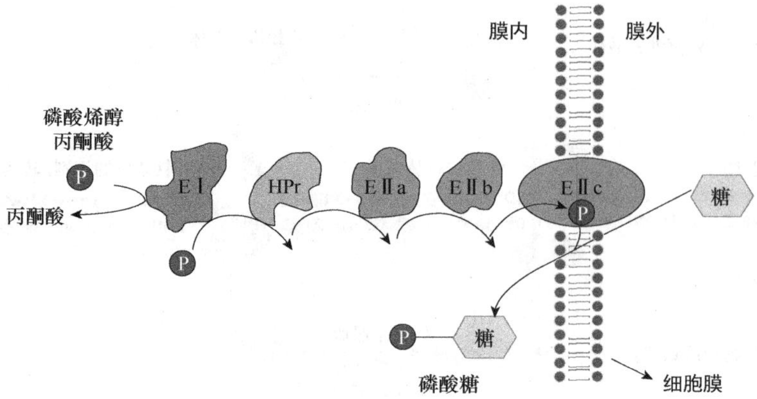

图 5-6　基团转位模式图

一性运输某一类糖，在不同的 PTS 中，EⅡ不同，而 EⅠ和 HPr 在所有 PTS 中都是相同的。

由于细胞膜对大多数磷酸化的化合物具有高度不渗透性，磷酸糖一旦生成，就不再渗透出细胞，因而使细胞内糖的浓度远远高于细胞外。在大肠杆菌（*Escherichia. coli*）、金黄色葡萄球菌（*Staphylococcus aureus*）、枯草芽孢杆菌（*Bacillus subtilis*）和巴氏梭菌（*Clostridia pasteuianu*）中，葡萄糖就是通过基团转位方式从外界环境运送到细胞内的。需要指出的是，不同微生物运输营养物质的方式不同。即使对同一种物质，不同微生物的获取方式也不一样。例如，半乳糖被大肠杆菌利用的方式是促进扩散，而在金黄色葡萄球菌中则是通过基团转位运送。

有关上述 4 种运送方式的比较见表 5-8。

表 5-8　4 种运送营养物质方式的比较

比较项目	单纯扩散	促进扩散	主动运输	基团转位
特异性载体蛋白	无	有	有	有
运输速度	慢	快	快	快
溶质运送方向	高浓度到低浓度	高浓度到低浓度	低浓度到高浓度	低浓度到高浓度
平衡时内外浓度	内外相等	内外相等	内部浓度高得多	内部浓度高得多
运送分子	无特异性	特异性	特异性	特异性
能量	不需要	不需要	需要	需要
运送前后溶质分子	不变	不变	不变	改变
载体饱和效应	无	有	有	有
与溶质类似物	无竞争性	有竞争性	有竞争性	有竞争性
运送抑制剂	无	有	有	有
运送对象举例	CO_2、O_2、甘油、乙醇、少数氨基酸、盐类、代谢抑制剂	SO_4^{2-}、PO_4^{3-}、糖（真核生物）	氨基酸、乳糖等糖类，Na^+、Ca^{2+}等无机离子	葡萄糖、果糖、甘露糖、嘌呤、核苷、脂肪酸等

五、膜泡运输

除了上述 4 种吸收方式以外，某些微生物特别是原生动物可以通过膜泡运输吸收营养物质。原生动物通过趋向运动靠近某种营养物质，并将该物质吸附到膜表面，然后在该物质附着处的细胞膜开始内陷，细胞膜逐步包围该物质，最后形成包含这种营养物质的膜囊，膜囊离开细胞膜而游离于细胞质中。营养物质通过这种方式由胞外进入胞内，如果膜泡中包含的是固体营养物质，这种营养物质运输方式称为胞吞作用（endocytosis）；如果膜泡中包含的是液体或胶体状营养物质，则称为胞饮作用（pinocytosis）。膜泡运输的专一性不强，它摄取的营养物质可逐步被胞内酶分解并利用。

第四节　微生物的培养基

培养基（medium，culture medium）是指人工配制的适合微生物生长繁殖或产生代谢产物的混合营养基质。任何培养基都应具备微生物生长所需的六大营养要素，而且其比例要合适。

自然界中，传统条件下可分离培养的微生物仅占微生物总量的 1%，绝大多数为未培养微生物（uncultured microorganism），受到现有技术的限制，这些微生物至今还不能在人工培养基上生长。

一、培养基的设计原则和方法

培养基是进行微生物研究和发酵生产的物质基础，其好坏直接关系到结果的成败。因此如何设计与选择培养基是微生物工作者必须掌握的基本技术。由于微生物种类、营养类型及人们工作目的的多样性，培养基的配方和种类很多，但培养基的配制还是有章可循的。配制培养基应遵循以下 4 个原则和 4 种方法。

（一）原则

1．目的明确　在选择和设计培养基前，先要明确培养的对象与目的。例如，要培养什么微生物，是为了得到菌体还是代谢产物，是用于实验室还是发酵大生产，是用作种子培养基还是发酵培养基等。根据不同的目的配制不同的培养基。

培养细菌、放线菌、霉菌和酵母菌的培养基是不同的。在实验室培养这 4 类微生物常用的培养基如下。

牛肉膏蛋白胨培养基（培养细菌）：牛肉膏 5g，蛋白胨 10g，NaCl 5g，琼脂 18～20g，水 1000mL，pH 7.2～8.0。

高氏 1 号培养基（培养放线菌）：可溶性淀粉 20g，KNO_3 1g，NaCl 0.5g，$FeSO_4$ 0.01g，K_2HPO_4 0.5g，$MgSO_4 \cdot 7H_2O$ 0.5g，琼脂 18～20g，水 1000mL，pH 7.2～7.4。

麦芽汁培养基（培养酵母菌）：10°Bé 麦芽汁 1000mL，琼脂 18～20g，pH 5.4。

察氏培养基（培养霉菌）：蔗糖 30g，$NaNO_3$ 3g，K_2HPO_4 1g，$MgSO_4 \cdot 7H_2O$ 0.5g，KCl 0.5g，$FeSO_4 \cdot 7H_2O$ 0.01g，琼脂 18～20g，水 1000mL，pH 自然。

2．营养协调　培养基中应含有维持微生物最适生长所必需的一切营养物质，但各营养物质浓度和配比一定要合适，否则微生物不能很好地生长。一般而言，就大多数化能有机异养型微生物来说，它们所需各种营养要素的比例一般按照：水＞碳源＋能源＞氮源＞P、S＞K、Mg＞生长因子的顺序排列，有学者认为，它们大体上存在着 10 倍序列的递减趋势。其中碳源与氮源的比例（C/N）尤为重要。严格地说，C/N 是指培养基中所含碳源中的碳原子摩尔数与氮源中的氮原子摩尔数之比，还可以用还原糖与粗蛋白质比粗略表示。

不同微生物要求不同的 C/N，如细菌和酵母菌培养基中的 C/N 约为 5∶1，霉菌培养基中的 C/N 约为 10∶1。发酵工业中常用的种子培养基中的 C/N 要求较低。在微生物发酵生产中，各营养物质的配比直接影响发酵产量。例如，微生物发酵生产谷氨酸时，若培养基的 C/N 为 4∶1，则菌体大量繁殖，谷氨酸积累量少；若培养基的 C/N 为 3∶1，则菌体繁殖受到抑制，谷氨酸产量增加。又如，在抗生素发酵生产中，可通过调节培养基中速效氮（或速效碳）与迟效氮（或迟效碳）之比来调节菌体生长与抗生素合成。此外，还要注意培养基中无机盐和生长因子的含量及比例。

3. 条件适宜 这里主要指培养基的物理和化学条件，如 pH、渗透压、水活度、氧化还原电位等条件。

（1）pH 一般来说，细菌生长的最适 pH 为 7.0～8.0，放线菌为 7.5～8.5，酵母菌为 3.8～6.0，霉菌为 4.0～5.8，藻类为 6.0～7.0。而具体某一种微生物生长的最适 pH，可能还会突破所属类群微生物最适 pH 的界限，有些嗜极菌（extremophile），如专性嗜碱菌的生长 pH 在 11 甚至 12 以上。所以配制培养基时，应根据所培养微生物的特点调节初始 pH。

微生物在生长过程中会产生能引起培养基 pH 改变的代谢产物（尤其是一些产酸菌）。在含糖培养基上，有的微生物有很强的产酸能力，若不加以调节，就会抑制自身生长甚至杀死自身。微生物分解蛋白质和氨基酸会产生氨，引起 pH 上升；利用硫酸铵作为氮源时，NH_4^+ 的吸收利用使 SO_4^{2-} 过剩，导致 pH 下降。为维持培养基 pH 相对稳定，常采用内源调节法（预先向培养基中加入调节物质）和外源调节法（在培养过程中不断添加酸碱）控制培养基 pH。内源调节主要有以下两种方式。

1）利用磷酸缓冲液进行调节，磷酸缓冲液由 K_2HPO_4 和 KH_2PO_4 组成。调节两者的浓度比就可得到 pH 6.0～7.6 一系列稳定的 pH。两者摩尔浓度相等时，pH 为 6.8。调节原理为

$$K_2HPO_4 + HCl \longrightarrow KH_2PO_4 + KCl$$

$$KH_2PO_4 + KOH \longrightarrow K_2HPO_4 + H_2O$$

加缓冲剂对培养基 pH 的调节作用不会很大，因此磷酸盐缓冲剂只能在一定范围内起作用。

2）用 $CaCO_3$ 作为“备用碱”进行调解，$CaCO_3$ 在水溶液中溶解度很低，加入到液体或固体培养基中时，不会使培养基 pH 明显升高。当微生物不断产酸时，它就逐渐被溶解，将形成的酸消耗掉，产生的 CO_2 可以从培养基中逸出，从而发挥调节培养基 pH 的作用，也可用 $NaHCO_3$ 来调解。

有时微生物的代谢活动可以产生大量的酸碱，使用内源调解不足以解决问题，就需采用外源调节。

（2）渗透压 渗透压（osmotic pressure）对微生物生长有重要影响。等渗环境适宜微生物生长；高渗环境会使细胞脱水，发生质壁分离；低渗环境会使细胞吸水膨胀，甚至导致胞壁脆弱和缺壁细胞（如支原体和原生质体等）破裂。微生物在长期进化中形成了能适应较大幅度渗透压变化的特性，如可通过体内糖原、PHB 等大分子贮藏物的合成和分解调节细胞内的渗透压。培养嗜盐微生物需向培养基中加入适量 NaCl，提高渗透压，海洋微生物的最适生长盐度为 3.5%。

（3）水活度 水活度（water activity）即 a_w，表示环境中微生物可实际利用的自由水或游离水的含量。其确切含义为：在同温同压下，某溶液的蒸气压（P）与纯水蒸气压（P_0）之比，即 $a_w = P/P_0$。各种微生物生长繁殖的 a_w 为 0.60～0.998。例如，一般细菌为 0.90～0.98，嗜盐菌为 0.75；一般霉菌为 0.80～0.87，耐旱霉菌为 0.65～0.75；一般酵母菌为 0.87～0.91，高渗酵母菌为 0.61～0.65（低于饱和蔗糖溶液）。

（4）氧化还原电位 氧化还原电位（redox potential）一般以E_h表示，是度量氧化还原系统中还原剂释放电子或氧化剂接受电子趋势的一种指标，单位为 V（伏）或 mV（毫伏）。各种微生物对其培养基的氧化还原电位的需求不同。好氧微生物生长的 E_h 为 0.3～0.4V，它们在 E_h＞0.1V 的环境中均能生长；兼性厌氧微生物在 E_h＞0.1V 时进行好氧呼吸产能，在 E_h＜0.1V 时进行发酵产能；专性厌氧微生物在 E_h＜0.1V 时才能生长。

对于好氧和兼性厌氧微生物来说，培养基的氧化还原电位一般对生长影响不大。但对专性厌氧微生物而言，自由氧对其有毒害作用，培养基的氧化还原电位调节就十分重要。培养厌氧微生物时，一般要在培养基中加入还原剂，降低其氧化还原电位。常用的还原剂为巯基乙酸（0.01%）、抗坏血酸（0.1%）、硫化钠（0.025%）、半胱氨酸（＜0.05%）、葡萄糖（0.1%～1.0%）、铁屑、谷胱甘肽、氧化高铁血红素、二硫苏糖醇或庖肉（小块瘦牛肉）。据测定，加铁屑后培养基 E_h 降至－0.4V 以下。无论是好氧还是厌氧微生物，随着它们生长和代谢活动的进行，与培养基的 pH 类似，培养基的原有 E_h 会逐步降低，这是溶解氧的消耗及 H_2S、H_2 等还原性代谢产物累积所致。

4．经济节约 经济节约的原则也是不可忽视的，尤其在设计大规模生产用的培养基时更应如此，以降低产品成本。

（二）方法

在设计培养基时，还应按照 4 种方法进行，即生态模拟、参阅文献、精心设计、试验比较。严格按照 4 种方法设计培养基，可能会使一些用常规方法分离不到的微生物分离出来，从而能够开发出大量的未培养微生物。

二、培养基的类型及应用

培养基的种类繁多，据不完全统计，常用的在 1700 种以上，可采用不同分类系统和依据进行分类。

（一）根据微生物的种类分类

根据微生物的种类可分为细菌培养基、放线菌培养基、霉菌培养基和酵母菌培养基，其常用培养基及配方见本节前文。

（二）根据培养基的物理状态分类

1．固体培养基（solid medium） 外观呈固体状态的培养基都称为固体培养基。根据固体的性质还可将固体培养基分为 3 种类型。

（1）凝固性培养基（concretionary medium） 常称为“固体培养基”，向液体培养基中加入适量的胶凝剂（gelling agent）形成的遇热融化冷却后凝固的固体培养基称为凝固性培养基。常用的胶凝剂有琼脂（agar）、明胶（gelatin）和硅胶（silica gel）。琼脂和明胶的浓度分别为 1.5%～2.0%和 5%～12%。比较理想的胶凝剂应具备以下条件：①不被微生物液化、分解和利用；②经高温灭菌不改变性状；③透明度好，黏着力强。根据这些条件，目前最理想的胶凝剂是琼脂，其次是明胶和硅胶。

琼脂又名洋菜，是从石花菜（红藻）中提炼出来的，化学成分为多聚半乳糖硫酸酯，绝大多数微生物不能利用琼脂作为碳源，19 世纪 80 年代开始用于配制微生物培养基。明胶的化学成分为蛋白质，易被微生物用作氮源，而且凝固效果不及琼脂，在大多数实验中已被琼脂取代。两者的特性比较见表 5-9。硅胶是由无机的硅酸钠（Na_2SiO_3）及硅酸钾（K_2SiO_3）被盐酸及硫酸中和时凝聚而成的胶体，不含有机物，适合于自养型微生物。通常在研究土壤微生物、自养型微生物或微生物对碳、氮的利用时，用硅胶作固体培养基的胶凝剂。

表 5-9　琼脂与明胶若干特性的比较

物质	化学成分	营养价值	分解性	融化温度	凝固温度	常用浓度	透明度	黏着力	耐加压灭菌
琼脂	多聚半乳糖硫酸酯	无	罕见	约 96℃	约 40℃	1.5%～2%	高	强	强
明胶	蛋白质	作氮源	极易	约 25℃	约 20℃	5%～12%	高	强	弱

除了琼脂、明胶和硅胶外，海藻酸胶、多聚醇 F127 及脱乙酰吉兰糖胶等也可用作凝固剂，但琼脂是最优良的胶凝剂。

（2）非可逆性凝固培养基　指一经凝固就不能再重新融化的固体培养基，如血清培养基或无机硅胶平板培养基。

（3）天然固体培养基　由天然固态物质直接制成的培养基称为天然固体培养基，如麸皮、米糠、木屑、大米、大豆、麦粒、稻草粉、马铃薯片及胡萝卜条等天然材料制成的培养基均属天然固体培养基。

固体培养基可用于微生物分离、鉴定、测数、菌种保藏及微生物产品的固态发酵等。

2. 液体培养基（liquid medium）　呈液体状态的培养基称为液体培养基，其中不加入任何胶凝剂。实验室中主要用于生理代谢研究及获得大量菌体，工业发酵生产中大多数发酵培养基为液体培养基。

3. 半固体培养基（semi-solid medium）　半固体培养基是指在液体培养基中加入少量的凝固剂配制而成的半固体状态培养基。静止时呈固态，剧烈振荡后呈流体态。一般琼脂的浓度为 0.5%～0.8%。半固体培养基可用于细菌运动性观察，微生物的趋化性研究，厌氧菌的培养、分离、测数和菌种鉴定及采用双层平板法测定噬菌体的效价等方面。

4. 脱水培养基（dehydrated culture medium）　脱水培养基又称为脱水商品培养基或预制干燥培养基，是指含除水以外的一切成分的培养基。使用时只要加入一定水分后灭菌即可，这是一种成分清楚、使用方便的现代化培养基。

（三）根据对培养基成分的了解程度分类

1. 天然培养基（natural medium）　利用各种动植物和微生物材料制作而成，成分、含量不完全清楚且变化不定的营养基质称为天然培养基，如培养细菌用的牛肉膏蛋白胨培养基、培养酵母菌用的麦芽汁培养基等均为天然培养基。该培养基的优点是取材广泛、种类多样、营养丰富、经济简便、价格低廉，适合各种异养型微生物生长；缺点是用于精细实验时重复性差，只适用于一般实验室中菌种的培养和发酵工业生产中制作种子和发酵培养基。

配制天然培养基的原料主要有牛肉膏、酵母膏、麦芽汁、蛋白胨、酪蛋白、大豆蛋白、马铃薯、玉米粉、麸皮及花生饼粉等。牛肉膏是精牛肉浸汁经浓缩去渣得到的胶状物，可提供碳水化合物、含氮有机物、维生素、无机盐等营养物质。酵母膏是酵母菌细胞的水溶性提取物浓缩成的膏状物质，可提供大量 B 族维生素、氨基酸和有机氮及碳水化合物。蛋白胨是蛋白质的水解产物，可用牛奶、大豆等制作，也可是肉类食品加工、皮革加工等的副产物，主要提供含氮有机物、糖类和维生素等。

2．合成培养基（synthetic medium） 合成培养基又称为组合培养基，是指按照微生物的营养要求顺序加入准确称量的高纯化学试剂与蒸馏水配制而成的培养基，如培养放线菌的高氏 1 号培养基和培养真菌的察氏培养基均属于合成培养基。其优点是成分清楚、精确、重复性好；缺点是价格较高，配制复杂，一般微生物生长缓慢。通常用于进行营养、代谢、生理生化、遗传育种及菌种鉴定等要求较高的精细科学研究中。

3．半合成培养基（semi-synthetic medium） 半合成培养基又称为半组合培养基，是指在天然原料中加入一定的化学试剂配制而成的培养基。其中天然成分提供碳源、氮源和生长素，化学试剂补充各种无机盐，如培养真菌用的马铃薯蔗糖培养基属于此类。

（四）根据培养基的功能分类

1．基本培养基（minimal medium） 基本培养基也叫作通用培养基（general purpose medium），是按照一般微生物生长繁殖所需要的基本营养物质配制的培养基。各种微生物的营养要求虽不相同，但大多数微生物所需要的基本营养物质是一样的。牛肉膏蛋白胨培养基和胰蛋白胨琼脂培养基就是最常用的基本培养基。基本培养基也可作为一些特殊培养基的基本成分，再根据某种微生物的特殊营养要求，在其中添加所需营养物质即可。

2．加富培养基（enriched medium） 加富培养基也叫作滋养培养基，它是在普通培养基中添加血液、血清、动植物组织液或其他营养物质配制而成的营养丰富的培养基。主要用来满足营养要求苛刻的某些异养型微生物的生长要求。例如，分离某些病原菌时在培养基加入血液或动植物组织液，就成为加富培养基。

3．选择性培养基（selected medium） 选择性培养基是指一类根据某些微生物的特殊营养要求或对某物理化学因素的抗性而设计的培养基。该培养基具有使混合菌样中的劣势菌变成优势菌的功能，广泛用于菌种的筛选等工作领域。通常选择性培养基包括两种类型，一种是通过加入不妨碍目的微生物生长而抑制非目的微生物生长的物质，以达到选择目的的培养基，这种培养基称为抑制性选择培养基（inhibited selected medium），即通过"取其所抗"的方法达到选择的目的。常用的抑制物质有染料和抗生素，如分离放线菌用的高氏 1 号培养基中加入一定量的重铬酸钾或 10%的酚，能抑制细菌和霉菌生长；在细菌培养基中加入适量结晶紫，能抑制大多数革兰氏阳性菌生长，有利于革兰氏阴性菌生长；若在培养基中加入适量的孟加拉红、青霉素、四环素或链霉素等，可抑制细菌和放线菌的生长，分离霉菌和酵母菌。另一种是通过在培养基中加入目的微生物特别需要的营养物质而使它们富集以达到选择目的，这种培养基称为加富性选择培养基（enriched selected medium）。主要利用分离对象对某营养物质有特殊"嗜好"的性质，向培养基中加入该物质，即"投其所好"达到富集分离的目的。用于加富的营养物主要是一些特殊的碳源或氮源，如纤维素可富集分解纤维素的微生物，石蜡油可富集石油分解菌；利用蛋白质为唯一氮源或缺乏氮源的培养基可分离出能分解蛋白质或具有固氮能力的微生物等。

此外，还可以用其他理化因素（如温度、氧气、渗透压及 pH 等）选择性分离某些特殊类型的微生物，如嗜热微生物、嗜冷微生物、好氧微生物、厌氧微生物、嗜酸微生物、嗜碱微生物及嗜盐微生物等。由于选择目标的多样性，选择培养基也是多种多样的。

4．鉴别培养基（differential medium） 鉴别培养基是指在培养基中添加某种能与微生物的无色代谢产物发生显色反应的指示剂，从而通过肉眼辨别颜色快速鉴别不同微生物的培养基。实际上鉴别培养基也有选择的含义。例如，在不含糖的肉汤中分别加入各种糖和指示剂，根据细菌对各种糖的发酵作用不同，结果有的发酵糖产酸又产气，有的只产酸不产气，有的不产酸也不产气，可以将细菌鉴定到种。又如最常见的鉴别培养基是伊红亚甲蓝乳糖（eosin methylene blue，EMB）培养基，常用于乳品和饮用水中大肠杆菌等细菌的检验及遗传学的研究上。EMB 培养基的成分为：蛋白胨 10g，乳糖 10g，K_2HPO_4 2g，伊红 Y 0.4g，亚甲蓝 0.065g，水 1000mL，琼脂 20g，pH 7.2。有学者将 EMB 培养基进行改良，将其中的乳糖含量减少到 5g，增加蔗糖 5g，鉴别效果要好于传统的 EMB 培养基。

EMB 培养基中的伊红 Y 是一种红色酸性染料，亚甲蓝是一种蓝色碱性染料，均属于苯胺染料，可抑制革兰氏阳性菌和一些难培养的革兰氏阴性菌生长。大肠杆菌能强烈分解乳糖产生大量有机酸，与两种染料结合形成深紫色菌落。由于伊红发出略呈绿色的荧光，因此在反射光下可以看到深紫色菌落表面有绿色金属光泽。产酸力弱的沙雷氏菌等细菌菌落为棕色，而肠道内的沙门氏菌和志贺氏菌不利用乳糖，所以形成无色菌落。这样就可将沙雷氏菌、沙门氏菌和志贺氏菌区分开来。此外，两种染料在 pH 低时结合形成沉淀，可以起到产酸指示剂的作用。

此外，麦康凯琼脂（MacConkey agar）培养基以中性红为指示剂，也是鉴别肠道细菌的培养基。因为它含有乳糖和中性红染料，在该培养基上，利用乳糖的微生物菌落周围会产生粉红色的圈，从而与其他不能发酵利用乳糖的微生物区分开。血琼脂也可用于区分溶血性和非溶血性细菌。溶血性细菌如从喉咙分离到的链球菌和葡萄球菌可以分解红细胞，在血琼脂平板上，该菌落周围形成清晰的透明圈。属于鉴别培养基的还有：明胶培养基可以检查微生物能否液化明胶；硝酸盐肉汤培养基可以检查微生物中是否具有硝酸盐还原作用；乙酸铅培养基用来检查微生物是否产生 H_2S 气体等。

需要说明的是，选择性培养基和鉴别培养基只是人为划分的，是为理解和讲述方便而定的标准。在实际应用时，这两种培养基的功能常常有机地结合在一起。例如，上述血琼脂培养基除用于区分溶血性和非溶血性细菌外，还有选择性培养病原微生物的作用。麦康凯琼脂培养基除有鉴别作用外，其中加入的染料还可抑制 G^+菌和促进 G^-菌的生长。

（五）根据培养基的用途分类

1. 种子培养基（seed medium） 种子培养基是供孢子发芽、生长的培养基。其目的在于得到健壮、有活力的种子。因而要求营养成分相对丰富和完全，氮源和维生素的比例较高。设计此种培养基时主要考虑以菌体生长为目标，同时要兼顾菌种对发酵条件的适应能力。

2. 发酵培养基（fermentation medium） 发酵培养基是供菌体生长、繁殖与合成产物的培养基，以获得最大限度的代谢产物为目的。它的原料来源一般较粗，有时还在发酵培养基中添加前体、促进剂或抑制剂，以获得更多的发酵产品。

3. 测定培养基（assay medium） 测定培养基是用来测定发酵产物的种类及含量的培养基。一般采用合成培养基，由于其组成成分明确、恒定，可以保证测定工作的可靠性和重复性。这些培养基都是具有相关规定的，可以从相关的微生物学手册上查到。

4. 保藏培养基（preservation medium） 保藏培养基用于在一定时限内保持微生物活力，防止长期保存对微生物的不利影响或使其在长期保存后易于复苏的培养基。

三、未培养微生物的培养

在自然界庞大的微生物资源中，通过传统方式分离培养得到的微生物仅占 1%，大多数的微生物仍是未培养的，即未培养微生物或微生物“暗物质”。一直以来，我们对微生物世界的认知主要来源于平板分离法所得到的微生物。然而早在 1898 年，微生物学家 Heinrich Winterberg 通过细胞计数和平板计数两种方法对同一样品中的微生物进行计数，发现微生物总量存在着巨大差别。Staley 和 Konopka 将这一现象总结为“the great plate count anomaly”（重大平板计数异常），然而过去这么多年，这个基本的微生物问题仍然没有得到很好的解决。未培养微生物不能被培养不仅仅是由于丰度较低，还包括一些抵制培养的其他原因，如温度、pH、氧利用率、营养来源等。此外，在生长环境相对不利的情况下，微生物可能进入了一种“休眠的状态”，仅当外部的条件变得更加有利时才能够复苏。

（一）未培养微生物的限制因素

1．培养基组分和生长条件不全面 微生物的生长需要合适的营养物质、充足的能量及适当的物理化学成分，并且不同的微生物所需的浓度也不一样。

2．忽视了环境中微生物之间的相互作用 自然环境中的大部分微生物之间都有着复杂的联系。而实验室培养条件下，是单纯地将待培养微生物与其有着复杂联系的微生物群体分开，导致物种之间的信息交流被阻断，微生物因缺乏必需的生长因子和信号分子而无法生长，表现为不可培养。

3．培养时间短 在一些情况下，培养效率随着培养时间的延长而明显增加。许多微生物，尤其是生活在那些营养不充足环境中的微生物生长速率是很慢的。因此，适当延长培养时间是提高这类微生物培养效率的重要条件。

4．检测灵敏性受限 对于那些生长速率慢、产量低的微生物，如果检测技术灵敏性不高，很可能得出错误的结论，因此高灵敏性检测方法在认识未培养微生物方面有着举足轻重的作用。

（二）未培养微生物培养分离技术

1．调整培养基 许多微生物在生长过程中对营养物质和培养条件都有其特殊的需求，这就需要对微生物生存的环境及其特性深入研究，才能了解待培养微生物的生长条件，进而开发培养未培养微生物的方法。最近一些研究探究了不同成分和浓度的培养基对于培养未培养微生物的影响。微生物学家通过在培养基中加入氢氧化铁和锰氧化物作为电子受体，实现了微生物的高效培养，如变形菌门、拟杆菌门、放线菌门、厚壁菌门等中的未培养微生物。

2．群体培养

（1）共培养 自然环境中微生物间的相互作用对于微生物的群体生存是十分重要的，但由于其内在的复杂性及实验室培养的困难性，这些相互作用间的确切机制仍然不清楚。利用生物膜和多细胞培养装置，能够实现单个物种培养不可能实现的多功能培养。

（2）原位培养 目前研究者也常模拟待培养微生物的自然环境进行原位培养与分离。Jung 等开发的一种新技术，采用 I-tip 法利用原位培养手段培养出了更具多样性的微生物群体，缩小了可培养和未培养微生物间的距离。

3．细胞捕获

（1）单细胞捕获分离技术 单细胞捕获分离技术是指利用拉曼光谱仪等设备对特征细胞进行分离，进而对其功能进行研究的一种微生物分离手段。

（2）荧光激活细胞分离技术　流式细胞术是一种荧光依赖的细胞表征技术，也被广泛用来进行微生物细胞的分离。当单个细胞通过强光源时，该技术就可以利用单个细胞的特性（如大小、形状、荧光信号等）快速分析整个细胞群体。将特异荧光信号与细胞分选相结合，就可以对来自复杂环境样品的大量细胞进行快速分析。

4．高通量分离培养

（1）培养组学　培养组学是一种通过增加培养条件来检测细菌多样性的高通量方法，如优化培养基配方，调整培养时间、培养温度等来获得更多可培养微生物。

（2）微液滴培养法　微液滴培养法是将细胞包埋于凝胶微滴板中，在流动培养液中进行培养，由于各个微生物都处于一个开放流动的系统，因此其代谢产物及信号分子可在凝胶空隙中进行扩散而被其他菌利用。这种培养方法与自然环境有诸多类似之处，因而新培养出来的微生物种类也大大增加。

（3）生物反应器培养法　利用生物反应器，通过构建适宜的pH、溶解氧和葡萄糖的条件进行培养，可以有效模拟摇瓶和生物反应培养条件，实现更高浓度的活细胞培养。

（三）未培养微生物应用前景

未培养微生物占据微生物群落中相当大的比例，无论是其物种类群，还是新陈代谢途径、生理生化反应、代谢产物等方面都非常值得我们去探究，因为其中势必蕴含着巨大的生物资源，具有非常可观的应用前景。宏基因组学等虽然为我们了解微生物群落提供了强有力的手段，但具体的遗传学功能及代谢途径等研究仍然离不开微生物的分离和培养，并且随着微生物分离培养技术的不断突破，越来越多的微生物“暗物质”将被分离出来。

小　结

环境中存在的能满足微生物生长、繁殖和进行各种生理活动需要的物质称为营养物质。微生物的营养要素包括六大类，即碳源、氮源、能源、生长因子、无机盐和水。根据碳源、能源和供氢体的不同可将微生物划分为光能无机自养型、光能有机异养型、化能无机自养型、化能有机异养型四大营养类型。营养物质通过细胞膜的方式有五种：单纯扩散、促进扩散、主动运输、基团转位和膜泡运输。由人工配制的供给微生物生长繁殖或积累代谢产物的营养基质称为培养基，配制时应遵循4个原则，根据不同的标准可将培养基分为不同类型。迄今为止，自然界中的绝大多数微生物仍不可培养，探究其培养方法，开发未培养微生物资源，是当前的一个迫切任务。

复习思考题

1．何为微生物的营养？何为微生物的营养物质？

2．微生物生长所需的营养要素包括哪些？各种成分有何生理功能？

3．什么叫碳源？什么叫氮源？实验室和工业生产中常用的可提供碳源和氮源的物质有哪些？

4．什么是氨基酸自养型微生物？试举例说明在实践上的重要性。

5．什么是生长因子？如何利用微生物对样品中某一特定物质进行定量分析？

6．微生物营养类型有几种？各自的分类依据是什么？微生物吸收营养物质的方式有哪几种？各有何特点？

7．什么叫基团转位？试述其分子机制。

8．试述铁载体是如何运输铁的。

9．什么叫单功能营养物、双功能营养物和多功能营养物？试举例说明。

10．什么叫培养基？各种培养基在设计时应重点考虑哪些因素？

11．试述合成培养基、天然培养基、基本培养基、加富培养基、种子培养基和发酵培养基的概念及用途。

12．什么是选择性培养基？什么是鉴别培养基？试举例说明其中的原理。

13．琼脂与明胶各有何性质？作为理想的固态培养基的凝固剂应具备的条件是什么？

14．何为碳氮比？试从工业生产角度说明碳氮比的重要性。

15．为什么必须调节培养基的 pH？常用来调节培养基 pH 的物质有哪些？

16．试述何为未培养微生物，如何实现未培养微生物的培养。

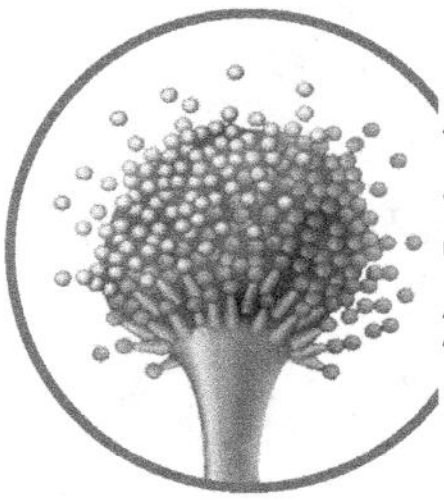

第六章 微生物的代谢

细胞内发生的各种化学反应总称为代谢，主要由分解代谢和合成代谢两个过程组成。细胞将大分子物质降解成小分子物质，并产生能量的过程为分解代谢（catabolism）。细胞利用简单的小分子物质合成复杂大分子，并消耗能量的过程称为合成代谢（anabolism）。分解代谢为合成代谢提供能量及原料，合成代谢又是分解代谢的基础，它们在生物体中偶联进行，相互对立而又统一，决定着生命的存在与发展。图 6-1 说明了分解代谢与合成代谢之间的关系。

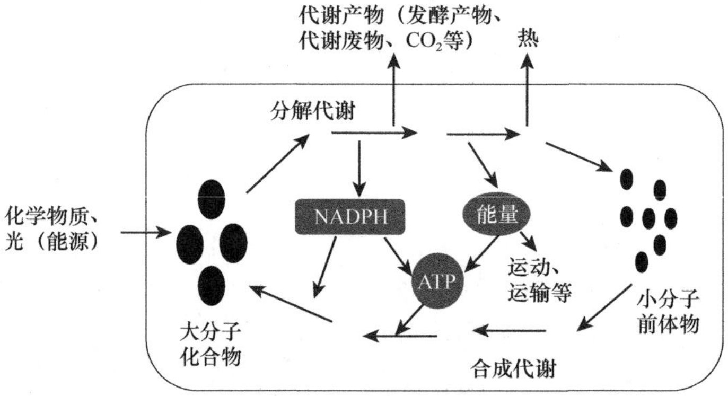

图 6-1 分解代谢与合成代谢之间的关系

在代谢过程中，微生物通过分解代谢产生化学能，光合微生物还可将光能转化成化学能，这些能量除用于合成代谢外，也用于微生物的运动和物质的运输，另有部分能量以热或光的形式释放到环境中去。某些微生物在代谢过程中除产生其生命活动所必需的初级代谢产物和能量外，还会产生一些次级代谢产物，这些次级代谢产物有利于这些微生物的生存，同时与人类的生产和生活密切相关。微生物的次级代谢产物也是微生物学的一个重要研究领域。

微生物的代谢与其他生物代谢有相同之处，也有不同之处，其特点是代谢旺盛，代谢类型多样，从而使微生物在自然界物质循环和生态系统中起着十分重要的作用。

第一节 微生物的能量代谢

一切生命活动都需要能量，因此，能量代谢是一切生物代谢的核心。能量代谢的中心任务是，生物体把外界环境中的多种形式的最初能源转换成对一切生命活动都能使用的通用能源——ATP。微生物不同，其产能方式也不同。例如，化能营养型微生物都是从物质的氧化分解过程中获得生长所需要的能量，光能营养型微生物则是通过光能转化获得生长所需要的能量。

和其他生物一样，微生物机体内发生的化学反应基本上都是氧化还原反应，即在反应过程中，一部分物质被氧化时，另一部分物质被还原，在这个过程中伴随电子转移。根据电子（或氢）的最终受体不同，可将微生物的产能方式分为发酵与呼吸两种，其中呼吸又分为无氧呼吸和有氧呼吸。另外，光合微生物还可以通过光能转化即光合磷酸化的方式获得能量。无论真核还是原核细胞，生物氧化的过程都包括脱氢（或电子）、递氢（或电子）、受氢（或电子）三个环节。

一、化能自养型微生物的生物氧化与产能

自然界存在一类微生物，能以无机物作为氧化基质，并利用该物质在氧化过程中放出的能量进行生长。这类微生物就是化能自养型微生物，主要包括氢细菌、硫细菌、硝化细菌和铁细菌，它们分别利用氢气、硫或硫化物、氨或亚硝酸盐、铁等无机物作为生长的能源物质。这些物质在氧化过程中放出的电子有的通过电子传递水平磷酸化的方式产生 ATP，有的则以基质水平磷酸化的方式产生 ATP，并用以还原 CO_2。

化能自养菌绝大多数是好氧菌，少数可进行厌氧生活，通过以硝酸盐或碳酸盐代替氧的无氧呼吸产能。化能自养菌的能量代谢主要有三个特点：①无机底物的氧化直接与呼吸链发生联系；②呼吸链的组分更为多样化，氢或电子可从任一组分进入呼吸链；③产能效率即 P/O 一般要比异养型微生物更低。

（一）硝化细菌

某些化能自养菌可以 NH_3、亚硝酸（NO_2^-）等无机氮化物作为能源，通常包括亚硝化细菌、硝化细菌及全程氨氧化微生物。微生物将氨氧化为亚硝酸盐并进一步氧化为硝酸盐的过程称为硝化作用（nitrification），硝化作用可以分两步完成，也可以一步完成。

1．两步硝化作用 由亚硝化细菌和硝化细菌共同完成。

亚硝化细菌：$NH_3+O_2+2H^++2e^-\longrightarrow NH_2OH+H_2O$

$NH_2OH+H_2O\longrightarrow NO_2^-+5H^++4e^-+64.7\text{kcal}$[①]

硝化细菌：$NO_2^-+1/2O_2\longrightarrow NO_3^-+18.5\text{kcal}$

亚硝化细菌又称为氨氧化细菌，其对 NH_3 的氧化称为好氧氨氧化（aerobic ammonia oxidation）或亚硝化作用，分为两个阶段，首先由氨单加氧酶（ammonia monooxygenase，AMO）氧化氨生成 NH_2OH，再经羟胺氧化还原酶（hydroxylamine oxidoreductase，HAO）催化羟胺生成亚硝酸，如图 6-2 所示。HAO 位于细胞周质，而 AMO 则与膜结合，且只能催化非离子氨（NH_3）氧化，而不能催化离子氨（NH_4^+）氧化。环境中 NH_3 与 NH_4^+的动态平衡倾向于 NH_4^+的方向，使得 NH_3 浓度很低，所以氨氧化为硝化作用中的限速步骤。虽然氨氧化反应总体上是一个产能过程，但是 AMO 催化 NH_3 氧化为 NH_2OH 的过程却是耗能的，需要额外提供一对电子才能使反应顺利进行，这一对电子由第二阶段羟胺氧化成亚硝酸的反应提供，该过程释放了 4 个电子，2 个电子进入呼吸链，2 个电子提供给 AMO 进行下一轮的氨氧化过程。细胞需要还原力时，逆着电子传递方向，在耗能的情况下将电子传递给 NAD^+ 生成 NADH。

氨氧化微生物包括氨氧化细菌（ammonia-oxidizing bacteria，AOB）和氨氧化古菌（ammonia-oxidizing archaea，AOA）。

---

① 1kcal＝4186.8J

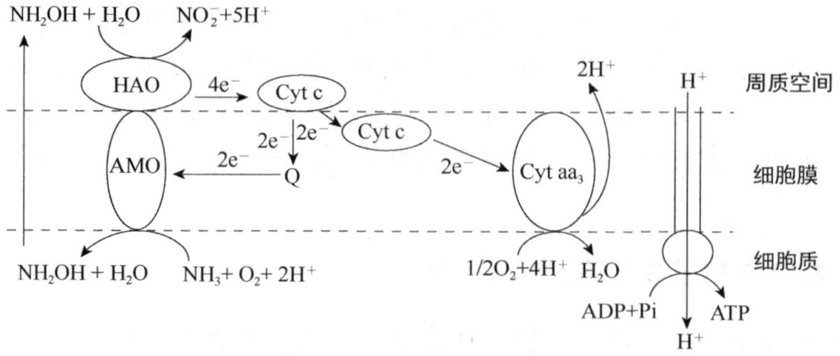

图 6-2 亚硝化细菌的氨氧化机制（周质空间和细胞膜上的两个 Cyt c 结构不一样）

硝化细菌（又称为亚硝酸氧化细菌，nitrite-oxidizing bacteria，NOB）在亚硝酸盐氧化还原酶（nitrite oxidoreductase，NOR）催化下，将亚硝酸盐氧化为硝酸盐。与 AMO 一样，NOR 也是由 3 个不同亚基组成的膜结合蛋白，既能催化亚硝酸盐的氧化，又能催化硝酸盐的还原，是一个多功能酶。此外，NOR 还含有铁、钼、硫和铜离子，参与亚硝酸盐到分子氧的电子传递（图 6-3）。还原力的生成同样通过逆向电子传递。

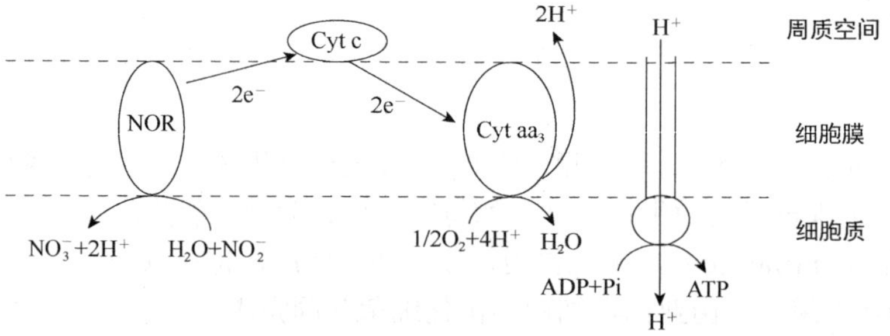

图 6-3 维氏硝化杆菌（*Nitrobacter winogradskyi*）在亚硝酸盐氧化过程中的电子传递

亚硝化细菌和硝化细菌往往相伴而生，在它们的共同作用下将铵盐氧化成硝酸盐，避免亚硝酸积累所产生的毒害作用。

2．单步硝化作用 自然界中，硝化作用是连接氧化态和还原态无机氮库的唯一生物学过程，在维持全球氮素平衡中起着关键作用。1891 年俄罗斯科学家 Winogradsky 提出，硝化作用需要由氨氧化微生物（包括 AOB、AOA）和亚硝酸氧化细菌两组不同的微生物分两步完成。“分步硝化作用”理论的热化学方程式如下：

$$NH_4^+ + 3/2O_2 \longrightarrow NO_2^- + H_2O + 2H^+ \qquad \Delta G = -274.7\text{kJ/mol}$$

$$NO_2^- + 1/2O_2 \longrightarrow NO_3^- \qquad \Delta G = -74.1\text{kJ/mol}$$

Costa 等在 2006 年根据最理想代谢过程中的动力学理论提出了不同观点，认为氨全程被一种微生物氧化成硝酸盐是可行的，而且这一过程在热力学上更容易实现，因为单步硝化比分步硝化代谢途径更短，ATP 的合成效率更高。反应式如下：

$$NH_4^+ + 2O_2 \longrightarrow NO_3^- + H_2O + 2H^+ \qquad \Delta G = -348.9\text{kJ/mol}$$

2015 年底全程氨氧化微生物被发现，两步硝化作用被打破。最近的研究进一步证实，属于亚硝酸盐氧化细菌的硝化螺菌属（*Nitrospira*）中的部分种群可以单独完成将氨氧化为硝酸盐，该过程被称为“单步硝化作用”（one-step nitrification），而这些微生物则被定义为全程氨氧化微生物（complete ammonia oxidizer，comammox）。只能够将氨氧化为亚硝酸盐的 AOA、

AOB 及只能氧化亚硝酸盐的 NOB 则被称为“半程氨氧化微生物”（incomplete ammonia oxidizers）。

目前已确定的全程氨氧化微生物，包括可培养的和不可培养的，均属于硝化螺菌属。硝化螺菌广泛分布于农业土壤、森林土壤、稻田水域、淡水环境（如湿地、河床、含水层和湖泊沉积物），以及工程系统（活性污泥和饮用水处理厂）中。全程氨氧化微生物比大多数可培养的 AOA 物种对氨具有更高的亲和力，能够更好地适应极低氨浓度的环境，广泛分布在地球生物圈氨贫瘠的环境中，但至今尚未找到在海洋环境中存在全程氨氧化微生物的依据。

3. 厌氧氨氧化　氨氧化除了好氧氨氧化作用外，自然界还存在厌氧氨氧化（anaerobic ammonia oxidation，anammox），是在厌氧条件下还原 NO_2^- 氧化 NH_4^+ 为 N_2 的过程：

$$NH_4^+ + NO_2^- \longrightarrow N_2 + 2H_2O$$

厌氧氨氧化是由一些专性厌氧微生物完成的，在氮素循环中的作用非常重要，尤其在海洋生态系统中，50%的 N_2 是厌氧氨氧化过程产生的。土壤中硝酸盐被雨水冲洗后进入水体，最终汇入海洋导致海洋沉积层中的硝酸根及亚硝酸根含量增高，其中的厌氧氨氧化细菌能以 NO_2^- 为电子受体氧化氨获得生长所需能量，生长非常缓慢。16S rDNA 序列同源性分析表明，厌氧氨氧化细菌是浮霉菌目（Planctomycetales）中的一个类群，它们的细胞中含有一个由单位膜包裹的特殊结构，称为厌氧氨氧化体（anammoxosome），其内进行厌氧氨氧化反应。这些重要发现丰富完善了氮素循环途径，也使人们更加重视海洋生态系统对全球氮循环的作用。此外，厌氧污水中也存在厌氧氨氧化作用，反硝化细菌和厌氧氨氧化细菌的组合运用，可能成为污水中去除氮素污染的有效方式。

资源 6-1

（二）硫细菌

硫细菌（sulfur bacteria）能够氧化一种或多种还原态或部分还原态硫化物（包括硫化物、元素硫、硫代硫酸盐、多硫酸盐和亚硫酸盐等）获得能量进行生长，包括光能营养菌和化能营养菌，前者是含光合色素的厌氧菌，后者则为不含色素的好氧菌。硫细菌氧化获能的反应式如下：

$$2H_2S + O_2 \longrightarrow 2H_2O + 2S + 419.2kJ$$

$$2S + 3O_2 + 2H_2O \longrightarrow 2H_2SO_4 + 1253.6kJ$$

从图 6-4 可以看出，还原态硫化物的电子可以从不同位置进入呼吸链，最终传递给氧生成水，其间推动 ATP 的生成。与硝化细菌一样，还原力的生成逆着电子传递方向进行。由于硫细菌能将硫化物或元素硫氧化成硫酸，因而硫细菌的生长将导致环境 pH 明显下降，有的可以下降到 2 以下。因此，这类细菌极为耐酸，它们中有的可以在 pH 为 1.0～2.0 的环境中生长。

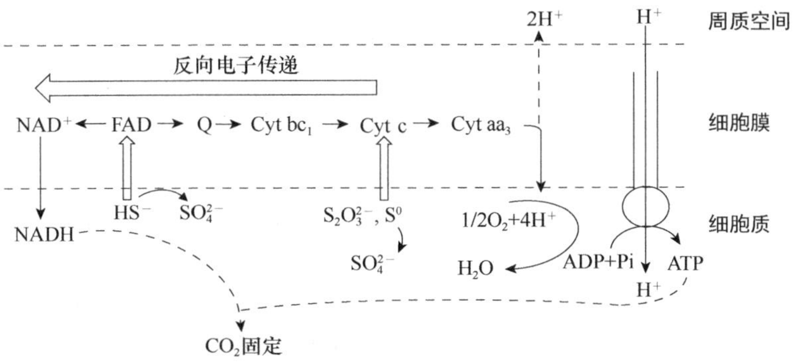

图 6-4　硫细菌的电子传递系统

（三）铁细菌

从亚铁到高铁的氧化，对于少数细菌来说也是一种产能反应，但从这种氧化中只有少量的能量可以被利用。氧化亚铁硫杆菌（*Thiobacillus ferrooxidans*）在富含 FeS_2 的煤矿中繁殖，产生大量的硫酸和 Fe（OH）$_3$，从而造成严重的环境污染。

这些微生物的产能反应可用下列化学反应式表示：

$$Fe^{2+}+1/4O_2+H^+\longrightarrow Fe^{3+}+1/2H_2O+10.6\text{kcal}$$

铁细菌通常在酸性条件下生长，如嗜酸的氧化亚铁硫杆菌生活环境中的 pH 接近 2，细胞内 pH 为 6 左右，因而形成了天然的跨膜质子浓度梯度差，由此推动 ATP 的合成。Fe^{2+}氧化为 Fe^{3+}的过程消耗了由细胞外通过 ATP 酶进入的质子（下坡反应），使细胞膜内外的质子梯度得以维持（图 6-5）。同样，铁细菌也通过电子逆向传递推动 NADH＋H^+的生成（上坡反应，此过程也会消耗质子），Fe^{3+}/Fe^{2+}氧还对的正电势很高，与 $1/2O_2/H_2O$ 接近，使得这个过程非常耗能，因此这类细菌生长较为缓慢。细菌铜蓝蛋白（rusticyanin，Rus）被认为是上坡反应与下坡反应的转换点。

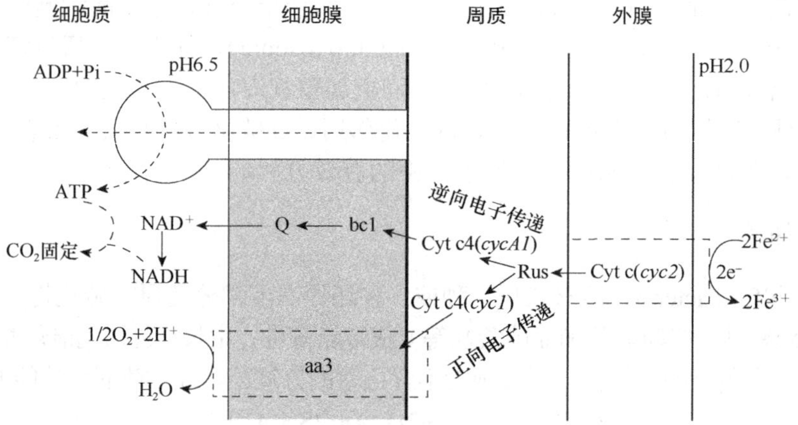

图 6-5　氧化亚铁硫杆菌伴随 Fe^{2+}的氧化合成 ATP

括号中为编码基因

（四）氢细菌

大多数氢细菌为革兰氏阴性的兼性化能自养菌，它们能利用分子氢氧化产生的能量同化 CO_2，也能利用其他有机物生长。

$$H_2+1/2O_2\longrightarrow H_2O+56.7\text{kcal}$$

有些氢细菌含有颗粒状和可溶性两种氢化酶，其结构和功能各不相同。在进行自养生长时，通过位于细胞膜上的颗粒状氢化酶（particulate hydrogenase）氧化氢气，氢被氧化放出的电子通过电子载体泛醌、维生素 K_2 类物质和细胞色素等的传递，最后交给分子氧，在此过程中伴随生成 ATP。还原力的产生则通过细胞质中的可溶性氢化酶（soluble hydrogenase）还原 NAD^+生成，如图 6-6 所示。

在罗尔斯通菌中，颗粒状氢化酶由两个亚基组成，不经过依赖于 NAD^+的脱氢酶作中间体，催化氢的氧化并把电子直接传给呼吸链产生 ATP。颗粒状氢化酶只能催化氢的氧化，不受过量 ATP 的抑制，可被 NADH、CN^-、CO 所阻抑。可溶性氢化酶存在于细胞质中，由三

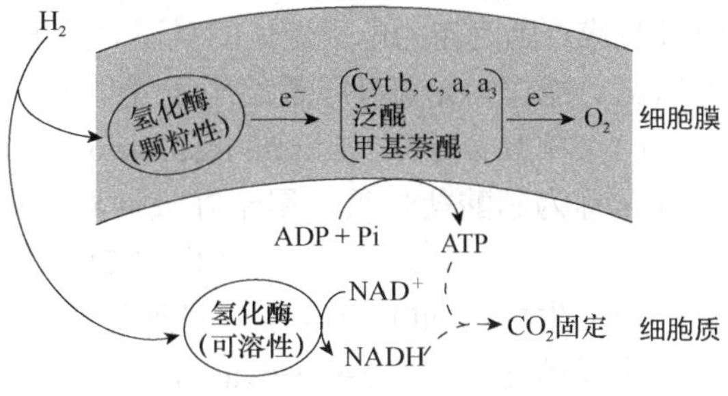

图 6-6 罗尔斯通菌（*Ralstonia eutropha*）对氢的氧化

个亚基形成四聚体，含有黄素单核苷酸和 FeS 中心。可溶性氢化酶除了催化氢的氧化，还能还原 NAD^+、Cyt b、Cyt c 等，也可像颗粒状氢化酶一样直接将从氢上脱下来的电子运送进入呼吸链；其活性受 ADP/ATP 的控制，不受 CN^-、CO 抑制，当 ADP 缺少而 ATP 过量时，酶活性受阻遏。可溶性氢化酶的主要功能是为菌体生长提供固定 CO_2 的还原力。一般地，只有一种氢化酶的氢细菌产生膜整合的氢化酶，但是，灰暗诺卡氏菌（*Nocardia opaca*）只含有一种可溶性氢化酶，可利用氢还原 NAD^+ 为 NADH，再由 NADH 作为呼吸链的供氢体，产生 ATP。

氢细菌包括假单胞菌属、产碱菌属、副球菌属及诺卡氏菌属等属中的一些种。它们都以氢气为电子供体，但是电子受体却不尽相同，包括 O_2、硝酸盐、硫酸盐、CO_2 等，其中，以硫酸根为电子受体的氢细菌没有 CO_2 的固定反应。

二、化能异养型微生物的生物氧化与产能——发酵与呼吸

化能异养型微生物的能量来自有机物的生物氧化，其产能方式有发酵和呼吸两种。发酵与呼吸的区别在于最终电子受体的来源不同。发酵是以底物本身未完全氧化的某种中间产物为最终电子受体，无须外界提供；而呼吸则是以外界提供的无机物、小分子有机物或氧气作为最终电子受体。呼吸又分为无氧呼吸和有氧呼吸，以无机物或小分子有机物为最终电子受体的叫作无氧呼吸，以氧为最终电子受体的叫作有氧呼吸。

生物氧化
- 发酵：以底物未完全氧化的中间产物为最终电子受体
- 呼吸
  - 无氧呼吸：以无机物或小分子有机物为最终电子受体
  - 有氧呼吸：以分子氧为最终电子受体

（一）呼吸

呼吸是指微生物在降解底物的过程中，将释放出的电子交给 NAD（P）$^+$、FAD 或 FMN 等电子载体，再经电子传递系统传给外源电子受体，从而生成水或其他还原型产物并释放出能量的过程。呼吸是大多数微生物用来产生能量的一种方式。

1．有氧呼吸（aerobic respiration） 在有氧呼吸中，葡萄糖彻底分解为 CO_2 和 H_2O，形成大量 ATP。该过程分为两个阶段：第一阶段，葡萄糖分解为两分子丙酮酸，由 EMP、HMP 和 ED 途径完成；第二阶段，包括三羧酸循环（TCA 循环）与电子传递链两部分的化学反应，前者使丙酮酸完全氧化成 CO_2 和 H_2O，后者使脱下的电子经电子传递链交给分子氧生成水并伴随有 ATP 生成。

一分子葡萄糖通过有氧呼吸可净产生 30～32 分子 ATP。能进行有氧呼吸的微生物都是好氧菌和兼性厌氧菌。要注意的是，少数微生物在有氧的情况下，有机物的氧化不彻底，氧化最终产物不是 CO_2 和 H_2O 而是小分子有机物，如好氧性的醋酸菌，在有氧条件下能将乙醇直接氧化为乙酸，这种氧化为不完全氧化，是制醋工业的基础。

2．无氧呼吸（anaerobic respiration） 无氧呼吸是一类特殊的呼吸，特点是底物按常规途径脱氢后，经部分呼吸链递氢，最终由氧化态的无机物或有机物受氢，并完成氧化磷酸化

产能反应。因为作为电子受体的氧还对的正电性均低于 O_2/H_2O，所以无氧呼吸产能效率较有氧呼吸低。能作为无氧呼吸最终电子受体的有 NO_3^-、SO_4^{2-}、CO_2 等无机物或延胡索酸等有机物。

（1）硝酸盐呼吸（nitrate respiration） 微生物以硝酸盐作为最终电子受体的生物学过程通常称为硝酸盐呼吸，属于呼吸性异化型硝酸盐还原作用。

$$NO_3^- + 2H^+ + 2e^- \longrightarrow NO_2^- + H_2O$$

反应生成的 NO_2^- 可以被分泌到胞外，也可以进一步被还原成 NO、N_2O 或 N_2，这个过程又称为反硝化作用（denitrification）。

除了反硝化作用外，硝酸盐也可在微生物作用下异化还原成铵（dissimilatory nitrate reduction to ammonium，DNRA），此即发酵性异化型硝酸盐还原，也称为氨的发酵。许多专性厌氧细菌、兼性厌氧细菌、好氧细菌和真菌等都能进行 DNRA。在此过程中，NO_3^- 同样首先被还原成 NO_2^-，随后进一步还原为 NH_4^+，并通过底物水平磷酸化形成 ATP；此时硝酸盐是发酵过程的"附带"电子受体，而非末端受体，因此为不完全还原，发酵产物主要是亚硝酸盐和 NH_4^+。虽然都是还原硝酸盐获得能量的过程，但 DNRA 反应将 NO_3^- 还原至 NH_4^+ 所需的自由能比反硝化作用将 NO_3^- 还原为 N_2O 和 N_2 的自由能高，多数情况下反硝化作用更容易发生。

能使硝酸盐还原的细菌通常称为硝酸盐还原细菌，一般为兼性厌氧菌或好氧菌。这些细菌主要生活在土壤与水中，当氧气充足时通过有氧呼吸产能；当由于好氧性机体的呼吸作用，氧被消耗造成局部厌氧环境时，如果环境中有硝酸盐存在，硝酸盐还原细菌就通过厌氧呼吸产能，从而发生反硝化作用。反硝化作用会导致土壤中植物可利用氮（NO_3^-）的消失，降低土壤肥力，对农业生产不利。克服反硝化作用的有效方法之一是松土，排除过多水分，保证土壤中有良好的通气条件。此外，N_2O 是一种强烈的温室气体，也可以通过阳光转化为 NO；NO 与大气中的臭氧（O_3）发生反应形成 NO_2^-。下雨时，NO_2^- 会以酸雨中的亚硝酸形式返回地球。

硝酸盐还原细菌在无氧条件下所引起的反硝化作用在氮素循环中非常重要。例如，由于硝酸盐是一种易溶于水的物质，常通过水从土壤流入水域中。如果没有反硝化作用，硝酸盐将在水中积累，会导致水质变坏与地球上氮素循环的中断。

人们曾经一度认为反硝化作用只发生于严格厌氧的环境中，但 20 世纪 80 年代发现了许多微生物具有周质型硝酸盐还原酶，该酶对氧分子不敏感，使得反硝化作用也能在好氧条件下发生。另外，反硝化作用也不局限于细菌，有些古菌也能进行，甚至真核微生物中的一种有孔虫（*Globobulimina pseudospinescens*）也能通过反硝化产能。

（2）硫酸盐呼吸（sulfate respiration）（反硫化作用） 已知的硫酸盐还原菌有许多类型，除了古生球菌属（*Archaeoglobus*）外，所有已知的硫酸盐还原菌都是专性厌氧的，在自然界中广泛分布且高度多样化。氢气几乎可以被所有的硫酸盐还原菌作为电子供体，而有机电子供体则因环境不同而异。例如，在淡水缺氧环境中的物种广泛利用乳酸和丙酮酸为电子供体，而海洋硫酸盐还原菌则以乙酸和长链脂肪酸作为电子供体。从电子供体氧化放出的电子可以使 SO_4^{2-} 逐步还原成 H_2S。以乳酸和丙酮酸作为氧化基质时会产生乙酸，在此过程中除了电子传递水平磷酸化生成 ATP 外，还伴随着底物水平磷酸化。

$$2\begin{matrix}CH_3\\|\\CHOH\\|\\COOH\end{matrix} + H_2SO_4 \longrightarrow 2\begin{matrix}CH_3\\|\\COOH\end{matrix} + 2CO_2 + 2H_2O + H_2S$$

除硫酸盐外，大多数硫酸盐还原菌还能以单质硫为电子受体（还原为 H_2S），生活在稻田中的硫酸盐还原菌生成 H_2S 含量过高会造成水稻烂秧。

（3）碳酸盐呼吸（carbonate respiration） 碳酸盐呼吸即产甲烷菌或乙酸细菌能在氢等物质的氧化过程中，以 CO_2 或重碳酸盐作为最终电子受体的无氧呼吸。通过厌氧呼吸最终使 CO_2 还原成甲烷或乙酸，前者又称为甲烷发酵。

产甲烷菌为专性厌氧的古菌，分布很广。江河湖底、淤泥、沼泽地及动物消化道中都有很多产甲烷菌。除了以 H_2 为电子供体、CO_2 为电子受体和碳源合成甲烷——沼气，有些产甲烷菌能以乙酸或甲酸、甲醇等甲基类化合物为底物合成甲烷。其中，以乙酸盐为底物产生的甲烷占自然界甲烷量的 67%，而以 H_2/CO_2 转化形成的甲烷不足自然界甲烷量的 33%。甲烷合成途径最终都产生甲基辅酶 M，甲基辅酶 M 在甲基辅酶 M 还原酶的催化下形成甲烷。甲烷产生途径详见第九章。

甲烷古菌能利用 CO_2 和 H_2 生长，这点类似自养型细菌，但又与自养型细菌不同，即它们在生长过程中一方面将 CO_2 同化为细胞物质，另一方面又将 CO_2 还原成甲烷。也有将产甲烷菌归属为自养型微生物的。

（4）延胡索酸呼吸（fumarate respiration） 在厌氧呼吸中，如果电子的最终受体是延胡索酸，延胡索酸接受电子后被还原成琥珀酸，这种呼吸方式被称为延胡索酸呼吸：

$$延胡索酸+2[H] \longrightarrow 琥珀酸$$

延胡索酸的还原作用是由细菌细胞膜上的电子传递链所催化的，还原依赖于菌体的生长条件，可用分子氢、甲酸、NADH、乳酸等作为延胡索酸还原的供氢体。能进行延胡索酸呼吸的微生物都是一些兼性厌氧菌，如大肠杆菌属、变形杆菌属、沙门氏菌属和克氏杆菌属等肠杆菌。

近年来，又发现了几种类似于延胡索酸呼吸的无氧呼吸类型，它们都以有机氧化物作为无氧呼吸的末端氢受体，包括甘氨酸（还原成乙酸）、二甲基亚砜（DMSO）（还原成二甲基硫化物）及氧化三甲基胺（还原成三甲基胺）等。

（二）发酵

发酵（fermentation）是指微生物细胞将有机物氧化释放的电子经某些辅酶或辅基直接传递给底物本身未完全氧化的某种中间产物，同时释放能量并产生各种不同代谢产物的过程。

“发酵”一词是 19 世纪巴斯德提出的，有些微生物在没有氧气的情况下也可以生活，当时巴斯德把这种现象叫作“发酵”，发酵是厌氧微生物在生长过程中获得能量的一种主要方式。某些兼性菌也能进行发酵作用，但是，对于主要进行发酵作用的微生物，若有氧存在，则会发生呼吸作用抑制发酵，这种现象称为巴斯德效应。

在发酵过程中，供微生物发酵的基质通常是多糖经分解而得到的单糖，其中葡萄糖是发酵常用的基质。微生物发酵葡萄糖的途径主要有 4 种：糖酵解（EMP）途径、己糖磷酸途径（HMP 途径）或戊糖磷酸途径（PPP）、恩特纳-杜多罗夫（ED）途径和磷酸解酮酶（HK 和 PK）途径。

1. 发酵途径

（1）EMP 途径（Embden-Meyerhof-Parnas pathway） 微生物在厌氧条件下可以通过 EMP 途径使一分子葡萄糖分解生成两分子丙酮酸，同时产生两个 $NADH+H^+$ 和净产生两个 ATP，反应生成的两个 $NADH+H^+$ 可被用来还原葡萄糖分解过程中产生的中间产物，最终得到不同类型的发酵产物。

EMP 途径是绝大多数生物所共有的基本代谢途径，也是酵母菌等真菌及大多数细菌所具有的代谢途径。微生物通过 EMP 途径可以为机体供应 ATP 形式的能量和 NADH＋H^+形式的还原力，该途径是连接其他几个重要代谢途径的桥梁，能为生物合成提供多种中间代谢物，并且通过该途径的逆向反应可进行多糖合成。

（2）HMP 途径（hexosemonophosphate pathway） HMP 途径又称为己糖磷酸途径，有时也称为戊糖磷酸途径，它是一条葡萄糖不经 EMP 途径和 TCA 循环途径而得到彻底氧化，并能产生大量 NADPH＋H^+形式的还原力和多种重要中间代谢物的代谢途径。HMP 途径一个循环的最终结果是一分子葡萄糖-6-磷酸转变成一分子甘油醛-3-磷酸、3 分子 CO_2 和 6 分子 NADPH＋H^+。一般认为 HMP 途径的主要作用不是产能，而是形成还原力。除此之外，HMP 途径能为核苷酸和核酸的生物合成提供戊糖-磷酸，并通过在果糖-1,6-二磷酸和甘油醛-3-磷酸处与 EMP 途径的连接来调节生物体对戊糖的需要，还能为自养型微生物固定 CO_2（卡尔文循环）提供中介。在反应中存在着 C_3～C_7 的各种糖，使具有 HMP 途径的微生物的碳源利用范围更广。通过本途径产生的重要发酵产物很多，如核苷酸、氨基酸。酵母菌对葡萄糖的利用，88%通过 EMP 途径，12%通过 HMP 途径。

（3）ED 途径（Entner-Doudoroff pathway） ED 途径又称为 2-酮-3-脱氧-葡糖酸-6-磷酸（KDPG）裂解途径。该途径是 N. Entner 和 M. Doudoroff 于 1952 年在研究嗜糖假单胞菌（*Pseudomonas saccharophila*）时发现的，是少数缺乏完整 EMP 途径的细菌所具有的一种替代途径，为微生物所特有。在 ED 途径中，葡萄糖-6-磷酸首先脱氢产生葡糖酸-6-磷酸，接着在脱水酶和醛缩酶的作用下，产生一分子甘油醛-3-磷酸和一分子丙酮酸，然后甘油醛-3-磷酸进入 EMP 途径转变成丙酮酸（图 6-7）。其特点是葡萄糖只经过 5 步反应就可获得 EMP 需 10 步反应才能得到的丙酮酸，产能效率低（一分子葡萄糖仅形成一分子 ATP），KDPG 为反应中的关键中间产物。

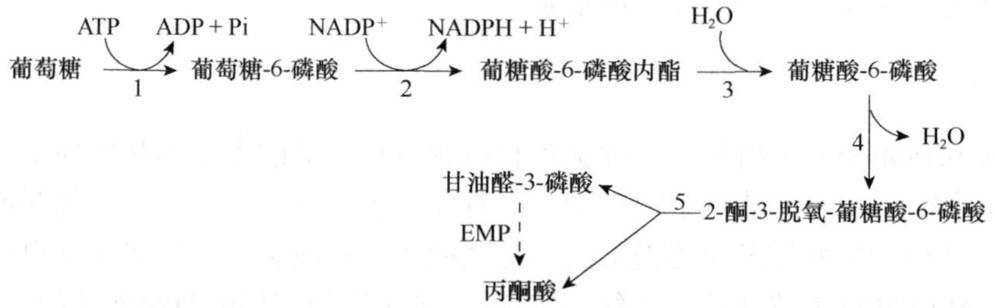

图 6-7　ED 途径示意图

1．己糖激酶；2．葡萄糖磷酸脱氢酶；3．内酯酶；4．葡糖酸磷酸脱水酶；5．2-酮-3-脱氧-葡糖酸-6-磷酸醛缩酶

ED 途径可与 EMP 途径、HMP 途径和 TCA 循环相连接，互相协调以满足微生物对能量、还原力和不同中间代谢物的需求；好氧时与 TCA 循环相连，厌氧时进行乙醇发酵。ED 途径在革兰氏阴性菌中分布较广，如嗜糖假单胞菌、铜绿假单胞菌、荧光假单胞菌、林氏假单胞菌、真养产碱菌和运动发酵单胞菌等。

（4）磷酸解酮酶途径（phosphoketolase pathway） 为少数微生物所特有。例如，进行异型乳酸发酵的细菌，因其缺少醛缩酶，不能将己糖磷酸裂解为两个三碳糖。该途径的特点是含有磷酸解酮酶，磷酸解酮酶包括戊糖磷酸解酮酶和己糖磷酸解酮酶两种。具有己糖磷酸解酮酶的称为己糖磷酸酮解途径，简称 HK 途径；只有戊糖磷酸解酮酶的称为戊糖磷酸酮解途径，简称 PK 途径。在肠膜明串珠菌中特征性酶为木酮糖-5-磷酸解酮酶，该酶催化木酮糖-5-磷酸裂解成甘油醛-3-磷酸和乙酰磷酸；一分子葡萄糖经 PK 途径产生一分子乳酸和一分子乙醇，放出一分子 CO_2，净产生一分子 ATP；当存在其他氢/电子受体（如乙醛、丙酮酸等）时，也可生成乙酸，此时净产生两分子 ATP（图 6-8A）。在双歧杆菌中除了木酮糖-5-磷酸解酮酶外，还有果糖-6-磷酸解酮酶，该酶催化果糖-6-磷酸裂解为赤藓糖-4-磷酸与乙酰磷酸；一分子葡萄糖经 HK 途径形成 3/2 分子乙酸、一分子乳酸及少量乙醇，净产生 5/2 分子 ATP（图 6-8B）。

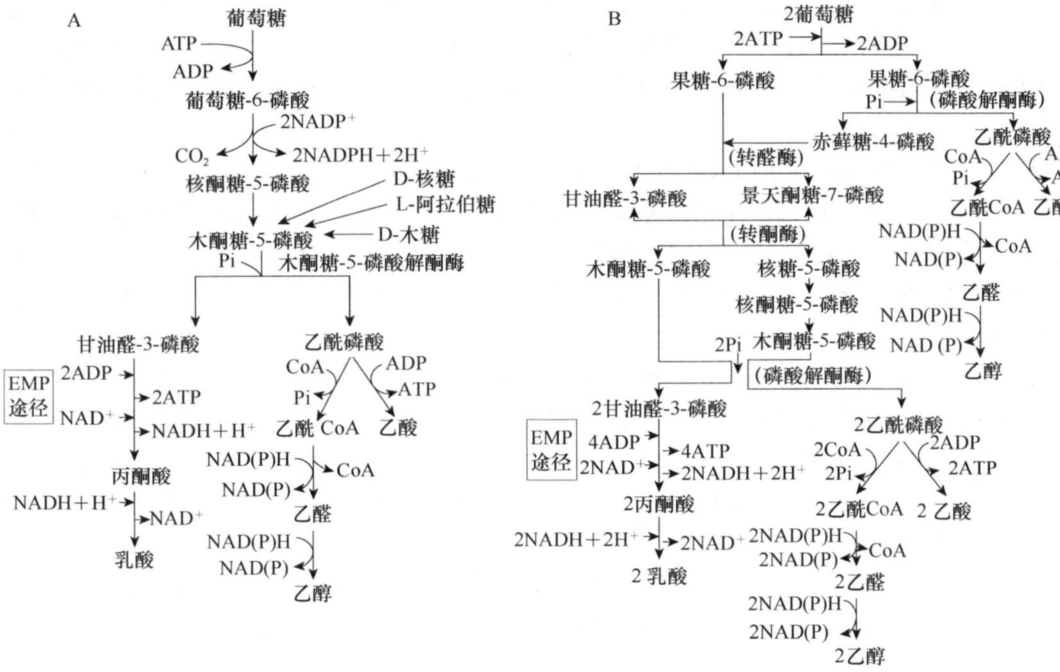

图 6-8　磷酸解酮酶途径

A．PK 途径；B．HK 途径

2．发酵类型　葡萄糖在微生物细胞中进行厌氧分解时，通过上述途径形成多种中间代谢物，并产生 NAD（P）$H+H^+$，这些还原型供氢体必须氧化再生，否则糖的分解产能将会中断。在不同的微生物细胞中及不同的环境条件下，葡萄糖分解过程中形成的各种中间产物被用作氢（电子）受体，接受 NAD（P）$H+H^+$上的氢（电子），从而形成各种不同的发酵产物。根据发酵产物的不同，发酵类型主要有乙醇发酵、乳酸发酵、丙酮-丁醇发酵、混合酸发酵、丁二醇发酵、丁酸发酵、Stickland 反应等。

（1）乙醇发酵　酵母菌的乙醇发酵和白酒、葡萄酒、啤酒等各种酒类生产关系密切，发酵是以 EMP 途径为基础进行的。丙酮酸脱羧酶是酵母菌乙醇发酵的关键酶。葡萄糖经过糖酵解作用产生两分子丙酮酸，丙酮酸再经脱羧放出 CO_2 生成乙醛，乙醛在乙醇脱氢酶的催化下，接受糖酵解过程中放出的氢（$NADH+H^+$提供）被还原成乙醇。因此在乙醇发酵过程中一分子葡萄糖最终转变成两分子乙醇，放出两分子 CO_2，同时净产生两分子 ATP：

$$C_6H_{12}O_6+2ADP+2H_3PO_4 \longrightarrow 2C_2H_5OH+2ATP+2CO_2+2H_2O$$

正常的乙醇发酵在弱酸性条件（pH 3.5～4.5）下进行，称为酵母菌的 I 型发酵。如果在发酵培养基中加入适量 $NaHSO_3$，则乙醇发酵转变为甘油发酵，形成大量甘油和少量乙醇，该发酵称为酵母菌的Ⅱ型发酵。其机制为：$NaHSO_3$ 与乙醛结合形成复合物，封闭了乙醛，使它不能用作氢受体，磷酸二羟丙酮代替乙醛作为氢受体，形成 α-磷酸甘油，在 α-磷酸甘油酯酶的催化下，脱去磷酸，生成甘油。将发酵液控制在弱碱性（pH 7.6），酵母菌的乙醇发酵转向甘油发酵，发酵主产物为甘油，伴随产生少量乙醇、乙酸和 CO_2，该发酵称为酵母菌的Ⅲ型发酵，其机制为：弱碱性环境中，乙醛不能用作氢受体，在两个乙醛分子间发生歧化反应，一分子乙醛被氧化为乙酸，另一分子乙醛被还原为乙醇。与此同时，磷酸二羟丙酮代替乙醛作为氢受体，被还原为甘油。由于在这种类型的甘油发酵中不产生 ATP，故细胞没有足够能量进行正常的生理活动，因而认为这是一种在静息细胞内进行的发酵。该发酵中有乙酸产生，乙酸累积会导致 pH 下降，结果使甘油发酵重新回到乙醇发酵。因此，利用该途径生产甘油时，需要不断调节 pH，维持 pH 在弱碱性。可见，控制酵母菌乙醇发酵的条件具有重要意义。

除酵母菌外，细菌能利用 EMP 和 ED 途径进行乙醇发酵。细菌经 ED 途径产生乙醇的过程与酵母菌通过 EMP 途径产生乙醇不同，称为细菌乙醇发酵，如运动发酵单胞菌的乙醇发酵。一分子葡萄糖经 ED 途径进行乙醇发酵，生成两分子乙醇和两分子 CO_2，净增一分子 ATP。某些生长在极端酸性条件下的严格厌氧菌和兼性肠细菌，如胃八叠球菌、解淀粉欧文氏菌则是利用 EMP 途径进行乙醇发酵。

（2）乙酸发酵　　乳酸发酵是指某些细菌在厌氧条件下利用葡萄糖生成乳酸及少量其他产物的过程。能进行乳酸发酵的细菌称为乳酸菌。常见的乳酸菌有乳杆菌、乳链球菌、明串珠菌及双歧杆菌等。乳酸菌虽然多是一些兼性厌氧细菌，但乳酸发酵却是在严格厌氧条件下完成的。乳酸菌通过 EMP、HMP、HK 或 PK 途径进行乳酸发酵，可分为同型乳酸发酵和异型乳酸发酵两种类型。

1）同型乳酸发酵。利用 EMP 途径发酵葡萄糖得到的产物只有乳酸的发酵称为同型乳酸发酵，如乳链球菌（*Streptococcus lactis*）、干酪乳杆菌（*Lactobacillus casei*）等进行的发酵是同型乳酸发酵。

$$C_6H_{12}O_6 \xrightarrow[H_2O]{2ADP+2Pi \quad 2ATP} 2C_3H_6O_3$$

2）异型乳酸发酵。一些细菌如肠膜明串珠菌（*Leuconostoc mesenteroides*）因缺乏 EMP 途径中的若干重要酶——醛缩酶和异构酶，其葡萄糖的降解依赖 PK 途径，葡萄糖发酵产物为乳酸、乙醇和 CO_2。双歧杆菌经 HK 途径发酵葡萄糖形成的产物除乳酸外还有乙醇和乙酸。产物为乳酸和其他有机物的乳酸发酵称为异型乳酸发酵。

工业上的乳酸生产、农业上青贮饲料的发酵及人们日常腌泡菜和渍酸菜，都是人为创造厌氧环境，抑制好氧腐败微生物的生长，促使乳酸菌利用植物中的可溶性养分进行乳酸发酵产生乳酸，最后达到完全抑制其他微生物活动的目的。由于乳酸菌不具备分解纤维素和蛋白质的酶系，不会破坏植物细胞组织，因此不会降低营养成分，反而增加了食物风味，促进食欲。

（3）丙酮-丁醇发酵　　丙酮丁醇梭菌在发酵葡萄糖的过程中，丁酸积累导致发酵液 pH 下降，会使丁酸发酵转变为丙酮-丁醇发酵，丙酮酸分别转变成丙酮和丁醇（图 6-9）。

（4）混合酸发酵与丁二醇发酵　　许多微生物还能通过发酵将葡萄糖转变成琥珀酸、乳酸、甲酸、乙醇、乙酸、H_2、CO_2 等多种代谢产物，由于代谢产物中含有多种有机酸，因此将这种发酵称为混合酸发酵（图 6-10A）。大肠杆菌属（*Escherichia*）、沙门氏菌属（*Salmonella*）和志贺氏菌属（*Shigella*）等肠细菌中的一些细菌，能利用葡萄糖进行混合酸发酵，大肠杆菌可将丙酮酸裂解生成乙酰 CoA 与甲酸，甲酸在酸性条件下可以进一步裂解生成 CO_2 和 H_2。因此，大肠杆菌发酵葡萄糖能产酸产气。由于志贺氏菌不能使甲酸裂解产生 CO_2 和 H_2，因此志贺氏菌发酵葡萄糖产酸不产气。利用发酵葡萄糖能否产酸产气可将大肠杆菌与志贺氏菌区分开。

产气杆菌（又称为产气荚膜梭菌）发酵葡萄糖可以得到大量的丁二醇与少量乳酸、乙醇、CO_2、H_2 等代谢产物，这种发酵称为丁二醇发酵（图 6-10B）。在产气杆菌的丁二醇发酵中，丙酮酸可以通过缩合与脱羧两步反应生成乙酰甲基甲醇（3-羟基丁酮），然后进一步被还原成 2,3-丁二醇。乙酰甲基甲醇在碱性条件下，容易被氧化生成二乙酰，二乙酰又能与精氨酸的胍基起反应生成红色化合物。这是菌种分类鉴定中常用的 V. P.（Vagex-Proskauer）反应的原理。由于大肠杆菌不产生（或很少产生）2,3-丁二醇，因此大肠杆菌发酵葡萄糖的 V. P. 反应为阴性，而产气杆菌发酵葡萄糖的 V. P. 反应为阳性。V. P. 反应的过程可用下列反应式表示：

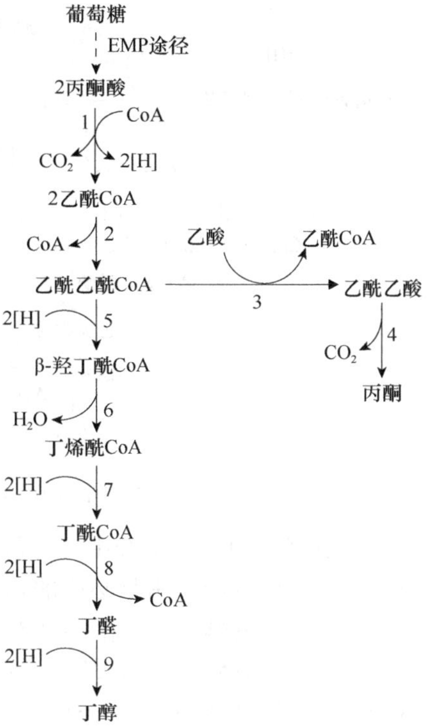

图 6-9 丙酮丁醇梭菌的丙酮-丁醇发酵

1. 丙酮酸-铁氧还蛋白氧化还原酶；2. 硫解酶；3. 转移酶；4. 乙酰乙酸脱羧酶；5. β-羟丁酰 CoA 脱氢酶；6. 烯酰 CoA 水解酶；7. 丁酰 CoA 脱氢酶；8. 丁醛脱氢酶；9. 丁醇脱氢酶

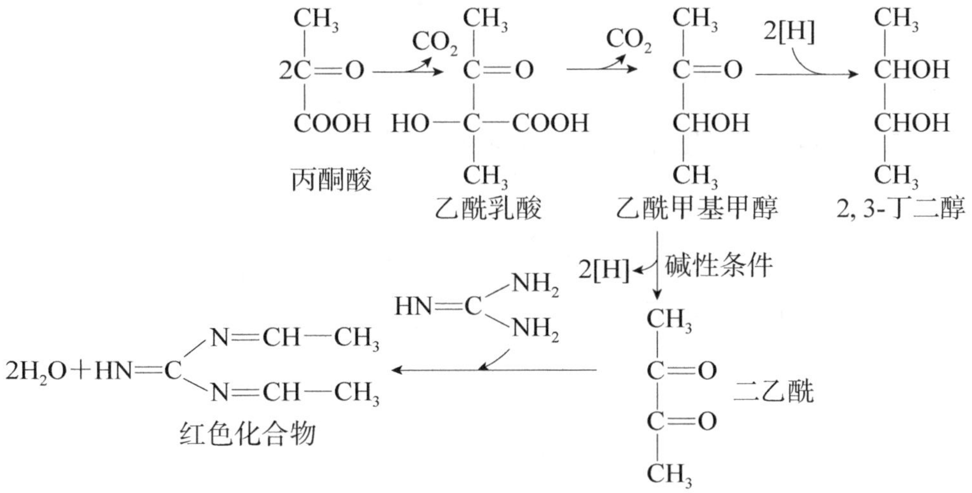

在大肠杆菌的混合酸发酵过程中，由于产有机酸较多，发酵液的 pH 能降到 1.2 以下。但在产气杆菌的丁二醇发酵过程中，代谢产物主要是一些有机醇类中性化合物，有机酸含量较少，因而发酵液的 pH 较高。如果在这两种类型的葡萄糖发酵液中分别加入甲基红指示剂，大肠杆菌的发酵液呈红色，产气杆菌的发酵液呈橙黄色，即前者的甲基红反应为阳性，后者的甲基红反应为阴性。

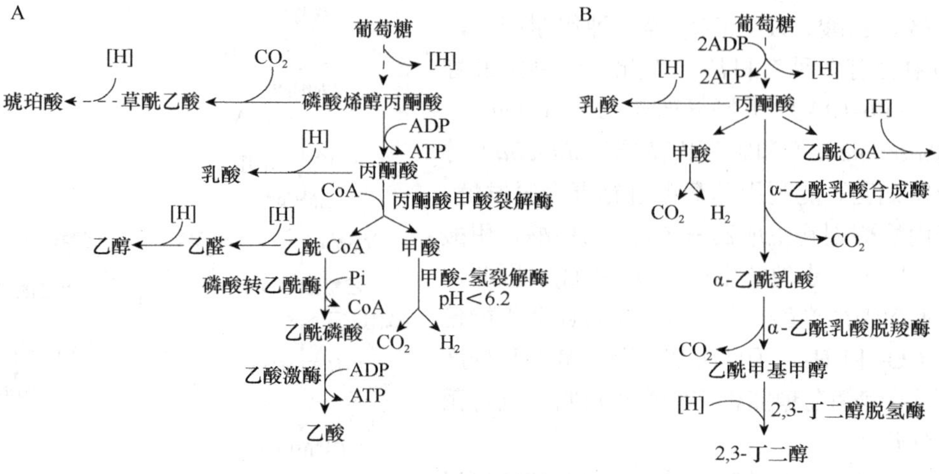

图 6-10　混合酸发酵（A）和丁二醇发酵（B）

在自来水的质量检查中，一般以水中的大肠杆菌含量高低来评估水被污染的程度，V.P. 反应和甲基红反应通常是必检的项目。

（5）丁酸发酵　　丁酸梭状芽孢杆菌可以经 EMP 途径发酵葡萄糖得到丁酸。在丁酸发酵过程中，丙酮酸在酶的作用下脱去一个 CO_2 生成乙酰 CoA 与 H_2，乙酰 CoA 进一步生成乙酰磷酸，乙酰磷酸与 ADP 反应可生成乙酸和一个 ATP，反应如下：

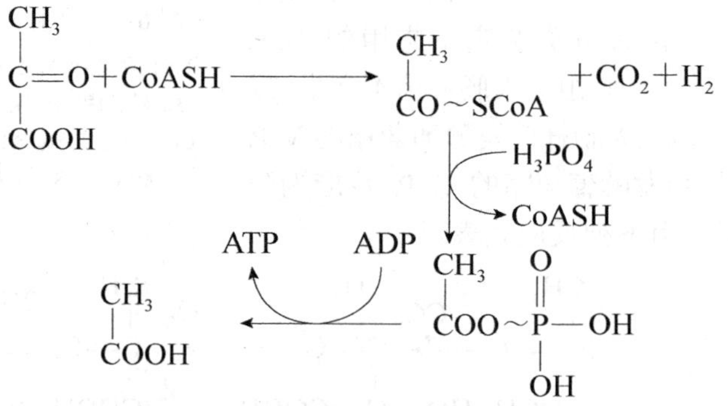

另外，乙酰 CoA 还可以缩合，然后逐步被还原成丁酸。其过程如下：

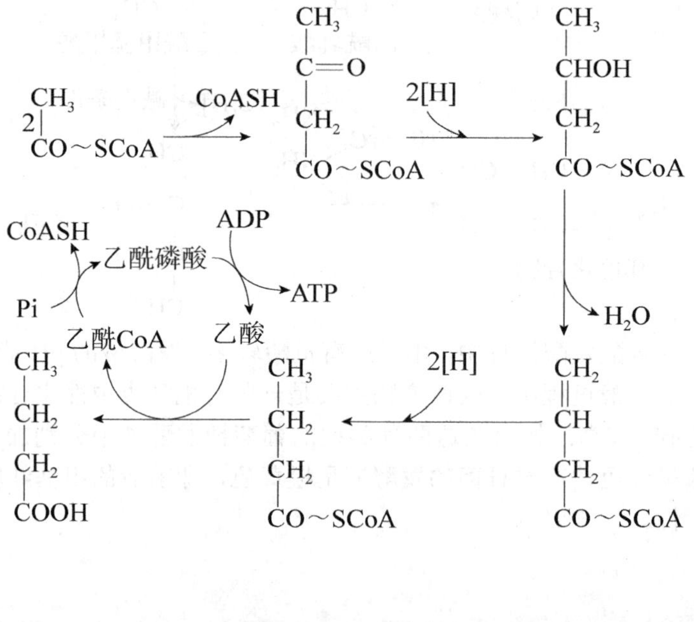

（6）氨基酸的发酵产能——Stickland 反应　其产能机制是微生物在厌氧条件下通过部分氨基酸（如丙氨酸等）的氧化与另一些氨基酸（如甘氨酸等）的还原相偶联。这种以一种氨基酸作氢供体，另一种氨基酸作氢受体而产能的独特发酵类型，称为 Stickland 反应。其典型反应为甘氨酸与丙氨酸之间的 Stickland 反应，它们的总反应式为

$$2\underset{\displaystyle \mathrm{NH_2}}{\underset{|}{\mathrm{CH_2}}}\mathrm{COOH}+\mathrm{CH_3}\underset{\displaystyle \mathrm{NH_2}}{\underset{|}{\mathrm{CH}}}\mathrm{COOH}+\mathrm{ADP}+\mathrm{Pi}\longrightarrow 3\mathrm{CH_3COOH}+\mathrm{CO_2}+3\mathrm{NH_3}+\mathrm{ATP}$$

可作为氢供体的氨基酸主要有丙氨酸（Ala）、亮氨酸（Leu）、异亮氨酸（Ile）、缬氨酸（Val）、组氨酸（His）、丝氨酸（Ser）、苯丙氨酸（Phe）、色氨酸（Trp）和酪氨酸（Tyr）等；作为氢受体的氨基酸主要有甘氨酸（Gly）、脯氨酸（Pro）、鸟氨酸（Orn）、精氨酸（Arg）和甲硫氨酸（Met）等。已知能进行 Stickland 反应的细菌都是专性厌氧梭菌，如生孢梭菌、肉毒梭菌、双酶梭菌和斯氏梭菌等。

上述化能营养型微生物，无论自养还是异养，它们通过发酵或呼吸等生物氧化作用释放的能量，可以经由氧化磷酸化或基质水平磷酸化方式转换为 ATP。自然界中还有一类光能营养型微生物，它们吸收光能后，通过光合磷酸化的方式形成 ATP。

三、光能营养型微生物的能量代谢

光能是一种辐射能，它不能被生物直接利用，只有当光能通过光合生物的光合色素吸收与转变形成化学能——ATP 以后，才能用来支持生物的生长，此过程即光合磷酸化。自然界中能进行光合作用的生物总结如下：

$$\text{光能营养型生物}\begin{cases}\text{产氧}\begin{cases}\text{真核生物：藻类及其他绿色植物}\\ \text{原核生物：蓝细菌}\end{cases}\\ \text{不产氧（仅原核）：光合细菌、嗜盐菌}\end{cases}$$

不产氧的光合细菌，根据光合色素和电子供体的不同可分为紫细菌（purple bacteria）、绿细菌（green bacteria）和日光杆菌（heliobacteria）。紫细菌包括紫色非硫细菌（purple non-sulfur bacteria）和紫色硫细菌（purple sulfur bacteria）；绿细菌包括绿色硫细菌（green sulfur bacteria）和丝状非产氧光合细菌（filamentous anoxygenic phototrophic bacteria，又称为绿色非硫细菌）。此外，近年来还发现了能进行光合作用的酸杆菌门（*Acidobacteria*）。绝大多数光合细菌都含有细菌叶绿素 a，有些可以无机物或有机物为电子供体。光合细菌的碳源主要是 CO_2，有些可以有机物作为碳源。

（一）光合色素

光合色素是光合生物所特有的物质，它在光能转换过程中起着重要作用。光合色素有主要色素和辅助色素。主要色素是叶绿素 a 和菌绿素，辅助色素有类胡萝卜素、藻胆素和除叶绿素 a 以外的其他叶绿素。

1. 叶绿素　叶绿素分子结构类似于细胞色素，它也是由 4 个吡咯环组成一个大卟啉环的化合物，但它与细胞色素不同的是卟啉环中心的金属元素是镁而不是铁，并且在第三个吡咯环外还形成了一个戊碳环。高等植物和藻类中有 5 种结构相似的叶绿素，称为叶绿素 a、叶绿素 b、叶绿素 c、叶绿素 d、叶绿素 f，其中最主要的是叶绿素 a，存在于包括蓝细菌在内的所有放氧光合生物中。光合细菌则具有 8 种不同类型的菌绿素，这些菌绿素主要在卟啉环

的侧链基团上互不相同。叶绿素a和菌绿素a的不同之处在于后者环Ⅰ上不是乙烯基而是酮基，且环Ⅱ上的双键被氢化（图6-11）。叶绿素最大吸收波长有两个，一个是680nm附近的红光部分，另一个是430nm附近的蓝紫光部分。菌绿素a的最大吸收波长为800～925nm。

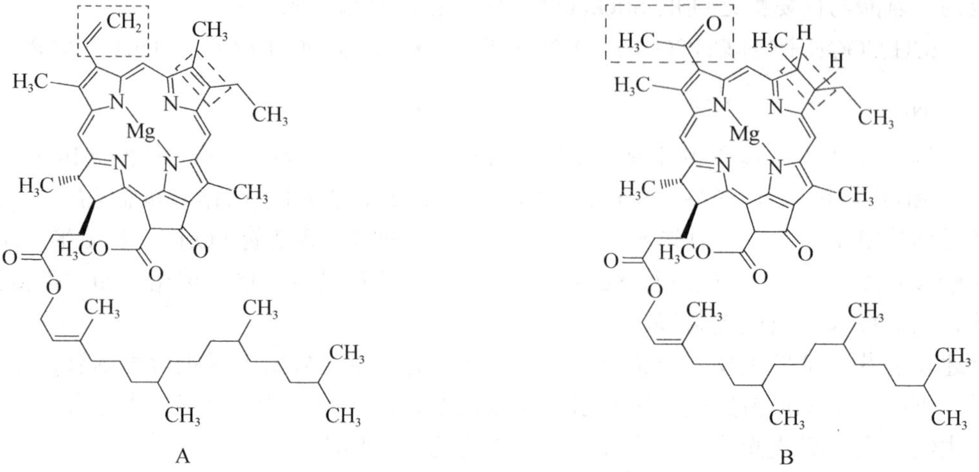

图6-11　叶绿素与菌绿素的结构

A．叶绿素a；B．菌绿素a。虚线框表示二者的区别

2．类胡萝卜素与藻胆素　类胡萝卜素是一类由40个碳原子组成的不饱和烃类化合物（图6-12）。它们不溶于水，但溶于有机溶剂，它的最大吸收光谱的波长为450～550nm。藻胆素是一种含有4个吡咯环的线性结构的水溶性色素，其最大吸收光谱的波长为550～650nm。

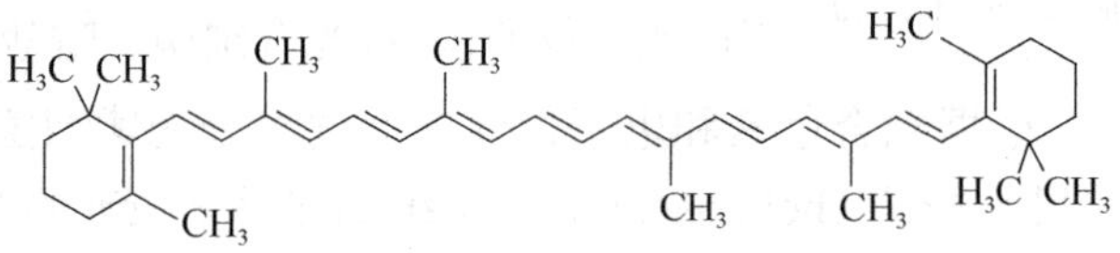

图6-12　β-胡萝卜素的结构

光合色素存在于一定的细胞器或细胞结构中。叶绿素a或菌绿素在它存在的部位里组成光反应中心，能吸收光与捕捉光能，使自己处于激发状态而逐出电子。类胡萝卜素与藻胆素在机体里只能捕捉光能并将捕捉到的光能传递给叶绿素a或菌绿素，而不直接参加光化学反应；另外，这两种色素还能吸收一些有害光谱，避免其对机体的破坏作用。

（二）不产氧型光合作用

存在于厌氧光合细菌中，在光合光反应中，电子通过排列在光合膜中的电子传递链进行传递，在此过程中产生质子动力势从而驱动ATP的合成。光合细菌的光能转化机构随菌种不同而不同，按反应中心最终电子受体的不同分为两类。

Ⅰ型：铁硫蛋白型，光系统中心是P840，如绿色硫细菌、日光杆菌及酸杆菌。

Ⅱ型：醌型，光系统中心是P870，如紫色硫细菌、绿色非硫细菌。

在紫色硫细菌中，光捕获复合体（Bchl＋类胡萝卜素＋P870）捕获光能，使反应中心叶绿素P870成为激发态P870*，P870*失去一个电子成为P870+，高能电子跃升到电子受体细菌脱镁叶绿素（bacteriopheophytin，Bph），随后通过醌铁蛋白、醌等载体传递至细胞色素 bc1 复合体，在从 bc1 复合体传递到细胞色素 c2 的过程中，伴随能量释放并偶联 ATP 的生成，最后，低能电子返回 P870$^+$，形成 P870，重复上述过程（图 6-13A）。紫色硫细菌中这种光驱动下通过电子的循环式传递产生 ATP 的方式称为环式光合磷酸化。

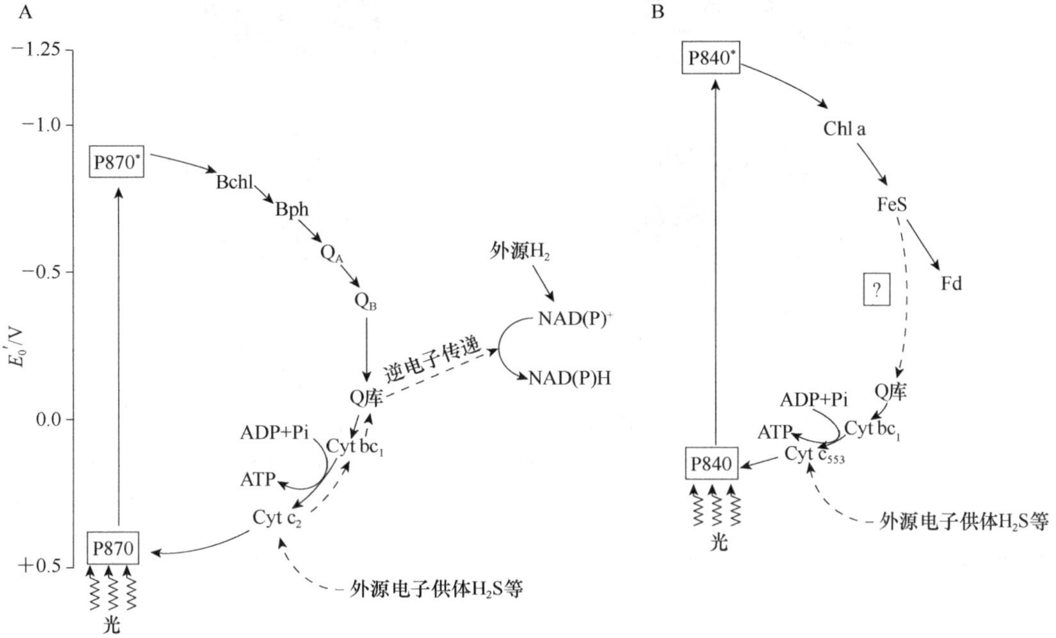

图 6-13 紫色硫细菌和绿色硫细菌的光合磷酸化

A．紫色硫细菌；B．绿色硫细菌。Bchl．菌绿素；Bph．细菌脱镁叶绿素；Fd．铁氧还蛋白；Q_A和 Q_B为质体醌

紫色硫细菌生物合成所需的还原力，由外源供体如 H_2S 提供电子，逆电子流方向经质醌传递 NAD（P）$^+$，使其还原。当其在氢中生长时，也可以利用分子氢直接还原 NAD（P）$^+$为 NAD（P）H（图 6-13A）。

与紫色硫细菌不同，绿色硫细菌和日光杆菌还原力的产生不需要反向电子传递过程。这是因为绿色硫细菌激发态的光反应中心比紫色硫细菌电负性更强，最先接受电子的铁硫蛋白 E_0'值（−540mV）比紫色硫细菌中的醌铁复合体要低得多，其 E_0'电负性比 NADH 更高，因此，在绿色硫细菌中，电子从反应中心流向铁氧还蛋白（ferredoxin，Fd），并以 Fd 作为还原力，用于 CO_2 固定的直接电子供体，此时反应中心缺失的电子由硫化物或硫酸盐等供给（图 6-13B）。Fd 的电子也可以传递给铁氧还蛋白-NAD 氧化还原酶产生 NADH。目前尚不确定在绿色硫细菌和日光杆菌中是否存在环式光合磷酸化，因为电子如何从反应中心的铁硫蛋白传递至细胞色素 bc 复合体仍不清楚。

光合细菌的光合作用是在含有光合色素的细胞内膜上进行的，不同的光合细菌不仅在光合色素的种类上有所不同，在光合膜系统上也存在一定差异。红硫菌科光合细菌的载色体（chromatophore，图 6-14A）是细胞膜内陷延伸或折叠形成发达的片层状、管状或囊状系统；绿硫菌科光合细菌的绿色体（chlorosome，图 6-14B）是以分散状态存在的一系列单层膜组成的囊泡；日光杆菌缺乏内膜系统，其光合色素位于细胞膜上。绿色体存在于绿色硫细菌、绿色非硫细菌及光合酸杆菌中，是从低光强中捕获能量的终极结构，这使得这些生物能在无法支撑其他光养生物的低光照环境下生存。

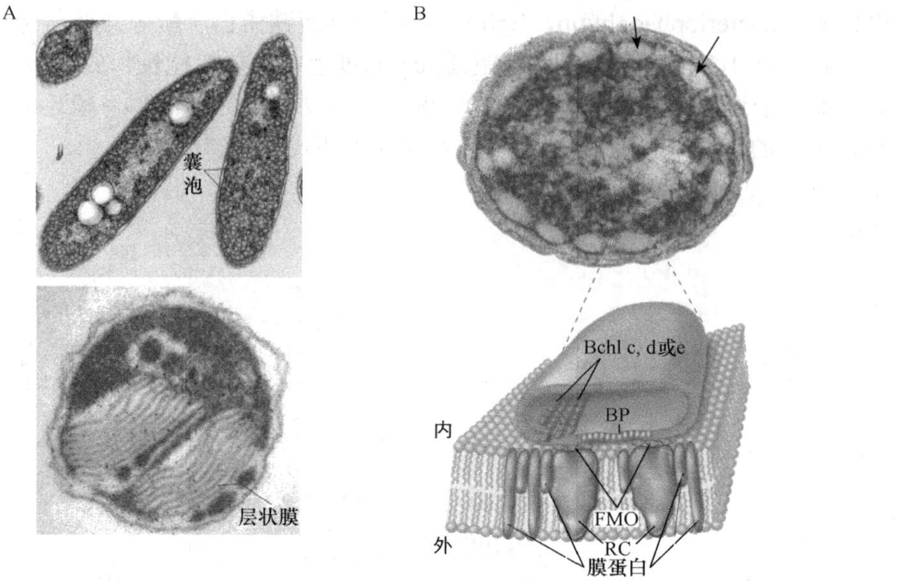

图 6-14 紫色细菌和绿色细菌的光合膜（Madigan et al.，2019）

A. 上为红杆菌的囊状光合膜，连续的小泡与细胞膜相连，并由细胞膜内陷产生；下为外硫红螺菌的层状膜，这些膜也与细胞膜相连并由细胞膜内陷产生，但它们不形成囊泡，而是形成层状堆叠。B. 上为绿硫杆菌（*Chlorobaculum tepidum*）细胞横截面的透射电镜图，箭头示绿色体；下为绿色体结构模型，绿色体紧贴在细胞膜的内表面，天线细菌叶绿素（Bchl）分子在绿色体内呈管状排列，能量从这些分子通过 FMO 蛋白转移到细胞膜内的反应中心（RC）的 Bchl a，基板（BP）蛋白在绿色体和细胞膜之间起连接作用

光合细菌光合磷酸化的特点可总结为：①只有一个光系统，通过光驱动下的电子传递过程推动 ATP 的合成；②不是利用 H_2O，而是利用还原态的 H_2、H_2S 等作为还原 CO_2 的氢供体，进行不产氧的光合作用；③产生还原力与产生 ATP 分开进行。

（三）放氧型光合作用

蓝细菌的类囊体和红藻的叶绿体中含有被称为藻胆蛋白（phycobiliprotein）的色素，这是这些光养生物主要的光捕获系统（图 6-15A）。藻胆蛋白由脱辅基蛋白（apoprotein）和藻胆素（phycobilin）通过硫醚键共价连接而成。与叶绿素的闭环不同，藻胆素是一类开链的四吡咯结构的化合物（图 6-15A），根据颜色可大致分为藻蓝胆素（phycocyanobilin）、藻红胆素（phycoerythrobilin）、藻紫胆素（phycoviolobilin）和黄色的藻尿胆素（phycourobilin）。不同类型的藻胆素使不同藻胆蛋白的颜色及光谱性质各异，根据吸收光谱的不同可将藻胆蛋白分为藻红蛋白（phycoerythrin）、藻蓝蛋白（phycocyanin）、别藻蓝蛋白（allophycocyanin）和藻红蓝蛋白（phycoerythrocyanin）4 种，分别在波长 550nm、620nm、650nm、567nm 处吸收最强。藻胆蛋白聚集为藻胆体（phycobilisome），附着在蓝细菌的类囊体上（图 6-15A）。在藻胆体中，别藻蓝蛋白直接与光合膜接触并靠近反应中心的叶绿素，藻红蛋白或（和）藻蓝蛋白围绕在其周围，这种排列方式加速了能量向反应中心的传递，使得蓝细菌能在较低光强下生长。

在蓝细菌、藻类与植物里，有由光合色素组成的两个光反应中心：PS Ⅰ 与 PS Ⅱ。PS Ⅰ 吸收光能，逐出的电子通过电子传递体去还原 $NAD(P)^+$，生成 NAD(P)H；PS Ⅱ 吸收光能，使水光解放出电子，并有氧气产生，放出的电子通过电子传递链还原反应中心 Ⅰ 的叶绿素分子。

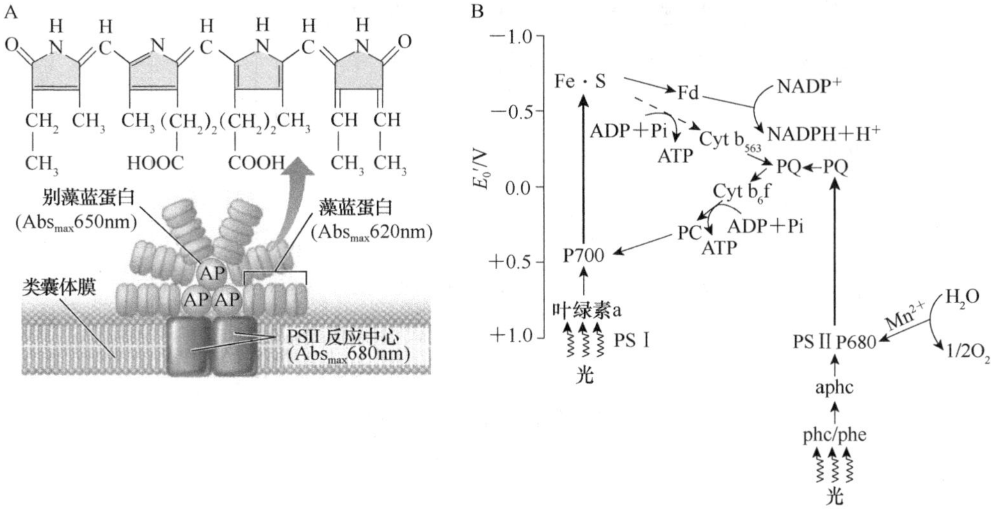

图 6-15 蓝细菌的光合膜结构（A）与光合磷酸化（B）（Madigan et al.，2019）

Fd．铁氧还蛋白；phc．藻蓝蛋白；phe．藻红蛋白；aphc．别藻蓝蛋白；PQ．质体醌

电子在传递过程中可以产生 ATP，这是一种非环式光合磷酸化。此外，PS Ⅰ 中还存在环式光合磷酸化，电子不传至 $NAD(P)^+$，而是沿铁硫蛋白、细胞色素 b_6f 复合体、质体蓝素（PC），最后回到 $P700^+$（图 6-15B）。该非环式光合磷酸化总反应式如下：

$$2NADP^+ + 2ADP + 2Pi + 2H_2O \longrightarrow 2NADPH + 2H^+ + 2ATP + O_2$$

其特点为：①有氧条件下进行；②有两个光合系统；③可同时产生 ATP、还原力和氧气；④还原力来自 H_2O 的光解。

（四）依靠细菌视紫红质的光合作用

嗜盐菌可通过两条途径获取能量，一条是有氧存在下的氧化磷酸化途径，另一条是有光存在下的光合磷酸化途径。嗜盐菌在无叶绿素和菌绿素参与的条件下吸收光能产生 ATP 的过程称为紫膜光合磷酸化，这是目前所知道的最简单的光合磷酸化。与经典的由叶绿素、菌绿素所进行的光合磷酸化不同，是一种新发现的光合类型，仅存在于嗜盐菌中。

嗜盐菌的细胞膜分为紫膜和红膜两部分，红膜主要含细胞色素和黄素蛋白等用于氧化磷酸化的呼吸链载体。在厌氧光照条件下，嗜盐菌会合成一种被称作细菌视紫红质的蛋白质嵌入细胞膜中，称为紫膜。紫膜约占全膜的 50%，在膜上呈斑片状独立分布，由 25%的脂类和 75%的细菌视紫红质组成。该视紫红质与人眼视网膜上柱状细胞中所含的视紫红质十分相似，是一种特殊的光感受体，由视蛋白和视黄醛共价结合而成。

嗜盐菌的视紫红质可强烈吸收 570nm 处的绿色光谱。细菌视紫红质的感光分子视黄醛常以一种全反式结构存在于膜内侧，吸收光子后可被激发并暂时转换成顺式状态。随后，顺式视黄醛将光能传递给视蛋白，用于将 H^+泵到膜外。随着视黄醛的松弛和质子的吸收，顺式状态又转换成更为稳定的全反式异构体，吸收下一个光子。如此循环，使紫膜内外形成质子梯度；膜外质子通过红膜上的 ATP 合成酶进入膜内，平衡膜内外质子差额时合成 ATP（图 6-16）。

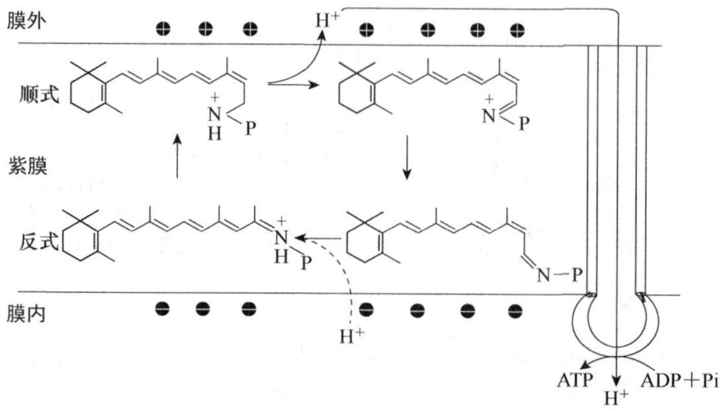

图 6-16　盐杆菌的光合磷酸化

P 表示与带色视黄醛结合的蛋白质

第二节　微生物中几个特殊的合成代谢

微生物的生长过程包括营养物质的分解与细胞物质的合成，分解过程除了为机体生长提供能量以外，还能为机体生长提供物质合成所需要的还原力与小分子前体物。能量、还原力与小分子前体物通常又称为细胞物质合成的三要素。蛋白质、多糖、脂类等大分子物质的合成与分解过程在生化课中已有详解，不再重复，本节主要介绍微生物细胞中几个特殊的生物合成过程。

一、自养型微生物 CO_2 的固定

异养型微生物合成细胞多糖所需的单糖通常是直接从它们生活的环境中吸收，自养型微生物则可以吸收 CO_2 并合成一种单糖，然后在机体内通过糖的互变过程，获得所需要的其他单糖。不同的自养型微生物固定 CO_2 的方式各不相同，主要包括卡尔文循环、厌氧乙酰辅酶 A 途径、还原三羧酸循环和羟基丙酸途径等。

（一）卡尔文循环

这是包括植物、藻类、蓝细菌和紫色细菌在内的光合生物及全部好氧性化能自养菌固定 CO_2 的主要方式，它们能通过卡尔文循环（Calvin cycle）使 CO_2 还原成果糖-6-磷酸。

卡尔文循环分为羧化反应、还原反应及 CO_2 受体的再生三个阶段。通过羧化反应，CO_2 首先被固定在核酮糖-1,5-二磷酸上，再裂解生成两分子的甘油酸-3-磷酸。紧接着，甘油酸-3-磷酸被还原成甘油醛-3-磷酸，一部分甘油醛-3-磷酸经互变生成磷酸二羟丙酮，甘油醛-3-磷酸与磷酸二羟丙酮缩合生成果糖-1,6-二磷酸，再转变成果糖-6-磷酸。为了保证 CO_2 固定反应的连续进行，CO_2 受体核酮糖-1,5-二磷酸必须再生。如图 6-17 所示，从第 1 步到第 6 步是 CO_2 合成单糖的反应，从第 7 步到第 13 步是核酮糖-1,5-二磷酸再生的反应。

有意思的是，还原反应中的甘油醛-3-磷酸脱氢酶是 EMP 和卡尔文循环中所共有的酶，在 EMP 中以 NAD 为辅酶，催化物质降解与氧化；而在卡尔文循环中则以 NADP 为辅酶，催化生物合成与还原。这种差异使一个酶在不同条件下催化两种性质不同的反应，独立行使功能，这也是区分细胞生物合成与降解途径的一个手段。

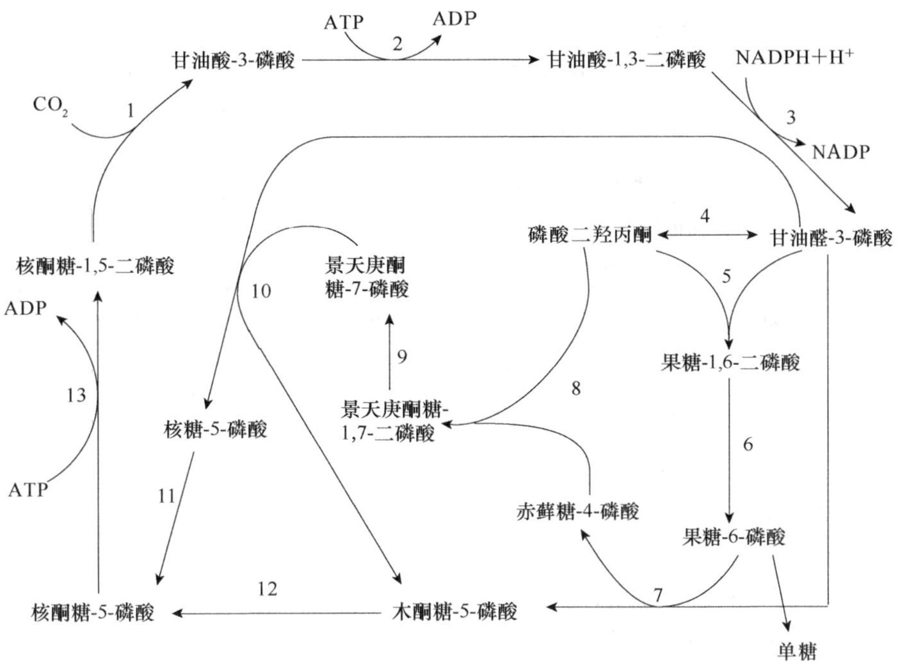

图 6-17 卡尔文循环

1．核酮糖-1,5-二磷酸羧化酶；2．甘油酸-3-磷酸激酶；3．甘油醛-3-磷酸脱氢酶；4．丙糖磷酸异构酶；5．果糖-1,6-二磷酸醛缩酶；6，9．磷酸酯酶；7，10．转酮醇酶；8．醛缩酶；11．核糖磷酸异构酶；12．核酮糖磷酸差向异构酶；13．核酮糖磷酸激酶

一些进行卡尔文循环的自养型微生物细胞内形成羧酶体作为固定 CO_2 的场所，每个羧酶体上大约含有 250 个核酮糖-1,5-二磷酸羧化酶（Rubisco）分子，此外还含有碳酸酐酶，能使以 HCO_3^- 形式进入细胞的无机碳转变为 Rubisco 的直接底物 CO_2。羧酶体除了浓缩 CO_2 外，还能限制 Rubisco 与 O_2 接触，避免核酮糖-1,5-二磷酸进入氧化途径。

（二）厌氧乙酰辅酶 A 途径

厌氧乙酰辅酶 A 途径（anaerobic acetyl-CoA pathway）又称为活性乙酸途径、CODH 途径，为了纪念阐明该途径的学者，也称为 Wood-Ljungdahl 途径，主要是厌氧的化能自养菌固定 CO_2 的一种途径，如硫酸盐还原菌、产甲烷菌和产乙酸菌等。一氧化碳脱氢酶（carbon monoxide dehydrogenase，CODH）是该途径的关键酶。

在 CODH 途径中，两分子二氧化碳分别被还原为一氧化碳和甲酸（或直接进入甲酰基）：一分子 CO_2 被甲酸脱氢酶还原为甲酸盐，甲酸盐与四氢叶酸（H_4F）的一碳基团结合成为甲基四氢叶酸，甲基随后被转移到辅酶 B_{12}（类咕啉）上；另一分子 CO_2 在 CODH 的催化下还原为与酶结合的［CO］，再与甲基类咕啉上的甲基结合成乙酰辅酶 A（图 6-18）。厌氧微生物的 CODH 可被称为乙酰辅酶 A 合成酶，是一个双功能酶，既催化 CO 氧化/CO_2 还原，又催化乙酰辅酶 A 合成/裂解，反应如下：

$$CH_3\text{-}Co^{3+}FeSP + CO + CoA \rightleftharpoons CH_3-C(O)-CoA + Co^{+}FeSP$$

$$CO_2 + 2e^- + 2H^+ \rightleftharpoons CO + H_2O$$

其中，微生物 CODH 所催化的 CO 与 CO_2 之间的转化与绿色植物的光合作用共同维持着大气碳循环。

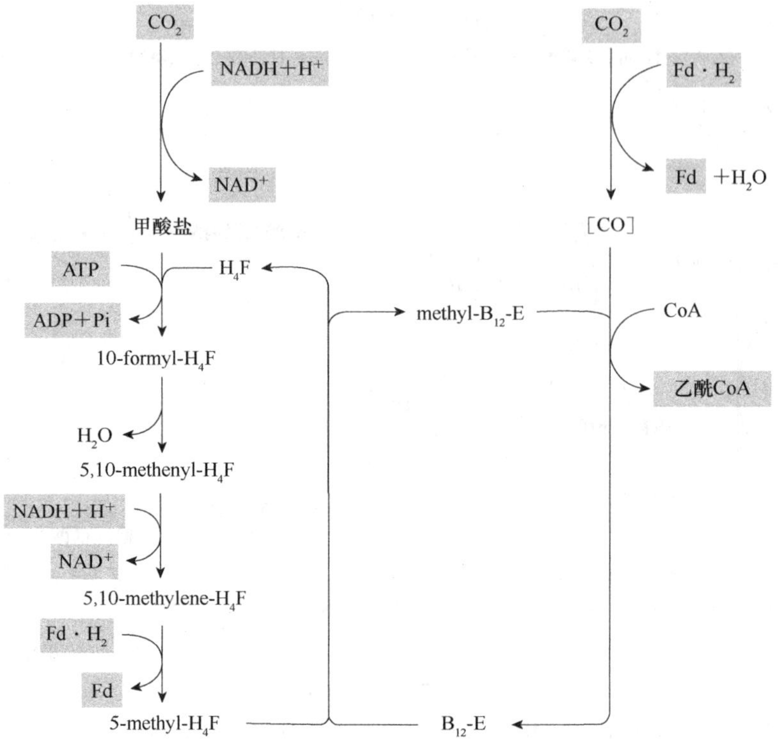

图 6-18 厌氧乙酰辅酶 A 途径

methyl-. 甲基；methenyl-. 次甲基；formyl-. 甲酰基；methylene-. 亚甲基

（三）还原三羧酸循环

还原 TCA 循环（reductive TCA cycle）也称为逆向 TCA 循环，存在于绿色硫细菌中，也存在于某些非光养自养生物中，如热变形菌属（*Thermoproteus*）、硫化叶菌属（*Sulfolobus*）、产液菌属（*Aquifex*）、硫微螺菌属（*Thiomicrospira*）等。另外，嗜热氢杆菌（*Hydrogenobacter thermophilus*）因不含卡尔文循环中的相关酶，主要通过还原三羟酸循环固定 CO_2。

还原 TCA 循环包括乙酰 CoA 的还原羧化、琥珀酰 CoA 的还原羧化两步关键反应，分别由丙酮酸合成酶和 α-酮戊二酸合成酶催化（图 6-19）。这两步反应只在厌氧条件下、依赖还原态铁氧还蛋白（Fd）（绿色硫细菌中 Fd 的产生见上节，图 6-13B）的推动才能进行，好氧微生物没有这种固定二氧化碳的能力。

催化还原 TCA 循环的绝大部分酶与 TCA 循环相同，除柠檬酸裂解酶外。柠檬酸裂解酶在有 ATP 的情况下将柠檬酸裂解成乙酰 CoA 和草酰乙酸（图 6-19）。而在 TCA 循环中，柠檬酸是由柠檬酸合酶产生的。

由图 6-19 可见，每循环一次，可固定 4 分子 CO_2，合成一分子草酰乙酸，同时消耗 3 分子 ATP、两分子 NAD（P）H 和一分子 $FADH_2$。

（四）羟基丙酸途径

在绿色非硫细菌绿屈挠菌属（*Chloroflexus*）中通过羟基丙酸途径（hydroxypropionate pathway）固定 CO_2（图 6-20），该属细菌以 H_2 或 H_2S 为电子供体，可将两分子 CO_2 还原为乙醛酸，后者被转化为细胞物质，该途径中羟基丙酸为关键中间物。净反应如下：

$$2CO_2+4[H]+3ATP \longrightarrow C_2H_2O_3+H_2O$$

此外，在嗜热嗜酸古菌中还发现了3-羟基丙酸、4-羟基丁酸途径等。

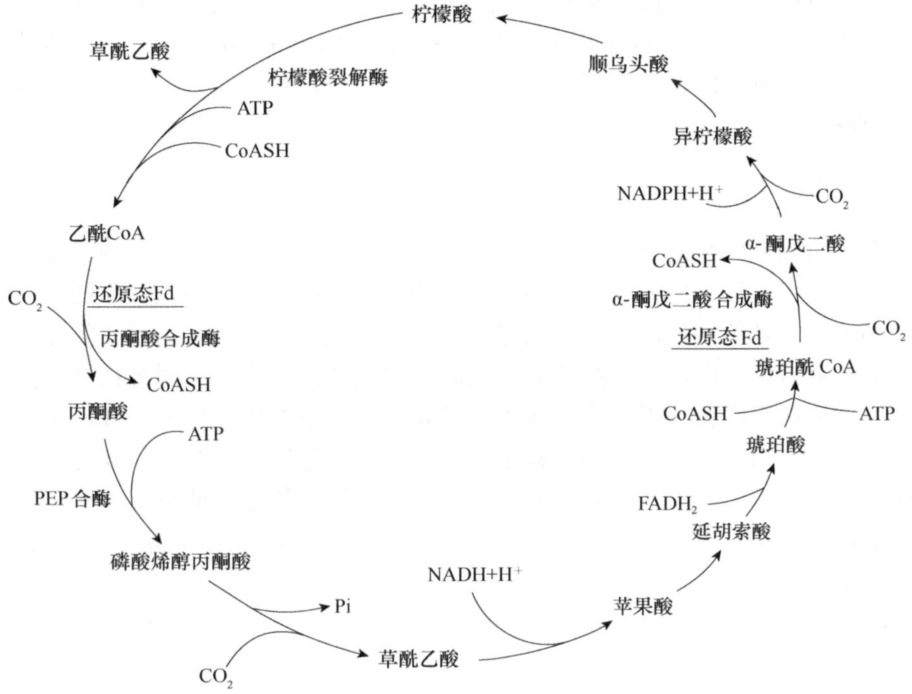

图 6-19 嗜硫代硫酸盐绿色硫细菌（*Chlorobium thiosulphatophilum*）固定 CO_2 的还原 TCA 循环

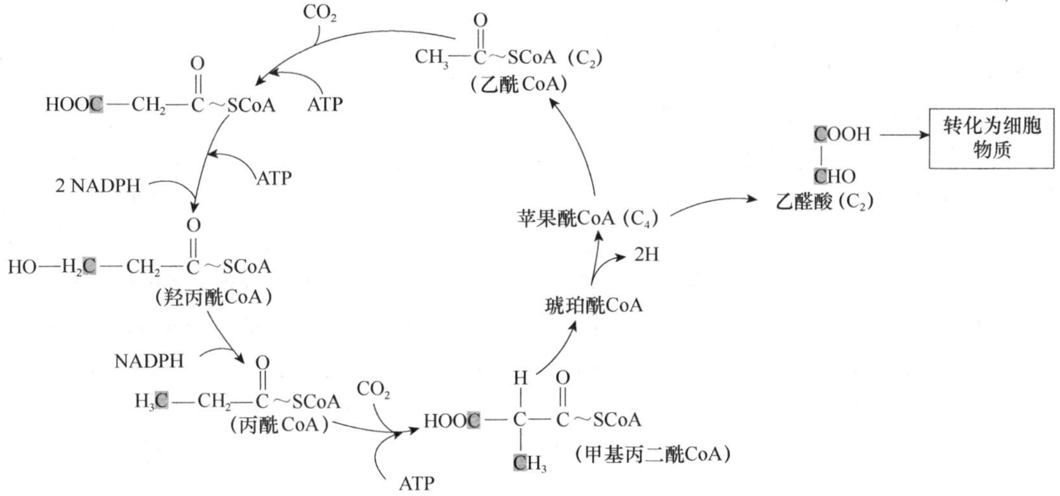

图 6-20 绿屈挠菌属（*Chloroflexus*）固定 CO_2 的还原羟基丙酸途径（Madigan et al.，2019）

二、生物固氮

空气中约 78%为氮气（体积比），由于其化学惰性而不能直接被动植物和大多数微生物利用，但当它被还原成氨以后，可以被植物和微生物利用作为生长的氮源，并被某些自养型微生物用作生长的能源物质。凡是能使氮分子还原成氨的生物都称为固氮生物。一般认为，固氮生物都是原核生物。在这些原核生物中既有好氧的，也有厌氧与兼性厌氧的；有的能进行光合作用，有的不能；有的营自生生活，有的营共生生活。然而，2024 年 4 月加利福尼亚州立大学圣克鲁斯分校的 Coale 等在《科学》杂志上发文报道，一种特殊的蓝细菌 UCYN-A 在与其真核宿主贝氏布拉藻（*Braarudosphaera bigelowii*）经过 1 亿年的共进化后，已经从内共生体进化成了一种用于固氮的真核细胞器——“硝质体”（nitroplast），从而将被认为只能由原核细胞执行的固氮功能扩展到了真核生物。因此，这种贝氏布拉藻有可能是人类发现的“第一种固氮真核生物”。

（一）固氮微生物

具有固氮作用的微生物近 50 属，包括细菌、放线菌和蓝细菌。根据固氮微生物与其他生物之间的关系，可以把它们分为三大类：自生固氮菌、联合固氮菌及共生固氮菌。自生固氮菌是一类不依赖于其他生物而能独立固氮的微生物，如好氧的固氮菌属、氧化亚铁硫杆菌属，兼性厌氧的克雷伯氏菌属、红螺菌属，厌氧的巴氏梭菌、着色菌属等；共生固氮菌是与他种生物共生才能进行固氮的微生物，显著特征是有根瘤等共生器官的形成，主要有根瘤菌与豆科植物、弗兰克菌与非豆科植物及蓝细菌与满江红、苏铁等的共生，双方互利共生，相互依存；联合固氮菌必须生活在植物根际、叶面或动物肠道等处才能进行固氮，如植物根际的生脂固氮螺菌、芽孢杆菌属，叶面的克雷伯氏菌属、固氮菌属，动物肠道的肠杆菌属、克雷伯氏菌属等中的一些细菌。

（二）固氮反应

固氮微生物虽然各种各样，但它们所需的固氮条件大致相同，包括 6 个要素：ATP、还原力［H］及其载体、固氮酶、Mg^{2+}、底物 N_2、厌氧微环境。

1. ATP 打开 N_2 中的 N≡N 需要消耗大量的能量，这些能量可以通过呼吸、发酵或光合磷酸化产生，但是必须以 ATP 的形式提供，因为固氮酶对 ATP 具有高度专一性，其他高能磷酸化合物如 GTP、UTP、CTP 等不能参与固氮反应，说明固氮酶具有类似 ATP 酶的作用。

2. 还原力［H］及其载体 载体主要包括铁氧还蛋白（ferredoxin，Fd），这是一种铁硫蛋白，含等摩尔铁和不稳态硫（铁硫簇），参与固氮、光合及释放和利用氢气的反应。此外，还有黄素氧还蛋白（flavodoxin，Fld），为一种黄素蛋白，每分子 Fld 中含一分子黄素单核苷酸（FMN），不含金属或不稳态硫，在许多反应中有取代 Fd 的功能。除了真核生物中的绿藻和红藻，Fld 只存在于细菌中，并在许多种属如普通脱硫弧菌（*Desulfovibrio vulgaris*）、埃氏巨型球菌（*Megasphaera elsdenii*）、棕色固氮菌（*Azotobacter vinelandii*）、巴氏梭菌（*Clostridia pasteurianum*）、蓝藻鱼腥藻（*Cyanobacteria anabaena*）中都普遍存在。

3. 固氮酶 原核微生物中存在 3 种固氮酶体系，分别为钼（铁）固氮酶、钒（铁）固氮酶和铁（铁）固氮酶，这三类固氮酶均由铁蛋白和含辅基的金属蛋白组成，区别在于金属蛋白的辅基中所含的杂原子不同，分别为钼铁、钒铁、铁，其中钼固氮酶的存在最广泛，固氮能力最强，对它的研究也最深入。钼固氮酶由分子量较小的铁蛋白和一种分子量较大的钼铁蛋白组成，这两种蛋白质在酶分子中以 2∶1 存在，它们都含有铁原子与硫原子，但不同的是铁蛋白不含钼原子，钼铁蛋白含两个钼原子。固氮酶中的硫原子在酸性条件下能以硫化氢的形式放出，因此这种硫原子又称为酸不稳定性硫原子。

钼铁蛋白又称为固二氮酶，由两个 α 大亚基和两个 β 小亚基组成，分子质量为 220～250kDa，有 3 个中心：P 中心，由 4 个［4Fe-4S］组成，是传递电子的通路；M 中心由铁钼辅因子（FeMoco）组成，是固氮酶活性中心；此外，还有一个 S 中心。铁蛋白又称为固二氮酶还原酶，由两个大小相同的亚基构成，分子质量为 60kDa 左右，每分子含 1 个［4Fe-4S］原子簇，不含钼原子，［4Fe-4S］原子簇即铁蛋白的活性中心——电子活化中心。

铁蛋白与钼铁蛋白对氧都很敏感，由它们组成的固氮酶对氧也很敏感。因此，固氮过程要在严格的厌氧条件下进行。

固氮酶是多功能的氧化还原酶，除能使分子氮还原成氨以外，还能还原分子末端具有 N≡N、C≡N 或 C≡C 的底物如叠氮化合物、氧化亚氮、氰和氰化物、烷烯腈、乙炔和 H^+ 等。其中，固氮酶能使乙炔还原成乙烯并释放出来，目前只发现固氮酶具有这种特性，这也是利用气相色谱分析方法测定固氮酶活性的原理，即利用乙炔通过固氮微生物或固氮酶系统之后转变成乙烯的量，确定它们有无固氮作用或固氮能力的大小。需要指出的是，由于 N_2 还原成两个氨需要 6 个电子，而乙炔还原成乙烯只需要 2 个电子，因此以乙炔为底物测定固氮酶活性或生物固氮能力的大小，所得结果比以分子氮为底物时测定的结果大两倍。

4. 固氮过程 固氮过程中所需要的电子通过电子载体 Fd 或 Fld 传到固氮酶的铁蛋白上，铁蛋白接收一个电子后被还原，还原态的铁蛋白与 ATP-Mg 结合，改变构象；钼铁蛋白在 Mo 上与分子氮结合，并与还原态的铁蛋白-ATP-Mg 结合，形成完整的固氮酶；消耗 ATP 的情况下，电子转移，铁蛋白恢复氧化型，再次接收电子；连续 6 次，钼铁蛋白放出两个 NH_3（图 6-21）。

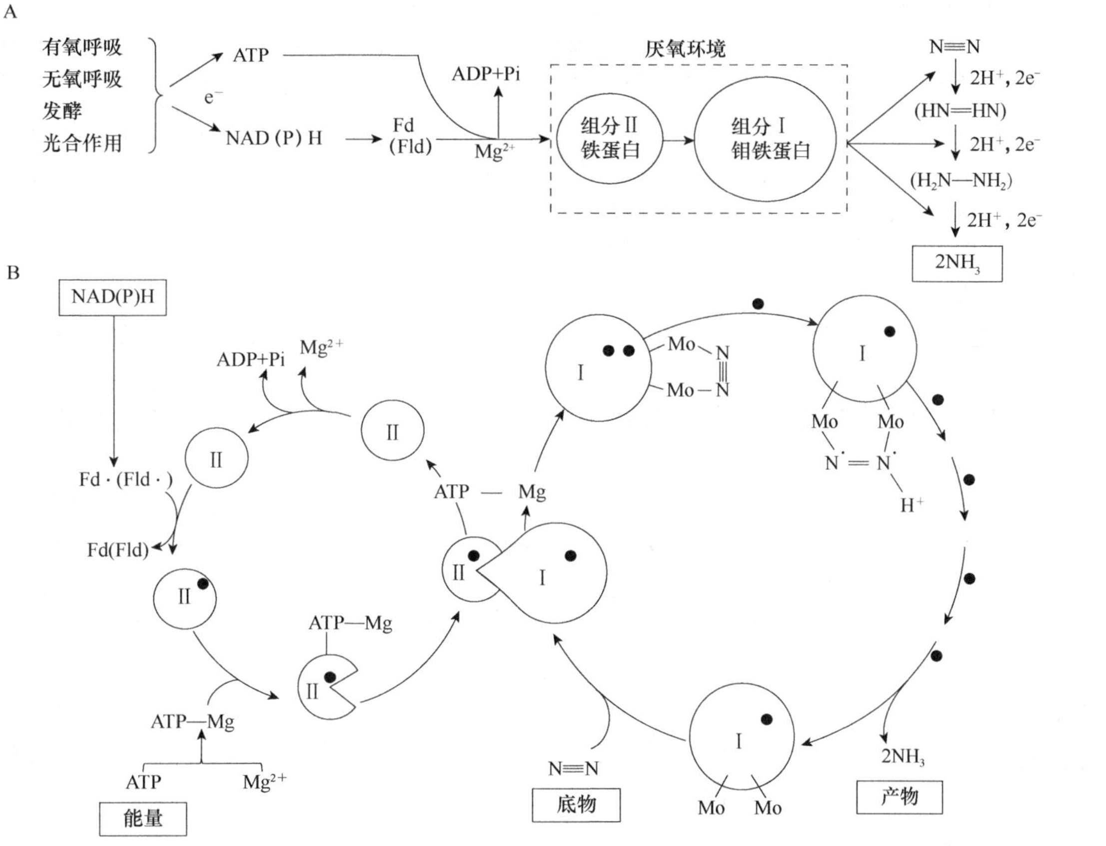

图 6-21 微生物固氮的生化途径（A）及其细节（B）

还原一分子氮气，理论上只需 6 个电子，但是实际测得为 8 个，其中两个用来还原质子产生氢气，因此在固氮作用中有部分电子浪费了，能量也浪费了，但在机体里可以通过氢酶的作用来补充。固氮总反应式如下：

$$N_2+8e^-+8H^++18\sim24ATP\longrightarrow2NH_3+H_2+18\sim24ADP+18\sim24Pi$$

（三）好氧固氮菌固氮酶的抗氧机制

上文已述及，固氮酶的两个蛋白质组分对氧极其敏感，一旦遇氧将很快导致不可逆的失活，因此固氮生化反应都必须受活细胞中各种“氧障”的严密保护。然而，大多数固氮微生物都是好氧菌，其生存本身离不开氧气，为了解决这一矛盾，好氧的固氮菌已进化出适合在不同条件下保护固氮酶免受氧害的机制。

1．好氧自生固氮菌的抗氧保护机制

（1）呼吸保护　固氮菌属的许多细菌如固氮菌科的菌种能以极强的呼吸作用迅速将周围环境中的氧消耗掉，使细胞周围微环境处于低氧状态。

（2）构象保护　棕色固氮菌（*Azotobacter vinelandii*）和褐球固氮菌（*A. chroococcum*）细胞中能合成 Fe-S 蛋白Ⅱ，该蛋白质是一种含非血红素铁的 2Fe-2S 蛋白，在高氧分压条件下，能与固氮酶结合使其构象改变而丧失固氮活性；当氧浓度降低时，该蛋白质与酶分子解离，固氮酶恢复原有的构象和固氮能力。

2．蓝细菌固氮酶的抗氧保护机制　蓝细菌在光照下会因光合作用放出氧而使细胞内氧浓度急剧增高，不同的蓝细菌通过不同方式为固氮酶提供“氧障”。

有些蓝细菌如鱼腥蓝细菌能分化出特殊的还原性异形胞用于固氮，异形胞有很厚的细胞壁，缺乏产氧的光系统Ⅱ，脱氢酶和氢化酶的活性高，可以维持很强的还原态。此外，异形胞中 SOD 活性高，能够解除氧的毒害；呼吸强度也比邻近的营养细胞高，可消耗过多的氧。

不形成异形胞的蓝细菌则通过将固氮作用与光合作用进行时间上的分隔来解决：黑暗下固氮，光照下进行光合作用，如织线蓝细菌属；或者通过束状群体中央处于厌氧环境下并失去光系统Ⅱ的细胞进行固氮，如束毛蓝细菌属；还可通过提高 POD 和 SOD 的活性来解除氧害，如黏球蓝细菌属。

3．豆科植物根瘤菌的抗氧保护机制　根瘤菌在纯培养时，只有当严格控制在微氧条件下时才能固氮，且固氮效率极低。当与豆科植物建立共生关系后，会形成一个新的器官——根瘤，根瘤为根瘤菌固氮酶提供了行使功能所需的厌氧微环境。根瘤菌在根瘤细胞内迅速分裂，并最终分化为膨大而形状各异、生活力低但有很强固氮活性的类菌体。在成熟的根瘤内，可合成一种能与氧可逆性结合的豆血红蛋白，类似哺乳动物的血红蛋白，由蛋白质（宿主细胞合成）和血红素（类菌体或宿主细胞合成）组成。豆血红蛋白存在于类菌体周膜内外，与氧有着很强的亲和力，可以促进氧气的扩散，当氧气和豆血红蛋白结合后其扩散速度比自由氧快 1000 倍。由于豆血红蛋白浓度高，因此根瘤中结合态氧的浓度大大高于自由氧浓度。当自由氧浓度因类菌体消耗而降低时，结合态氧从豆血红蛋白上游分离出来供类菌体使用；反之，豆血红蛋白又能吸收氧使其成为结合态，保持自由氧浓度与类菌体末端氧化酶的最大亲氧浓度接近，从而协调呼吸作用和固氮作用。此外，根瘤的外围组织也可在一定程度上阻止氧的扩散。

资源 6-2

三、肽聚糖的合成与细菌细胞壁的扩增

肽聚糖是细菌细胞壁所特有的一种异型多糖，不仅具有重要的结构与生理功能，而且是

多种抗生素如青霉素、万古霉素、环丝氨酸（噁唑霉素）及杆菌肽等作用的靶点，这在抗生素治疗上有着重要意义。

肽聚糖的生物合成过程复杂，根据发生部位可将其分成三个阶段：细胞质阶段，合成派克（Park）核苷酸；细胞膜阶段，合成肽聚糖单体；膜外的合成阶段，交联作用形成肽聚糖（图 6-22）。由于三个阶段发生在细胞的不同部位，因此需要载体参与。有两种载体参与了肽聚糖结构元件的携带转运，即尿苷二磷酸（UDP）和细菌萜醇。

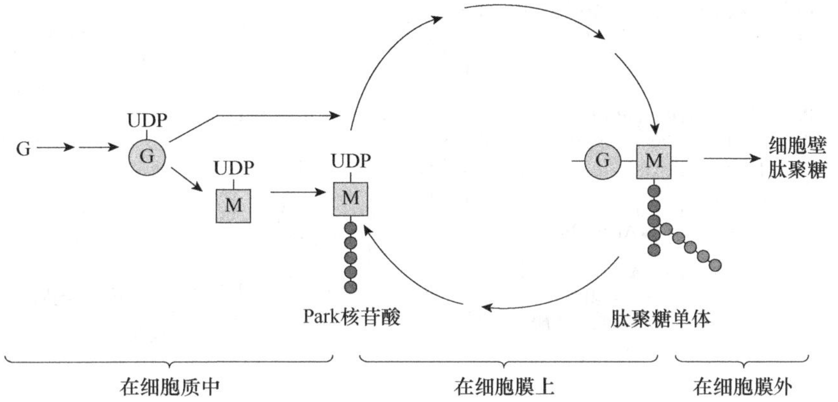

图 6-22　肽聚糖合成的三个阶段

G. 葡萄糖；Ⓖ. *N*-乙酰葡糖胺；Ⓜ. *N*-乙酰胞壁酸；Park 核苷酸. UDP-*N*-乙酰胞壁酸五肽

金黄色葡萄球菌的肽聚糖合成过程研究较为清楚，以下以其为例进行介绍。

（一）细胞质阶段

1. *N*-乙酰葡糖胺和 *N*-乙酰胞壁酸的合成　葡萄糖经一系列反应合成 *N*-乙酰葡糖胺-1-磷酸，在合成过程中要利用谷氨酰胺和乙酰 CoA，此后生成的 *N*-乙酰葡糖胺、*N*-乙酰胞壁酸及胞壁酸五肽均与糖载体 UDP 相结合而被活化。UDP-*N*-乙酰胞壁酸则是经过 UDP-*N*-乙酰葡糖胺与磷酸烯醇丙酮酸（PEP）之间的缩合反应和还原反应生成，磷霉素能抑制缩合反应的进行。反应式如下：

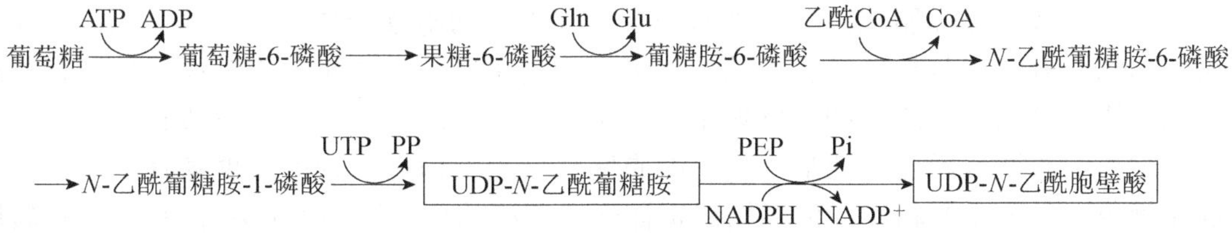

2. Park 核苷酸的生成　UDP-*N*-乙酰胞壁酸合成之后，组成短肽的 5 个氨基酸按 L-丙氨酸、D-谷氨酸、L-赖氨酸、D-丙氨酸、D-丙氨酸的顺序逐步加到 UDP-*N*-乙酰胞壁酸上，形成 UDP-*N*-乙酰胞壁酸五肽，此即 Park 核苷酸。其中合成 D-丙氨酰-D-丙氨酸这一步可被环丝氨酸（恶唑霉素）所阻断（图 6-23A）。

（二）细胞膜阶段

Park 核苷酸合成之后，肽聚糖的合成反应由细胞质转到细胞膜上，*N*-乙酰胞壁酸五肽与 *N*-乙酰葡糖胺结合成肽聚糖单体——双糖肽亚单位。首先，*N*-乙酰胞壁酸五肽与一种称为细菌萜醇（bcp）的脂质载体结合并被携带至细胞膜上，生成UDP-*N*-乙酰胞壁酸肽载体脂焦磷酸，同时放出UMP。然后，UDP-*N*-乙酰葡糖胺被转移到胞壁酸上，生成双糖肽载体脂焦磷酸，并在短肽的L-赖氨酸上连接5个甘氨酸，形成双糖肽亚单位。多种抗生素能阻断这一过程，如杆菌肽能与焦磷酸化的类脂载体络合，阻止其再生；万古霉素则与双糖肽末端的丙氨酰丙氨酸形成复合物，阻止其参与肽聚糖骨架的形成（图6-23B）。

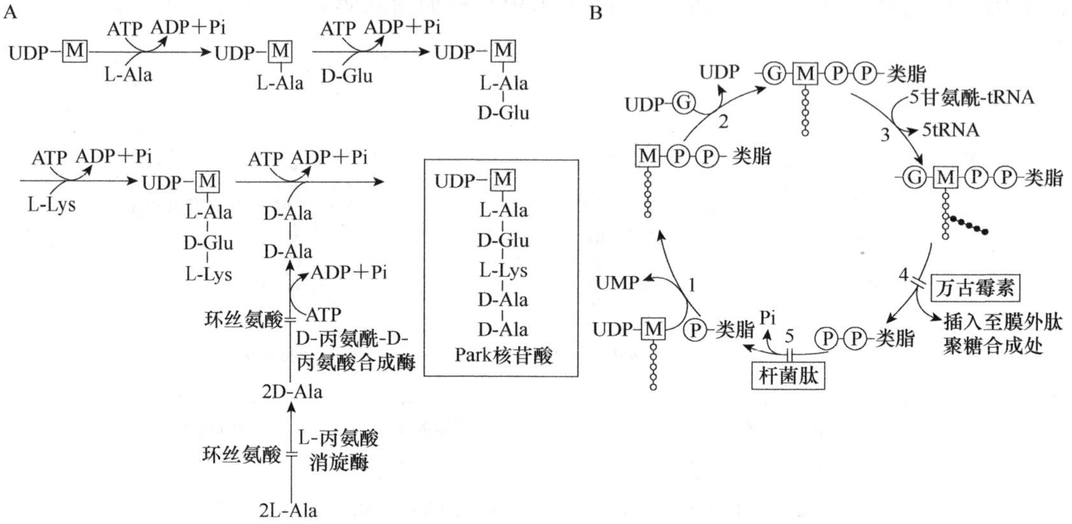

图6-23　Park核苷酸（A）及肽聚糖单体（B）的合成过程

B图中按1～5的顺序进行反应

在肽聚糖合成中，细菌萜醇是一种重要的载体，它是由11个类异戊二烯单位组成的类异戊二烯醇，通过两个磷酸基与*N*-乙酰胞壁酸连接。此外，它还参与细菌的磷壁酸、脂多糖、纤维素及真菌的纤维素、几丁质、甘露聚糖等多种微生物细胞多糖的合成。

（三）膜外的合成阶段

通过类脂载体的帮助，双糖肽由细胞膜的内表面转到膜的外表面，进一步输送到细胞壁生长点上，放出载体脂焦磷酸。细胞分裂过程中，细胞壁会被局部酶解，从而使原来的肽聚糖网络断开，成为接受新合成的肽聚糖单体的引物。在这里，双糖肽通过转糖基作用与转肽作用，插入细胞膜外的细胞壁生长点中交联形成肽聚糖。这一阶段首先是多糖链的横向延伸——双糖肽通过转糖基作用与细胞壁生长点上作为引物的肽聚糖骨架（至少含6个肽聚糖单体的分子）相连，使多糖链延伸一个双糖单位（图6-24A）；随后，通过转肽酶的转肽作用使相邻多糖链纵向交联——D-丙氨酰-D-丙氨酸间的肽键断裂，释放出一个D-丙氨酰残基，留下的D-丙氨酸的游离羧基与相邻短链上的甘氨酸五肽的游离氨基间形成肽键而交联（图6-24B）。

由于青霉素是D-丙氨酰-D-丙氨酸的结构类似物，可以竞争性地与转肽酶的活性中心结合，从而抑制转肽作用，阻止双糖肽间的肽桥交联，结果形成的肽聚糖强度不足，导致形成原生质体或球状体之类的壁缺损细胞。对正处于生长阶段的细菌来说，青霉素会引起细胞壁的渗透性裂解，使细胞死亡，但对处于静息的细胞无抑制和杀菌作用。此外，溶菌酶能破坏*N*-乙酰胞壁酸和*N*-乙酰葡糖胺之间的β-1,4糖苷键，使细胞壁破裂，造成溶菌。

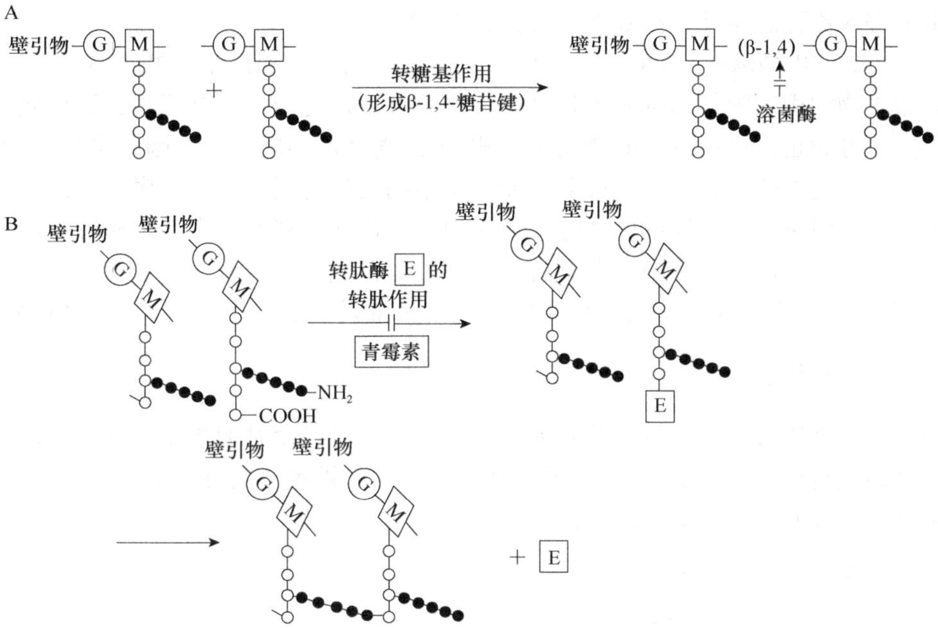

图 6-24 肽聚糖合成中的转糖基作用（A）与转肽作用（B）

（四）细菌细胞壁的扩增

杆状菌新合成的肽聚糖在多个位点插入，细胞壁中呈现新老细胞壁间隔分布；球状菌新合成的肽聚糖在固定位点——赤道板附近插入，原来的细胞壁被推向两边，新老细胞壁能明显分开。

细菌的形态往往与细胞壁合成有关。在杆菌中，细胞壁的生长包括两个主要过程：细胞的伸长和分裂，分别涉及两类细胞骨架蛋白 MreB 和 FtsZ。MreB 为肌动蛋白同源物，与杆菌的细胞壁伸长生长相关，对细胞的杆状形态起决定作用，在大多数球菌中不存在；FtsZ 为微管蛋白同源物，当细胞分裂时在分裂位点聚合成环状，招募其他相关蛋白质组装成分裂体（divisome），被认为是细胞分裂过程的主要组织者，在球菌、杆菌中广泛分布，是球菌细胞形态的主要决定因子。

四、回补途径

凡在分解代谢和合成代谢中均具有功能的代谢途径，称为两用或兼用代谢途径，如 EMP、TCA、HMP 等。两用代谢途径中的一些中间产物会被合成代谢消耗，如 TCA 中的草酰乙酸，必须得到补充和再生才能使循环继续下去。细胞通过回补途径（也称为回补顺序）补充因生物合成而被抽走的这些关键中间产物，保证产能代谢的正常进行。那些补充两用代谢途径中因合成代谢而消耗的中间代谢产物的反应，就称为回补途径。不同种类的微生物或同种微生物在不同的碳源条件下，代谢回补途径不同，主要有乙醛酸循环和甘油酸途径。

（一）乙醛酸循环

凡能利用乙酸作为唯一碳源或能源的微生物，大多存在着乙醛酸循环。这些微生物具有乙酰 CoA 合成酶，它使乙酸转变为乙酰 CoA，然后乙酰 CoA 在异柠檬酸裂合酶和苹果酸合酶的作用下进入乙醛酸循环（图 6-25）。总反应式如下：

$$2\text{乙酰 CoA}+NAD^{+}+2H_2O \longrightarrow \text{琥珀酸}+2CoASH+NADH+H^{+}$$

好氧微生物利用乙酸作为碳源生长时，一方面可以通过 TCA 循环将乙酸彻底氧化以获得能量；另一方面也可以通过乙醛酸循环合成 TCA 循环的中间产物，因此也是 TCA 循环的一条回补途径。这类微生物的种类很多，如细菌中的醋杆菌属、固氮菌属、产气肠杆菌、脱氮副球菌、荧光假单胞菌和红螺菌属等，真菌中的酵母属、黑曲霉和青霉属等。此外，枯草芽孢杆菌（*Bacillus subtilis*）缺乏乙醛酸循环，在以乙酸为唯一碳源时生长不好，但是也能生长，因其细胞内有乙酰辅酶 A 合成酶、乙酸激酶和磷酸转乙酰酶，可以对乙酸进行分解利用。

（二）甘油酸途径

当微生物以甘氨酸、乙醇酸或草酸为碳源生长时，可经由甘油酸途径进行代谢补偿。这些二碳化合物先转化为乙醛酸，随后生成甘油酸。甘油酸被氧化为甘油酸-3-磷酸而进入 EMP 途径，进一步形成四碳二羧酸（图 6-26）。

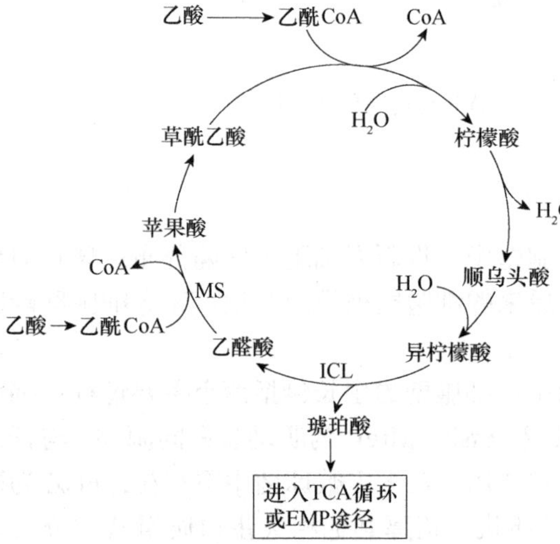

图 6-25 乙醛酸循环

MS．苹果酸合酶；ICL．异柠檬酸裂合酶

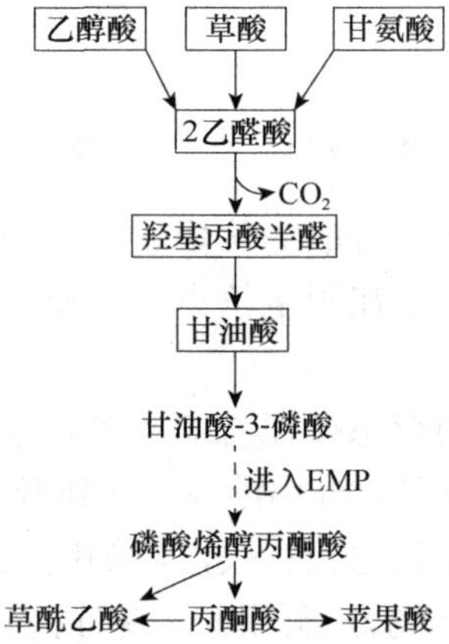

图 6-26 甘油酸途径

第三节 微生物的次级代谢

一、次级代谢与次级代谢产物

一般将微生物从外界吸收各种营养物质，通过分解代谢和合成代谢，生成维持生命活动的物质和能量的过程，称为初级代谢。次级代谢是指微生物在一定的生长时期，以初级代谢产物为前体，合成一些对微生物的生命活动无明确功能的物质的过程，这一过程的产物，即次级代谢产物。次级代谢的概念是 1958 年由植物学家 Rohland 首先提出来的，1960 年微生物学家 Bu'Lock 把这一概念引入微生物学领域。次级代谢并没有一个十分严格的定义，它是相对于初级代谢而提出的一个概念，主要是指次级代谢产物的合成过程。另外，也有把初级代谢产物的非生理量的积累看成是次级代谢产物，如微生物发酵产生的维生素、柠檬酸、谷

氨酸等。

次级代谢与初级代谢关系密切，初级代谢的关键性中间产物往往是次级代谢的前体，如糖酵解过程中的乙酰 CoA 是合成四环素、红霉素的前体；次级代谢一般在菌体对数生长后期或稳定期进行，但会受到环境条件的影响；质粒与次级代谢的关系密切，控制着多种抗生素的合成。

次级代谢不像初级代谢那样有明确的生理功能，因为次级代谢途径即使被阻断，也不会影响菌体生长繁殖。

二、微生物的次级代谢类型

次级代谢产物种类繁多，如何区分类型尚无统一标准。有的研究者按照次级代谢产物的产生菌来区分，通常形态构造和生活史越复杂的微生物（如放线菌和丝状真菌），其次级代谢产物的种类越多；有的根据次级代谢产物的结构或作用区分，如内酯、大环内酯、多烯类、多炔类、多肽类、四环类和氨基糖类等；有的根据次级代谢产物合成途径区分，糖代谢、TCA 循环、脂肪代谢、氨基酸代谢及萜烯、甾体化合物等初级代谢途径为次级代谢途径的基础。

（一）根据次级代谢产物合成途径区分

1．糖代谢延伸途径　由糖类代谢产生的多糖类、糖苷类和核酸类化合物进一步转化成核苷类、糖苷类和糖衍生物类抗生素。例如，曲霉菌属（*Aspergillus*）产生的曲酸、毒蝇伞（*Amanita muscaria*）产生的蕈毒碱、放线菌产生的链霉素，以及大环内酯抗生素中的糖苷、嘌呤霉素、抗溃疡间型霉素、杀稻瘟菌素 S、多氧霉素等。

2．莽草酸延伸途径　由草莽酸及其分支途径产生的抗生素，如放线菌产生的氯霉素、新霉素等。

3．氨基酸延伸途径　由各种氨基酸衍生、聚合形成多种含氨基酸的抗生素，如多肽类抗生素、β-内酰胺类抗生素、D-环丝氨酸和杀腺癌菌素等。

4．乙酸延伸途径　分为两条支路。

1）经丙二酰 CoA 生成聚酮（polyketide）或 β-多酮次甲基链（β-polyketomethylene chain），进一步生成不同的次级代谢产物，如大环内酯类、四环素类、灰黄霉素类抗生素和黄曲霉毒素。

2）经甲羟戊酸合成异戊二烯类，再进一步合成与萜烯和甾体化合物有关的次级代谢产物，如赤霉素、烟曲霉素、隐杯伞素、β-胡萝卜素等。

（二）根据次级代谢产物的作用区分

根据次级代谢产物的作用可以分为抗生素、激素、生物碱、毒素、色素及维生素等类型。

1．抗生素　抗生素是指由微生物（如细菌、放线菌、真菌）或高等动植物所产生的、具有特异抗菌作用或其他活性的一类次级代谢产物。目前发现的抗生素有 1 万多种，其中青霉素、四环素、红霉素、新生霉素、新霉素、多黏霉素、利福平、放线菌素、博来霉素等几十种抗生素已进行工业生产。

2．激素　微生物产生的一些可以刺激动植物生长或性器官发育的一类次级产物，如藤仓赤霉（*Gibberella fujikuroi*）产生的赤霉素。

3．生物碱　大部分生物碱是由植物产生的，而麦角菌（*Claviceps purpurea*）可以产生麦角生物碱。

4. 毒素　大部分细菌产生的毒素是蛋白质类物质，如破伤风梭菌（*Clostridium tetani*）产生的破伤风毒素、白喉棒状杆菌（*Corynebacterium diphtheriae*）产生的白喉毒素、肉毒梭菌（*Clostridium botulinum*）产生的肉毒素及产自苏云金芽孢杆菌（*Bacillus thuringiensis*）的伴孢晶体等。放线菌、真菌也产生毒素，如黄曲霉（*Aspergillus flavus*）产生的黄曲霉毒素、担子菌产生的各种蘑菇毒素等。

5. 色素　不少微生物在代谢过程中产生各种有色的产物。例如，黏质沙雷氏菌（*Serratia marcescens*）产生灵菌红素，在细胞内积累，使菌落呈红色。有的微生物将产生的色素分泌到细胞外，使培养基呈颜色。

6. 维生素　作为次级代谢产物，是指在特定的条件下，微生物产生的远远超过自身需要量的那些维生素，如丙酸杆菌（*Propionibacterium* spp.）可产生维生素 B_{12}，分枝杆菌（*Mycobacterium*）产生吡哆素和烟酰胺，假单胞菌产生生物素，以及霉菌产生的核黄素和β-胡萝卜素等。

三、次级代谢产物的生物合成

次级代谢产物的合成是以初级代谢物为前体，大约经过三个步骤合成次级代谢产物。

第一步，前体聚合。前体单元在合成酶催化下进行聚合。例如，四环素合成中，在多酮链合成酶的催化下，由丙二酰 CoA 等形成多酮链，进而合成四环素及大环内酯类抗生素。多肽类抗生素由合成酶催化氨基酸合成多肽链。

第二步，结构修饰。聚合后的产物再经过修饰反应如环化、氧化、甲基化、氯化等。氧化作用是在加氧酶催化下进行的。次级代谢中的加氧酶多是单加氧酶，它把氧分子中的一个氧原子添加到底物上，另一个氧原子还原成水，并常伴有 NADPH 的氧化。

$$RH + O_2 + NADPH + H^+ \longrightarrow ROH + H_2O + NADP^+$$

其中的氯化反应，可以看成是特征性的反应，在氯过氧化物酶催化下进行。此酶是糖蛋白，含有高铁原卟啉。在金霉素、氯霉素合成中都有此反应，简示如下：

$$RH + H_2O_2 + Cl^- + H^+ \longrightarrow RCl + 2H_2O$$

第三步，不同组分的装配。例如，新生霉素的几个组分：4-甲氧基-5′,5′-二甲基-L-诺维糖、香豆素和对羟基苯甲酸等形成后，再经装配成新生霉素。

小　　结

能量代谢是生物代谢的核心，其中心任务是把外界环境中的多种形式的最初能源（辐射能、无机物、有机物）转换成对一切生命活动都能使用的通用能源——ATP。

化能营养型微生物的能量来自物质的生物氧化。其中，化能自养型微生物能以无机物作为氧化基质并在氧化过程中放出能量进行生长，如氢细菌、硫细菌、硝化细菌和铁细菌。化能异养型微生物以有机物作为生长的能源物质，通过 EMP、PPP、ED、HK/PK 及 TCA 途径进行生物氧化，根据递氢和受氢方式的不同，生物氧化又分为有氧呼吸、无氧呼吸及发酵。三者中发酵产能效率最低，但是因为可以生成各种不同的发酵产物，对于发酵工业来说意义重大。

光能营养型微生物能够捕捉光能、通过光合磷酸化产生 ATP。厌氧的光合细菌进行的是环式光合磷酸化，其还原力的产生与化能自养型微生物类似，通过逆向电子传递过程生成（绿色硫细菌、日光杆菌、氢细菌例外）；蓝细菌、藻类则主要通过非环式光合磷酸化方式获得能量和还原力。嗜盐菌可通过两条途径获取能量，一是有氧存在下的氧化磷酸化途径，二是有光存在下的光合磷酸化途径，后者即紫膜光合磷酸化，这是目前所知道的最简单的光合磷酸化。

微生物中存在着许多独特的、高等生物所没有的合成代谢途径，如CO_2的固定、生物固氮、肽聚糖的合成及一些次级代谢产物的生成等。自养型微生物固定CO_2的途径包括卡尔文循环、厌氧乙酰辅酶A途径、还原三羧酸循环、羟基丙酸途径等，其中卡尔文循环为微生物与植物所共有。生物固氮是某些原核微生物所具有的生理过程，重要性仅次于光合作用，完成生物固氮反应需要满足6个要素，固氮酶对氧高度敏感，不同的好氧固氮菌具有不同的抗氧保护机制。肽聚糖是大多数原核生物细胞壁所特有的结构物质，也是多种抗生素抑制病原菌的作用靶点和具有选择毒力的原因；其合成分为3个阶段，分别在细胞质中、细胞膜上及细胞膜外进行。此外，不同种类的微生物或同种微生物在不同的碳源条件下，主要通过乙醛酸循环和甘油酸途径进行代谢回补。

次级代谢产物是微生物在一定的生长时期以初级代谢产物为前体合成的，种类多，合成途径复杂，主要有糖代谢延伸途径、莽草酸延伸途径、氨基酸延伸途径和乙酸延伸途径。

复习思考题

1. 何谓生物氧化？生物氧化放出的能量转移途径有哪几条？
2. 什么叫代谢？代谢分为哪几种类型？
3. 化能自养、化能异养及光能营养型微生物的生物氧化途径与产能方式有哪些？
4. 什么是好氧氨氧化及亚硝酸氧化？并分析两个过程的区别和联系。
5. 什么是厌氧氨氧化？比较分析其与好氧氨氧化在微生物类群及其呼吸方式、营养类型和能量代谢类型等方面的异同点。
6. 何谓单步硝化作用及全程氨氧化微生物？其发现有何重要意义？
7. 比较发酵与呼吸的异同并简述二者之间的相互关系。
8. 化能异养型微生物的无氧呼吸有哪几种类型？
9. 硝化作用与反硝化作用是否互为可逆过程？从微生物类群及其呼吸方式、营养类型和能量代谢类型比较异同点。
10. 细菌的呼吸链有何特点？它与真菌及其他真核生物中的定位有何不同？
11. 细菌发酵葡萄糖的途径有哪几种？并指出各途径的关键酶与产物。
12. 根据微生物发酵葡萄糖所形成的主要产物类型，可将葡萄糖发酵分为哪几种类型？
13. 写出酵母菌的乙醇发酵途径、关键酶，指出不同发酵条件下的发酵途径及产物。
14. 细菌的乙醇发酵与酵母菌有何不同？
15. 何谓乳酸发酵？乳酸发酵有哪些途径？产物各是什么？
16. 何谓丁酸发酵？它与丙酮、丁醇发酵间有何关系？
17. 丙酮-丁醇发酵是在什么条件下进行的？解释其机制。
18. 如何利用混合酸发酵与丁二醇发酵鉴别不同的肠细菌？
19. 哪些微生物能进行光合作用？各有何特点？
20. 自养型微生物固定CO_2的途径有哪些？其还原力是怎样产生的？
21. 何谓生物固氮？固氮微生物有哪些类群？简述固氮机制、固氮酶的性质及其避氧机制。
22. 肽聚糖有何生理功能？简述其合成过程。
23. 简述乙醛酸循环和甘油酸途径。
24. 何谓次级代谢？次级代谢产物分为哪几种？合成途径怎样？

第七章 微生物的生长与环境条件

微生物的生长繁殖是其在内外各种环境因素相互作用下的综合反应，因此，生长繁殖情况可作为研究各种生理、生化和遗传等问题的重要指标；同时，微生物在生产实践上的各种应用也都与它们的生长调控紧密相关。不同微生物的个体生长和群体生长表现出不同的方式。单细胞微生物的群体生长曲线可以分成延迟期、对数期、稳定期和衰亡期4个时期。微生物在自然界中不仅分布很广，而且都是混杂地生活在一起。要想研究或利用某一种微生物，必须把它从混杂的微生物类群中分离出来，以得到只含有一种微生物的培养物，可以应用多种方法获得微生物的纯培养物。微生物生长情况可以通过测定单位时间内微生物数量或生物量的变化进行评价。通过微生物生长情况的测定可以客观地评价培养条件、营养物质等对微生物生长的影响，或评价不同的抗菌物质对微生物产生抑制（或者杀死）作用的效果，或客观反映微生物的生长规律，因此微生物生长的测定在理论上和实践上有着重要的意义。可以通过测定微生物细胞数量、代谢产物的形成量或营养物的消耗等分析微生物的生长。生长是微生物与环境相互作用的结果，微生物的生长受环境条件如温度、pH、水分、氧气、辐射等因素的影响。了解如何控制微生物的生长速率或消灭不需要的微生物，在实际应用中具有重要的意义。

第一节 微生物纯培养体的获得与测定方法

一、获得纯培养体的方法

在自然界中哪怕是一粒土壤或一滴污水，都常常生长着多种微生物，它们总是混杂在一起生活着。要想研究或利用其中某一种微生物，首先必须将其从混杂的微生物类群中分离出来，进而得到只含有该微生物的纯培养体。所谓纯培养物（pure culture）就是指从一个微生物细胞繁殖得到的后代，纯培养技术是研究和利用微生物的一种重要方法。

资源 7-1

（一）稀释分离法

为了从混杂着大量微生物的样品中将某种菌体分离出来，往往需要将各个细胞彼此分开，再进行挑选。最常用的稀释分离法有下列几种。

1．稀释平皿分离法　这是最常用的纯培养分离法（图 7-1）。将待分离样品充分分散后做一系列的稀释，再分别取不同稀释度的稀释液少许置于灭过菌的培养皿中，与已融化并冷却至45℃左右（手感不烫）的琼脂培养基混合，摇匀，待琼脂凝固后，倒置培养一定时间即可出现菌落，此方法称为倾注平皿法；也可以先将融化的培养基倒入培养皿中，待凝固后，取少量稀释菌液均匀涂布在培养基表面，此方法称为涂布平皿法。如果稀释度合适，在平皿上就可出现分散的单个菌落，这个菌落可能就是由一个微生物细胞或同种细胞组成的微菌落繁殖形成的，挑取该单菌落，便可得到纯培养体。如果该单菌落不是同种微生物细胞组成，还需多次分离纯化。

2．平皿划线分离法　平皿划线分离法是取定量的待分离的材料，在培养基表面通过各种方式（如折线法）的划线而达到分离目的的方法（图 7-2）。因为它将微生物样品在固体培养基表面多次做“由点到线”的涂划而将微生物细胞数量逐渐稀释，划到最后，常可形成单个菌落。

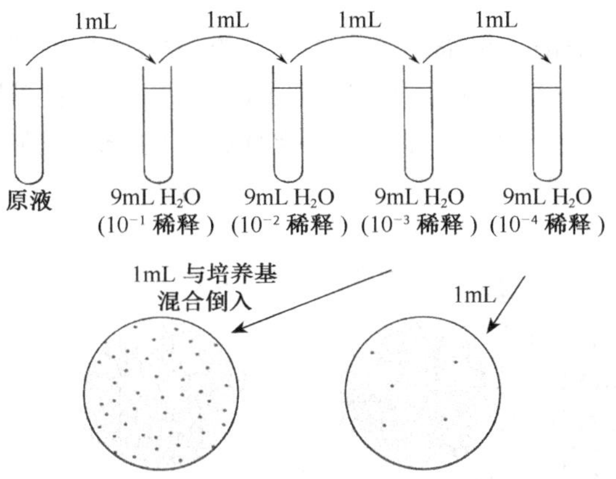

图 7-1　稀释平皿分离法

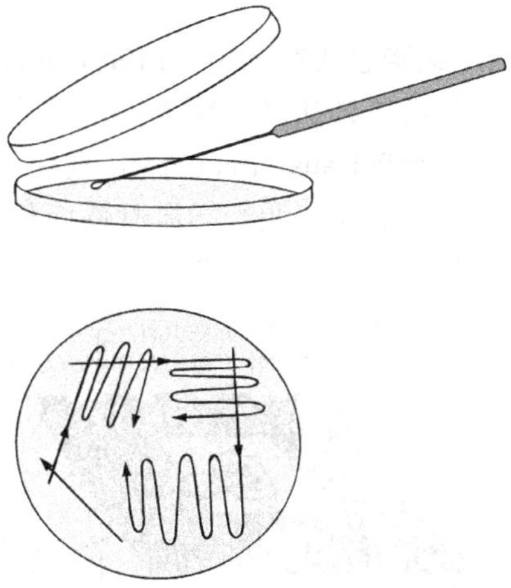

图 7-2　平皿划线分离法

3．单细胞（单孢子）挑取法　这种方法首先也要对样品进行充分稀释，用单细胞操作器在显微镜下将单独的细胞直接挑选出来，接种于培养基上培养，使其形成菌落。本法常用于真菌单孢子的分离，需要熟练的操作技术。单细胞挑取法的难度取决于细胞或个体的大小，较大的微生物如藻类、原生动物较容易，个体很小的细菌则较难，多限于高度专业化的科学研究中采用。

（二）利用选择性培养基分离

该方法主要根据待分离微生物的特点选择不同培养基和培养条件进行分离。例如，含有 1∶50 000～1∶20 000 结晶紫的培养基能抑制大多数革兰氏阳性菌的生长；在培养基中加入青霉素，也可抑制革兰氏阳性菌的生长；加入链霉素则可抑制许多原核微生物的生长。在分离某些植物或动物病原菌的实际操作中，可先将其接种至敏感植株或动物上，感染后，宿主的某些组织中可能只含该种微生物，这样较易得到纯培养。再如，分离芽孢细菌可先将样品用高温处理一段时间，从而杀死所有或大部分非芽孢细菌，最终分离得到芽孢细菌。从选择性培养基上获得的培养体不一定是真正的纯培养，一般还要用平皿划线分离法进行纯化。

二、微生物生长的测定方法

描述不同种类、不同生长状态微生物的生长情况，需要选用不同的测定指标。例如，细菌的个体生长特点是时间短，很快就进入繁殖阶段，生长与繁殖难以分开。因此，实际操作通常是以群体生长作为细菌生长的指标，而群体生长常常表现为细胞数目或细胞物质的增加。对于细胞物质的增加可以用生物量来表示。生物量是指一种生物单位体积的质量，多以 g 为计量单位。由此可以看出，在对单细胞微生物生长进行测定时，既可取细胞数，也可选取细胞质量作为生长指标；而对多细胞微生物（尤其是丝状真菌），则常以菌丝生长的长度或菌丝的质量为生长指标。由于考察的角度、测定的条件和要求不同，形成了许多微生物生长测定的方法，既可以直接测定细胞的数量或质量，又可以通过细胞组分的变化和代谢活动等间接地描述细胞的生长。

（一）细胞数量的测定

1．细胞总数的测定（total count）

（1）显微镜直接计数法　本法仅适用于细菌等单细胞的微生物类群。测定时用细菌计数器（Petroff-Hausser counter，适用于细菌）或血细胞计数器（hemacytometer，适用于酵母、真菌孢子等）在普通光学显微镜或相差显微镜下直接观察并记录一定体积中的平均细胞数。图 7-3 为本法的操作步骤。

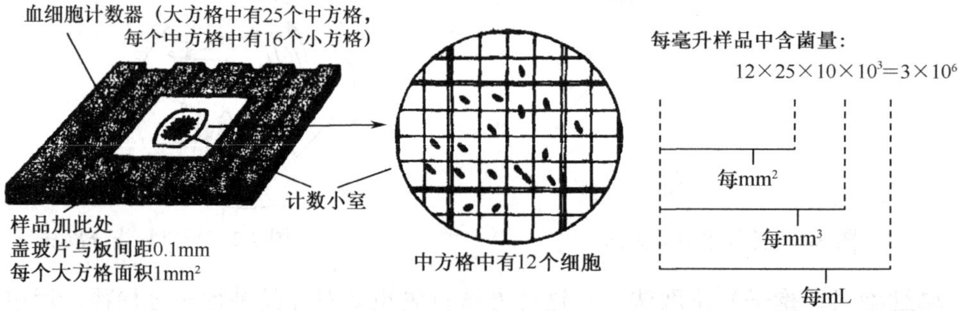

图 7-3　采用血细胞计数器测定细胞个数的程序

用于直接测数的菌悬液浓度不宜过高或过低。一般细菌数应控制在 10^7 个/mL，酵母菌和真菌孢子应为 10^5～10^6 个/mL。活跃运动的细菌应先用甲醛杀死或适度加热以使其停止运动。本法的优点是快捷简便、容易操作；缺点是不能区分死、活细菌及形状与微生物相似的颗粒性杂质，且不适用于多细胞微生物的测定。有时可以预先在细胞悬液中加入染料而分辨出死菌和活菌，从而实现对上述方法的改良，如用亚甲蓝染料将酵母菌染色，活的酵母菌是无色的，死的被染成蓝色，这样可以分别计算活菌数和死菌数。

（2）比浊法　这是测定悬液中细胞总数的快速方法。原理是悬液中细胞数量越多，浊度越大，在一定浓度范围内，悬液中的细胞浓度与光密度（OD）成正比，与透光度成反比。因此，可使用光电比色计测定。使用本法测定细胞数时，需要预先测定光密度与细菌数目的关系曲线，根据此曲线即可查得待测样品中的细菌数。由于细菌细胞浓度仅在一定范围内与光密度呈直线关系，因此，要调节好待测菌悬液细胞浓度。此外，培养液的颜色也不宜过深，同时应避免颗粒性杂质干扰测定结果。本法常用于跟踪观察培养过程中细菌数目的消长情况，如细菌生长曲线的测定和工业生产上发酵罐中的细菌生长情况等。

（3）颜色改变单位（color change unit，CCU）法　通常用于很小、用一般的比浊法无法计数的微生物，如支原体等的测定。因为支原体的液体培养物是完全透明的，呈现为清亮透明红色，无法用比浊法来计数，其固体培养很困难，用菌落形成单位（colony forming unit，

CFU）法也不容易计数，因此需要用特殊的计数方法，即 CCU 法。它是以微生物在培养基中的代谢活力为指标来计数微生物相对含量的。以解脲脲原体为例介绍其操作。

1）取 12 只无菌试管，每一管装 1.8mL 解脲脲原体培养基。

2）在第一管中加入 0.2mL 待测解脲脲原体菌液，充分混匀，从中吸取 0.2mL 加入第二管中，以此类推，10 倍梯度稀释，一直到最末一管。

3）于 37℃培养，以培养基颜色改变的最末一管作为待测液的 CCU，也就是支原体的最大代谢活力，如第六管出现颜色改变，它的相对浓度就是 10^6CCU/mL。

（4）电子计数器计数法　电子计数器的工作原理是测定小孔中液体的电阻变化，小孔仅能通过一个细胞，当一个细胞通过这个小孔时，电阻明显增加，形成一个脉冲，自动记录在电子记录装置上。本法测定结果较准确，但它只识别颗粒大小，而不能区分是否为细菌。因此，要求菌悬液中不含任何杂质。

2．活菌数量的测定（viable count）

（1）稀释平皿测数法　原理是在高度稀释条件下，微生物细胞充分分散形成单个细胞，每一个活的单细胞均能繁殖形成一个菌落，通过平皿培养的方法使其生长，并统计长出的菌落数，进而推算待测样品中的活菌数。具体做法类似于稀释平皿分离法。本法是迄今仍广泛采用的主要活菌计数方法之一，然而，由于供试培养基和实验条件的限制，在混合微生物样品中并非所有细菌都能形成肉眼可见的菌落，而且在实际操作中难以做到使所有细胞完全分开，即不能保证每个菌落都是由单个细胞分裂而来，所以现在多用 CFU 来表示样品中的活菌数量。

由于本法要求菌体呈分散状态，因此较适合于细菌和酵母菌等单细胞微生物计数，不适于霉菌等多细胞微生物计数。一般情况下，一个细胞要传 25 代，才会形成肉眼容易看到的菌落。所以，有人将培养基放在固定于载玻片上的小环中，并将细胞接种到这种微型平板上，经短时间培养后，将它们移到显微镜下观测菌落数目，以期更快地获得结果。

（2）最大概率数（most probable number，MPN）法　最大概率数法也叫作最大或然数法，将待测样品在定量培养液中进行一系列稀释培养，会看到在一定稀释度以前的培养液中出现细菌生长，而在这个稀释度以后的培养液中不出现细菌生长，将最后三级有菌生长的稀释度称为临界级数，从重复的 3 个临界级数求得 MPN，可以计算出样品单位体积中细菌数的近似值。以 5 次重复为例，某一细菌在稀释法中的生长情况如下：

稀释度	10^{-3}	10^{-4}	10^{-5}	10^{-6}	10^{-7}	10^{-8}
重复数	5	5	5	5	5	5
出现生长的管数	5	5	5	4	1	0

根据上述结果，其数量指标为“541”，查表 7-1 得近似值为 17.00。然后乘以第一位数的稀释倍数（10^5）。则原菌液中的活菌数为 17×10^5 个，即每毫升原菌液中含活菌数 1.7×10^6 个。本法特别适合于含菌量少的样品或一些在固体培养基上不容易生长的细菌样品的测数，如测定土壤微生物中特定生理群（如氨化、硝化、纤维素分解、自生固氮、根瘤菌、硫化和反硫化细菌等）的数量和检测污水、牛奶及其他食品中特殊微生物类群的数量；其缺点是只能进行特殊生理群的测定，结果也较粗放。重复测数统计表根据重复次数不同可分为三次、四次或五次重复测数统计表。

表 7-1 五次重复测数统计表

数量指标			近似值	数量指标			近似值
10^0	10^{-1}	10^{-2}		10^0	10^{-1}	10^{-2}	
0	1	0	0.18	5	0	1	3.10
1	0	0	0.20	5	1	0	3.30
1	1	0	0.40	5	1	1	4.60
2	0	0	0.45	5	2	0	4.90
2	0	1	0.68	5	2	1	7.00
2	1	0	0.68	5	2	2	9.50
2	2	0	0.93	5	3	0	7.90
3	0	0	0.78	5	3	1	11.00
3	0	1	1.10	5	3	2	14.00
3	1	0	1.10	5	4	0	13.00
3	2	0	1.40	5	4	1	17.00
4	0	0	1.30	5	4	2	22.00
4	0	1	1.70	5	4	3	28.00
4	1	0	1.70	5	5	0	24.00
4	1	1	2.10	5	5	1	35.00
4	2	0	2.20	5	5	2	54.00
4	2	1	2.60	5	5	3	92.00
4	3	0	2.70	5	5	4	160.00
5	0	0	2.30				

（3）浓缩法（滤膜法） 对于测定像空气、水等体积大而且含菌浓度较低的样品中的活菌数时，先将待测样品通过微孔薄膜（如硝酸纤维素薄膜）过滤富集，再与膜一起放到合适的培养基或浸有培养液的支持物表面上培养，最后根据菌落数推算出样品含菌数。

3. 丝状真菌——霉菌生长的测定 霉菌的生长表现为菌丝的伸长和分枝，可以其菌落的直径或面积作为生长指标。

（1）平皿培养法 将霉菌接种在平板的中央，在一定时间内测量菌落直径或面积。对生长速度快的霉菌，可每 24h 测量一次；对生长缓慢的，可数日测量一次，直到菌落掩盖全皿为止。由此可求出菌丝的平均生长速度，据此绘制生长曲线。本法缺点是仅能测菌落的直径或面积，不能测量厚度和生长在培养基内的菌丝量，所以不能反映菌丝的总量。

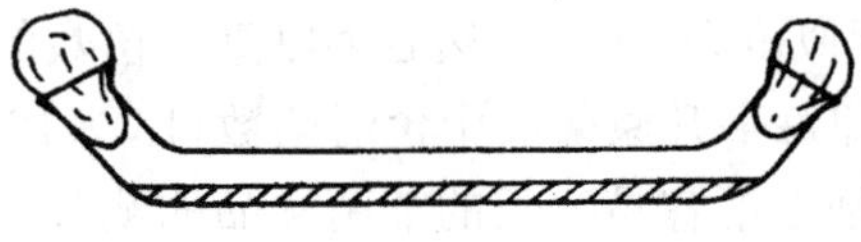

图 7-4 计算丝状菌的 U 形管图

（2）U 形管培养法 将霉菌自管的一端孔口接到管内的培养基上，经过一定时间间隔测量菌丝长度。本法优点是实验时间可以很长且菌落不易污染，缺点是不能测菌丝总量，不易挑出菌丝和孢子检查，且通气不良（图 7-4）。

（二）细胞生物量的测定

1. 细胞干重法 将单位体积液体培养基中的微生物过滤或离心收集菌体细胞，用水洗净附在细胞表面的残留培养基，105℃高温或真空下干燥至恒重，称重，即可求得培养物中的总生物量。本法适用于含菌量高、不含或少含颗粒性杂质的样品的测定。

2. DNA 含量测定法 微生物细胞中 DNA 含量较为恒定，不易受菌龄和环境因素的影响。DNA 可与 DABA-HCl（3,5-氨基苯甲酸-盐酸）溶液反应显示特殊的荧光，可以根据这种荧光反应强度求得 DNA 含量，进而反映样品中生物量的多少。由于平均每个细菌细胞约含 DNA 8.4×10^{-5}ng，因此也可以根据 DNA 含量计算出细菌数量。本法结果准确，但比较费时。

3. ATP 含量测定法 微生物细胞中都含有相对恒定量的 ATP，而 ATP 与生物量之间有一定的比例关系。从微生物培养物中提取出 ATP，以分光光度计测定它的荧光素-荧光素酶反应强度，再经换算即可求得生物量。本法灵敏度高，但受培养基中含磷量的影响。

4. 代谢活性法 本法通过测定生活细胞的代谢活性强度来估算其生物量，如测定单位体积培养物在单位时间内消耗的营养物或氧气的数量，或者测定微生物代谢过程中的产酸量或产 CO_2 量等。本法是间接法，影响因素较多，特别是由于并非所有的代谢指标都与生物量之间有比例关系，因此测量误差较大，仅适合在特定条件下做比较分析时使用。

第二节 微生物的群体生长

一、个体生长和同步生长

微生物的个体生长与繁殖因微生物种类的不同而异。

（一）细菌细胞的生长与繁殖

生长是指生物个体由小到大的增长，即表现为细胞组分与结构在量方面的增加；繁殖是指生物个体数目的增加。单细胞的细菌，当细胞增长到一定程度时，常以二分裂方式形成两个子细胞，即生长往往伴随繁殖。和真核细胞一样，原核细胞也有细胞周期，只是较短且划分不明显，一般只有 G_1、R（复制期）和 D（分裂期）。对于一种原核细胞来说，R 期和 D 期的长短较为稳定，G_1 期可缩短为零。某些细菌在适宜条件下高速增殖时，不但没有 G_1 期，R 期与 D 期还可以重叠进行，即在细胞分裂的同时也不中断 DNA 的复制。

（二）酵母菌细胞的生长

酵母菌细胞的生长表现为细胞体积的连续增加，同时在一定的间隔时间伴随核和细胞的分裂，这样一个完整的生长过程即称为酵母菌的细胞周期。

酿酒酵母的细胞周期如图 7-5 所示，细胞发育可分为 4 个时期：G_1、S、G_2、M。细胞在细胞周期中依次经过上述 4 个时期，完成增殖过程。细胞在不同的时期中完成不同的事件：在 G_1 期，细胞不断生长变大。当细胞增大到一定的体积时，就进入 S 期，DNA 复制在此期完成。在 G_2 期，细胞要检查其 DNA 复制是否完成，为细胞分裂做好准备。在 M 期染色体一分为二，细胞分裂成为两

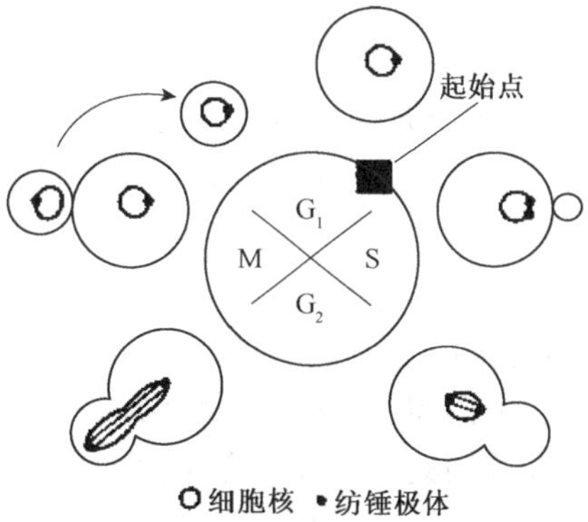

图 7-5 酿酒酵母的细胞周期

个子代细胞。经过一个细胞周期，两个子代细胞获得完全相同的染色体。分裂结束后细胞退回到 G_1 期，细胞周期完成。然而 G_1 期的细胞并不总是沿着细胞周期向前运转，在某些情况下，它可退出细胞周期，进入静息期——G_0 期。

（三）丝状真菌的生长

丝状真菌的营养菌丝主要以极性的顶端生长方式进行（见第三章）。菌丝顶端呈半椭圆形，短轴半径是菌丝的最大半径，长轴半径差异很大，如脉胞霉长轴是短轴半径（6.3μm）的 4 倍，青霉菌中长轴半径是短轴半径（0.9μm）的 1.6 倍。

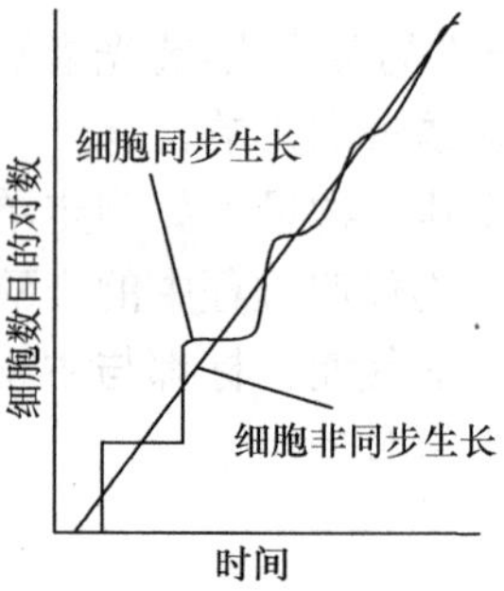

图 7-6 细胞的同步生长与非同步生长的曲线

（四）同步生长

同步生长（synchronized growth）是指创造条件使群体细胞中每个个体细胞在生活周期中都处于相同的生长阶段。这些细胞彼此间形态结构、生理生化特征等都很一致且能同时分裂，所以是细胞学、生理学和生物化学研究的良好实验材料。从图 7-6 可见，非同步生长曲线是直线，也就是说，即使每个细胞世代时间（G）相同，但每个细胞都在不同的时间进行分裂，分批培养的细胞群体就是如此。而同步生长曲线是阶梯式的，这表明群体细胞大部分在相同的时间进行分裂。应当指出，同步生长的群体一般只能维持 2～3 代，不能长期地保持同步状态，随着时间的延长，同步被打破，逐渐转入非同步生长。

实现同步生长的关键是分离出处于相同生长阶段的同步细胞，常用的方法有三种，即机械分离法、诱导法和解除抑制法。

1．机械分离法 由于细菌培养物中处于同一生长阶段的细胞，其体积大小是相同的，故可用下述三种机械分离法收集到同步细胞。

（1）过滤法 将细胞用滤器过滤，让处于细胞周期较早阶段的小细胞通过，收集这些细胞，转入新鲜培养基中，即能获得同步培养物。

（2）区带离心法 根据不同生长阶段的细胞在沉降系数上的差异，分离处于同一生长阶段的细胞，以获得同步细胞群体。本法已成功地应用于酵母菌和大肠杆菌等同步细胞的筛选。

（3）膜洗脱法 其原理是某些滤膜可以吸附与该滤膜相反电荷的细胞。其操作步骤是将非同步细胞通过一个硝酸纤维素的微孔滤膜，让细胞附在滤膜上，然后将滤膜翻转，并从上部连续缓慢地加入新的营养液，附在滤膜上的细胞便生长分裂，分裂后产生的子细胞因无法与滤膜接触，便随着培养液洗脱下来，落入下部的收集器中。将收集液中刚刚分裂的子细胞进行培养，可获得同步生长的细胞群体（图 7-7）。本法能获得数量更多、同步性更高的细胞。

2．诱导法 本法的基本原理就是通过改变温度、养料等环境条件，诱使不同步的培养物实现同步化。

（1）温度法 先将培养物在稍低于最适温度的条件下培养以控制生长、延迟分裂，然后再转移到最适温度下进行培养，这样可使多数细胞同步化。例如，将鼠伤寒沙门氏菌（*Salmonella typhimurium*）在 25℃下培养一段时间后，再置于 37℃下继续培养，便可获得同步细胞群体。

（2）养料法　　先将培养物在限制性养料缺乏的培养基中培养，以限制其生长和分裂，使所有细胞都处于临分裂状态（但不分裂），然后转入正常的生长培养基中，也可以使多数细胞同步化。

（3）其他方法　　对于芽孢细菌，可以先加热或用紫外线杀死营养细胞，然后再诱导存活芽孢的同期萌发。

3．解除抑制法　　采用蝶呤等代谢抑制剂，阻断细胞 DNA 的合成，或用氯霉素等抑制细胞蛋白质合成，使细胞停留在较为一致的生长阶段，然后用大量稀释等方法突然解除抑制，也可在一定程度上实现同步生长。

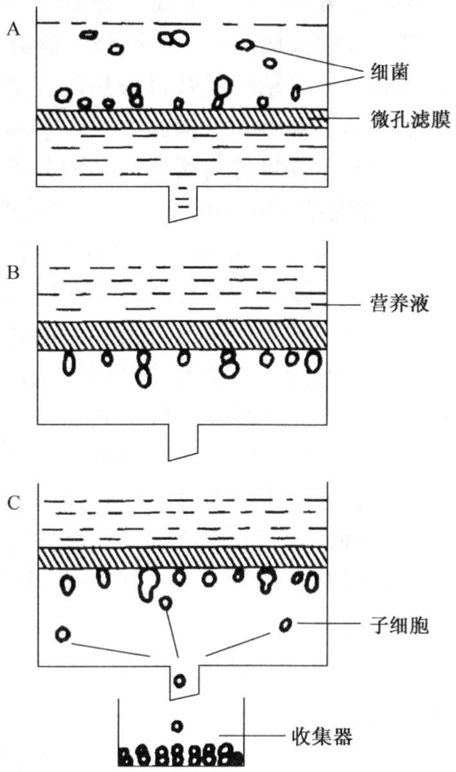

图 7-7　获得同步培养细胞的膜洗脱法

A．细胞附着；B．翻转滤膜并加营养液；C．收集子细胞

二、单细胞微生物的群体生长

（一）单细胞微生物的群体生长曲线

细菌的生长曲线：将少量细菌纯培养物接种到一恒定容积的新鲜液体培养基中，并保持一定的温度、pH 和溶氧量，之后定时取样测定其中的细菌含量。如果以培养时间为横坐标，以细菌数目的对数或生长速度为纵坐标作图，可以得到一条曲线，称为生长曲线（growth curve），其反映了细菌在新环境中生长繁殖至衰老死亡全过程的动态变化情况。由生长曲线可将细菌的群体生长划分为 4 个时期（图 7-8）。

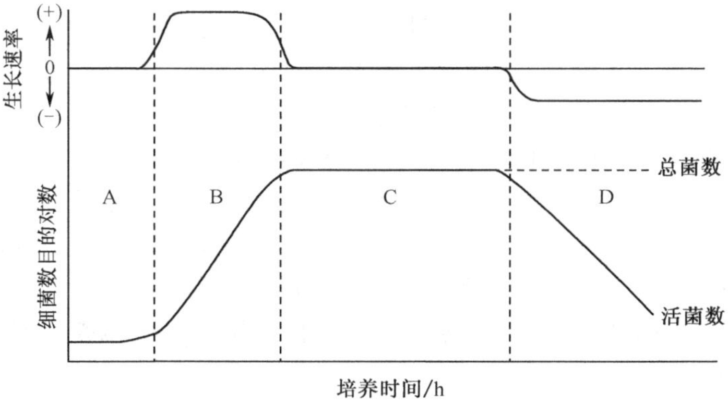

图 7-8　典型的生长曲线

A．延迟期；B．对数期；C．稳定期；D．衰亡期

1．延迟期（lag phase）　　延迟期也称为延滞期、适应期，是细胞分裂之前的准备阶段，是细胞适应环境的过程，即在接种后一段时间内菌数不立即增加，或增加很少，生长速度接近于零。

此时期特点：细胞变大或增长。例如，巨大芽孢杆菌，在延迟期末，细胞的平均长度比刚接种时长 6 倍。一般来说，处于该时期的细菌细胞体积最大；胞内 RNA，尤其是 rRNA 含量增高，合成代谢活跃，核糖体、酶类和 ATP 的合成加快，易产生诱导酶；对外界不良条件反应敏感。此时期细胞数目虽然没有增加，但细胞内代谢十分活跃。

缩短延迟期时间的措施如下：①用遗传学方法改变种的遗传特性；②用对数生长期的培养物作种子；③接种前后培养基成分不要相差太大；④适当扩大接种量。

2．对数期（log phase） 对数期又称为指数期（exponential phase），是指细菌以最大速率生长和分裂，导致细菌数量呈对数增加的时期。此时期的生长速率常数（growth rate constant，R，每小时分裂次数）最大，因而细胞每分裂一次所需的代时（generation time，G，又称世代时间或增代时间）最短。菌体内各成分按比例有规律地增加，细菌平衡生长。对数期细菌的代谢活性、酶活性高而稳定，大小比较一致，生活力强，因而常在生产上用作种子和在科研上作为理想的实验材料。

代时是当微生物处于生长曲线的对数期时，细胞分裂一次所需的平均时间，也等于群体中的个体数或其生物量增加一倍所需的平均时间。影响指数期微生物代时的因素很多，主要有：①菌种，不同菌种的代时差别极大；②营养成分，同一种微生物，在营养丰富的培养基上生长时代时较短，反之则长；③营养物浓度，营养物浓度可影响微生物的生长速率；④培养温度等。

在对数期可以进行代时的计算，此时的菌体量 $X_2=X_1\cdot 2^n$，两边取对数后即得繁殖代数 n 为

$$n=3.32\ (\lg X_2-\lg X_1)$$

因此，代时的计算公式为

$$G=1/R=(t_2-t_1)\ /n=(t_2-t_1)\ /\ [3.32\ (\lg X_2-\lg X_1)]$$

式中，t_1、t_2 为时间；X_1、X_2 为对应的菌数。

3．稳定期（stationary phase） 随着培养基内营养物质消耗、代谢产物积累和 pH 等环境变化，逐步不适宜细菌生长，导致生长速率常数降低至零（即细菌分裂增加的数量等于细菌死亡数量），结束对数期，进入稳定期。稳定期的活细菌数最高并维持稳定。

处于稳定期的细胞，其胞内开始积累贮藏物，如异染粒、脂肪粒等，大多数芽孢细菌也在此阶段形成芽孢。在稳定期，代谢产物特别是次级代谢产物的积累开始增多，逐渐趋向高峰。例如，某些产抗生素的微生物，在稳定期后期时大量形成抗生素。稳定期的长短与菌种和外界环境条件有关。可见稳定期对生产实践意义重大，对于以生产菌体或与菌体生长相平行的代谢产物为目的的发酵生产来说，稳定期是最佳收获期；同时，稳定期也是维生素、碱基、氨基酸等物质生物测定的最佳时期；此外，通过对稳定期的研究，还促进了连续培养原理的提出及工艺、技术的创建。生产上常常通过补料、调节 pH、调整温度等措施来延长稳定期，以积累更多的代谢产物。

稳定期的活菌数最多并维持稳定一段时间，可获得大量菌体；这一时期也是发酵过程积累代谢产物的重要阶段。由此又可将生长期分为以指数期为主的菌体生长期和以稳定期为主的代谢产物合成期。此时菌体产量达到最高点，且菌体产量与营养物质的消耗间呈现出有规律的比例关系，可用生长产量常数 Y 或生长收率（growth yield）表示：

$$Y=(X-X_0)\ /\ (C_0-C)=(X-X_0)\ /C_0$$

式中，X、X_0 分别为稳定期、刚接种时每毫升培养液中的细胞干重（g/mL）；C_0、C 分别为限制性营养物最初、稳定期时的质量浓度（g/mL），由于计算 Y 时必须有一限制性营养物，所

以 C 应为零。例如，根据实验和计算，产黄青霉（*Penicillium chrysogenum*）在以葡萄糖为限制性营养物的组合培养基上生长时，其 Y 为 1∶2.56，说明每消耗 2.56g 葡萄糖可合成 1g 菌丝体（干质量）。为更精确计算 Y 值，又提出 Y_{ATP}（每摩尔 ATP 所产生的菌体干质量）和 Y_{subst}（每摩尔底物所产生的菌体干质量）等指标。

4．衰亡期（death phase）　在此期间细菌代谢活性降低，细胞衰老并出现自溶，产生或释放出一些产物，如氨基酸、转化酶、外肽酶或抗生素等。菌体细胞大小悬殊，呈现多种形态，有时产生畸形；有些革兰氏阳性菌此时会变成革兰氏阴性菌。

生长曲线表现了细菌细胞及其群体在新的适宜理化环境中，生长繁殖直至衰老死亡的动力学变化过程。其各个时期的特点，反映了所培养的细菌细胞与其所处环境间进行物质和能量交流，以及两者间相互作用与制约的动态变化过程。所以，深入研究各种单细胞微生物生长曲线各个时期的特点及其内在机制，在微生物学理论与应用实践上都有着十分重要的意义。

（二）丝状真菌的群体生长曲线

丝状真菌的群体生长曲线与单细胞微生物的群体生长曲线存在显著的不同，它们一般没有典型的对数生长期，见图 7-9。

丝状真菌的群体生长过程大致可分为三个阶段。

1．生长停滞期　生长停滞的情况有两种：一种是孢子萌发前真正的停滞状态；另一种是生长已经开始但还无法测定。

2．迅速生长期　此时菌丝体干重迅速增加，其立方根与时间呈直线关系。因为它不是单细胞，繁殖不是以几何级数倍增，所以没有对数生长期。在此时期，碳、氮、磷等营养物质被迅速利用，呼吸强度达到顶峰。有些代谢产物已出现，有些未出现。

3．衰亡期　真菌进入衰亡期的标志是菌丝体干重下降，一般是在短期内下降很快，以后变化不再明显，大多数次级代谢产物（如抗生素）在此时合成。处于衰亡期的大多数细胞都出现大的空泡，菌体自溶的程度因菌种和培养条件而异。

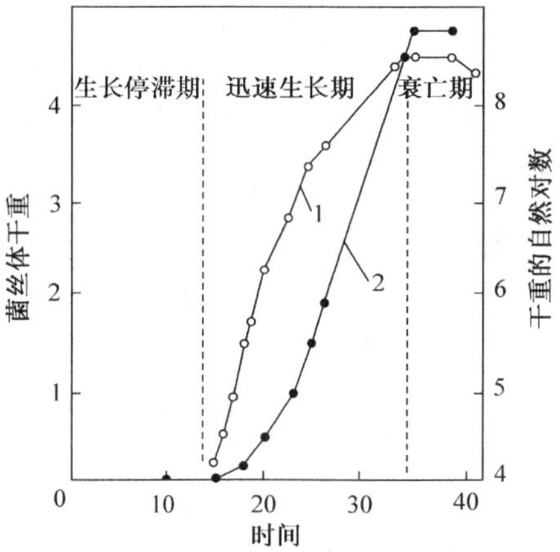

图 7-9　丝状真菌的群体生长曲线

1．对应线性纵坐标；2．对应对数纵坐标

三、分批培养和连续培养

根据操作方法的不同，液体深层发酵法又可以分为如下几类。

1．分批发酵法　分批发酵法是指一次性地向发酵罐中投入培养液，待发酵完毕后，又一次性地放出原料的发酵方法。放料后再重复投料、灭菌、接种、发酵等过程。此期间菌种的生长可分为延迟期、对数期、稳定期和衰亡期 4 个时期。

2．分批补料发酵法　分批补料发酵法是指在分批发酵中，间歇或连续补加新鲜培养基的发酵方法。所补的原料可以是全料，也可以是氮源、碳源等，主要是为了延长代谢产物的合成时间，如用本法生产青霉素可使生产效率提高 20%。

3．连续发酵法　连续发酵法又称为连续培养（continuous culture），是指在微生物的整个培养期间，通过一定的方式使微生物能以恒定的比生长速率（指单位质量菌体的瞬时增量）生长并能持续生长下去的一种培养方法。连续培养装置的一个主要参数是稀释率（D）：$D=F/V$=流动速率/容积。在发酵过程中，向发酵罐连续加入培养液的同时，不断放出老培养液。其优点是设备利用率高、产品质量稳定、便于自动控制等，而缺点是容易污染杂菌。本法已用于生产酵母菌菌体、乙醇、乳酸、丙酮、丁醇，以及石油脱蜡、污水处理等。工业上使用本培养方法，主要是因为随着微生物的活跃生长，营养物不断消耗，有害的代谢产物不断积累，对数期不可能长期维持，所以需要在培养时控制营养物浓度和培养条件，从而将微生物细胞的生长维持在对数期。根据控制方式的不同，连续培养可分为恒浊连续培养和恒化连续培养两种（图 7-10）。

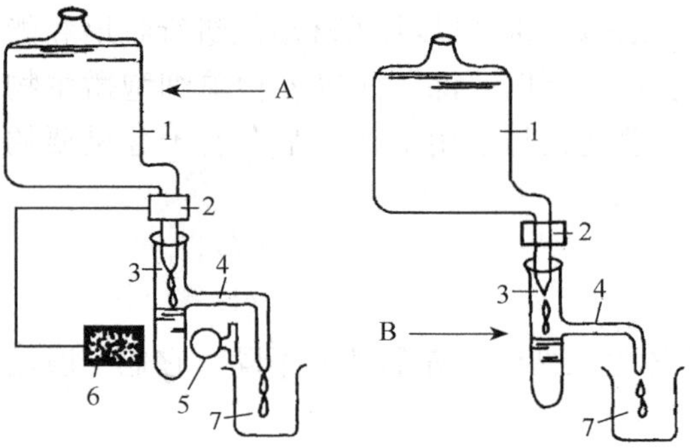

图 7-10　连续培养装置的示意图

A．恒浊连续培养系统；B．恒化连续培养系统。
1．盛无菌培养基的存储器；2．流量控制阀；3．培养器；4．排出管；5．光源；6．光电池；7．流出物

（1）恒浊连续培养　恒浊连续培养为一种使培养液中菌体浓度恒定，以浊度为控制指标的培养方式。按试验预期目的，确定培养液的恒定浊度值，进而调节进入的一定浓度培养液流速，使浊度达到恒定（用自动控制的浊度计测定）。当浊度较大时，加大进液流速，以降低浊度；当浊度较小时，降低流速，以提高浊度。在此过程中，菌体以最高生长速率进行生长，发酵工业采用本法可获得大量的菌体和与菌体生长平行的代谢产物。

（2）恒化连续培养　恒化连续培养是维持进入培养液中的营养成分恒定（其中对微生物生长有限制作用的成分要保持低浓度水平），以恒定流速进液，再以相同流速流出代谢产物，使菌体始终在低于其最高生长速率条件下进行生长繁殖的培养方式。

在本法中，一方面，菌体密度会随时间的增长而增大；另一方面，限制生长因子的浓度又会随时间的增长而降低，两者相互作用使产生微生物的生长速率正好与恒速流入的新鲜培养基流速保持平衡。因此，通过培养，既可得到一定生长速率的均一菌体，又可获得低于最高菌体产量却能保持稳定菌体密度的菌体。本法常用于微生物学的研究，筛选不同变种，观察细菌在不同生活条件下的变化；也是研究自然条件下微生物生态体系比较理想的实验模型。在连续培养中，微生物往往处于相当于分批培养生长曲线的某个生长阶段，所以其生长状态和规律与分批培养中的不同（图 7-11）。

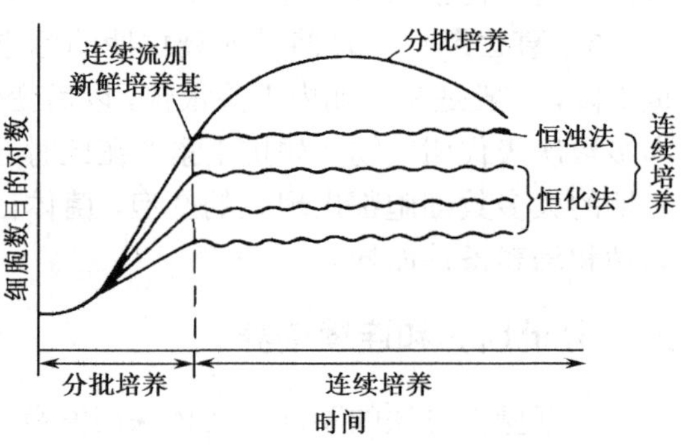

图 7-11　分批培养和连续培养的关系

四、常见的微生物培养方法

（一）固体培养和液体培养

1．固体培养　将微生物接种在固体培养基表面进行生长繁殖，其被广泛采用。具体

有以下几种常见培养方法。

（1）斜面培养（slant culture） 用琼脂等固体培养基在试管中制成斜面，在此面上对细菌、霉菌等微生物进行培养称为斜面培养。这种培养可以充分观察所培养微生物的生长状态，并且接种方便，常用于微生物形态观察或菌种保藏。

（2）平板培养（plate culture） 也称为平面培养，将琼脂或明胶等凝胶状固体培养基制成平面状，然后在此平面上培养微生物或多细胞生物的细胞、组织或器官。在细菌学研究中，通常用这种方法来观察菌落形状和类型、与稀释培养法结合进行纯种分离、检测菌落数目、测定抗生素的效价等。

为了获得较多菌体提高培养效率，可采用增大培养表面积的办法，实验室多采用克氏瓶（茄子瓶）、罗氏瓶和锥形瓶。

2．液体培养 将微生物接种到液体培养基中进行培养的方法称为液体培养法。该类方法有以下几种。

（1）静止培养 静止培养是指接种后的液体静止不动。由于所用容器不同，故培养法也不同。例如，试管培养法，即将菌种接到装有 10mL 液体培养基的试管后摇匀，放入试管架上，置于培养箱中培养，定时观察微生物液体培养特征；又如浅盘培养法（shallow tray culture），即把菌种接入装有液体培养基的搪瓷盘内，使液面与空气广泛接触，早期培养黑曲霉进行柠檬酸发酵时就是采用本法。

（2）摇瓶振荡培养 摇瓶振荡培养是将菌株的单菌落接种到锥形瓶培养液中，振荡培养。由于其简便、实用，故广泛用于种子培养与扩大发酵中。其设备主要分为旋转式摇床和往复式摇床两种类型（一般摇床须放入恒温室，现已用自动控温的台式摇床）。用旋转式摇床进行微生物振荡培养时，固定在摇床上的锥形瓶随摇床以 200～250r/min 的速度运动，由此带动培养物围绕锥形瓶内壁平稳转动。用往复式摇床进行培养时，培养物被前后抛掷，引起较为激烈的搅拌和撞击，若要获得更大的氧供应，可在较大的锥形瓶（250～500mL）中装相对较小体积的培养基（20～30mL），以期获得更高的氧传递速率，便于细胞的迅速生长；若要获得较低的氧供应，则采用较慢的振荡速度和相对大的培养体积。

（3）发酵罐培养 实验室中较大量的通气扩大培养，一般可以采用罐容量在 5～30L 的小型发酵罐（图 7-12）。在工业上大规模培养微生物一般是在大型发酵罐中进行的。大型发酵罐具有提高氧的利用率、减少动力消耗、节约投资和人力、易于管理的优点。现在的发酵罐一般采用计算机自动化控制、在线监测控制、自动收集和分析数据，以达到最佳条件。

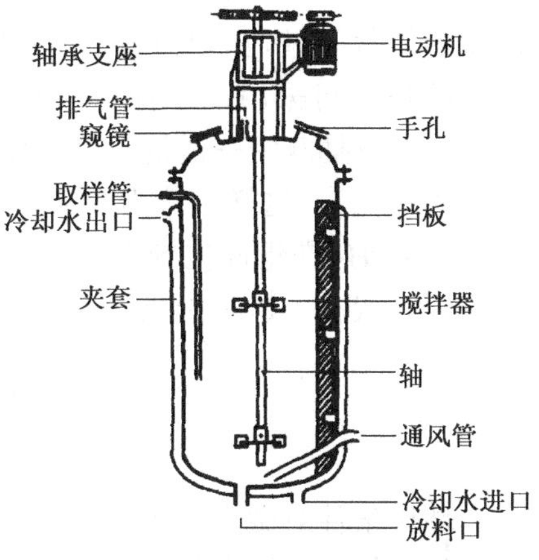

图 7-12 小型发酵罐示意图

（二）好氧培养和厌氧培养

1．好氧培养 氧对微生物的生命活动有着极其重要的影响。对于好氧微生物来说必须在有氧的条件下才能生长。所以，在培养好氧性的细菌、放线菌、真菌时应保证不断供给空气。好氧菌的培养主要有斜面培养及较大型的克氏瓶、茄子瓶等平板培养方法。

2．厌氧培养 培养厌氧菌除了需要特殊的培养装置以外，还需配制特殊的培养基，既要满足 6 种营养要素需求，又要在其中加入还原剂和氧化还原电位的指示剂。其主要培养方法有以下几种。

（1）高层琼脂柱技术　将加有还原剂的固体或半固体培养基装入试管中，以培养相应的厌氧菌。在这种培养基中，越是深层，其氧化还原电位越低，因而越有利于厌氧菌的生长。

（2）亨氏滚管法（Hungate roll-tube technique）　亨氏滚管法是美国微生物学家亨盖特（Hungate）于 1950 年首次提出，并应用于瘤胃厌氧微生物研究的一种厌氧培养技术。经不断改进完善，已发展成为研究厌氧微生物的一整套完整技术，也是研究专性厌氧菌的一种极为有效的技术。

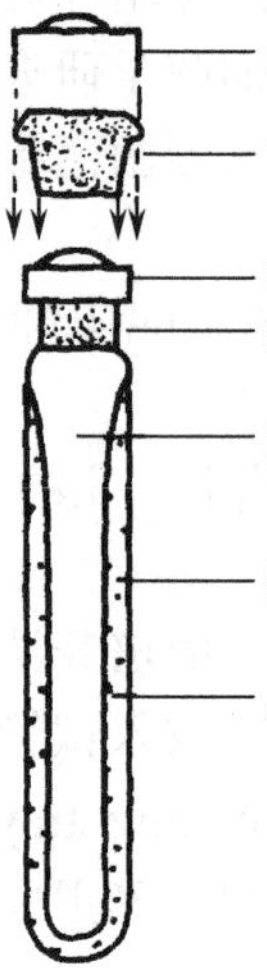

图 7-13　亨氏滚管法中的厌氧试管（剖面）

亨氏滚管法的主要原理是利用除氧铜柱来制备高纯氮用以驱除小环境中的空气，使培养基的配制、分装、灭菌和储存，以及菌种的接种、培养、观察、分离、移种和保藏等过程始终处于高度无氧条件下，从而保证了严格厌氧菌的存活。用这种方法制备成的培养基称为预还原无氧灭菌培养基（pre-reduced anaerobically sterilized medium，PRAS 培养基）。在进行产甲烷菌等严格厌氧菌的分离时，可用亨氏滚管法的“无氧操作”把菌液稀释，并接种于融化后的 PRAS 培养基中，然后将此试管用丁基橡胶塞严密塞住后平放，置冰浴中均匀滚动，使含菌培养基布满在试管内表面上，犹如好氧菌在培养皿平板表面一样，最后长出许多单菌落（图 7-13）。本技术不仅可用于有益厌氧菌如双歧杆菌等的分离与活菌培养计数，还可用于有害腐败菌（如酪酸菌）或病原菌（如肉毒梭状芽孢杆菌）的分离与鉴定。

（3）厌氧罐（anaerobic jar）技术　本技术是一种常规的不很严格的厌氧技术，为多数厌氧菌或微需氧菌的培养提供快速而舒适的气体环境。在罐内一般可置 10 个常用的培养皿（直径为 9cm）或任何液体培养的试管。厌氧罐的类型很多，但一般都有一个用聚碳酸酯制成的透明罐体，也有用透明耐高温聚丙烯材料一次性注塑而成的，强度高、耐高温、透热性强；不锈钢的罐体则坚固耐用，导热性好，具有防碎和抗老化性能。上有一可用螺旋夹紧密夹牢的罐盖，盖内的中央有一不锈钢丝织成的网袋，内放钯催化剂粒；罐内放一含亚甲蓝的氧化还原指示剂（图 7-14）。罐盖配置接头孔，可以连接各种厌氧培养系统的接头，也可以作为放气孔使用。使用时，先装入待培养的对象然后密闭罐盖，可采用以下操作流程：抽真空→灌氮→抽真空→灌氮→抽真空→灌混合气（N_2∶CO_2∶H_2＝80∶10∶10，体积比）。这样，罐内少量剩余氧就会和被灌入的混合气中的 H_2 在钯催化剂作用下还原生成水，从而造成严格的无氧状态（这时指示剂亚甲蓝被还原成无色）。

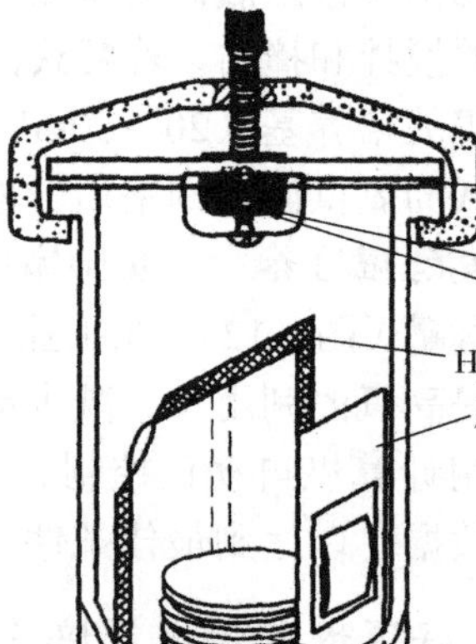

图 7-14　厌氧罐的一般构造

第三节　微生物的生长环境

环境条件对微生物生长繁殖的影响大致可分为三类：第一类是适宜的环境，在这种环境下微生物能正常地进行生命活动；第二类是不适宜的环境，在此情况下微生物正常的生命活动受到抑制或被迫暂时改变原有的一些特点；第三类是恶劣的环境，此时微生物死亡或发生遗传变异。

一、温度

温度对微生物的影响表现在两个方面：一方面，随着微生物所处环境的温度升高，细胞中生物化学反应速率加快，生长速度加快；另一方面，随着温度上升，细胞中对温度较敏感的组成物质（如蛋白质、核酸等）会受到不可逆的破坏。概括来讲，温度是通过影响微生物膜的液晶结构、酶和蛋白质的合成和活性，以及 RNA 的结构及转录等因素来影响微生物生命活动的。

在探讨温度对微生物影响效应时先了解以下几个概念。

（1）最低生长温度　微生物能够生长繁殖的最低温度。此温度时，微生物生长最慢；低于这个温度，微生物就不能生长。

（2）最高生长温度　其他环境因子不变的情况下，微生物能够生长繁殖的最高温度。高于这个温度，微生物的生命活动就要停止，甚至死亡。

（3）最适生长温度　微生物代时最短或生长繁殖速度最快时的温度。

根据微生物的最适生长温度，可将微生物分为以下三类。

1．嗜冷微生物（psychrophile）　嗜冷微生物（如假单胞菌、乳杆菌、青霉菌）是指最适生长温度在－10～20℃的微生物，它们广泛分布于海洋、深湖、冷泉和冷藏库等温度较低处。根据对温度的要求，可以把其分成专性嗜冷微生物和兼性嗜冷微生物两类：专性嗜冷微生物最适生长温度为 15℃左右，最高生长温度为 20℃；兼性嗜冷微生物最适生长温度为 25～30℃，最高生长温度可达 35℃左右。

其耐受低温的原因在于，自身体内的酶在低温下仍能有效地起催化作用，通常这些酶在 30～40℃就会很快失活。此外，膜中含不饱和脂肪酸的成分较高，在低温下也能保持半流体状态，仍能进行活跃的物质传递，支持微生物的生长。

2．嗜温微生物（mesophile）　最适生长温度在 25～37℃的微生物称为嗜温微生物，自然界中绝大多数微生物属于这一类。此类微生物的最低生长温度为 10℃左右。

嗜温微生物又可分为寄生嗜温微生物和腐生嗜温微生物两类：寄生嗜温微生物的最适生长温度相对较高，如大肠杆菌；腐生嗜温微生物的最适生长温度相对较低，发酵工业中常用的黑曲霉、酿酒酵母、枯草芽孢杆菌均为腐生嗜温微生物。

3．嗜热微生物（thermophile）　能在高于 40℃下生长、最适生长温度在 55℃左右的微生物称为嗜热微生物。在温泉、堆肥、土壤中，甚至在工厂的热水装置等处都有嗜热微生物存在，如发酵工业中应用的德氏乳杆菌的最适生长温度为 45～50℃，嗜热糖化芽孢杆菌为 65℃。

嗜热微生物能在高温下生长繁殖，是因为其生物体的酶比别的蛋白质具有更强的抗热性；其核酸也有保证热稳定性的结构，如 tRNA 在特定的碱基对区域内含有较多的 GC 对；细胞膜中含有较多的饱和脂肪酸和直链脂肪酸，使膜具有热稳定性。此外，嗜热微生物生长速率快，能迅速合成生物大分子以弥补高温造成的大分子破坏，这也是其能抵抗较高温度的重要原因。寻找耐高温菌种是发酵微生物研究的一项重要内容。

不同种微生物的最低、最适和最高生长温度不同，同种微生物的最低、最适、最高生长温度也会因其所处的环境条件不同而有变化。已知微生物在－10～95℃均可生长，其生长温度范围较广。但每种微生物只能在其最低生长温度与最高生长温度之间生长。各类微生物的适宜温度范围随其原来寄居的环境不同而异（表 7-2）。大多数放线菌的最适生长温度为 23～37℃，其高温类型在 50～65℃时生长良好，而有些可在 20℃以下生存。霉菌的生长温度范围和放线菌的差不多。

表 7-2　不同微生物的生长温度范围

微生物名称	生长温度/℃		
	最低	最适	最高
大肠杆菌（*E. coli*）	10	30～37	45
酿酒酵母（*Saccharomyces cerevisiae*）	10	28	40
黑曲霉（*Aspergillus niger*）	7	30～39	47
嗜热放线菌（thermophilic actinomycetes）	28	50	65
嗜热糖化芽孢杆菌（*Bacillus thermodiastaticus*）	52	65	75

最适生长温度不一定是一切代谢活动的最好温度。例如，乳链球菌在 34℃时繁殖速度最快，在 25～30℃时细胞产量最高，而在 40℃时发酵速度最快，在 30℃时乳酸产量最高（表7-3）。可见微生物的生长速率、发酵速度和代谢产物累积速率的高峰多数不在同一个温度水平上。同一种微生物的不同生理活动要求在不同的温度下进行，同时，对同一种发酵产品，若用不同的菌种发酵生产，发酵过程的温度控制也有不同，因此工业发酵中往往按实际需要改变温度。

表 7-3　同一微生物不同生理活动的最适温度

微生物名称	生长温度/℃	发酵温度/℃	积累产物温度/℃
灰色链霉菌（*Streptomyces griseus*）（链霉素生产菌）	37	28	—
产黄青霉（*Penicillium chrysogenum*）（青霉素生产菌）	30	25	20
北京棒状杆菌（*Corynebacterium pekinense*）（谷氨酸生产菌）	32	33～35	—
嗜热链球菌（*Streptococcus thermophilus*）	37	47	37
乳链球菌（*Streptococcus lactis*）	34	40	产细胞 25～30 产乳酸 30
丙酮丁醇梭菌（*Clostridium acetobutylicum*）	37	33	—

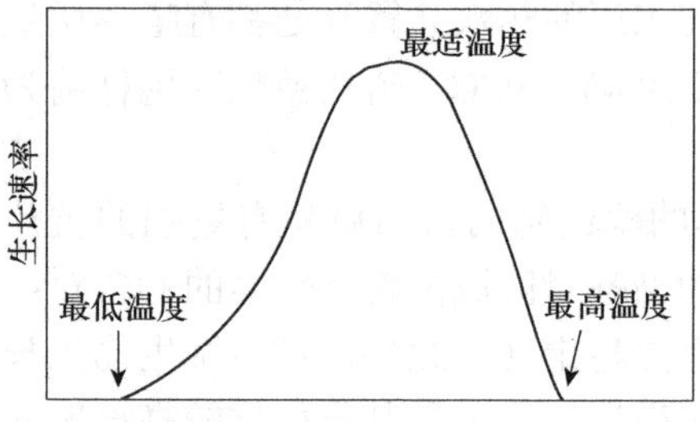

图 7-15　温度对生长速率的影响（Madigan et al.，2008）

微生物生长速度与温度的关系，常以温度系数 Q_{10} 来表示，即温度每上升 10℃后的微生物的生长速度与微生物在未升高温度前的生长速度之比值。在一定的温度范围内，温度每提高 10℃，微生物的生长速度增快 1.5～2.5 倍（图 7-15）。

如果环境温度超过最高生长温度，微生物就会死亡。使微生物死亡的最低温度称为致死温度。致死温度与处理时间有关，一般指能在 10min 内完全杀死微生物的最低温度。测定微生物的致死温度一般在生理盐水中进行，以减少有机物质的干扰。

低温可以使一部分微生物死亡，但绝大多数微生物在低温下只是减弱或降低其代谢速度，使菌体处于休眠状态，生命活力依然保存。

二、水分

微生物的生命活动离不开水，一般以水活度（a_w）来表示细胞对水分的需求状况，大多数微生物在 a_w 为 0.95～0.99 时生长最好。

表 7-4 中列出了三种不同溶液中水活度与对应溶质浓度的关系。从表中可看出，不同溶质在不同程度上影响溶液中的水活度，影响程度的大小取决于溶质溶解时解离和水合的程度。如果往培养基中添加溶质，则会使培养基溶液的水活度下降，这就意味着生长在这种培养基中的微生物必须做更多的功才能从培养基中获得生长所需要的水，这样常常导致生长速率下降。

表 7-4　三种不同溶液中水活度与对应溶质浓度的关系

水活度 a_w	NaCl/（g/100mL 水）	蔗糖/（g/100mL 水）	甘油/（g/100mL 水）
0.995	0.87	0.92	0.25
0.985	3.5（海水）	3.42	1
0.960	7	6.5	2
0.900	16.5	14	5.1
0.850	23	20.5	7.8
0.800	30（饱和）	—	10.5
0.700	—	—	16.8
0.650	—	—	20

由于微生物细胞内部的溶质浓度往往比培养基中高，所以水可从培养基流入细胞。假如胞外的溶质浓度高于胞内，则水将从细胞内向外流出。这时，只有增加胞内的溶质浓度，细胞才能从环境中获得水而实现生长。不同微生物增加胞内溶质浓度的能力不同，能力高者能在水活度比较低的培养基上生长。表 7-5 列出了不同类型微生物生长的最低 a_w，从中可看出，在 a_w 低于 0.60 的干燥条件下，除少数真菌外，多数微生物不能生长。干燥会使微生物代谢活动停止并处于休眠状态。严重时引起细胞脱水，蛋白质变性，进而导致微生物死亡。这就是利用干燥的环境条件来保存物品（食品、衣物等），防止其腐败腐烂的原理。某些霉菌和酵母能在低水活度下生长。

表 7-5　不同类型微生物生长的最低 a_w

类群		最低 a_w	类群		最低 a_w
细菌	大肠杆菌	0.935～0.960	酵母	产朊假丝酵母	0.94
	枯草芽孢杆菌	0.915～0.930		各种酵母	0.88
霉菌	黑曲霉	0.88		酵母属的酵母	0.60
	灰绿曲霉	0.78			

值得注意的是，人们常把浓度对生长的影响看作渗透压对生长的影响，而实质上是水活

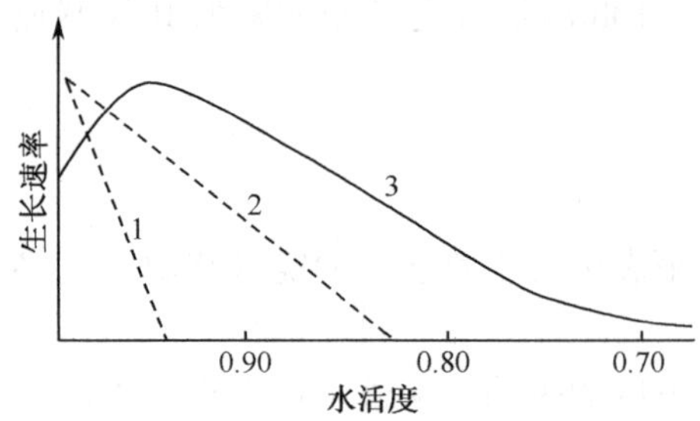

图 7-16　水活度对微生物生长速率的影响
1．正常有机体；2．耐渗透压的有机体；
3．耐高渗透压的有机体

度的影响。能够生长于溶质浓度高的培养基中的微生物，被认为是耐渗透压的微生物。如第五章所述，微生物的生长要求等渗环境，高渗或低渗环境都不利于其生长甚至导致死亡，这就是用盐腌（含食盐 5%～30%）和蜜渍（含糖 30%～80%）的方式保存食品的理论根据。

水活度对正常的、耐渗透的和嗜高渗透压的微生物生长速率的影响如图 7-16 所示。

三、氧气

微生物只能利用溶解于水中的 O_2，即溶解氧（DO）。DO 与水温、大气压等因素有关，温度越高，氧的溶解度越小。在好氧生物处理中，DO 是个十分重要的因子，要求提供充足的氧，一般曝气池中的 DO 要求控制在 3～4mg/L。按对氧的需求程度可将微生物分为以下 5 类（图 7-17），其中，前三类又统称为好氧微生物，后两类统称为厌氧微生物。

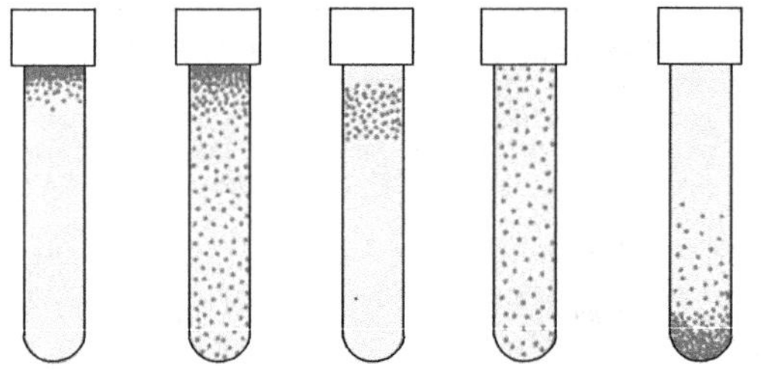

图 7-17　氧与细菌生长的关系（Madigan et al.，2008）

1．专性好氧菌　包括绝大多数真菌和多数细菌、放线菌，该类微生物必须在有分子氧的条件下才能生长，有完整的呼吸链，以分子氧作为最终氢受体；细胞含超氧化物歧化酶（SOD）和过氧化氢酶（CAT）。

2．兼性厌氧菌　在有氧和无氧条件下均能生长，但在有氧条件下生长得更好；在有氧时靠呼吸产能，无氧时靠发酵或无氧呼吸产能；细胞含 SOD 和 CAT。该类微生物包括许多酵母菌和细菌。

3．微好氧菌　微好氧菌是指只能在较低的氧分压（1.01～3.04kPa，大气中的氧分压一般为 20.2kPa）下才能正常生长的微生物，通过呼吸链并以氧为最终氢受体而产能；含有少量 SOD，一般不含 CAT，如螺杆菌属、弯曲菌属、迂回螺菌、趋磁细菌等。

4．耐氧厌氧菌　一类可在分子氧存在的情况下进行厌氧生活的厌氧菌，即它们的生长不需要氧，分子氧对它也无毒害作用。它们不具有呼吸链，仅依靠专性发酵获得能量。细胞内存在 SOD 和过氧化物酶，但缺乏 CAT。乳酸菌多数是耐氧厌氧菌。

5．专性厌氧菌　专性厌氧菌包括梭菌属、拟杆菌属、脱硫弧菌属及绝大多数产甲烷菌。该类菌有如下特点。

1）分子氧对它们有毒害作用，即使短期接触空气，也会抑制其生长甚至致死。

2）在空气或含 10% CO_2 的空气中，它们在固体或半固体培养基的表面不能生长，只有在其深层的无氧或低氧化还原势的环境中才能生长。

3）生命活动所需能量通过发酵、无氧呼吸、环式光合磷酸化等提供。

4）细胞内缺乏 SOD 和细胞色素氧化酶，大多数还不含 CAT。

1971 年，McCord 和 Fridovich 提出 SOD 学说，他们认为，厌氧菌因缺乏 SOD，故易被生物体内极易产生的超氧自由基（$\cdot O_2^-$）毒害致死。

超氧自由基是活性氧的形式之一，因有奇数电子，故带负电荷；它既有分子性质，又有离子性质；其反应力极强，性质极不稳定，在细胞内可破坏各种重要生物高分子和膜，也可形成其他活性氧化物，故对生物体十分有害。在体内，超氧自由基可由酶促（如黄嘌呤氧化酶）或非酶促方式形成，即 $O_2+e^- \longrightarrow \cdot O_2^-$。

生物在其长期进化过程中发展了去除超氧自由基等各种有害活性氧的机制。一切好氧生物共有的 SOD 就是除氧的最重要方式之一。近年来，发现 SOD 在清除生物体内超氧自由基的同时，还具有防止人体衰老、抗癌、防白内障、治疗放射病和肺气肿及解除苯中毒等一系列疗效，所以正在通过直接从动物血液或微生物中提取，或者用遗传工程等手段将 *SOD* 基因导入受体菌等方法来开发这种新型的医疗用酶。

四、pH

每种微生物都有一个可生长的 pH 范围及最适生长的 pH 范围。微生物对 pH 的要求也存在最高、最低和最适三个点。大多数自然环境的 pH 为 5～9，适合多数微生物的生长。只有少数微生物能够在 pH 低于 2 或高于 10 的环境中生长。常见的四大类微生物中对 pH 的最适（范围）要求分别是：细菌为 6.5～7.5（4～10）；放线菌为 7～8（5～10）；霉菌为 3～6（1.5～10）；酵母菌为 5～6（1.5～10）。

pH 影响微生物的生长，主要表现在以下几方面：①影响培养基中营养物质离子化的程度，从而影响微生物对营养物质的吸收；②影响环境中有害物质对微生物的毒性；③影响代谢反应中各种酶的活性；④影响菌体细胞膜的带电荷性质、稳定性及其对物质的吸收能力；⑤使菌体表面蛋白质变性或水解。

在污水的生物处理中，生物处理的主体是细菌，要求 pH 略微偏碱，一般在 6.5～8.5。过高的 pH 会使原生动物呆滞，菌胶团解体，影响去除效果；而过低的 pH 会使霉菌大量繁殖，造成污泥膨胀。

五、辐射

辐射是以电磁波的方式通过空间传递的一种能量形式，包括可见光（380～760nm）、紫外辐射（280～380nm）、近红外（760～3000nm）、热红外（6000～15000nm）及微波（1mm～1m），另外还有电离辐射等。不同波长的辐射对微生物生长的影响不同，可见光和红外辐射对进行光合作用的微生物有影响，能作为光合作用的能源。

1. 可见光

（1）*作为光能微生物的唯一或主要能源*　非光合性微生物有少数类群，如闪光须霉（*Phycomyces nitens*）能表现趋光性，另一些真菌（如蘑菇和灵芝等）在子实体和色素形成时需要散射光。

（2）*伤害作用*　菌体内有一类称为光敏剂（photosensitizer）的化学物质，能被光能活化为能量较高的状态。当其失能而恢复正常状态时，放出的能量可被菌体的有机分子或氧气所吸收。若被有机分子吸收，菌体受伤害程度较小；但若被氧气吸收，会使原来活性较低的基态氧变成高能量的活性氧，通过强氧化作用而使细菌很快失去活力。这种伤害作用能被猝灭剂所遏制，菌体内色素为自然猝灭剂，所以强烈可见光只在有氧时对不含色素的细菌起伤害作用。

（3）*光复活作用*　经紫外线照射后的微生物暴露于可见光下，可明显降低其死亡率，称为光复活作用。

2. 紫外线 紫外线损伤 DNA，形成胸腺嘧啶二聚体，从而抑制 DNA 复制，引起微生物突变或死亡。以波长为 265～266nm 的紫外线杀菌力最强。由于紫外线穿透力弱，通常应用于表面或空气杀菌。

检查紫外灯杀菌效果的方法是：将分布有 200～250 个细菌的营养琼脂平板暴露于紫外灯下 2min；然后，盖好皿盖倒置于温箱中培养，同时作对照，若不能显示处理皿的菌数减少了 99%，即表示须更换新灯。

3. 电离辐射 包括 X 射线、γ 射线、α 射线和 β 射线等。它们的波长短、能量大，能使被照射的物质分子发生电离作用而产生游离基，游离基与细胞内的大分子化合物作用使之变性失活。常用于土样、食品、药物等的杀菌。

第四节 有害微生物的控制

微生物能否生长繁殖，取决于自身及其所处的生存环境。通过控制和调节各种环境因素，可以促进有益微生物生长，抑制或杀死有害微生物。

一、基本概念

这里先介绍消毒、灭菌、防腐、化疗等几个重要术语。

消毒是指采用较温和的理化因素，仅杀死物体表面或内部的一部分对人体有害的病原菌，而对被处理物体基本无害的措施。这里的“毒”专指传染源或病原菌，因此消毒可达到防止传染病传播的目的。常用于牛奶等食品及某些物体的表面消毒。利用具有消毒作用的化学药剂（又称为消毒剂）也可进行器皿、用具、皮肤、体膜或体腔内的消毒处理。例如，将物体煮沸（100℃）10min 或 60～70℃加热处理 30min，就可杀死病原菌的营养体，但不能杀死所有的芽孢。

灭菌是指用物理或化学因子，使存在于物体中的所有活微生物，永久性地丧失其生活力，包括最耐热的细菌芽孢。这是一种彻底的杀菌措施，还可分为杀菌和溶菌两种，前者是指菌体死亡后形体仍在；后者则指菌体被杀死后，细胞因自溶、裂解等消失。

防腐是指利用某些理化因子，使物体内外的微生物暂时处于不生长、不繁殖但又未死亡的状态，如低温、干燥、盐渍、糖渍等。这是一种防止食品腐败和其他物质霉变的技术措施。

化疗即化学治疗，是利用具有高度选择毒力的化学物质抑制宿主体内病原微生物的生长繁殖，以达到治疗该传染病的一种措施。

必须指出，不同的微生物对各种理化因子的敏感度不同。同一因素不同剂量对微生物的效应也不一样，或者起灭菌作用，或者可能只起消毒或防腐作用。有些化学因子，在低浓度下还可能是微生物的营养物质或具有刺激生长的作用。

二、物理因素的控制

1. 温度 利用温度进行灭菌、消毒或防腐，是最常用而又方便有效的方法。高温可使微生物细胞内的蛋白质特别是酶类发生变性而失活，从而起灭菌作用；低温通常起抑菌作用。

（1）干热灭菌法

1）灼烧灭菌法：利用火焰直接把微生物烧死。本法彻底可靠，灭菌迅速，但易焚毁物品，所以使用范围有限，只适合于接种针、接种环、试管口及不能用的污染物品或实验动物的尸体等的灭菌。

2）干热空气灭菌法：这是实验室中常用的一种方法，即把待灭菌的物品均匀地放入烘箱中，升温至160～170℃维持1～2h。适用于玻璃皿、金属用具等的灭菌。

（2）湿热灭菌法　在同样的温度下，湿热灭菌的效果比干热灭菌好，这是因为一方面细胞内蛋白质含水量高时，容易变性；另一方面高温水蒸气对蛋白质有高度的穿透力，从而加速蛋白质变性，使其迅速死亡。

1）巴氏消毒法：本法为法国微生物学家巴斯德首创，故名为巴氏消毒法，本法一般在63℃、30min即可达到消毒目的。因为高温会破坏有些食物的营养成分或影响其质量，如牛奶、酱油、啤酒等，所以只能用较低的温度来杀死其中的病原微生物，这样既可以保持食物的营养和风味，又进行了消毒，从而保证了食品卫生。

巴氏消毒法除了传统的低温维持（low temperature holding，LTH）法，即63℃、30min以外，还发展出了高温瞬时（high temperature short time，HTST）法，即72℃、15s，以及超高温消毒（ultra-high-temperature processing，UHT）法，即135℃、2～5s。

2）煮沸消毒法：直接将要消毒的物品放入清水中，煮沸15min，可杀死细菌的全部营养细胞和部分芽孢。若在清水中加入1%碳酸钠或2%苯酚，则效果更好。适用于注射器、毛巾及解剖用具的消毒。

3）间歇灭菌法：将待灭菌的物品加热至100℃，15～30min，杀死其中的营养体。然后冷却，放入37℃恒温箱中过夜，让残留的芽孢萌发成营养体。第2天再重复上述步骤，三次左右，就可达到灭菌的目的。本法不需加压灭菌锅，适于推广，但操作麻烦，所需时间长。

4）加压蒸汽灭菌法：适用于各种耐热、体积大的培养基的灭菌，也适用于玻璃器皿和工作服等物品的灭菌，是发酵工业、医疗保健、食品检测和微生物学实验室中最常用的一种灭菌方法。

具体是把待灭菌的物品放在一个可密闭的加压蒸汽灭菌锅中，大量蒸汽使其中压力升高，由于蒸气压的上升，水的沸点也随之提高。在蒸气压达到1.055kg/cm^{2}时，加压蒸汽灭菌锅内的温度可以达到121℃。在这种情况下，微生物（包括芽孢）在15～20min时便会被杀死，从而达到灭菌的目的。若灭菌的对象是砂土、石蜡油等面积大、含菌多、传热差的物品，则应适当延长灭菌时间。要注意的是，在恒压之前，一定要排尽灭菌锅中的冷空气，否则表上的蒸气压与蒸汽温度之间不具对应关系，这样会大大降低灭菌效果。

（3）影响灭菌的因素

1）不同的微生物或同种微生物的不同菌龄对温度的敏感性不同。多数微生物的营养体和病毒在50～65℃、10min就会被杀死；但各种孢子，特别是芽孢最能抗热，其中抗热性最强的是嗜热脂肪芽孢杆菌，要在121℃、12min才能被杀死。对同种微生物来讲，幼龄菌比老龄菌对温度更敏感。

2）微生物的数量多少显然会影响灭菌的效果，数量越多，灭菌时间越长。

3）培养基的成分与组成会影响灭菌效果。一般来说，蛋白质、糖或脂肪提高抗热性；pH在7左右，抗热性最强，偏向两极，则抗热能力下降；不同的盐类可能对灭菌产生不同的影响；固体培养基要比液体培养基灭菌时间长。

（4）灭菌对培养基成分的影响　具体如下：①pH普遍下降；②产生混浊或沉淀，这主要是由于一些离子发生化学反应而产生的，如Ca^{2+}与PO_4^{3-}会产生磷酸钙沉淀；③培养基颜色加深；④体积和浓度有所变化；⑤营养成分有时受到破坏。

2．辐射　利用辐射进行灭菌消毒，可以避免高温灭菌或化学药剂消毒的缺点，所以应用越来越广。目前主要应用在以下几个方面。

1）接种室、手术室、食品、药物包装室常应用紫外线杀菌。

2）应用β射线进行食品表面杀菌，γ射线用于食品内部杀菌。经辐射后的食品，因大量微生物被杀灭，再用冷冻保藏，可使保存期延长。

3．过滤　用一种滤孔比细菌还小的筛子做成各种过滤器，让待处理样品通过过滤器，用物理阻留的方法将其中的细菌除去，以达到无菌目的。主要用于血清、毒素、抗生素等不耐热生物制品及空气的除菌。常用的滤菌器有薄膜滤菌器（0.45μm 和 0.22μm 孔径）、陶瓷滤菌器、石棉滤菌器、烧结玻璃滤菌器等。本法最大的优点是不破坏培养基中各种物质的化学成分，但是比细菌小的病毒仍然能留在液体培养基内，有时会给实验带来影响。

4．超声波　超声波处理微生物悬液时，超声波探头的高频率振动会引起探头周围水溶液的高频率振动，当探头和水溶液两者的高频率振动不同步时可以在溶液内产生空穴，空穴内处于真空状态，只要悬液中的细菌接近或进入空穴区，细胞内外压力差会导致细胞裂解，达到灭菌的目的，超声波的这种作用称为“空穴作用”；另外，超声波振动，机械能转变成热能，导致溶液温度升高，使细胞产生热变性以抑制或杀死微生物。目前超声波处理技术广泛用于实验室研究中的破碎细胞和灭菌。

除了上述方法外，还可以利用高渗、干燥等措施或手段抑制微生物的生长。

三、化学因素的控制

人们主要利用抗微生物剂（antimicrobial agent），即能够杀死或抑制微生物生长的化学物质进行控制。

按照作用效果可将抗微生物剂分为：抑菌剂（bacteriostatic agent），抑制微生物生长，不能杀死细胞；杀菌剂（bactericide），杀死微生物但不裂解细胞；溶菌剂（bacteriolysis），诱导细胞裂解。根据适用对象不同，抗微生物剂又可以分为消毒剂（disinfectant）和防腐剂（antiseptic）两类。消毒剂能杀死微生物，通常用于非生物材料的灭菌或消毒；而防腐剂能杀死微生物或抑制其生长，但对人及动物的体表组织无毒性或毒性低，可作为外用抗微生物药物。此外，用于治疗微生物导致的疾病的抗微生物剂分为抗代谢物和抗生素，也叫作化学疗剂。

各种消毒剂、防腐剂与化学疗剂对微生物的抑制与毒杀作用，因其胞外毒性、进入细胞的透性、作用的靶位和微生物的种类不同而异，同时也受其他环境因素的影响。对其药效和毒性，常采用以下指标进行评价：①最低抑制浓度（minimum inhibitory concentration，MIC），指在一定条件下，某化学药剂抑制特定微生物生长的最低浓度，是用来评价药效强弱的指标；②半致死剂量（median lethal dose，LD_{50}），指在一定条件下，某化学药剂杀死 50%试验动物时的剂量，是用来评价药物毒性的指标；③最低致死剂量（minimum lethal dose，MLD），在一定条件下，某化学药剂杀死全部试验动物时的最低剂量，也用以评价毒性。此外，为比较消毒剂的相对杀菌强度，常采用临床上最早使用的消毒剂苯酚作为比较的标准，并以苯酚系数为指标，苯酚系数（phenol coefficient，P.C.）是指在一定时间内被试药剂能杀死全部供试菌的最高稀释度和达到同效苯酚的最高稀释度的比值。一般规定处理时间为 10min，而供试菌定为伤寒沙门氏菌（*Salmonella typhi*）。

1．消毒剂和防腐剂　消毒剂和防腐剂的种类很多，包括氧化剂类、具有降低表面张力效应的表面活性物质、重金属盐类、卤素化合物、染料、酸类，以及酚、醇、醛等类型有机物。一些常用消毒剂及其应用范围见表 7-6。

表 7-6 一些常用消毒剂及其应用范围

类型	名称及使用方法	作用原理	应用范围
醇类	70%～75%乙醇	脱水、蛋白质变性、损伤细胞膜	皮肤、器皿
	60%～80%异丙醇		
醛类	0.5%～10%甲醛	蛋白质变性	房间、物品消毒（不适合食品厂）
	2%戊二醛（pH 8）		
酚类	3%～5%苯酚	破坏细胞膜、蛋白质变性	地面、器具
	2%来苏儿		皮肤
氧化剂	0.1%高锰酸钾	氧化蛋白质活性基团、酶失活	皮肤、水果、蔬菜
	3%过氧化氢		皮肤、物品表面
	0.2%～0.5%过氧乙酸		水果、蔬菜、塑料等
	～1mg/L 臭氧		食品
重金属盐类	0.05%～0.1%升汞	蛋白质变性、沉淀、酶失活	非金属器皿
	2%红汞		皮肤、黏膜、伤口
	0.1%～1%硝酸银		皮肤、新生儿眼睛
	0.1%～0.5%硫酸铜		防治植物病害
表面活性剂	0.05%～0.1%新洁尔灭	蛋白质变性、破坏细胞膜	皮肤、黏膜、器械
	0.05%～0.1%杜灭芬		皮肤、金属、棉织品、塑料
卤素及其化合物	0.2～0.5mg/L 氯气	破坏细胞膜、蛋白质	饮水、游泳池水
	10%～20%漂白粉		地面
	0.5%～1%漂白粉		水、空气等
	2.5%碘酒		皮肤
染料	2%～4%龙胆紫	与蛋白质的羧基结合	皮肤、伤口
酸类	0.1%苯甲酸	破坏细胞膜、抑制呼吸酶系、阻止乙酰 CoA 缩合与蛋白质巯基结合	食品防腐
	0.1%山梨酸		食品防腐

2. 抗代谢物（antimetabolite） 抗代谢物又称为代谢类似物或代谢拮抗物，是指化学结构与微生物体内某个必要代谢物的结构相似，能以竞争方式取代它并和特定的酶结合，从而阻碍酶的功能，干扰正常代谢活动的一类化学物质。抗代谢物具有良好的选择毒力，故是一类重要的化学治疗剂。抗代谢物的种类很多，一般是有机合成药物，如磺胺类、5-氟代尿嘧啶、氨基叶酸、异烟肼等。

第一个被发现的抗代谢物是磺胺类药物（sulphonamide，sulfa drug），同时也是人类第一个成功地用于特异性抑制某种微生物生长以防治疾病的化学治疗剂。研究揭示，磺胺类药物的磺胺（sulfanilamide），其结构与细菌的一种生长因子，即对氨基苯甲酸（para-amino benzoic acid，PABA）高度相似。许多细菌不能利用外界提供的叶酸，需要利用 PABA 合成生长所需要的叶酸（图 7-18）。人类因为没有二氢叶酸合成酶，不能利用外界提供的 PABA 合成叶酸，只能从饮食中获得叶酸，因而对磺胺类药物不敏感。

许多致病菌具有二氢蝶酸合成酶，该酶以 PABA 为底物之一，经一系列反应，自行合成四氢叶酸（tetrahydrofolic acid，THFA）。THFA 是一种辅酶，其功能是负责合成代谢中的一

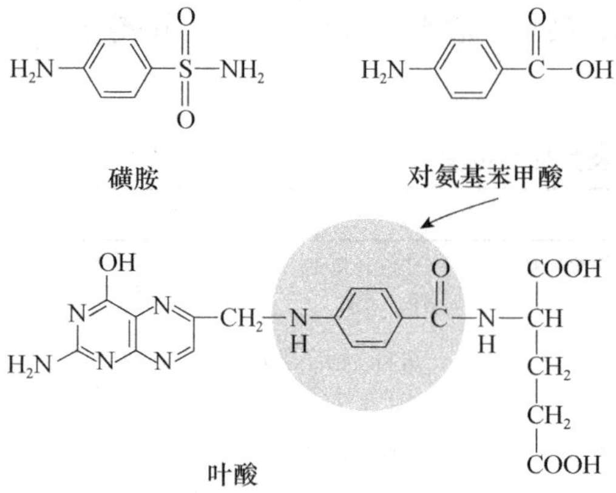

图 7-18　磺胺及其与叶酸结构的关系

碳基转移，而 PABA 则为该辅酶的一个组分。一碳基转移是细菌中嘌呤、嘧啶、核苷酸与某些氨基酸生物合成中不可缺少的反应。当环境中存在磺胺时，某些致病菌的二氢蝶酸合成酶在以二氢蝶啶和 PABA 为底物缩合生成二氢蝶酸的反应中，可错把磺胺当作对氨基苯甲酸，合成不具功能的“假”二氢蝶酸，即二氢蝶酸的类似物，导致最终不能合成四氢叶酸，造成细菌生长受到抑制，即磺胺类药物作为竞争性代谢拮抗物或底物类似物（metabolite analogue）使微生物生长受到抑制，从而对这类致病菌引起的病患具有良好的治疗功效。

临床应用的磺胺药物种类有很多，至今常用的有磺胺（sulfanilamide）、磺胺嘧啶（sulfadiazine）、磺胺甲噁唑（sulfamethoxazole）和磺胺异噁唑（sulfisoxazole）等。

碱基嘌呤类似物对动物和微生物一样都有毒性，但可用于病毒感染的治疗。因为病毒对碱基类似物的利用比细胞要快，因而受到的损伤更严重。

3．抗生素（antibiotic）　抗生素是一类在低浓度时能选择性地抑制或杀灭其他微生物的低分子量生物次级代谢产物。通常以天然来源的抗生素为基础，再对其化学结构进行修饰或改造形成的新抗生素称为半合成抗生素（semisynthetic antibiotic）。此外，将能抑制肿瘤细胞生长的生物来源次级代谢产物也称为抗生素，一般把这类抗生素冠以定语，称为抗肿瘤抗生素。

自 1929 年 A. Fleming 发现第一种抗生素——青霉素以来，新发现的抗生素已有 1 万多种，大部分化学结构已被确定，分子量一般为 150～5000，但目前临床上常用于治疗疾病的抗生素有 100 多种。主要原因是大部分抗生素选择性差，对人体与动物的毒性大。

每种抗生素均有抑制特定种类微生物的特性，这一抑菌范围称为该抗生素的抗菌谱，由此有窄谱抗生素（narrow spectrum antibiotic）和广谱抗生素（broad spectrum antibiotic）之分。抗微生物抗生素可分为抗真菌抗生素与抗细菌抗生素，而抗细菌抗生素又可分为抗革兰氏阳性菌、抗革兰氏阴性菌或抗分枝杆菌等抗生素。

抗生素可根据它们的结构不同分为多种类型，但分类原则多种多样。一般把具有相同基本化学结构的天然或化学半合成的抗生素分为一组，根据这一组中第一个被发现的或其基本化学性质来定名，同一组的不同抗生素常具有类似的生物学特性。

抗生素抑制微生物生长的机制大体分为 5 类：①抑制细胞壁合成，如青霉素含有 β-内酰胺环，可特异地结合在细菌细胞壁肽聚糖上，抑制肽聚糖的合成，因此只作用于 G^+菌；②破坏细胞膜的功能，如多黏菌素可作用于膜磷脂使膜溶解，而 G^-菌细胞膜磷脂特别丰富，所以可特异性地抑制 G^-菌的生长；③抑制蛋白质合成，由于原核微生物的核糖体为 30S 和 50S 亚基，与真核细胞明显不同，氯霉素是 50S 亚基的抑制剂，链霉素、四环素、卡那霉素等是 30S 亚基的抑制剂，它们可以特异地抑制原核生物的生长；④抑制核酸合成，利福霉素可特异性地作用于与真核生物细胞明显不同的细菌 RNA 聚合酶上，新生霉素则作用于细菌 DNA 酶而抑制细菌的生长；⑤作用于呼吸链以干扰氧化磷酸化，如硝基呋喃类可作用于呼吸链，吡嗪酰胺、异烟肼可干扰三羧酸循环，从而阻碍能量代谢。

资源 7-2

抗生素选择性作用的机制在于微生物细胞与人或动物细胞的差异。耐药性是微生物对以抗生素为主的药物耐受性的简称。当某种抗生素长期作用于一些敏感微生物时，微生物通过遗传适应，对特定抗生素表现出不敏感性。研究表明，微生物抗药性的获得是由于发生了特定的基因突变，或通过抗药性质粒的输入与遗传重组等途径获得抗药性。微生物产生耐药性有以下几种具体方式。

（1）产生了钝化或分解药物的酶　例如，抗青霉素菌株和抗头孢霉素菌株能产生β-内酰胺酶，使青霉素和头孢霉素结构中的内酰胺键开裂而失去活性；又如革兰氏阳性菌及革兰氏阴性菌的抗药品系，能产生氯霉素乙酰转移酶、卡那霉素磷酸转移酶等，使相应的抗生素失去活性。

（2）修饰和改变药物作用靶位　例如，对链霉素产生抗性的菌株，单个染色体突变导致核糖体 30S 亚基的 P10 蛋白质组分改变，链霉素不能与改变了的 30S 亚单位结合。

（3）改变细胞对药剂的渗透性与增强外排作用　此作用有以下几种情况：①细胞可以通过代谢作用把药剂转换成一个衍生物，此衍生物外排的速度比原药剂渗入细胞的速度快。②细胞可分泌酶，将药剂转变成不能进入细胞的形式。例如，委内瑞拉链霉菌（*Streptomyces venezuelae*）可改变膜透性，阻止四环素进入细胞并使四环素排出细胞，从而对四环素产生抗性。

（4）形成补救途径（salvage pathway）　通过变异改变原来的代谢途径，使其不再受药物阻断，从而仍能合成原来的产物。例如，金黄色葡萄球菌的耐磺胺变异株，合成的 PABA 可达原敏感菌株产量的 20～100 倍，使磺胺药对二氢蝶酸合成酶的竞争作用下降甚至消失。

此外，当细菌存在于生物膜中时，由于渗透限制、营养限制，耐药性明显增强。

小　　结

微生物在自然界中混杂地生活在一起。要想研究或利用某一种微生物，必须把它从混杂的微生物类群中分离出来，以得到只含有一种微生物的培养物，可以应用多种方法获得微生物的纯培养物。微生物的生长与繁殖规律对于科学研究和生产实践具有重要的意义，其生长情况可以通过测定单位时间里微生物数量或生物量的变化来评价。在科研和生产实践中，微生物的群体生长规律比个体生长规律更受到关注，单细胞微生物的群体生长曲线可以分成延迟期、对数期、稳定期和衰亡期 4 个时期；在深入研究生长曲线的基础上，发展出了连续培养理论和技术。每种微生物的生长都有各自的最适条件如温度、水分、氧气、pH、辐射等，高于或低于最适要求都会对微生物生长产生影响。利用各种理化因子可以对微生物生长进行有效控制，控制的措施主要有灭菌、消毒、防腐和化疗；同时，微生物也会通过改变代谢途径或遗传机制对抗不利的生长环境，如产生耐药性。

复习思考题

1．细菌的纯培养生长曲线分为几个时期，每个时期各有什么特点？
2．试比较灭菌、消毒、防腐之间的区别。
3．如何用比浊法测微生物的数量？
4．试述影响延迟期长短的因素。
5．何谓代时？影响因素有哪些？何时测定？何谓生长收率？何时测定？
6．细菌耐药性机制有哪些？如何避免细菌产生抗药性？
7．什么叫作纯培养？获得微生物纯培养的分离方法有哪几种，各有何特点？

8．测定细胞数量和细胞生物量的方法有哪几种？各方法的测定原理和特点是什么？

9．细菌的群体生长有何规律？生长曲线分为哪几个时期？各有何特点？产生的根本原因是什么？

10．什么叫作连续培养？恒化和恒浊培养各有何特点？

11．微生物生长的环境条件主要包括哪些因素？温度对微生物的生长有何影响？按照微生物对温度的适应能力可将微生物分为哪几种类型？各自的分布及生理有何特点？

12．高温灭菌分为哪几种类型？具体方法有哪几种？各有何特点？

13．影响灭菌效果的因素有哪些？如何才能保证灭菌彻底？

14．水分、渗透压、酸度、氧气、辐射及超声波对微生物的生长有何影响？如何利用这些因素促进有益微生物生长，抑制有害微生物生长？

15．抗微生物剂分为哪些类型？其作用机制如何？各有何优缺点？如何使用？

16．什么叫作化学疗剂？该类化学物质应具备什么性质？化学疗剂分为哪些类型？简述常见抗生素的种类、产生菌、抗菌谱和作用机制。

17．微生物产生抗药性主要有哪几种方式？

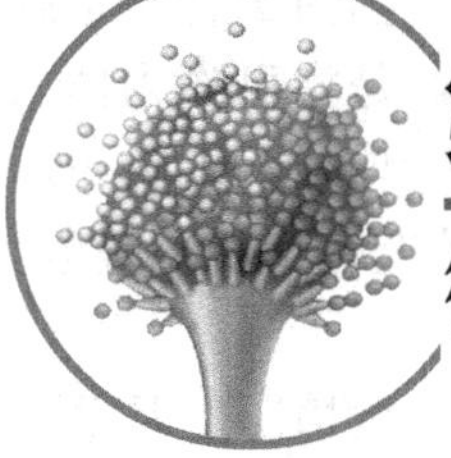

第八章 微生物的遗传变异和育种

遗传和变异是一切生物体最本质的属性之一。遗传（heredity）是指生物的上一代（亲代）将自身的一整套遗传基因稳定地传递给下一代（子代）的行为或功能，因而亲代与子代之间在形态、构造和生态、生理生化特性等方面具有一定的相似性；但生物体在遗传过程中，在某种外因或内因的作用下，会发生遗传物质结构或数量的改变，使上下代之间出现不同程度的差异，而且这种改变具有稳定性和可遗传性，被称为变异（variation）。

对于生物体来说，无论遗传和变异如何进行，最终是通过表现型［简称为表型（phenotype）］体现出来的，生物体的表型是指某一生物体所具有的一切外表特征及内在特性的总和，是生物体的基因型和环境共同作用的结果。基因型（genotype）又称为遗传型，是指某一生物个体所含有的全部遗传因子，即基因组合的总和。相同基因型的生物，在不同的外界条件下，也会呈现不同的表型，这种遗传物质结构没有发生改变而只发生在转录、翻译水平上的表型变化称为饰变（modification）。其特点是整个群体中的几乎每一个体都发生同样变化。例如，黏质沙雷氏菌（*Serratia marcescens*）在温度为25℃的条件下培养时会产生深红色的灵杆菌素，菌落呈现红色；可是，当培养在37℃的条件下时，群体中的一切个体都不产生色素；如果重新降至25℃，所有个体又可恢复产生色素的能力。这不是真正意义上的变异，因为在这种个体中，其遗传物质的结构并未发生变化，表型的变化在条件适宜时会恢复。当然上述的黏质沙雷氏菌产色素能力也会因变异而改变，但其概率仅为10^{-6}～10^{-4}，且变化后的新性状是稳定的、可遗传的。

遗传具有相对的、极其稳定（保守）的特性，从而保证了物种的稳定性和延续性；变异是绝对的、发展的，推动了物种新性状的产生和进化。微生物有着许多重要的生物学特性，如物种和代谢类型多样性、易于在成分简单的合成培养基上快速大量生长繁殖等，因此在研究现代遗传学和其他许多重要的生物学基本理论问题时，微生物是最佳材料和研究对象。对微生物遗传变异规律的深入研究，不仅促进了现代生物学的发展，还为微生物和其他生物育种工作提供了丰富的理论基础。

第一节 微生物的基因组

基因（gene）是一段具有特定功能和结构的连续的 DNA（或 RNA）片段，是编码蛋白质或 RNA 分子遗传信息的基本遗传单位。

随着对基因结构和功能的深入研究，可将基因分为不同类型：①结构基因（structural gene），是可编码 RNA 或蛋白质的一段 DNA 序列；②调控基因（regulator gene），是指其产物参与调控其他结构基因表达的基因；③重叠基因（overlapping gene），是指同一段 DNA 的编码顺序，由于开放阅读框（open reading frame，ORF）的不同或终止早晚的不同，同时编码两个或两个以上多肽链的基因；④割裂基因（split gene），是指一个结构基因内部含一个或更多不翻译的编码顺序，如内含子（intron）；⑤跳跃基因（jumping gene），是指可作为插入因子和转座因子移动的DNA序列，有人将它作为转座因子的同义词；⑥假基因（pseudogene），同已知的基因相似，但位于不同位点，因缺失或突变而不能转录或翻译，是没有功能的基因。还有根据基因来源将基因分为核基因、线粒体基因、叶绿体基因等。

基因组（genome）是指生物体中的所有基因的总和。细菌和噬菌体在一般情况下是单倍体（haploid），它们的基因组是指单个染色体上所含的全部基因；真核微生物通常是二倍体（diploid），其基因组则是指单倍体（配子或配子体）细胞核内整套染色体所含的DNA分子携带的全部基因。由于现在发现许多非编码序列具有重要的功能，因此目前基因组的含义实际上是指细胞中基因及非基因的DNA序列组成的总称，包括编码蛋白质的结构基因、调控序列及目前功能尚不清楚的DNA序列。

已经完成的微生物及其他生物的基因组测序结果表明，无论是原核还是真核微生物，其基因组一般都比较小（表8-1），依赖于宿主生活的病毒基因组更小，其中最小的大肠杆菌噬菌体MS2只有3000bp，含3个基因；能进行独立生活的最小的基因组是生殖支原体，只含473个基因。在数量巨大的基因中，并不是所有的基因都是必要的，在酿酒酵母基因组中只有12%的插入突变是致死的，14%的插入突变阻碍生长，而插入突变的大部分（70%）是无效的，只有不到50%的基因删除具有明显的效应。

资源8-1

表8-1　几种微生物与其他代表生物的基因组

生物	基因数/个	基因组大小/bp
MS2噬菌体（MS2 phage）	3	3×10^3
ΦX174噬菌体（ΦX174 phage）	11	5×10^3
λ噬菌体（λ phage）	50	5×10^4
T4噬菌体（T4 phage）	150	2×10^5
生殖支原体（*Mycoplasma genitalium*）	473	0.58×10^6
沙眼衣原体（*Chlamydia trachomatis*）	894	1.04×10^6
普氏立克次氏体（*Rickettsia prowazekii*）	834	1.11×10^6
伯氏疏螺旋体（*Borrelia burgdorferi*）	853	9.10×10^6
詹氏甲烷球菌（*Methanococcus jannaschii*）*	1 738	1.66×10^6
幽门螺杆菌（*Helicobacter pylori*）	1 590	1.66×10^6
嗜热碱甲烷杆菌（*Methanobacterium thermoautotrophicum*）*	1 855	1.75×10^6
流感嗜血杆菌（*Haemophilus influenzae*）	1 760	1.83×10^6
闪烁古生球菌（*Archaeoglobus fulgidus*）*	2 436	2.18×10^6
盐杆菌（*Halobacterium* sp. NRC1）*	2 682	2.57×10^6
腾冲嗜热厌氧菌（*Thermoanaerobacter tengcongensis*）	2 588	2.68×10^6
枯草芽孢杆菌（*Bacillus subtilis*）	4 100	4.2×10^6
大肠杆菌（*Escherichia coli*）	4 288	4.6×10^6
黄色黏球菌（*Myxococcus xanthus*）	8 000	9.4×10^6
天蓝色放线菌（*Streptomyces coelicolour*）	7 846	8.6×10^6
粟酒裂殖酵母（*Schizosaccharomyces pombe*）	4 929	1.25×10^7
酿酒酵母（*Saccharomyces cerevisiae*）	5 800	1.35×10^7

续表

生物	基因数/个	基因组大小/bp
脉孢菌属（*Neurospora*）	＞5 000	6×10^7
秀丽线虫（*Caenorhabditis elegans*）	18 424	9.7×10^7
黑腹果蝇（*Drosophila melanogaster*）	13 601	1.65×10^8
拟南芥（*Arabidopsis thaliana*）	19 936	1.08×10^8
水稻（*Oryza sativa*）	～40 000	4.66×10^8
烟草（*Nicotiana tobacum*）	43 000	4.5×10^9
人类（*Homo sapiens*）	～30 000	3.3×10^9

*表示古菌

一、原核微生物——大肠杆菌的基因组

大肠杆菌基因组包含在一个双链环状、总长为1300μm的DNA分子上，以超螺旋结构的拟核（nucleoid）形式存在于细胞中。1997年（历时7年）Wisconsin大学的Blattner等完成了大肠杆菌K12型MG1655的全基因组测序工作，全序列分析表明，基因组全长4.6×10^6bp，共有4288个基因，其中1853个是以前已经报道过的基因，其余则是功能未知的新基因。基因组中87.8%的DNA编码蛋白质，0.8%编码RNA（rRNA、tRNA），0.7%是非编码的重复序列，其他约11%参与调控及有其他功能。大肠杆菌总共有2584个操纵子。基因的平均长度是951bp，有381个基因的长度小于300bp，最大基因的长度为7149bp（功能未知），图8-1是大肠杆菌环状染色体基因图谱。大肠杆菌基因组结构特点如下。

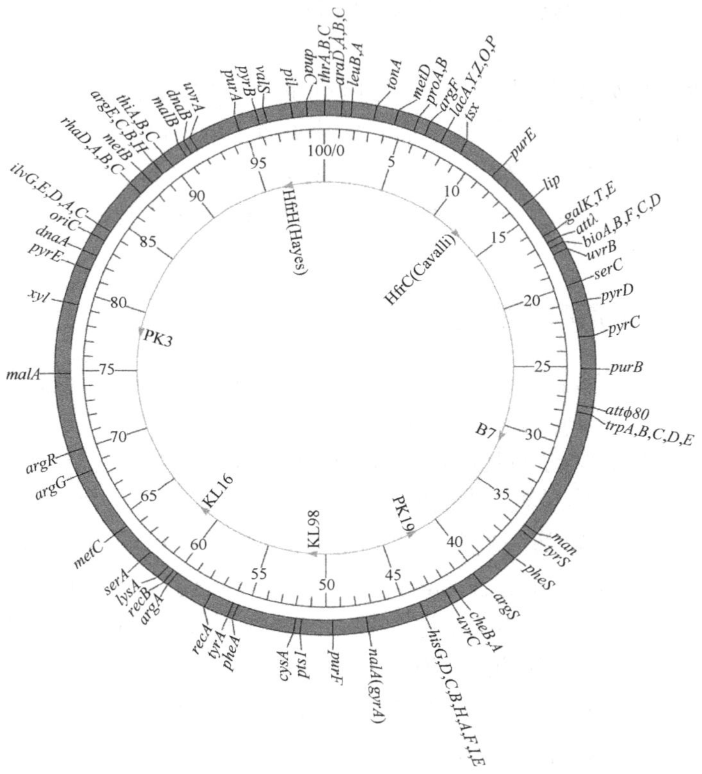

图 8-1 大肠杆菌环状染色体基因图谱

1．遗传信息的连续性 从表 8-1 可以看出，大肠杆菌和其他原核生物中基因数基本接近由它的基因组大小所估计的基因数（通常以 1000～1500bp 为一个基因计），说明这些微生物基因组 DNA 绝大部分用来编码蛋白质、RNA，或作为复制起点、启动子、终止子和一些调节蛋白质识别与结合的位点等信号序列。除在个别细菌（鼠伤寒沙门氏菌和犬螺杆菌）的 rRNA 和 tRNA 中发现有内含子外，其他绝大部分原核生物不含内含子，遗传信息是连续的而不是中断的。

2．功能相关的结构基因组成操纵子结构 操纵子是原核生物基因组的一个特点，如乳糖操纵子、色氨酸操纵子等。大肠杆菌总共有 2584 个操纵子，如此多的操纵子结构，可能与原核基因表达多采用转录调控有关，因为组成操纵子有其方便的一面。

此外，有些功能相关的 RNA 基因也串联在一起转录在同一个转录产物中，如构成核糖核蛋白体的三种 RNA 基因，即 5S rDNA、16S rDNA 和 23S rDNA，它们以 16S—23S—5S 顺序排列，转录后先形成一个大的 rRNA 前体，再形成成熟的 16S rRNA、23S rRNA 和 5S rRNA。这三种 RNA 在核糖体中的比例是 1∶1∶1，倘若它们不在同一个转录产物中，则可能造成这三种 RNA 比例失调，影响细胞功能，或者造成浪费。

3．结构基因的单拷贝及 rRNA 基因的多拷贝 在大多数情况下结构基因在基因组中是单拷贝的，如蛋白质基因，但是编码 rRNA 的基因 *rrn* 往往是多拷贝的，大肠杆菌有 7 个以 16S—23S—5S 顺序排列的 rRNA 操纵子，且其中就有 6 个分布在大肠杆菌 DNA 的双向复制起点 *oriC*（83min 处）附近，而不是在复制终点（33min）附近，可以设想，在一个细胞周期中，按双向复制表达，同一基因在复制起点处的表达量几乎相当于复制终点处的两倍，有利于核糖体的快速组装和蛋白质的合成。大肠杆菌及其他原核生物 *rrn* 多拷贝（如枯草芽孢杆菌的 *rrn* 有 10 个拷贝）及结构基因的单拷贝，也反映了其基因组经济而有效的结构。

4．基因组的重复序列少而短 如其他所有生物一样，原核生物基因组也存在一定数量的重复序列，但比真核生物少得多，而且大多数是短重复序列，一般为 4～40bp，大肠杆菌主要的重复序列有 *Rhs*、*REP*、*ERIC*、*Chi*（位点）等。重复的程度有的是十多次，有的可达上千次，如流感嗜血杆菌基因组上有 1465 个“摄取位点”的重复。

资源 8-2

二、真核微生物——酿酒酵母的基因组

酿酒酵母是单细胞真核生物，作为第一个完成（1996 年）全基因组测序的真核生物，成为功能基因组学（functional genomics）研究的主要模式材料。

序列分析显示，酿酒酵母的基因组大小为 12 067kb，分布在 16 条不连续的染色体中（表 8-2），其中第Ⅰ条染色体最短，为 230kb，第Ⅳ条染色体最长，为 1532kb。基因组有 6275 个理论上能编码长于 99 个氨基酸蛋白质的 ORF，但其中 390 个目前尚不能确定是否可以翻译成蛋白质，因此认为基因组中存在 5885 个可编码蛋白质的基因，ORF 约占整个基因组的 70%，其中一半是已知的基因或相关基因，另一半为新基因。除此之外，酿酒酵母的基因组还包括在第Ⅻ染色体上串联排列的约 140 个核糖体 RNA 基因（rDNA）、40 个分布在 15 条染色体（Ⅵ除外）上的核内小 RNA 基因和 275 个分散分布的 tRNA 基因（属于 43 个家族），基因组还含有 52 个完整的 Ty 因子（反转座子）。

表 8-2 酿酒酵母染色体 DNA 中基因长度及相关因子分布情况

染色体	长度/kb	编码蛋白质基因数	tRNA 基因数	rRNA 基因数	Ty1	Ty2	Ty3	Ty4	Ty5
Ⅰ	230	107	2	0	1	0	0	0	0
Ⅱ	813	392	13	0	2	1	0	0	0
Ⅲ	315	160	10	0	0	1	0	0	1
Ⅳ	1 532	747	27	0	6	3	0	0	0
Ⅴ	577	278	20	0	1	1	0	0	0
Ⅵ	270	130	10	0	0	1	0	0	0
Ⅶ	1 091	515	36	140	4	1	1	0	0
Ⅷ	563	276	11	0	1	0	0	1	0
Ⅸ	440	220	10	0	0	0	1	0	0
Ⅹ	745	358	24	0	2	0	0	1	0
Ⅺ	666	314	16	0	0	0	0	0	0
Ⅻ	1 078	506	22	0	4	2	0	0	0
XⅢ	924	457	21	0	4	0	0	0	0
XⅣ	784	398	16	0	2	1	0	0	0
XⅤ	1 091	566	20	0	2	2	0	0	0
XⅥ	948	461	17	0	4	0	0	1	0
总数 16	12 067	5 885	275	140	33	13	2	3	1

像所有其他的真核细胞一样，酵母菌的 DNA 也与 4 种主要的组蛋白（H_2A、H_2B、H_3 和 H_4）结合形成核小体；染色体上有着丝粒（centromere）和端粒（telomere），没有明显的操纵子结构，有间隔区或小的内含子序列。酵母菌基因组最显著的特点是高度重复，除 tRNA、rRNA 等重复序列外，还发现了许多其他同源性较高的 DNA 重复序列，称为遗传冗余（genetic redundancy），如酵母染色体Ⅲ的两个末端序列不仅自身同源，而且与Ⅴ和Ⅵ染色体的末端区域也有较高的同源性。此外，与糖发酵有关的基因 *MAL*、*SUC* 和 *MEL* 均有一些与端粒结合的拷贝，但这些拷贝并非都能表达。为什么这个小小的基因组会有如此高的冗余性呢？一种解释是一些重要基因的重复可能提供了一种选择优势；也可能许多基因的功能是为应付实验室中未遇到的生存挑战的。因此从这个意义上讲酵母确实比细菌和病毒“进步”且“富有”，而细菌和病毒（许多病毒基因组上的基因是重叠的）似乎更“聪明”，知道如何尽量经济和有效地利用其有限的遗传资源。

真核生物基因组和比较基因组学研究表明，真核生物基因组与原核生物有很大的差异，真核生物基因的结构、表达过程、表达调控等方面都远比原核生物复杂得多，主要有如下几个特点：①基因组大，低等真核生物为 10^7～10^8bp（比细菌大 10 倍以上），而高等真核生物达到 5×10^8～5×10^9bp，有些植物和两栖类可达 10^{11}bp，哺乳动物大于 2×10^9bp。②基因组大部分积聚在细胞核内，由核膜将细胞分隔成细胞核和细胞质，在基因表达中转录和翻译的空间位置是分隔、不偶联的。仅有少量的基因组存在于细胞器内，如高等植物的叶绿体及动植物的线粒体。③细胞核内基因组 DNA 与组蛋白稳定地结合成染色质的复杂结构。一般由多条染色体组成，每个染色体的 DNA 具有多个复制起点。④真核基因组的最大特点是它含有大量的重复序列，高度重复序列的重复次数可达几百万次。⑤蛋白质编码基因往往以单拷贝形式存在，一般无操纵子结构，绝大多数含有内含子。⑥假基因是真核生物 DNA 的另一特点。这些序列与正常基因具有高度的同源性，但由于突变而不能表达。⑦许多来源相同、结构相似、功能相关的基因组成基因家族（gene family）。同一基因家族的成员可以紧密地排列在一起，成为一个基因簇（gene cluster），也可分散在同一染色体的不同部位，或位于不同的染色体上。

三、古菌——詹氏甲烷球菌的基因组

詹氏甲烷球菌是第一个完成基因组全测序工作的古菌（美国，1996 年），从目前已知的詹氏甲烷球菌和其他古菌的基因组全序列分析结果来看，几乎有一半的基因在现有的基因数据库中找不到同源序列。例如，詹氏甲烷球菌只有 40%左右的基因与其他二界生物有同源性，其中有的类似于真细菌，有的则类似于真核生物，有的是二者融合。可以说古菌是真细菌和真核生物特征的一种奇异结合体。一般而言，古菌的基因组在结构上类似于细菌。例如，詹氏甲烷球菌染色体为无核膜的一条环状 DNA 分子，大小为 1.66×10^6bp，具有 1738 个编码蛋白质的开放阅读框；功能相关的基因组成操纵子结构共同转录；有两个 rRNA 操纵子；有 37 个 tRNA 基因，基本上无内含子等。但是负责信息传递功能（复制、转录和翻译）的基因则类似于真核生物，特别是古菌的转录起始系统基本上与真核生物一样，而与细菌的截然不同。古菌的 RNA 聚合酶在亚基组成和亚基序列上类似真核生物的 RNA 聚合酶Ⅱ和 RNA 聚合酶Ⅲ，而不同于真细菌的 RNA 聚合酶。与之相对应的是启动子结构，在转录起始点上游－30～－25 核苷酸处，有一富含 AT 的序列，其中在不同古菌中共有的序列类似于真核生物的 TATA 框。古菌的翻译延伸因子 EF-Ia（细菌中是 EF-Tu）和 EF-2（细菌中是 EF-G）、氨酰 tRNA 合成酶基因、复制起始因子等均与真核生物相似。此外，古菌 DNA 以类似真核生物染色质的结构组成（负超螺旋和核小体），染色体 DNA 结合蛋白与真核生物具有氨基酸同源性，如有 5 个组蛋白基因，其产物组蛋白的存在可能暗示：虽然甲烷球菌基因图谱看上去酷似细菌图谱，但其基因组本身在细胞内可能是按典型的真核生物样式组织成真正的染色体结构。

对该菌全基因组序列分析的结果证实了 1977 年由 Woese 等提出的三界学说，因此有人称其为“里程碑”式的研究成果。同时具有细菌和真核生物基因组结构特征的古菌对研究生命的起源和进化无疑是十分重要的，而许多古菌特有的基因（目前还未搜索到与其他二界生物同源的基因）也正吸引着越来越多的科学家去研究和探索，这些特有的基因也许编码许多新奇的蛋白质，这将为开发新的药物、生物活性物质或在工业中实施新的技术奠定基础。

四、泛基因组

2005 年，Tettelin 等提出了微生物泛基因组（pangenome，pan 源自希腊语“παν”，全部的意思）的概念，泛基因组即某一物种全部基因的总称。

（一）泛基因组的概念与分类

早在 20 世纪 80 年代，科学家在对大肠杆菌进行研究时就已发现不同大肠杆菌菌株的基因组大小（4.5～5.5Mb）不同。近年来，随着越来越多的细菌全基因组测序完成，人们发现，细菌各菌株基因组间存在着丰富的遗传多样性。2005 年，美国基因组研究所（The Institute for Genome Research，TIGR）的科学家 Herve Tettelin 等对 8 株 B 群链球菌（GBS）独立的基因组序列的研究发现：菌株间共有的基因约为 1806 个，而链球菌基因组一般含有 2000～2400

个基因，这意味着还有200～600个基因在其中至少1个菌株内缺失；此外，通过数学模型估算，研究者还推定每完成1个新菌株的测序就会约有33个该菌株特有的新基因被发现，即使是数以千计的菌株基因组测序已经完成，这样的基因仍会继续出现。因此，该项研究得出了一个让人吃惊的结果——细菌基因数量可能是无限的。为了更准确地描述一种细菌基因组的全部信息，Tettelin和他的同事于2005年首次提出了泛基因组的概念。目前，泛基因组研究已在包括动、植物在内的不同物种中开展。

泛基因组是指一个物种内所有基因组信息的总和，包括核心基因组（core genome）和附属基因组（accessory genome）两部分，前者是指某物种内所有个体都有的基因，后者则是指不同个体之间存在差异的基因组部分。可见，泛基因组比单一基因组涵盖了更多的遗传多样性。例如，细菌的核心基因组是一个细菌种内所有菌株中都存在的基因，这些基因决定了这一细菌种内几乎所有个体都具有的基本功能和表型特征。核心基因组中的基因多数为信息基因和管家基因，决定着生命活动所必需的过程，包括基因的复制、转录和翻译，以及细胞膜、调节因子、转运和锚定蛋白等相关基因。附属基因则是一个细菌种内只存在于其中少数几个菌株基因组内或者为某一株系所特有的基因，这些基因通常与细菌特定的生存环境息息相关，决定着细菌的毒力、血清型、适应性、抗生素抗性、营养方式，它们在细菌泛基因组中占有相当大的比例。根据附属基因在菌种内的分布情况又可将其分为两类，即菌株特有基因和非必需基因，菌株特有基因是指只特异地存在于一个株系内的基因，通常与菌株的特异性相关；非必需基因在2个及以上株系内存在，在一定程度上决定了相关菌株的共有特性。另外，对炭疽杆菌（*Bacillus anthracis*）基因组序列的分析发现，不同于B群链球菌，炭疽杆菌在完成4个菌株的测序后就不再有新的特异基因出现，4个菌株基因组已涵盖这一菌种全部的基因信息。Tettelin和他的同事将这类泛基因组称为封闭性泛基因组（closed pan-genome）；而将像B群链球菌的泛基因组一样的基因数量无限的泛基因组称为开放性泛基因组（open pan-genome）。

（二）泛基因组学在细菌研究中的应用

2005年泛基因组概念首次被提出至今，是泛基因组学的起步阶段，也是其蓬勃发展的一个阶段，包括B群链球群、大肠杆菌、幽门螺杆菌、肺炎链球菌、炭疽杆菌、衣原体等在内的几十个菌种都有相关研究报道。人们对泛基因组概念的认同也大大推进了这一研究领域的进步和应用。

首先，泛基因组概念的引入使得传统的基于真核生物的物种概念受到了挑战。分析大肠杆菌的泛基因组数据可知，其核心基因大约只占40%，而人类和黑猩猩两个不同的真核物种之间却有99%的基因相同。这一发现提示现有的物种概念可能只适用于真核生物，细菌的基因组更适合用泛基因组来定义。

其次，通过泛基因组学研究，我们可以全面地从基因组水平分析细菌种内的遗传多样性，探究个体间的系统发生关系和表型差异的遗传基础，突破了运用多位点序列分型（multilocus sequence typing，MLST）方法研究种群内菌株间进化关系时只涉及少数管家基因变化分析的局限，通过分析种群基因组中全部基因的变化情况，可以更科学而准确地推测个体间的分子进化轨迹。

最后，随着泛基因组学研究的逐步深入，该项研究技术已被广泛证明在病原微生物重要毒力因子的发现、具有交叉免疫保护性的疫苗候选蛋白的确定和分型基因的筛选等方面具有实际应用价值。

五、宏基因组与宏基因组学

（一）宏基因组与宏基因组学概念

近 30 年来，组学研究一直是热点，最早是基因组学，然后是蛋白质组学，如今新兴组学领域则被认为是最有前景的宏基因组学（metagenomics）。

宏基因组（metagenome）也称为环境微生物基因组或元基因组，是指环境中全部微小生物（目前主要包括细菌和真菌）DNA 的总和。宏基因组学是由 Pace 和 Handelsman 于 20 世纪 90 年代提出的一门应用学科，源于将来自环境中的基因集在某种程度上当成单个基因组研究分析的想法，通过直接从环境样品中提取全部微生物的 DNA 或 RNA，构建宏基因组文库，利用基因组学的研究策略研究环境样品所包含的全部微生物的遗传组成、群落功能，并可开发新的生理活性物质（或获得新基因）。后来加利福尼亚大学伯克利分校的研究人员 Kevin Chen 和 Lior Pacheter 将宏基因组学定义为“应用现代基因组学的技术直接研究自然状态下的微生物群落，而不需要在实验室中分离单一的菌株的科学”。迄今为止，其研究对象已从最初的土壤微生物发展到水体浮游微生物、海底沉积物、空气悬浮物及动植物体附生微生物等。由于微生物物种的多样性，其中 99%以上无法在现有实验室条件下进行培养，因此利用宏基因组技术来研究那些大量未知的微生物基因序列，突破了微生物研究的初始瓶颈，将很有可能改变人们对微生物世界的传统认识。

（二）宏基因组学的研究策略与技术

目前，国际上关于宏基因组技术的研究主要集中在完整宏基因组文库（metagenome library）的构建、高效的筛选策略（screening strategy）和序列分析（sequence analysis）3 个方面。

完整宏基因组文库的构建载体包括黏粒、质粒和细菌人工染色体等。基于对宏基因组文库各种实际应用的考虑，最近出现了商业化的土壤宏基因组提取试剂盒。另外，在针对真核微生物（原生生物和真菌）的宏基因组研究中，cDNA 文库的构建可克服因大量内含子的存在及昂贵的测序费用造成的限制。同时，新的测序技术陆续出现，如 454-罗氏焦磷酸测序（目前约有 1/3 宏基因组研究是以此技术作为基础的）和 Illumina 测序等，每次可产生更多的序列信息。

就筛选策略来说，通常采用富集培养手段来提高筛选效率。Meilleur 等利用序半连续式反应器（sequential fed-batch reactor，SFBR）对样品进行 30 个循环，在此期间将 pH 从 7 逐渐升至 8.5 再降到 7，同时温度从 50℃提高到 70℃，以此来增加抗热耐碱微生物的数量，随后从所建立的宏基因组文库中筛选到 1 个新的脂肪酶，此酶的最佳反应条件为 60℃、pH 10.5。

近年发展起来的高通量基因组测序技术，不需要克隆或 PCR 便能获取大量的 DNA 序列信息，相应的需要有新的方法来比较这些宏基因组数据，不断进步的序列分析技术及众多的生物信息学工具和数据库的出现将为宏基因组数据的分析提供便利。由于宏基因组技术提取的是环境总 DNA，因此给基因的鉴定归属带来很大困难，现今只有 5kb 以上的片段可进行有效的鉴定归类，DNA 条形码技术已被用来尝试解决这一问题。此外，比较宏基因组技术、基因芯片技术等均可用于分析宏基因组序列。

（三）宏基因组学的应用

应用宏基因组技术可为研究者提供更加丰富、全面的环境微生物基因组信息，宏基因组文库也已成为人类新的、重要的功能蛋白源。利用宏基因组技术可使我们对微生物种间相互作用关系及其生态功能获得新的认识。

1．从各种环境微生物中筛选新的功能基因 土壤是利用宏基因组技术进行微生物资源开发的首要目标，海洋则是一个新的热点。另外，其他环境中的微生物也屡有报道。例如，Liu 等采用功能筛选策略从蔬菜土壤中克隆和鉴定到了一种新的拟除虫菊酯水解酶 Pye3，它具有更宽的底物谱和更强的催化能力，可用于应对拟除虫菊酯造成的环境污染问题。Sun 等报道了一种筛选自长江表层水体宏基因组文库的新酯酶 Est Y，它在 pH 9.0 和 50℃时具有最大催化活性。

2．微生物分子生态学研究 利用宏基因组技术还可对不同环境中的核酸材料进行研究，以此来探索该环境中微生物的组成、相互作用和生态功能等，这已成为微生物分子生态学研究的主要手段之一。

Biers 研究小组在全球海洋抽样测序工作的基础上，统计了每个观测站点的微生物多样性，估计自由生活的海洋表面的细菌基因组含有大约 10^{19} 个基因，这些细菌的基因组相对要比人工培养的细菌和其他栖息地（如土壤、酸性矿山废水等）的细菌基因组简单。又如，空气中的微生物具有特殊的适应能力，特定的室内空气微环境对微生物具有选择性，可使某些微生物在空气中的密度升高。由于室内空气微生物的组成易受环境条件的影响，呈现出不断变化的特点，因此建立长期、连续时段的室内空气分析模型，对于全面了解室内空气中微生物的组成、制定公共卫生政策和评价室内空气成分对人体健康的影响将很有必要。

微生物所代表的遗传多样性及其在地球生化循环中所发挥的基础性作用使它成为生态学研究的重要对象。宏基因组学的出现为我们认识微生物群落的结构（物种多样性及分布）和功能提供了一个很好的平台，特别是对环境中 16S rDNA 序列的分析将为微生物生态研究开辟一个新的领域，宏基因组技术也正在成为了解微生物生态与进化信息的一个重要手段。当然，宏基因组学研究是以环境总 DNA 为基础的，这也决定了它不可能提供更多的信息，如果能和宏转录组学（metatranscriptomics）、宏蛋白质组学（metaproteomics）结合起来，那么将会对微生物生态研究产生更大的推动作用。

第二节 质粒与转座因子

质粒（plasmid）与转座因子（transposable element）都是细胞中除染色体以外的遗传因子。前者是一种独立于染色体外，能进行自主复制的细胞质遗传因子；后者是位于染色体或质粒上的一段能改变自身位置的 DNA 序列。

一、质粒的分子组成与结构

大肠杆菌的 F 因子是第一个被发现（1946 年）的细菌质粒，质粒通常是共价、闭合、环状双链 DNA，但目前在蓝细菌、酵母、丝状真菌、链霉菌、植物、动物和人类细胞中都发现了线状 DNA 质粒，甚至还有 RNA 质粒。质粒也和染色体一样携带编码多种遗传性状的基因，并赋予宿主细胞一定的遗传特性，在某些条件下质粒能赋予宿主细胞特殊的生长优势。但是，质粒通常不含有细胞初级代谢相关的遗传信息，它们对宿主是非必需的，失去质粒的细菌仍能正常生活。

质粒有自己的复制起点，能进行独立自主的复制和稳定的遗传，有些可以整合到染色体上，随染色体的复制而复制，这类质粒又称为附加体（episome），它们还可以再游离出来并携带一些宿主的染色体基因，形成新的重组质粒。质粒与病毒不同，不具有胞外形态。

质粒可以从宿主细胞中消除，所谓消除是指细胞中虽然质粒的复制受到抑制但细胞染色体的复制并未受到影响，从而在子代细胞中不含有质粒的现象。质粒消除可自发产生，也可通过人工添加某些理化因素如加热、UV、电离辐射、胸腺嘧啶饥饿，或加入吖啶橙、丝裂霉素 C 和溴化乙锭等处理，或利用原生质体形成和再生诱导法消除质粒，消除的质粒不会自发回复。

环状质粒具有三种构型：共价闭合环状 DNA（covalently closed circular DNA，cccDNA），称为 CCC 型，通常呈现负超螺旋构型；如果两条多核苷酸链中只有一条保持着完整的环形结构，另一条链出现一至数个缺口，称为开环 DNA（open circular DNA，ocDNA），此种质粒即 OC 型；若发生双链断裂而形成线状 DNA（linear DNA，lDNA），通称为 L 型。

质粒的化学结构与宿主染色体 DNA 之间并没有什么差别，所以，质粒 DNA 的分离须从两者分子大小和高级结构上的差异寻找依据。实验表明，在细胞裂解及 DNA 分离的过程中，分子量大的细菌染色体 DNA 容易发生断裂形成相应的线性片段，而质粒 DNA 则由于其分子量较小、结构紧密，因此仍能保持完整的共价、闭合、环状结构。质粒 DNA 的这种特征正是其分离纯化的基础，常用的方法有琼脂糖凝胶电泳法、氯化铯-溴化乙锭密度梯度离心法和碱变性法。

二、质粒的主要类型

大多数质粒控制着宿主的一种或几种特殊性状，即产生一定的表型，根据质粒赋予宿主的表型效应，可将其分为以下几种主要类型。

（一）致育因子

致育因子（fertility factor，F 因子）又称为致育质粒（F 质粒）。这是 1946 年发现的一种在大肠杆菌的接合作用（conjugation）中起主要作用的质粒，携带有性菌毛形成和质粒复制相关的基因，决定 *E. coli* 等细菌的性别分化。携带 F 因子的菌株称为 F^+菌株（具有性菌毛，相当于雄性），无 F 因子的菌株称为 F^-菌株（相当于雌性），F^+菌株能经接合作用将 F 因子转入 F^-菌株并使其成为 F^+菌株。F 因子整合到宿主细胞染色体上的菌株称为高频重组（high frequency of recombination，Hfr）菌株，Hfr 菌株再回复成自主状态时，有时可将其相邻的染色体基因一起切割下来，而成为携带某一染色体基因的 F 因子，如 F-*lac*、F-*gal*、F-*pro* 等，因此将这些携带不同基因的 F 因子统称为 F′，带有这些 F′因子的菌株也常用 F′表示。

目前已在志贺氏菌属（*Shigella*）、沙门氏菌属（*Salmonella*）、链球菌属（*Streptococcus*）等其他细菌中发现了与大肠杆菌类似的致育因子。在放线菌中，天蓝色链霉菌含有 SCP1 和 SCP2 两种致育因子。

（二）抗性因子

抗性因子（resistance factor，R 因子）又称为抗药性质粒（R 质粒），主要包括抗药性和抗重金属质粒两大类。抗药性质粒可以使宿主细胞对某一种或几种抗生素或其他药物呈现抗性，如R1质粒（94kb）可使宿主对氯霉素（chloramphenicol，Cm）、链霉素（streptomycin，Sm）、磺胺（sulfonamide，Su）、氨苄西林（ampicillin，Ap）和卡那霉素（kanamycin，Km）5种药物具有抗性，并且负责这些抗性的基因成簇地存在于R1质粒上。在放线菌中也已发现许多大的线状质粒（500kb以上）含有抗生素合成相关的基因，如天蓝色链霉菌的SCP1质粒就携带有次甲基霉素生物合成的有关基因。而某些抗性质粒携带有可以抗重金属毒性的基因，使宿主细胞对许多金属离子如碲（Te^{6+}）、砷（As^{3+}）①、汞（Hg^{2+}）、镍（Ni^{2+}）、钴（Co^{2+}）、银（Ag^{+}）、镉（Cd^{2+}）等呈现抗性，如在肠道细菌中发现的R质粒，约有25%是抗汞离子的，在铜绿假单胞菌中约占75%。还有些质粒对紫外线、X射线具有抗性。

（三）Col质粒

Col质粒（Col plasmid）又称为Col因子，因其首先发现于大肠杆菌中而得名，Col质粒编码的基因使宿主产生大肠杆菌素，它是一种细菌蛋白，只能杀死近缘且不含Col质粒的菌株，质粒本身编码一种免疫蛋白，使含Col质粒的宿主具有免疫作用而不受自己产物的影响。大肠杆菌产生大肠杆菌素是由Col质粒编码的，假单胞菌属（*Pseudomonas*）和巨大芽孢杆菌（*Bacillus megaterium*）分别含有能编码产生绿脓杆菌素（pyocin）和巨杆菌素（megacin）等细菌素的质粒，这类质粒赋予宿主在微生物生存中的竞争优势。有些G^{+}菌产生的细菌素具有商业价值，如一种乳杆菌（*Lactobacillus*）产生的细菌素Nisin A能强烈抑制某些G^{+}菌的生长，已在世界多个国家获准可应用于食品工业。

（四）毒性质粒

越来越多的证据表明，许多致病菌的致病毒素是由其所携带的毒性质粒（virulence plasmid）编码的，如产肠毒素大肠杆菌是引起人类和动物腹泻的主要病原菌之一，其中许多菌株含有一种或多种编码肠毒素的质粒。此外，金黄色葡萄球菌产生的剥脱性毒素、破伤风梭菌产生的破伤风毒素、炭疽杆菌产生的炭疽毒素等，也都是由质粒产生的。有些质粒编码的细菌毒素可使昆虫生病乃至死亡，如苏云金芽孢杆菌产生的可杀死鳞翅目昆虫的δ内毒素（伴孢晶体），其结构基因及调节基因就位于质粒上。

（五）代谢质粒

代谢质粒（metabolic plasmid）上携带有能编码某些基质降解酶的基因，含有这类质粒的微生物，能将复杂的有机化合物（包括许多化学毒物）降解成能被其作为碳源和能源利用的简单物质，因此这类质粒也常称为降解质粒。例如，假单胞菌可对一些特殊的有机物，如芳香族化合物（苯）、农药、辛烷和樟脑等进行降解，在自然界物质循环、环境保护方面具有重要的应用前景。代谢质粒常以其降解的底物命名，如樟脑（camphor，CAM）质粒、辛烷（octadecane，OCT）质粒、二甲苯（xylene，XYL）质粒等。

（六）致病性质粒

有些微生物对人、动物、植物有致病性，而其中一些的致病性是由质粒决定的。存在于

① 砷（As）为非金属，鉴于其化合物具有金属性，本书将其归入金属

根癌农杆菌（*Agrobacterium tumefaciens*）中的致瘤性质粒（tumor inducing plasmid，Ti 质粒），携带有可以导致根癌的基因，能引起许多双子叶植物根系、茎部产生冠瘿瘤（crown gall），当细菌侵入植物细胞后，Ti 质粒上的一段特殊 DNA 片段（称为 T-DNA，其上含有三个致癌基因）转移至植物细胞内并整合在其染色体上，合成正常植物所没有的冠瘿碱（opine）化合物，破坏控制细胞分裂的激素调节系统，导致细胞无控制地瘤状增生。所有致癌的根癌农杆菌均含有这种质粒，若丧失了这种质粒就不能诱发肿瘤的产生。当前 Ti 质粒经过遗传改造已成功作为植物遗传工程研究中的重要载体，外源基因可借 DNA 重组技术插入 Ti 质粒中，并进一步整合到植物染色体上，从而改变该植物的遗传性状。致病的产气荚膜梭菌型 C（*Clostridium perfringens* type C）和引起牙龋的链球菌的突变株都含有致病性质粒，前者的质粒可控制肠毒素的合成，后者的质粒可控制合成不溶性胞外多糖。

（七）隐蔽质粒及其他

隐蔽质粒是指不具有目前已知功能或产生某种可检测遗传表型的质粒，它们的存在只能通过物理方法发现。

此外，还有一些质粒含有与固氮功能相关的基因，称为共生质粒，如根瘤菌中与结瘤（*nod*）和固氮（*fix*）有关的基因均位于共生质粒上。有些质粒携带有编码合成限制性内切核酸酶和修饰酶的基因。

应当指出，按表型性状来区分质粒并不是绝对的，因为有些质粒具有多种表型效应，如 R 质粒、ColIb 和 CAM 质粒同时具有与 F 质粒相似的致育性；天蓝色链霉菌的致育因子 SCP1 同时与抗生素的产生有关。所以上述按表型性状进行的质粒分类并不理想，但由于应用方便仍为大多数研究者所接受。

除根据质粒赋予宿主的遗传表型将其分成不同类型外，还可根据质粒的拷贝数、宿主范围等将其分成不同类型。例如，一些质粒在每个宿主细胞中可以有 10～100 个拷贝，称为高拷贝数（high copy number）质粒，又称为松弛型质粒（relaxed plasmid）；另一些质粒在每个细胞中只有 1～4 个拷贝，称为低拷贝数（low copy number）质粒，又称为严紧型质粒（stringent plasmid）。此外，还有一些质粒的复制起点（origin of replication）较特异，只能在一种特定的宿主细胞中复制，称为窄宿主范围质粒（narrow host range plasmid）；对于复制起点不太特异，可以在许多种细菌中复制的称为广宿主范围质粒（broad host range plasmid）。

三、质粒的不亲和性

质粒的不亲和性（plasmid incompatibility）又称为不相容性，是指在没有选择压力的情况下，两种亲缘关系较近的不同质粒，不能够在同一个宿主细胞系中稳定共存的现象。在细胞的增殖过程中，含有不相容性质粒的细胞，经过若干代的培养，只含有同一种质粒的细胞越来越多，而含有两种质粒的细胞相对减少，直至其中一种被逐渐地排斥（稀释）掉，这样的两种质粒称为不亲和性质粒。

彼此之间互不相容的质粒属于同一个不相容群，如 pMB1 派生质粒（或 ColE1 派生质粒）。彼此能够共存的亲和质粒则属于不同的不相容群。属于同一个不相容群的质粒亲缘关系较近。一般来说，同种质粒衍生物是不相容的，而不同质粒的衍生物则可能是相容的，也可能是不相容的。

四、转座因子的主要类型和分子结构

转座因子（transposable element，TE）是细胞中能改变自身位置的一段 DNA 序列，它可以从染色体或质粒的一个位点转移到另一个位点，也可在同一个细胞的两个复制子之间转移。DNA 片段这种转移位置的运动称为转座（transposition）。

第一个转座因子是美国遗传学家 B. MaClintock 在对玉米遗传的细微研究中发现的，因此荣获 1983 年度诺贝尔生理学或医学奖。现在已经证明，转座因子广泛存在于原核和真核细胞中（表 8-3）。此外，大肠杆菌 Mu 噬菌体（即 mutator phage，诱变噬菌体）与脊椎动物反转录病毒的原病毒 DNA 也都是转座因子。

表 8-3 部分原核和真核生物中的转座因子

原核生物转座因子	真核生物转座因子
插入序列	酵母菌：Ty；果蝇：copia
转座子	植物：Ac/Ds 类、CACTA 类、MITE 类、Tnt1
噬菌体：Mu，D108	反转录病毒：劳斯肉瘤病毒、HIV

原核生物的转座因子可分为三种类型：插入序列（insertion sequence，IS）、转座子（transposon，Tn）和某些特殊病毒（如 Mu，D108）。插入序列是最简单的转座因子，不含有任何宿主基因，只含有编码转座所必需的转座酶（transposase，TnP）基因，是细菌染色体、质粒 DNA 及某些噬菌体 DNA 的组成部分，长度一般为 250～1600bp。插入序列的结构如图 8-2 所示，转座酶基因位于中间，两端是长度为 10～40bp 的反向重复序列（inverted repeat sequence，IR）。在 IS 插入时往往复制宿主靶位点的一小段（3～9bp）DNA，形成位于 IS 两侧的正向重复序列（direct repeat sequence，DR），但在插入之前靶部位只有这两个重复序列中的一个。

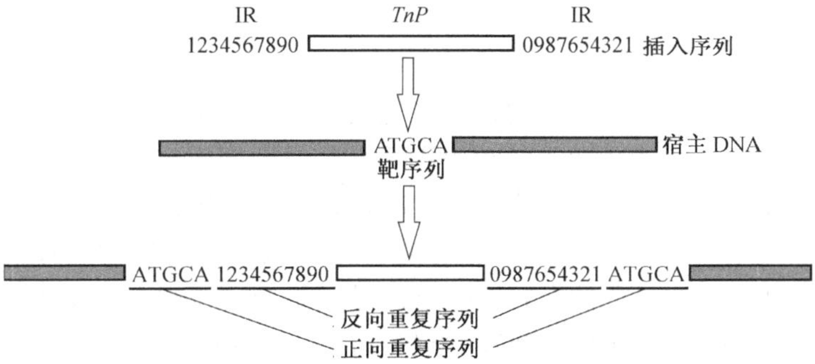

图 8-2 IS 的结构及其在靶位点的插入

转座子比插入序列分子大，与插入序列的主要区别是转座子携带有赋予宿主某些药物抗性或其他遗传特性的基因，主要是抗生素和某些毒物（如汞离子）抗性基因，也有其他基因，如 *Tn951* 就携带有负责乳糖发酵的基因。根据转座子两端结构的组成可将其分为两种类型：第一种类型称为复合转座子（composite transposon），这一类型的转座子可视为 IS 因子的延伸，往往是由呈正向或反向重复构型的两个完全相同或高度同源的 IS 连接在药物抗性基因（或其他基因）的两侧构成，IS 决定转座功能，连同抗性基因一起转座或独自转座，*Tn5*、*Tn9*、

Tn10 即属于这一类型；第二种类型的转座子称为复杂转座子（complex transposon），长度约为 5000bp，其两端为 30～50bp 的反向重复序列（IR），在两个 IR 之间是编码转座酶和药物抗性的基因（或其他基因）。这类转座子总是作为一个单位转座，而不像复合转座子那样，其 IS 末端本身就能独立转座。由于复杂转座子性质和结构非常相似，常将这类转座子统称为 TnA 转座子。

由此可见 IS 和 Tn 有两个重要的共同特征：一是它们都携带有编码转座酶的基因，该酶是转座所必需的；二是它们的两端都有反向末端重复序列，该序列（主要是 IS）的长度为 40～1000bp 及以上（某些 Tn）。反向重复序列标明了转座子的末端，所有类型转座子的转座皆需转座酶对末端的识别。

Mu 噬菌体是一种以大肠杆菌为宿主的温和噬菌体，其基因组上除含有噬菌体生长繁殖所必需的基因外，还有转座所必需的基因，因此它也是最大的转座因子。

五、转座因子的遗传学效应及应用

转座因子的转座有多种遗传学效应及应用，主要包括以下几点。

（一）插入突变

当各种 IS、Tn 等转座因子插入某一基因中后，该基因的功能丧失，发生突变，其表型和一般突变体相同，如营养缺陷、酶活性丧失等。由于 Tn 总是带有抗性（或其他）基因，因此此类转座因子插入后除能引起基因突变外，还可产生带有新的基因标记的插入突变。

（二）极性效应

当转座因子插入一个操纵子的前半部分时，不仅能破坏被插入的基因，还能大大降低该操纵子后半部分基因的表达，此即极性效应。现已发现绝大多数转座因子都有极性效应，而且正、反向插入时都有这种现象。

（三）染色体畸变

复制型转座是转座因子一个拷贝的转座，处在宿主同一染色体上不同位置的两个拷贝之间，可能发生同源重组，若两个正向重复转座因子之间发生同源重组，可导致宿主染色体 DNA 缺失；若重组发生在两个反向重复转座因子之间，则引起染色体 DNA 倒位。转座因子之间的同源重组，可使两个不同的 DNA 片段连接在一起，从而引起 DNA 的扩增（图 8-3）。

转座作用使一些原来在染色体上相距甚远的基因组合到一起，构建成一个操纵子或表达单元，也可能产生一些具有新的生物学功能的基因和蛋白质分子，对于生物进化具有重要意义。

（四）转座因子的应用

转座因子带来的遗传学效应使许多转座因子被广泛应用到遗传学及分子生物学研究中。例如，利用转座因子可进行随机诱变，即将转座因子构建在自杀型质粒载体上，通过转化或接合作用导入受体菌，转座因子及携带的基因插入受体菌的基因组中，就能得到各种突变株；还可利用转座因子进行定位诱变和对突变株的基因定位分析。

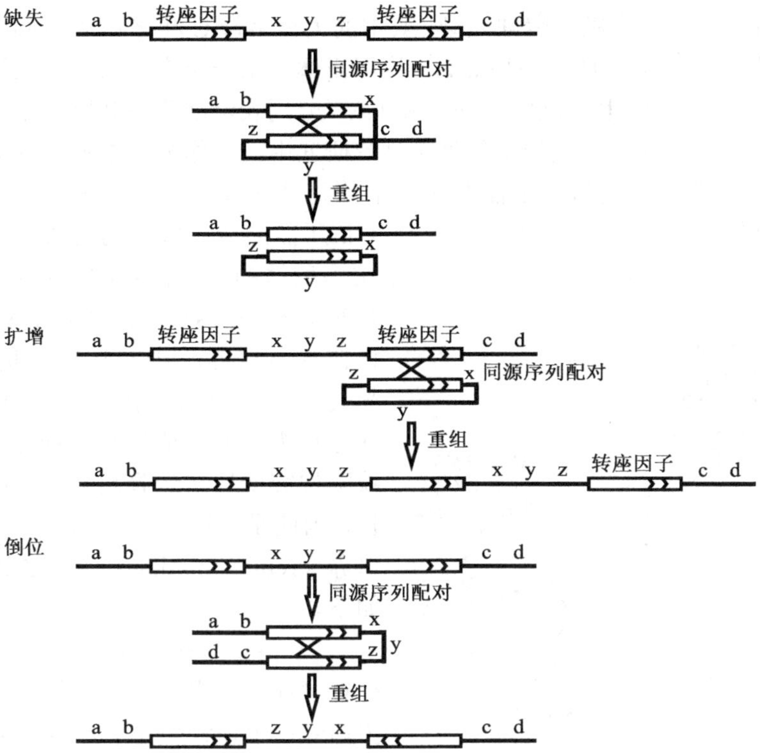

图 8-3　转座因子的遗传学效应

第三节　基因突变与修复

突变（mutation）是指遗传物质的数量、结构及组成发生了稳定的可遗传的变化。广义的突变包括基因突变（gene mutation）和染色体畸变（chromosomal aberration）两大类。前者只涉及一个或几个核苷酸碱基的替换、增加或缺失等，也称为点突变（point mutation）或狭义突变；后者涉及大段即成百上千对核苷酸的改变，是指染色体较大范围结构的变化，如插入、缺失、重复、倒位、易位及染色体数目的变化等。

从自然界分离到的微生物菌株一般称为野生型菌株（wild type strain），简称野生型。野生型经突变后形成的带有新性状（基因型）的菌株称为突变体（mutant，或突变株、突变型）。

一、突变体的类型及其分离

按突变体表型特征的不同，可把突变分为以下几种类型。

（一）营养缺陷型

营养缺陷型（auxotroph）是指失去了自身合成其生存所必需的一种或几种生长因子的能力而不能在基本培养基（MM）上正常生长，必须从周围环境或培养基中获得这些营养物或其前体（precursor）才能生长的突变类型，其实质是由基因突变引起代谢过程中某种（些）酶的合成能力丧失。

营养缺陷型的基因型常用所需营养物质的前三个英文小写斜体字母表示，如 *hisC*、*lacZ*

分别代表组氨酸缺陷型和乳糖发酵缺陷型，其中的大写字母 C 和 Z 则表示同一表型中不同基因的突变。相应的表型则用 HisC 和 LacZ（均用正体、第一个字母大写）表示。在容易引起误解的情况下，则用 *hisC*⁻和 *hisC*⁺、*lacZ*⁻和 *lacZ*⁺分别表示缺陷型和野生型。营养缺陷型突变株在遗传学、分子生物学、遗传工程和育种等研究中，可作为重要的选择标记。

营养缺陷型菌株的筛选与鉴定需要使用下列几种培养基：基本培养基（MM，符号为［－］），指仅能满足某微生物野生型菌株正常生长所需的最低成分的合成培养基；完全培养基（CM，符号为［＋］），指可满足一切营养缺陷型菌株的营养需要的天然或半合成培养基；补充培养基（SM，符号为［A］或［B］等），指在基本培养基中有针对性地添加某一种或某几种营养物质以满足该营养物质缺陷型菌株生长需求的合成或半合成培养基。由于营养缺陷型突变株在选择培养基（或 MM）上不生长，因此是一种负选择标记，可采用影印平板培养（replica plating）的方法进行分离，步骤如下。

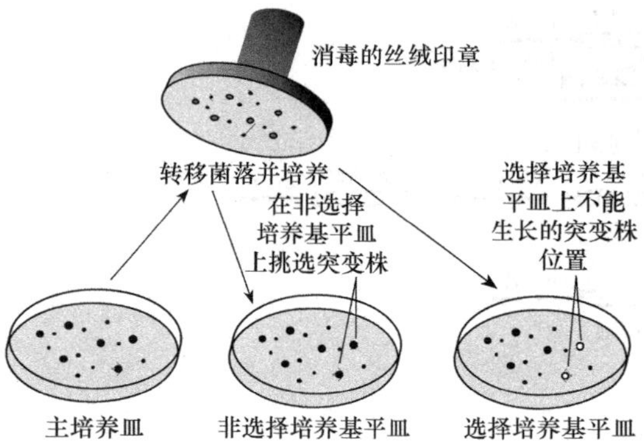

图 8-4　影印法分离营养缺陷型

1）将待分离突变株的原始菌株以合适的稀释度涂布到野生型菌株和突变株均能生长的主培养皿上，经培养后形成单菌落（图 8-4）。

2）通过一消毒的“印章”（直径略小于培养皿底，表面包有丝绒布，使其尽量平整）将主培养皿的菌落分别原位转移（或印迹）到非选择培养基（CM 或 SM）平皿与选择（或 MM）培养基平皿上。

3）经培养后对照观察非选择培养基平皿和选择培养基平皿上形成的单菌落，在前者上生长而在后者上不长的，则为所需分离的突变株。

4）在非选择培养基平皿上挑取选择培养基平皿上不生长的相应位置的单菌落，并进一步在完全培养基平皿上划线分离纯化。

通过诱变处理筛选营养缺陷型时，一般还要经过中间培养、淘汰野生型、营养缺陷型的检出和鉴定等步骤。

（1）中间培养　诱变剂处理的细胞因处于对数期，在一个细胞中常常有两个或多个核，若变异发生在一个核上，必须经一或几代增殖才能把一个变异了的细胞和没有变异的细胞分开，此步在 CM 或 SM 上进行。

（2）淘汰野生型　即浓缩营养缺陷型，中间培养后的细胞中除营养缺陷型菌株外，还有大量野生型菌株需淘汰，常用方法有抗生素法、菌丝过滤法等。

抗生素法的原理是在含有抗生素的基本培养基中，野生型菌株能生长可被抗生素杀死，营养缺陷型不能生长而被保留下来，从而达到浓缩后者的目的。

菌丝过滤法适用于进行丝状生长的真菌和放线菌。其原理是在基本培养基中，野生型菌株的孢子能萌发成菌丝，而营养缺陷型的孢子则不能萌发，或者虽能萌发却不能长成菌丝，把经诱变剂处理的孢子悬浮在基本培养液中，培养一段时间后滤去菌丝，营养缺陷型孢子便得以浓缩。

（3）营养缺陷型的检出　浓缩后得到的营养缺陷型比例虽增大，但不是每株都是营养缺陷型，还需利用上述不同培养基进一步分离，具体方法很多，如用一个培养皿即可检出的夹层培养法和限量补充培养法，在不同培养皿上分别进行对照和检出的逐个检出法和影印法等。

（4）营养缺陷型的鉴定　营养缺陷型的种类很多，检出后需要鉴定，常用生长谱法是在混有供试菌的平板表面点加微量营养物，视该营养物的周围是否出现菌的生长圈确定该供试菌的营养要求的一种快速、直观的方法。

（二）抗性突变型

抗性突变型（resistant mutant）是指产生了对某种（些）化学、生物或物理因子具有抵抗性的突变类型。这类突变类型常用所抗药物的前三个小写斜体英文字母加上标 r 表示，如 str^{r} 和 str^{s} 分别表示对链霉素具抗性和敏感性（sensitivity）。在加有相应药物或用相应物理因子处理的培养基平板上，只有抗性突变株能生长，所以很容易分离得到。

梯度平板（gradient plate）法是定向筛选抗药性突变株的一种有效方法，通过制备琼脂表面存在药物浓度梯度的平板，在其上涂布诱变处理后的细胞悬液，经培养后再从其上选取抗药性菌落等步骤，就可定向筛选到相应抗药性突变株，在平板内加入代谢产物的结构类似物，即可筛选得到相应代谢产物的高产菌株，从而达到定向培育的效果（图 8-5）。

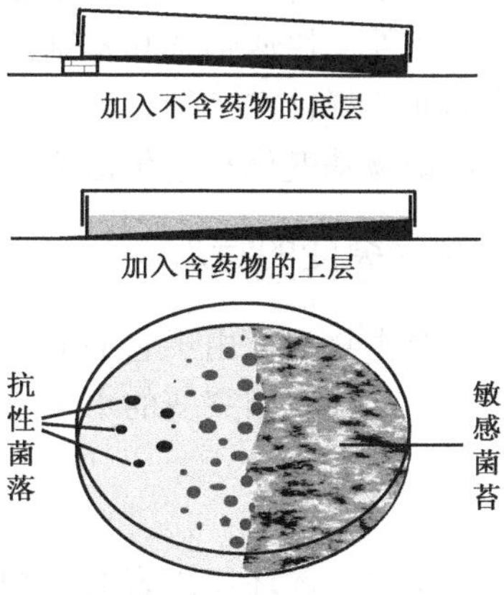

图 8-5　梯度平板法定向筛选抗性突变体

（三）条件致死突变型

条件致死突变型（conditional lethal mutant）是指在某一条件下具有致死效应，而在其他条件下没有致死效应的突变类型。温度敏感突变型（Ts mutant）是最典型的条件致死突变型。例如，大肠杆菌的野生型菌株在 37～42℃均可生长，而 Ts 突变株只能在 37℃生长，在 42℃不能生长；有些 T4 噬菌体的 Ts 型突变在 25℃下具有感染其宿主的能力，而在 37℃下则失去感染力等。引起 Ts 型突变的原因是某些重要蛋白质的氨基酸组成、结构和功能发生改变，从而降低了原有的抗热性。

（四）形态突变型

形态突变型（morphological mutant）是指细胞个体形态发生变化或引起菌落形态改变的突变类型。因为形态突变和非突变型均同样生长在平板上，只能靠看得见的形态变化进行筛选，如细菌鞭毛、芽孢或荚膜的有无，菌落的大小，外形的光滑（S 型）或粗糙（R 型），颜色等的变异；放线菌或真菌产孢子的多少、外形或颜色的变异；噬菌体的噬斑形态等。

（五）抗原突变型

抗原突变型（antigenic mutant）是指引起细胞抗原结构发生改变的突变类型，包括细胞壁缺陷变异（L 型细菌等）、荚膜或鞭毛成分变异等。

（六）产量突变型

产量突变型是指引起代谢产物产量发生显著改变的突变类型，产量提高的突变称为正突变（plus-mutant），反之称为负突变（minus-mutant）。

以上分类只是为了讨论方便而已，各类型之间并无严格界限，某些营养缺陷型具有明显的形态改变。例如，粗糙脉孢菌和酵母菌的某些腺嘌呤缺陷型可分泌红色色素；营养缺陷型也可以认为是一种条件致死突变型，因为在没有补充给它们所需要物质的培养基上不能生长。所有的突变型可以认为是生化突变型，因为任何突变，无论是影响形态还是致死，都必然有其生化基础。另外，营养缺陷型、抗性突变型和条件致死突变型能用选择性培养基（或选择性培养条件）快速筛选和鉴别，也称为选择性突变型，形态突变型、抗原突变型和产量突变型称为非选择性突变型。

依据碱基变化与遗传信息改变引起的突变可进行分类，见本节第三部分内容。

二、基因突变的特点

整个生物界，由于它们的遗传物质是相同的，因此显示在遗传变异特性上都遵循着共同的规律，这在基因突变的水平上尤为明显。基因突变一般有以下 7 个共同特点。

（一）自发性

由于自然界环境因素的影响和微生物内在的生理生化特点，在没有人为诱发因素的情况下，各种突变可以自发地产生。

（二）不对应性

不对应性即突变的性状与引起突变的原因间无直接的对应关系。这是突变的一个重要特点，如抗药性突变并非是接触了药物所引起，抗噬菌体的突变也不是接触了噬菌体所引起。突变在接触它们之前就已自发地或因为其他诱变因子诱发随机地产生了，噬菌体或药物只是起着选择作用。

Luria 和 Delbrück 的变量试验（又称为波动试验或彷徨试验）、Newcombe 的涂布试验、Lederberg 夫妇的影印平板培养试验先后证明了基因突变的自发性和不对应性。不过，近年来也有人提出突变具有对应性，即定向或适应性突变。此外，2022 年德国马普研究所 Monroe 等通过对拟南芥连续传代 24 代构建的突变积累系的研究发现，DNA 突变方向和频率是有偏向性的，表观基因组相关的突变偏好减少了拟南芥有害突变的发生，挑战了突变是随机性发生的进化论观点。

1. 变量试验（fluctuation test） 1943 年，Luria 和 Delbrück 依据统计学的原理设计，取对 T1 噬菌体敏感的大肠杆菌对数期肉汤培养物，用新鲜的培养液稀释成浓度为 10^3CFU/mL 的细菌悬液，然后在甲、乙两试管中各装 10mL。接着把甲试管中的菌液先分装在 50 支小试管中（每管 0.2mL），保温 24～36h 后，把各小试管的菌液分别涂布在 50 个预先涂有 T1 噬菌体的平板上，经培养后计算各皿上所产生的抗噬菌体的菌落数；乙试管中的 10mL 菌液不经分装先整管保温 24～36h，然后才分成 50 份加到涂有 T1 噬菌体的平板上，同等条件培养后，分别计算各皿上产生的抗性菌落数。

结果显示，来自甲试管的 50 皿中，各皿间抗性菌落数相差极大（图 8-6B），而来自乙试管的则各皿数目基本相同（图 8-6A）。这就说明，*E. coli* 抗噬菌体性状的突变，不是由所抗的环境因素——噬菌体诱导出来的，而是在它接触到噬菌体前，在某一次细胞分裂过程中随机自发产生的。这一自发突变发生得越早，则抗性菌落出现得越多，反之则越少，噬菌体在这里仅起着淘汰原始的未突变的敏感菌和鉴别抗噬菌体突变型的作用。

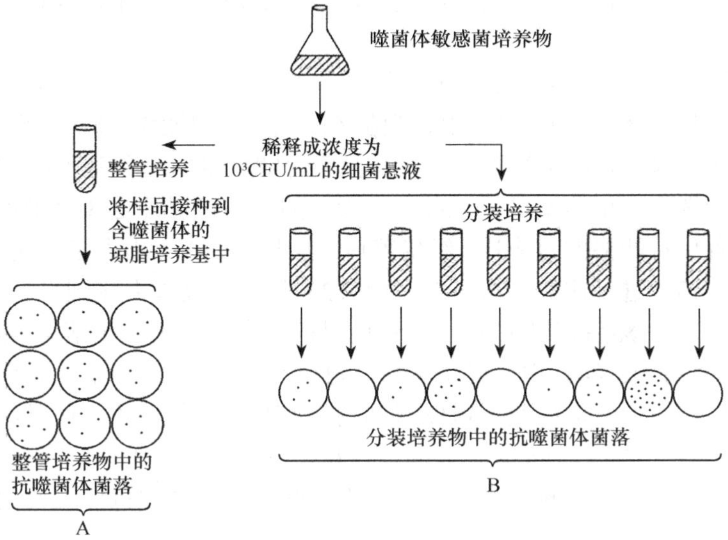

图 8-6　Luria 和 Delbrück 的变量试验（周德庆，2011）

2．涂布试验（Newcombe experiment）　1949 年 Newcombe 设计的一个经典试验，与变量试验不同，该试验用的是固体平板培养法。具体操作如图 8-7 所示，先在 12 只培养皿平板上各涂以数目相等（5×10^4 个）的大量对 T1 噬菌体敏感的大肠杆菌，经 5h 的培养，约繁殖 12.3 代，于是在皿上长出大量微菌落（这时每一菌落约含 5000 个细胞）。取其中 6 皿直接喷上 T1 噬菌体，另 6 皿则先用灭菌玻棒把上面的微菌落重新均匀涂布一次，然后同样喷

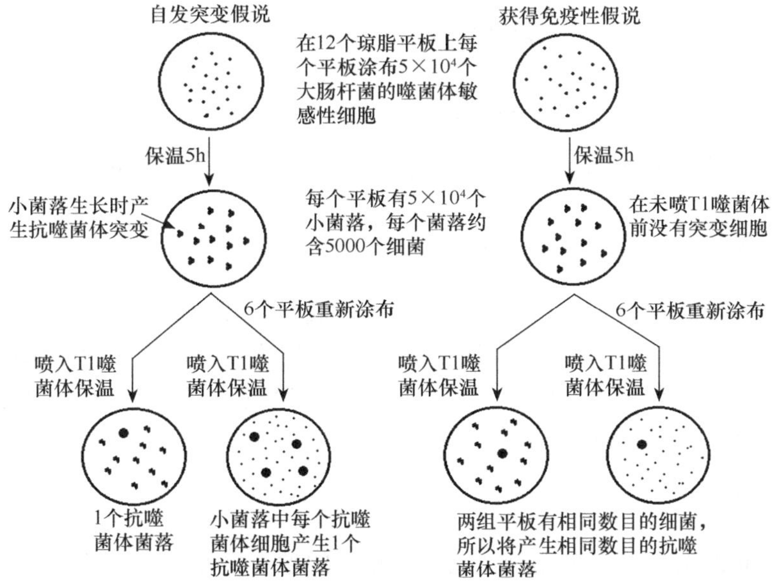

图 8-7　Newcombe 的涂布试验（周德庆，2011）

上相应的 T1 噬菌体。经培养过夜后，计算这两组培养皿上所形成的抗噬菌体菌落数。结果发现，在涂布过的一组中，共有抗性菌落 353 个，要比未涂布过的（仅 28 个菌落）高得多，这也意味着该抗性突变发生在未接触噬菌体前。

3．影印平板培养（replica plating）试验　1952 年 Lederberg 夫妇设计的一种更为巧妙的影印平板培养法，直接证明了微生物的抗药性突变是自发产生，与相应的环境因素毫不相关的论点。

图 8-8 就是利用影印平板培养法证明大肠杆菌 K12 自发产生抗链霉素突变的实验。大致方法是：首先把大量对链霉素敏感的大肠杆菌 K12 涂布在不含链霉素的平板（1）的表面，待其长出密集的小菌落后，用平板影印法接种到不含链霉素的培养基平板（2）上，随即再影印到含有链霉素的选择性培养基平板（3）上。影印的作用可保证这 3 个平板上所生长的菌落的亲缘和相对位置保持严格的对应性。经培养后，在平板（3）上出现了个别抗链霉素的菌落。对培养皿（2）和（3）进行比较，就可在平板（2）的相应位置上找到平板（3）上那几个抗性菌落的"孪生兄弟"。然后把平板（2）中最明显的一个部位上的菌落（实际上是许多菌落）挑至不含链霉素的培养液（4）中，经培养后，再涂布在平板（5）上，并重复以上各步骤。上述同一过程几经重复后，最后甚至可以得到完全纯的抗性菌群体。可见，原始的链霉素敏感菌株只通过（1）→（2）→（4）→（5）→（6）→（8）→（9）→（10）→（12）的移种和选择序列，就可在根本未接触链霉素的情况下，筛选出大量的抗链霉素菌株。

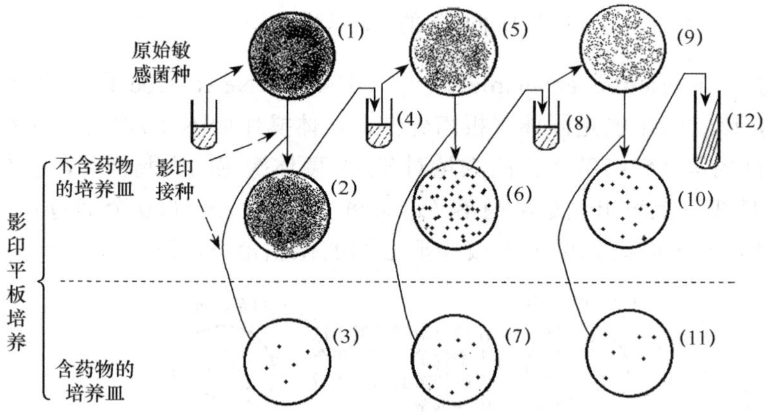

图 8-8　Lederberg 夫妇的影印平板培养试验（周德庆，2011）

（三）稀有性

稀有性是指自发突变虽可自然发生，但频率较低，而且稳定，一般为 10^{-9}～10^{-6}。用突变率表示，是指每一个细胞在每一世代中发生某一特定突变的概率，也用每单位群体在繁殖一代过程中所形成突变体的数目表示。例如，10^{-9} 的突变率即意味着 10^9 个细胞在分裂成 2×10^9 个细胞的过程中，平均形成一个突变体。

（四）独立性

引起各种性状改变的基因突变是彼此互不相关的独立事件，一种基因的突变不受它种基因突变的影响。这意味着要在同一细胞中同时发生两个或两个以上基因突变的概率是极低的，因为双重或多重基因突变的概率是各个基因突变概率的乘积。例如，某一基因的突变率为 10^{-8}，另一基因为 10^{-6}，则双重突变的概率仅为 10^{-14}。

（五）可诱变性

通过理化因子等诱变剂的诱变作用可提高突变的频率，一般可提高 $10\sim10^{5}$ 倍，但无论是自发突变还是诱变突变得到的突变型，它们并无本质上的差别，诱变剂仅起到提高突变率的作用。

（六）稳定性

基因突变的实质是遗传物质发生了稳定的改变，因此基因突变后的新遗传性状是稳定的，也是可遗传的。

（七）可逆性

由野生型基因变为突变型基因的过程称为正向突变（forward mutation），相反的过程则称为回复突变（back mutation 或 reverse mutation），正向突变与回复突变发生的频率基本相同。

三、基因突变的分子基础

基因突变分为自发突变（spontaneous mutation）和诱发突变（induced mutation）两类。

（一）自发突变

自发突变是指生物体在无外界诱变剂作用条件下自然发生的突变。引起自发突变的原因很多，包括 DNA 复制过程中产生的错误，DNA 的物理损伤、重组和转座等，但是这些错误和损伤将会被细胞内大量的修复系统修复，使突变率降到最低限度。

1．互变异构效应引起的碱基配对错误　自发突变的一个最主要的原因是碱基能以互变异构体（tautomer）的不同形式存在，互变异构体能够形成不同的碱基对。例如，在 DNA 复制时，当腺嘌呤以正常的氨基形式出现时，便与胸腺嘧啶进行正确配对（AT）；当以亚氨基（imino）形式出现时，则与胞嘧啶配对，这意味着 C 代替 T 插入 DNA 分子中，如果在下一轮复制之前未被修复，那么 DNA 分子中的 AT 碱基对就变成了 GC。同样，胸腺嘧啶也可因为由酮式到烯醇式的异构作用而将碱基对由原来的 AT 变成 GT，即鸟嘌呤取代了腺嘌呤，经复制后便导致 AT→GC 的转换（图 8-9）。

DNA 双链中的某一碱基对转变成另一碱基对的现象称为碱基置换（base substitution），其中，嘌呤之间或嘧啶之间的置换称为转换（transition）；嘌呤到嘧啶或嘧啶到嘌呤的变化则为颠换（transversion）。不同的碱基置换对遗传信息的改变是不同的，由此引起的基因突变可分为三种类型，即同义突变、错义突变和无义突变。

2．移码突变（frameshift mutation）　一对或少数几对邻接的核苷酸的插入或缺失，将造成这一位置以后一系列密码子发生移位错误的现象称为移码突变。

3．DNA 复制过程中的错误导致的突变　在 DNA 复制时碱基偶尔会从核苷酸移出而留下一个称为脱嘌呤（apurinic）或脱嘧啶（apyrimidinic）的缺口，该缺口在下一轮复制时不能进行正常的碱基配对，如胞嘧啶自然脱氨基（deamination）形成了尿嘧啶，因为尿嘧啶不

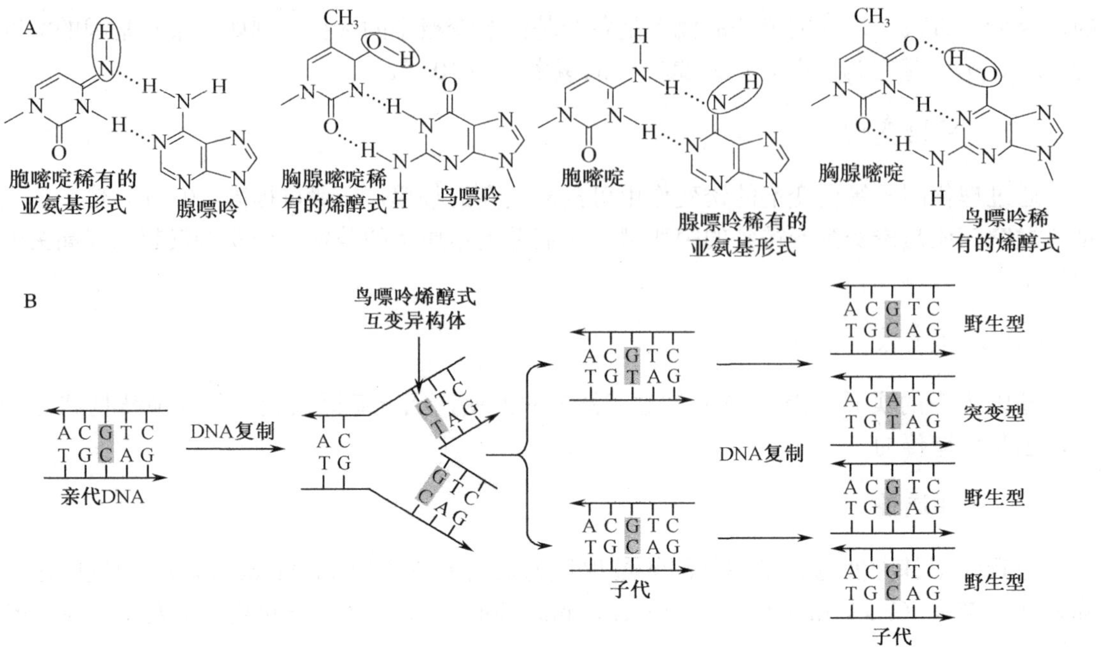

图 8-9　碱基的互变异构体（A）及其错配（B）

是 DNA 的正常碱基而将被 DNA 修复系统识别并除去，结果留下一个脱嘧啶位点；胞嘧啶甲基化后发生脱氨产生胸腺嘧啶，在后继复制中，造成 GC→AT 的突变。

自发突变的另一个重要原因是由前文述及的转座因子引起的。

4. RNA 基因组的突变　一些具有 RNA 基因组的病毒也能突变，且 RNA 基因组的突变频率约比 DNA 基因组高 1000 倍。部分原因是 RNA 复制酶虽然具备 DNA 聚合酶那样的校正阅读功能，但 RNA 病毒却没有类似于 DNA 修复系统对 RNA 损伤的修复机制。RNA 病毒中这种很高的突变率使其能迅速变异，这给人类对致病性病毒的防治工作带来很大困难。

(二) 诱发突变

诱发突变简称诱变，是指利用物理、化学或生物因素显著提高基因自发突变频率的手段。诱发突变是通过不同的方式提高突变率。凡具有诱变效应的任何因素都可称为诱变剂(mutagen)。诱变剂主要有三大类，即化学诱变剂、物理诱变剂和生物诱变因子。

1. 化学诱变剂　化学诱变剂种类极多，主要有碱基类似物、与碱基起化学反应的诱变剂和嵌入诱变剂。

(1) 碱基类似物 (base analog)　碱基类似物是一类化学结构与 DNA 中正常碱基十分相似的化合物，在 DNA 复制时，它们可以被错误地整合进 DNA 分子中，但碱基配对性质显然不同于它们所取代的那些碱基，并且最终引起稳定的突变。例如，5-溴尿嘧啶（5-BU）和 5-氟尿嘧啶（5-FU）是胸腺嘧啶结构类似物，可以发生由酮式到烯醇式的互变异构作用，烯醇式的氢键类似胞嘧啶，因而直接与鸟嘌呤配对而不是与腺嘌呤配对，引起碱基的 AT→GC 转换而产生突变（图 8-10）。

同样，8-氮鸟嘌呤（8-NG）和 2-氨基嘌呤（2-AP）等是腺嘌呤的结构类似物，它们也有两种异构体，一种是正常状态，另一种是稀有的亚氨基状态，可分别与 DNA 中正常的 T 和 C 配对结合。当以后者出现时，引起碱基的 TA→CG 转换而产生突变。

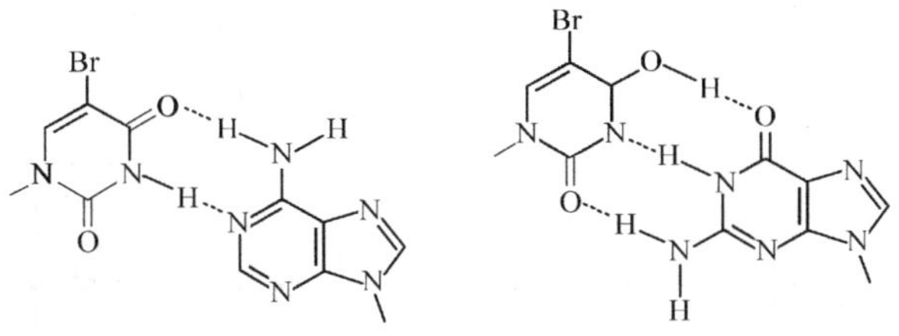

5-BU (酮式)　　腺嘌呤　　5-BU (烯醇式)　　鸟嘌呤

图 8-10　酮式和烯醇式 5-BU 分别与腺嘌呤和鸟嘌呤配对

这些碱基类似物比正常碱基产生异构体的频率高得多，因此出现碱基错配的概率也高，从而提高突变频率。但由于它们是通过活细胞的代谢活动掺入 DNA 分子中而引起的，因此是间接的。

（2）与碱基起化学反应的诱变剂　这类诱变剂并不是掺入 DNA 中，而是通过直接与 DNA 碱基起化学反应，修饰碱基的化学结构，改变其碱基配对性质而导致诱变。最常见的有亚硝酸、羟胺和烷化剂。

亚硝酸（nitrous acid，NA）能引起含氨基的碱基（A、G、C）产生氧化脱氨反应，使氨基变为酮基，从而改变配对性质造成碱基置换突变，即使腺嘌呤（A）变成次黄嘌呤（H）、胞嘧啶（C）变成尿嘧啶（U），从而发生 AT→GC 和 GC→AT 转换（图 8-11）。它也可使尿嘧啶（G）变成黄嘌呤（X），但仍和胞嘧啶（C）配对，不引起转换。

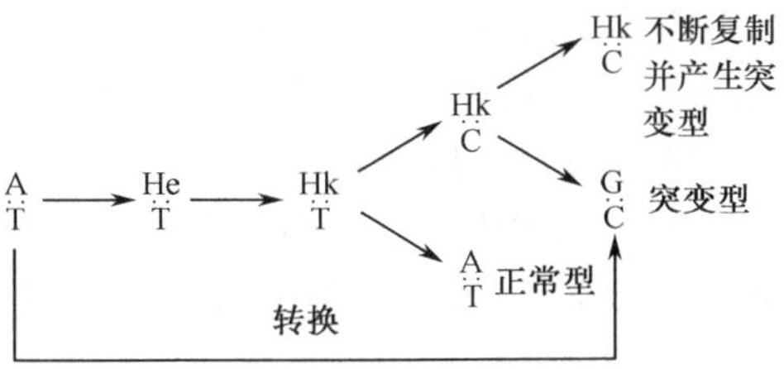

图 8-11　由亚硝酸引起的 AT→GC 的转换

He 和 Hk 分别为烯醇式和酮式次黄嘌呤

羟胺（HA）能专一地与胞嘧啶作用。修饰后的 N-4-羟基胞嘧啶只能与腺嘌呤配对，引起 CG→TA 转换，而且羟胺引起的转换是单向的，即无法引起 TA→CG 转换。

烷化剂（alkylating agent）是目前应用最广泛而有效的诱变剂。最常用的有硫酸二乙酯（DES）、甲基磺酸甲酯（MMS）、甲基磺酸乙酯（EMS）、乙基磺酸乙酯（EES）、*N*-甲基-*N'*-硝基-*N*-亚硝基胍（NTG）、二乙基亚硝酸胺（DEN）、亚硝基脲、乙烯亚胺、环氧乙酸、氮芥等，它们都带有一个或多个活泼的烷基，使碱基许多位置上烷基化（如乙基化或甲基化），从而像碱基类似物一样，引起碱基错误配对，鸟嘌呤最易受烷化剂作用。

烷化剂的另一作用是使 DNA 的碱基水解而从 DNA 链上裂解下来，造成碱基的缺失，缺失处对应的位点可能会配上任何一个碱基，引起转换与颠换。与碱基类似物相比，烷化剂对 DNA 的损伤更大，其不仅在 DNA 复制过程中发挥作用，在静止状态也能向 DNA 分子引入突变，诱变频率比碱基类似物高。

亚硝基胍是一种诱变作用特别强的诱变剂，有超诱变剂之称，它可以使一个群体中任何一个基因的突变率高达 1%，而且能引起多位点突点，主要集中在复制叉附近，随复制叉的移动，其作用位置也移动。

（3）嵌入诱变剂　这是一类扁平的具有三个苯环结构的化合物，在分子形态上十分类似于碱基对的扁平分子，故能嵌入两个相邻的 DNA 碱基对之间（图 8-12），造成双螺旋的部分解开（两个碱基对原来相距 0.34nm，当嵌入一个诱变剂分子后，即变成 0.68nm），从而在 DNA 复制过程中，使链上增添或缺失一个碱基，引起移码突变。这类诱变剂主要是一些吖啶类染料，包括原黄素、吖啶黄、吖啶橙和 α-氨基吖啶等，以及一系列“ICR”类化合物

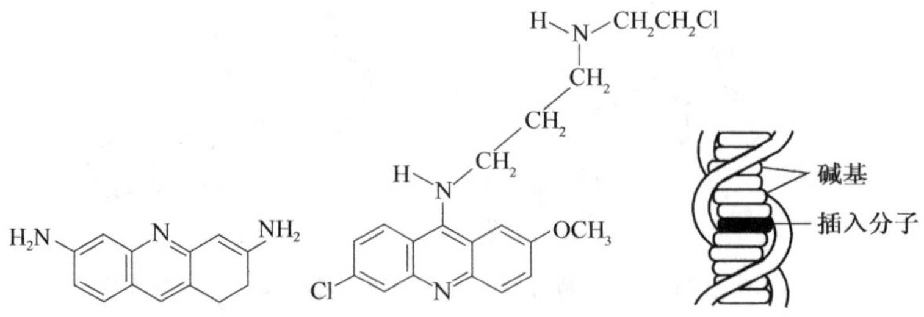

原黄素（二氨基吖啶）　　ICR191

图 8-12　嵌入诱变剂

（institute for cancer research）。

（4）化学诱变剂的致癌性质检测——埃姆斯试验（Ames test）　根据生物化学统一性法则：人和细菌在 DNA 的结构及特性方面是一致的，能使微生物发生突变的诱变剂必然也会作用于人的 DNA，使其发生突变，最后造成癌变或其他不良后果。所以能使微生物发生突变的诱变剂必然也会是人类的致癌剂，且根据诱变剂的共性原则，化学药剂对细菌的诱变率与其对动物的致癌性成正比。

美国加利福尼亚大学的 Bruce Ames 教授于 1966 年始建并不断发展完善的沙门氏菌回复突变试验（也称埃姆斯试验），是目前被广泛采用的检测化学药剂的致突变性、推测其致癌性的试验方法。该试验采用的是鼠伤寒沙门氏菌（*Salmonella typhimurium*）的组氨酸营养缺陷型（*his*$^-$）菌株。该菌株在含微量组氨酸的培养基中，除极少数自发回复突变的细胞外，一般只能分裂几次，形成在显微镜下才能见到的微菌落。受诱变剂作用后，大量细胞发生回复突变，自行合成组氨酸，发育成肉眼可见的菌落。通过检测该菌株的回复突变率，可检测化学药剂的致突变性，判断其致癌性。

在试验过程中，因某些化学物质需经代谢活化才有致变作用，所以测试系统中需加入哺乳动物微粒体酶，弥补体外试验缺乏代谢活化系统的不足。为了进一步增加试验的敏感性，试验用菌株还应包括另外两个突变：一个是造成细胞表面通透性增加的深度粗糙突变型；另一个是丧失切除修复能力的缺陷型，有些还具有提高错误倾向的 DNA 修复的质粒基因。目前埃姆斯试验的常规方法有斑点试验和平板掺入试验。

2．物理诱变剂　主要是用于 DNA 诱变的各种辐射，包括电离辐射和非电离辐射，非电离辐射的用途较广，另外也包括热处理。紫外线（ultraviolet，UV）是常用的非电离辐射诱变因子，对其作用机制也了解得比较清楚，UV 主要能引起 DNA 链的断裂、DNA 分子双链的交联、嘧啶的水合作用及相邻嘧啶碱基形成共价结合的稳定二聚体（TT、TC、CC）等，其中最主要的是胸腺嘧啶二聚体的形成（图 8-13）。同一 DNA 单链上形成二聚体后就会阻碍腺嘌呤的掺入，复制时就会在此处停止或在新链上出现错误碱基，引起突变；如果在互补双链间形成嘧啶二聚体，会妨碍双链解开，影响 DNA 的复制使细胞死亡；二聚体的形成还会引起双链结构扭曲变形，阻碍碱基间的正常配对而导致碱基置换突变或细胞死亡。

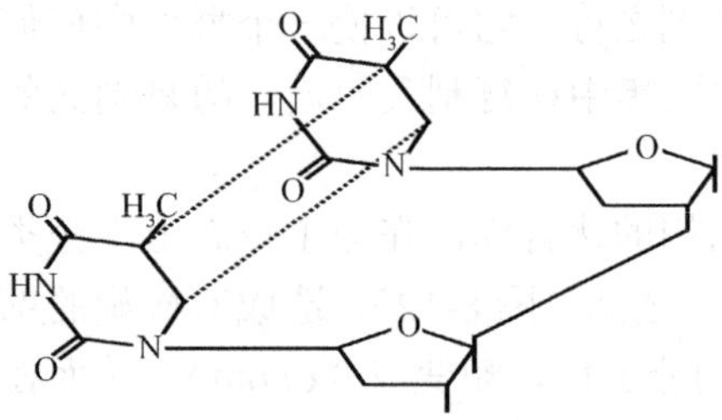

图 8-13　紫外线产生的胸腺嘧啶二聚体

此外，当细胞用一种称为 SOS 的倾向错误（error prone）修复系统来修复损伤时，还会导致高频率的突变。

紫外线对生物的效应具有积累作用，就是说，只要紫外线处理的总时间相等，分次处理与一次性处理的效果类似。常用的紫外剂量能够杀死某一细胞群体的90%～95%，存活的细胞群体中可能存在突变体。

电离辐射是一种较强的辐射形式，包括短波射线如X射线、γ射线及快中子等。这些射线的直接作用是引起DNA双链间氢键或单链的断裂、双链间的交联、不同DNA分子间的交联等；间接作用是使水及其他物质电解离，形成化学自由基如羟基，作用于DNA引起缺损。低剂量的电离辐射对DNA影响很小，但如用高剂量，DNA就会被多处击中而导致细胞死亡。与紫外辐射不同，电离辐射能非常容易地穿透玻璃及其他材料，正是由于这一特点，电离辐射常用于动植物的诱变（其穿透力可达到生物的生殖细胞），但微生物中很少使用，因为使用电离辐射比较危险，其特性也不大适合微生物。

短时间热处理也可诱发突变，被认为是加热使胞嘧啶脱氨基而成为尿嘧啶，从而导致GC→AT的转换。另外，热也可以引起鸟嘌呤脱氧核糖键的移动，从而在DNA复制过程中出现包括两个鸟嘌呤的碱基配对，在再一次复制中这一对碱基错配就会造成GC→CG颠换。

3．生物诱变因子　包括DNA大分子、一些DNA重组酶和修饰酶类。作为生物诱变剂的DNA大分子是指转座因子和能够与染色体DNA发生重组作用的病毒或噬菌体DNA。DNA重组酶和修饰酶主要是指参与DNA突变和损伤修复的SOS系统中的酶类。

四、DNA损伤修复

引起DNA结构改变的因素是多种多样的，有在DNA复制过程中出现的差错，也有自发和诱发的前突变或损伤，其中许多是致死性的，但是作为遗传物质的DNA却常能保持稳定，实际上DNA结构的改变并不一定总是引起突变。由此说明，生物对外界诱变因素的作用具有一定的防护能力，并能对DNA的改变进行校正和修复。除DNA聚合酶的纠错功能外，细胞中还有比较复杂的修复系统，如光复活作用、切除修复、重组修复和SOS修复等。

（一）光复活作用

把经UV照射后的微生物立即暴露于可见光下时，就可出现其突变率和死亡率明显降低的现象，这就是光复活作用（photoreactivation），最早是A. Kelner（1949）在灰色链霉菌中发现的，后在许多微生物中都陆续得到了证实。

光复活由*phr*基因编码的光解酶PHr催化进行。PHr在黑暗中专一性地识别嘧啶二聚体，并与之结合，形成酶-DNA复合物，当在300～500nm可见光下时，酶（PHr本身无发色基团，与损伤的DNA结合后才能吸收光）被激活将二聚体拆开，恢复DNA原状，光复活酶也从复合物中释放出来。由于在一般的微生物中都存在着光复活作用，因此在进行微生物紫外线诱变育种时，在避光或在红光条件下操作和培养。但因为在高剂量紫外线诱变处理后，细胞的光复活主要是致死效应的回复，突变效应不回复，所以，有时也可以采用紫外线和可见光交替处理，以增加菌体的突变率；光复活的程度与可见光照射的时间、强度和温度（45～50℃下光复活作用最强）等因素有关。

（二）切除修复

切除修复（excision repair）是细胞内的主要修复系统，它不需要光激活，所以称为暗修复，该修复系统是纠正DNA双螺旋中引起的扭曲损伤，所以除碱基错误配对和单核苷酸插入不能修复外，其他 DNA 损伤（包括嘧啶二聚体）几乎均可修复。

修复过程是：UvrABCD 内切核酸酶（由 *uvrA*、*uvrB*、*uvrC* 和 *uvrD* 基因编码的 4 种蛋白质组成）结合到 DNA 上并沿 DNA 巡视，当检测到由于二聚体产生的 DNA 扭曲损伤时，其内切酶切去受损的 DNA 链，范围以二聚体为中心向其 5′端延伸 7～8 个核苷酸、3′端延伸 3～5 个核苷酸进行切除，最后由 DNA 聚合酶 I 以另一条互补链为模板合成缺失片段，连接酶将新合成单链与原链连接，从而完成修复。

对于 DNA 上糖磷酸主链未受损但碱基被移去形成的无嘌呤或无嘧啶位点（AP 位点）的损伤，还有一种称为 AP 核酸内切酶的特殊系统，能专门识别该位点并且在该位点切开主链，切除含 AP 位点的一小段核苷酸，最后由 DNA 聚合酶 I 和连接酶修复缺失部分。

另一类型的切除修复是 DNA 糖基化酶移去损伤的或非自然的碱基，产生 AP 位点，然后按上述方法进行修复。

（三）重组修复

重组修复（recombination repair）必须在 DNA 进行复制的情况下进行，所以又称为复制后修复（postreplication repair）。

含有嘧啶二聚体或其他损伤的 DNA 仍能进行复制，但损伤的 DNA 链复制得到的子代 DNA 链在损伤的对应部位留一缺口，而其互补链则复制成完整的 DNA 链，RecA 蛋白（重组修复酶，recombinational repair enzyme）切割完整母链的一段 DNA 与有缺口的子链重组，母链失去的部分则由 DNA 聚合酶和连接酶修复。重组修复并没有从亲代 DNA 中除去二聚体，留在亲链上的二聚体仍然要依靠再一次的切除修复加以除去，或经细胞分裂而稀释掉。

在切割和修补过程中，特别是新补上的核苷酸片段，有时会造成差错，差错的核苷酸会引起突变。实际上由 UV 照射引起的这类突变，并不是胸腺嘧啶二聚体本身引起，常常是上述修补过程中的差错形成的。

（四）SOS 修复

SOS 修复是在 DNA 分子受到重大损伤或复制受阻时诱导产生的一种应急反应（SOS response），广泛存在于原核生物和真核生物中。SOS 修复涉及称为 DNA 紧急修复基因的一批基因：包括切除修复基因（*uvrA*、*uvrB*、*uvrC*）、重组修复基因（*recA*）及 *lexA* 等。这些基因在 DNA 未受重大损伤时受 LexA 阻遏蛋白的抑制，LexA 阻遏蛋白与 *lexA*、*recA*、*uvrA*、*uvrB* 的操纵区相结合，使 mRNA 和蛋白质合成都保持在低水平状态，只合成少量 Uvr 修复蛋白用于零星损伤修复。一旦 DNA 受到重大损伤，少量存在的 RecA 蛋白就立即与 DNA 单链结合而被激活，激活的 RecA 蛋白切开 LexA 阻遏蛋白，使基因得以表达，产生的修复蛋白对损伤的 DNA 部分进行切除而修复整个 DNA（图 8-14）。

经紫外线照射的大肠杆菌还可能诱导产生一种称为错误倾向（error-prone）的 DNA 聚合酶催化空缺部位的 DNA 修复合成，但由于它们识别碱基的精确度低，因此容易造成复制的差错，这是一种以提高突变率来换取生命存活的修复，又称为错误倾向的 SOS 修复，由此可见，生物体有少量突变产生总比根本不能进行 DNA 复制要好得多。但在整个修复过程中，修复和纠正错误是普遍的，而错误倾向的修复是极少数的，因此修复复制产生的突变比未修复的要少得多。

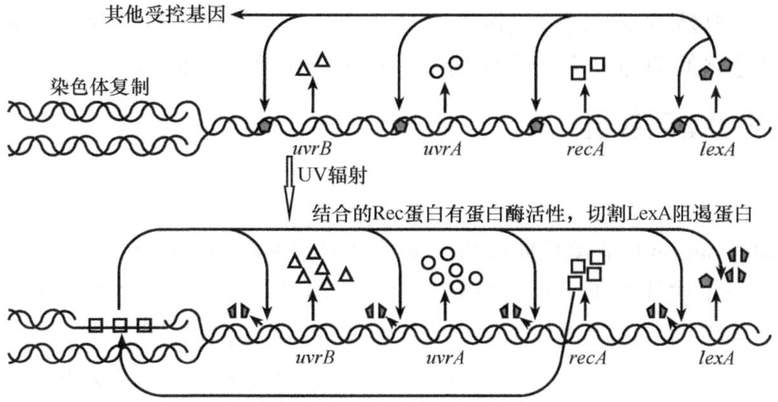

图 8-14　SOS 修复

（五）DNA 聚合酶的校正作用

DNA 聚合酶在复制过程中还具有核酸外切酶活性，实时校对并切除错配碱基，实现突变位点的修复。如果该酶发生突变而使其核酸外切酶活性减弱，菌体的突变率就相应地提高，成为增变突变型。

五、表型延迟

表型的改变落后于基因型改变的现象称为表型延迟（phenotypic lag）。表型延迟的原因有两种：分离性表型延迟和生理性表型延迟。

1．分离性表型延迟　在自发突变和诱发突变中，当突变只发生在 DNA 的一条链，或发生在多核细胞的某一个核时，如果突变基因是隐性的，突变细胞的表型在当代就可能不发生改变，直到通过 DNA 复制和细胞分裂使突变的基因成为纯合状态，或使某一多核细胞中的所有细胞核都含有突变基因时，才会使细胞的表型发生变异，新的表型才能表现出来。

2．生理性表型延迟　生理性表型延迟是原有基因产物的影响。当细胞中某个基因突变后，虽然该细胞失去了产生其原有基因功能产物的能力，但之前细胞中积累的功能产物仍能发挥作用，必须经过几代繁殖后，子细胞中原有的功能产物逐步被稀释到一定程度，才能表现出突变表型。

第四节　微生物的基因重组

基因重组（gene recombination）是指两个独立基因组内的遗传物质，通过一定的途径转移到一起重新组合，形成新的稳定基因组的过程。在基因重组时，不发生任何碱基对结构上的变化，而是整个基因的水平方向转移。

基因重组在自然界的微生物细胞之间、微生物与其他高等动植物细胞之间都有发生，微生物细胞可作为基因供体向其他细胞提供基因，也可作为基因受体接受其他细胞提供的基因并表达，获得新的性状。原核微生物主要经转化、接合、转导和原生质体融合等途径实现部分染色体或个别基因的重组；真核微生物可通过有性杂交、准性杂交和原生质体融合等进行整套染色体的重组。

基因重组可以自然发生，也可以在人为设计的条件下发生，自然发生的基因转移、交换、重组是生物得以进化的动力，人为操作的基因重组可达到育种的目的。

一、原核微生物的基因重组

（一）转化

转化（transformation）是指受体菌直接吸收供体菌的游离 DNA 片段（染色体 DNA 或质粒 DNA）从而获得了供体菌部分遗传性状的现象。通过转化方式形成的杂种后代称为转化子（transformant），有转化活性的供体菌的游离 DNA 片段称为转化因子。

转化是 Griffith 首先在肺炎双球菌（*Streptococcus pneumoniae*）中发现的，现在已经证实转化广泛存在于自然界的微生物中，在原核微生物中除肺炎双球菌外，还有嗜血杆菌属（*Haemophilus*）、芽孢杆菌属（*Bacillus*）、奈瑟氏菌属（*Neisseria*）、根瘤菌属（*Rhizobium*）、葡萄球菌属（*Staphylococcus*）、假单孢菌属（*Pseudomonas*）、黄单孢菌属（*Xanthomonas*）等，真核微生物中有酿酒酵母（*S. cerevisiae*）、粗糙脉孢菌（*Neurospora crassa*）和黑曲霉（*Aspergillus niger*）等。

1．转化的条件 受体菌能否发生转化，与受体菌的生理状态和转化因子的特性有关。即使在转化频率极高的菌株中，也不能在任何时间都能发生转化。凡能进行转化的受体细胞必须处于感受态（competence），感受态是指受体细胞最易接受外源 DNA 片段并能实现转化的一种生理状态。细菌能否出现感受态是由其遗传性决定的，但受环境条件的影响也较大，因而表现出很大的个体差异。从时间上来看，有的出现在生长的对数期后期，如肺炎双球菌，而芽孢杆菌属的一些种则出现在对数期末和稳定期。在具有感受态的微生物中，感受态细胞所占比例和维持时间也不同，如枯草芽孢杆菌的感受态细胞仅占群体的 20%左右，感受态维持时间达几小时，而在肺炎双球菌和嗜血杆菌的群体中，几乎 100%都处于感受态，但维持时间仅数分钟。培养基中加入环腺苷酸（cAMP）或高浓度的 Ca^{2+}或把细菌由营养丰富的环境转移到贫乏的培养基中均有诱导感受态出现的作用，这正是人工转化的基础。

调节感受态的是称为感受态因子（competence factor）的一类特异蛋白，主要包括三种，即膜相关 DNA 结合蛋白、细胞壁自溶素和几种核酸酶。把感受态因子加到不处在感受态的同种细菌培养物中，可以使细胞转变为感受态。

转化因子的本质是离体的 DNA 片段，一般 15kb 左右或更小。在不同的微生物中，转化因子的形式不同。例如，在 G^-菌的嗜血杆菌中，细胞只吸收 dsDNA 形式的转化因子，但进入细胞后须经酶解为 ssDNA 才能与受体菌的基因组整合；而在 G^+菌的链球菌或芽孢杆菌中，dsDNA 的互补链必须在细胞外降解，只有 ssDNA 形式的转化因子才能进入细胞。但不管何种情况，最易与细胞表面结合的仍是 dsDNA。由于每个细胞表面能与转化因子相结合的位点有限（如肺炎双球菌约 10 个），因此从外界加入无关的 dsDNA 就可竞争并干扰转化作用。除 dsDNA 或 ssDNA 外，质粒 DNA 也是良好的转化因子，但它们通常并不能与核染色体组发生重组。转化的频率通常为 0.1%～1.0%，最高为 20%。能发生转化的最低 DNA 浓度可以低到化学方法无法检测出的 1×10^{-11}g/mL。

2．转化过程 以肺炎双球菌研究得最深入（图 8-15），来自供体菌（str^r，链霉素抗性突变型）的双链 DNA 片段与感受态受体菌（str^s，链霉素敏感型）细胞表面的膜相关 DNA 结合蛋白结合，其中一条 DNA 链被核酸酶水解，另一条 DNA 链进入细胞内；供体菌 ssDNA

片段与受体细胞内的特异蛋白结合，并与受体细胞核染色体上的同源区段配对、重组，形成一段杂合 DNA 区段；受体菌染色体复制，随后细胞分裂，形成一个获得了转化基因的 *str*^{r} 转化子和一个未获得转化基因的 *str*^{s} 子代。

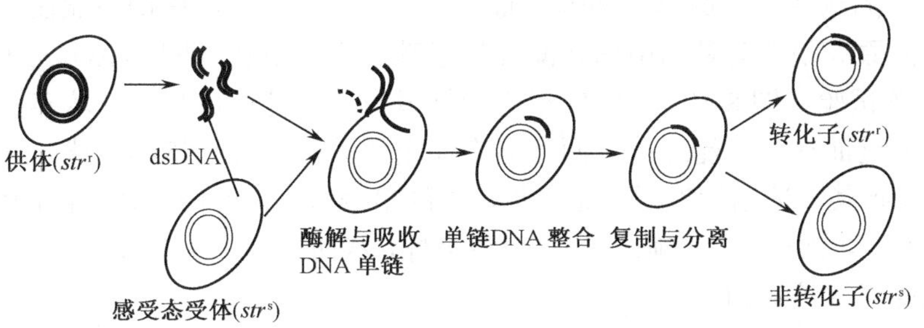

图 8-15 转化过程示意图

3．人工转化 人工转化是在实验室中用多种不同技术完成的转化，包括用 $CaCl_2$ 处理细胞、制备成原生质体和电穿孔等，为许多不具有自然转化能力的细菌（如大肠杆菌）提供了一条获取外源 DNA 的途径，也是基因工程的基础技术之一。

大肠杆菌无自然转化的能力，1970 年 Mandel 和 Higa 首先发现用高浓度的 Ca^{2+}诱导细胞能使其变为摄取外源 DNA 的感受态。随后的实验证明，由 Ca^{2+}诱导的人工转化的大肠杆菌中，其转化 DNA 必须是一种独立的 DNA 复制子，质粒 DNA 和完整的病毒染色体具有较高的转化效率，而线状的 DNA 片段则难以转化，其原因可能是线状 DNA 在进入细胞质之前通常会被细胞周质内的 DNA 酶消化，而缺乏这种 DNA 酶的大肠杆菌菌株则能够高效地转化外源线状 DNA 片段。有关 Ca^{2+}诱导转化的机制目前还不十分清楚，一般认为可能与细胞通透性的增加有关。

不易自然形成感受态的革兰氏阳性菌如枯草芽孢杆菌和放线菌，可通过聚乙二醇（PEG，一般用 PEG6000）的作用实现转化。这类细菌必须先用细胞壁降解酶完全除去它们的细胞壁，形成原生质体，然后使其维持在等渗或高渗的培养基中，在 PEG 作用下，质粒或噬菌体 DNA 可被高效地导入原生质体。

电穿孔法是用高压脉冲电流击破细胞膜或击成小孔，使各种大分子（包括 DNA）能通过这些小孔进入细胞，所以又称为电转化。本法最初用于将 DNA 导入真核细胞，后来也逐渐用于转化包括大肠杆菌在内的原核生物，因此对真核生物和原核生物均适用。

4．转染（transfection） 转染是指用提纯的病毒核酸（DNA 或 RNA）感染其宿主细胞或其原生质体，增殖出一群正常病毒后代的现象。表面上看，转染与转化相似，但实质上两者的区别十分明显，因为作为转染的病毒核酸，没有供体基因的功能，被感染的宿主也不是能形成转化子的受体菌。

（二）接合

接合（conjugation）是指供体菌通过性菌毛与受体菌直接接触，把 F 质粒或其携带的不同长度的核基因组片段传递给后者，使后者获得若干新遗传性状的现象，通过接合而获得新遗传性状的受体细胞称为接合子。

由于在细菌和放线菌等原核生物中出现基因重组的机会极少（如大肠杆菌 K12 约为 10^{-6}），而且重组子形态指标不明，因此细菌接合现象是在 1946 年 J. Lederberg 和 E. L. Taturm 等采用细菌的多重营养缺陷型进行实验后，才奠定了方法学上的基础。他们以 *E. coli* K12 的 A 菌株（$bio^{-}met^{-}thr^{+}leu^{+}$，需要生物素和甲硫氨酸）和 B 菌株（$met^{+}bio^{+}thr^{-}leu^{-}$，需要苏氨酸和亮氨酸）为实验对象，结果两株多重营养缺陷型菌株只有在混合培养后才能在基本培养基上以 10^{-6}～10^{-5} 的频率长出原养型菌落，而未混合的两个亲本菌株均不能在基本培养基上生长，说明长出的原养型菌落是两菌株之间发生了基因重组所致（图 8-16）。1950 年 Davis 进一步做了 U 形管试验（图 8-17），在 U 形管中间隔有玻璃滤板，只允许培养基和大分子物质（包括 DNA）通过而细菌不能通过，两臂盛有完全培养基，分别培养上述两株营养缺陷型菌株，当菌体生长到某一适当程度后，抽吸两臂中的培养液，使两菌株在相同的培养液中生长，但不能直接接触，多次试验没有筛选到原养型菌株，从而证明了 J. Lederberg 等观察到的重组现象是需要细胞直接接触的。

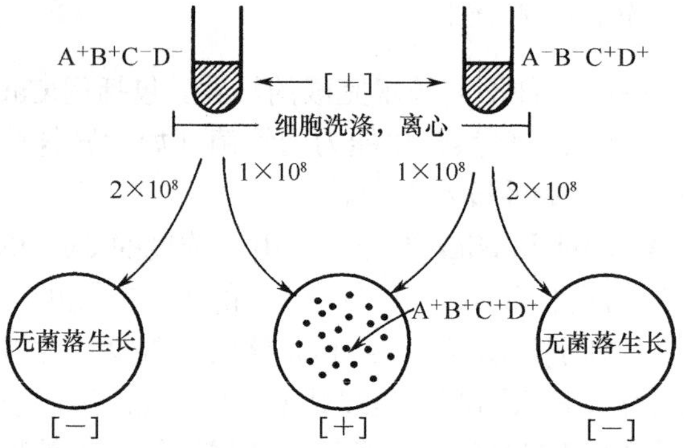

图 8-16 细菌接合的营养缺陷型原理

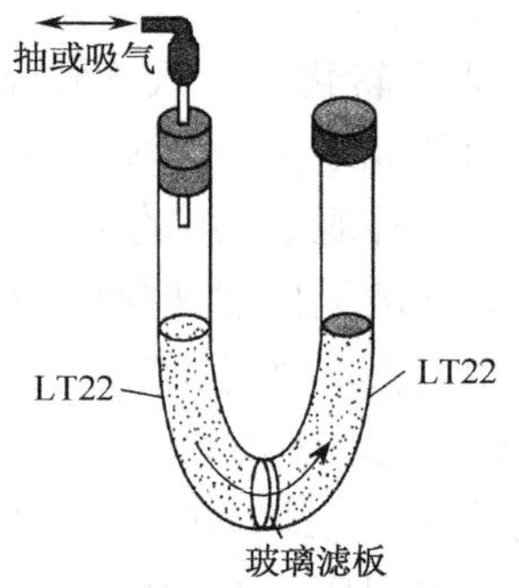

图 8-17 U 形管试验

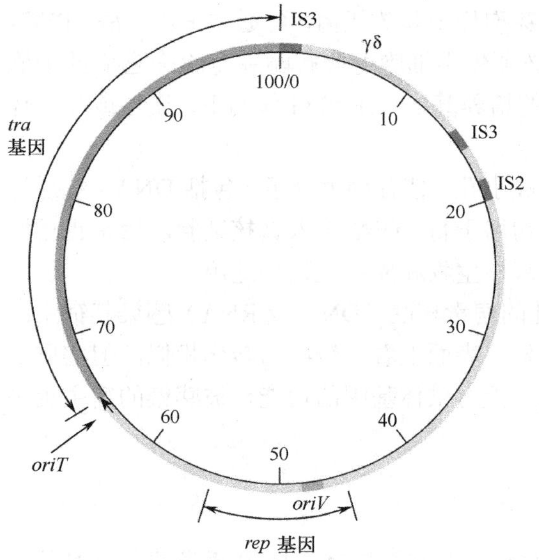

图 8-18 F 质粒图谱

接合现象主要存在于细菌和放线菌中，研究得最清楚的是大肠杆菌。大肠杆菌的接合作用是由 F 因子介导的，F 因子上与转移有关的基因（*tra*）占了整个遗传图谱的 1/3，包括编码性菌毛、稳定接合配对、转移的起始（*oriT*）和调节等 20 多个基因（图 8-18），每一个细胞中含有 1～4 个 F 因子。

在 F^{+}菌株和 F^{-}菌株的接合（$F^{+}\times F^{-}$）中，F 因子向 F^{-}细胞转移，其过程约需 2min，可分两步进行，首先是位于 F^{+}菌株细胞表面的性菌毛的游离端与 F^{-}细胞接触，使两者相连接（图 8-19），性菌毛可能通过供体或受体细胞膜中的解聚作用（disaggregation）和再溶解作用（redissolution）进行收缩，从而使供体和受体细胞紧密相连形成胞质桥。然后进行 DNA 转移，此时 F 因子上 *tra I* 编码的缺刻螺旋酶在一条单链的 *oriT* 处切开一个切口，并以 5′端为先导，通过胞质桥进行单向转移，此单链到达受体菌后，在宿主细胞或质粒编码的引物酶的作用下引发互补链的合成；留在供体细胞内的单链也在 DNA 聚合酶Ⅲ的作用下进行复制，合成完整的 F 因子。接合完成后，供、受体各含有一个 F 因子，从而使受体菌也成为 F^+ 菌株并可作为供体再向 F^- 细胞转移。此过程含 F 因子的宿主细胞的染色体 DNA 不被转移。

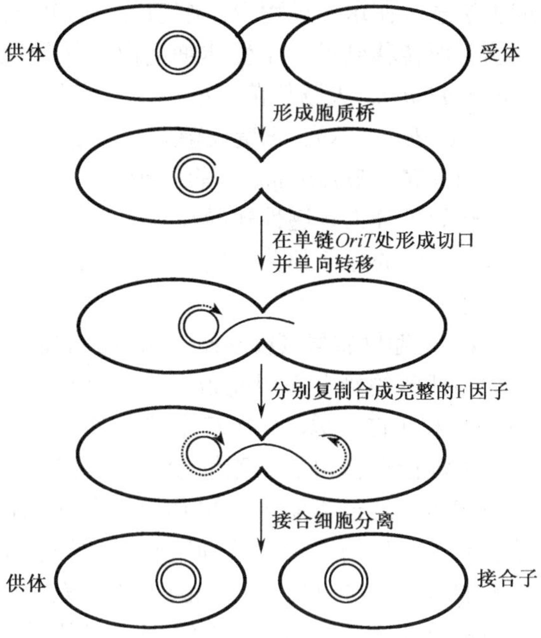

图 8-19 F^+ 与 F^- 接合

Hfr 与 F^- 菌株接合（Hfr×F^-）过程与 F^+×F^- 类似，也是由 *OriT* 开始转移，F 因子的先导区（leading region）结合着染色体 DNA 的 5′ 端匀速地通过胞质桥向受体细胞转移，在毫无外界干扰的情况下，完成全部转移过程约需 100min，实际转移过程中，这么长的线状单链 DNA 常常发生断裂，致使位于 Hfr 染色体越前端的基因，进入 F^- 细胞的机会越多，在 F^- 菌株中出现重组子的时间就越早，频率也越高。由于 F 因子除先导区以外，其余绝大部分（包括与性别有关的基因）处于被转移染色体的末端，因此完整 F 因子很难转入受体细胞中，故 Hfr×F^- 接合后的受体细胞虽然其他遗传性状的重组频率很高，F^- 转变成 F^+ 的频率却极低。

F 质粒可正向或反向插入宿主染色体组的不同部位（有插入序列处），因此可构建具有不同整合位点的 Hfr 菌株。在不同菌株的 Hfr×F^- 接合过程中，定时取样并中断接合，鉴定重组菌的基因型以确定基因转移的先后次序，从而可以时间为单位求基因间的遗传距离，此即 E. Wollman 和 R. Jaeob 于 1955 年创立的中断杂交实验（interrupted mating experiment）。大肠杆菌染色体的环状特性也因而被揭示。

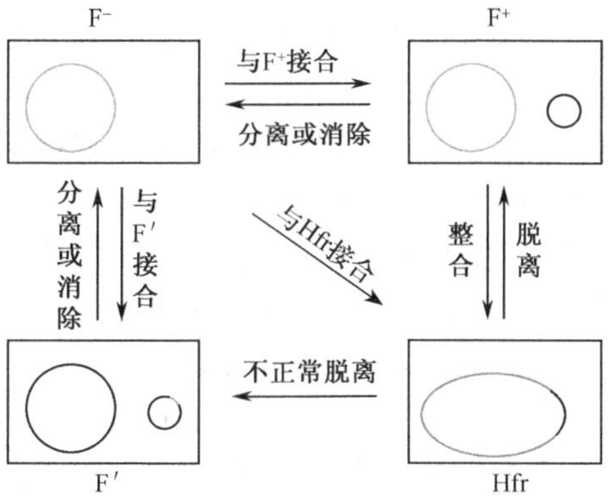

图 8-20 F 质粒的 4 种存在方式及相互关系

F 质粒在脱离 Hfr 细胞的染色体时也会发生差错，从而形成带有细菌染色体基因的 F′质粒。凡携带 F′因子的菌株，称为初生 F′菌株，其遗传性状介于 F^+ 与 Hfr 菌株之间，当初生 F′菌株与 F^- 受体菌接合（F′×F^-）时，可使后者也成为 F′菌株，这就是次生 F′菌株，它既获得了 F 因子，同时又获得了来自初生 F′菌株的若干原属于 Hfr 菌株的遗传性状，实际上是形成一种部分二倍体（图 8-20）。以 F′因子来传递供体基因的方式，称为 F 因子转导（F-duction）或 F 质粒转导、性导（sexduction）、F 质粒媒介的转导（F-mediated transduction）。分离到一系列不同的 F′因子用于绘制细菌的染色体图谱。

（三）转导

转导（transduction）是指以缺陷型噬菌体为媒介，把供体细胞的 DNA 片段转入受体细胞中，经过交换与整合，使后者获得前者部分遗传性状的现象。能将一个细菌宿主的部分染色体和质粒 DNA 带到另一个细菌的噬菌体称为转导噬菌体。由转导作用而获得部分新遗传性状的重组细胞，称为转导子（transductant）。与接合不同，转导是以噬菌体为媒介而不需要细胞接触。在这一过程中，细菌的一段染色体被错误地包装在噬菌体的蛋白质外壳内，并通过感染而转移到另一个受体细菌内。转导现象在自然界中较为普遍，在鼠伤寒沙门氏菌（*S. typhimurium*）、大肠杆菌（*E. coli*）、芽孢杆菌属（*Bacillus*）、变形菌属（*Proteus*）、假单胞菌属（*Pseudomonas*）、志贺氏菌属（*Shigella*）、葡萄球菌属（*Staphylococcus*）、弧菌属（*Vibrio*）和根瘤菌属（*Rhizobium*）等细菌中都有发现，在放线菌和高等动物的细胞株中也有报道。

转导可分为普遍性转导和局限性转导两种类型。在普遍性转导中，噬菌体可以转导供体细胞染色体的任何部分到受体细胞中；而在局限性转导中，噬菌体总是携带同样的片段到受体细胞中。

1. 普遍性转导（generalized transduction） 1951 年，J. Lederberg 和 N. Zinder 在研究大肠杆菌的接合作用能否发生在其他细菌上时，用了鼠伤寒沙门氏菌的两个突变株 LT22（trp^-）和 LT2（his^-）在基本培养基上进行混合培养，产生了约 10^{-5} 的原养型，但当他们沿着发现接合作用的思路继续用 U 形管进行同样的实验时，在接种 LT22 的一端也出现原养型细菌，这一事实说明鼠伤寒沙门氏菌的基因重组并不是经由细胞接合，而通过某些可过滤因子发生的。在供体细胞和受体细胞不接触的情况下，是什么透过 U 形管滤板进行着基因的传递？经过对可过滤因子的研究和比较，证实所用的沙门氏菌 LT22 是携带 P22 噬菌体的溶原性细菌，另一株 LT2 是非溶原性细菌，由此说明可透过 U 形管滤板的温和噬菌体 P22 进行着基因的传递，从而发现了普遍性转导这一重要的基因转移途径。以完全缺陷型噬菌体为媒介，将供体细胞基因组上任何小片段 DNA 携带到受体细胞中，使后者获得前者部分遗传性状的现象，称为普遍性转导。普遍性转导发生在裂性和温和噬菌体的裂解循环中，当供体细胞的噬菌体在感染末期的装配阶段，噬菌体的 DNA 片段被包裹进衣壳时，也有少数（10^{-8}～10^{-6}）噬菌体衣壳错误地把降解的宿主细菌染色体 DNA 片段包裹进去，由于衣壳包裹 DNA 的量有限，所包裹的宿主 DNA 片段大小与 P22 噬菌体头部 DNA 核心相仿（约为核染色体基因组的 1%），形成一个不含 P22 噬菌体自身 DNA、只含宿主 DNA 的完全缺陷型噬菌体，这种携带了细菌 DNA 的噬菌体被称为转导颗粒（transducing particle）。宿主裂解时转导颗粒也被释放出来，感染受体细胞后，因其不含有任何噬菌体的 DNA，故受体细胞不会发生溶原化，也不显示对噬菌体的免疫性，更不会发生裂解和产生正常噬菌体后代，而是导入的供体细胞 DNA 片段与受体细胞染色体上的同源区段配对，再通过双交换重组到受体菌染色体上，形成遗传性稳定的转导子，这种转导称为完全普遍性转导（complete transduction）。普遍性转导中，大多数情况下，供体菌 DNA 片段在受体菌内不发生整合和复制，也不被降解，但能进行转录、翻译和性状的表达，当受体细菌分裂时，只有一个细菌获得了这一基因，并一直沿着单个细胞单线传递下去；而另一个细菌则仅获得这一基因的表达产物，如少量的酶，仍然是一个营养缺陷型细菌（若受体菌原本是营养缺陷型菌时），会在表型上表现出轻微的供体菌的某一特征，其后，随着受体细胞分裂，细胞质稀释，供体菌的性状逐渐消失，最后产生若干个不能在基本培养基上继续分裂的细菌，可形成微小菌落，这种现象称为流产转导（abortive transduction），在一次普遍性转导中流产转导的细胞往往多于完全转导的细胞（图 8-21）。

2. 局限性转导（specialized transduction） 局限性转导是指通过某些部分缺陷的温和噬菌体把供体菌的少数特定基因携带到受体菌中，并与后者的基因组整合、重组，形成转导子的现象。最初于 1954 年在大肠杆菌 K12 中发现。它只能转导一种或少数几种基因（一般为位于附着点两侧的基因）。

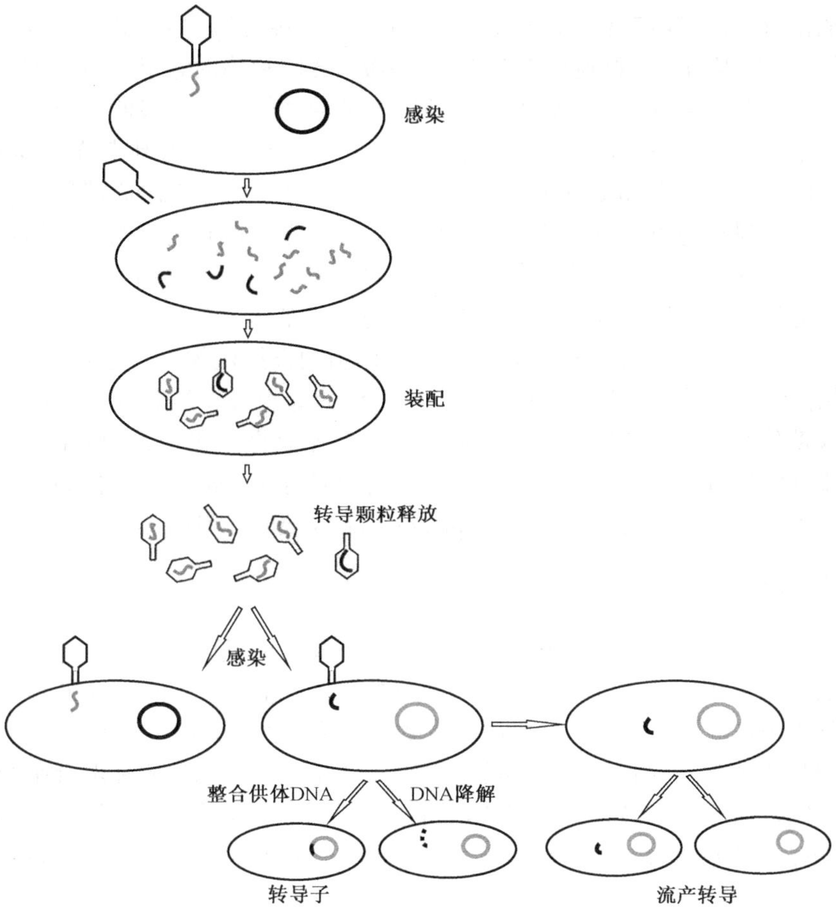

图 8-21　普遍性转导

温和噬菌体 λ 在感染大肠杆菌受体菌后，通过其黏性末端形成环状分子，然后以其附着位点 *attP* 和细菌染色体的同源位点 *attB* 发生交换，整合到宿主染色体特定位点上，正好插在 *gal*（半乳糖基因）和 *bio*（生物素基因）之间，从而使宿主细胞发生溶原化，这时的 λ 称为原噬菌体（图 8-22）。

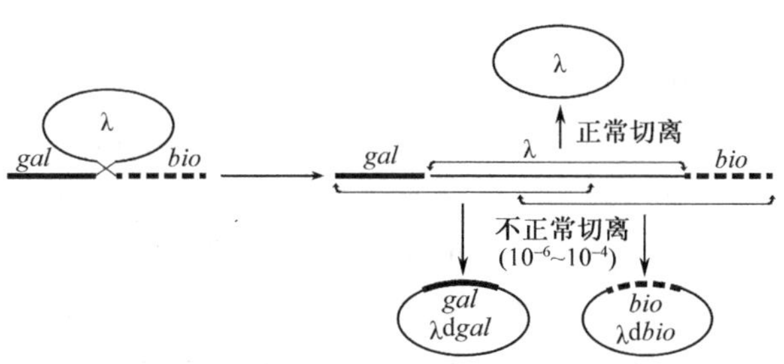

图 8-22　正常 λ 噬菌体和具有局限转导能力的缺陷型 λ 噬菌体的产生机制

如果该溶原菌因 UV 等诱导而发生裂解，λ 原噬菌体从染色体上附着位置切离，偶尔会发生低频率的误切或不正常切离，即断裂不是发生在 *attP*/*attB* 处，而是在原噬菌体邻近的其他位点，结果是使插入位点两侧的少数宿主基因如 *gal* 或 *bio* 连在 λ 噬菌体 DNA 上，λ 噬菌体同时也失去了原噬菌体另一端相应长度的 DNA 片段，通过衣壳的“误包”，就形成具有局限转导能力的部分缺陷型噬菌体（defective phage），其中带有 *gal* 基因的转导颗粒称为 λd*gal* 或 λdg，带有 *bio* 基因的转导颗粒称为 λd*bio* 或 λd*b*，d 即缺陷的意思。由于 λ 原噬菌体发生误切的概率极低，在其裂解物中所含的部分缺陷型噬菌体的比例也极低（10^{-6}～10^{-4}），因此用这种裂解液感染宿主只能形成极少数的转导子，故称为低频转导（low frequency transduction，LFT）。低频转导通常有两种结果：①稳定的转导，λd*gal* 携带的 *gal* 基因与受体细胞染色体 gal^- 基因进行两次交换，永远取代 gal^- 基因，得到稳定的 gal^+ 转导子；②不稳定的转导，转导颗粒 λd*gal* 与受体染色体不发生交换而游离于受体细胞中，或者只发生一次单交换，使受体细胞成为既有 gal^- 基因又有 λdg 的 gal^+ 基因的杂基因子（杂合二倍体）。

在局限转导中，λ 和 λd*gal* 同时整合在一个受体菌的核染色体上，使其成为一个双重溶原菌。双重溶原菌经紫外线等诱导时，正常 λ 原噬菌体的基因可以补偿 λd*gal* 缺失基因的功能，使得这两种噬菌体都能复制，所产生的裂解物中含有等量的 λ 和 λd*gal* 噬菌体，如果用这种裂解物去感染非溶原性的 gal^- 宿主，大约有一半可以转导成 gal^+，大大提高了形成转导子的频率，故称这种转导为高频转导（high frequency transduction，HFT）。

（四）原生质体融合

原生质体融合（protoplast fusion）是人工诱导下发生的基因重组过程，是 20 世纪 70 年代发展起来的一种育种新技术。本技术采用水解酶除去细胞壁，制成原生质体，再用物理、化学或生物学方法，诱导两亲本原生质体发生融合，经染色体交换、重组而达到杂交的目的，再经筛选获得集双亲优良性状于一体的稳定融合子（fusant）。原生质体融合杂交的双亲本不受亲缘关系限制，甚至可打破种属间遗传障碍，获得远缘杂交重组体。原生质体融合的本质是二亲本菌株去除细胞壁后的体细胞杂交，具体过程包括原生质体的制备、融合、再生和融合子选择等步骤。

二、真核微生物的基因重组

（一）有性杂交

杂交是在细胞水平上发生的一种遗传重组方式。有性杂交一般是指不同遗传型的两性细胞间发生的接合和随之进行的染色体重组，进而产生新遗传型后代的过程。凡能产生有性孢子的酵母菌或霉菌，都能进行有性杂交。

两个不同亲本的不同性别的单倍体细胞通过群体交配法、孢子杂交法、单倍体细胞交配、离心等形式密集接触，就有更多的机会出现二倍体的有性杂交后代，可从中筛选出优良性状的个体，这在生产实践中已被广泛用于优良品种的培育。例如，用于乙醇发酵的酵母菌和用于面包发酵的酵母菌同属一种酿酒酵母，但两者是不同的菌株，表现在前者产乙醇率高而对麦芽糖和葡萄糖的发酵力弱，后者则产乙醇率低而对麦芽糖和葡萄糖的发酵力强。通过两者的杂交，得到了产乙醇率高、对麦芽糖及葡萄糖的发酵能力强且产生 CO_2 多、生长快、可以用作面包厂和家用发面酵母的优良菌种。

（二）准性生殖

准性生殖（parasexual reproduction 或 parasexuality）是指同一生物的两个不同来源的体细胞间发生融合，不通过减数分裂而出现低频率基因重组并产生重组子的生殖方式。在该过程中染色体的交换和染色体的减少不像有性繁殖那样有规律，而且也是不协调的，是一种类似于有性繁殖但比它更为原始的一种生殖方式。准性生殖常见于某些丝状真菌，尤其是半知菌类，如粗糙脉孢菌（*N. crassa*）和构巢曲霉（*Aspergillus nidulans*）。

准性生殖包括下列几个主要过程（图 8-23）。

1）菌丝融合（anastomosis）发生在一些形态上没有区别、在遗传性状上有差别的两个同种亲本的体细胞（单倍体）间，菌丝融合的发生频率很低。

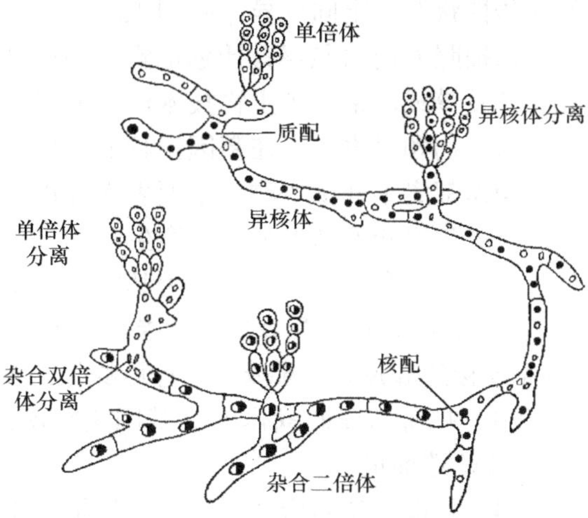

图 8-23　半知菌的准性生殖示意图

2）形成异核体（heterocaryon）　两个体细胞经菌丝融合后，先发生质配，使原有的两个单倍体核集中到同一个细胞中，于是就形成了同时具有两种（或两种以上）不同基因型核的细胞，称为异核体。异核体能独立生活，异核体细胞内的两个核一般不结合，可以各自通过有丝分裂而独立增殖。异核现象在自然界普遍存在，其主要原因是异核体包含着两个基因型的细胞核，具有生长优势以及更好的环境适应能力。此外，利用异核体内两个不同营养缺陷型细胞核的互补作用，可进行基因等位性的测定、基因定位等遗传分析研究。

3）核融合（nuclear fusion）或称核配（karyogamy），异核体细胞内的两个单倍体核融合形成一个二倍体核的现象称为核融合，基因型不同的双核融合在一起，产生杂合二倍体，它们形成后仍随异核体一道繁殖，生成杂合二倍体菌株。研究表明异核体发生核融合产生杂合二倍体的频率也是极低的，如构巢曲霉和米曲霉为 10^{-7}～10^{-5}，某些理化因素如樟脑蒸气、紫外线或高温等的处理，可以提高核融合的频率。

4）体细胞交换（somatic crossingover）和单倍体化，在准性生殖过程中，产生的二倍体不像有性繁殖过程中的二倍体那样进行减数分裂，它们是以有丝分裂的方式繁殖，并偶尔会在有丝分裂的四线期发生同源染色体的两条单体之间的交换，这一过程称为体细胞交换，也称为有丝分裂交换（mitotic crossingover）。体细胞交换过程可导致部分隐性基因纯合化的二倍体重组分离子，而获得新的遗传性状。单倍体化是指在一系列有丝分裂过程中一再发生的个别染色体减半，直至最后形成单倍体的过程，不像减数分裂那样染色体的减半一次完成。单倍体化过程产生各种类型的非整倍体和单倍体分离子。如果对杂合二倍体用紫外线、γ 射线或氮芥等化学诱变剂进行处理，就会促进染色体断裂、畸变或导致染色体在两个子细胞中的分配不均，因而有可能产生有不同性状组合的单倍体杂合子。

由于准性生殖的过程可出现很多新的基因组合，因此可成为遗传育种的重要手段，此外，在遗传分析上也是十分有用的。例如，可利用有丝分裂过程中，染色体发生交换导致的基因纯合化与着丝粒的距离的关系进行有丝分裂定位等。

第五节　微生物与基因工程

基因工程（gene engineering）是在基因水平上的遗传工程（genetic engineering），是指利用分子生物学的理论和技术，自觉设计、操纵、改造和重建细胞的基因（组），从而使生物体的遗传性状发生定向变异。基因工程的出现使得生物科学获得迅猛发展，使遗传学及育种研究可以按照人们的愿望有计划地实施和控制；基因工程的发展从根本上改变了生物技术的研究和开发模式，带动了生物技术产业的兴起。

微生物和微生物学在基因工程的产生与发展中具有非常重要的地位，可以说基因工程的一切操作都离不开微生物。主要表现在以下几方面。

（1）基因资源的源泉　微生物的多样性，尤其是抗高温、抗低温、耐高盐、耐高碱、分解有毒物质和杀虫等基因，为基因工程提供了独特而极其丰富的基因资源。

（2）基因工程工具酶的提供者　基因工程所用的千余种工具酶（如限制性核酸内切酶、DNA 连接酶和反转录酶等），绝大多数是从微生物中分离纯化得到的。

（3）基因工程的载体　基因工程所用的克隆载体主要是由质粒、噬菌体和其他病毒 DNA 等改造而成的。

（4）基因克隆的宿主　微生物细胞是基因克隆的宿主，即使是植物基因工程和动物基因工程也要先构建穿梭载体，使外源基因或重组体 DNA 在大肠杆菌中得到克隆并进行拼接和改造，才能再转移到植物和动物细胞中。

（5）基因表达的生物反应器　由于微生物具易培养性，通常是将外源基因表达载体导入大肠杆菌或酵母菌中，将“工程菌”作为生物反应器，进行大规模工业发酵，大量表达各种有应用价值的基因产物，从事商业化生产。

（6）基因工程理论研究的最佳对象　有关基因结构、性质和表达调控的理论主要也是来自对微生物的研究，或者是将动植物基因转移到微生物中后进行研究而取得的，因此微生物学不仅为基因工程提供了操作技术，同时也提供了理论指导。

一、微生物与克隆载体

以扩增外源 DNA 为目的的载体，称为克隆载体。外源基因导入受体细胞一般都要借助于克隆载体。克隆载体的发展大概经历了三个阶段。

第一阶段以质粒（plasmid）、λ 噬菌体（λ-bacteriophage）、柯斯质粒［又称为黏粒（cosmid）］为主，主要特点是载体在宿主细胞内稳定遗传、易分离、转化效率高，但是克隆容量有限，一般小于 45kb。

第二阶段的克隆载体则突破了上述载体容量，显著特点是载体的容载能力扩大，为 100～350kb，主要有酵母人工染色体（yeast artificial chromosome，YAC）、细菌人工染色体（bacterial artificial chromosome，BAC）及源于噬菌体 P1 的人工染色体（P1-derived artificial chromosome，PAC）。

第三阶段是 21 世纪发展起来的双元细菌人工染色体（binary BAC，BIBAC）和可转化人工染色体（transformation-competent artificial chromosome，TAC），这些载体不仅具有较大的克隆容量，而且具备了直接转化植物进行功能互补实验的功能。几种克隆载体性质的比较见表 8-4。

表 8-4　几种克隆载体性质的比较

载体	宿主	载体容量/kb	遗传稳定性	嵌合性	可否转化植物
质粒	大肠杆菌	15～20	稳定	低	否
噬菌体	大肠杆菌	17～20	稳定	低	否

续表

载体	宿主	载体容量/kb	遗传稳定性	嵌合性	可否转化植物
柯斯质粒	大肠杆菌	30～45	稳定	低	否
YAC	酵母	350～1000	不稳定	高	否
BAC	大肠杆菌	100～300	稳定	低	否
P1	大肠杆菌	100	稳定	低	否
PAC	大肠杆菌	100～300	稳定	低	否
BIBAC	大肠杆菌/农杆菌	100～300	稳定	低	可
TAC	大肠杆菌/农杆菌	100	稳定	低	可

目前克隆载体的种类主要有质粒载体、噬菌体载体、真核细胞的克隆载体、人工染色体等。

二、基因工程的基本操作及其应用

（一）基因工程的基本操作

基因工程的主要原理与操作步骤如下：①分离出带有目的基因的DNA片段；②在体外，将带有目的基因的外源DNA片段连接到合适的载体上，形成重组DNA分子；③重组DNA分子转化受体细胞，并与其一起增殖；④从大量的细胞繁殖群体中，筛选出获得了重组DNA分子的受体细胞克隆；⑤从这些筛选出来的克隆中，提取出已经得到扩增的目的基因；⑥将目的基因克隆到表达载体上，导入宿主细胞，使其在新的遗传背景下实现功能表达，产生出人类所需要的物质。

（二）基因工程的应用

基因工程虽是在20世纪70年代初才开始兴起的，但这标志着人类改造生物进入了一个新的历史时期。由于基因工程的迅速发展和广泛应用，它不仅对生物学基础理论研究产生了深刻的影响，也为工农业生产、临床医学和环境保护等实践领域开创广阔的应用前景，能直接为人类的生产、生活与健康服务，基因工程正在或即将使人们的某些梦想和希望变为现实。

1．基因工程药物　基因工程诞生以来，最先应用基因工程技术且目前最为活跃和发展最快的研究领域便是医药科学。基因工程药物包括一些在生物体内含量甚微但却具有重要生理功能的蛋白质如激素、酶和抑制剂、细胞因子、抗原和抗体，以及反义核酸和重组疫苗等，此外，还可利用重组DNA技术改造蛋白质，设计和生产出自然界不存在的新型蛋白质药物。世界上第一个基因工程药物——重组胰岛素于1982年投放市场。迄今为止，重组人生长激素、重组人干扰素、重组肿瘤坏死因子（rTNF）、促红细胞生成素（EPO）、重组白细胞介素（rIL）、粒细胞集落刺激因子（G-CSF）、巨噬细胞集落刺激因子（M-CSF）、粒细胞-巨噬细胞集落刺激因子（GM-CSF）、组织型纤溶酶原激活物（t-PA）、心钠素（ANF）、人尿激酶、乙肝疫苗等已广泛应用于癌症、肝炎、发育不良、糖尿病和一些遗传病的治疗上，在很多领域特别是疑难病症方面，起到了传统化学药物难以起到的作用。

2．基因治疗　一些遗传病、恶性肿瘤、心血管疾病、阿尔茨海默病、恶性传染病（如各型肝炎、艾滋病等）和糖尿病，目前还都没有理想的治疗手段，而病因又都离不开基因缺陷、突变或表达异常，随着基因工程技术的迅速发展，人们开始尝试使用基因疗法。1990年美国首次在临床上将腺苷脱氨酶（ADA）基因导入患者外周淋巴细胞中，用以治疗因该基因缺陷而引发的重度联合免疫缺陷病（SCID），获得了成功。这次成功大大增强了人们的信心，从此世界各地的科学家纷纷开展这一新的治疗手段——基因治疗。

3．基因工程在农业上的应用　农作物的常规育种方法使我们的粮食产量有了很大的增长，但其缺点是周期太长、目标定向性差。另外，由于植物远缘杂交的障碍，很难将好的基因通过有性杂交方法转到另一个目标植物上。利用基因工程的方法进行品种改良，省时而有效。近年来，随着 DNA 重组技术的深入发展，科学家已成功培育了许多具有新的优良性状的转基因植物，这些性状包括改善品质、抗病虫害、抗盐、抗碱、抗冻、抗除草剂、缩短生长期、延长水果蔬菜的储存期、固氮和提高光合作用效率等。此外还可利用转基因植物生产药物（如人干扰素）、抗体、疫苗等。

4．基因工程在工业上的应用　传统工业通过菌种发酵生产的产品数量大、应用广，如抗生素、氨基酸、有机酸、酶制剂、醇类和维生素等。这些菌种基本上都经过了长期的诱变或重组育种，生产性能已经很难再有大幅提高，要打破这一局面，必须使用基因工程手段，目前在氨基酸、酶制剂等领域已有大量成功的例子。

5．基因工程与基本理论研究　基因工程技术的发展，对生物学基本理论的研究起着巨大的推动作用，尤其是为基因的结构和功能研究提供了极大的方便。分子克隆和构建工程菌为了解微生物的结构与功能、生理与代谢调节及生态等基本问题提供了最好的方式。今后，它必将对肿瘤的发生、细胞的分化和发育等重大生物学基本理论问题的解决作出新的贡献。

三、CRISPR 与基因编辑

（一）CRISPR 系统的组成

成簇规律间隔短回文重复（clustered regularly interspaced short palindromic repeat，CRISPR）/Cas（CRISPR associated protein）系统是一个广泛存在于细菌和古菌基因组中的特殊 DNA 重复序列家族，是一种 RNA 指导的降解入侵病毒或质粒 DNA 的适应性免疫系统。

如图 8-24 所示，CRISPR 序列由众多短而保守的重复序列区（repeat，21～48bp）和间隔区（spacer，26～72bp）组成，二者构成 R-S 结构。其中 repeat 含有回文序列，可以形成发卡结构；而 spacer 则是被细菌俘获的外源 DNA 序列，亦即细菌免疫系统的“黑名单”，当这些外源遗传物质再次入侵时，CRISPR/Cas 系统就会予以精确打击。R-S 上游的前导区（leader region）被认为是 CRISPR 序列的启动子。前导区上游为一个多态性的家族基因 *Cas*，该基因编码双链核酸酶，具有多种亚型，均可与 CRISPR 序列区域共同发生作用。*Cas* 基因与 CRISPR 序列共同进化，形成了在细菌中高度保守的 CRISPR/Cas 系统。已发现了 *Cas1*～*Cas10* 等多种类型的 *Cas* 基因。

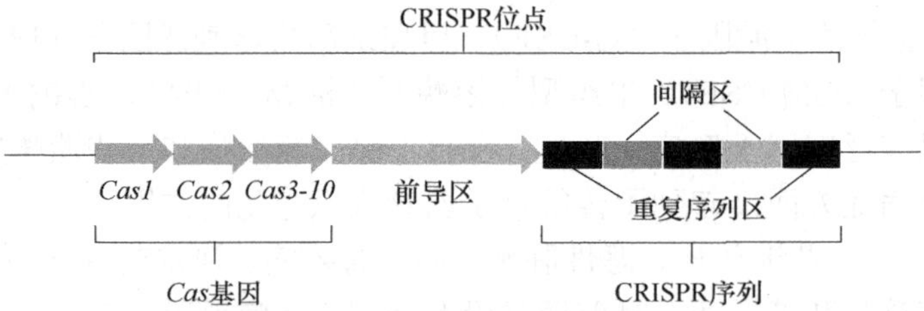

图 8-24　CRISPR 系统的组成

目前发现的 CRISPR/Cas 系统共分为三个类型，每个大类下又分为不同的小类，共计 10 小类。其中，Ⅰ型核心蛋白为 Cas3，多个 Cas 蛋白形成复合体切割 DNA 双链；Ⅱ型核心蛋白为 Cas9，Cas9 蛋白单独切割 DNA 双链；Ⅲ型核心蛋白为 Cas10，多个 Cas 蛋白形成复合体切割 DNA 双链。由Ⅱ型 CRISPR/Cas 系统改造而成的 CRISPR/Cas9 技术已被开发成一种强大的基因组编辑和表达调控工具，广泛应用于基因功能研究、代谢工程和合成生物学等领域。

（二）CRISPR/Cas 的作用机制

CRISPR/Cas 的作用过程可以分为三个阶段：首先是外源 DNA 的捕获，亦即 CRISPR 序列的高度可变的间隔区的获得；接着是 crRNA（CRISPR derived RNA）的合成，亦即 CRIPSR 基因座的表达（包括转录和转录后加工）；最后为靶向干扰。CRISPR/Cas 系统活性的发挥或对外源遗传物质干扰的整个过程如图 8-25 所示。

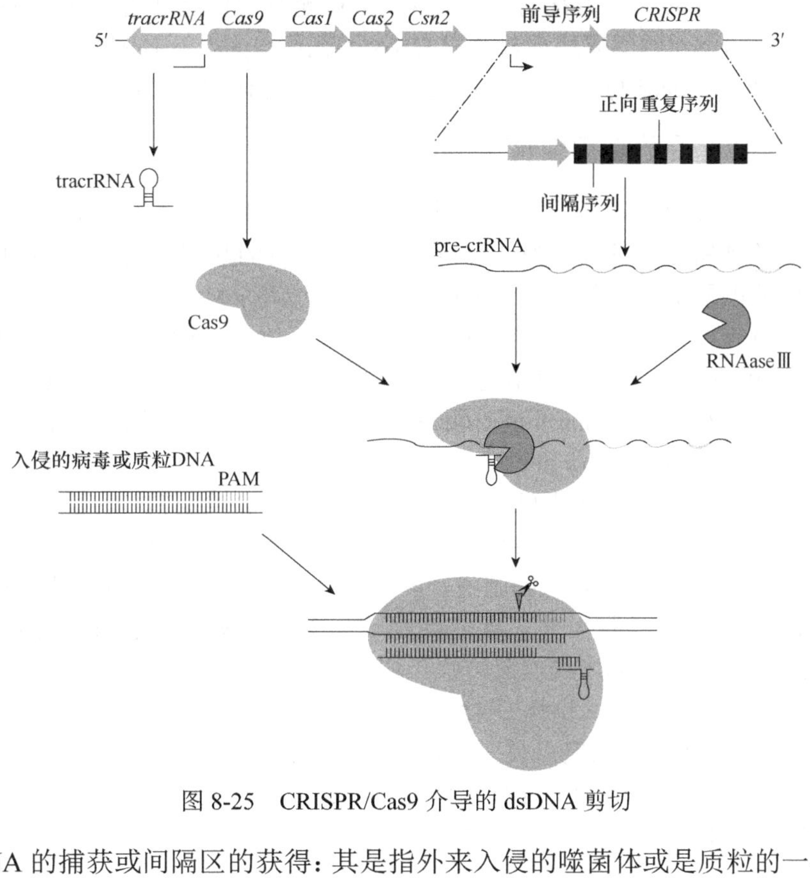

图 8-25 CRISPR/Cas9 介导的 dsDNA 剪切

外源 DNA 的捕获或间隔区的获得：其是指外来入侵的噬菌体或是质粒的一小段 DNA 序列被整合入宿主菌的基因组，整合的位置在 CRISPR 5′端的前导序列与第一段重复序列之间。因此，CRISPR 基因座中的间隔序列从 5′到 3′的排列也记录了外源遗传物质入侵的时间顺序。噬菌体或是质粒上与间隔序列对应的序列称为前间隔序列（protospacer），通常 protospacer 的 5′端或 3′端延伸的 2～5 个碱基序列很保守，称为前间隔序列临近基序（protospacer adjacent motif，PAM），PAM 一般由 NGG 三个碱基构成（N 为任意碱基）。新间隔序列的获得可能分为三步：首先，病毒入侵时，*Cas1* 和 *Cas2* 编码的蛋白质将扫描这段外源 DNA 并识别出 PAM

区域，然后将临近 PAM 的 DNA 序列作为候选的前间隔序列；其次，Cas1/Cas2 蛋白复合物将前间隔序列从外源 DNA 中剪切下来，并在其他酶的协助下将其插入临近 CRISPR 序列前导区的下游；最后，DNA 会进行修复，将打开的双链缺口闭合。

crRNA 的合成：crRNA 也称为向导 RNA（guide RNA，gRNA）或单链向导（sgRNA），即上述间隔序列的转录产物。噬菌体再次侵入时，CRISPR 基因座首先被转录成前体 CRISPR RNA（pre-crRNA），再被 Cas 蛋白或是核酸内切酶剪切成一些小的 RNA 单元，这些小 RNA 即成熟 crRNA，由一个间隔序列和部分重复序列组成，Ⅱ型 CRISPR/Cas 系统 crRNA 的成熟除需要 Cas9 和 RNase Ⅲ参与外，还需要 tracrRNA（trans acting RNA）的指导。CRISPR 基因座在没有受到外界压力的情况下表达水平很低，当外源的质粒或是噬菌体入侵时 CRISPR 的表达很快被诱导上调。

靶向干扰：这是 CRISPR/Cas 发挥抵御外源遗传物质入侵作用最关键的步骤，成熟的 crRNA 与特异的 Cas 蛋白形成核糖核蛋白复合物，再与外源 DNA 结合并寻找其上的靶序列，crRNA 的间隔序列与靶序列互补配对，外源 DNA 在配对的特定位置被核糖核蛋白复合物切割。早期研究认为 crRNA 的间隔序列与外源 DNA 的靶位点完全互补配对对于切割是必需的，但是后来的研究证明 spacer 与 protospacer 部分互补配对时切割也可以发生。

（三）CRISPR 介导的基因编辑

基因编辑（gene editing）就是对目的基因及其转录产物进行定向改造，实现特定 DNA 片段的加入、删除或特定碱基的缺失、替换等，以改变目的基因或调控元件的序列、表达量或功能。基本原理是通过序列特异性的 DNA 结合结构域和非特异性的 DNA 修饰结构域组合而成的序列特异性核酸内切酶，识别染色体上的 DNA 靶位点，继而切割并使 DNA 双链断裂，诱导 DNA 的损伤修复，从而实现对指定基因组的定向编辑。方法包括 Cre-lox 介导的基因组特定位点重组、锌指核酸酶（zinc finger nuclease，ZFN）法、转录激活因子样效应物核酸酶（transcription activator-like effector nuclease，TALAN）法和 CRISPR/Cas 系统等。与其他方法相比，CRISPR/Cas 的强大之处在于可以对基因进行定点的精确编辑。最基础的应用就是基因敲除，原理是：在靶基因的上下游各设计一条向导 RNA（gRNA1，gRNA2），将其与含有 Cas9 蛋白编码基因的质粒一同转入细胞中，gRNA 通过碱基互补配对可以靶向 PAM 附近的目标序列，Cas9 蛋白会使该基因上下游的 DNA 双链断裂；随后细胞自身的 DNA 损伤修复机制会将断裂的上下游两端的序列连接起来，从而实现目的基因的敲除。如果在此基础上为细胞引入一个修复的模板质粒（供体 DNA 分子），这样细胞就会按照提供的模板在修复过程中引入片段插入（knock-in）或定点突变（site-specific mutagenesis），从而实现基因的替换或突变。随着研究的深入，CRISPR/Cas 技术已经被广泛应用，除基因敲除、替换等基础编辑方式外，它还被用于基因激活、疾病模型构建乃至基因治疗。

四、合成生物学与基因工程前景

合成生物学本质上算是基因工程的高级应用，和机器人研究一样，其前景是无限的。

（一）合成生物学的概念

合成生物学作为正式学术名词最早是在 1980 年德国科学家芭芭拉·荷本（Barbara Hobom）用来描述基因工程菌时采用的，这些利用重组 DNA 技术改造的细菌是由研究人员主动干预而改变的生物系统。从这个意义上来说，合成生物学主要是指用生物工程技术合成目标生物。根据英国皇家学会的定义，合成生物学是指新的人工生物路径、有机体或装置的设计和构建，或者对自然生物系统进行重新设计的一门学科。合成生物学组织（Synthetic Biology Community）网站上公布的合成生物学的定义则强调合成生物学的两条技术路线：①新的生物零件、组件和系统的设计与建造；②对现有的、天然的生物系统的重新设计。

资源 8-3

目前对于合成生物学有多种不同的定义，较普遍的观点是：合成生物学的目标是设计和操纵生物零件、装置和系统，创造新功能甚至新物种，也可以对已有的天然生物系统进行重新设计。合成生物学是一门涉及微生物学、分子生物学、系统生物学、遗传工程、材料科学及计算科学等多个领域的综合性交叉学科，是应用工程学原理进行系统设计的应用学科，是通过合成生物功能元件、装置、系统，对生命体进行有目标的遗传学设计、改造，使细胞和生物体产生特定生物功能，乃至合成"人造生命"的学科。

（二）合成生物学的主要研究内容

从内容上来说，合成生物学与基因工程技术存在一定的重叠，但合成生物学要比基因工程技术更加复杂与宽泛。一般而言，合成生物学的目标在于组装各种生命元件来建立人工生物体系，让它们能像电路一样在生物体内运行，使生物体能按预想的方式完成各种生物学功能。合成生物学的最高境界是灵活设计和改造生命，重塑生命体。

其涵盖的研究内容可以大体分为三个层次：一是利用已知功能的天然生物模体（motif）或模块（module）构建成新型调控网络并表现出新功能；二是采用从头合成（*de novo* synthesis）的方法，人工合成基因组 DNA 并重构生命体；三是在前两个研究领域得到充分发展之后，创建完整的全新生物系统乃至人工生命体（artificial life）。

合成生物学强调利用工程化的设计理念，实现从元件到模块再到系统"自下而上"的设计。利用生物系统最底层的 DNA、RNA、蛋白质等作为设计的元件，利用转录调控、代谢调控等生物功能将这些底层元件关联起来形成生物模块，再将这些模块连接成系统，实现所需的功能。

（三）合成生物学与基因工程的发展前景

合成生物学与基因工程的兴起促使生物科学发生深刻的变化，主要表现在以下几个方面。

第一，引发了生物科学技术的创新和迅猛发展，使传统生物技术发展成以基因重组技术和合成生物学工程为核心的现代生物技术和生物工程。

第二，技术上的重大突破，促使生物科学获得前所未有的高速度发展，开辟了新的研究领域，达到了新的研究深度。促进了发育分子生物学、神经分子生物学、分子细胞学、分子生理学、分子进化学等学科领域的蓬勃发展。

第三，为改造生物提供强有力的手段，使生物科学进入创造性的新时期，也使得在分子水平上设计、改造和创建新的生物形态和新的生物物种成为可能。目前，基因工程已涉及食品、农业、医药、化工、环保、采矿、冶炼、材料和能源等多个研究领域，合成生物学也已经应用于疾病诊疗、环境修复等多方面研究。例如，利用生物传感体系人工合成基因环路是近年来糖尿病治疗的主要研究方向。环境修复方面，利用生物合成技术开发新型生物能源是解决能源危机的重要途径。针对层出不穷的污染物，分析现有降解菌代谢通路信息的几种催化元件，利用合成生物学技术定向设计、改造并组合降解元件、抗逆元件、趋化元件等，构建能够降解一种或多种污染物、具有全新代谢网络的工程菌，建立智能高效降解微生态系统，可有效实现环境监测与修复。

当然，它也和其他所有新生事物一样，在给人们带来巨大利益的同时也面临着严峻的挑战，合成生物学及基因工程是否具有潜在的危害性必然也成为人们关心和争议的焦点，也是当前的研究热点之一。但有一点可以肯定，人们既然能发明一种新技术，必然也将会有能力掌控这门新技术，让这门技术造福人类，朝着人类进步的方向发展。

第六节　菌种的退化、复壮与保藏

在微生物的基础研究和应用中，每一株理想的菌株都是由野生型经过诱变育种、杂交育种或基因工程等育种方法筛选得到的，这是一件艰苦且费时的工作，而欲使菌种始终保持优良性状的遗传稳定性和活性，且不被其他杂菌污染，便于长期使用，还需要做很多防止菌种退化的工作。实际上，由于各种各样的原因，要使菌种永远不变是不可能的，菌种退化是一种潜在的威胁。只有掌握了菌种退化的某些规律，才能采取相应的措施，尽量减少菌种的退化或使已退化的菌种得以复壮，菌种保藏的目的就是不染杂菌，使退化率和死亡率降到最低，从而达到保持纯种及其优良性能的目的。

一、菌种的退化与复壮

菌种退化（degeneration）是指生产菌种或优良菌种由于传代或保藏，群体中的某些生理特性或形态特征逐渐减退或消失，如生产菌株生产性状的劣化、遗传标记的丢失、典型性状变得不典型等。集中表现在目的代谢产物合成能力和产量下降，或发酵力和糖化力降低；产孢子数量减少、部分菌落变小、生长能力变弱、生长速度变慢；对宿主侵染能力下降；对外界不良条件抵抗能力的下降等。菌种退化是一个由量变到质变逐渐演化的过程，开始时，在微生物群体中仅出现个别负变细胞，不会使群体菌株性能发生改变，经过连续传代，群体中的负变个体达到一定数量，发展成为优势群体，从而使整个群体表现为产量下降和优良性状丧失。

（一）菌种退化的原因

1. 基因突变是引起菌种退化的主要原因　微生物在移种传代过程中会发生自发突变，这些突变包括高产菌株的回复突变和产生新的负变菌株，它们都是低产菌株。由于这些低产菌株的生长速率往往大于高产菌株，因此经过传代后，它们在群体中的数量逐渐增多，直至占优势，群体表现为退化现象。

育种过程中出现的表型延迟也会造成菌种退化。此外，某些控制产量的质粒（一般指抗生素）脱落或核 DNA 与质粒 DNA 复制不一致，经多次传代后质粒丢失，也会导致菌种退化。

2. 连续传代是加速菌种退化的直接原因　微生物自发突变都是通过繁殖传代发生的，移种代数越多，发生突变（尤其是负突变）的概率就越高。

3. 培养条件和保藏条件可以影响菌种的性状　不良的培养条件和保藏条件如营养成分、温度、湿度、pH、通气量等，不仅会诱发低产基因型菌株的出现，而且会造成低产基因和高产基因细胞的数量比发生变化。一个优良菌株在不良的培养条件或保藏条件下，其高产性状会变成隐性性状，即高产特性不会表现出来。其中高温对菌种极为有害，不少抗生素优良菌种，在高温下会引起控制抗生素合成的质粒脱落，导致减产。

培养基也会影响菌种的形态特征和培养特征，这是由于同一菌种在不同培养基上会出现不同的菌落形态。例如，含氮高的培养基不利于放线菌气生菌丝和孢子的形成，而适当增加碳水化合物则对两者的形成均有益。不同培养基也会影响群体细胞中高产突变细胞和低产野生型细胞的生长速度，从而使高产细胞和低产细胞的数量发生变化。对于丝状微生物来说，不同培养基也会使不同类型细胞核的数量发生变化。例如，链霉素产生菌在同样的传代情况下，培养在黄豆培养基比豌豆培养基上出现的负突变率要低。

（二）菌种退化的防止措施

遗传是相对的，变异是绝对的，所以菌种退化是不可避免的。因此，要积极采取以下措施防止菌种退化。

1．尽量减少传代　减少自发突变的概率。

2．用单核细胞和单菌落移种传代　放线菌和霉菌的菌丝细胞是多核的，其中也可能存在异核体或部分二倍体，所以，用菌丝接种、传代易产生分离现象，会导致菌种退化。因此，要用单核的孢子进行移种，最好选用单菌落的孢子进行传代，为了避免移接孢子时带入菌丝，可以采用灭菌的小棉花团裹在接种针前端轻轻蘸取菌落表面孢子进行传代，效果较好。另外，有些霉菌（如构巢曲霉）若用其分生孢子传代易衰退，而改用子囊孢子移种则能避免衰退。

3．经常进行菌种纯化　所谓菌种纯化就是对菌种进行自然分离。纯化后的菌株根据菌落形态特征归类，每种类型分别按照相应指标进行检测，从中确认产量最高、具有特定形态的菌落类型。以后每次移接时，有意识地挑选这种菌落类型进行传代，就可以较长时期地保持优良的性状。

4．采用良好的培养基和培养条件　为了预防菌种退化，一定要选择合适的培养基和培养条件。对于一个优良菌种来说，究竟什么样的培养基能保持菌种的优良特性，应进行筛选和研究。国外有一些专业保藏菌种的公司，对一些有价值的菌种都要设计 20 多种培养基，分别做成琼脂平板，接种后在一定温度下培养到菌落成熟，根据菌落形态变化，来确定哪一种培养基引起的变异最大，而对变异最小或无变异的培养基需要进行进一步菌种移植传代试验，测定传代过程中菌种产量的稳定性，以此确定作为菌种保藏的合适培养基。

培养营养缺陷型菌株时应保证适当的营养成分，尤其是生长因子，则可使其回复突变率下降；培养一些抗性菌时应添加一定浓度的药物于培养基中，使回复的敏感型菌株的生长受到抑制，从而使生产菌能正常生长；控制好碳源、氮源等培养基成分和 pH、温度等培养条件，使其有利于正常菌株的生长，限制退化菌株的数量，防止退化。

5．采用有效的保藏方法　在菌种保藏过程中也会发生菌种退化现象，尤其是不良的保藏条件更易引起菌种退化。在实践中，应当有针对性地选择菌种保藏的方法。一般斜面冰箱保藏法只适用于短期保藏，而需要长期保藏的菌种，应当采用砂土保藏法、冷冻干燥保藏法及液氮保藏法等。对于比较重要的菌种，尽可能采用多种保藏方法。

在用于工业生产的菌种中，重要的性状都属于数量性状，而这类性状是最容易退化的。即使在较好的保藏条件下，仍然存在退化现象。例如，灰色链霉素生产菌（*Streptomyces griseus*）JIC-1 的孢子用冷冻干燥法经过 5 年的保藏，在菌群中退化菌落的数目仍有所增加；而在同样的情况下，菌株 773#仅经过 23 个月就降低 23%的活性。啤酒酿造中常用的酿酒酵母，保持其优良发酵性能最有效的保藏条件是－70℃低温保藏，其次是 4℃低温保藏，若采用对于绝大多数微生物来说保藏效果很好的冷冻干燥保藏法和液氮保藏法，效果并不理想。由此说明，有必要研究和采用更有效的保藏方法以防止菌种生产性状的退化。

（三）菌种的复壮

菌种退化是不可避免的，如果生产菌种已经退化，那么我们要及时对已退化的菌种进行复壮，使优良性状得以恢复。从菌种退化的演变过程看，开始时所谓“纯”的菌株，实际上其中已包含着一定程度的不纯因素；同样，到了后来整个菌种虽已退化，但其中仍有少量保持优良性状的细胞，即仍有少数尚未退化的个体存在。这样，人们就可以通过人工选择法从中分离筛选出那些原有优良性状的个体，使菌种获得纯化，这就是复壮。很明显，这种“狭义的复壮”是一种消极措施，是指在菌种已经发生衰退的情况下，通过纯种分离和测定典型性状、生产性能等指标，从已衰退的群体中筛选出少数尚未退化的个体，以达到恢复原菌株固有性状的目的。而目前生产中提倡的“广义的复壮”是一项积极措施，即在菌种的典型特征或生产性状尚未衰退前，就经常有意识地采取纯种分离和生产性状测定工作，以保持菌种稳定的生产性状，甚至使其逐步有所提高。

菌种复壮的主要方法有以下几种。

1．纯种分离法　常用的分离纯化的方法可归纳成两类：一类较粗放，只能达到“菌落纯”的水平，即从种的水平上来说是纯的。例如，采用稀释平板法、涂布平板法、平板划线法等获得单菌落。另一类是较精细的单细胞或单孢子分离方法。它可以达到“细胞纯”即“菌株纯”的水平。

2．淘汰法　将衰退菌种进行一定的处理（如药物、低温、高温等），往往可以起到淘汰已衰退个体而达到复壮的目的。

3．宿主体内复壮法　对于寄生性微生物的衰退菌株，可通过接种到相应昆虫或动植物宿主体内来提高菌株的毒性。例如，苏云金芽孢杆菌经过长期人工培养会发生毒力减退、杀虫率降低等现象，可用退化的菌株去感染菜青虫的幼虫，然后再从病死的虫体内重新分离典型菌株。如此反复多次，就可提高菌株的杀虫率。根瘤菌属经人工移接，结瘤固氮能力减退，将其回接到相应豆科宿主植物上，令其侵染结瘤，再从根瘤中分离出根瘤菌，其结瘤固氮性能就可恢复甚至提高。

4．遗传育种法　即对退化的菌种重新进行遗传育种，从中再选出高产而不易退化的稳定性较好的生产菌种。

二、菌种的保藏

采用科学、有效的菌种保藏方法是防止菌种退化的必要措施，对于基础研究和实际生产具有特别重要的意义。

菌种保藏的基本原理是抑制菌种的代谢活动，使菌种处于休眠状态、停止繁殖，以减少菌种的变异。为此，良好的保藏方法就是要为菌种创造一个适合其长期休眠的环境条件，如干燥、低温、缺氧、缺乏营养、添加保护剂或酸度调节剂等，特别是干燥和低温，二者是菌种保藏中的最重要因素；同时还须考虑方法的通用性和操作的简便性。常用的菌种保藏方法很多，总结如图 8-26 所示。

- 菌种保藏法
  - 生活态——传代培养保藏法
    - 连续在培养基上（内）移种
    - 连续利用宿主移种
  - 休眠态（常温低温均可，低温更好）
    - 干法
      - 藏在玻璃管内
        - 滴入小试管（再置于大试管干燥器中）
        - 封入安瓿
          - 直接真空干燥（L-干燥法）
          - 冷冻真空干燥，液氮超低温
      - 吸附于载体上
        - 细粒状载体
          - 土壤
          - 砂粒
          - 砂土
        - 球块状载体
          - 硅胶
          - 瓷球
        - 薄片状载体
          - 滤纸片
          - 明胶小片（滴在蜡纸板上干燥而成）
          - 血清蛋白小片（滴在聚乙烯薄膜上干燥而成）
        - 有机基质
          - 曲料
          - 麦粒
          - 棉纤维
    - 湿法（覆盖无菌石蜡油或用橡胶塞密封等方法隔绝空气效果更好）
      - 固体斜面
      - 半固体琼脂柱
      - 液体介质
        - 蒸馏水
        - 甘油
        - 糖液
        - 其他

图 8-26 菌种保藏方法概述

微生物学实验室和生产实践中常用的 7 种菌种保藏法见表 8-5。

表 8-5 7 种常用菌种保藏方法的比较

方法	主要措施	适宜菌种	保藏期	评价
冰箱斜面保藏法	低温（4℃）	各类菌	1～6 个月	简便
冰箱半固体柱保藏法	低温（4℃），避氧	细菌，酵母菌	6～12 个月	简便
石蜡油封藏法	低温（4℃），阻氧	除发酵石油的菌	1～2 年	简便
甘油悬液保藏法	低温（－70℃），保护剂（15%～50%甘油）	细菌，酵母菌	约 10 年	较简便
砂土保藏法	干燥，无营养	产孢子的菌	1～10 年	简便有效
冷冻真空干燥保藏法	干燥，低温，无氧，保护剂	各类菌	5～15 年或更长	繁而高效
液氮超低温保藏法	超低温（－196℃），保护剂	各类菌	＞15 年	繁而高效

上表中，各大菌种保藏单位普遍选用的主要为以下两种。

（一）冷冻真空干燥保藏法

冷冻真空干燥保藏法简称冷冻干燥保藏法，是将用保护剂制备的菌悬液在冻结状态下减压升华其中水分，干燥的菌体样品在真空条件下低温保存的方法（图 8-27）。本法同时具备干燥、低温和缺氧三个菌种保藏条件，几乎无化学变化，微生物代谢活动基本停止而处于休眠状态。

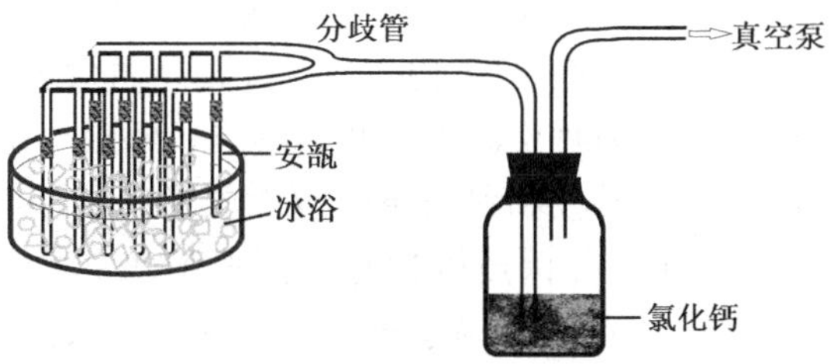

图 8-27 简易冷冻干燥保藏装置

冷冻真空干燥保藏法具有变异少、生产性能稳定、存活率高、保存时间长、输送与储存方便等优点，一般可保存 5～15 年，是目前菌种保藏较好的方法之一，也是国内外保藏菌种普遍采用的方法。本法适用范围广，适合于大多数细菌、放线菌、病毒、噬菌体、立克次体、霉菌和酵母菌等，我国大多数生物制品菌种都是采用本法保藏。但不适合于霉菌的菌丝型、菇类、藻类和原虫等。本方法操作比较烦琐，技术要求较高，且需要冻干机等设备。

由于在冷冻干燥过程中和保藏期间细胞容易损伤和死亡，因此必须加入保护剂，常用的有脱脂牛奶、血清、淀粉、葡聚糖等高分子物质。保护剂还在保存过程中维持菌种细胞的构型方面起稳定作用，并可减少死亡；作为支持物可为保存菌种提供一定的骨架结构、在复水过程使菌体容易从休眠状态恢复为生长发育状态。

如果菌悬液不经冷冻，在常温或低温下直接真空干燥、熔封保藏就是真空干燥法，对除丝状真菌外的细菌、放线菌、酵母菌和噬菌体的保藏也可以达到较好的保藏效果。它具有设备相对简单、操作方便的优点。

（二）液氮超低温保藏法

液氮超低温保藏法是以甘油或二甲亚砜为保护剂，将盛有菌种的密封安瓿放入液氮瓶中超低温（－196℃）保藏。在此温度下，微生物处于休眠状态，可减少死亡或变异。因此，液氮超低温保藏法死亡率低，变异少，活性稳定，甚至菌种不需再次分离即可直接用于生产。此法高效、保藏时间长，一般可达到 15 年以上，是目前被公认的最有效的菌种长期保藏技术之一。除少数对低温损伤敏感的微生物外，该法适用于各种微生物菌种的保藏，甚至连藻类、原生动物、支原体等都能用此法获得有效的保藏。

液氮冷冻保藏管应严格密封，若有液氮渗入管内，在从液氮容器中取出时，管中液氮的体积将膨胀 680 倍，具很强的爆炸力，必须特别小心。另外液氮容易挥发逃逸，所以，需要经常补充液氮。

三、菌种保藏机构

菌种是一个国家的重要生物资源，国际上许多国家都设立了各种专业性的菌种保藏机构。菌种保藏机构的任务是广泛收集各种微生物菌种，并把它们妥善保藏，以达到使其不死、不衰、不乱和便于交换使用的目的。

中国微生物菌种保藏管理委员会（CCCCM）成立于 1979 年，其任务是促进我国微生物菌种保藏的合作、协调与发展，以便更好地利用微生物资源，为我国的经济建设、科学研究和教育事业服务。该委员会下设 7 个菌种保藏管理中心，它们是中国农业微生物菌种保藏管理中心（ACCC）、中国工业微生物菌种保藏管理中心（CICC）、中国医学微生物菌种保藏管理中心（CMCC）、中国兽医微生物菌种保藏管理中心（CVCC）、中国林业微生物菌种保藏管理中心（CFCC）、中国抗生素菌种保藏管理中心（CACC）、中国普通微生物菌种保藏管理中心（CGMCC），分别负责农业、工业、医学、兽医、林业、药用及普通微生物菌种资源的收集、鉴定、保藏、供应及国际交流任务。另外一些部门或地方，甚至学校和科研单位也建立了菌种保藏机构。

资源 8-4

国外菌种保藏机构有美国典型培养物保藏中心（ATCC）、美国的北部地区研究实验室（NRRL）、英国的国家典型菌种保藏所（NCTC）、日本的大阪发酵研究所（IFO）、东京大学应用微生物研究所（IAM）、荷兰的真菌中心收藏所（CBS）、法国的里昂巴斯德研究所（IPL）

及德国的罗伯特·科赫研究所（RKI）等。

小　结

基因组是指生物体中所有基因的总和，不同类型微生物基因组各有其特点。随着学科的发展，又引入了泛基因组、核心基因组及宏基因组的概念。细胞中除核基因组外，还有一些核外遗传因子，如质粒、转座因子、病毒等。

突变可分为基因突变和染色体畸变，无论自发还是诱发突变，其分子基础都是一样的。按照表型特征的不同，可将突变菌株分为营养缺陷型、抗性突变型、条件致死突变型等，彼此之间并无严格界限。基因突变具有自发性、不对应性、稀有性、独立性、可诱变性、稳定性、可逆性等特点。DNA 损伤后不一定能产生突变，因为细胞中存在各种修复系统，包括光复活作用、切除修复、重组修复、SOS 修复和 DNA 聚合酶的校正作用。

自然条件下，原核微生物基因重组的途径有转化、接合、转导，其过程、方式各不相同，但都是发生在一个完整的环状双螺旋 DNA 分子与一个双链或单链 DNA 分子片段之间的同源重组，且遗传物质均为单方向转移、均可产生部分二倍体、基因只有整合到环状染色体上才能稳定地遗传。真核微生物的基因重组包括有性杂交、准性生殖，涉及整套染色体基因的重组。基因编辑、基因工程、合成生物学等的发展为人们在 DNA 水平上人为改造甚至创造生命体提供了技术支持。

菌种退化不可避免，掌握菌种退化规律并采取相应措施，可尽量减少菌种的退化或使已退化的菌种得以复壮；菌种保藏的目的就是不染杂菌，使退化和死亡降低到最低限度，从而保持纯种及其优良性能。

复习思考题

1. 何谓基因组？简述不同类型微生物基因组的主要特点。
2. 何谓泛基因组？泛基因组学研究在细菌研究中的应用有哪些？
3. 请简述宏基因组学研究的策略与技术有哪些。
4. 有时点突变并不改变表型，为什么？
5. 怎样能够分离到既是组氨酸缺陷型又有青霉素抗性的突变株？
6. 突变的类型有哪些？DNA 损伤修复的途径有哪些？各有何特点？
7. 突变通常被认为是有害的，请举一个例子说明对微生物有益的突变，用什么条件可选择到这种突变体。
8. 有人认为：“一般情况下，生物对突变有一定的修复能力，生物的这种修复能力不利于育种工作的进行。”请谈谈对上面这种观点的看法。
9. 转录中产生的错误对细胞产生影响，但却不认为是突变，为什么？
10. 假如从土壤样品中分离到一种微生物，请描述将如何测定其遗传物质的性质。
11. 如何区别某一基因的点突变和大范围的缺失突变？
12. 原核微生物与真核微生物各有哪些基因重组形式？有何不同？
13. 细菌转化效率主要取决于哪些因素？请说明转化过程和机制，并解释感受态出现的机理。
14. 细菌的雄性和雌性细胞在其基因型和表型上有何不同？
15. 何谓性导？高频重组菌株是如何形成的？Hfr×F^-杂交中，为何得不到F^+杂交子？
16. 利用中断杂交实验测定 *E. coli* 染色体图谱的基本原理是什么？
17. 转导的类型有哪些？造成流产转导的原因是什么？是否所有噬菌体都能进行转导？
18. 何谓双重溶原菌？局限转导中，如何提高转导频率？

19．证明基因突变的自发性和不对应性的实验有哪几个？简述其实验过程。

20．若两个不同营养缺陷型（$a^-b^-c^+d^+$和 $a^+b^+c^-d^-$）菌株经混合后能产生原养型菌株，请设计实验确定该重组过程是转化、转导还是接合？为何实验中要用双重或三重营养缺陷型？

21．如何从突变的分子机制来解释突变的自发性和随机性？

22．研究营养缺陷型的意义是什么？如何筛选营养缺陷型突变株？

23．基因工程的基本操作步骤有哪些？其中哪些与微生物有关？

24．请简述克隆载体应具备的主要特征及常用克隆载体的特点与应用。

25．何谓 CRISPR/Cas 系统？试述其作用机制及用途。

26．请简述合成生物学的概念及主要研究内容。

27．如何区分菌种退化、饰变与杂菌污染？

第九章 微生物的生态

德国科学家 Ernst Haeckel 于 1869 年首次提出生态学（ecology）的概念，生态学是一门研究生物系统与其环境条件间相互作用规律的科学。因此，微生物生态学（microbial ecology）主要研究环境因素对微生物的影响、微生物与周围生物和非生物之间的相互关系及其在自然环境中的作用。微生物生态学是在 20 世纪 60 年代形成的一个独立学科；随着人们对环境问题的日益关注，70 年代后期，微生物生态学得到了迅速的发展；90 年代分子生物学技术开始向微生物生态学渗透，形成了微生物分子生态学分支。许多研究证实，通过传统分离方法鉴定的微生物只占环境微生物总数的 0.1%～10%，远远不能满足微生物生态学研究的需要。应用现代生物化学和分子生物学方法，克服了传统微生物生态学研究技术的局限性，使微生物生态学研究得到了进一步发展。

微生物在自然界的分布有一定的规律性，它们的分布范围主要取决于它们对环境的适应性。一个地区在各种因素的相互影响下，会形成特定微生物种类的分布区域。而微生物分布区域又常常受某种因素影响发生变动，如某一块土壤内的微生物区系随季节发生变化，表现为微生物种类和数目的增加或减少。研究微生物的分布规律，有利于发现一些具有独特功能的微生物种质资源；研究微生物间及与其他生物间的相互关系，有助于发展新的微生物农药、微生物肥料；研究微生物在自然界物质循环中的作用，有利于促进探矿、冶金，提高土壤肥力及开发生物能源等，特别是在控制环境污染和生态退化方面将发挥重要的作用。总之，微生物生态学对于开发利用微生物资源，发挥微生物在农业、医药及环保产业中的作用具有重要意义。

第一节　自然环境中的微生物

微生物具有个体微小、营养类型多样、代谢旺盛、繁殖迅速、适应能力强、容易发生变异、形成各种类型的休眠体以抵抗不良环境等特点，这些特点使得微生物成为自然界中分布最广的一类生物，无论是在高山、陆地、淡水、海洋、空气还是动植物体内外，甚至在其他生物不能生存的极端环境中也有它们的存在，可以说微生物无所不在。

一、微生物生态系统的特点及概念

生态系统（ecosystem）是指在一定的空间内生物的成分和非生物的成分通过物质循环与能量流动互相作用、互相依存而构成的一个生态学功能单位。微生物生态系统，即微生物与其生存环境组成的整体系统。

（一）微生物生态系统的特点

1．微环境　紧密围绕微生物细胞的微小环境称为微环境（microenvironment）。与大环境相比，微环境与微生物的关系更为密切。一块土壤或一段根表面都有很多微环境，这些微环境差异很大，某一个微环境适合某些特定的微生物生活。同一土壤内存在许多不同类型的小生境（microhabitat），使种类各异的微生物得以栖息生长。

生态学中有一个重要概念——生态位（ecological niche），是指一个种群在自然生态系统中，在时间空间上所占据的位置及其与相关种群之间的功能关系与作用。生态位是指物种在生物群落或生态系统中的地位和角色，具有空间和功能多重含义。亦即某一生物种群的生态位一旦确定，就只能生活在确定环境条件的范围内，也只能利用特定的资源，甚至只能在适宜时间里在这一环境中出现。相应地，微生物生态位是由微生物本身、微生物的自然生态环境、可供微生物生长和功能表达的有效资源及其利用时间等主要因素构成的特殊生态环境。

2．稳定性　在微生物生态系统的生物群落中，通常包含两大类群微生物。一类是具有大量个体的优势种群；另一类群个体数量少，但种类多。前者是这一生态系统中物质流和能量流的主要作用者；后者是群落中生物多样性的体现者。群落中微生物的多样性是稳定性的主要因素，高度多样性的群落能够在一定程度上应对环境条件的变化。

3．适应性　微生物生态系统与森林、草原等植物生态系统很不相同。由于植物生态系统群体大、类型多，不仅不易受外界剧烈变化的干扰，而且具有改变环境的能力。微生物群落改变环境的能力较弱，一般不能抵抗环境的剧烈变化，而是通过改变群体的结构以适应环境，形成新的微生物生态系统。

（二）微生物生态学中的概念

在微生物生态学研究中，经常会提到以下几个概念。

（1）种群（population）　一种微生物细胞形成的群体。

（2）共位群（guild）　在代谢关系上相关的种群。

（3）微生物群落（microbial community）　微生物群落是指在一定区域里或一定生境里，各种微生物种群相互松散结合，或有组织紧凑结合的一种结构单位，即多组共位群相互作用形成的群体。

（4）微生物区系（microflora）　微生物所处的每个微环境只适合某种或某类微生物的生长繁殖，而不适合其他微生物的生长，这些微环境形成的群落结构，称为微生物区系。根据微生物生长繁殖的环境，可分为土壤微生物区系、肠道微生物区系等。在特定的生态环境条件下，微生物区系由特定种类及一定数量的微生物组成，并且是它们生命活动的综合体现。

（5）土著（indigenous）　微生物已经占有特定的生境（habitat），能在该生境中进行代谢、生长和繁殖，并能与同一生境中的微生物竞争。

（6）外来（allochthonous）微生物　在生境中不占有特定生态位，而是从另一生境中传来的微生物。

二、土壤和岩层中的微生物

微生物和地球环境的相互作用是普遍存在的：①微生物通过有氧的光合作用、氮气的固定和二氧化碳的吸收改变着大气的化学成分；②通过控制矿物风化的速率和诱导矿物沉淀，微生物也在改变或修正海洋、河流等水体的成分；③通过酶催化的氧化还原反应改变水、土壤和沉积物中的金属和类金属的种类；④微生物通过对矿物、岩石的风化及新矿物的形成不断地改造着地球物质。因此，从地质学观点看，地球表面环境的化学性质受到微生物的控制和改造。从微生物学角度看，地球化学条件显然也控制了微生物的生长和发育，可以从各种极端地质环境中微生物的分布得到证明。

分子地质微生物学（molecular geomicrobiology）是从生物分子角度研究微生物作用下的地球化学过程，通过分析生物分子标志物组成、同位素分馏效应和基因情况来揭示微生物在现代和古代生物地球化学循环中的作用。微生物类脂物、同位素及基因序列分析能够揭示矿床形成、全球或局部气候变化及大陆表面风化作用等一些重要地质过程的内在机制，同时分子地质微生物的研究还可以揭示微生物进化、生命的起源和生物进化的机制。基因研究证明了系统发生树中第一个细胞生命是喜热的。水平基因转移（horizontal gene transfer）对早期生命进化历程中光合生物的演化具有十分重要的作用，已经成为微生物进化的原动力。地质记录中的地球化学数据可以指示微生物基因的选择性。同位素证据表明微生物硫酸盐还原作用出现在 34.7 亿年的早太古代，揭示了早期地球环境和生命演化的特点。微生物群落的改变可以作为环境变化的标志，岩石中的生物标志化合物可以和现代微生物的基因或有机体进行对比，如 27 亿年前的前寒武纪地层岩石中抽提出的有机质中含有和现代蓝细菌中相同的甲基藿烷。

在自然界中，土壤是微生物最适宜的生活环境，是微生物生活的“大本营”。土壤是由固态无机物、有机物、水、空气和生物组成的复合体，是微生物生活的适宜天然基质。生物残体为微生物提供了良好的碳源、氮源和能量；岩石风化为微生物提供了大量的矿质元素和微量元素。不同类型土壤的水分有差异，但基本上能满足微生物的生长需要。大多数土壤的 pH 在 5.5～8.5，适宜多数微生物生活。土壤是不均匀介质，产生通气状况不同的各种微环境，满足了各类微生物对氧气的需求。土壤温度随季节和昼夜变化的幅度显著低于气温的变化，有利于微生物生长。土壤颗粒能保护微生物免受各种射线伤害，所以说土壤有“微生物天然培养基”之称。

土壤中微生物的数量和种类很多，微生物几乎不以游离形态存在于土壤中，多以微菌落的形式分布在土壤颗粒和有机质表面及植物根际（图 9-1）。通常 1g 肥沃土壤中含有几亿至几十亿微生物，贫瘠土壤每克也含有几百万至几千万微生物。土壤中存在多种不同的微生态位，适于不同生理型的微生物生活。土壤微生物包含细菌、放线菌、真菌、藻类和原生动物等类群。其中以细菌最多，占土壤微生物总数量的 70%～90%，放线菌、真菌次之，藻类和原生动物等较少。土壤中微生物的分布受土壤有机质含量、湿度和 pH 的影响，并随土壤类型的不同而有很大的变化。在有机质含量丰富的黑土、草甸土、石灰土和植被茂盛的暗棕壤中，微生物含量较高；在西北干旱地区的棕钙土，华中、华南地区的红壤和砖红壤，以及沿海地区的滨海盐土中，微生物的含量较少。

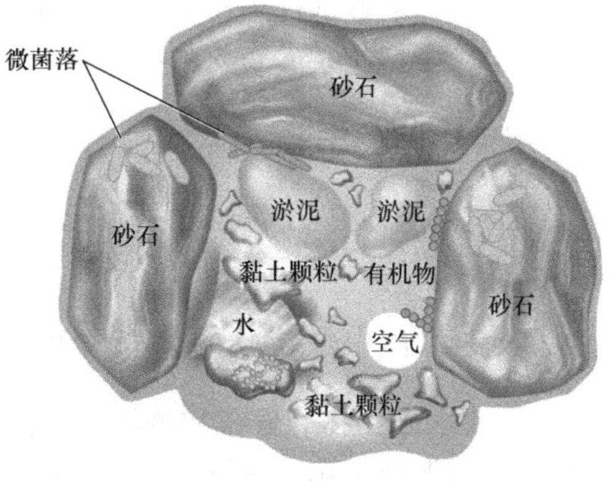

图 9-1　土壤微生境（Madigan et al.，2019）
微菌落在砂石、黏土、淤泥中相对大小存在差异

在土壤中微生物的数量，受土壤类型和土壤深度的影响。一般来说，在土壤表面，由于日光照射及干燥等的影响，微生物种类和数量相对较

少，离地表 10～30cm 的土层中菌数最多，随土层加深，菌数减少。其主要原因是不同层次土壤中水分、养料、空气、温度等环境因子有差异。19 世纪末，俄国土壤学家道库恰耶夫最早把土壤剖面分为三个发生层，即腐殖质聚积表层（A）、过渡层（B）和母质层（C）。A 层为表层土壤，含有丰富的有机质，是微生物食料的主要仓库，是根系、小型动物和微生物最稠密存在的一层，也是具有最大生物学意义的一层。B 层是 A 层下面的底层土壤，一般有机质少，植物根系少，通气性差，因此，微生物的数量也较少。在剖面的最底层是 C 层，是土壤母质，在这一层中，有机质的数量很少，仅有很少生命活动（图 9-2）。1967 年国际土壤学会进一步把土壤剖面由上到下依次分为：有机层（O）、腐殖质层（A）、淋溶层（E）、淀积层（B）、母质层（C）和母岩（R）6 个主要发生层。其中 O 层由地表植物的枯枝落叶堆积而成，是以分解的或未分解的有机质为主的土层，可以位于矿质土壤的表面，也可被埋藏于一定深度；E 层是在水分下渗作用下，水溶性物质和细小土粒向下层移动，留下的由砂粒组成的土层；R 层即坚硬基岩。

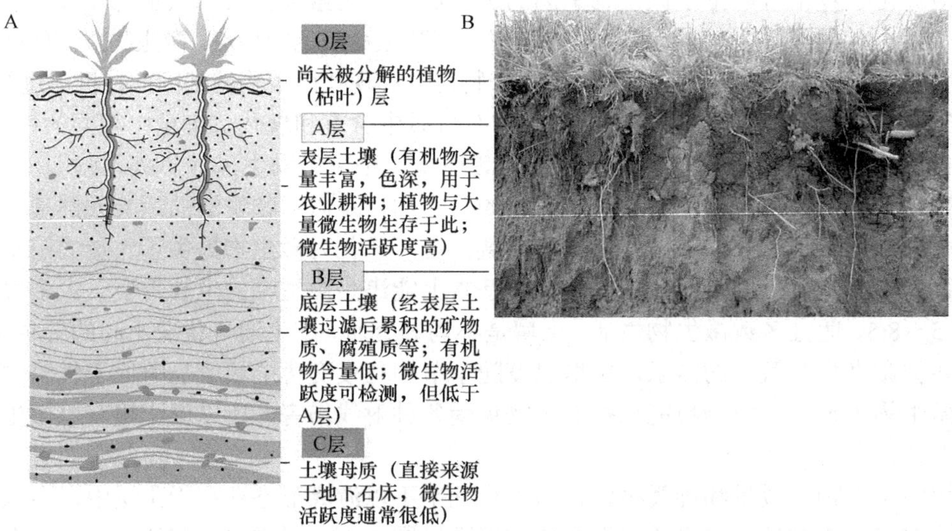

图 9-2　土壤层次（Madigan et al.，2019）

A．成熟土壤模式图；B．土壤剖面照片

另外，土壤微生物的数量还受所施用的肥料及季节变化的影响。以温度影响来说，一般冬季气温低，有些地区土壤几个月呈冰冻状态，微生物数量明显降低；当春季来临，气温升高，随着植物的生长发育、根分泌物的增加，微生物数量迅速上升。

三、水体中的微生物

在自然界，除地下深层水外，无论哪种水，都含有微生物。天然水体可大致区分为淡水和海水两大类型，在淡水和海水中，分布有不同数量的各种微生物。

（一）水体中微生物的分布和种类

1．淡水微生物的分布和种类　淡水区域的自然环境多靠近陆地，因此，淡水中的微生物主要来源于土壤、空气、污水或死亡腐败的动植物尸体等。影响微生物群落分布、种类和数量的因素有水体类型、受污水污染程度、有机物的含量、溶解氧量、水温、pH 及水深等。

淡水微生物的区系可分以下几类。

（1）清水型水生微生物 在洁净的湖泊和水库蓄水中，有机物含量低，微生物数量很少（10～10^3 个/mL）。典型的清水型水生微生物以化能自养型微生物和光能自养型微生物为主，如硫细菌、铁细菌和氢细菌等，以及含有光合色素的蓝细菌、绿色硫细菌和紫细菌等。也有部分腐生细菌，如色杆菌属（*Chromobacterium*）、无色杆菌属（*Achromobacter*）和微球菌属（*Micrococcus*）的一些种就能在低含量营养物的清水中生长。霉菌中也有一些水生性种类，如水霉属（*Saprolegnia*）和绵霉属（*Achlya*）的一些种可生长于腐烂的有机残体上。单细胞和丝状的藻类及一些原生动物常在水面生长，它们的数量一般不大。

（2）腐败型水生微生物 上述清水型水生微生物可认为是水体环境中"土生土长"的土居微生物或土著种（native species）。流经城市的河水、港口附近的海水、滞留的池水及下水道的沟水中，由于流入了大量的人畜排泄物、生活污物和工业废水等，因此有机物的含量大增，同时也夹入了大量外来的腐生细菌，使腐败型水生微生物尤其是细菌和原生动物大量繁殖，每毫升污水的微生物含量达到 10^7～10^8 个。其中，数量最多的是无芽孢革兰氏阴性菌，如变形菌属（*Proteus*）、大肠杆菌属（*Escherichia*）、肠杆菌属（*Enterobacter*）和产碱杆菌属（*Alcaligenes*），还有芽孢杆菌属（*Bacillus*）、弧菌属（*Vibrio*）和螺菌属（*Spirillum*）等的一些种。原生动物有纤毛虫类、鞭毛虫类和根足虫类。这些微生物在污水环境中大量繁殖，逐渐把水中的有机物分解成简单的无机物，污水也就逐步净化变清，它们的数量随之减少。还有一类是随着人畜排泄物或病体污物而进入水体的动植物致病菌，通常因水体环境中的营养等条件不能满足其生长繁殖的要求，加上周围其他微生物的竞争和拮抗关系，一般难以长期生存，但由于水体的流动，也会造成病原菌的传播甚至疾病的流行。

2. 海水微生物的分布和种类 海水的显著特征是含有相当稳定的高浓度盐分，所以海水中生活的微生物，除一些从河水、雨水及污水等带来的临时种类外，绝大多数是嗜盐菌，并能耐受高渗透压，如盐生盐杆菌（*Halobacterium halobium*）在含盐量 12%到饱和盐水中均能生长。另外，在深海处的微生物是能耐高压的种类。甚至在 11 000m 的深处，静水压达到 1160Pa，仍有嗜压微生物存活。海水内微生物的种类和数量都较多，特别是藻类最多。

海水中常见的细菌主要有假单胞菌属（*Pseudomonas*）、枝动菌属（*Mycoplana*）、弧菌属、螺菌属、梭菌属（*Clostridium*）、变形杆菌属（*Proteus*）、硫细菌、硝化细菌和蓝细菌中的一些种。常见的酵母菌有色串孢属（*Torula*）和酵母属中的一些种。一般霉菌比细菌少，主要是陆地中常见的种类。海洋中的藻类繁多，主要有硅藻、角叉菜藻、囊根藻、翅藻、墨角藻等。此外，还有数量极大的原生动物。海水中病毒样颗粒（VLP）数量在 10^5～10^7VLP/mL，河口或湖泊中病毒数量可达到 10^8VLP/mL。不同环境中病毒细菌比（VBR）相差很大，海洋和湖泊水体环境中的 VBR 在 3～25，稻田田面水 VBR 在 0.11～72。

（二）水生微生物的作用

整个地球表面，约有 71%被水覆盖，由此可知水体中微生物的影响是巨大的。在多数水生环境中，主要的光合生物是微生物。在有氧区域蓝细菌和藻类占优势；而在无氧区域则以光合细菌居多。这些微生物通过光合作用，将无机物转变成有机物，被称为一级生产者。而浮游动物以光合生物体为食料，合成自身有机体。这些浮游动物又被较大的无脊椎动物吞食，无脊椎动物又被作为鱼类的食料。最后，任何植物或动物的尸体，都能被微生物分解，这样就形成了食物链（food chain）。内陆水，特别是河流中的有机物有很多来自周围陆地上的植物残体、腐殖质和其他有机质，这些物质主要受细菌和真菌的作用，被部分转变成为微生物蛋白质。在这样的水体中，食物链可能不是由光合生物开始，而是从这些异养型微生物开始。

鉴于水源污染日益严重，有必要对生活饮用水做卫生学评价。通常以 1mL 水样在营养琼脂培养基中，于 37℃培养 24h 后所生长出来的菌落形成单位（CFU）来指示被检水源受有机物污染的程度。特别要检测以大肠杆菌（*Escherichia coli*）为代表的大肠菌群，因为这类细菌是温血动物肠道中的正常菌群，以其作指标可以灵敏推断受检水源是否曾接触动物粪便及其污染程度。我国《生活饮用水卫生标准》（GB 5749—2022）规定：饮用水中菌落总数不超过 100CFU/mL（或 MPN/mL），100mL 水样中不应检出总大肠菌群、大肠杆菌、肠球菌及产气荚膜梭状芽孢杆菌。此外，还要求饮水中的微囊蓝细菌毒素（可引起肝损伤和肝癌）含量不得超过 1μg/L。

四、空气中的微生物

空气是多种气体的混合物，其中含有尘埃和 0～4%的水蒸气。空气中能够被微生物吸收利用的营养物质和水分少，还有紫外线的照射，因此它不是微生物生长繁殖的天然环境，在空气中没有相对固定的微生物种类。土壤、水体、各种腐烂的有机物及人和动植物体上的微生物，随着气流的运动不断以微粒、尘埃等形式而被携带到空气中去。携带微生物的载体对微生物在空气中的生存起着非常重要的作用，如土壤颗粒、水滴、水体经搅拌和曝气后产生的气溶胶等，都会对微生物起保护作用。

含尘埃多的空气所含微生物种类和数量也就越多。因此，灰尘可被称作“微生物的飞行器”。一般在畜舍、公共场所、医院、宿舍、城市街道的空气中，灰尘含量多，微生物的含量高，而在大洋、高山、高空、森林地带、终年积雪的山脉或极地上空的空气中，微生物的含量就极少（表 9-1）。

表 9-1 不同地点上空空气中的微生物含量

地点	$1m^3$ 空气中的含菌数/个	地点	$1m^3$ 空气中的含菌数/个
畜舍	1 000 000～2 000 000	公园	200
宿舍	20 000	海面上	1～2
城市街道	5 000	北极（北纬 80°）	0～1

空气的温度和湿度也影响微生物的种类和数量。夏季气候湿热，微生物繁殖旺盛，空气中的微生物比冬季多；下雨、下雪的季节，空气中微生物的数量大为减少。即使是同一地区，微生物的垂直分布也不一样，由于尘埃的自然沉降，越接近地面的空气，其含菌量越高，离地面越高，则微生物含量越少。然而，在高空中发现微生物的记录越来越多。20 世纪 30 年代，人们首次用飞机证实在 20km 的高空存在着微生物；70 年代中期又发现在 30km 的高空存在着微生物；70 年代末，人们从 74km 的高空采集到处在同温层和大气中层的微生物，其中包括 2 种细菌和 4 种真菌，包括白色微球菌（*Micrococcus albus*）、藤黄分枝杆菌（*Mycobacterium luteum*）、蝇卷霉（*Circinella muscae*）、黑曲霉（*Aspergillus niger*）、点青霉（*Penicillium notatum*）及异形丝葚霉（*Papulospora anomala*）；后来，又从 85km 的高空找到了微生物。这是目前所知道的生物圈的上限。在空气中芽孢细菌的数量最多，霉菌大多数是以体积较小和有色素的孢子存在，它们比较能耐受紫外线的辐射作用。

空气是人类与动植物赖以生存的极其重要的环境，也是传播疾病的媒介。为了防止疾病传播，提高人类的健康水平，要控制空气中微生物的数量。目前，空气还没有统一的卫生标准，一般以室内 $1m^3$ 空气中细菌总数为 500～1000 个以上作为空气污染的指标。

五、极端环境中的微生物

在自然界中还存在着能够在高温、低温、高压、高盐、强酸及强碱或高辐射强度等极端环境下生活的微生物，如嗜热菌（thermophile）、嗜冷菌（psychrophile）、嗜酸菌（acidophile）、嗜碱菌（basophile 或 alkalophile）、嗜盐菌（halophile）、嗜压菌（barophile）或耐辐射菌等，它们被称为极端环境微生物（microorganisms living in extreme environment）或简称极端微生物（extreme microorganism）。极端环境微生物多数属于古菌。研究极端环境微生物对于开发新的微生物及基因资源，为生命科学及相关学科提供新的研究材料具有重要意义。

（一）高温环境

在堆肥、温泉、火山口等自然界高温环境中生活着嗜热微生物，如在俄罗斯的堪察加地区的温泉（水温为 57～90℃）中存在着一种嗜热细菌——红色栖热菌（*Thermus rubber*）。在美国怀俄明州黄石国家公园内的热泉中，一种叫热溶芽孢杆菌（*Bacillus caldolyticus*）的细菌可在 92～93℃下生长，另外该菌在实验室条件下还可以在 100～105℃下生长。嗜热脂肪芽孢杆菌（*B. stearothermophilus*）能在 75℃下生长，嗜酸嗜热的硫化叶菌（*Sulfolobus* sp.）在 85℃将元素硫转变为硫酸。

利用嗜热微生物高温发酵，可以避免污染和提高发酵效率。嗜热微生物可用于特殊环境的污染物处理，如污水处理。嗜热细菌的耐高温 DNA 聚合酶使 DNA 体外扩增的技术得到突破，使 PCR 技术得到广泛应用，这是嗜热微生物应用的典型例子。

（二）低温环境

在冰川、极地等低温环境中生存着大量微生物。南极的 Vostok 湖是一个隐蔽在 3000 多米冰层下的湖泊，尽管它的水温为－18℃，但湖泊上覆盖的冰产生的压力使湖水保持液态。湖中存活的嗜冷微生物可能与世隔绝了数十万年，是研究生物进化的良好材料。

嗜冷微生物的低温酶具有一定的应用价值，如用于洗涤剂的低温蛋白酶，可以在冷水中起到去污作用。

（三）高压环境

地球上存在着诸如深海、油井等高压环境，这些环境中都发现有微生物生活。需要高压才能生长良好的微生物称为嗜压微生物。深海环境中最经常被检测到的细菌为希瓦氏菌属（*Shewanella*），甚至在 11 000m 水深的马里亚纳海沟都发现了该属的细菌。

（四）高盐环境

嗜盐微生物（halophilic microorganism）主要存在于盐湖、盐场和腌制品中。著名的死海盐浓度高达 23%～26%，却有少数几种细菌和藻类能很好地生存。嗜盐的盐生盐杆菌（*Halobacterium halobium*）在含盐 20%～30%的境域中生长。根据生长所需要的盐浓度可将嗜盐微生物分为弱嗜盐微生物（最适生长盐浓度为 0.2～0.5mol/L）、中度嗜盐微生物（最适生长盐浓度为0.5～2.5mol/L）和极端嗜盐微生物（最适生长盐浓度为2.5～5.2mol/L）。

嗜盐微生物具有许多独特的生理性状，其中紫膜最引人注目，目前，科学家正在研究其作为电子器件和生物芯片的可能性。

（五）强酸及强碱环境

某些细菌喜欢生活在强酸或强碱环境中。一种黄杆菌（*Flavobacterium*）能在pH为11.4的碱性泉水中良好生长，而一种氧化硫硫杆菌（*Thiobacillus thiooxidans*）最适的生长pH为2.5，在pH为0.5时仍能存活。

嗜酸微生物常被用于微生物冶金和生物脱硫。嗜碱微生物产生碱性蛋白酶、碱性木聚糖酶等，这些酶可被用于洗涤剂、造纸等行业。

（六）高辐射强度环境

自然界中广泛分布着抗各种辐射（如紫外线、X射线和宇宙射线）的微生物。自然界中抗辐射能力最强的是海洋中的一种鞭毛虫，即使在紫外线剂量为$1.11\times10^{-2}J/mm^2$的条件下，仍有约10%的细胞存活。

自然界中的极端环境往往是复合型的，如深海既是高压又是低温环境。极端微生物通常身兼几种适应极端环境的本领。例如，硫酸盐还原菌实际上也是一种嗜热微生物，它能在60～105℃下生长。

六、农业产品上的微生物

人们日常生活所接触的许多物质，如粮食、食品、纤维、羊毛、皮革、油漆、橡胶、塑料、玻璃及多孔材料等都有微生物的存在。这些微生物引起食品的腐败、变质和工业产品的腐蚀，因此了解这些微生物有十分重要的意义。为防止粮食的变质，应在保藏中形成不利于微生物生长的条件，如干燥、低温、密封的环境和使用某些防霉药剂等；对于食品中的微生物，一般采取高温杀菌的措施；人们非常重视材料防腐防霉的研究，至今已有不少防霉防腐的方法，如用抗菌性物质使材料和菌隔离、改变材料分子结构使材料获得抗菌性能等。

（一）农产品上的微生物

在各种农产品上存在着大量的微生物，按其来源可分为原生性微生物区系和次生性微生物区系。原生性微生物区系以种子的分泌物为食，与植物的生活和代谢强度息息相关。次生性微生物区系是指那些存在于土壤、空气中，通过各种途径侵染种子的微生物。在污染种子的微生物中，尤以霉菌危害严重，能产生150多种对人和动物有害的真菌毒素。

全世界每年因霉变损失的粮食占其总产量的2%左右。在各种粮食和饲料上的微生物以曲霉菌属（*Aspergillus*）、青霉属（*Penicillium*）和镰孢霉属（*Fusarium*）为主。

据调查，在目前知道的50 000多种真菌中，至少有200种可产生100余种真菌毒素。在这些真菌中有14种能致癌，其中两种是剧毒的致癌剂，包括由某些黄曲霉（*A. flavus*）菌株产生的黄曲霉毒素（aflatoxin），以及由某些镰孢霉产生的单端孢霉烯族毒素T-2。

黄曲霉毒素是在1960年逐渐被认识和发现的。当时在英国东南部的农村相继有约10万只火鸡死于一种病因不明的“火鸡X病”。黄曲霉毒素是导致“火鸡X病”的根源，以后又证实它可引起雏鸭、兔、猫、猪等多种动物和人的肝中毒。黄曲霉毒素有B_1、B_2、G_1、G_2、

M_1和M_2等多种衍生物，其中以B_1的毒性为最高。我国食品卫生机构规定玉米、花生制品所含黄曲霉毒素B_1必须低于20μg/kg，大米、食油应低于10μg/kg，其他的粮食、豆类和发酵食品的黄曲霉毒素B_1含量应低于5μg/kg。

另一类剧毒真菌毒素单端孢霉烯族毒素T-2，被人或动物摄入后，经2周至2个月，就会引起白细胞急剧下降和骨髓造血功能破坏。已知镰孢霉属的真菌可产50余种毒素，其中以T-2毒性最强。三隔镰孢霉（*F. tricinctum*）和拟分支孢镰孢霉（*F. sporotrichioides*）等可产生T-2毒素。

（二）食品上的微生物

在食品的加工、包装、运输和储藏等过程中，食物可能会被包括病原菌在内的各种微生物污染。常见的污染食品的微生物有曲霉属、青霉属、镰孢霉属、链格孢霉属（*Alternaria*）、拟青霉属（*Paecilomyces*）、根霉属（*Rhizopus*）、毛霉属（*Mucor*）、茎点霉属（*Phoma*）、木霉属（*Trichoderma*）、大肠杆菌、金黄色葡萄球菌、枯草芽孢杆菌、巨大芽孢杆菌（*Bacillus megaterium*）、沙门氏菌属（*Salmonella*）、普通变形杆菌（*Proteus vulgaris*）、铜绿假单胞菌（*Pseudomonas aeruginosa*）、乳杆菌属（*Lactobacillus*）、乳链球菌（*Streptococcus lactis*）、梭菌属和酿酒酵母（*Saccharomyces cerevisiae*）等。食品中的一类独特产品是罐头，罐头食品若被一些耐热厌氧芽孢梭菌和芽孢杆菌污染，会造成腐败。

七、生物体上的微生物

（一）人和动物体上的微生物

人和动物的体表和体内存在着多种微生物，对动物产生有利或有害（致病）的作用。例如，食草的哺乳动物缺少分解纤维素等多糖的酶类，就需要微生物帮助消化，所以反刍动物具有一个特殊的器官——瘤胃（rumen）。一些重要的家畜如牛、羊、骆驼等都是反刍动物。在瘤胃中共生着分解纤维素等多糖的微生物种群，构成复杂的微生物区系。

生活在健康动物身体各部位、数量非常大、种类较稳定且一般能发挥有益作用的微生物种群，称为正常菌群（normal flora）。在人体体表和体腔内生活着包括病毒、细菌、真菌在内的数量庞大的微生物，细菌种数为1000～1500种，数量达100万亿个，是人体体细胞（约10万亿个）的10倍以上，其含有的编码基因数是人类基因数量的100倍以上。在皮肤、口腔、呼吸道、泌尿生殖系统和胃肠道有各具特色的微生物群落，占据不同生境的微生物有各不相同的群落特征和生理功能。

正常菌群与人体不是一种简单的共生共栖关系，而是一种相互依存的共进化关系，是人体不可或缺的重要组成部分，与人类的健康、疾病密切相关。一般地，正常菌群与人体保持着一个和谐的平衡状态，菌群内各微生物之间也相互制约，维持稳定有序的相互关系，即微生态平衡（microeubiosis或microecological balance）。人体正常菌群绝大多数是对人体有益无害的微生物，它们能够拮抗病原微生物、增强机体免疫功能、排除有毒物、改善人体营养及抗肿瘤等。但是，正常菌群的微生态平衡是相对的，一旦宿主的防御功能下降、正常菌群生长部位条件改变或长期服用抗菌药物如抗生素等，就会引起正常菌群失调。此时，人体内正常菌群中通常不致病的微生物，在机体免疫力降低时大量繁殖或从原来寄殖部位转移至其他易感部位造成感染，这些微生物称为条件致病菌，其引起的感染也称为机会感染。例如，大面积烧伤后，皮肤上的正常菌群葡萄球菌、铜绿假单胞菌可引起感染；医院环境中的葡萄球菌或铜绿假单胞菌、大肠杆菌也可以引起感染；创面上的细菌转移入血可致菌血症、败血症。人体共有五大微生态系统：皮肤、口腔、呼吸道、阴道和肠道。

1. 皮肤 皮肤表面温度适中（33～37℃），pH 稍偏酸（4～8），可利用水一般不足，汗液中有无机离子和其他有机物，是微生物生长的合适环境。表面的脂质物质和盐度对微生物组成有重要影响。据估测人类皮肤表面所含细菌数量可以达到 10^{12} 数量级。优势细菌种群是革兰氏阳性菌，包括葡萄球菌属、微球菌属、棒杆菌属等，革兰氏阴性菌较少见，真菌有瓶形酵母属。皮肤上的微生物受季节、气候、性别及其年龄的影响。不同个体的同样皮肤部位，同一个体的不同部位的微生物具有显著差异。

皮肤上的微生物尤其是过路菌中的致病菌或条件致病菌可以作为非特异性抗原刺激机体的免疫系统从而增强免疫力。一些常住菌可以产生抗细菌、抗真菌、抗病毒甚至是抗癌的物质，皮肤表面的微生物一旦进入皮下也会引起炎症。

2. 口腔 口腔微生物分布于软组织黏膜表面、牙齿表面和唾液中。同时存在好氧和厌氧的微生物，主要类群包括细菌、放线菌、酵母菌、原生动物，其中细菌约 600 种，数量最多，大多数是有益细菌。口腔复杂多样的环境造就了口腔微生物的极高多样性。

正常的微生物群落有帮助消化食物残渣及防御外来病原微生物入侵的作用。口腔疾病（龋齿和牙周病）和口腔微生物有重要关系，但不是外部病原微生物的侵染而是内部微生物群落组成和结构的改变引起的。食物中的糖分含量增加导致在牙齿表面形成一个产酸和耐酸的细菌群落，这个群落中的主要属种是链球菌属、乳杆菌属细菌。它们代谢糖产酸，使口腔中的 pH 急剧下降，而唾液尚不足以中和其酸度，致使牙齿表面 pH 甚至下降到 4，酸溶解牙齿表面的珐琅质，最终造成龋齿。牙周炎是致病性细菌侵犯牙龈和牙周组织而引起的慢性炎症。牙龈卟啉单胞菌、齿垢密螺旋体和福赛斯坦纳菌是其致病联合体。口腔疾病都是多个种群联合作用的结果。

在对人类口腔微生物基因组的研究中发现了许多先前未报道过的口腔微生物，不同的健康人口腔细菌中大部分微生物组是相同的，推测健康口腔存在一个核心微生物组。

3. 呼吸道 呼吸道是肺呼吸时气流所经过的通道。解剖气道以环状软骨下缘为界，可将气道分为两部分，分别称为上、下呼吸道。沿着鼻腔、鼻咽、口咽、气管和肺，pH、CO_2 压、相对湿度、温度逐渐升高，而 O_2 分压逐渐降低。

人类呼吸道从鼻孔到肺泡，每个特定位置上都定植有细菌群落。呼吸道菌群扮演着抵抗病原体定植的“看门人”角色，也可能参与呼吸道生理学和免疫功能成熟与稳态维持。鼻腔和鼻咽的主要微生物类群为葡萄球菌属、丙酸杆菌属、棒杆菌属、莫拉克斯氏菌属及链球菌属；口咽和肺分布的主要微生物有链球菌属、韦荣氏球菌属和普氏菌属等。

4. 阴道 正常状态下，阴道内存在多种微生物。目前，阴道分泌物中已分离到 29 种之多的微生物。现已确定定植于正常阴道内的微生物群主要由细菌组成，包括革兰氏阳性需氧菌，如乳杆菌、棒状杆菌、非溶血性链球菌、肠球菌及表皮葡萄球菌；革兰氏阴性需氧菌，如大肠杆菌、加德纳菌等。厌氧菌包括梭状芽孢杆菌、消化链球菌、类杆菌及梭形杆菌等。正常状态下，阴道内厌氧菌与需氧菌的比例为 5∶1，二者处于动态平衡。阴道内还有一些病原体，如支原体及假丝酵母菌等。随着年龄、妊娠等的变化，会发生微生物种群的相继演替过程。阴道内正常存在的乳杆菌对维持阴道正常菌群起着关键的作用。

阴道鳞状上皮细胞内的糖原，经乳杆菌的作用，分解成乳酸，使阴道的局部形成弱酸性环境（pH≤4.5），可以抑制其他菌的过度生长。此外，乳杆菌通过替代、竞争排斥机制阻止致病微生物黏附于阴道上皮细胞；同时，分泌过氧化氢、细菌素、类细菌素和生物表面活性剂等抑制致病微生物的生长，从而维持阴道微生态环境的平衡。

5. 肠道　肠道是人体的重要器官，肠道微生物是人体微生物最重要的部分。肠道因其温度恒定、营养丰富而成为微生物的良好生境。肠道微生物数量巨大，与人的健康及疾病有重要关系。肠道微生物以厚壁菌门和拟杆菌门细菌为主，在门水平上多样性较低，但在种及种以下水平的多样性极高。肠道细菌约有 800 种，血清型在 97 000 种以上，还有大量的病毒、真菌、原生动物等。

肠道微生物可分为三类，第一类是有益的专性厌氧菌，它们是肠道的优势菌群，占到 99%～99.9%，如双歧杆菌、类杆菌、乳杆菌和消化球菌等。第二类是条件致病的兼性需氧菌，如肠球菌、肠杆菌，在特定条件下对人体有害。第三类是病原菌，生态平衡时它们数量少而不会致病，但如果数量超出正常水平，特别在菌群失调的情况下发生致病作用。肠道微生物的构成会随年龄增长而发生变化，这种变化恰恰适应不同年龄的人体需求。肠道菌群被称为“人类第二基因组”或“人类元基因组”，在维持人体肠道正常生理功能中起重要作用，具有改善人体营养吸收、提高免疫能力、抗病毒和抗肿瘤等多种功能，具体包括：①分解人体无法利用的基质产生短链脂肪酸，合成多种维生素供人体利用，还可以产酸促进对钙、铁等离子的吸收；②直接作用于宿主的免疫系统，促进免疫细胞的增殖，增加免疫球蛋白，增强免疫反应；③占据肠道生态位，拮抗、抑制、排斥病原菌，或形成不利于病原菌的环境，此外还可以降解有毒物质；④通过抑制肿瘤生长因子表达和激活免疫效应细胞发挥抗肿瘤作用。

肠道微生物菌群失调会引起腹泻、便秘、痢疾、肠炎、肥胖、癌症、糖尿病等人体疾病的发生和发展。研究肠道微生物对提高人类健康水平有重要意义，建立人类健康肠道微生物多样性模型，监测早期标志物可以做出疾病预测。采用益生菌和益生元等微生态制剂可以调整肠道等部位因菌群失调而引起的疾病，可治疗肥胖症、糖尿病、脂肪肝等众多疾病。此外，近年来发展起来的粪菌移植（fecal microbiota transplantation，FMT）是调节肠道微生态失衡的又一种方法，即将健康人粪便中的功能菌群移植到患者胃肠道内，帮助其重建具有正常功能的肠道菌群，实现肠道及肠道外疾病的治疗。实际上，中国传统医学早有用人粪便给人治病的记载。东晋时期，葛洪的《肘后备急方》（也称《肘后方》，是中国第一本急症医学书籍，也是世界上最早记录用青蒿治疗疟疾的文献）就有用人粪便治疗食物中毒、腹泻、发热的记载。用人粪便治疗多种消化道急危重症的应用在明朝更为盛行，李时珍所著《本草纲目》记载用人粪便治病的疗方达 20 多种。

资源 9-1

（二）植物体上的微生物

微生物和植物的关系密切，植物体内的各个部分都有微生物的存在，如根际微生物、附生微生物，后者生活在植物地上部分表面，以植物外渗物质或分泌物为营养，主要为叶面微生物。茎叶是一些微生物生活的良好环境，细菌、蓝细菌、真菌（特别是酵母）和某些藻类常见于植物茎叶的表面。花是附生微生物的短期特殊生境，花从受精到果实成熟环境条件发生显著变化，微生物群落也会发生演替。不同种类植物的果实有特定的微生物群落，酵母菌常为成熟果实的优势种群。

第二节　微生物与生物环境间的相互关系

一、微生物与微生物间的相互关系

自然界中的各种微生物极少单独存在，它们总是与其他微生物、动植物共同混杂生活在某一生态环境中。微生物的不同种类间，或微生物与其他生物之间便存在着各种相互作用，并由此构成了非常复杂而多样化的关系。它们之间相互联系、相互依赖、相互制约、相互影响，促进了整个生物界的发展和进化。为了便于分析问题，主要列举两种微生物间的相互关系。实际上，在自然环境中往往是多种微生物生活在一起，相互形成更为复杂的关系。生物间的相互关系既多样又复杂，但可归纳为以下三种情况。

1）一种生物的生长和代谢，对另一种生物的生长产生有利影响，或相互有利，形成有利关系，如生物间的互生、偏利和共生。这是一种正相互关系（positive interaction）。

2）一种生物对另一种生物的生长产生有害影响，或相互有害，形成有害关系，如生物间的竞争、拮抗、寄生和捕食。这是一种负相互关系（negative interaction）。

3）两种生物生活在一起，发生无关紧要的、没有意义的相互影响，即所谓的中性关系，如种间共处。正是正相互关系或负相互关系维持了微生物群落内部的生态平衡。

（一）互生关系

互生（protocooperation）是指两种可以单独生活的生物，当它们生活在一起时，各自的代谢活动有利于对方。因此，这是一种“可分可合，合比分好”的相互关系。互生不是一种固定的关系，即互生双方在自然界均可单独存在，形成互生关系时又可从对方受益。形成互生关系可使微生物产生一些特殊的代谢活动，如合成一些新的产物等。

在微生物间，尤其土壤微生物间互生现象是极其普遍的。例如，当好氧性自生固氮菌与纤维分解细菌生活在一起时，后者能分解纤维素产生各种含碳有机物供前者作为碳素养料和能源，使前者能大量繁殖，顺利地进行固氮作用，改善土壤中氮素养料条件；而好氧性自生固氮菌可以满足纤维分解菌对氮素养料的需要，结果在联合中双方都有利。又如，氧化塘中的细菌和藻类之间表现为互生关系，细菌将肥水中的有机物分解为 CO_2、NH_3、H_2O、PO_4^{3-} 及 SO_4^{2-}，为藻类提供碳源、氮源、磷源和硫源等；藻类得到上述各种营养，利用光能合成有机物组成自身细胞，释放出氧气供细菌用于分解有机物。

在生产实践中，人们对有益微生物的利用曾经历过天然混合培养至纯种培养两个阶段，随着纯种培养技术的深入和对微生物间互生现象的研究，混合发酵（mixed fermentation）技术已日臻成熟。例如，利用简单节杆菌（*Arthrobacter simplex*）和玫瑰产色链霉菌（*Streptomyces roseochromogenes*）混合培养可以转化甾体；另外，混合培养谢氏丙酸杆菌（*Propionibacterium shermanii*）和马铃薯芽孢杆菌（*Bacillus mesentericus*）可生产维生素 B_{12}；利用黏质沙雷氏菌（*Serratia marcescens*）和大肠杆菌（*E. coli*）的混合发酵可生产缬氨酸等。

（二）偏利关系

偏利（commensalism）关系是一个微生物种群因另一种群的存在或生命活动而单方面获利、并对对方没有明显影响的现象。例如，土壤中兼性厌氧微生物的生长消耗环境中的氧，为厌氧微生物的生长创造了条件。

（三）共生关系

共生（mutualism）关系是两种微生物紧密地结合在一起形成特殊结构，相互分工协作的相互关系。微生物与微生物间共生的最典型例子是藻类或蓝细菌与真菌共生所形成的地衣，其中的真菌有子囊菌或担子菌，最常见的藻类是绿藻，比较常见的蓝细菌是念珠藻（*Nostoc*）。地衣常形成有固定形态的叶状结构，称为叶状体。异养型的真菌从周围的环境中吸取水分和无机养料满足绿藻或蓝细菌的需要，绿藻或蓝细菌进行光合作用合成有机物质除供自身需要外，也供给真菌，固氮蓝细菌还供给真菌氮素营养，使不能单独在岩石表面或树皮上生存的真菌和绿藻或蓝细菌能够共生生长。这是一种互惠共生的关系，使联合双方都有利。

某些环境条件的变化能破坏地衣中的互惠共生关系，如地衣对工业废气中的污染物特别敏感，这是由于大气中的 SO_2 对地衣的生长有抑制作用，SO_2 可以使叶绿素变色，从而抑制光合微生物的生长，结果是真菌过量生长，地衣之间的互惠共生关系便消失，或者真菌无法单独生活，它们便从这一生境中消失。所以，可以利用地衣监测大气中 SO_2 的污染状况。

地衣在生物学中有着重要的地位，起初它们被认为是植物。在 1868 年，瑞士科学家西蒙·施文德纳（Simon Schwendener）揭示出它们其实是一种由真菌与微型藻类结伴而生的复合生命体。从此，这个“双生假说”存在了近 150 年。直到 2016 年，奥地利格拉茨大学的植物学教授托比·斯普利比尔（Toby Spribille）经过 5 年的研究，收集了 45 000 份地衣样本，发现地衣其实是藻类、子囊菌、担子菌三种生物共同构成的“三位一体”的生命形态，打破了地衣的“双生假说”。

按照彼此之间的依赖程度，互惠共生关系可分为三种情况：对共生双方都是专性的（obligate）；对一方是专性的，对另一方是兼性的（facultative）；对双方都是兼性的。兼性互惠是指在没有共生伙伴的情况下，其种群仍会生存，而专性互惠则是指在没有共生伙伴的情况下，其种群会灭绝。一般来说，只有涉及密切的物理和生化接触的终生相互作用才被认为是共生。需要注意的是，目前的生物学和生态学中使用“symbiosis”一词表示共生，定义是：任何类型的生物之间持续的相互作用，也就是生活在一起（living together）的作用，包括了共生、偏利和寄生关系；或者更为宽泛，指所有的物种间相互作用。

（四）竞争关系

竞争（competition）关系是生活在一起的两种微生物，为了生长争夺生存空间，或者争夺有限的同一营养或其他共同需要的养料的一种相互关系。竞争的结果使两个关系比较近的群体各自分开，不再占据同一生态环境。例如，双方争夺同一环境生长因子或营养物质，一方必须战胜另一方，失利者将被排斥出这一环境，这就是竞争排斥原理（competitive exclusion principle）。著名生态学家 Gause 曾设计了一个经典实验来证明竞争排斥原理。他将两种亲缘关系比较近的、带有鞭毛的原生动物大草履虫（*Paramecium caudatum*）和双小核草履虫（*P. aurelia*）放在同一环境中生长，16d 后培养液中前者消失，只有后者生存。这不是后者攻击对方或分泌毒物使对方中毒的结果，而是后者生长速率较快，竞争有限的营养物而取胜的结果。这种为生存而竞争的关系，在自然界中普遍存在，是推动微生物发展和进化的动力。微生物的竞争关系除表现为竞争排斥之外，还可能表现为和平共处。自然界中竞争双方出现和平共处的条件是使竞争双方及时分离，如昼夜交替和季节变化为竞争双方和平共处创造了条件，这实际上是使竞争双方所处的生态位不同。

除一种微生物群体内在的生长速率对竞争作用有影响外，其他因素如产生毒物、温度、光、pH、O_2、营养物浓度和组成、某一种微生物对不良环境的抗性等，都会对两个群体的竞争作用产生影响。

（五）拮抗关系

拮抗（antagonism）关系是指两种微生物生活在一起时，一种微生物能产生某些特殊的代谢产物或改变环境条件，如改变氢离子浓度、渗透压、氧气等，来抑制他种微生物的生长发育甚至毒害或杀死另一种微生物，而产生抑制物或有毒物质的群体不受影响，或者可以获得更有利的生长条件的一种相互关系。

根据拮抗作用的选择性分为非特异性拮抗关系和特异性拮抗关系。一种微生物的代谢产物，对周围的其他微生物都有抑制作用，称为非特异性拮抗关系，如硫细菌产生硫酸降低环境的 pH，抑制不耐酸的各种细菌生长；一种微生物因产生抗菌物质（如抗生素）选择性地对某一种或某一类微生物发生抑制和毒害作用，称为特异性拮抗关系，即这些产物的作用具有选择性。例如，青霉菌产生的青霉素只能对革兰氏阳性菌起抑制作用，而对革兰氏阴性菌不起抑制作用；链霉菌产生的制霉菌素主要抑制酵母菌和霉菌，对细菌无抑制作用。

微生物间的拮抗关系研究对卫生保健、食品保藏、发酵工业、抗生素筛选及动植物病害防治等方面意义重大，已被广泛用来为人类服务。

（六）寄生关系

寄生（parasitism）关系是指一种微生物生活在另一种微生物体内或体表，从后者的细胞、组织或体液中摄取营养物质而进行生长繁殖的现象。前者称为寄生物（parasite），后者称为宿主或寄主（host）。在寄生关系中，寄生物对宿主一般是有害的，常使宿主蒙受损害甚至被杀死。寄生又可分为细胞内寄生和细胞外寄生或专性寄生和兼性寄生等数种。一般来说，寄生物比宿主小，有的进入宿主体内叫作内寄生（endoparasitism），有的不进入宿主体内叫外寄生（ectoparasitism）。

寄生物从宿主体内摄取营养成分，有的寄生物完全依赖宿主提供营养来源，一旦脱离宿主就不能生存，称为专性寄生，如病毒。有的仅仅将宿生作为一种获取营养的方式，它们能营腐生生活，当遇到合适的宿主和适合的环境条件时，也能侵入宿主营寄生生活，这就称为兼性寄生，许多外寄生的微生物属于这一类。寄生物包括病毒、细菌、真菌和原生动物，它们的宿主包括细菌、真菌、原生动物和藻类。寄生物和宿主之间的关系具有种属特异性，有的甚至有菌株特异性。寄生物与宿主的特异性是由宿主表面与寄生物相适应的受体所决定的，在某些情况下，这种特异性还取决于宿主细胞表面的物理化学特性。

噬菌体就是典型的寄生物，在自然界中广泛分布。此外，有些真菌寄生在另外真菌的菌丝、分生孢子、厚垣孢子、卵孢子、游动孢子、菌核和其他结构上，如木霉寄生于马铃薯的丝核菌（*Rhizoctonia* sp.）内；盘菌（*Peziza* sp.）菌丝寄生在毛霉菌丝上，宿主常大量地或全部地遭到破坏。

寄生物对于控制宿主群体的大小和节省自然界微生物所需的营养物有重大作用。寄生物与宿主的关系是一个复杂的生物学关系。寄生物通过不同方法侵入宿主并获得营养而大量生长繁殖，使宿主产生病变。宿主为了保护自己也借不同的机制来抗拒寄生物的侵入。微生物间的寄生关系虽然有时会给工农业生产带来某些损失，但又能被利用来防治植物病害。

（七）捕食关系

捕食（predation）关系是一种微生物直接捕捉、吞食另一种微生物以满足其营养需要的相互关系，捕食者可以从被捕食者中获取营养物，并降低被捕食者的群体密度。捕食者和被捕食者之间相互作用的时间延续很短，并且捕食者个体大于被捕食者。但是在微生物世界中，这种大小的区别并不很明显。

微生物中，主要的细菌捕食者是原生动物，它们吞食数以万计的细菌，如原生动物栉毛虫（*Didinium*）可以吞噬原生动物草履虫，袋状草履虫可以吞噬藻类和细菌。原生动物与细菌和藻类的捕食关系在污水净化和生态系统的食物链中都具有重要的意义。另外，黏细菌和黏菌也直接吞食细菌，并且黏细菌也常侵袭藻类、霉菌和酵母菌。真菌通过产生菌网、菌枝、菌丝和孢子等来黏捕线虫和其他原生动物，产生菌环来套捕线虫。自然界中捕食性真菌有 20 属 50 种以上，如果能进一步利用它们去对严重危害农牧业的线虫进行生物防治，将产生巨大的经济、社会和生态效益。

（八）中性关系

两种微生物不在同种生态位生存，彼此不发生相互作用的关系被称为中性关系或种间共处（neutralism），如在水体不同水层生活的细菌就处于中性关系。

二、微生物与植物间的相互关系

在自然界，微生物与高等植物之间存在着多种相互关系，可以分为中立关系、共生关系、互生关系、拮抗关系、竞争关系和寄生关系。某些相互关系对植物和微生物群体均有利，而另外一些相互关系对植物不利或对微生物群体不利。

（一）微生物与植物的共生关系

在自然条件下，植物体与微生物相结合后形成固氮体系的现象在 20 世纪 70 年代就已经引起人们的关注。除根瘤菌与豆科植物之间的共生固氮关系之外，还存在着微生物与植物叶面结合固氮；土壤微生物与植物结合固氮等。

下面分别讲述细菌、放线菌、蓝细菌、真菌与植物的共生关系。

1. 细菌与植物的共生　如第六章所述，生物固氮系统分为自生固氮、共生固氮及联合固氮三种体系，其中，细菌与植物之间的共生固氮作用在生物固氮中占有十分重要的地位，特别是根瘤菌与豆科植物之间形成的共生体系固氮效率最高。据联合国粮食及农业组织（FAO）估算，全球生物固氮量每年约为 2.0 亿吨，而豆科植物-根瘤菌共生体系的固氮量占其中的 65%～70%。

豆科植物的突出特点是能与根瘤菌结瘤形成根瘤，在常温、常压下，根瘤内的根瘤菌将大气中的氮气转化成氨，直接提供给植物作氮素营养；豆科植物根深叶茂，可从土壤深处吸收水分和养分；根瘤菌的分泌物还能溶解土壤中的铁、磷、钾、镁、钙等矿物质。因而，豆科植物生命力极强，是荒漠贫瘠地的先锋生物。豆科植物所固定的氮可以提供该植物生长所需氮素营养的 50%～80%，其地下部分含氮量占植株总氮的 30%～35%，残体分解后可有效提高土壤肥力。要注意的是，并非所有的豆科植物都能与根瘤菌共生结瘤固氮，世界上约有

19 700 种豆科植物，其中已知可以结瘤固氮的有 12 000 多种。

根瘤是豆科植物根部和根瘤菌相互作用后所形成的一种瘤状组织，根瘤菌只能在有效根瘤内才能进行固氮作用。根据根瘤顶端分生组织的有无，可以将根瘤分为不定型根瘤和定型根瘤，前者终生保留顶端分生组织，根瘤内部的显微结构呈现明显的功能分区，一般为棒状，如苜蓿、豌豆等的根瘤；后者一般为球形，无顶端分生组织，根瘤细胞只在根瘤形成早期具有分裂能力，后期无，根瘤的长大依靠细胞的伸长，如日本百脉根、大豆等的根瘤。

根瘤菌是好氧、化能异养型的杆状细菌，革兰氏阴性，能在土壤中营腐生生活，只有在与豆科植物共生形成的根瘤中才能进行旺盛的固氮作用。根瘤的形成是共生双方分子对话和信息交流的结果。当环境中氮素营养匮乏时，植物分泌类黄酮至根际，诱导根瘤菌向根际富集。随后，经过双方的分子识别，多数根瘤菌经根毛，少数（如花生根瘤菌）则经侧根形成的裂隙侵染。经根毛进入的根瘤菌沿侵染线推进；与此同时，根的中柱鞘、内皮层及皮层细胞脱分化，重新恢复分裂能力，形成根瘤原基。当侵染线到达根瘤原基后，根瘤菌通过胞吐作用释放进入根瘤细胞，迅速繁殖并分化为梨形、棒状、杆状、T 形或 Y 形的类菌体，外被来自植物的膜，形成共生体，充满根瘤细胞（图 9-3）。

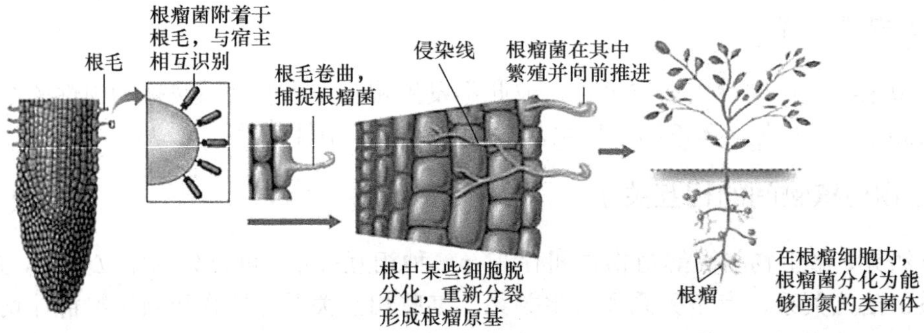

图 9-3 根瘤的形成（Madigan et al.，2019）

在根瘤发育的同时还产生根瘤特有的豆血红蛋白，因此有效根瘤一般呈现粉红色。类菌体含有固氮酶，植物提供的光合产物由类菌体在呼吸作用中通过氧化磷酸化产生 ATP 和电子，由豆血红蛋白保证低的氧分压，使固氮酶能够将 N_2 还原为 NH_3，产物氨进一步分泌到根瘤细胞质中，与有机酸结合生成谷氨酰胺、天冬酰胺（不定型根瘤）或酰脲（定型根瘤），经根瘤和植物输导系统转运到植物的各个部分，满足其氮素营养的需要。

根瘤菌与豆科植物的共生关系表现出明显的专一性，特定的根瘤菌种只能侵染一种或少数几种特定的豆科植物。因此，豆科植物接种用的根瘤菌种，一定要符合专性关系，并选用感染性强的有效菌株，方能多结瘤多固氮。

根瘤菌的共生固氮作用与植物的光合作用和生理状况密切相关，加强植物的光合作用效率也将同时提高根瘤的共生固氮作用。此外，土壤湿度、温度、氧气状况、酸度及化合态氮素含量等环境条件也对共生固氮作用有重要影响。一般地，豆科植物要供给根瘤菌 7～8 份（或更多）经光合作用固定的碳源，才能换取一份氮源，如果土壤中氮素充足，则不形成共生根瘤。需要注意的是，只有在完全满足根瘤菌和豆科植物除氮素以外的良好生长条件的前提下，才能充分发挥共生固氮的效率。

一年生的豆科植物，如豌豆、大豆等，幼苗时期就开始形成根瘤。在适宜的环境条件下，根瘤约在两周内发育成熟，里面的根瘤菌开始固氮。豆科植物开花之前，根瘤菌的固氮能力最强。

2．放线菌与植物的共生　弗兰克氏菌（*Frankia*）是一种能与非豆科植物共生的放线菌，它比根瘤菌更易生长，而且固氮酶活性高，固氮持续时间长。这种由放线菌形成的根瘤共生体称为放线菌根瘤（actinorhizal nodule）。形成该根瘤的植物统称为放线菌结瘤植物（actinorhizal plant）。这类植物都是多年生的双子叶植物，目前已知的有279种，分别包括在7目8科25属中。这些非豆科木本植物主要有桤木、木麻黄、杨梅、马桑、沙棘和胡颓子等。与非豆科植物共生的放线菌在1978年以后才陆续分离获得纯培养。根瘤的形态有珊瑚状（桤木型）和裂片状（杨梅型）两类。研究表明，放线菌也是经根毛侵入并刺激根内皮层细胞分裂形成初生根瘤。放线菌在根瘤中的发育一般可分为3个时期：①侵入期，进入皮层细胞的放线菌在细胞内和细胞间穿插生长形成网状的菌丝体结构；②泡囊期，在菌丝末端膨大形成棒状或球形的泡囊，有人认为泡囊是活跃固氮的场所；③孢囊期，由部分菌丝加粗和分隔形成孢子囊，内含多数厚壁卵形的孢子。弗兰克氏菌与非豆科木本植物的共生关系也具有较高的专一性，但它们之间的互接种族关系尚待进一步研究确定。放线菌结瘤植物大多是乔木和灌木，它们的地理分布很广，适应能力也很强，通常都生长在贫瘠土壤和不良环境下，是陆地生态系统中重要的供氮者。与豆科植物一样，这类植物既可培肥土壤，又可作为先锋植物促进后生植物的生长。此外，在这些放线菌结瘤植物中，有的本身还具有很高的经济价值。例如，沙棘的果实可以加工成多种营养丰富的食品和饮料；杨梅也为人们所喜爱；马桑的种子可榨取重要的工业用油，树叶可以养蚕等。*Frankia* 在扩大生物固氮领域的研究中颇具潜力。

3．蓝细菌与植物的共生　与固氮蓝细菌形成共生关系的植物来自不同进化层次的代表属种，包括蕨类植物（水生类满江红属，约7种）、裸子植物苏铁目（约150种）和被子植物小二仙草科根乃拉草属（约50种）。其共生的位置既有胞外也有胞内。

4．真菌和植物的共生　在植物的共生关系中，菌根（mycorrhiza）是最普遍的一种自然现象，比豆科植物与根瘤菌的共生关系（约出现于5.8千万年前）更为古老，至少5亿年前就已经形成，可能在陆地植物的传播中扮演了重要的角色。菌根是指某些真菌侵染植物根系形成的共生体，是在植物生长期间发生的植物与真菌在根部皮层细胞间联合或共生的现象。

在菌根真菌和植物间的共生作用中，植物为菌根真菌提供定居场所和光合产物。而菌根真菌对宿主植物的作用则主要有以下几点：①菌根真菌的菌丝纤细，表面积大，可扩大根系吸收面积，促进植物的营养、水分吸收，增强其抗旱性能，如1mg直径为10μm菌丝的吸收功能，相当于1600mg直径为400μm的根；②活化土壤养分特别是有机、无机磷化物，供植物利用；③合成某些维生素类物质，促进植物生长发育；④防御植物根部病害，菌根起到机械屏障作用，防御病菌侵袭；⑤增强植物对重金属毒害的抗性，缓解农药对植物的毒害；⑥促进共生固氮。

根据菌根的解剖学特征或寄主植物的特征可以将其划分为几种不同的类型。按照菌根真菌在植物体内的着生部位和形态特征分为外生菌根（ectomycorrhiza 或 ectotrophic mycorrhiza）、内生菌根（endomycorrhiza 或 endotrophic mycorrhiza）和内外生菌根（ectendomycorrhiza）（表9-2）；按照宿主类型划分有兰科菌根（orchid mycorrhiza）、杜鹃花科菌根（ericoid mycorrhiza）、水晶兰类菌根（monotropoid mycorrhiza）和浆果莓类菌根（arbutoid mycorrhiza）等。在栽培植物中，除十字花科和藜科外，都有丛枝菌根。据估计，地球上的有花植物，具有外生菌根和内外生菌根的约占 3%，绝大部分都是乔灌木树种；具有丛枝菌根的植物占 90%，大部分是草本植物及一部分木本植物，其他内生菌根的植物占 4%；不能形成菌根的植物约占 3%。因此有关植物的研究如果不考虑菌根或者对菌根的影响就不能全面反映植物生长的真实情况。

表 9-2 菌根的类型及主要特征

菌根类型	亚型	特殊结构	真菌类别	共生植物
外生菌根	丛枝菌根	无菌套，哈氏网，细胞中有菌丝圈和细小分枝的吸器（丛枝）	担子菌、子囊菌、藻状菌	裸子植物和被子植物的乔木和灌木
内生菌根	丛枝菌根	无菌套、哈氏网，细胞中有菌丝圈和细小分枝的吸器（丛枝）	内囊霉科	裸子植物和被子植物中的乔木、灌木和草本植物，苔藓植物和蕨类植物等低等植物
	杜鹃花科菌根	无菌套、哈氏网，细胞中有菌丝圈	担子菌、子囊菌	仅杜鹃花科
	兰科菌根	无菌套、哈氏网，细胞中有菌丝圈，可能有不分枝的吸器	担子菌	仅兰科
内外生菌根		可形成菌套，但不一定形成哈氏网，在根细胞内形成菌丝网	担子菌、子囊菌	裸子植物和被子植物的乔木和灌木
	浆果鹃（或莓）类菌根	有菌套、哈氏网，细胞中有菌丝圈	担子菌	仅杜鹃花科
	水晶兰类菌根	有菌套、哈氏网，细胞中有菌丝圈	担子菌	仅水晶兰科

（1）外生菌根　一种植物的根上可以同时由一种或几种不同的真菌形成外生菌根，它们之间的专一性一般较弱。外生菌根主要分布在北半球温带、热带丛林地区高海拔处及南半球河流沿岸的一些树种上。其中多数是乔木树种，包括被子植物和裸子植物，如松、云杉、冷杉、落叶松、栎、栗、水青岗、桦、鹅耳枥和榛子等。

外生菌根的特征是菌根真菌在植物幼根表面发育，真菌菌丝体紧密地包围植物幼嫩的根，形成很厚的、紧密的菌套（mantle，图 9-4），有的向周围土壤伸出菌丝，代替根毛的作用。部分菌丝只侵入根的外皮层细胞间隙，在皮层内 2～3 层细胞间隙形成稠密的网状——哈氏网（Hartig net）。哈氏网的有无是区别是否为外生菌根的重要标志，它是两个共生体之间相互交换营养物质的地方，如果只有菌套而无哈氏网，则不能确定是否有共生关系。不仅如此，哈氏网的菌丝不深入细胞内部，而仅限于细胞间隙；如果有菌丝深入细胞内部，那就是属于内外生菌根，而非外生菌根了。

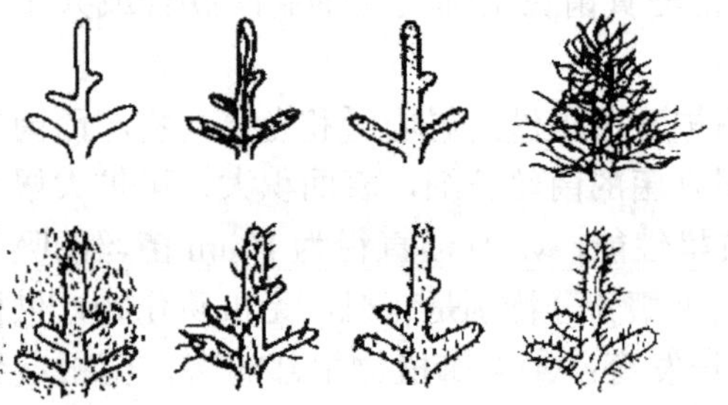

图 9-4　植物根表面外生菌根的菌套形态示意图

我国有外生菌根的主要树木有栎、松、柳、椴、枫、胡桃及桦科等。菌根真菌中有许多是珍贵的食用菌，如美味牛肝菌、松茸（松口蘑）、松乳菇等，经常出现于松林及云杉林中。这种具有共生共栖作用的菌根真菌，具有很好的经济效益和环境效益。不仅木材的产量提高 40%，还能提供大量美味可口的蘑菇。形成外生菌根的真菌多属于担子菌中的牛肝菌属和鹅膏属，也有少数种类属于子囊菌的块菌目。外生菌根真菌的共生有利于在贫瘠土壤生长出茂盛树林，在树苗培育和荒山造林时有重要作用，有些树种在没有菌根共生的情况下表现出生长不良。

（2）内生菌根　此类菌根在根表面不形成菌丝鞘，真菌菌丝在根皮层细胞间隙蔓延或深入细胞内，只有少数菌丝伸出根外。内生菌根根据其结构不同又可分为泡囊丛枝状菌根（vesicular-arbuscular mycorrhiza，VA 菌根）、兰科菌根和杜鹃菌根。其中，VA 菌根是内生菌根的主要类型（图 9-5），它是由内囊霉科真菌侵染形成的，菌丝无隔膜。其真菌菌丝体侵入植物组织细胞内，可在根部皮层区形成共生结构，胞内菌丝体呈泡囊状（vesicular）和丛枝状（arbuscular）。兰科菌根和杜鹃菌根均为有隔菌丝的真菌形成。

图 9-5　内生菌根示意图

由于部分真菌在根细胞内不产生泡囊，但都形成丛枝，故简称丛枝菌根（arbuscular mycorrhiza，AM）。丛枝是进入细胞内的菌丝经连续双叉分枝形成的灌木状结构，但是菌丝结构不进入宿主细胞膜，植物的细胞膜折叠围绕在丛枝周围，形成围丛枝膜（periarbuscular membrane）结构，是宿主和 AM 真菌进行营养交换的主要场所。泡囊由侵入细胞内或细胞间的菌丝末端膨大而成，内有很多油状内含物，是真菌的贮藏器官。AM 真菌对植物具有广泛的侵染性，大多数农作物、木本植物和野生草本植物均具有内生菌根，但由于缺乏明显的外部形态特征而常不为人们重视。已知能与植物共生形成 VA 菌根的真菌都属于内囊霉科，主要有内囊霉属、无柄孢属、巨孢霉属和实果内囊属等 9 属。由于它们具有与植物共生的高度专一性，迄今尚未分离获得纯培养体。

（3）内外生菌根　内外生菌根则是兼具外生菌根及内生菌根的某些形态学特征或生理学特性。它们和外生菌根的相同之处在于根表面有明显的菌丝鞘，菌丝具分隔，在根的皮层细胞间充满由菌丝构成的哈氏网；所不同的是它们的菌丝又可穿入根细胞内。此类菌根已报道的有浆果鹃类菌根和水晶兰类菌根，浆果鹃类菌根的菌丝穿入根表皮或皮层细胞内形成菌丝圈，而水晶兰类菌根则在根细胞内菌丝的顶端形成枝状吸器。内外生菌根常常在松科（Pinaceae）、桦木属（*Betula*）等树木上发现，杜鹃花科（Ericaceae）的草莓树属（*Arbutus*）、熊果属（*Arctostaphylos*）及水晶兰科（Monotropaceae）植物也常见。

（二）微生物与植物的互生关系

互生关系常见于根际微生物和高等植物之间，二者相互作用、相互促进，使根际微生物数量比根际外多几至几十倍。这些根际微生物包含许多根际促生细菌（plant-growth promoting rhizobacteria，PGPR）。

1．根际　根际是指生长中的植物根系直接影响的土壤范围，包括根系表面至几毫米的土壤区域，为植物根系有效吸收养分的范围，也是根系分泌作用旺盛的部位。根际是微生物和植物相互作用的界面，是微生物生存的特殊生态环境。植物根系细胞在代谢过程中向根际分泌有机酸、核苷酸、生长素、碳水化合物和酶等有机物，脱落的根表皮细胞及死亡根系都为微生物提供营养物质。根际的营养成分、O_2 和水分含量均优于根外土壤，是有利于微生物生长的特殊生态环境。

2．根际微生物区系　在植物根际中生活的微生物在数量、种类和生活习性上与根外土壤微生物均有明显差异，这种现象称为根际效应（rhizosphere effect）。根土比（R/S ratio）是指根际微生物数量与相应的无根系影响的土壤中微生物数量之比，是反映根际效应的重要指标。R/S 值随植物的种类、生育期和土壤类型而变化，一般为 5～20，高时可达 100 以上。

由于植物根系经常向周围的土壤分泌各种外渗物质（糖类、氨基酸和维生素等），因而根际有大量的微生物活动。根际微生物的种类受植物的种类和植物发育阶段的影响。根际内细菌的数量最多。根际微生物以无芽孢杆菌居多，如假单胞菌属、黄杆菌属、产碱杆菌属、伯克霍尔德属、无色杆菌属、色杆菌属、节杆菌属、肠杆菌属和分枝杆菌属等。

根际内真菌在植物生长早期很少，后期数量渐渐增多。根系分泌物对真菌种类的选择作用更加明显，最常见的是镰孢霉属、腐霉属和丝核菌属等，它们对高分子碳水化合物如纤维素、果胶质和淀粉的分解起主要作用。根际对放线菌、藻类和原生动物的刺激作用不明显，它们的 R/S 值一般在 2～3。

资源 9-2

3. 根际微生物对植物的影响　在根际中，微生物对植物的影响既有有益的一面，也有不利的一面。根际微生物在根际的大量繁殖，会强烈地影响植物的生长发育。

（1）改善植物的营养条件　根际微生物的代谢作用加强了土壤中有机物的分解，改善了植物营养元素的供应，微生物代谢中产生的酸类也可促进土壤中磷等矿质养料的供应。定植于禾本科植物根表的固氮细菌可与植物进行联合固氮，如雀稗固氮菌、拜叶林克氏菌。雀稗固氮菌与点状雀稗联合，生活在根的黏质鞘套内，固氮量可达 15～93kg/（公顷·年）。

（2）分泌植物生长刺激物质　根际微生物可分泌维生素和植物生长素类物质。假单胞菌属（*Pseudomonas*）的一些种可分泌多种维生素；丁酸梭菌（*Clostridium butyricum*）可分泌若干 B 族维生素和有机氮化物；一些放线菌可分泌维生素 B_{12}；固氮菌可分泌酰胺类物质、氨基酸、多种维生素（维生素 B_1、维生素 B_2、维生素 B_{12} 等）和吲哚乙酸等。

（3）分泌抗生素类物质　根际微生物可分泌抗生素类物质，抑制植物病原菌的生长，避免植物受土传性病原菌的侵染。

（4）对植物产生有害影响　根际微生物有时也会对植物产生有害的影响。例如，当土壤中碳氮比较高时，它们会与植物争夺氮、磷等营养；有时还会分泌一些有毒物质抑制植物生长。

此外，有些植物内生菌（plant endophyte）也可与植物形成互生关系。例如，主要定植于禾本科植物根内且能与植物进行联合固氮的内生固氮菌，还有既能在根内也能在根表和土壤中定植的兼性内生固氮菌，如固氮螺菌属（*Azospirillum*）细菌。

（三）微生物与植物间的寄生关系

微生物与高等植物的寄生关系，是指由真菌、细菌、病毒等植物病原微生物，侵染、危害它们的宿主植物，使其受到伤害，甚至死亡的相互关系。

能寄生于植物的病毒、细菌、真菌和原生动物都属于植物病原微生物。病原微生物与植物的相互关系有一定的专一性。

不同病原菌的宿主范围宽窄不同，一些病原菌只危害一种或少数几种植物，另一些病原菌的专一性较低，它们常能寄生于多种不同的植物。有些病原菌除寄生以外，在没有适合的宿主时，以腐生方式生活，它们属于兼性寄生的类群。病原菌通过各种途径干扰植物的正常功能并引起病害的典型症状。例如，病原菌的感染使得植物叶组织坏死造成叶斑；病原菌分泌的果胶酶和纤维素酶可使植物组织和细胞解体造成溃疡和腐烂；气孔或输导组织被病菌侵染后可导致萎蔫和枯萎；叶绿素合成代谢的破坏则造成植株叶片变黄；病原菌产生的吲哚乙酸等生长素类物质可使局部组织细胞过度增生而产生畸形、树瘿等特殊形态。植物受到病原微生物的危害之后常常会给某些条件致病菌造成侵染的机会，两类微生物的双重侵染又进一步加重了对植物的损害。

1．植物的真菌性病害 真菌性病害是植物病害中最主要的一类，约占 95%。受侵染的植物会发生腐烂、猝倒、溃疡、根腐、叶斑、萎蔫、过度生长等症状，严重影响作物产量，如由子囊菌中的白粉菌引起的大麦、苹果和葡萄的白粉病，由半知菌引起的棉花炭疽病、立枯病和黄萎病，水稻稻瘟病和纹枯病等。由担子菌中的锈菌引起的许多禾谷类作物的锈病及黑粉菌引起的小麦腥黑穗病、散黑穗病和玉米黑粉病等已成为世界性的严重作物病害，在大多数作物、果蔬和花卉上都能发现真菌引发的病害。许多真菌的无性孢子和有性孢子均能在植物上寄生。而无性孢子的大量繁殖和传播是病害蔓延和流行的主要原因，有性孢子的形成和它们在种子及残枝落叶中休眠或越冬是翌年发病的主要原因。在许多病原真菌的复杂生活史中，一个阶段在宿主植物上生活，另一阶段在土壤或植物残留物中完成。病原真菌的侵染与温度和湿度有密切的关系。温暖潮湿的气候和土壤条件尤其有利于病原真菌的侵染和蔓延，土壤的 pH 也对真菌的侵染和致病性有一定的影响。

2．植物的细菌性病害 能侵染植物并引起病害的细菌主要来自假单胞菌属、黄单胞菌属、土壤杆菌属、棒杆菌属和欧文氏菌属等。病原细菌多由植物的自然孔口或伤口侵入，寄生于植物组织或导管中，常引起植物产生斑点、白叶、顶死、萎蔫、软腐和过度生长等病症。它们多能存活于植物组织或种子中，或进入土壤中营腐生生活。例如，引起果树火疫病的解淀粉欧文氏菌（*Erwinia amylovora*）就在树干或树枝的组织中越冬，到次年春天借昆虫和降雨再次传播；引起水稻白叶枯病的水稻黄单胞菌（*Xanthomonas oryzae*）除能在水稻秸秆上越冬外还能附着在种子颖壳、胚或胚乳表面，能在干燥条件下存活半年以上，因而还能随种子传播；引起蚕豆萎蔫病的栖菜豆假单胞菌（*Xanthomonas malvacearum*）能潜伏在蚕豆珠孔中随种子传播；根癌农杆菌（*Agrobacterium tumefaciens*）是能在土壤中兼性腐生的代表，它在寄生时能使许多双子叶植物（如番茄、糖用甜菜和许多果树等）的根或茎部形成肿瘤。

3．植物的病毒性病害 已知能引起植物病害的病毒有 300 余种，影响宿主的正常生理代谢过程，使植物产生畸形病症甚至是死亡，导致严重的作物病害流行，影响作物的产量和品质。烟草花叶病毒是最早被发现的病毒，流行时常可使产区烤烟减产 25%。与动物病毒和噬菌体不同，植物病毒的侵入必须要有活细胞上的伤口才能进入细胞质，然后可以经胞间连丝进入输导组织快速转移。病毒在植物体内的分布有局部性和全面性两种，进入宿主细胞的病毒在复制自身的同时，干扰和破坏了宿主细胞的正常生理代谢活动，从而产生植物受害的症状。

三、微生物与动物间的相互关系

（一）微生物与动物间的共生

对动物有益的微生物受到了广泛关注和深入研究，如微生物和昆虫的共生、瘤胃微生物与反刍动物的共生、海洋鱼类和发光细菌的共生等。

1．微生物和昆虫的共生 多种多样的微生物和昆虫都有共生关系，情况错综复杂，但大部分的共生都具有三个显著的特点。第一，微生物具有昆虫所不具有的代谢能力，昆虫利用微生物的代谢能力得以存活于营养贫乏或营养不均衡的食料（如木材、植物液汁或脊椎动物血液）环境中。第二，昆虫和微生物双方都需要联合，不形成共生体的昆虫生长缓慢，繁殖少而不产生幼体，而许多共生微生物未在昆虫外生境中发现，有些是不能培养的。第三，许多共生微生物可以在昆虫之间发生垂直和水平转移，一般是从亲代到子代，水平转移相对较少。白蚁消化管中的共生体具有典型性：共生体是细菌和原生动物，白蚁提供木质纤维，其肠道内的原生动物则协助分解纤维素，原生动物体内的共生细菌可以转化昆虫氮素废物尿酸和固氮，这些过程的代谢产物都可以被昆虫同化利用，在这里，白蚁、原生动物、细菌三者间形成了三重共生现象。

2．瘤胃微生物与反刍动物的共生 植食动物直接食用绿色植物，植物所固定的能量流动到动物，这是生态系统中能量流动和食物链的重要一环。纤维素是最丰富的植物成分，然而大部分动物缺乏能利用这种物质的纤维素酶，生长在动物瘤胃内的微生物能产生分解纤维素的胞外酶，帮助动物消化此类食物。没有微生物酶的作用，这样丰富的食物资源就不能被充分利用，微生物对这里的能量流动和物质循环起重要作用。反刍动物瘤胃微生物与动物的共生具有代表性，是微生物和动物互惠共生的典型例子。庞大的瘤胃微生物群系之间存在着共生关系，影响着宿主的代谢，是反刍动物营养学的研究热点之一。

瘤胃是一个独特的不同于其他生态环境的生态系统，它是温度（38～41℃）、pH（5.5～7.3）、渗透压（250～350mOsm/L）相对稳定的还原性环境（E_n＝－350mV），同时有相应频繁和高水平营养物供应。大量基质的输入和相应恒定适宜的环境条件使瘤胃微生物种类繁多，数量庞大。细菌数达 10^{10}～10^{11}CFU/g 内含物；真菌的游动孢子达 10^3～10^5 个/g 内含物；细菌噬菌体数量可以达到 10^6～10^7 个/mL 内含物；瘤胃原生动物数量为 10^5～10^6 个/mL 内含物。纤维素、蛋白质、半纤维素等多聚物可被瘤胃微生物分解转化，产生的低分子量脂肪酸、维生素及形成的菌体蛋白可提供给反刍动物，而反刍动物则为微生物提供了丰富的营养和良好的生境。

3．海洋鱼类和发光细菌的共生 一些海洋无脊椎动物、鱼类和发光细菌也可建立一种互惠共生的关系。发光杆菌属（*Photobacterium*）和贝内克氏菌属（*Beneckea*）的发光细菌见于海生鱼类。发光细菌生活在某些鱼的特殊的囊状器官中，这些器官一般有外生的微孔，微孔允许细菌进入，同时又能和周围海水相交换。发光细菌发出的光有助于鱼类配偶的识别，在黑暗的地方看清物体。光线还可以成为一种聚集的信号，或诱惑其他生物以便于捕食。发光也有助于鱼类的成群游动以抵抗捕食者。

（二）微生物与动物间的寄生

有些致病性微生物具有能在宿主细胞内生存的能力，常称为细胞内寄生微生物。根据其所寄生细胞类型的不同，可分为两类：一类寄生于单核吞噬细胞内，由于它们具备逃避在细胞内被清除的能力，可随游走的吞噬细胞转移至体内其他部位，引起感染。活化的巨噬细胞有较强的杀灭胞内寄生微生物的能力，可将这类微生物最后杀灭。属于这一类型的致病微生物有结核杆菌、牛型分枝杆菌、麻风杆菌、鼠麻风分枝杆菌、单核细胞增生李斯特菌、嗜肺军团菌等。另有一类胞内寄生微生物则寄生于除单核吞噬细胞或粒细胞外的一些宿主细胞内。由于这些非专职性吞噬细胞杀灭胞内微生物的能力较弱，因此在细胞内的生存时间也较长。属于这类者有衣原体、立克次氏体、疟原虫、锥虫等，如斑疹伤寒立克次氏体寄生于内皮细胞；泰累尔梨浆虫属寄生于淋巴细胞；小鼠疟原虫可在其不同生活周期中分别寄生于肝细胞及红细胞。

第三节　微生物与地球化学循环

生态系统的物质循环可分为三大类型，包括水循环（water cycle）、气体型循环（gaseous cycle）和沉积型循环（sedimentary cycle）。参与循环过程的物质主要为气体的循环方式为气体型循环，这类物质有氧、碳、氮等。物质通过岩石风化和沉积物的溶解转变为可被生物利用的营养的循环方式为沉积型循环，这类物质有磷、钾、钠、镁、锰、铁等。生态系统中所有的物质循环都是在水循环的推动下完成的。这里所说的物质循环是指由大气圈、水圈和岩石圈组成的整个地球生态系统范围内的，尤其指能被微生物生长、代谢利用的各种营养元素的循环和转化。由于这些营养元素的循环涉及许多氧化还原反应等生物和化学过程，因此又称为地球生物化学循环（biogeochemical cycle）。

生物体营养元素中 C、H、O、N、P、S 这 6 种元素的物质循环在生物体尤其是微生物活动的推动下非常活跃。生物有机大分子的合成与分解代谢同时涉及多种营养元素的循环和转化，各种营养元素的循环之间密切关联、相互交叉。本节将分别讲述 C、N、S 和 P 4 种重要生命元素各自的循环规律。氢和氧循环比较简单，并且主要伴随在 C 循环里面，因而在 C 循环中讨论。Ca、Mg、K、Na、Mn、Fe、Cu 等元素以离子形态参与酶促反应、能量代谢和信号转导等重要生化过程，由于含量低、循环属于沉积型、元素转化和迁移不活跃，因此本节仅以 Mn、Fe、K 素为代表简要介绍。

一、微生物在生态系统中的地位

微生物种类繁多、分布广泛、代谢途径多样的特性决定了微生物在物质循环中独特而重要的作用，如固氮作用、甲烷形成和甲烷氧化等代谢类型。这些特点是所有动植物均不具有的。而这些独特的生物化学反应在自然界无法自发进行，只有在特定的微生物类群参与下才能完成。微生物的生长代谢作用加速了生命元素由有机态向无机态的转化，所形成的无机态 C、N、P 和 S 又很容易被植物吸收利用。最后植物体内形成的营养元素又经食物链传递给动物和人，形成了丰富多彩、生机盎然的生态系统。

物质循环和能量流动是生态系统中最根本的运动，它保证了地球生物圈的生生不息、永续发展。微生物在生态系统的顺利运转中占据重要地位：①微生物是地球生物演化中的先锋种类。微生物是地球上最早出现的生物体，参与改变地球最初大气圈的化学组成，为后续生物圈的形成打下基础。②微生物是有机物的主要分解者。微生物最大的价值在于其作为最主要分解者的分解功能，分解生物圈内存在的动植物和微生物残体等复杂的有机物质，最后将其转化成简单无机物，重新回到生态系统中，提供给初级生产者利用。③微生物是物质循环中的重要成员。微生物参与所有的物质循环，大部分元素及其化合物都在微生物的作用下，将复杂的有机物质转化为最简单的无机物。④微生物是生态系统中的初级生产者。微生物中的光能和化能自养型微生物是生态系统中的初级生产者，它们可以直接利用太阳能和无机物的化学能，将它们作为能量来源，固定下来的能量又可以在食物链、食物网中流动，从而推动生态系统中的能量流动过程。⑤微生物是物质和能量的储存者。微生物是由物质组成和能量维持的生命有机体，储存着大量的物质和能量。⑥微生物是生态系统中的信息接收者和信息源。

二、微生物在地球化学循环中的作用

（一）碳循环

碳循环属于气体型循环。地球上碳的无机形态有气态的 CH_4、CO 和 CO_2，主要存在于大气圈，均为温室气体。固态的碳以单质石墨、金刚石及碳酸钙等形式存在于土壤圈。有机态碳以烃、醇、醛、酮等有机小分子及各种生物大分子，存在于构成生物圈的各种生物体中。碳是构成生物体最基本的元素，约占生物体干物质的一半。图 9-6 描绘了地球碳循环的主要环节。大量的碳以土壤腐殖质形式存在，比较稳定。微生物对腐殖质的分解过程是 CO_2 返回大气的最重要的环节。还有一部分有机态碳是深藏地下的石油、天然气、煤炭和草炭，它们由远古生物残体衍变而来，属于不活跃的碳。但这些化石燃料经过燃烧，又形成 CO_2 回到大气中。碳循环是研究地球生态系统的重要内容，尤其温室气体 N_2O、CO_2 和 CH_4 的排放是全世界密切关注的问题。国际社会为此签订了《京都议定书》来控制温室气体排放，从而避免全球变暖等一系列的温室效应。

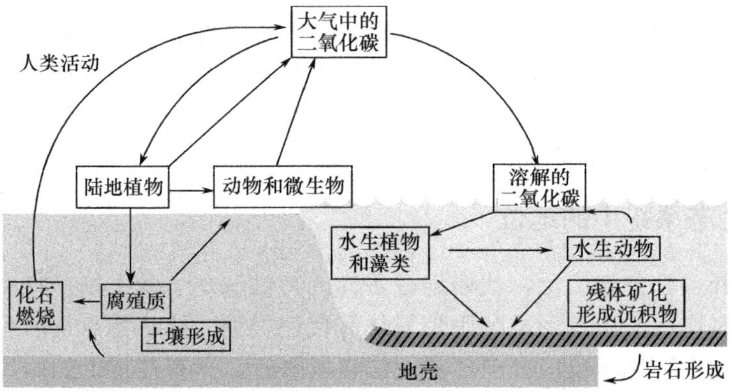

图 9-6 地球碳循环（Madigan et al.，2019）

大气中含量约为 0.032%的 CO_2 是植物、光合微生物及化能自养型微生物积累有机碳化物的原料。光合微生物能够固定 CO_2 合成有机物，但数量和规模远远不及绿色植物。其他不能固定 CO_2 的生物，包括大部分微生物和所有的动物，必须将摄入的有机碳化物分解为小分子有机物，再转化为核酸、蛋白质和糖类等生物大分子。CO_2 在大气中的含量不高，因而只有通过各种生物协同参与，才能使碳高效周转来维持 CO_2 平衡。CO_2 释放途径主要有生物体氧化有机物质的呼吸作用、燃料燃烧及甲烷氧化。碳在大气圈、土壤圈和水圈间循环交换的主要形式就是 CO_2。因此，在碳循环途径研究中比较重视 CO_2 的循环。最近的研究成果表明，CH_4 在厌氧环境如海洋中，对碳循环的作用比人们从前预测得重要得多。下面主要介绍 CO_2 与 CH_4 的循环（图 9-7）。

尽管 CH_4 是碳循环中含量相对较少的组分，但也很重要，因为它是引起大气温室效应的元凶之一。在地球生态系统的海洋湖泊、天然湿地、水稻田及白蚁和反刍动物瘤胃中都可以产生甲烷，产生量分别为 0.2 亿吨、1.2 亿～2 亿吨、0.7 亿～1.2 亿吨及 0.8 亿～1 亿吨。污水处理厂、沼气发酵池也产生大量 CH_4，可以回收利用作为替代能源。

1. 甲烷产生途径 第六章已经述及，产甲烷菌通过碳酸盐呼吸可将 CO_2 还原为 CH_4，此即甲烷发酵或沼气发酵。在沼气发酵系统里，产酸菌与产甲烷菌相互依赖又相互制约，产酸菌厌氧降解各种大分子有机物，生成 H_2、CO_2、氨、乙酸、甲酸、丙酸、丁酸、甲醇、乙醇等，其中丙酸、丁酸、乙醇等又可被产氢产乙酸细菌转化为 H_2、CO_2、乙酸等，从而为产甲烷菌提供了合成细胞物质及产甲烷所需的原料。产甲烷菌利用产酸菌所产生的 H_2、乙酸、CO_2 等进行甲烷发酵，及时为产酸菌清除掉代谢废物并解除反馈作用。在厌氧环境中，产甲烷菌充当着有机物分解中微生物食物链的最后成员。甲烷形成过程的总反应式为

$$4H_2+CO_2 \longrightarrow CH_4+2H_2O+ATP$$

从 CO_2 转化为 CH_4 的途径分为 4 个阶段（图 9-8）：①甲烷呋喃（methanofuran，MF）活化 CO_2，将其还原为甲酰基；②甲酰基从 MF 转移至甲烷蝶呤（methanopterin，MP），接着在电子载体 F_{420} 参与下由氢化酶将甲酰基转化为亚甲基（methylene），进一步被还原为甲基（methyl）；③甲基从 MP 转移至辅酶 M（coenzyme M，CoM）；④甲基辅酶 M 通过甲基还原酶系还原成甲烷。甲基还原酶系包括甲基还原酶（methyl reductase）、辅酶 B（coenzyme B，CoB）和辅酶 F_{430}（coenzyme F_{430}）。产甲烷菌主要有甲烷杆菌、甲烷嗜热菌、甲烷球菌、甲烷八叠球菌等。甲烷还可以由乙酸营养菌裂解乙酸形成，具体途径略。

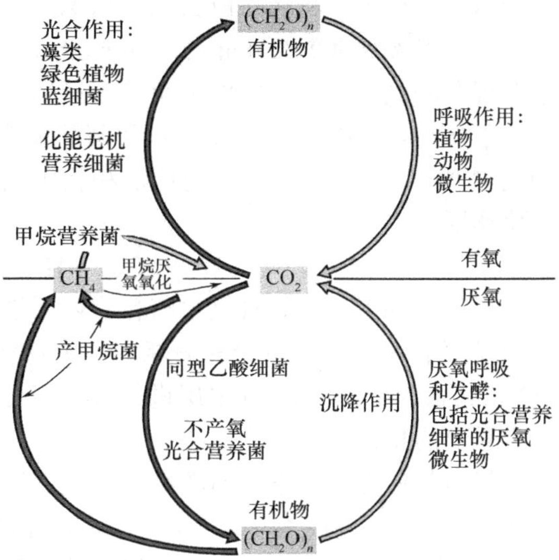

图 9-7 碳的氧化还原循环（Madigan et al.，2019）

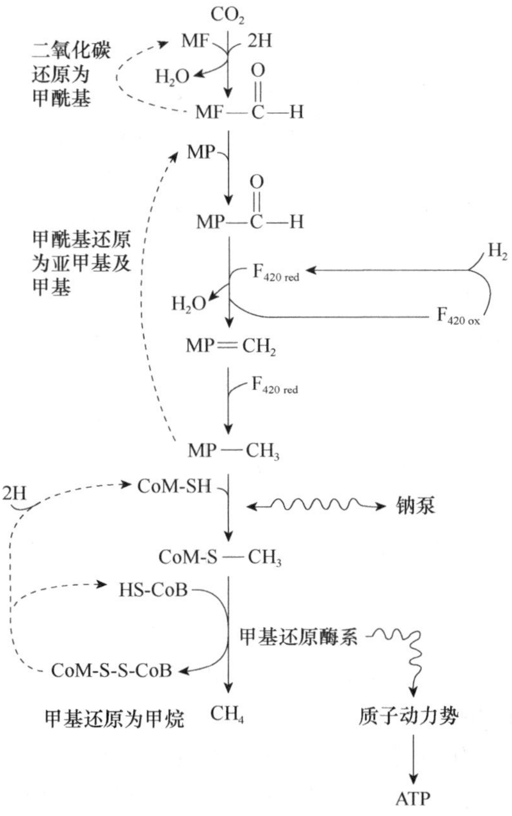

图 9-8 甲烷产生途径（Madigan et al.，2019）

2. CH_4 氧化形成 CO_2

（1）甲烷氧化（methane oxidation） 甲烷营养菌（methanotrophic bacteria）利用 O_2 氧化甲烷形成 CO_2 获得碳源和能量的过程称为甲烷氧化。甲烷营养菌都是好氧性的，具有发达的膜结构。甲烷氧化的第一步是由甲烷单加氧酶（methane monooxygenase，MMO）催化，甲烷单加氧酶是膜结合蛋白。这步反应需要膜上的细胞色素 c（cytochrome c）提供电子驱动，甲烷单加氧酶氧化甲烷为甲醇，然后甲醇被氧化成甲醛，甲醛再被氧化成甲酸，两步反应释放的能量经辅酶 Q（quinone）产生质子动力势。另外，甲醛还是合成细胞中有机物的碳源。甲酸被进一步氧化产生 CO_2，能量经辅酶 I 产生质子动力势。跨膜的质子动力势推动 ATP 的生成。在近一个世纪的时间里，人们普遍认为在厌氧时 CH_4 是惰性的，甲烷好氧性氧化是 CH_4 氧化的唯一方式。直到微生物学家通过现代分子生物学技术证实了不可培养微生物的存在，随着对海洋沉积物研究的逐

渐深入，甲烷厌氧氧化才被发现和认识。

（2）甲烷厌氧氧化（anaerobic methane oxidation，AMO） 在 20 世纪 70 年代，科学家发现在海底沉积物的底部中甲烷含量高，越接近水层甲烷含量越低。而 SO_4^{2-} 与甲烷刚好相反，这预示着 SO_4^{2-} 可能是甲烷厌氧氧化的电子受体。通过运用原位杂交技术及脂类生物标记物检测方法，证明了存在于海底沉积物中的甲烷氧化古菌和硫还原细菌共同完成了甲烷厌氧氧化作用。

$$CH_4 + SO_4^{2-} + H^+ \longrightarrow CO_2 + HS^- + 2H_2O$$

厌氧条件下，甲烷氧化古菌和硫还原细菌以 SO_4^{2-} 为电子受体氧化甲烷成 CO_2 的过程称为甲烷厌氧氧化。现有研究表明，在海底沉积物中 75%～95%的甲烷通过厌氧氧化转变为 CO_2，其余 5%～25%逸到水层进行好氧氧化。甲烷厌氧氧化在海洋生态系统碳循环中扮演着非常重要的角色。

最后简单介绍一下氧循环和氢循环。以植物为主的光合作用光解 H_2O 放出 O_2 是目前所知 O_2 返回大气圈的唯一途径，动植物及微生物的呼吸作用又消耗有机碳和 O_2 生成 CO_2 和 H_2O。这就是氧循环的主要内容，氧循环与碳循环密切相关。氧元素在地壳中的含量达 46.4%，多数与硅或金属结合成相应的氧化物存在于岩石圈和海洋沉积物中，参与循环的速度是缓慢的。大气中 21%的氧气及水体中存在的少量的溶解氧是活跃的氧分子。

光合作用将 CO_2 和 H_2O 转化成（CH_2O）$_n$ 是氢转移的主要形式。CH_4 与 CO_2 之间的转换有氢转移、H_2 氧化过程，也是氢循环的一部分。还有一类能氧化 H_2 获得能量用于固定 CO_2 而生长的细菌如某些假单胞菌、氢细菌，也参与了氢循环。

（二）氮循环

氮在大气中存在的主要形式有 N_2、N_2O、NO 等，土壤中主要为 NH_4^+、NO_2^-、NO_3^-、氨基酸和腐殖质，水体中为 NH_4^+、N_2O、NO_2^-、NO_3^- 和氨基酸。

微生物是自然界氮循环中的核心生物。在氮循环的 8 个环节中，除同化性硝酸盐还原作用和铵盐同化作用两个过程外，其余 6 个环节只能通过微生物作用才能实现（图 9-9）。氮循环是地球生物化学循环中的重要内容，并且与植物营养吸收密切相关，所以一直被研究者重视。回顾氮循环发现的过程，有助于更好地理解氮循环的途径。1882 年，反硝化作用被发现。荷兰学者 M. W. Beijerinck 在 1888 年用无氮培养基从豆科植物根瘤中分离到根瘤菌，证实了共生固氮作用的存在。俄国学者维诺格拉茨基于 1891 年发现了土壤中的硝化作用是硝化细菌引起的。

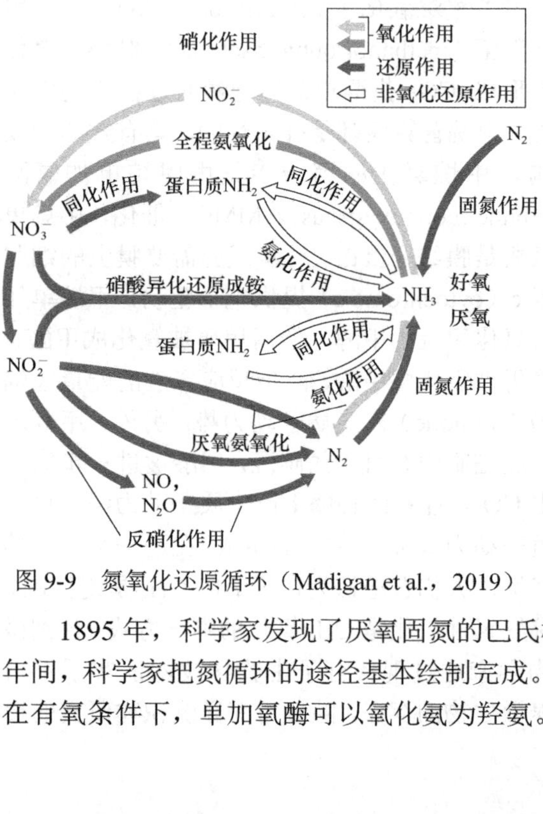

图 9-9 氮氧化还原循环（Madigan et al.，2019）

1895 年，科学家发现了厌氧固氮的巴氏梭菌。自生固氮菌是在 1901 年被发现的。近 20 年间，科学家把氮循环的途径基本绘制完成。从生物化学角度看，氨是非常稳定难以活化的。在有氧条件下，单加氧酶可以氧化氨为羟氨。在厌氧时单加氧酶无活性，不能催化氧化氨。

利用含氨培养基厌氧富集和分离氨氧化微生物的努力都失败了。当时，人们一直认为厌氧时氨是惰性的，并被大多数微生物学家认可。直到20世纪80年代后期，生物学家才发现了在厌氧条件下氨氧化作用的过程。这一理论表明厌氧氨氧化过程在氮循环中有着非常重要的作用，尤其在海洋生态系统中。

氮素循环途径的主要环节为固氮作用、氨同化作用、氨化作用、硝化作用、厌氧氨氧化作用、同化型硝酸盐还原作用、异化型硝酸盐还原作用等。

1. 固氮作用（nitrogen fixation） 固氮作用是将分子态的氮固定成为氨的过程。氮气是惰性气体，要打开氮氮三键需要较高的能量。固氮作用主要包括大气中闪电放电固氮，约占固氮总量的3%；工业固氮，约占固氮总量的12%；生物固氮达85%。固氮作用产生的无机态氨需要经过氨同化作用才能转化成生物有机氮大分子。

2. 氨同化作用（ammonia assimilation） 氨同化作用又称为氨固定作用（immobilization），是由绿色植物和微生物进行的以氨作为营养，合成氨基酸、蛋白质、核酸和其他含氮有机物的作用。好气性微生物的氨同化作用在有氧条件下进行，厌气性微生物则只在无氧环境中固定氨。

3. 氨化作用（ammonification） 氨化作用又称为矿化作用（mineralization），是含氮有机物被各类微生物分解转化成氨的过程。氨化作用是微生物特有的过程，动植物无此特性。氨化作用和氨同化作用构成氨代谢的回路，是一个小范围循环。氨化作用在有氧或无氧环境均可发生，分别由好气或厌气及兼厌气微生物完成。土壤中的氮素大部分以有机态存在，微生物的分解促成了有机氮的循环。土壤氮素矿化是反映土壤供氮能力的重要因素之一。能分解蛋白质的微生物种类和数量均很多，如荧光假单胞菌、普通变形杆菌、巨大芽孢杆菌、枯草芽孢杆菌等。能分解尿素的细菌如尿芽孢八叠球菌和巴氏芽孢杆菌，它们含有脲酶，能水解尿素产生氨。尿素细菌生存于土壤、厩肥及污水中，好氧性和兼厌氧性的种类都有。分解几丁质的细菌有嗜几丁质杆菌等。氨化作用在农业生产上十分重要。施入土壤中的各种动植物残体和有机肥料，包括绿肥、堆肥和厩肥等都富含含氮有机物，它们需通过各类微生物的作用，尤其是氨化作用才能成为植物可吸收利用的氮素养料。

4. 硝化作用（nitrification） 并非所有的氨都被微生物作为氮源用于合成氨基酸、蛋白质，有些微生物把氨作为能源，利用氨氧化释放的能量生活，如半程氨氧化微生物和全程氨氧化微生物。硝化作用可分为两步硝化作用及单步硝化作用，具体见第六章。

两步硝化作用的亚硝化过程产能效率低，加之底物NH_3的浓度低，亚硝化细菌生长繁殖非常缓慢。亚硝化细菌的主要类群包括亚硝化单胞菌属（*Nitrosomonas*）、亚硝化螺菌属（*Nitrosospira*）、亚硝化球菌属（*Nitrosococcus*）、亚硝化叶菌属（*Nitrosolobus*）和亚硝化弧菌属（*Nitrosovibrio*）。

硝化细菌是严格好氧的化能无机营养微生物，主要类群有硝化杆菌属（*Nitrobacter*）、硝化刺菌属（*Nitrospina*）、硝化球菌属（*Nitrococcus*）及硝化螺菌属（*Nitrospira*）。这些微生物广泛分布于土壤、湖泊及底泥、海洋等环境中。在通气良好的中性和微酸性土壤中，硝化作用十分旺盛，硝化细菌对酸性环境敏感。在水稻田中的表面氧化层和泌氧的根表有旺盛的硝化作用，在严格厌氧条件下也从水稻田中检测到亚硝酸形成。除上述专性化能自养型微生物外，有些异养型微生物也能进行硝化作用，如恶臭假单胞菌（*Pseudomonas putida*）、脱氮副球菌（*Paracoccus denitrificans*）、粪产碱杆菌（*Alcaligenes faecalis*）等。它们在低碳条件下可进行硝化作用，也可在有机环境中进行硝化作用。

要特别说明的是，100 多年来，人们一直认为土壤生态系统中的氨氧化作用主要是由变形菌纲中的一些化能自养菌——氨氧化细菌（AOB）完成的。2004 年，通过宏基因组学研究发现海洋古菌基因组中含有类似细菌编码氨单加氧酶的结构基因 *amoA*、*amoB* 和 *amoC*，紧接着 2005 年从西雅图水族馆海水中分离培养到第一株氨氧化古菌（AOA），从根本上改变了学术界对氨氧化微生物的传统认识。研究表明，在高氮投入的 pH 中性和碱性环境中，AOB 是硝化作用的主要驱动者；而 AOA 则主要在较苛刻的环境如低氮、强酸性和高温环境中发挥功能。

5．厌氧氨氧化作用（annamox） 细菌在厌氧条件下还原 NO_2^-并同时氧化 NH_4^+为 N_2 的过程，具体见第六章。除了 *Brocadia* 属外，已知的厌氧氨氧化菌还有 *Kuenenia*、*Anammoxoglobus*、*Jettenia* 和 *Scalindua* 等属，它们都含有厌氧氨氧化体。

6．同化型硝酸盐还原作用（nitrate assimilation） 硝化作用使环境中积累硝酸盐，几乎可以被一切绿色植物和多种微生物利用作为氮营养。好氧条件下，植物或微生物将硝酸盐还原成 NH_3 的过程即同化型硝酸盐还原作用。

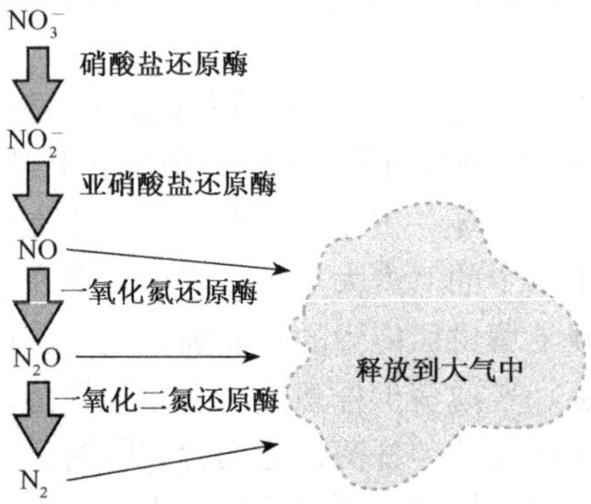

图 9-10 反硝化作用（Madigan et al.，2019）

7．异化型硝酸盐还原作用（dissimilatory nitrate reduction） 分为呼吸性和发酵性两种，反硝化作用为呼吸性异化硝酸盐还原作用（见第六章）。第六章已说明，相比于发酵性异化还原，反硝化作用更容易发生。反硝化过程中，NO_3^-被还原为 NO_2^-、NO 或 N_2O，最终还原为 N_2（图 9-10）。这种还原硝酸根为分子态氮返回大气的过程，就是反硝化作用。反硝化作用是氮循环的重要环节，是陆地生态系统中氧化态氮向还原态氮转化的主要方式，对于氮循环的持续和平衡是有益的。

反硝化细菌一般是异养型的，它们从有机质中获得能量和碳源。反硝化细菌在分类学上具有多样性，能够进行反硝化作用的兼性厌氧菌很多，已知 50 多属各类营养型微生物中都有进行反硝化作用的菌种，主要分布在假单胞菌属、产碱杆菌属、芽孢杆菌属、土壤杆菌属、黄杆菌属、丙酸杆菌属、芽生杆菌属、盐杆菌属（古菌）、慢生根瘤菌属、硫杆菌属、硫微螺菌属、亚硝化单胞菌属、红假单胞菌属、副球菌属、布兰汉氏菌属、奈瑟氏球菌属中。但需要说明的是，并非上述各属中的菌种均具有反硝化作用。有些微生物仅产生 NO，大肠杆菌只能反硝化形成 NO^-。

除厌氧反硝化作用之外，自然界中还存在好氧反硝化菌（aerobic denitrifier），可利用好氧反硝化酶系，在有氧条件下进行反硝化作用，如最早发现的脱氮副球菌在 O_2 和 NO_3^-同时存在时，其生长速率比两者单独存在时都高。好氧反硝化菌主要存在于假单胞菌属、产碱杆菌属、副球菌属和芽孢杆菌属中，是一类好氧或兼性好氧的异养硝化菌。

反硝化是土壤中氮损失的主要因素。在淹水状态下，土壤表层为氧化层，而下层为还原层。氧化层硝化微生物数量多、活性强，还原层反硝化微生物占优势。在氧化层发生硝化作用形成的 NO_2^-和 NO_3^-扩散或下移到还原层，再通过反硝化作用而释放。土壤板结也会导致厌氧环境，使兼性厌氧菌被迫以 NO_3^-或 NO_2^-作为电子受体进行能量代谢。土壤水分和通气状况是影响反硝化作用的重要因素，所以从农业生产角度讲，板结或淹水都会产生厌氧反硝化作用造成氮损失。

水稻种植过程中的氮损失比旱作土壤淹水时的氮损失还要严重。有研究表明，从水稻根际土壤分离出来的细菌中约有 65%具有反硝化能力，其中多为假单胞菌属、芽孢杆菌属。由于水稻根系的泌氧作用，形成根际氧化层和根外还原层，根际土壤的氧化还原电位高于根外土壤，根际土壤的 N_2O 还原酶活性也高于根外土壤。因此，水稻根际进行硝化作用将氨态氮转化为硝态氮，根外反硝化作用将硝态氮转化为气态氮释放导致氮素损失。应用 ^{15}N 示踪对化学氮肥在水稻田中的转化试验发现，氮肥有效利用率只有约 25%，其余部分都由于反硝化作用而损失了。一些试验结果证实，向土壤中施用硝化抑制剂能降低反硝化作用。反硝化过程中产生大量温室气体 N_2O，导致严重的环境问题。现今知道的唯一清除 N_2O 的机制是平流层光解，并能破坏臭氧层。从另一个角度看，在遭受氮素污染的地下水中，反硝化作用却成为减轻地下水 NO_3^-或 NO_2^-污染的主要反应。水生性反硝化细菌可以用于去除污水中的硝酸盐。

（三）硫循环

硫元素在自然界中的贮量十分丰富，是地壳中第十四大元素。自然界中含硫最丰富的是黄铁矿（FeS_2）。硫主要的蓄库是岩石圈，但海洋中的硫酸盐是生物圈硫最重要的来源。在大气圈中，主要的挥发性含硫气体是甲硫醚、硫化氢、二氧化硫、羰基硫和二硫化碳。甲硫醚是自然硫源释放的主要含硫气体，大气中的甲硫醚主要来自海洋。尽管甲硫醚在陆地生态系统比在海洋系统中的释放量要低些，但它是大多数陆地生态系统中释放出的最主要的含硫气体。土壤、湿地、植物都能产生上述主要含硫气体，内陆的淡水体系如湖泊、河流等也能释放。另外，生物质燃烧过程中会产生 SO_2 和硫化碳（COS）。硫是生物体合成半胱氨酸、甲硫氨酸及某些维生素的必需元素，虽然含量仅占 0.25%，但是循环迅速。

硫循环是在整个自然生态系统中进行的，有一个长期的沉积型循环和一个短期的气体型循环。硫循环的各个环节都有相应的微生物参与。陆地中的化石燃料和矿石及海洋中的硫酸盐经生物分解、自然风化和火山爆发等作用释放出二甲基硫（DMS）、H_2S 及 SO_2 等。大气中的硫通过降水和沉降等作用，一部分回到海洋，一部分在土壤中变成硫酸盐供植物吸收利用。植物将硫酸盐转化为甲硫氨酸和半胱氨酸，进入食物链。动物排泄物和动植物残体又被微生物降解，将硫释放到土壤或水圈。硫循环包括同化硫酸盐还原作用、脱硫作用、硫化作用和异化硫酸盐还原作用（图 9-11）。

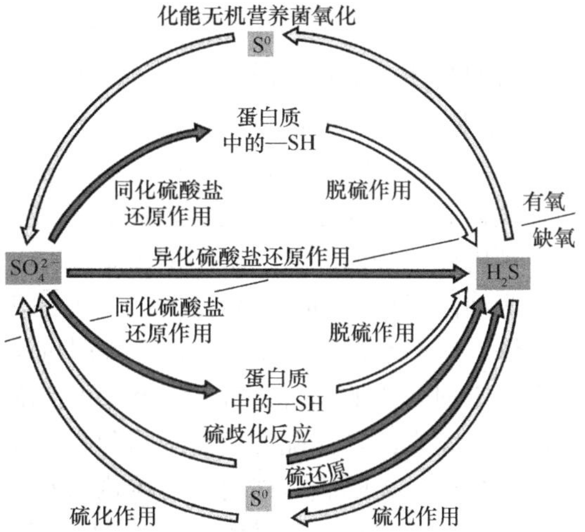

图 9-11　硫循环（Madigan et al.，2019）

1. 同化硫酸盐还原作用（sulfate assimila- tion）　同化硫酸盐还原作用是指微生物利用硫酸盐或硫化氢，合成细胞生物大分子的过程。植物和多数微生物能把硫酸盐转变成还原态的硫化物，然后再固定到蛋白质等细胞成分中，这一过程又称为硫的同化。同化硫酸盐还原需要 ATP 硫酸化酶将硫酸盐活化成腺苷-5′-磷酸硫酸盐（APS）（图 9-12），再由 APS 激酶消耗一个 ATP 把 APS 活化成 3′-磷酰腺苷-5′-磷酸硫酸盐（PAPS）。PAPS 被 NADPH 还原成

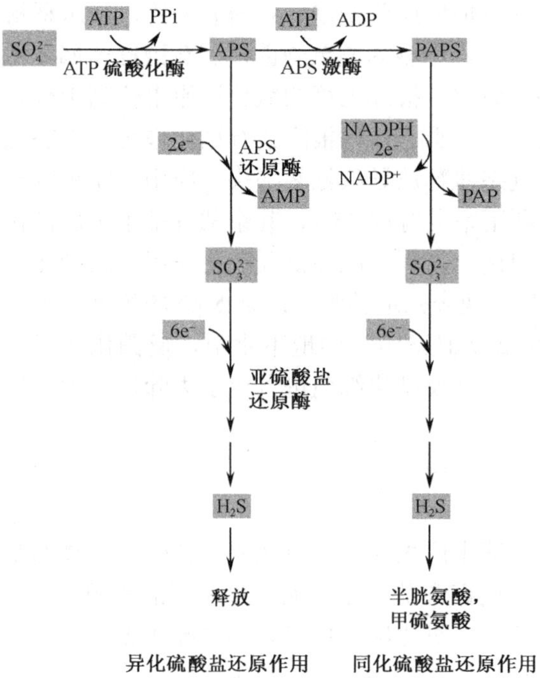

图 9-12　同化和异化硫酸盐还原作用
（Madigan et al.，2019）

亚硫酸盐，再还原成硫化氢。硫化氢中的巯基转移给丝氨酸形成半胱氨酸，还可以传递到甲硫氨酸中。

2. 脱硫作用（desulfuration）　脱硫作用是指在厌氧条件下，通过一些腐败微生物的作用，把生物体的蛋白质或其他含硫有机物中的硫矿化成 H_2S 等气态硫的作用。土壤中具有脱硫作用的细菌有假单胞菌、红球菌、棒状杆菌、短杆菌和戈登氏菌等，能引起含氮有机化合物分解的氨化微生物普遍都能分解有机物产生硫化氢。人类燃烧含硫矿物释放出 SO_2 和 COS，也是一种脱硫作用。SO_2 形成酸雨，污染环境。

3. 硫化作用（sulfurication）　硫化作用是指细菌将 H_2S、S 或 FeS_2 氧化成硫酸的过程。硫细菌和硫磺细菌是进行硫化作用的主要微生物类群。硫杆菌属（*Thiobacillus*）是硫细菌的主要代表，它们是 G^-、不产芽孢的短杆菌，广泛分布在含有还原态硫和还原态铁的环境中，包括土壤和河沟、湖底、海滩的淤泥和沉淀物中。硫细菌能从硫化物氧化成硫酸过程中获得能量，同化 CO_2 合成有机物。

$$2S + 2H_2O + 3O_2 \longrightarrow 2H_2SO_4 + \text{能量}$$

硫细菌体内不积累硫黄颗粒，如氧化硫硫杆菌（*Thiobacillus thiooxidans*）。氧化亚铁硫杆菌（*Thiobacillus ferrooxidans*）能从硫酸亚铁氧化成硫酸高铁中取得能量。硫酸高铁是有效的浸溶剂，能将铜、铁等金属从硫铁矿中浸提出来（参看第五章第二节）。

氧化亚铁硫杆菌和氧化硫硫杆菌等嗜酸性细菌，具有氧化硫化物矿中的硫和硫化物的能力，利用这些细菌将硫化矿中的重金属转化成水溶性重金属硫酸盐并从低品位矿中浸出的过程称为细菌浸出（bacterial leaching）或细菌冶金。由于硫杆菌能氧化硫铁化合物产生硫酸和三价铁，它们常常腐蚀铁质管道。硫磺细菌是一类将 H_2S 氧化为 S 积累在胞内的细菌。环境缺少 H_2S 时，细胞储存的硫粒继续氧化为硫酸，产生能量用于固定 CO_2。硫磺细菌包括丝状硫磺细菌和光能自养硫细菌。贝日阿托氏菌属（*Beggiatoa*）可以作为丝状硫细菌的代表。丝状体无分枝、无隔膜、能滑行，胞内累积硫滴。

绿硫细菌和紫硫细菌是光能自养硫细菌的重要类群，在有些淡水和浅海厌气性水层形成红色、绿色或混杂的生长层。在水体沉积物或厌氧层中的一些紫硫细菌或绿硫细菌能将 H_2S 氧化成 S，进一步氧化成 SO_4^{2-}。紫硫细菌在进行 H_2S 氧化成 S 的同时，也进行 S 氧化成 SO_4^{2-} 的反应，但后者反应较慢。在反应过程中，生成的硫黄颗粒蓄积在细胞内。而绿硫细菌在 H_2S 存在的情况下，只能氧化成 S，生成的硫黄颗粒附着在细胞外侧。光合细菌在还原性硫化物的转化过程中起着重要作用。一些化能无机营养型极端嗜热菌对硫化物具有很强的氧化能力，如硫化叶菌能氧化 H_2S 或 S。

4. 异化硫酸盐还原作用（dissimilative sulfate reduction）　在厌氧条件下，硫酸盐还

原细菌将硫酸盐作为电子受体将其还原成 H_2S 的过程叫作异化硫酸盐还原作用，也就是第六章讲过的硫酸盐呼吸或反硫化作用。硫酸盐还原细菌是一个生理群，它们对硫酸盐进行异化还原，包括脱硫弧菌、脱硫单胞菌、脱硫杆菌、脱硫球菌、脱硫八叠球菌等。脱硫弧菌研究得比较清楚，它能将土壤中硫酸盐或其他氧化态硫化物还原成硫化氢，是具端生单鞭毛的弧菌，严格厌氧，有强烈反硫化作用，它们在厌氧条件下氧化有机物质，并以硫酸盐作为最终电子受体。

异化硫酸盐还原的生物化学途径中（图 9-12），硫酸根经 ATP 硫酸化酶活化成腺苷-5′-磷酸硫酸盐（APS）；在 APS 还原酶作用下释放 AMP，产生亚硫酸根；亚硫酸根被逐步还原成 H_2S 释放到菌体细胞外。硫酸盐还原细菌为化能有机营养菌，缺乏同化 CO_2 的酶系，需要有机碳源。常见的电子供体是丙酮酸、乳酸和氢气。NO_3^-、Fe^{2+}和 O_2 均能抑制硫酸盐还原作用。

在施用大量有机肥料的高还原性水稻田中，微生物分解有机物质的强度大，造成局部缺氧，导致反硫化细菌生长旺盛。释放出的 H_2S 可以与动植物细胞色素系统中的重金属离子反应，产生毒害作用。硫酸盐还原细菌通过 H_2S 可以抑制其他微生物尤其是好气性微生物的活性。

微生物不仅在自然界硫循环中发挥了巨大的作用，而且与硫矿的形成，金属管道、舰船、建筑物基础的腐蚀，铜、铀等金属屑的细菌浸出及农业生产等都有着密切的关系。在农业生产上，由微生物硫化作用所形成的硫酸，既可作为植物的硫营养源，又能促进土壤中磷、钾、钙、锰、镁等营养元素的溶解，对农业生产有促进作用。但在通气不良的土壤中，硫酸盐还原作用会增加土壤中 H_2S 含量，造成水稻秧苗烂根。

（四）磷循环

磷是地球上第十大元素，是生物体重要的营养元素，约占细胞干重的 1%。磷循环实际上是各种磷酸盐的相互转化。地球上的磷主要存在于矿物沉积物和生物体及排泄物中。大气中没有磷的气态化合物，因此土壤磷的循环与碳、氮、硫等元素的循环不一样，没有大气中的阶段。磷循环是一种典型的沉积循环，主要在土壤、植物和微生物之间进行。磷酸盐在形态上可以分为溶解性无机磷、难溶性无机磷和有机磷。磷的同化、磷的有效化作用和有机磷的矿化是磷循环的主要步骤，整个过程都需要微生物参与。

1．磷的同化（phosphate assimilation） 微生物将溶解性无机磷吸收转化成细胞内有机磷的过程，叫作磷的同化。微生物同化磷的能力很强，土壤中大部分磷存在于土壤微生物中。在作物生长的季节里，虽然土壤微生物的生物量比植物的生物量少很多，但微生物的含磷量却比植物高得多。在植物完成一个生活史的时间里，微生物能繁殖很多代，结果是微生物吸收的磷大大超过高等植物吸收的量。微生物同化的磷随着细胞的死亡又释放出来，有利于植物吸收利用。在水体中如含有充足的磷元素（1～5mg/L）会导致藻类生长旺盛，形成水华或赤潮。

2．磷的有效化作用 磷的有效化作用是指通过微生物溶解难溶性无机磷的作用。磷酸盐的水溶性特点为 $H_2PO_4^- > HPO_4^{2-} > PO_4^{3-}$。难溶性无机磷占土壤总磷量的 95%～99%，植物或微生物不能直接利用这部分磷。土壤中的难溶性无机磷以钙、铁、铝盐等形式存在。一般来说，铁、铝盐主要存在于酸性土壤中，钙盐是微酸性到碱性土壤中的主要形式。在酸性土壤中，磷酸盐沉淀在铁、铝的氧化物表面或被溶液中游离的铝离子所沉淀或被高岭石和蒙脱石类的硅酸盐晶体束缚。在中性或碱性土壤中，磷酸根离子常与钙离子形成沉淀。当季作物对施入土壤的磷肥利用率仅为5%～25%，大部分磷与土壤中Ca^{2+}、Fe^{2+}、Fe^{3+}或Al^{3+}结合，形成难溶性磷酸盐。

微生物的溶磷方式主要是通过酸化其生长环境，促进磷的溶解。微生物分泌的乳酸等有机酸、硝化作用产生的硝酸、硫化作用产生的硫酸、代谢产生的CO_2溶于水形成的碳酸等无机酸均可促进磷的有效化。厌氧微生物还原Fe^{3+}成Fe^{2+}，也可使磷酸盐溶解度提高。有机酸还可能通过对Ca^{2+}、Fe^{3+}、Al^{3+}等元素进行螯合作用，从而减少可结合磷酸的阳离子。

土壤中存在着许多微生物能够将植物难吸收利用的磷转化为可吸收利用的形态，它们被称为解磷菌或溶磷菌（phosphate-solubilizing microorganism，PSM），包括细菌、真菌和放线菌。解磷菌的分布表现出强烈的根际效应，即根际土壤中解磷菌的数量比其他部分的土壤要多。旱地土壤溶磷微生物占整个微生物群的20%～80%，在某些土壤中溶磷微生物占整个微生物群的比例高达85%，以细菌所占比例最大。目前报道的解磷细菌主要有芽孢杆菌属、假单胞菌属、大肠杆菌属、欧文氏菌属、土壤杆菌属、沙雷氏菌属、黄杆菌属、肠细菌属、微球菌属、色杆菌属、沙门氏菌属、多硫杆菌属、固氮菌属、产碱菌属和节细菌属等。解磷真菌主要是青霉属、曲霉属和根霉属，而解磷放线菌则绝大部分为链霉菌属。

3．有机磷的矿化 有机磷的矿化是指微生物将有机磷转化为溶解性无机磷的过程。土壤中复杂的有机磷化物有植酸盐（肌醇六磷酸）、核酸和磷脂等三类化合物。土壤酸性越强，有机磷含量越高。在森林或草原植被下发育的土壤中有机磷可占土壤总磷量的一半以上，甚至可以达到90%。植酸盐是植物产生的，以植酸钙镁形式存在，在土壤中的含量约占有机磷总量的40%。肌醇六磷酸常形成多聚高分子有机磷。酵母菌合成的多聚磷酸甘露糖，细菌细胞壁中的磷壁酸也是有机磷的来源。植酸钙镁较难分解，曲霉属、根霉属、青霉属、链霉菌属、假单胞菌属、芽孢杆菌属微生物可以分泌植酸酶将肌醇六磷酸分解为磷酸和肌醇。有些微生物分泌核酸酶或核苷酸酶分解核酸释放磷，如解磷巨大芽孢杆菌和假单胞菌。蜡质芽孢杆菌、霉状芽孢杆菌及星状芽孢杆菌等细菌产生磷脂酶水解磷脂生成脂肪酸、甘油和磷酸。

植物和微生物把吸收的可溶性磷同化为有机磷，又被动物吸收消化。动植物死亡残体被微生物分解后，一部分有机磷被矿化成可溶性无机磷释放回土壤中，另一部分以有机磷储存在土壤中。可溶性无机磷可以被植物和微生物循环利用，还有一部分可溶性无机磷经雨水淋洗到江河湖海，供水体微生物和植物利用或形成磷酸盐岩沉积水底。有些无机磷与土壤中的Ca^{2+}、Fe^{2+}、Fe^{3+}或Al^{3+}结合，形成难溶性磷酸盐。难溶性磷酸盐又被溶磷微生物或土壤中的磷酸酶不断释放出来，进入新一轮磷的循环。沉积水底的磷酸盐很难再释放出来，导致参与循环的磷量减少。磷通常是植物生长的限制因子，利用微生物提高土壤可溶性磷的可给性和持续性，能够提高农作物的产量和品质。解磷菌也是微生物肥料中的常用菌种。硅酸盐胶质芽孢杆菌和氧化硫硫杆菌是无机磷细菌，巨大芽孢杆菌、蜡状芽孢杆菌和假单胞菌是常用的有机磷细菌。

（五）铁及其他元素循环

K、Fe等元素在人类农业生产、矿产开发等方面用处较大。微生物参与了土壤中K的有机态向无机态转化及硫铁矿中铁的氧化还原作用。

1．铁循环（iron cycle） 铁在地壳中的含量丰富，但只有小部分参与自然界铁元素的循环。生物体内铁含量只占 0.02%，但铁是许多酶的重要辅助因子，还是植物叶绿素的必需组分。岩石圈中的黄铁矿（FeS_2）是自然界铁存在的主要形式，水体中含铁量较少。铁主要以亚铁 Fe^{2+}与高铁 Fe^{3+}两种氧化状态存在。Fe^{2+}比 Fe^{3+}溶解度高，Fe^{3+}易形成 $Fe(OH)_3$ 沉淀。厌氧条件积累 Fe^{2+}，而好氧条件时主要以 Fe^{3+}形式存在。亚铁比高铁更易于植物和微生物吸收利用，转化为含铁有机物。在微生物作用下，Fe^{2+}、Fe^{3+}及含铁有机物间发生氧化、还原及螯合等反应，推动了铁的生物地球化学循环。

铁循环的主要步骤如下。

（1）铁的氧化与沉积　在中性条件下亚铁在空气中自发氧化成高铁形成沉淀，但在酸性时亚铁自发氧化只能缓慢进行。氧化亚铁硫杆菌在酸性条件时催化铁氧化，嘉利翁氏菌属（*Gallionella*）在 pH 为中性的厌氧条件下催化铁氧化，硫化叶菌属（*Sulfolobus*）在 pH 为中性、酸性条件均有铁氧化活性。还有很多在中性 pH 时氧化亚铁形成高铁沉淀的细菌，它们形态多样，如球形的铁球菌属、丝状的土微菌属、带鞘的鞘铁菌属、有柄的曲发菌属等。真菌中的短梗霉属、隐球酵母属也可以氧化 Fe^{2+}，沉积 Fe^{3+}。

（2）铁的还原与溶解　微生物对铁的还原作用可以分为同化还原作用和异化还原作用。趋磁细菌等能够将 Fe^{3+}还原后结合进各种细胞成分（如酶、辅酶、磁小体等），属于同化还原作用。许多兼性厌氧微生物在厌氧条件下以 Fe^{3+}作为氧化还原反应的电子最终受体进行特殊的“铁呼吸”（iron-respiration），将还原产生的 Fe^{2+}积聚在细胞外，这就是铁异化还原作用。金属还原土杆菌（*Geobacter metallireducens*）、湖沼高铁杆菌（*Ferribacterium limneticum*）、乙酸氧化脱硫单胞菌（*Desulfuromonas acetoxidans*）是典型的铁还原菌。

铁还原菌分布相当广泛，土壤、河流底泥、入海口沉积物、石油流层、地下水和温泉等地均可成为其生境。在火山泉沉积物、陆地深层、海底或地下石油层及海底火山口等高温环境中生活着多种高温性铁还原菌，如嗜铁热土杆菌（*Thermoterrabacterium siderophilus*）就分离自火山泉。许多肠道细菌、芽孢杆菌及葡萄球菌也具有厌氧还原和溶解铁的能力。

（3）铁的吸收与同化　多数铁存在于固体矿物中，难溶解于水中。大部分微生物吸收溶解性的 Fe^{2+}，进而同化为酶或辅酶等细胞成分。Fe^{2+}在环境中含量较低，往往成为生长限制因子。Fe^{3+}螯合作用是微生物溶解并吸收铁的一种方式，尤其在限铁环境中。某些微生物产生铁螯合剂来吸收转运 Fe^{3+}。肠道细菌分泌的肠道螯合素（enterochelin）是多羟基和多羧基化合物，螯合吸收 Fe^{3+}。一些海洋微生物、土壤微生物可以分泌铁载体专一性亲和 Fe^{3+}形成复合物，复合物进入细胞内再释放 Fe^{3+}用于合成含铁有机物，铁载体显著提高了微生物的营养竞争能力和环境适应能力。铁还通过螯合作用吸附在有机物的配位基上，参与氧化还原反应，如细胞色素系统。

趋磁螺菌（*Magnetotactic spirillum*）是一类对铁吸收代谢较为特殊的微生物，在细胞内合成按一定方式排列的由 Fe_3O_4 组成的磁小体。趋磁螺菌还具有强烈的趋氧性，可以调整磁小体排列方式使细菌向适宜氧气浓度的环境迁移。趋磁螺菌具有分泌铁载体及 Fe^{3+}还原吸收等多种吸收铁的途径。

因为黄铁矿（FeS_2）是自然界铁存在的主要形式，所以在自然界中铁循环和硫循环之间关系非常密切，经常相伴而行。硫还原细菌（*Desulfobulbus propionicus*）能够以 H_2 或有机物为电子受体还原 Fe^{3+}，还可以在厌氧环境中以 Mn^{4+}为电子受体氧化硫成为硫酸盐。

2．锰循环　锰（Mn）是植物、动物和许多微生物生长必需的微量元素。厌氧时以 Mn^{2+}存在，好氧酸性条件以 Mn^{2+}为主，碱性条件自发氧化成 Mn^{4+}。Mn^{2+}是水溶性的，但

MnO_2 不溶于水，植物不能利用。在好氧条件下，有些微生物可以将锰氧化，如生盘纤发菌（*Leptothrix discophora*）、节杆菌属（*Arthrobacter*）和土微菌属（*Pedomicrobium*）。相反地，土杆菌属（*Geobacter*）和希瓦氏菌属（*Shewanella*）可在厌氧条件下还原 MnO_2 成 Mn^{2+}，还有一些兼性厌氧菌以 Mn^{4+}代替 O_2 作为微生物代谢过程中的最终电子受体，把 Mn^{4+}还原为 Mn^{2+}。借助于微生物的作用，锰维持着氧化反应和还原反应的平衡。

3. 钾循环 钾元素主要存在于云母和长石等矿物中，少量在生物细胞及其残体中。钾不是生物的结构成分，主要存在于细胞液中或者作为酶的辅基。钾以 K^+状态存在，没有前述诸元素转化中的氧化还原作用。

土壤中约 98%的钾存在于矿物晶格内不易溶解，也很难被阳离子代换，不能直接被植物吸收利用。可被植物直接吸收的水溶性和代换性钾仅占土壤全钾量的 1%～2%。矿物钾只能在酸的作用下极缓慢地释放，因而矿物钾的生物转化是解决土壤中有效钾素亏缺的重要途径之一。芽孢杆菌、假单胞菌、曲霉、毛霉和青霉中一些产酸的菌种能够在培养基上溶解硅铝酸盐矿物释放极少量钾素。苏联学者亚历山大罗夫在 1950 年发现一种细菌能在以硅铝酸钾或长石粉为唯一钾源的培养基中生长，被称为“硅酸盐细菌”，现被归类为胶质类芽孢杆菌（*Paenibacillus mucilaginosus*）。

自然界中的微生物除参与上述元素的生物循环之外，还以多种方式进行着许多元素的同化代谢和异化代谢，并与其他生物协同作用完成钙、硅和汞等元素的生物循环。微生物在这些元素的生物循环中所起的作用主要有以下几种反应类型：有机物的分解作用；无机离子的固定作用或同化作用；无机离子和化合物的氧化作用；氧化态元素的还原作用。

各种元素的生物化学循环不是独立进行的，而是相互作用、相互影响、相互制约、相辅相成的。氢、氧循环与碳、氮循环密不可分，铁循环与硫循环也相互交织在一起。随着分子生物学等科学技术的发展，某些具有特殊代谢类型的不可培养微生物类群逐渐被科学家发现，某些原来认为在物质循环中不存在的厌氧甲烷氧化、厌氧氨氧化、单步硝化作用等过程得到证实，并且被证明发挥着非常重要的作用。由于目前科学技术水平的制约及生物本身的复杂性，我们对物质循环的认识存在着不可避免的局限，人类对物质循环的认识也必将是个不断深入和完善的过程。

第四节　微生物生态学研究方法

微生物是地球上生物多样性最为丰富的资源。微生物的多样性包括所有微生物的生命形式、生态系统和生态过程，以及有关微生物在遗传、分类和生态系统水平上的多样性。物种是生物多样性的表现形式，与其他生物类群相比，人类对微生物物种多样性的了解最为贫乏。目前已鉴定的病毒有 4600 种，古菌约 700 种，细菌约 2 万种，真菌约 4.7 万种。微生物除物种多样性外，还包括生理类群多样性、生态类型多样性和遗传多样性。微生物生理代谢类型很多，是动植物所不及的。微生物与生物环境间的相互关系也表现出多样性。

与高等生物相比，微生物的遗传多样性表现得更为突出，不同种群间的遗传物质和基因表达具有很大的差异。全球性的微生物基因组计划已经展开，截至 2020 年 6 月，已有 250 377 株细菌、51 654 株古菌、6509 株真菌和 38 508 株病毒的全基因组完成测序。基因组时代的到来，必然将一个崭新的、全面的微生物世界展现在人们面前。

20 世纪，生命科学向微观和宏观两个方向发展，即形成了分子生物学和生态学两大学科领域。一方面，分子生物学以核酸和蛋白质等生物信息大分子为对象，从分子水平上揭示各种微观生命现象及其机制；另一方面，生态学从个体、种群、群落、生态系统、景观、生物圈等各种宏观层次展示丰富的生物多样性及其发展和变化规律。这两个学科相互渗透、相互结合，使得人们更明晰、客观地认识自然界微观与宏观生命现象及其变化规律的相互关系，从而形成了一门崭新的交叉学科——分子生态学。分子生态学是在分子水平上，研究生物与生物、生物与环境相互作用分子机制的科学。

微生物生态学作为一门成熟学科，在发展过程中形成了其自身的研究范围，而微生物分子生态学是分子生物学、微生物生态学、微生物生理与遗传学相互结合而产生的一门交叉学科，在传统微生物生态学的基础上，其研究领域有了部分扩展和深入，取得了许多创新性成果。应用现代生物化学和分子生物学方法，克服了传统微生物生态学研究技术的局限性，为微生物生态学研究领域注入了新的活力，建立起难培养微生物和不依赖于培养微生物（culture independent）生态学研究方法，使关于微生物多样性、微生物种群动力学及其基因水平转移对生态系统的影响等方面取得了长足的进展，推动了分子微生物生态学的发展。

一、经典微生物生态学研究方法

经典微生物生态学（包括分类学）主要从细胞水平和生化水平来进行研究。主要有直接观察法、纯培养法或纯培养依赖法和生理生化水平的微生物生态学研究方法。

（一）直接观察法

显微技术是微生物检验技术中最常用的技术之一。显微镜的种类很多，在实验室中常用的有普通光学显微镜、暗视野显微镜、相差显微镜、荧光显微镜和电子显微镜等。直接观察法就是利用光学（包括荧光）和电子显微镜对样品中的微生物进行直接观察，并对微生物种类、细胞数量、细胞形态、颜色和细胞分布状况等进行统计、测量、描述与记载。

例如，以单位面积、单位体积或单位重量样品中的某种形态微生物细胞数量来表示这种微生物的个体或细胞密度。为了观察方便，还需对样品进行适当的稀释和染色。其优点是能够直接观察到自然环境样品中的微生物形态和微生物在自然样品中所处的位置及其数量。

利用血细胞计数器在显微镜下直接计数是一种常见的微生物计数方法。传统观察土壤中微生物的方法是用简单染色法、革兰氏染色法直接染色镜检，经研究改进，推出了一些适用于光学显微镜观察的生物染色法，其中应用最广的是细胞质染色的苯胺蓝法和蛋白质染色的异硫氰酸盐荧光素染色法。

1．苯胺蓝法 土壤微生物死亡后，细胞质便很快消失，细胞质的存在可以代表土壤微生物本身的存在，记录染色明显的微生物细胞，便可代表微生物的真实生长状况。最常用的细胞质染色法是苯胺蓝法。把需观察样品用苯胺蓝染液（含5%苯溶液 15mL，6%胺蓝水溶液 1mL，冰醋酸 4mL）染色 1h，先用蒸馏水漂洗，后用98%乙醇漂洗 3～4 次，置于显微镜下观察。

2．异硫氰酸盐荧光素染色法 利用各种荧光染料，将细胞内存在的核酸或蛋白质染色，而后在荧光显微镜下直接计数。由于本法简单、直观，现在已得到广泛使用。异硫氰酸荧光素（fluorescein isothiocyanate，FITC）染色法于 1970 年由 Babiuk 和 Paul 发明，1983 年 Gray 和 Deaney 进行了改进并做了对比试验。取 1.3mL 碳酸盐-碳酸氢盐缓冲液（0.5mol/L，pH 7.2）、5.7mL 生理盐水（0.85%）和 5.3mg 结晶异硫氰酸盐充分混合，放置 10min。被观察样品用此混合液37℃染色1min，用0.5mol/L碳酸盐-碳酸氢盐缓冲液（pH 9.6）漂洗10min，存放于pH为9.6的甘油缓冲液中，用短波长蓝色光进行检测。土壤中微生物死亡两天后，便不能被染色。

但是，直接形态观察法不能确定各种不同形态微生物的分类地位和系统发育关系，即便形态相似或相同的个体或细胞，也很有可能属于不同的分类单位。

（二）纯培养法或纯培养依赖法

纯培养法或纯培养依赖法（culture method or culture-dependent method）就是利用培养基对样品进行稀释培养，最终获得纯培养物，进而开展一系列研究的方法。

培养微生物的方法有很多，但一般来说，必须针对需要得到的微生物类群，选择合适的培养基，并对所采集的样品进行适当的梯度稀释，以便控制每一个培养皿上只能生长一定数目的微生物菌落。这种方法的最大优点便是可以计算自然样品中可培养的活微生物数目，并可以大体区分真菌、放线菌和细菌。但是这种方法也存在许多缺点：①自然环境中的许多微生物细胞成群聚集在一起，不易把它们完全分开，这样形成的菌落可能是由许多个不同物种细胞增殖而来的“复合菌落”，而不是由单个细胞形成的纯菌落（单克隆）；②有些微生物在平板上只能形成微菌落，不便于肉眼观察；③获得的纯培养物细胞与自然环境中的同物种细胞相比，个体或细胞形态往往存在差异，生理特性也不尽相同；④更为重要的是，实验室所用的培养条件很难满足所有微生物的生长。尽管如此，培养法仍被广泛用于经典微生物生态学研究中，特别是细菌生态学研究中。

通过纯培养可以了解不同环境下一定微生物的组成、数量、细胞形态和结构特征，分离到能进行人工培养的微生物，这些微生物最有可能是环境中代谢活性最高的生物，具有潜在开发价值。纯培养和显微镜技术不能准确描述微生物群落结构组成方面的信息，也无法描绘出不同群体的生理差异。

（三）生理生化水平的微生物生态学研究方法

生理生化研究主要是研究微生物特定物质的组成、含量及相关的功能和代谢特性，可以间接反映微生物数量及外界环境因素引起的微生物群落功能的变化。

1. BIOLOG微平板法 BIOLOG是96孔的反应微平板。除对照孔A1只装有四氮叠茂和一些营养物质外，其余95孔还装有不同的单一碳源底物。一定培养条件下，BIOLOG微平板的颜色变化孔数目和每孔颜色变化的程度与土壤微生物群落结构和功能有密切的相关性，可用于评价土壤微生物群落代谢多样性和功能特性。

2. 脂质生物标记分析法 脂质生物标记分析法包括脂肪酸甲基酯（FAME）法和磷脂脂肪酸甲基酯（PLFA）法。两种方法皆可用高效气相色谱定量分析。

（1）细胞壁脂质分析 麦角甾醇一直被看作真菌的生物标志化合物。磷壁酸和羟基脂肪酸分别被认为是革兰氏阳性菌和革兰氏阴性菌的生物标志化合物。

（2）细胞膜脂质分析 一般来说，生物细胞膜中所含的磷脂脂肪酸有以下规律：真菌的脂肪酸大多含有多个不饱和键；细菌中主要是链长为奇数的、带支链的、主链上含有环丙基或羟基的脂肪酸。

通过脂质生物标记分析法可以了解微生物群落组成、结构变化和多样性。

3. 酶学方法 酶反应可直接反映微生物群落的功能。近年来发展了多种微生物酶测定的方法，如蛋白酶、脲酶、纤维素酶、磷脂酶、蔗糖酶等活性测定方法，但测定状态和条件往往是最佳的酶催化条件，这使测定的酶活性要高于原位状态下的酶活性，反推到生态群落上时则会产生偏差。

4．免疫标记技术 酶联免疫吸附测定（ELISA）技术首先应用在医学领域中，现在推广到食品中病原微生物、毒素、残留农药等的检测上。免疫技术与其他技术相结合，出现了免疫电子显微技术、免疫印迹技术等。

细胞水平和生化水平的研究是通过对微生物表型特征、细胞性质（形态学、生理生化反应和细胞组成成分、结构）的观察而进行的，但它不能够提供微生物的进化信息，同时也严重限制了我们认识微生物的视野。

经典微生物生态学发展的限制因素有两种，一种是微生物生态学研究方法与技术；另一种是微生物生态学的理论本身，即微生物生态学的理论对微生物相互关系的揭示还不能提供足够的指导，而经典微生物生态学的研究方法也不能帮助人们对自然环境中难培养和迄今不可培养微生物展开研究。分子生物学理论与技术在微生物生态学中的渗透，极大地推动了微生物生态学的发展，使其产生了革命性的变化。

需要强调的是，微生物分子生态学研究方法并不能代替纯培养法。事实上，微生物分子生态学研究方法是建立在纯培养法分离得到的众多纯培养微生物核酸序列比较分析基础之上的，而且，分子生态学研究方法探测到的未培养微生物，也要最终利用纯培养法得到纯培养后才能对其进行深入研究，也才有可能用于应用研究与开发利用。

二、分子微生物生态学研究方法

分子微生物生态学是利用分子生物学技术手段研究自然界微生物与生物（biotic）及非生物（abiotic）环境之间相互关系及其相互作用规律的科学，主要研究微生物区系组成、结构、功能、适应性发展及其分子机制等微生物生态学基础理论问题。该方法是基于微生物体内含有的 DNA 信息来进行研究的，由于 DNA 中碱基序列的多样性及特定基因片段的唯一性，因此 DNA 技术是最为全面和可靠的分析方法。

目前分子微生物生态学的研究主要有以下技术和方法：核酸分子杂交技术、DNA 指纹技术、rRNA 同源性分析法、稳定同位素技术和宏基因组高通量测序方法等，前三种具体可见第十章，以下主要介绍后两种方法。

（一）稳定同位素技术

稳定同位素探针（stable isotope probing，SIP）要先将标记的底物 ^{13}C（或 ^{15}N）添加到系统中，然后再提取微生物群落 DNA，用梯度离心法把重的 DNA（被 ^{13}C 或 ^{15}N 标记）和轻的 DNA（未被 ^{13}C 或 ^{15}N 标记）分开。用群落 DNA 分析方法分别对重 DNA 和轻 DNA 进行分析，可以了解活性和非活性微生物群落，从而知道哪些微生物在起作用。该技术的缺点是不易检测数量很少但活性很高的微生物的活性。

（二）宏基因组高通量测序方法

用不同颜色的荧光标记 4 种不同的 dNTP，当 DNA 聚合酶合成互补链时，每添加一种 dNTP 就会释放出相应的荧光，捕捉到的荧光信号经过特定的计算机软件处理，从而获得待测 DNA 的序列信息。这就是边合成边测序的高通量二代测序。该方法以微生物目的基因的

PCR 产物为样本进行测序，一个反应得到几万至几百万条序列，测序的广度和深度大大提高。例如，Roche Inc 公司的 454 焦磷酸测序和 Illumina Inc 公司的 Hi Seq 测序，这两种高通量测序方法通过在每个样品的引物上加标签来识别不同样品的序列，均可以同时分析多个环境样品，并得到大量序列。

尽管二代测序具有较高通量，但是读取长度较短（30～450bp），且扩增过程中容易产生因外源基因的引入而错配的现象。因此，逐渐发展出以单分子实时测序为核心的第三代测序技术，也叫从头测序技术。DNA 测序时，不需要经过 PCR 扩增，实现了对每一条 DNA 分子的单独测序。该技术主要以 Helicos Biosciences 公司的单分子 DNA 测序（true single molecular sequencing，tSMS）、Pacific Bioscience 公司的单分子实时测序（single molecule real time sequencing，SMRT）及 Oxford Nanopore 的纳米孔单分子技术为代表。

tSMS 和 SMRT 技术采用“边合成边测序”的方法，即当荧光标记的脱氧核苷酸被掺入 DNA 链时，DNA 链上就能同时探测到它的荧光；一旦与 DNA 链形成化学键，该脱氧核苷酸的荧光基团就被 DNA 聚合酶切除，荧光消失。这种荧光标记的脱氧核苷酸不会影响 DNA 聚合酶活性，并且在荧光被切除之后，合成的 DNA 链和天然的 DNA 链完全一样。

SMRT 技术的核心在于零模式波导技术（zero-mode waveguide technology，ZMW），该技术首次攻克了单分子测序技术中长期以来的最大瓶颈——测序过程中生物材料引起的背景噪声。纳米孔单分子技术则采用“边解链边测序”的方法，当单链 DNA 模板通过纳米孔时，被共价结合在纳米孔入口处的外切酶识别并将碱基剪切下来，使单个碱基依次通过纳米孔；已检测过的碱基被很快清除，以避免重复测序；由于纳米孔的直径非常细小，仅允许单个核酸聚合物通过，而每个碱基的带电性质不一样，通过电信号的差异就能检测出通过的碱基类别，从而实现测序。核酸外切酶与 α-溶血素纳米孔相耦合是纳米孔单分子测序平台的核心。

与二代测序相比，第三代测序技术不仅通量高，而且速度快、长读长、成本低，其最大特点是无须进行 PCR 扩增，可直接读取目标序列，大大减少了假阳性率，同时避免了碱基替换及偏置等常见 PCR 错误的发生。但是就精准度而言，第三代测序技术不如二代，错误率通常都在 15%左右。因此，在实际工作中，可根据需要同时使用两代测序技术，将第二代测序技术的高精准度与第三代测序技术的长读长优势相结合，利用二代测序数据对三代测序数据进行更正及更正序列的从头组装。当然，这样做会造成人力、物力及财力的更大损耗，且组装算法上也存在局限性，这就需要开发更精确和普适的组装算法，提升硬件和软件实力，在选取技术的同时考虑相对成本。

特定物种基因组研究使人们的认识单元实现了从单一基因到基因集合的转变，宏基因组研究将使人们摆脱物种界限，揭示更高更复杂层次上的生命运动规律。在目前的基因结构功能认识和基因操作技术背景下，细菌宏基因组成为研究和开发的主要对象。

（三）分子微生物生态学研究方法的局限

分子微生物生态学研究方法的局限表现在如下几个方面：①样品在提取核酸前的厌氧或室温环境不可避免地导致其中微生物的变化，冷冻可以减缓变化，但是不能存放时间过长，真菌在 0～4℃仍可以观察到明显的生长现象；②每次提取 DNA 的效率不同，造成结果重复性差；③某些原核生物细胞比其他细胞容易裂解，引起裂解程度不均一，使得不易裂解的细胞的丰度估计过低；④引物对不同样品的扩增效率不同，引起偏差。

分子微生物生态学绝大部分技术首先离不开从自然样品中抽提细胞或核酸。由于细菌与环境物质（黏土、金属离子、附属物、低聚糖等）之间存在吸附等相互作用，即使是最成功的方法，在从土壤中抽提细胞时最多也只能得到30%的细胞。虽然这种方法不能用于鉴定和计量物种的组成，但它提供了一种直接检测群落随时间和空间季节性变化的简单且迅速有效的方法。

从环境样品中提取核酸的方法可分为两类。

1）转移后裂解法，即先将微生物菌体与土壤颗粒分开，再提取DNA。

2）直接裂解法，即在土壤中直接裂解微生物菌体后提取DNA。相比之下，直接裂解法可以提取出沉积物样品中近乎所有的微生物种群，且DNA产量大。

在高效裂解细胞的同时保持已释放DNA稳定，是提高DNA产出率的决定因素。目前已报道的裂解法有碾磨法、超声波裂解法、液氮冻融法、变性剂热裂解法、酶解法等。

从环境样品中直接分离核酸面临的主要问题是水环境中核酸浓度很低；土壤样品中生命和非生命物质大量存在，吸附在砂和黏土中的DNA难以被分离；而且分离到的核酸成分复杂，要获得高纯度的DNA相当费时；此外，分离到的DNA中有一部分来自死的或半死状态的细胞。因此，常用凝胶电泳法从土壤样品中分离DNA 。

分子生物学技术向微生物生态学的不断渗透，为微生物生态学研究领域注入了新的活力，尤其在微生物多样性、微生物群落组成和变化规律及微生物系统进化研究方面取得了重大突破。但是，应该充分注意到，分子生物学技术本身存在的不足及其在研究过程中不稳定因素对实验结果的影响。采取多种研究方法，从细胞水平、生化水平及分子水平综合考虑，将会为这门学科带来新的繁荣。

第五节　微生物与环境保护

一、微生物对污染物的降解

随着现代工业和农业的持续发展，环境污染问题日益严峻，引起人们广泛关注。有机污染物（organic pollutant，OP）广泛存在于自然环境中，造成严重的环境污染问题，威胁人类健康和生态安全。利用微生物代谢活动分解环境中有机污染物的微生物修复是一种经济、环保的修复技术，具有广阔的应用前景。

（一）微生物对有机农药的降解

据中国农药工业协会统计，农药利用率普遍偏低，仅为35%左右，剩余农药残留在土壤、植物及大气中，导致土壤、水质等受到污染，引发了各种环境和食品安全问题，直接或间接地威胁人类健康。微生物修复具有种类丰富、分布广泛、适应性强、代谢途径多样等优势，被认为是一种有效的农药污染“绿色”解决方案。有机磷、氨基甲酸酯、拟除虫菊酯等农药的微生物降解已有深入的研究，包括节杆菌属、黄杆菌属、微球菌属、假单胞菌属、根瘤菌属和鞘氨单胞菌属的细菌，可以利用农药为唯一碳源或氮源生长繁殖。降解农药的真菌有黄孢原毛平革菌（*Phanerochaete chrysosporium*）、平菇（*Pleurotus ostreatus*）和云芝（*Trametes versicolor*）。

（二）微生物对石油烃的降解

石油碳氢化合物目前是环境中最常见的污染物，而油田、焦化厂、固废拆解厂等场地容易受到碳氢化合物污染的威胁。利用土壤中的土著微生物或在污染土壤中接种人工选育的高效降解微生物，同时给予优化的环境条件，以石油污染物为碳源进行新陈代谢从而实现微生物对污染物降解。尽管许多微生物能降解石油烃污染物，但细菌在降解过程中发挥主导作用。

石油烃的生物降解包括三个过程，即吸附、转移和降解。首先，微生物吸附于烃类表面；其次，石油烃被转移到生物细胞膜表面；最后，微生物将可利用的有机物转移至细胞内，有机物最终被分解为小分子物质。微生物分解石油烃类以获得能量，或经过同化作用将石油烃转化为自身组分。微生物的修复效果受到石油污染土壤理化性质、营养物质性质与来源等因素的影响。微生物降解石油类物质的最适宜条件一般为 pH 6～8，表层土壤温度为 15～30℃，空气相对湿度为 70%～80%，营养物质比例 C∶N∶P=25∶1∶0.5。

（三）微生物对多环芳烃的降解

多环芳烃（polycyclic aromatic hydrocarbon，PAH）具有致癌、致畸、致突变“三致”效应，是美国环保署优先控制的一类持久性有机污染物。根据《全国土壤污染状况调查公报》，我国土壤 PAH 点位超标率高达 1.4%。微生物修复针对石油烃、有机农药、多氯联苯等污染土壤具有较好的效果，而对于疏水性更高、生物降解更难的 PAH，其修复难度更大。

在实际应用中单个降解菌株的生物强化修复效果并不理想，主要问题在于降解菌株接种到土壤后存活率低。与传统的外源施加单一降解菌株相比，微生物菌群具有以下优势：①微生物菌群具有更强的环境适应能力，提高了降解菌株的存活率；②菌群内的联合代谢能够实现有机污染物的完全矿化，有效解决由于有机污染物的降解途径复杂导致单一降解菌株难以独立矿化的问题；③微生物菌群对有机污染物的降解具有显著的增强效应，可以显著提高降解效率及增加降解功能，并为多种污染物的同时降解提供了可能。

针对 PAH 污染土壤，目前发展出电动-微生物耦合修复、植物-微生物联合修复等有效技术。电动-微生物耦合修复技术利用电场作用促进了土壤污染物和营养物质移动，增加了微生物与污染物的接触进而降解污染物，该技术对低渗透性、传质低的黏土类土壤具有独特应用优势。有研究表明，PAH 降解菌在电场作用下从土壤表层迁移至底层，电动耦合技术显著提高了土壤中的 PAH 的微生物降解，同时通过添加表面活性剂可进一步强化该耦合技术修复效果。植物-微生物联合修复是农田污染土壤常用的原位修复技术，植物根系为微生物在土壤中的定植提供了微环境，根系分泌物等也强化了根际区域 PAH 的微生物降解，同时接种根瘤菌、菌根真菌等植物促生微生物，可以改善植物在污染环境中的生长而提高修复效率。土壤污染复杂、场景多变，在修复工程中需结合现场状况制定相匹配的微生物修复组合措施。

二、微生物对重金属的钝化、吸收和转化

确切地讲，微生物并不具备降解重金属的能力，而是通过钝化、吸收和形态的转化降低重金属毒性，达到治理效果。

（一）微生物对重金属的钝化

微生物可以通过分泌胞外聚合物（extracellular polymeric substance，EPS）来钝化重金属。EPS 富含羟基、羧基、氨基等官能团，可通过静电吸附、络合等作用与重金属键合并钝化重金属。黄孢原毛平革菌（*Phanerochaete chrysosporium*）分泌的 EPS 对低浓度 Pb 的钝化起着十分重要的作用。固氮菌（*Azotobacter* spp.）通过 EPS 钝化土壤中的 Cd 离子、Cr 离子，进

而降低小麦体内 Cd、Cr 的含量。

微生物可以将重金属矿化，进而钝化重金属。巴氏芽孢八叠球菌（*Sporosarcina pasteurii*）、肿大地杆菌（*Terrabacter tumescensi*）等细菌能够产生脲酶将尿素水解，提高土壤 pH，使土壤溶液中的 Cd、Cu、Pb、Ni 等重金属在其表面沉淀形成碳酸盐结晶。

微生物还可以通过影响土壤中有机质的转化来钝化重金属。微生物在有机质降解及腐殖质形成过程中起着重要的作用。腐殖质富含羟基、羧基、氨基等官能团，这些官能团能够与重金属形成稳定的络合物，进而钝化重金属。

（二）微生物对重金属的吸收

部分微生物对重金属具有很强的积累能力，可以将环境中的重金属大量吸收到体内，进而减少可被植物吸收的重金属含量。微生物对重金属的吸收分两步进行：第一步与代谢无关，为生物吸附过程，进行较快；第二步是生物积累过程，进行较迟缓。生物积累过程是微生物吸收、转化和利用重金属离子的主要途径。在第一步微生物吸附过程中，金属离子可通过配位、螯合与离子交换、物理吸附及微沉淀等作用吸附至细胞表面。生物吸附的机制是细胞壁上的官能团与金属离子的结合或以其他方式的配位。微生物累积过程又可分为胞外富集、细胞表面吸附或络合和胞内富集三种。其中，细胞表面吸附或络合可存在于死、活微生物中，而胞内和胞外重金属元素的富集，则需要活体微生物完成。

当重金属被吸收运送至细胞内后，微生物可通过区域化作用将其放置于代谢不活跃的区域（如液泡）封闭起来，或将金属离子与微生物体内合成的热稳定蛋白［金属硫蛋白（MT）、谷胱甘肽（GSH）、植物凝集素（PHA）、不稳定硫化物等］结合，将其转变成为低毒的形态。生物积累过程与细胞代谢直接相关，因为生物的生命活动需要有金属离子的参与，细胞在运输这些金属离子时，某些重金属离子会竞争运输吸附位点。很多影响细胞生物活性的因素（如 pH、温度及重金属离子浓度水平等）均会对微生物的解毒功能产生显著的影响。

（三）微生物对重金属形态的转化

微生物通过氧化还原、生物矿化、甲基化和去甲基化等作用改变重金属的形态，从而实现对重金属的解毒。通常情况下，微生物可通过多种解毒机制共同作用，使其在重金属污染的环境中存活下来。例如，在高浓度 Fe^{3+} 胁迫下，蓝细菌可通过以下多种途径降低铁对细胞的毒害：①胞外蛋白质将 Fe^{3+} 矿化为赤铁矿和磁铁矿，减少其进入细胞的量；②细胞内的磷酸盐与 Fe^{3+} 螯合，减少游离的 Fe^{3+} 对细胞的毒害；③超氧化物歧化酶、过氧化氢酶、脯氨酸和类胡萝卜素等可降低 Fe^{3+} 引起的氧化应激压力；④细胞内的脂多糖、脂肪酸、叶绿素和糖类等物质与 Fe^{3+} 络合降低铁的毒害。

元素的价态是影响其毒性的重要原因，微生物对毒性元素的氧化还原过程是重要的解毒机制之一。蜡样芽孢杆菌（*Bacillus cereus*）可将 Cr^{6+} 还原为 Cr^{3+}，降低 Cr 的毒性，当 Cr^{6+} 浓度分别为 60mg/L 和 70mg/L 时还原率分别达到 96.7%和 72.1%。该过程中，还原型辅酶Ⅰ和辅酶Ⅱ可作为重要的电子供体。在有氧环境中，栖热菌属（*Thermus*）利用无机 As^{3+} 作为电子供体，将 As^{3+} 氧化为毒性较弱的 As^{5+}。

三、微生物与污水处理

如果直接将没有经过有效处理的污水、废水排入自然水体中，将对水体造成严重污染，并使人类健康受到威胁。天然水体遭受污染以后，所发生的物理、化学或生物过程能对水体予以净化，这就是水体自净。微生物能以污染物为营养源，对水体予以净化，这就是采用微生物进行污水处理的作用原理。在自然界中，水体自净速度十分缓慢，若水体中短时间内进入大量污水，将无法得到有效净化，甚至会对自净能力造成破坏。对此，一方面要在污水排放前对其进行适当处理，另一方面可通过沉降、凝结（微生物絮凝）、过滤、氯化和储存等环节达到净水的目的。下面介绍几种污水处理中常用的微生物技术。

一般情况下，在污水中存在较多的含磷、硫及铁等无机物。在进行硫元素的处理过程中，主要依靠硫细菌与硫磺细菌进行转化。常用蜡质芽孢杆菌吸收储存污水中的磷。在铁元素的处理过程中，主要利用的是微生物的氧化还原作用。各种含铜类饲料添加剂的应用，使得养殖污水当中出现铜元素超标的情况，可以利用微生物的转化作用，使得污水得以净化。

污水中主要的含氮物质包括尿素、氨氮、蛋白质及氨基酸等。在分解尿素的微生物中，一些球状或杆状的尿素细菌占主要地位；可以利用荧光假单胞菌将蛋白质分解为氨基酸。

（一）测定污水污染程度的指标

1．生化需氧量（biochemical oxygen demand，BOD） 表示在有饱和氧条件下，好氧微生物于 20℃经一定天数降解每升水中有机物所消耗的游离氧的量。有机质生物氧化是一个缓慢的过程，需要很长时间才能终结。因此，各国都规定统一采用 5 日、20℃作为生物化学需氧量测定的标准条件，以便做相对比较，这样测得的生物化学需氧量记作 BOD5（20℃），或只写 BOD5。生化需氧量的基本测定方法是将水样注入若干个有水封的具塞玻璃瓶中，先测出其中一瓶水样当天的溶解氧量，并将各瓶放在（20±1）℃的培养箱内培养 5 日后再测其溶解氧量。培养前后溶解氧之差即此水样的 BOD5。

2．化学需氧量（chemical oxygen demand，COD） 在一定条件下，强氧化剂氧化 1L 污水中的污染物时需要的耗氧量。以氧化 1L 水样中还原性物质所消耗的氧化剂的量为指标，折算成每升水样全部被氧化后需要的氧的毫克数（mg/L）。使用不同的氧化剂得出的数值不同，因此需要注明，一般为高锰酸钾或重铬酸钾。COD 是表示水中还原性物质多少的一个指标。水中的还原性物质有各种有机物、亚硝酸盐、硫化物、亚铁盐等，有机物占比最高。因此，COD 可作为衡量水中有机物质含量多少的指标。化学需氧量越大，说明水体受有机物的污染越严重。

3．溶解氧（dissolved oxygen，DO） 溶解氧是指溶解于水中的氧的量（mg/L），是评价水体自净能力的指标。DO 越低，表明水体中污染物不易被氧化分解，鱼类会窒息而死，厌氧菌大量繁殖，使水体发臭。水中溶解氧的含量同空气中氧的分压、大气压力和水温有直接关系。在正常状态下，地面水中溶解氧应接近饱和状态。

水污染常规分析是反映水质污染状况的重要指标，是对水质监测、评价、利用及污染治理的主要依据。除上述指标外，还有臭味、水温、浊度、pH、电导率、总氮、总有机碳、溶解性固体、悬浮性固体、细菌总数、大肠菌群等分析指标。

（二）污水处理中常用的微生物技术

1．电极生物膜法 工作原理是利用微生物形成的生物膜对有机物的吸附特性，将微生物固定在电极表面形成生物膜，在电极间通入微弱电流，可将被吸附的污染物降解。因其具有脱氮效果好、处理费用低的优点，被广泛应用于城市污水脱氮处理。

由于农业废水中具有大量农药，农药中的氮元素含量较高，运用电极生物膜法，不仅可以提高农药的去除率，还能增强反硝化效果。

2．微生物絮凝技术 微生物在生长与代谢的过程当中，会有一些糖蛋白、功能性多糖等具有絮凝功能的高分子有机物产生，可在污泥处理当中使用，并且有些微生物本身也是一种高效的絮凝剂。在农业废水中 BOD 较高，使用微生物絮凝剂可以提高总碳和总氮的去除率。在废水处理中，可溶性色素的去除一直是一个难点问题，而微生物絮凝剂能够对色素沉淀达到污水脱色的目的。

3．固定化微生物技术 在污水处理过程中，固定化微生物技术将游离状态的细胞固化在载体上，对污水中的有机杂质能够实现强力吸附和分解。可以依据实际需求，选择特定种类的固定化微生物菌种。固定化微生物活性较强，可以在污水处理过程中反复使用，节约成本、提高效益。净水厂的处理过程如图 9-13 所示。

图 9-13 净水厂（Madigan et al.，2019）

A．一家水处理厂的鸟瞰图，位于美国肯塔基州路易维尔，箭头指示水流过植物的方向；B．典型的社区净水系统的示意图

四、微生物与固体废弃物处理

固体废弃物目前是我国环境污染的重要污染源之一。作为各类污染物的综合体，固体废弃物中包含了各种污染成分，而其中很多有害成分一旦进入大气、土壤及水体中，很容易给生态环境带来非常严重的破坏，因此我们必须要重视固体废弃物的处理。对固体废弃物的无害化、减量化、资源化处理是建设资源节约型、环境友好型社会重要的一步。固体废弃物传统的处理方法如填埋、堆放和焚烧处理不仅没有达到理想的处理效果，还会造成二次污染。微生物技术在处理固体废弃物过程中以其低成本、绿色环保、不会有二次污染等优点受到大量研究和推广。微生物技术也有其不足之处，如反应速度慢、对某些固体废弃物难以降解。尽管如此，微生物处理技术凭借传统方法不可比拟的优越性和安全性，在固体废弃物处理过程中发挥着越来越大的作用。

（一）好氧堆肥技术

好氧堆肥主要是通过运用好氧微生物在有氧的情况下，对堆积在地面或者专门发酵装置中的有机物实施降解处理，并以此获得具有较高稳定性的高肥力腐殖质。生活垃圾特别是厨余垃圾营养丰富，含有大量的有机物质，C/N 值高，非常适合用于堆肥原料。我国一些中大城市已逐渐将好氧堆肥制取有机肥作为生活垃圾资源化处理的有效技术手段。目前餐厨垃圾好氧堆肥的研究主要集中在堆肥微生物的选择和控制、堆肥反应器的改进、工艺条件控制优化及堆肥添加剂的应用等方面。

（二）厌氧消化处理技术

城市生活垃圾具有有机质含量高的特点，具备了成为厌氧消化优质底物的条件。由于有机质具有良好的生物降解性，因此厌氧消化处理技术被广泛应用于处理城市生活垃圾。在厌氧微生物作用下，餐厨垃圾可产生氢气和甲烷等能源气体。相较于其他发酵基质，生活垃圾具有更高的甲烷产率。还能减少病原菌、臭气产生和二氧化碳排放，同时发酵后沼渣作为生产有机肥原料。厌氧菌中产酸菌和氨化菌最先增殖，产酸菌先于氨化菌达到最大值并占据优势地位，厌氧纤维素降解菌菌数呈现缓慢增长的趋势。

（三）生物干燥技术

生物干燥技术是生物堆肥的一种特殊形式，通过该技术的预处理，并以强制通风的方式，能够实现城市生活垃圾的干燥、脱水。垃圾中的微生物通过有机物发酵产生的热量，在通风、高温环境下，加速水分的蒸发，能够快速降低生活垃圾中的含水量，继而实现理想的干燥效果。传统的堆肥技术主要利用微生物好氧发酵，继而再将有机物氧化变为腐殖质，而生物干燥技术则通过生物反应蒸发垃圾中的水分，并不会对垃圾基质中的生物含量造成影响。

五、微生物与环境监测

环境监测是环境保护的重要组成部分，它既为了解、评价环境质量状况提供信息，也为制定各项管理制度、法律法规提供科学依据。生物监测包括水、土壤和大气污染监测三部分，对于不同的环境介质，生物监测所侧重的方法有所不同。生物监测具有时效性、综合性和敏感性等特点，能反映整个时期环境因素改变的情况。微生物监测是利用微生物对环境污染或变化所发生的反应，阐明环境污染状况，从生物学角度为环境质量的监测和评价提供依据。目前应用核酸探针和聚合酶链反应（PCR）技术检测环境中的致病菌，如大肠杆菌、志贺氏菌、沙门氏菌、耶尔森氏菌等腹泻性致病菌和乙型肝炎病毒、人类免疫缺陷病毒（HIV）等病毒。

微生物传感器是指利用一定的固定化方法将生物敏感元件（对特定污染物有感应能力的微生物菌株）与具有信号转换功能的介质相连，并借助一定的设备将信号放大输出，用于快速、精确、简便地检测特定污染物。由于微生物传感器的核心部分是具有生物活性的微生物细胞，而微生物在其数量、大小、繁殖、遗传改造等方面均具有独特的优势，因此可以满足环境监测中快速、简单、原位、低成本的要求。

小　　结

微生物在自然界中广泛分布，在微生物与其生存环境组成的微生物生态系统中，各种异质化微环境为不同微生物类群提供适宜的生态位，构成多样性的微生物群落。群落中微生物物种的多样性是微生物生态系统稳定性的主要因素，高度多样性的群落能够在一定程度上应对环境条件的变化。在微生物群落中，微生物之间通过共生、互生、拮抗、竞争、寄生和捕食等相互作用，自然选择、协同演化，维持群落的多样性和稳定性。微生物通过共生、互生和寄生关系，影响植物吸收营养、生长繁殖和适应进化。微生物和昆虫的共生、瘤胃微生物与反刍动物的共生、海洋鱼类和发光细菌的共生是对动物有益的微生物最生动的案例。

物质循环和能量流动是生态系统中最根本的运动，它们保证了地球生物圈的生生不息、永续发展。微生物作为地球生物演化中的先锋种类、有机物的主要分解者、物质循环中的重要成员、生态系统中的初级生产者、物质和能量的储存者、信息接收者和信息源，在生态系统的顺利运转中占据重要地位。

相对于经典微生物生态学研究方法，分子生物学技术为微生物生态学研究带来了革新，尤其在微生物多样性、微生物群落组成、变化规律及微生物系统进化研究方面取得了重大突破，但是应该注意分子生物学技术本身存在的不足及其在研究过程中不稳定因素对实验结果的影响。采取多种研究方法，从细胞水平、生化水平及分子水平综合考虑，将会为这门学科带来新的繁荣。

微生物具有降解有机农药、石油烃、多环芳烃等复杂有机物的独特作用，还具有对重金属的钝化、吸收和形态的转化能力，因此在污水处理和固体废弃物处置等环境保护领域中发挥着不可替代的作用。

复习思考题

1. 什么是生态位？微生物生态位由哪些因素构成？
2. 简述微生物生态系统的特点。什么是种群、共位群、微生物群落、微生物区系？
3. 为什么说土壤是微生物的“大本营”或是人类最丰富的“菌种资源库”？
4. 空气、水体中的主要微生物类型有哪些？极端环境微生物的研究意义是什么？
5. 为什么饮用水源必须经过消毒处理？饮用水的微生物学标准是什么？
6. 简述人体的五大微生态系统。何谓微生态平衡？粪菌移植的原理是什么？
7. 微生物与微生物之间有哪些相互关系？简要描述并举例。
8. 微生物的拮抗关系在实际生活中有何重大意义？
9. 微生物之间的捕食关系对于维持生态系统的生物链有什么作用？
10. 如何利用捕食性真菌为农牧业服务？
11. 微生物与植物间的关系有几类？试举例说明。
12. 简述根瘤的形成过程。
13. 外生菌根和内生菌根有何差异？
14. 什么是根际效应？根际微生物与植物的关系如何？
15. 微生物与动物间的典型共生关系有哪些？
16. 何谓地球生物化学循环？微生物在生态系统中的地位如何？
17. 碳循环中微生物参与的 CO_2 固定有哪些类型？试比较差异之处。
18. 解释甲烷产生途径及甲烷氧化途径，举例参与其中的微生物。
19. 说明甲烷厌氧氧化的含义，参与微生物类群的种类、特点，以及甲烷厌氧氧化的生态学意义。
20. 氮循环的主要过程是怎样的？微生物在其中有何作用？
21. 反硝化作用有何生态学意义？在农业生产中有何副作用？在污水处理中有何应用？
22. 对比分析脱硫作用和硫化作用的差异。
23. 硫细菌和硫磺细菌进行的硫化作用主要差异是什么？分别列举 2～3 个代表菌群。
24. 为何能够运用硫细菌冶金，从硫铁矿中炼铁？
25. 硫循环与铁循环有何联系？哪些微生物在其中起到主要作用？
26. 分析硫酸盐还原的两种途径的差异，试解释兼厌气性微生物在厌氧条件下选择的途径。

27. 简述磷循环的主要步骤及参与其中的主要菌群。

28. 铁细菌是进行铁呼吸的细菌吗？请简要说明理由。

29. 微生物生态学的研究方法有哪些？

30. 简述固体废弃物处理的微生物技术。

31. 简述污水处理相关的微生物技术。

第十章 微生物的系统发育和分类鉴定

地球上的生物种类究竟有多少尚无准确答案，据初步统计已有分类记录记载的生物种类大约有 180 万种，其中微生物约有 42 万种。随着研究的推进，特别是新培养方法和技术的应用，如原位高通量培养、VBNC（viable but non-culturable，活的非可培养状态）细胞复苏培养及不依赖于分离培养的分子分析等方法的使用，微生物种类还在不断地快速增加。面对如此纷繁多样的微生物，只有充分掌握微生物分类学的理论和方法，才能更好地认识、研究和应用微生物。

微生物分类学（microbial taxonomy）是按照微生物亲缘关系的密切程度把它们安排成条理清楚的各种分类单元或分类群（taxon，复数 taxa）的科学。分类学包含既相互关联又有区别的三个要素，即分类（classification）、命名（nomenclature）和鉴定（identification 或 determination）。分类是按微生物的相似性或亲缘关系进行分群归类，根据分类对象的相似性水平进行系统排列，并对每一分类群的特征加以描述，用以查核和对未被分类的微生物进行鉴定，使该系统尽可能反映各种群间的自然进化关系。命名是为了便于交流和避免混淆，根据国际命名法规，赋予每一个新发现或定名不合适的微生物一个合理的名称。鉴定是通过测定和分析未知微生物的分类指征，依照已有的权威分类系统，确定其所属分类单元的过程。由此可见，分类是从特殊到一般或从具体到抽象的过程，鉴定则与其相反。

根据主要目标和依据的不同，微生物分类可简单地区分为两种：一是基于表型性状（phenetic traits）的分类，其根本目的是方便分类和鉴别，重在实用；二是按照生物系统发育相关性分类，其目标是探寻生物之间的进化关系，反映生物系统发育的谱系，构建系统发育分类系统。前者属于传统生物分类的范畴，而后者代表了进化论出现以后微生物分类的一般趋势，即微生物分类不再仅限于从表型特征对生物分群归类，而是进一步从分子水平来探讨微生物的进化、系统发育和分类鉴定。微生物分类涵盖的内容非常广泛，本章重点以原核微生物为例阐述、说明，并对真菌的代表分类系统做简单介绍。关于其他微生物分类，请参见相关书目。

第一节　生物进化历程的计时器

据分析，地球形成已有 46 亿年的历史。化石证据表明地球上的生命最早出现在距今大约 35 亿年前。由原始微生物与沉积岩形成的片层化石即叠层石中发现存在微生物，它们类似于绿色硫细菌和多细胞丝状细菌，这些原始生命大概都是厌氧型的。此外，科学家在叠层石中发现能进行产氧光合作用的蓝细菌的化石是在 27 亿年前形成的。一般认为，在地球形成的初期，地球上的生命演变经历了从化学进化阶段到生物进化阶段的过程。目前地球上繁衍生息的生物种类是地球发展过程中由原始生命不断进化发展而来。

自进化论诞生以来，以进化论为指导思想的生物分类被普遍接受，即分类要反映生物间的亲缘关系，通过分类可以推断生物进化的谱系。在20世纪70年代以前，利用形态结构、生理生化特性、行为习性等表型特征为主的传统分类方法，难以了解微生物的进化历程（即系统发育）和无法正确认识微生物系统发育地位。因为它们中的绝大部分个体微小、形态简单、易受环境影响而变异、缺少有性繁殖过程，以及相关化石资料贫乏，使得微生物普遍缺乏可有效分类的表型特征。而随着现代分子生物学技术的迅速发展，可以从核酸等大分子水平上分析微生物类群之间的亲缘关系，为微生物分类提供了全新的理论和方法。

一、进化指征的选择

在构建反映生物亲缘关系的系统分类过程中，首先要解决的关键问题是选择合适的进化指征。随着对生物大分子研究的不断深入，现在普遍认为蛋白质、RNA和DNA均可以作为进化时钟（evolutionary clock）——衡量进化变化的指征。研究表明，这些分子的进化速率相对恒定，即这些分子序列进化的变异量（核苷酸或氨基酸的替代量或百分率）与分子进化的时间呈正相关。由此，我们可以通过比较不同种类生物大分子序列的变异量来确定它们之间的发育相关性或遗传距离。

作为进化指征应该满足相应的条件：①存在的普遍性，所选的分子序列应普遍存在于所研究的各类生物类群中；②序列功能的同源性，所选的分子序列在不同生物中的功能是同源的，功能不相关的分子序列没有相似性，因此不同功能的大分子无法比较；③序列的线性，所选分子序列排列必须是线性的，便于进一步比较分析；④序列的保守性，根据要比较的生物类群的进化距离来选择合适的分子序列，所选分子序列要求变化速率相对较低，即比较保守。大量资料表明，功能重要的大分子（或者大分子中功能重要的区域）比功能相对不重要的分子或区域进化速率低。

二、rRNA作为进化的指征

虽然组成生物体的蛋白质、核酸均可提供生物进化的信息，但并不是所有的蛋白质或核酸分子都可指征生物进化。目前，rRNA 是公认的最适于揭示各类生物系统发育关系、进行生物进化谱系分析的标尺分子。在原核生物中用作进化标尺的 rRNA 分子有 5S rRNA、16S rRNA 和 23S rRNA，特别是 16S rRNA 应用最为广泛（图 10-1），这是因为：①16S rRNA 广泛存在于原核生物中，在真核生物中存在同源序列——18S rRNA；②rRNA 参与蛋白质的生物合成，是任何生物必不可少的，其生理功能既重要又恒定；③16S rRNA 基因序列中既具有高度保守区域，又有中度保守区域和高度的变异区域，序列变化和生物进化距离一致；④16S rRNA 基因序列大小适中（约 1540bp），在生物细胞中的含量丰富（可占细胞总 RNA 的 90%），适合操作，所携带的信息量能满足分析需要。与 16S rRNA 相比，5S rRNA 基因序列很短，只有 120bp，所含信息量太少，很难广泛应用；而 23S rRNA 基因虽然所含信息量丰富，但由于 DNA 分子太长，约有 2900bp，测序和结果分析难度较大。所以 16S rRNA（或 18S rRNA）可以看作生物进化的时间标尺，广泛用作生物进化的测量指征。除选择 16S rRNA 基因（或 18S rRNA 基因约 1800bp）做序列分析进行系统发育比较外，还可利用内在转录间隔区（internal transcribed spacer，ITS）、某些发育较为古老而序列又较稳定的特异性酶的基因等进行系统发育分析。

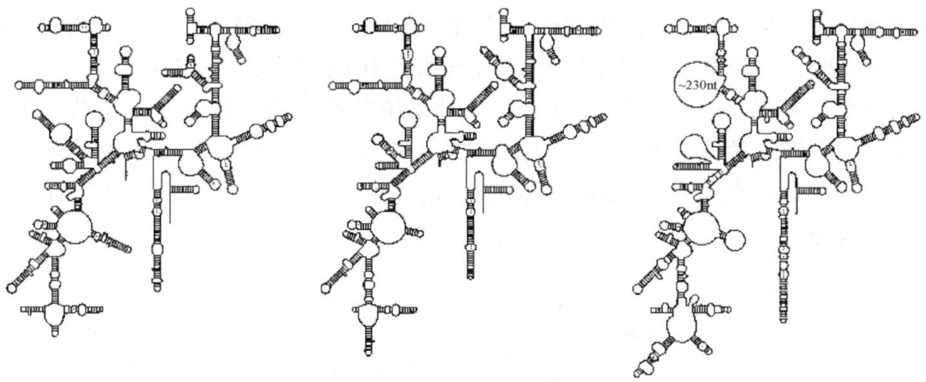

大肠杆菌（细菌） 詹氏产甲烷球菌（古菌） 酿酒酵母（真核生物）

图 10-1 核糖体小亚基（三界生物各自代表的 rRNA 二级结构）

三、系统发育树

自达尔文时代开始，许多生物学家就梦想重建所有生命的进化历史，并以“树”的形式来描述这部历史。分类学家主要利用比较形态学和比较生理学的方法，且已得出进化的基本框架。然而，形态学和生理学进化的复杂性决定了依赖这两种方法不可能重建完整清晰的生命进化历史，而分子生物学技术的发展为重建生命进化历史“树”提供了可能。

在研究生物进化和系统分类中，用以概括各种（类）生物之间亲缘关系的一种类似树状分枝的图形，称为系统发育树（phylogenetic tree），简称系统树。通过比较生物大分子序列差异的数值构建的系统树称为分子系统发育树。系统发育树由结点（node）和进化分支（branch）组成，每一结点表示分类单元如种或属，进化分支代表不同分类单元之间的进化关系。分支的长度代表进化距离的远近或序列位点的变异程度。系统发育树分为有根树（rooted tree）（图 10-2A）和无根树（unrooted tree）（图 10-2B）两大类。无根树只显示生物类群间的系统发育关系，不反映进化途径；而有根树不仅显示不同生物的亲疏程度，还反映出它们有共同的起源及进化的方向。但有根树的构建中选择合适的“根”非常困难。图 10-2 中的 A 和 B 分别所示的是 a、b、c、d 4 种（类）生物的两种有根树和无根树。在有 4 种生物的情况下，有根树总共有 15 种不同拓扑结构的树，而无根树总共有 3 种不同拓扑结构的树。在所有可能的拓扑结构中，只有一种与实际相符或接近的正确的树（真树）。这就需要选择合适的重建和评价系统发育树的方法，常用的方法分为基于进化距离和离散特征两类，前者主要包括邻接法（neighbor-joining method，NJ 法）、最小进化法（minimum evolution method，ME 法）等，后者主要包括最大简约法（maximum parsimony，MP）、最大似然法（maximum likelihood，ML）。每种方法都有各自的优缺点，通常最好同时使用几种方法来分析相同的数据，相互补充、支持和验证。

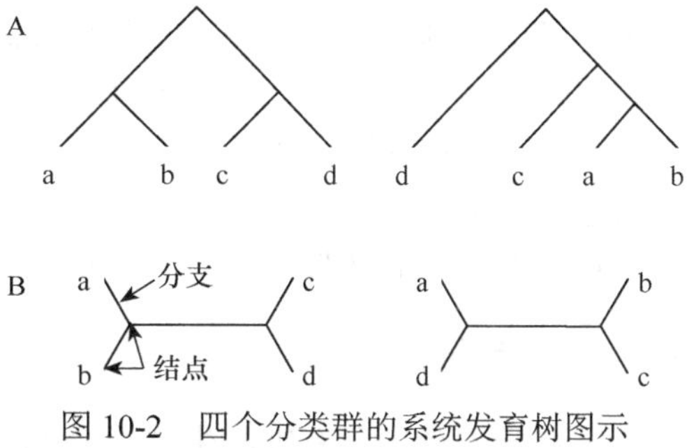

图 10-2 四个分类群的系统发育树图示

A. 有根树；B. 无根树

20 世纪 70 年代美国伊利诺伊大学的科学家 C. R. Woese 创立三域学说（three domains theory）时，首次提出了一个涵盖整个生命界的系统发育树，即通常所称的一般系统发育树（universal phylogenetic tree）（图 10-3），是通过对某些代表性生物的 16S rRNA 或 18S rRNA 序列数据构建的 rRNA 分子系统发育树。这一系统树显示了三个生物类群——细菌、古菌和真核生物。一般系统发育树的根代表进化时间的一个点，在此时地球上一切现存生命都有一个共同的祖先。一般系统发育树清楚地表明，从共同祖先开始进化分为两个方向，即细菌谱系和古菌-真核生物谱系。后来，古菌和真核生物分化为三域学说中的另外两个谱系。由此可见，古菌和真核生物的亲缘关系要比和细菌的更密切。

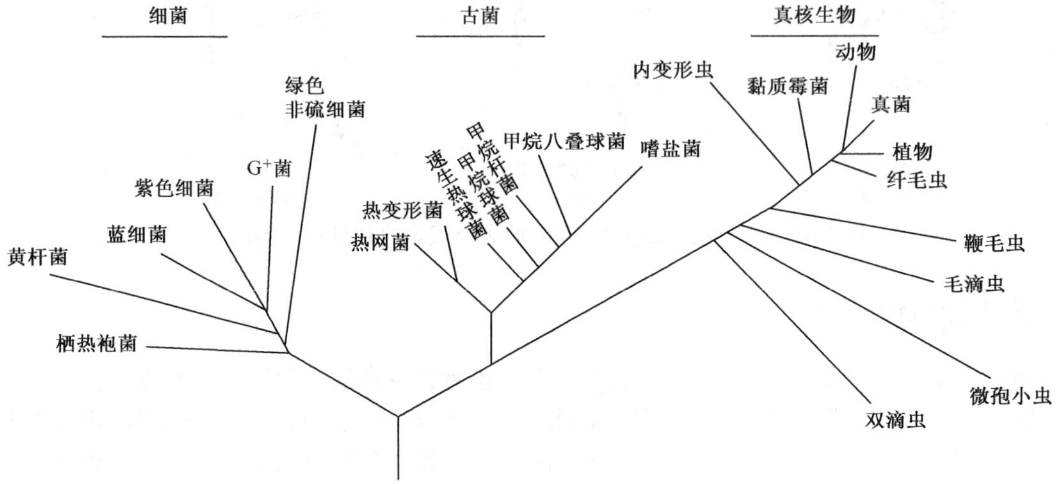

图 10-3　一般系统发育树（根据 16S rRNA 或 18S rRNA 数据）

采用 16S rRNA（或 18S rRNA）基因序列构建的系统发育树，具有分析数据的广泛代表性，也被大多数微生物学家所认同。此外现在广泛使用的管家基因（housekeeping gene）、多位点序列分析（multilocus sequence analysis，MLSA）、内在转录间隔区（ITS）、脂类组分及某些蛋白质分子等的比较，则是起辅助作用。

Woese 的系统发育树揭示出古菌和真核生物的亲缘关系似乎比它与细菌（真细菌）的更加密切。然而事实上，在其他更多的细节特征上古菌和细菌更为接近，如核的有无、细胞壁的组分，以及在用一些其他分子标志构建的系统树中等。这是用一般系统发育树难以解释的。在生物间频繁发生的水平基因转移又称侧向基因转移（lateral gene transfer，LGT），可能是这种现象的根本原因。基因组序列研究也表明：生物域内或域间普遍存在基因的水平转移。真核生物拥有来自细菌或古菌的基因，甚至一些细菌也可以从真核生物中获得基因。因此，微生物的进化并不只是如前所述是线性或树状的，图 10-3 显示的一般系统发育树无疑有些简单。近年来研究发现，基因的垂直传递并不是影响生物进化的唯一要素，基因的水平转移也可能是一个重要因子。因此，rRNA 分子的进化似乎难以代表整个基因组的进化。随着微生物全基因组序列的不断公布，尤其是细菌全基因组序列的数量骤增，以全基因组序列来研究生物进化无疑能够抓住进化的关键，但如何进行比较分析，哪些信息才能真正地体现出生物演变和进化过程尚需要进行更多的数据分析。Rivera 和 Lake 于 2004 年利用种系发生分析方法来重建三类生物——真核生物、细菌和古菌的演化历史，他们没有获得一棵“生命树”，而是获得一个“生命环”。

四、三域学说

三域学说提出所有细胞生物可分为古菌域、细菌域和真核生物域三个域（图 10-4）。古菌域包括产甲烷菌、极端嗜盐菌和嗜热嗜酸菌；细菌域包括除古菌以外的所有原核生物，如蓝细菌和革兰氏阳性（G^+）菌等；而真核生物域由原生生物、真菌、动物和植物组成。三域学说反映出生物的系统发育并不是一个单一的由简单的原核生物发育到较复杂的真核生物的过程，而是明显存在三个发育不同的基因谱系。这三个进化谱系即古菌、细菌和真核生物，它们有一类共同的祖先（common ancestor），几乎是在同一时间从其祖先分成三条路线进化而来的。

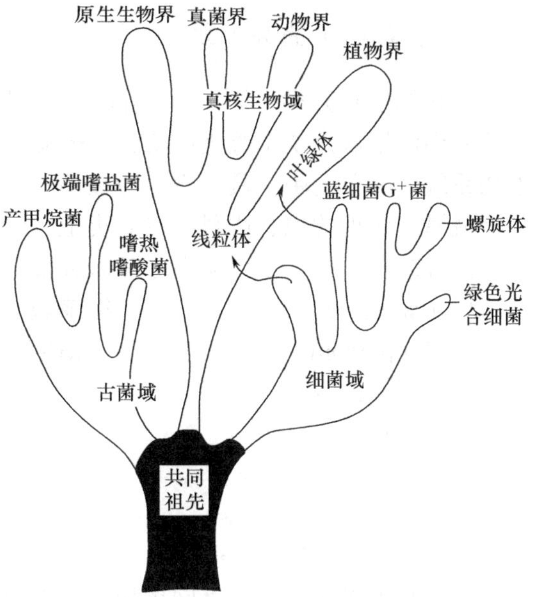

图 10-4　三域学说及系统进化

三域学说重点强调了原核生物的分类，尤其是明显区别于其他生物的古菌。以致有些学者如 Myar 批评三域学说过分强调古菌的特殊性，而忽视了与其他生物在基因水平上的很多相似性。

三域学说还支持了真核生物是起源于原核生物间的“内共生学说”（1970 年，由 Margulis 在《真核细胞起源》中系统地提出）。分子测序表明，真核生物的线粒体和叶绿体起源于内共生细菌。三域学说指出地球上的生物有共同祖先——一种小细胞，原核生物细菌和古菌首先从这个祖先分化出来；后来在古菌分支上的细胞在丧失了细胞壁后，发展成以变形虫状较大型、有真核的细胞形式出现，它吞噬了一种小型的好氧性细菌（α 变形细菌），这些细菌或许在几次不同的时间与核系世代细胞建立稳定的关系，形成可世代传递的内共生物，产生线粒体。而当吞噬了蓝细菌后就产生了叶绿体。最终这些宿主演化发展成了各类真核微生物。从内共生关系上来看，微生物与其他生物的亲缘关系都很密切，而微生物所涉及的生物种类最为宽泛，对微生物的认识水平也就成为生物界分类的核心。

资源 10-1

近年来，基于全基因组序列的比较基因组学研究发现古菌、细菌和真核生物之间也存在大量的共用基因，反映出水平基因转移在三域系统尚未成型的生命演化早期大量发生。例如，超嗜热微生物具有特殊的反解旋酶，该基因可能通过水平基因转移从超嗜热古菌中扩散到海栖热袍菌（*Thermotoga maritima*）等超嗜热细菌，反解旋酶同时具有 DNA 解旋酶和拓扑异构酶的功能。在大约 28 亿年前，古菌和真核生物分化为独立的两支。直至现在，细胞生命展现为具有各自清晰演化路径的三域。

第二节　微生物的分类单元和命名

一、微生物的分类单元

分类单元或分类群是指分类系统中具体的分类等级，如变形菌门（Proteobacteria）、红螺菌科（Rhodospirillaceae）、金黄色葡萄球菌（*Staphylococcus aureus*）等都分别代表一个具体的分类单元。

（一）种以上的分类单元

与其他生物分类一样，种（species）是微生物最基本的分类单元，种以上的系统分类单元从高到低依次为7个等级或阶元（rank或category），即域、门、纲、目、科、属和种。在生物系统分类单元中，具有完全或极多相同性状的有机体构成同种。性质相似、相互关联的种组成属，相近的属合成科，以此类推，形成含有不同等级分类单元的完整分类系统。以不产氧光合细菌——深红红螺菌为例说明如下：

域（domain）　细菌域（Bacteria）
门（phylum）　薄壁菌门（Gracilicutes）
纲（class）　光合细菌纲（Photobacteria）
目（order）　红螺菌目（Rhodospirillales）
科（family）　红螺菌科（Rhodospirillaceae）
属（genus）　红螺菌属（*Rhodospirillum*）
种（species）　深红红螺菌（*Rhodospirillum rubrum*）

必要时可以在每一级之间增加“亚”“超”“族”等辅助单元，如亚界、亚门、亚种，用以更进一步反映相邻阶元之间的差异（表10-1）。另外，需要注意的是分类等级或分类阶元只是系统分类单元级别或水平的概括，并不代表具体的分类单元。

表10-1　微生物各级分类单元及其词尾

分类阶元	细菌	真菌	藻类	原生动物	病毒
门	—	-mycota	-phyta	-a	—
亚门	—	-mycotina	-phytina	-a	—
超纲	—	—	—	-a	—
纲	—	-metesyc	-phyceae	-ea	—
亚纲	—	-mycetidae	-phycidae	-ia	—
超目	—	—	—	-idea	—
目	-ales	-ales	-ales	-ida	—
亚目	-ineae	-ineae	-ineae	-ina	—
超科	—	—	—	-oidea	—
科	-aceae	-aceae	-aceae	-idae	-viridae
亚科	-oideae	-oideae	-oideae	-inae	-virinae
（族）	-eae	-eae	-eae	-ini	—
（亚族）	-inae	-inae	-inae	—	—
属	—	—	—	—	-virus

注：一表示没有这些分类级别

属和种是微生物分类鉴定的必需属性。属是科与种之间的分类单元也是基本的分类单元。属通常包含具有某些共同特征和关系密切的种。1993年，Goodfellow和O’Donnell提出DNA的（G+C）mol%差异≤12%及16S rDNA的序列同源性≥95%的种可归为同一属。

（二）种的概念

种是生物分类中的基本分类单元。目前对于微生物尤其是原核微生物，种的概念尚没有完全统一认识。因为定义高等生物“种”的几个主要性状并不适用于微生物。例如，微生物个体微小，不能提供足够的形态学上的分类证据；原核生物中只有少数存在接合现象，而绝大多数缺乏严格意义上的有性繁殖，从而不能如高等生物那样用“生殖隔离”来区分物种等。Bergey 认为种是以某个“标准菌株”为代表的十分类似的菌株的总体，是以群体形式存在的。1986 年 Stanier 提出“一个种是由一大群具有高度表型相似性的个体组成，并与其他具有相似特征的类群存在明显的差异”。但这个定义仍无量化标准。1987 年，国际细菌分类委员会颁布，当 DNA 同源性≥70%，且其 $\Delta T_m \leq 5$℃的菌群为一个种，并且其表型特征应与这个定义相一致。1994 年 Embley 和 Stackebrandt 认为当 16S rDNA 的序列同源性≥97%时可认为是一个种。随着分子生物学技术在微生物分类学中的应用，以及微生物基因组学的飞速发展，1995 年 Colewll 等对细菌种的定义是一群具有高度的、全面的相似性，并且在许多相互无关联的特征方面明显区别于相应类群的菌株，而 2014 年 Kim 提出当 16S rDNA 的序列同源性≥98.65%时可认为是一个种。在微生物中，一个种只能用该种内的一个典型菌株（type strain）作为它的具体代表，故此典型菌株就成了该种的模式种（type species）或模式活标本。一般情况下，最早分离鉴定的“原始”或“新”的、常见的、研究深入的菌株作为该种的代表，与其鉴定特征相同的菌株归为同种。总之，种可以简单理解为是一大群表型特征高度相似、亲缘关系极其接近而又与同属内的其他种存在明显差异的菌株群的总称。

（三）亚种以下的分类单元

亚种以下的分类单元名称，不受《国际细菌命名法规》的规范和限制，属非法定的类群术语，一般采用习惯用语，含义直观而明确，所以在实际分类中成了默认的分类方法。

1．亚种（subspecies，简称 subsp）或变种（variety，简称 var）　亚种是种进一步细分的分类单元，是正式分类系统中级别最低的分类单元。当种内的被鉴定物与模式菌株存在少数明显而稳定的遗传特征差异，而这些差异又不足以将其区分为一个新种时，此研究对象就可确定为相关种的一个亚种。变种是亚种的同义词。在 1976 年之前，变种是种的亚等级，为避免引起词义上的混淆，1976 年《国际细菌命名法规》修订后，不再使用“变种”这一名词。

2．型（form）　型是亚种以下的细分。当同种或同亚种不同菌株之间的某些特殊性状存在差异，而这些差异又不足以分为新的亚种时，可细分为不同的型，如根据抗原结构的差异，可将紧密相关的菌株分为不同的血清变异型；按出现的特殊形态可分为不同的形态变异型。型作为菌株的同义词，曾用以表示细菌菌株，目前已停用。为避免混淆，用-var 代替-type（form），作为变异型的后缀使用，如生物变异型（biotype→biovar）、形态变异型（morphotype→morphovar）等。亚种以下常用型的名称和适用对象见表 10-2。

表 10-2　亚种以下常用型的名称和适用对象

推荐使用名称	同义名称	适用有如下特殊性状的菌株
血清变异型（serovar）	血清型（serotype）	不同的抗原特性
噬菌变异型（phagovar）	噬菌变异型（phagotype）	对噬菌体裂解特性上的不同

续表

推荐使用名称	同义名称	适用有如下特殊性状的菌株
生物变异型（biovar）	生物型（biotype），生理型（physiological type）	特殊的生理或生化特性
形态变异型（morphovar）	形态变异型（morphotype）	特殊的形态特征
致病变异型（pathovar）	致病型（pathotype）	对宿主致病性的差异
培养变异型（cultivar）		特殊的培养性状

3. 菌株或品系（strain）（在病毒中称株或毒株） 菌株或品系是从自然界或人为环境中分离得到的任何一种微生物的纯培养物。菌株是纯遗传型群体，通过物理或化学诱变等人工实验方法导致遗传型改变，最终获得的某菌株的一个变异型，也称为一个新的菌株，以便与原来的菌株相区别。概括地说，一种微生物的不同来源的纯培养物均可称为该种的不同菌株。虽然菌株并不是一个正式分类单位，但在生产、科研和学术交流的实际应用中，除必须标明菌株的种名外，同时还需要标明菌株的名称。菌株的名称置于学名之后，可根据实际情况用字母、数字、人名或地名等表示，如枯草芽孢杆菌的两个菌株 AS1.398（*Bacillus subtilis* AS1.398）和 BF7658（*Bacillus subtilis* BF7658），AS1.398 和 BF7658 分别为这两个菌株的编号，前者可产蛋白酶，而后者可产 α-淀粉酶。

在微生物分类中，亚种以下分类单元除上述以外，尚有一些其他非正式的单元，如群（group）、相（phase）、态（state）和小种（race）等。这些类群名词使用频率虽然不高，但在一些特定领域内早已被广泛应用，要注意它们在不同的环境下不尽相同的含义。不过，《国际细菌命名法规》明确取消了上述不规范的专业术语，而用 subspecies（subsp.）取代。

二、微生物的命名

微生物的名称分为地区性的俗名（vernacular name）和国际上统一使用的学名（scientific name）两类。俗名是一个国家或地区使用的大众化名称，具有简单形象、便于记忆等特点。但俗名往往不够准确，容易造成混淆和误解，尤其不便于国际的学术交流。为了便于学术交流、科学研究和科技文章的发表，就需要制定一个为各国生物学者共同遵循的命名规则，用于约定相应生物分类单元的命名，以确保生物名称的统一性、科学性和实用性。

微生物的命名就是根据国际命名规则，给予微生物以正确的科学名称，即学名。微生物的命名和其他生物一样，采用瑞典植物分类学家林奈 1758 年在《自然系统》中提出的“双名法”系统（binomial nomenclature system）。微生物的学名由属名和种名加词两部分构成，属名在前，源于微生物的形态、构造或科学家的姓氏，表示微生物的主要特征；种名加词在后，源于微生物的颜色、形状、来源、致病名或科学家的姓氏，表示微生物的次要特征。在微生物分类中，如果微生物只有属名而种名尚未确定，或者只泛指某一属的微生物，而不是特指该属中的某一个种时可在属名后加 sp. 或 spp.（正体，sp. 和 spp. 分别是 species 缩写的单数和复数形式）表示。例如，*Bacillus* sp. 可译为一种芽孢杆菌，而 *Bacillus* spp. 则可译为某些种芽孢杆菌。微生物学名的属名是拉丁文单数主格名词或当作名词用的形容词，可以为阳性、阴性或中性，属名的首字母应大写；种名是拉丁文的形容词，其首字母小写。在一般出版物中，学名以斜体格式排版，在手写稿或打字机出稿（无斜体格式）的情况下，应在学名之下划横线，以表示它应是斜体字母。在分类学专业文献中，学名后往往还应加首次定名人（外加括号）、现定名人和现定名年份，而在一般情况下可以省略。以铜绿假单胞菌（*Pseudomonas aeruginosa*，俗名绿脓杆菌）为例说明如下：

学名＝属名＋种名加词＋（首次定名人）＋现名定名人＋现名定名年份

斜体　　　　　　　　正体，可省略

Pseudomonas aeruginosa　　（Schroeter）Migula 1920

新种（species nova，sp. nov 或 nov sp.）是指最新权威性的分类、鉴定手册中从未记载过的一种新分离并鉴定过的微生物。当按《国际命名法规》对其命名并在规定的学术刊物上发表时，还应在其学名后加上 sp.nov（新种发表前，其纯培养物作为模式菌株应送交至一个永久性的菌种保藏机构保藏，以便查考和索取），如我国学者自行筛选到的谷氨酸发酵新种在正式发表时为 *Corynebacterium pekinense* sp. nov. AS 1.299，表示北京棒状杆菌 AS 1.299，新种。新发现的微生物的命名须发表在《国际系统与进化微生物学杂志》（*International Journal of Systematic and Evolutionary Microbiology*，*IJSEM*）或其他期刊上通过 *IJSEM* 裁决委员会审核，在 *IJSEM* 的合格化目录中公布，才能被国际学术界承认。

当命名微生物是一个亚种（subspecies，简称 subsp）时，其学名按"三名法"定义。以"苏云金芽孢杆菌蜡螟亚种"为例说明如下：

学名＝属名＋种名加词＋（subsp. 或 var.）＋亚种或变种名的加词

斜体　　　　　　正体，可省略　　斜体，不可省略

Bacillus thuringiensis　　subsp.　　*galleria*

当前文中已出现过同属的完整学名，后面再出现时属名常缩写为一个、两个或三个字母，在其后加点（英文的句号），缩写仍为斜体，如本节上文已出现了 *Pseudomonas aeruginosa*，这里就可用 *P. alcaligenes* 或 *Ps. alcaligenes*（产碱假单胞菌）。

第三节　微生物的分类系统

一、伯杰氏原核生物分类系统

细菌、放线菌等原核生物的分类系统有很多，但能全面概括原核生物分类体系的权威著作并不多。迄今为止，在国际上比较有影响力的原核生物分类系统主要有三个，即苏联 H. A. Красильниов（克拉西尔尼科夫）所著的《细菌和放线菌的鉴定》（1949 年出版）、法国 A. R. Prévot（普雷沃）的《细菌分类学》（1961 年出版）和美国的《伯杰氏鉴定细菌学手册》（*Bergey's Manual of Determinative Bacteriology*，1923～1994 年）（以下简称为《鉴定手册》）。

《鉴定手册》最初是由美国宾夕法尼亚大学的细菌学教授 Bergey（1860～1937）和他的同事为细菌的鉴定而编著的。后来由美国细菌学家协会所属细菌鉴定和分类委员会的 Breed 等负责主编。继 1923 年出版了第 1 版后，分别于 1925 年、1930 年、1934 年、1939 年、1948 年、1957 年、1974 年、1994 年出版了第 2 至 9 版，每版都反映了当代细菌学发展的最新成果。其中第 8 版由美、英、德、法等 15 个国家的细菌学家参与编写，对系统内的每一属和种都做了较详细的属性描述。

《鉴定手册》从 1984 年到 1989 年分 4 卷出版，并改名为《伯杰氏系统细菌学手册》

（*Bergey's Manual of Systematic Bacteriology*）（以下简称《系统手册》）。在 1994 年又对《系统手册》1～4 卷中有关属以上的分类单元进行了少量补充修订后汇集成一册，并沿用早先的名称为《伯杰氏鉴定细菌学手册》第 9 版。与过去的版本比较，《鉴定手册》第 9 版具有以下特点：①手册精炼了《系统手册》第 1 版的有关表型信息的内容，并尽可能多地收录了新的分类单元；②手册的目的是鉴定已被描述和培养的细菌，并未把系统分类和鉴定信息结合起来；③手册严格按照表型特征编排，选择实用的排列，方便细菌的鉴定，并没有试图提供一个自然分类系统。《系统手册》第 2 版的修订工作已完成，分为 5 卷出版，更加强调了基于系统发育关系形成或亲缘关系的现代分类体系。下面对《系统手册》第 1、2 版中有关细菌的分类做简单介绍。

（一）《伯杰氏系统细菌学手册》第 1 版（1984～1989）的分类

《系统手册》第 1 版是在《鉴定手册》第 8 版的基础上修订完成的，修订过程中参考了之前细菌分类研究所取得的新进展和新资料，特别是增加了一些核酸杂交和 16S rRNA 寡核苷酸序列分析等系统发育方面的数据，对《鉴定手册》第 8 版的分类做了必要的调整，并提出了一些新的分类单元。尽管《系统手册》第 1 版已有从系统发育来考虑细菌分类的趋势，但鉴于当时可利用的相关基因数据不系统、不完整，系统发育和分类受到很大限制，故第 1 版的《系统手册》仍然主要是根据表型特征将所有原核微生物分为 33 组，手册共有 4 卷。

（二）《伯杰氏系统细菌学手册》第 2 版（2001～2012）的分类

自《系统手册》第 1 版在 1984 年出版以来，细菌分类学取得了巨大的进步，新描述的属、种的数量大量增加，特别是分子生物学技术的快速发展使得 rRNA、DNA 和蛋白质序列分析方法日趋实用，为细菌的系统发育积累了大量新的数据和资料，以及生物信息学的渗透，使细菌分类学数据与信息的采集发生了极大的变化，为《系统手册》的修订奠定了基础。《系统手册》第 2 版共分为 5 卷，汇聚了全球分类学领域近千名专家学者的贡献。2015 年至今，改为《伯杰氏古菌和细菌系统学手册》（*Bergey's Manual of Systematics of Archaea and Bacteria*）出版发行。

与《系统手册》第 1 版相比，第 2 版有了较大的调整，将原核生物分为古菌域和细菌域。手册中系统分类是基于系统发育学资料而不是依赖于表型特征等，虽然革兰氏染色特征被认为是表型特征，但它们在微生物的系统发育分类中起作用。第 2 版中原核生物被划分为 27 门，其中古菌域含 2 门 9 纲 13 目 23 科 79 属，共 289 种；细菌域含 25 门 34 纲 78 目 230 科 1227 属，共 6740 种。《系统手册》第 2 版的各卷次所含的门、纲和代表属的名称见表 10-3。

表 10-3 《伯杰氏系统细菌学手册》第 2 版分类大纲

分类	代表属举例	卷次安排
Ⅰ 古菌域（Archaea）		
1 泉生古菌门（Crenarchaeota）		
热变形菌纲（Thermoprotei）	热变形菌属（*Thermoproteus*）、热网菌属（*Pyrodictium*）、硫化叶菌属（*Sulfolobus*）	

续表

分类	代表属举例	卷次安排
2 广古菌门（Euryarchaeota）		
甲烷杆菌纲（Methanobacteria）	甲烷杆菌属（*Methanobacterium*）	
甲烷球菌纲（Methanococci）	甲烷球菌属（*Methanococcus*）	
甲烷微菌纲（Methanomicrobia）	甲烷微菌属（*Methanomicrobium*）	
盐杆菌纲（Halobacteria）	盐杆菌属（*Halobacterium*）、盐球菌属（*Halococcus*）	
热原体纲（Thermoplasmata）	热原体属（*Thermoplasma*）、嗜苦菌属（*Picrophilus*）	
热球菌纲（Thermococci）	热球菌属（*Thermococcus*）、火球菌属（*Pyrococcus*）	
古生球菌纲（Archaeoglobi）	古生球菌属（*Archaeoglobus*）	
甲烷嗜高热菌纲（Methanopyri）	甲烷嗜高热菌属（*Methanopyrus*）	
Ⅱ细菌域（Bacteria）		
1 产液菌门（Aquificae）		
产液菌纲（Aquificae）	产液菌属（*Aquifex*）、氢杆菌属（*Hydrogenobacter*）	
2 栖热袍菌门（Thermotogae）		
栖热袍菌纲（Thermotogae）	栖热袍菌属（*Thermotoga*）、地袍菌属（*Geotoga*）	
3 热脱硫杆菌门（Thermodesulfobacteria）		
热脱硫杆菌纲（Thermodesulfobacteria）	热脱硫杆菌属（*Thermodesulfobacterium*）	
4 异常球菌-栖热菌门（Deinococcus-Thermus）		第1卷 古菌、蓝细菌、光合细菌和系统发育最先分化的属
异常球菌纲（Deinococci）	异常球菌属（*Deinococcus*）、栖热菌属（*Thermus*）	
5 产金菌门（Chrysiogenetes）		
产金菌纲（Chrysiogenetes）	产金菌属（*Chrysiogenes*）	
6 绿屈挠菌门（Chloroflexi）		
绿屈挠菌纲（Chloroflexi）	绿屈挠菌属（*Chloroflexus*）、滑柱菌属（*Herpetosiphon*）	
7 热微菌门（Thermomicrobia）		
热微菌纲（Thermomicrobia）	热微菌属（*Thermomicrobium*）	
8 硝化螺菌门（Nitrospira）		
硝化螺菌纲（Nitrospira）	硝化螺菌属（*Nitrospira*）	
9 脱铁杆菌门（Deferribacteres）		
脱铁杆菌纲（Deferribacteres）	脱铁杆菌属（*Deferribacter*）、地弧菌属（*Geovibrio*）	
10 蓝细菌门（Cyanobacteria）		
蓝细菌纲（Cyanobacteria）	聚球蓝细菌属（*Synechococcus*）、原绿蓝细菌属（*Prochloron*）、颤蓝细菌属（*Oscillatoria*）、鱼腥蓝细菌属（*Anabaena*）、念珠蓝细菌属（*Nostoc*）、管孢蓝细菌属（*Chamaesiphon*）、真枝蓝细菌属（*Stigonema*）、宽球蓝细菌属（*Pleurocapsa*）	
11 绿菌门（Chlorobi） 绿菌纲（Chlorobia）	绿菌属（*Chlorobium*）、暗网菌属（*Pelodictyon*）	
12 变形细菌门（Proteobacteria）		
α-变形细菌纲（Alphaproteobacteria）	红螺菌属（*Rhodospirillum*）、醋杆菌属（*Acetobacter*）、根瘤菌属（*Rhizobium*）、土壤杆菌属（*Agrobacterium*）、布鲁氏菌属（*Brucella*）、立克次氏体属（*Rickettsia*）、发酵单胞菌属（*Zymomonas*）、硝化杆菌属（*Nitrobacter*）、红假单胞菌属（*Rhodopseudomonas*）、生丝微菌属（*Hyphomicrobium*）、甲基杆菌属（*Methylobacterium*）	第2卷 变形杆菌

续表

	分类	代表属举例	卷次安排
12	β-变形细菌纲（Betaproteobacteria）	产碱杆菌属（*Alcaligenes*）、亚硝化单胞菌属（*Nitrosomonas*）、球衣菌属（*Sphaerotilus*）、硫杆菌属（*Thiobacillus*）、奈瑟菌属（*Neisseria*）、嗜甲基菌属（*Methylophius*）	第2卷 变形杆菌
	γ-变形细菌纲（Gammaproteobacteria）	着色菌属（*Chromatium*）、亮发菌属（*Leucothrix*）、军团菌属（*Legionella*）、假单胞菌属（*Pseudomonas*）、固氮菌属（*Azotobacter*）、弧菌属（*Vibrio*）、大肠杆菌属（*Escherichia*）、外红螺菌属（*Ectothiorhodospira*）、黄单胞菌属（*Xanthomonas*）、肠杆菌属（*Enterobacter*）、克雷伯氏菌属（*Klebsiella*）、变形杆菌属（*Proteus*）、沙门氏菌属（*Salmonella*）、巴斯德氏菌属（*Pasterella*）、志贺氏菌属（*Shigella*）、耶尔森氏菌属（*Yersinia*）、嗜血杆菌属（*Haemophilus*）	
	δ-变形细菌纲（Deltaproteobacteria）	脱硫菌属（*Desulfobacter*）、脱硫弧菌属（*Desulfovibrio*）、黏球菌属（*Myxococcus*）、蛭弧菌属（*Bdellovibrio*）	
	ε-变形细菌纲（Epsilonproteobacteria）	弯曲杆菌属（*Campylobacter*）、螺杆菌属（*Helicobacter*）	
13	厚壁菌门（Firmicutes）		第3卷 低GC含量的革兰氏阳性菌
	梭菌纲（Clostridia）	梭菌属（*Clostridium*）、八叠球菌属（*Sarcina*）、消化链球菌属（*Peptostreptococcus*）、真杆菌属（*Eubacterium*）、脱硫肠状菌属（*Desulfotomaculum*）、韦荣氏球菌属（*Veillonella*）	
	柔膜菌纲（Mollicutes）	支原体属（*Mycoplasma*）、螺原体属（*Spiroplasma*）、无胆甾原体属（*Acholeplasma*）	
	芽孢杆菌纲（Bacilli）	芽孢杆菌属（*Bacillus*）、动性球菌属（*Planococcus*）、芽孢八叠球菌属（*Sporosarcina*）、显核菌属（*Caryophanon*）、李斯特菌属（*Listeria*）、葡萄球菌属（*Staphylococcus*）、芽孢乳杆菌属（*Sporolactobacillus*）、类芽孢杆菌属（*Paenibacillus*）、乳杆菌属（*Lactobacillus*）、肠球菌属（*Enterococcus*）、明串珠菌属（*Leuconostoc*）、链球菌属（*Streptococcus*）	
14	放线菌门（Actinobacteria）		第4卷 高GC含量的革兰氏阳性菌
	放线菌纲（Actinobacteria）	放线菌属（*Actinomyces*）、微球菌属（*Micrococcus*）、节杆菌属（*Arthrobacter*）、短杆菌属（*Brevibacterium*）、纤维单胞菌属（*Cellulomonas*）、嗜皮菌属（*Dermatophilus*）、弗兰克氏菌属（*Frankia*）、高温单孢菌属（*Thermomonospora*）、小双孢菌属（*Microbispora*）、诺卡氏菌属（*Nocardia*）、游动放线菌属（*Actinoplanes*）、链霉菌属（*Streptomyces*）、链轮丝菌属（*Streptoverticillium*）、双歧杆菌属（*Bifidobacterium*）	
15	浮霉状菌门（Planctomycetes）		第5卷 浮霉状菌、螺旋体、丝状杆菌、拟杆菌、梭杆菌及衣原体
	浮霉状菌纲（Planctomycetacia）	浮霉状菌属（*Planctomyces*）	
16	衣原体门（Chlamydiae）		
	衣原体纲（Chlamydiae）	衣原体属（*Chlamydia*）	
17	螺旋体门（Spirochaetes）		
	螺旋体纲（Spirochaetes）	螺旋体属（*Spirochaeta*）、疏螺旋体属（*Borrelia*）、密螺旋体属（*Treponema*）、钩端螺旋体属（*Leptospira*）	

续表

分类	代表属举例	卷次安排
18 纤维杆菌门（Fibrobacteres）		
纤维杆菌纲（Fibrobacteres）	丝状杆菌属（*Fibrobacter*）	
19 酸杆菌门（Acidobacteria）		
酸杆菌纲（Acidobacteria）	酸杆菌属（*Acidobacterium*）	
20 拟杆菌门（Bacteroidetes）		
拟杆菌纲（Bacteroidetes）	拟杆菌属（*Bacteroides*）	
黄杆菌纲（Flavobacteria）	黄杆菌属（*Flavobacterium*）	
鞘氨醇杆菌纲（Sphingobacteria）	鞘氨醇杆菌属（*Sphingobacterium*）、噬纤维菌属（*Cytophaga*）、屈挠杆菌属（*Flexibacter*）、泉发菌属（*Crenothrix*）	第5卷
21 梭杆菌门（Fusobacteria）		浮霉状菌、螺旋体、丝状杆菌、拟杆菌、梭杆菌及衣原体
梭杆菌纲（Fusobacteria）	梭菌属（*Fusobacterium*）、链杆菌属（*Streptobacillus*）	
22 疣微菌门（Verrucomicrobia）		
疣微菌纲（Verrucomicrobiae）	疣微菌属（*Verrucomicrobium*）、突柄杆菌属（*Prosthecobacter*）	
23 网球菌门（Dictyoglomi）		
网球菌纲（Dictyoglomi）	网球菌属（*Dictyoglomus*）	
24 出芽单胞菌门（Gemmatimonadetes）		
出芽单胞菌纲（Gemmatimonadetes）	出芽单胞菌属（*Gemmatimonas*）	

二、菌物分类系统

菌物即广义上的真菌，是生物界中的一大类群，其分类与鉴定是以形态特征、细胞结构、生理生化、生殖和生态等方面为主要依据，结合系统发育的规律进行。以分子生物学方法和技术研究菌物各类群之间的亲缘关系，揭示系统发育和进化是分类学研究的发展方向。

菌物的分类系统较多，自1729年Michei首次对其进行分类以来，有代表性的菌物分类系统不少于10个，如G. W. Martin（1950年）、R. H. Whittaker（1969年）、Margulis（1974年）、C. J. Alexopoulos（1979年）和Arx（1981年）的分类系统等，其中影响最大、普遍使用的是1973的 Ainsworth分类系统。Ainsworth分类系统将真菌界分为黏菌门和真菌门，后者又分为5个亚门（鞭毛菌亚门、接合菌亚门、子囊菌亚门、担子菌亚门和半知菌亚门），其下分为18纲68目。

而国际真菌学研究权威机构——英国国际真菌研究所（International Mycological Institute）出版的《真菌词典》（*Ainsworth & Bisby's: Dictionary of the Fungi*）第10版分类系统中，根据rRNA序列、DNA碱基组成、细胞壁组分及生物化学反应分析等结果，将真菌界划分为7门（壶菌门、芽枝霉门、新美鞭菌门、球囊菌门、接合菌门、子囊菌门、担子菌门），其下分为36纲140目。

产生多个真菌分类系统，是因为生物学家在考虑真菌的亲缘关系时，对一些相关的标准评价不同。一个好的分类系统应该能正确反映真菌的自然亲缘关系和进化趋势，这是分类学发展的趋势。在众多分类系统中，至今还没有一个被普遍接受的最佳分类系统。多数人认为

Ainsworth 的分类系统较为全面，而《真菌词典》是在以往系统基础上建立的，并结合了近年来的深入研究，反映了新进展的内容，具有一定的权威性。Ainsworth 等具有代表性的真菌分类系统见表 10-4。

表 10-4　Ainsworth 等代表性真菌分类系统

Whittaker（1969）	Ainsworth（1973）	Margulis（1974）	V. Arx（1981）	《真菌词典》（1995）	Alexopoulos 等（1996）
真菌界	真菌界	真菌界	真菌界	原生动物界	真菌界
裸菌亚界	黏菌门	接合菌门	黏菌门	集孢菌门	壶菌门
黏菌门	集孢菌纲	子囊菌门	集孢菌纲	网柄菌门	接合菌门
集孢菌门	网黏菌纲	半子囊菌纲	网黏菌纲	黏菌门	接合菌纲
网黏菌门	黏菌纲	真子囊菌纲	根肿菌纲	黏菌纲	毛菌纲
双鞭毛亚界	根肿菌纲	腔菌纲	卵菌门	原柄菌纲	子囊菌门
卵菌门	真菌门	虫囊菌纲	卵菌纲	根肿菌门	半知菌
真菌亚界	鞭毛菌亚门	担子菌门	丝壶菌纲	藻界	古生子囊菌
后鞭毛菌分支	壶菌纲	异担子菌纲	壶菌门	丝壶菌门	丝状子囊菌
壶菌门	丝壶菌纲	同担子菌纲	壶菌纲	网黏菌门	担子菌门
无鞭毛分支	卵菌纲	半知菌门	真菌门	卵菌门	担子菌类
接合菌门	接合菌亚门	地衣菌门	接合菌纲	真菌界	腹菌类
子囊菌门	接合菌纲	囊衣菌纲	内孢霉纲	子囊菌门	卵菌门
担子菌门	毛菌纲	担衣菌纲	黑粉菌纲	担子菌门	丝壶菌门
	子囊菌亚门	半衣菌纲	子囊菌纲	担子菌纲	网黏菌门
	半子囊菌纲		担子菌纲	冬孢菌纲	根肿菌门
	不整囊菌纲		半知菌纲	黑粉菌纲	网柄菌门
	核菌纲			壶菌门	集孢菌门
	盘菌纲			接合菌门	黏菌门
	腔菌纲			毛菌纲	
	虫囊菌纲			接合菌纲	
	担子菌亚门				
	冬孢菌纲				
	层菌纲				
	腹菌纲				
	半知菌亚门				
	芽孢纲				
	丝孢纲				
	腔孢纲				

2008 年出版的《真菌词典》第 10 版分类系统，对第 9 版的分类系统做了很大的调整，收录了 2001～2008 年的研究成果。纲以上的分类等级如下。

真菌界 Fungi

壶菌门（Chytridiomycota）

壶菌纲（Chytridiomycetes）

单毛菌纲（Monoblepharidomycetes）（新）
芽枝霉门（Blastocladiomycota）（新）
芽枝霉纲（Blastocladiomycetes）（新）
新美鞭菌门（Neocallimastigomycota）（新）
新美鞭菌纲（Neocallimastigomycetes）（新）
球囊菌门（Glomeromycota）（新）
球囊菌纲（Glomeromycetes）（新）
接合菌门（Zygomycota）
接合菌纲（Zygomycetes）
地位未定（incertae sedis）（亚界）
虫霉菌亚门（Entomophthoromycotina）
梳霉亚门（Kickxellomycotina）
毛霉菌亚门（Mucoromycotina）
捕虫霉菌亚门（Zoopagomycotina）
子囊菌门（Ascomycota）
盘菌亚门（Pezizomycotina）[子囊菌亚门（Ascomycotina）]
星裂菌纲（Arthoniomycetes）（新）
座囊菌纲（Dothideomycetes）（新）
散囊菌纲（Eurotiomycetes）（新）
虫囊菌纲（Laboulbeniomycetes）（新）
茶渍菌纲（Lecanoromycetes）（新）
锤舌菌纲（Leotiomycetes）（新）
异极衣纲（Lichinomycetes）（新）
圆盘菌纲（Orbiliomycetes）（新）
盘菌纲（Pezizomycetes）（新）
粪壳菌纲（Sordariomycetes）（新）
酵母菌亚门（Saccharomycotina）
酵母菌纲（Saccharomycetes）
外囊菌亚门（Taphrinomycotina）
粒毛盘菌纲（Neolectomycetes）
肺孢子菌纲（Pneumocystidomycetes）
裂殖酵母菌纲（Schizosaccharomycetes）
外囊菌纲（Taphrinomycetes）
担子菌门（Basidiomycota）
伞菌亚门（Agaricomycotina）
伞菌纲（Agaricomycetes）
花耳纲（Dacrymycetes）
银耳纲（Tremellomycetes）
柄锈菌亚门（Pucciniomycotina）
伞型束梗孢菌纲（Agaricostilbomycetes）（新）

小纺锤菌纲（Atractiellomycetes）（新）
经典菌纲（Classiculomycetes）（新）
隐菌寄生菌纲（Cryptomycocolacomycetes）（新）
囊担子菌纲（Cystobasidiomycetes）（新）
小葡萄菌纲（Microbotryomycetes）（新）
混合菌纲（Mixiomycetes）（新）
柄锈菌纲（Pucciniomycetes）（新）
黑粉菌亚门（Ustilaginomycotina）（新）
黑粉菌纲（Ustilaginomycetes）
地位未定（incertae sedis）（亚门）
节担菌纲（Wallemiomycetes）（新）

第四节　微生物的分类鉴定方法

微生物具有个体微小、结构简单、种类繁多等特点，这使得微生物的分类鉴定比高等生物更为困难，正确的分类鉴定是微生物学研究中极为重要的基础性工作。但无论分类鉴定哪一类微生物，鉴定的流程都是相同的：首先要通过分离、纯化获得该微生物的纯种培养物；然后根据对象的不同，选择测定的一系列分类指标；最后对应分类指标的测定结果，查找权威性的菌种鉴定手册，确定研究对象的类群。

目前，微生物分类鉴定的研究已得到长足的发展和进步，尤其是在细菌分类方面。鉴定依据不再仅局限于形态、生理生化和生态学等表型特征。现在微生物分类学家在进行微生物鉴定工作时，除采用传统的表型特征之外，还采用不同学科（化学、物理学、免疫学、遗传学、分子生物学等）的现代技术和方法，从不同层面（细胞水平、分子水平）寻找可反映不同微生物类群特点的新分类特征作为分类鉴定的依据。实际上，任何稳定的特征或特性都可作为微生物分类鉴定的依据。

一、多相分类学

多相分类学是指将微生物的表型、基因型及不同的化学分类标志等进行整合的一种综合分析方法，从各种不同的水平或层次进行描述，能全面、系统地反映出微生物之间的相互关系，是现代微生物分类学的主流。多相分类学涉及微生物的表型特征分析、化学组分分析及核酸水平分析（图 10-5）。

（一）表型特征分析

表型特征分析以形态和培养特征、生理生化特征、生态学特性及血清学反应和噬菌体分型传统分类指标为主要依据对微生物进行分类鉴定，是微生物分类鉴定的基础。

1. 形态和培养特征

1）形态特征具有容易观察和方便测定，以及相对稳定的优点。一直以来，形态特征都是微生物分类和鉴定的重要依据，而且往往也是考察系统发育相关性的标志之一。对那些细胞个体较大、形态丰富的真菌等真核微生物和具有特殊形态结构细菌的分类鉴定尤为重要。

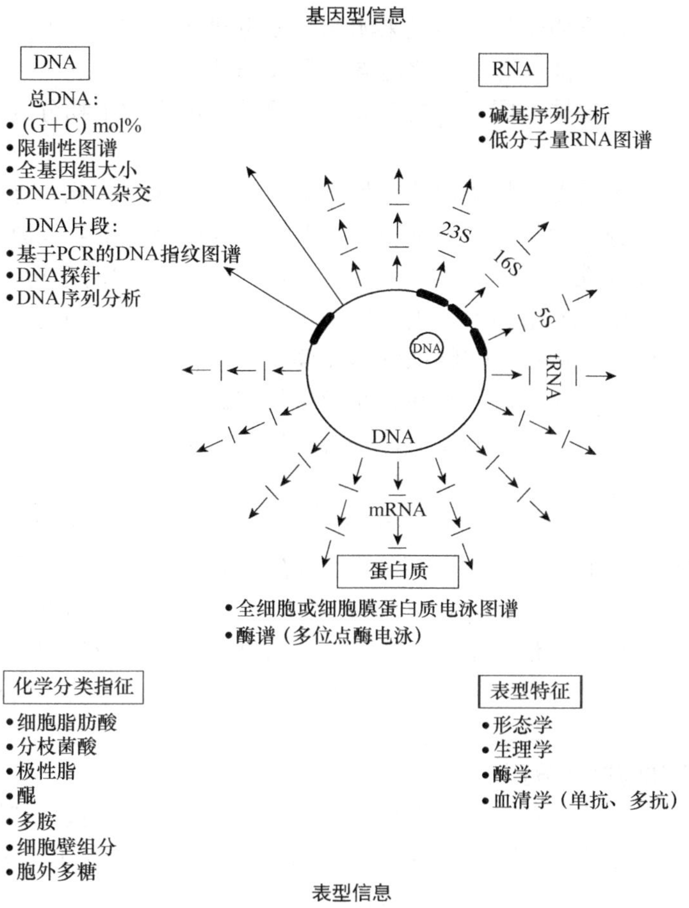

图 10-5　多相分类法（沈萍和陈向东，2016）

可作为分类依据的形态特征主要有：①个体形态，是指在显微镜下可观察到的微生物细胞个体形态的大小、形状和排列；②一些特殊的细胞结构，主要有鞭毛、芽孢和孢子，它们的存在与否、着生位置、排列等，以及其他的如荚膜、细胞附属物等，还有一些超微结构的特征，如细胞壁、细胞内膜系统等；③细胞内含物情况，如异染粒、硫粒等；④与一些特定细胞结构相关的特征，如革兰氏染色反应、与鞭毛相关的运动方式等。

2）培养特征是微生物分类鉴定的辅助性依据，具体是指微生物在培养基上生长的群体形态和生长情况，常规检测一般用平板、斜面、穿刺、半固体或液体培养基进行培养。最重要的培养特征是菌落特征，如菌落的形状、大小、颜色、光泽、质地、隆起、表面状况和水溶性色素等。

2．生理生化特征　与微生物细胞的代谢调控直接相关，不同微生物体内的酶系统不同，新陈代谢的类型不同，所以对各种物质利用后所产生的代谢产物也不相同，因此，可以利用微生物的生理生化反应测定微生物的代谢产物，来对微生物进行分类鉴定。但需要注意的是，生理生化特征会受到环境因素的影响而发生变化，不能单独作为分类鉴定依据，须以形态学特征为基础，必要时结合化学组分分析和核酸水平分析进行比较。此外，*IJSEM* 要求不同菌株进行生理生化特征比较的实验务必在相同条件下进行，否则数据是无效的。常用于微生物分类鉴定的生理生化特征概述如下。

（1）营养类型　根据微生物的能量来源和合成主要代谢物质的能力，将微生物分为光能自养型、光能异养型、化能自养型、化能异养型及兼性营养型。

（2）对氧的需求　根据不同微生物对氧气的要求，可将微生物分为好氧、微好氧、厌氧或兼性厌氧型。

（3）营养物质　不同微生物所需营养物质常有明显差异。因此，微生物对营养物质的要求和利用能力可作为分类的依据：①碳源，常用的含碳化合物主要是糖、醇类、有机酸和脂肪酸等。细菌种的鉴定常以利用何种化合物作为唯一碳源来进行区分。②氮源，对氮气、含氮无机盐（铵盐，硝酸、亚硝酸盐）、蛋白质和氨基酸等含氮化合物的利用和利用的速率可作为确定细菌属和种的分类依据。③特殊营养需要，微生物对营养物质的特殊需求是重要的分类依据，如硫杆菌需要还原态硫的存在。在微生物鉴定中，有时微生物对维生素和微量元素的要求也可作为分类参考。④酶的反应，是否产生特定酶及其活性，如过氧化氢酶、氧化酶、淀粉酶、脲酶、纤维素酶等，也可作为分类依据。

此外，各种特征性代谢产物及对抗生素或微生物抑制剂的敏感程度也可作为分类的依据。

3．生态学特性　自然界中的生态特征影响着微生物与其环境之间的关系，不同微生物都有其独特的生态位（ecological niche）或小生境。因此，微生物生存的最适生态学特性可作为分类的依据，常用的有最适温度、酸碱度和盐度及它们相应的耐受性等。微生物对温度的要求是重要的生态学特性，如利用温度区分嗜热菌和嗜冷菌。对于病原微生物，与宿主的关系（寄生或共生）及致病性等都可作为鉴定的依据。

4．血清学反应和噬菌体分型

（1）血清学反应　不同微生物所含抗原性物质如蛋白质、脂蛋白和脂多糖等结构的不同，赋予它们不同的抗原特征。用已知菌种、型或菌株制备抗体（抗血清），在体外一定条件下，与待测菌进行抗原与抗体反应，可出现肉眼可见的沉淀、凝集现象，即所谓的血清学反应，可以此来确定未知微生物的分类地位和与抗体来源微生物的亲缘关系。种类相同的微生物之间可发生特异的血清学反应，抗原类似的不同种类之间可以发生抗原与抗体的交叉反应。所用的方法主要有凝集反应、沉淀反应（凝胶扩散、免疫电泳）、补体结合、直接或间接的免疫荧光抗体技术、酶联免疫及免疫组织化学等方法。通常血清反应中的抗体来源有两种，一是细菌表面抗原或有关的抗原，如用细胞壁、鞭毛、荚膜、细胞膜或黏液层的抗原性物质制成抗体来分析细菌之间的相似性；二是纯化的蛋白质（酶）。血清学试验应用较为成功的是对细菌种内（个别属内）不同菌株血清型的划分。例如，根据沙门氏菌的菌体抗原（O 抗原）和鞭毛抗原（H 抗原）的不同，可将沙门氏菌区分为2000 种以上血清型。血清型的划分在流行病的研究中有重要意义，具有特异性强、灵敏度高、简便快捷等特点。

（2）噬菌体分型　噬菌体对宿主具有高度的特异性，研究表明噬菌体往往只侵染相应种类的原核生物，即一种噬菌体通常只侵染细菌的某个种，甚至只裂解种内的某些菌株。所以，可利用噬菌体侵染的特异性来鉴定未知的待测细菌，把细菌菌株分成不同的噬菌体型。除以上对宿主有高度特异性的噬菌体外，还发现存在少数噬菌体对宿主的要求有一定范围，既可侵染同种细菌，也可侵染同属内的不同种，甚至是不同属的一些不同的种。

（二）化学组分分析

化学分类法（chemotaxonomy）是使用化学或物理技术分析除核酸成分以外的微生物细胞的特征性化学组分，并将特征性组分用于分类鉴定的方法。在近 20 多年中，微生物细胞化学组成的研究，为微生物分类积累了大量资料。化学分类法在原核生物分类中尤为重要，特别是对细菌、古菌和放线菌中某些科、属、种的鉴别有很好的参考价值。可用于微生物化学分类的特性很多，下面只就最普遍的特性做概述。

1. 细胞壁组成 微生物普遍具有细胞壁，但其组成又存在明显差异，对菌种鉴定有一定的作用，如细菌细胞壁中的肽聚糖、脂多糖、胞外多糖、胞壁酸等均对化学分类有重要意义。其中肽聚糖是细菌细胞壁的主要组分，而古菌细胞壁中不含真正的肽聚糖。按不同细菌肽聚糖分子中四肽尾第 3 位氨基酸的种类、肽桥的结构等，细菌也可划分成不同的化学类型，如四肽尾第 3 位氨基酸为二氨基庚二酸（DAP）的有乳杆菌属（*Lactobacillus*）和分枝杆菌属（*Mycobacterium*）等的某些种，第 3 位为赖氨酸的有链球菌属（*Streptococcus*）和葡萄球菌属（*Staphylococcus*）等的某些种，等等。脂多糖是革兰氏阴性菌细胞外壁中的一种复合多糖，其结构基本一致，但是构成的糖和结合方式因菌株或菌种的不同而有明显的差异。

2. 脂类组成 脂类是细胞膜的主要成分。在原核生物中，构成细菌膜系的是以酯键连接的酰基酯，常见的有磷脂和糖脂，而构成古菌膜系的是以醚键连接的醚酯，这是区别细菌和古菌的又一重要特征。

脂肪酸在微生物细胞中含量较高，蕴藏着非常丰富的分类学信息，可作为微生物的分类与鉴定及确定其亲缘关系的重要指征之一。脂肪酸链的长度、饱和程度及是否有分支是考察的重点。某些特殊的脂肪酸只在特定的细菌中存在。例如，发现的一些 20C 以上的多不饱和脂肪酸只有在少数细菌如希瓦氏菌 NJ136（*Shewanella* sp. NJ136）中才能合成，而高含量的不饱和脂肪酸 $C_{16:3}$ 是蓝细菌的特点。大量数据表明，在原核生物中不同属的脂肪酸组分有明显的差异，而同一属中不同的种也表现出一定的差异。所以，脂肪酸组分的分析已成为原核生物分类学中不可缺少的内容。脂肪酸的分析一般使用气相色谱技术，获得脂肪酸的指纹图谱（色谱图）进行比较分析。Sherlock MIS 微生物鉴定系统（MIDI 公司）提供了一个较全面的数据库，可将分析结果在数据库中进行检索。但数据库也存在不完整的地方，有时需要进一步确定一些差异数据或数据库中当前未包含的化合物。在脂肪酸提取之前菌株的培养条件应保持一致，在不同生长条件下进行代谢的细菌在确定脂肪酸模式时可能不同。随着化学分析技术的发展，将气相层析-质谱联用（gas chromatography-mass spectrometry，GC-MS）更是提高了对脂类组分分析的灵活性和精确性。

另外，其他物质如泛醌、甲基萘醌、类固醇、鞘脂类和霉菌酸等也在微生物化学分类中有所应用。例如，多数严格好氧的革兰氏阳性菌主要含有泛醌，个别厌氧革兰氏阴性菌含有萘醌、甲基萘醌、去甲基萘醌，而古菌缺乏泛醌。

3. 蛋白质比较 早在核酸分析测试技术成熟之前，蛋白质的氨基酸序列分析已在微生物分类中得到应用。血清学比较也是特异蛋白的反映。蛋白质序列是由核酸编码控制的，所以它可直接反映核酸的序列，可以用于微生物的分类鉴定，同时还可以揭示微生物的系统发育关系。

功能相同的蛋白质常用于分类目的。例如，在电子传递中起重要作用的蛋白质如细胞色素 c 和铁氧还蛋白等、热激蛋白、组蛋白、转录和翻译中的蛋白质如 DNA 聚合酶等、代谢途径中的酶类如 ATP 酶等。如果这些蛋白质的氨基酸序列相似，说明它们的亲缘关系可能密切。

在微生物分类中，常使用更经济方便的蛋白质电泳并对产生的电泳图谱进行比较分析，而不是直接对蛋白质进行测序分析。亲缘关系近的类群，其蛋白质电泳图谱相似。常用的电泳方法有单向电泳和分辨率更高的双向电泳，以及电泳结束后还用酶特异底物显色的多位点酶电泳技术。针对目的和手段的不同，电泳蛋白质可以是某种（类）蛋白质，也可以是全细胞的可溶性蛋白质。

在微生物的化学分类中，除以上所列常用组分特性外，对于特殊微生物具有的其他针对性的组分分类特征也可以使用。例如，对于着色细菌，可分析其色素组成特点，如类胡萝卜素和叶绿素的组成；同属蓝细菌的聚球蓝细菌和原绿球菌色素有差异，前者含有和高等植物相同的叶绿素，而后者含有特殊叶绿素——二乙烯基叶绿素。

（三）核酸水平分析

传统分类法和数值分类法都是以表型特征为基础的，往往不能区分表型特征相似的微生物（尤其是细菌）及不同类群间的系统发育关系。分子遗传学分类法是依据微生物的遗传信息载体（基因）特征来分析微生物间的亲缘关系，对微生物进行分类鉴定。以遗传物质基础核酸为指征，能够较为客观地反映微生物系统发育间的亲缘关系。

1．DNA（G+C）mol%分析　DNA（G+C）mol%是指 DNA 分子中鸟嘌呤（G）和胞嘧啶（C）所占的摩尔百分比，简称 GC 含量。生物体中的 GC 含量相对稳定，不会受外界环境和生长菌龄的影响；而且同一属间不同种的 GC 含量差异不大，所以可以用于鉴定各种微生物种属间的亲缘关系和远近程度，如表型相似的微球菌属和葡萄球菌属的 GC 含量差异比较大，分别为 66%～75%和 30%～38%，表明它们的亲缘关系并不密切。一般认为细菌属内不同种间的 GC 含量差别为 10%～15%，而种内的不同菌株差别在 4%～5%。通常 GC 含量差别超过 10%就可认为不是同一属的；超过 5%就可认为属于不同的种了；而 GC 含量差别小于或等于 2%时，没有分类学上的意义。

但需要特别注意的是，GC 含量相近是有亲缘关系的必要条件，而非充分条件。GC 含量相近的类群，其亲缘关系并不一定相似。例如，假单杆菌属和棒状杆菌属的 GC 含量均为 57%～70%，但它们实际上分属不同的类群。因为 GC 含量并不能反映 DNA 碱基的排列顺序，GC 含量相近只是说明有亲缘关系的可能。因此，在微生物分类鉴定中 DNA 的 GC 含量分析应该结合其他分类特征，如 DNA 分析中的核酸杂交等。

GC 含量的测定方法有很多，常用的方法有解链温度法、浮力密度法、高效液相色谱法等，其中解链温度法也称为热变性温度法最为常用。解链温度法具有操作简便容易、准确度高和重复性好的优点。解链温度法是测定 DNA 的解链温度或熔解温度（melting tempera- ture，T_m），即紫外吸收增高的中间点所对应的温度。T_m 受溶液中离子强度的影响很大，故实际测定细菌 DNA 的 T_m 时常使用参比菌株——大肠杆菌 K12 来消除不同离子强度可能的影响，使不同的测定者的结果具有可比性。由 T_m 计算 GC 含量公式为

$$(G+C)\ mol\% = (T_m - T_m'') \times 2.44$$

式中，T_m 为待测菌解链温度；T_m''为大肠杆菌 K12 参比菌的解链温度。

而高效液相色谱法因其准确性高、重复性好和节省时间等优势已成为 GC 含量检测的常用方法。另外，随着测序技术的快速发展，基于基因组序列的（G+C）mol%测定无疑更为精确。目前，全基因组 DNA 测序的（G+C）mol%结果已被 *IJSEM* 接受，得到国际同行的认可。

2．DNA-DNA 分子杂交　DNA 碱基的排列顺序可直接反映生物间的亲缘关系远近程度，碱基排列越相似或同源性越高，意味着亲缘关系越密切，反之亦然。

DNA-DNA 分子杂交方法简称 DNA-DNA 杂交（DNA-DNA hybridization，DDH），是基于双链 DNA 分子解链的可逆性和碱基互补配对的专一性。通过将不同来源的待测菌株的 DNA 分子在体外分别加热使其解链成单链，并在适宜的条件下进行混合，使互补的碱基重新配对（复性）形成杂合的双链 DNA，再根据生成双链的情况，测定其间的杂合百分率。通过 DNA-DNA 杂交，可以检测微生物之间 DNA 序列的同源性，分析属间或种内的亲缘关系。DNA-DNA 杂交常用的具体方法有固相杂交和液相杂交两种。DNA-DNA 杂交是用于细菌种属鉴定的良好方法，解决了许多种的界定问题。现在一般认为，DNA-DNA 同源性为 20%～60%，则为同一属内的不同种；同源性达到 70%以上为同一种；同源性为 80%～90%，为同一种中不同亚种内的菌株；如果同源性低于 20%，就是不同的属。

DNA-DNA 杂交在很长时间内被认为是用于比较原核生物基因型的“金标准”，但是这种方法比较烦琐复杂，具有较大误差。随着基因组测序技术的蓬勃发展，衍生了许多相关的比较方法，如应用数据库全基因组信息进行 DNA-DNA 分子杂交的过程称为数字 DNA-DNA 杂交（digital DNA-DNA hybridization，DDH）。除数字 DNA-DNA 杂交，平均核苷酸一致性（average nucleotide identity，ANI）也是被广泛用于替代 DNA 杂交的分析方法。该指标是两个基因组之间同源基因相似性的比较，结果显示 ANI 与 DDH 之间具有密切的相关性。ANI 是基于物种全基因组序列，通过分析比较同源基因序列来判定物种间遗传关联性的重要参数。ANI 的值可以通过两种运算方法计算得出：一种是以 BLASTn 方法为基础（ANIb），另一种是以 MUMmer 运算法则为基础（ANIm）。目前使用 JSpecies 软件计算 ANI 是一个优选的方法。利用 JSpecies 软件计算比较，发现 ANIm 计算速度相对更快，而且在鉴定种内近缘菌株的差异性方面具有更高的灵敏度。普遍认为亲缘关系较近的种群 ANI 至少为 70%，而定义一个种的 ANI 需要达到 93%～96%及以上。ANI 具有使用方便、耗时少、较低错误率、高分辨率的优势，逐渐被一些学者认为可以作为代替 DDH 的下一代“金标准”候选方法。

3．16S rRNA（或 rDNA）寡核苷酸的序列分析　rRNA 基因序列测定方法包括早期的寡核苷酸编目分析法和后来的全序列测序分析法。

（1）寡核苷酸编目分析法　寡核苷酸编目分析所依据的基本原理是：用一种 RNA 酶水解 rRNA 后，可产生一系列寡核苷酸片段，如果两种或两株微生物的亲缘关系越近，则其所产生的寡核苷酸片段的序列也越接近，反之亦然。基本步骤是：首先用同位素 ^{32}P 标记培养菌株的 16S rRNA（也可体外标记纯化的 16S rRNA），随后用一种核糖核酸酶水解纯化的 16S rRNA，对水解产生的片段用双向电泳分离，再用放射自显影术确定不同长度的寡核苷酸斑点在电泳图谱中的位置后，相应序列即可确定。对于一次不能确定序列的较大的片段，需切下斑点，再用不同的核糖核酸水解酶水解进行与前面相同的分析。将≥6 个核苷酸的片段按长度的不同进行编目，列入表中。最后采用相似性系数法和序列印迹法来比较分析各类微生物之间的亲缘关系。

相似性系数法是通过计算相似性系数 S_{AB} 值来确定微生物之间的关系。如果 S_{AB} 等于 1，说明两株菌 16S rRNA 序列相同，亲缘关系很近；如果 S_{AB} 小于 0.1，则说明两株菌的亲缘关系很远。序列印迹法则是通过序列比较后，若发现某序列仅为某种（群）微生物所特有，这些序列可作为其印迹序列，它可以作为该系统发育群的标志。Woese 的三域分类理论就是最早根据对微生物 16S rRNA 序列进行编目分析后提出的。

（2）全序列测序分析法　使用寡核苷酸编目分析，大约只能获得 16S rRNA 序列的 30%的信息，且此方法采用的是相对简单的相似性算法，以致结果不可避免地会出现偏差，使其应用受限。随着 DNA 测序技术的发展和成本的降低、计算机软件的不断创建与升级，16S rRNA 基因全序列测定与分析已成为微生物学及相关学科研究中的重要信息。全序列的测序结果信息量大、准确，可以利用更复杂的遗传算法进行系统发育分析和分类。

目前16S rRNA作为所有生物的进化分子时钟，广泛应用于微生物的亲缘关系的研究。然而，用于分子系统发育方面，16S rRNA也不可避免地存在一些缺陷，如rRNA普遍高的保守性使得其应用在相近种、型分类鉴定时分辨力较差；另外其操作也相对比较复杂。相比之下，相关序列16S～23S rDNA基因间隔区［intergenic spacer（IGS）region，ISR］在细菌分类中表现出自身独特的优势，适于更细致的分类。16S～23S rRNA ISR 存在于不同种属中，其拷贝数、所含tRNA基因的种类、长度和数目的不同，因而IGS呈现多态、大小及碱基排列顺序的差异性要比16S rRNA的丰富许多。此方法利用16S和23S基因相邻两端的保守区域，设计特异扩增引物，经过对样品DNA的PCR扩增后得到IGS的特征性DNA指纹图谱，图谱可直接用于鉴定分析，而进一步将谱带对应的DNA进行测序能提供更深入的分类信息。现在GenBank中可用于细菌分类鉴定的种特异的IGS序列越来越多。

4. DNA 指纹图谱（DNA finger print） DNA 指纹图谱是指能够鉴别生物个体之间差异的 DNA 电泳图谱，这种电泳图谱多态性丰富、具有高度的个体特异性和环境稳定性。常用的技术有限制性片段长度多态性、扩增片段长度多态性和随机扩增多态性 DNA 等，主要用于区分种、亚种及分型。

1）限制性片段长度多态性（restriction fragment length polymorphism，RFLP）的基本原理是基因组 DNA 在限制性内切酶作用下，产生大小不等的 DNA 片段；它所代表的是基因组 DNA 酶切后产生的片段在长度上的差异，这种差异是由突变增加或减少了某些内切酶位点造成的。酶切片段通过凝胶电泳分离后对所得图谱和（或）测序结果进行分析比较得出分类结论。利用 RFLP 对生物细胞全基因组的分析，主要用于生物遗传图谱的构建，需要复杂的探针设计和分析。而在微生物分类上，一般都不会对全基因组 DNA 进行酶切，因为这样得到的片段太多，且比较复杂，难以比较。所以，通常选择既保守又有一定变异的片段作为目的基因，对此基因进行 PCR 扩增，再进行 RFLP 分析。PCR-RFLP 分析不仅具有 PCR 简单快速、样品用量少、可直接从细胞中扩增的特点，同时避免了昂贵的序列分析费用和放射性同位素的使用，在普通的实验室中即可进行，因此这一方法已广泛应用于细菌的鉴定、分类和物种多样性的研究。

2）扩增片段长度多态性（amplified fragment length polymorphism，AFLP）是在 RFLP 基础上发展而来的，它结合了 RFLP 和 PCR 技术特点，具有 RFLP 技术的可靠性和 PCR 技术的高效性。其基本原理是，对基因组 DNA 先用限制性内切酶切割，形成分子量大小不等的随机限制性片段，然后将双链接头（adapter）连接到 DNA 片段的末端，这些带接头的片段作为 DNA 扩增的模板，接头序列和相邻的限制性位点序列作为随后进行的限制片段扩增的引物结合位点，最后对 PCR 扩增产物进行电泳谱带的分析。限制性片段一般用两种酶切割产生，一种是罕见切割酶，另一种是常用切割酶。PCR 引物 3′端含有选择核苷酸，选择核苷酸延伸到酶切片段区，这样就只有那些两端序列能与选择核苷酸配对的限制性酶切片段被扩增。用已知分类地位的细菌菌株对 AFLP 方法进行分类研究，发现 AFLP 指纹得出的聚类图谱与 DNA-DNA 杂交、细胞脂肪酸分析结果具有较好的一致性。若电泳条带 90%～100% 相同，表明被鉴定的为同一菌株，60%～90%表明为同一种内的不同菌株，40%～60%同源性表明为同一属内的不同种，小于 40%则表明为不同属的菌种。AFLP 具有良好的可重复性，分辨效果比 PCR-RFLP 好。AFLP 分辨率仅低于全基因组序列分析，稳定性强，可提供更为丰富的分类信息。

3）随机扩增多态性 DNA（randomly amplified polymorphic DNA，RAPD）以 8～10bp 的随机寡核苷酸片段作为引物，对基因组进行 PCR 扩增，再对产物电泳分析，电泳谱带的不同代表分析样品间在基因水平上的差异，利用聚类分析等可进行微生物种以下水平的分类鉴定。现在 RAPD 方法已被广泛用于微生物分类、基因鉴定和系统发育研究等方面。

二、数值分类法

数值分类法（numerical taxonomy）又称为统计分类法（taxonometrics），该方法最早是由法国植物学家 Adanson（1727～1806）在 1757 年提出的，在 1957 年由英国学者 Sneath 将其用于细菌分类，使这种理论真正在分类学中得到了应用。所谓微生物数值分类法，是一种依赖数值分析的原理，借助现代电子计算机技术对拟分类的微生物对象按大量表型性状的相似性进行统计、归类的方法。数值分类法和传统分类法都采用表型特征，但传统分类法的特点是分类特征有主次之分，采用的是双歧检索表；数值分类法的特点是选择大量特征，强调所采用的分类特征同等重要，不分主次，在分群归类时具有同等的地位（等重原则）。数值分类法的基本步骤如下。

（1）选择菌株和分类特征　先准备一批待测菌株和有关典型菌种的菌株，每个菌株都可称为一个操作分类单元（operational taxonomic unit，OTU）。数值分类要求特征涵盖面广，包含的种类越丰富（包括形态、生理生化、遗传和免疫等方面的特征），得到的结果就越准确，一般选择 50～100 或更多鉴定特征。

（2）相似系数计算　对 OTU 进行两两比较，计算出 OTU 之间的总相似系数。相似系数常用 S_{sm}（简单匹配系数）和 S_j（Jaccard 相似系数）表示，通过 S_{sm} 和 S_j 研究菌株之间共同特征的相关性。S_{sm} 量度相似性，S_j 主要量度距离系数的差异。S_{sm} 和 S_j 的计算公式分别为

$$S_{sm}=\frac{a+d}{a+b+c+d} \qquad S_j=\frac{a}{a+b+c}$$

式中，a 表示两种菌株都呈正反应的特征数；b 表示甲菌株呈正反应而乙菌株呈负反应的特征数；c 表示甲菌株呈负反应而乙菌株呈正反应的特征数；d 表示两种菌株都呈负反应的特征数。

（3）相似矩阵绘制　将所研究菌株之间的相似系数两两配对排列，列出相似矩阵，表 10-5 表示 12 个菌株的相似矩阵。为便于观察分析，应将矩阵重新安排，使相似度高的菌株列在一起。

表 10-5　相似性系数矩阵（S_{sm}）　（单位：%）

菌株编号	A	B	C	D	E	F	G	H	I	J	K	L
A	100											
B	30	100										
C	28	84	100									
D	50	76	59	100								
E	58	50	44	75	100							

续表

菌株编号	A	B	C	D	E	F	G	H	I	J	K	L
F	42	68	84	58	50	100						
G	25	100	83	75	50	68	100					
H	67	58	58	85	76	58	59	100				
I	50	59	43	85	93	44	59	84	100			
J	32	91	91	67	46	77	92	68	50	100		
K	50	76	76	68	58	85	75	68	50	84	100	
L	43	69	85	59	52	100	67	59	45	75	85	100

（4）矩阵图转换成树状图（dendrogram） 根据相似性的数值进行聚类分析，将菌株按相似系数大小聚类成不同的簇（cluster）或表观群（phenon），结果用树状图表示（图 10-6），相比矩阵图更加直观明确。通常类似程度大于 85%者为同种，大于 65%者为同属。数值分类法得到的是一个个分类群。

数值分类法是传统分类法的延续和发展，仍是根据生物表型特征的总相似性进行分类。所以其分类结构所表示的是一种表型关系，并不能直接反映生物的系统发育。数值分类所划分的类群也不是严格意义上的分类单元。因此在使用数值分类法对细菌菌株分群归类定种或定属时，还应做有关菌株的 DNA 碱基的 GC 含量和 DNA 杂交，进一步加以确证。

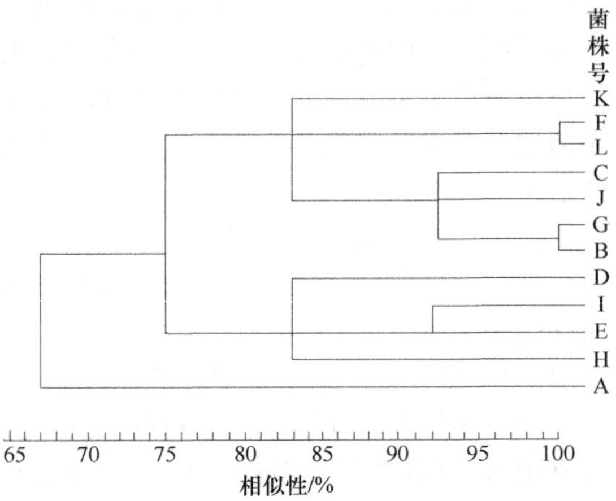

图 10-6 数值分类树状图

三、微生物快速鉴定与分析技术

微生物的传统鉴定与分析技术要求对微生物进行培养，主要依赖于形态学观察和生理生化分析，常常需要多种技术联用来进行分析判断，往往操作较烦琐并耗时较长。

快速、准确鉴定微生物一直是微生物相关领域，特别是临床医学等努力实现的目标。随着计算机科学、分子生物学、自动化控制等技术的发展及与微生物学科的交叉和渗透，出现了许多快速、准确的微生物鉴定自动化系统。根据所利用分类鉴定特征的不同可分为两类：表型系统和基因型分类鉴定系统。前者是目前使用最多最广泛的，即所谓的微量多项试验微生物鉴定系统。

微量多项试验微生物鉴定系统的根本原理是根据微生物的多项生理生化特征，配制系列不同的培养基、反应体系，并分别微量（多为约 0.1mL）加到不同的分隔室中，加入被分析菌液后，培养 2～48h（常为 15～24h），观察各分隔室的反应结果，对照系统标准确定分类结果。比较有代表性的有 API 细菌鉴定系统，该系统能同时测定 20 项以上生化指标。该系统的鉴定卡是一块有 20 个小管的塑料条，每个小管加有适量糖类等生化反应底物的干粉和反应产物的显色剂，每个小管可进行一种或两种反应，如 API 20E 主要用来鉴定肠道菌（“20”表示试管数，“E”表示肠道细菌）（图 10-7）。

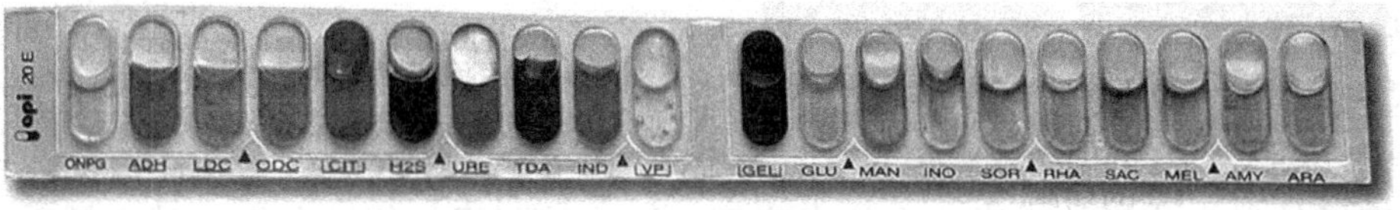

图 10-7 API 细菌鉴定系统

目前一些国际上已商业化的有代表性的鉴定系统及反应原理见表 10-6。而近年来，应用分子振动光谱（拉曼光谱和红外光谱等）进行微生物快速鉴定和分析具有耗时短、成本低等优点，未来可能会出现越来越多的应用。

表 10-6 微量多项试验微生物鉴定系统及其反应原理

系统举例	系统反应	分析项目	阳性结果
API、Entertube、Crystal、VITEK、Micro Scan	pH 基础反应（2～48h）	碳源利用	pH 指示剂颜色变化；碳源产酸、氮源产碱
Micro Scan、IDS（Remel）	酶谱（多为 2～4h）	微生物已有的酶	无色复合物被适当酶水解时，色源/荧光源释放引起颜色变化
Biolog	碳源利用	有机产物	因转移电子至无色四氮唑标记碳源使染料变为紫色
MIDI§	挥发或非挥发酸检测	细胞脂肪酸	以检测代谢产物为基础的层析技术，与数据库中的资料相比较
酵母样菌鉴定	生长可见检测	不同底物	微生物利用某一底物产生浊度
MALDI-Biotyper System§	质谱	多肽和蛋白质	与标准指纹图谱比较

注：§表示可不依赖于培养

基因型分类鉴定系统的代表是杜邦 Qualicon 推出的 RiboPrinter 系统，该系统以 DNA 指纹为基础。全自动微生物鉴定系统采用开放式的数据库，鉴定库包含 6400 种 RiboPrinter™ 基因指纹模式，归属 200 余细菌属超过 1400 种类与血清型，包括腐败菌、病原菌、有益菌及环境微生物。但有观点认为，于 1996 年 3 月成立于加利福尼亚州的 Cepheid（中文名为赛沛）公司推出的 GeneXpert Infinity 测试平台是目前病原微生物诊断最自动化的、最完整的分子诊断系统。该系统目前可以同时进行 48 个或 80 个试剂盒的测试；在 24h 内，Infinity-48 和 Infinity-80 系统分别完成多达 1300 个和 2300 个测试；配合特定试剂，可在 45min 内对 2019 年底至 2020 年初暴发的 COVID-19 得到准确检测结果。而随着测序和生物信息技术的进一步发展，未来可能会出现基于高通量测序对未培养样本未知微生物的快速鉴定技术与平台。

四、生物信息学在微生物系统学中的应用

一直以来，核糖体小亚基 RNA（small subunit ribosomal RNA，SSU rRNA）被广泛应用于有细胞结构的微生物（除非细胞的病毒以外的）的系统发育分析，尤其是 16S rRNA 基因被认为是细菌系统发育研究中的“黄金标尺”；有相应的数据库（ribosomal database project，RDP）(http://rdp.cme.msu.edu/)。RDP 提供细菌和古菌的 16S rRNA 基因数据，有在线工具可进行分类和序列相似性分析等。其中的 RDP Classifier 基于朴素贝叶斯的原理进行分类，其关键是计算先验概率和条件概率。

但是，由于 SSU rRNA 基因保守性强，基于该基因的单一基因系统发育有时并不能准确清晰地区分不同微生物种类。而相比之下，基于多个不同基因，甚至是全基因组的组分矢量分析可提供更加完整的系统发育信息；在微生物系统发育分析中，除进行传统的基于 SSU rRNA 基因系统发育分析外，进行多位点序列分型或基因组相似性分析也越来越普遍。

多位点序列分型（MLST）技术是基于核酸序列的分型方法。Maiden 等于 1998 年对脑膜炎奈瑟氏菌的分型中首次应用，目前已广泛应用于纯培养和环境样品中细菌、古菌、真核微生物及病毒的分型。MLST 通过对多个管家基因（常用的有 *gyrB*、*rpoB*、*dnaK*、*recA*、*atpD* 和 *trpB* 等）片段（选用长度通常约 500bp）进行变异的比较分析。MLST 方法一般测定 6～10 个管家基因（位点）并比较所选位点序列之间的相似性，如果序列不同，则将其视为新的等位基因，并为其分配唯一的等位基因编号。每一株菌的等位基因编号按照指定的顺序排列就是它的等位基因谱，也就是这株菌的序列型（sequence type，ST）。通过比较 ST 获知菌株的相关性，即密切相关菌株具有相同的 ST 或仅有极个别基因位点不同的 ST，而不相关菌株的 ST 有 3 个或 3 个以上基因位点不同。可由 BioNumerics 计算每个等位基因对应等位基因编号，以 DnaSP 计算与等位基因的相关系数，以 Splits Tree 构建重组分解图，最后以 MEGA 软件构建系统发育树揭示系统关系。MLSA 常以 91.44%作为细菌新种的划分阈值（即大于阈值为同种）。

IJSEM 现在明确要求在相关微生物分类鉴定学术论文中提供基因组信息。截至 2024 年 4 月 29 日，在 GenBank 公布的基因组中原核微生物的总计已达 707 463 个之多。

第五节　微生物物种的多样性

微生物分布最广泛，几乎分布在地球上的所有生境，可利用各种有机化合物、无机盐等作为能源，可在有氧或无氧、寒冷的极地、高达 100℃的热泉或高盐碱度等极端环境中生活。微生物具有丰富的物种和遗传多样性，并以高度的变异性适应不同的生境。作为生态系统中的重要组分，微生物在自然界的物质与能量循环、生态系统的演替及生物多样性的维持中发挥重要的功能。

一、细菌系统发育概览

细菌域包含了很多日常生活中广为人知的微生物类群，有几千个细菌种属的特征被详细描述。除可培养的细菌类群，如果再算上依据 16S rRNA 基因序列来推测的未培养细菌类群，在细菌的系统发育中至少存在 17 个独立的类群。

在可培养的细菌中，靠近细菌系统发育树根部最古老的分支是产液菌属（*Aquifex*），见图 10-8。产液菌属中的菌株都是超嗜热的化能无机自养菌，其代谢特征在于高温条件下以氢气为电子供体获能。产液菌属的嗜热性可能来源于超嗜热古菌嗜热基因的水平转移。其他古老的分支还包括具有嗜热表型特征的热脱硫杆菌属（*Thermodesulfobacterium*）、栖热袍菌属（*Thermotoga*）及绿色非硫细菌［绿屈挠菌属（*Chloroflexus*）］等。进化树向上的分支是高度抗辐射的异常球菌属（*Deinococcus*）。

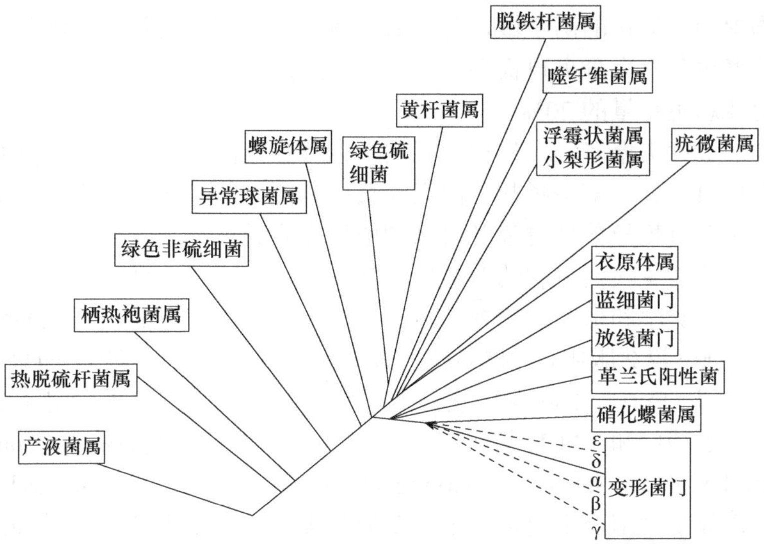

图 10-8　细菌的系统发育树（沈萍和陈向东，2016）

细菌中还包括螺旋体属（*Spirochaeta*）、光能自养型的绿色硫细菌、好氧的化能有机异养型的黄杆菌属（*Flavobacterium*）和噬纤维菌属（*Cytophaga*）、化能无机自养型的硝化螺菌属（*Nitrospira*）、专性厌氧的脱铁杆菌属（*Deferribacter*）、出芽生殖的小梨形菌属（*Pirellula*）、疣微菌属（*Verrucomicrobium*）、衣原体属（*Chlamydia*）等多种形态各异、营养类型和产能方式具有多样性的类群。

进化树右侧分布有革兰氏阳性菌、放线菌和蓝细菌。革兰氏阳性菌多为化能有机异养型，又可以分为厚壁菌门（Firmicutes）和放线菌门（Actinobacteria）。根据 rRNA 序列分析的结果，可将革兰氏阳性菌再分为低 GC 含量的梭菌属（*Clostridium*）、芽孢杆菌属（*Bacillus*）、葡萄球菌属（*Staphylococcus*）及高 GC 含量的链霉菌属（*Streptomyces*）、放线菌属（*Actinomyces*）、分枝杆菌属（*Mycobacterium*）等。

进化树根部向上的是变形菌门（Proteobacteria），是革兰氏阴性菌中可培养的最大门类，许多最常见的细菌都属于变形菌门，如大肠杆菌、假单胞菌、弧菌等。变形杆菌千姿百态，营养类型复杂多样，能利用的能量来源可以是有机物、无机物和光能，可以利用广泛的有机物和无机物在好氧、微好氧、厌氧条件下实现物质和能量代谢过程。按 16S rRNA 基因序列差异可以将变形杆菌分为 5 个类群，分别用希腊字母 α-、β-、γ-、δ-、ε-来表示。其中能进行光合作用的紫色细菌包括在 α-、β-和 γ-3 纲中，但一些化能有机异养菌，如大肠杆菌属、假单胞菌属、醋单胞菌属和一些化能无机自养菌（如硝化杆菌属、亚硝化杆菌属、贝日阿托菌属等）也包括在这 3 纲中。δ-和 ε-2 纲只包括非光合作用的细菌。

变形菌门的不同种属间存在着水平基因转移，如营光合营养和甲基营养、能进行氨及亚硝酸盐氧化的变形细菌都分属于多个变形细菌纲中。变形杆菌中表现出来的形态、生理等表现型的差异和种属分类地位归属两者之间的矛盾，是微生物学研究需要有系统发育分类的最好佐证。

二、古菌系统发育概览

古菌是一群具有独特的基因结构或系统发育生物大分子序列的单细胞生物，和细菌分别构成了原核生物中独立演化的两个域，蕴含着生命演化早期的信息。广泛分布在地球上的各种环境中，已培养古菌多数分离自极端环境，如海底热液口、热泉、盐碱湖、沼泽地等，据统计，古菌占地球总生物量的 20%。

古菌在形态学上种类繁多，在生理、代谢上也有丰富的多样性，其中既有化能有机异养型，也有化能无机自养型，某些嗜盐古菌还能直接利用光能。化能无机自养型古菌可用氢气作为电子供体。化能有机异养型古菌既可以利用氧作为最终电子受体，也可以利用元素硫为最终电子受体。古菌能量代谢机制的多样性是其环境适应性和生理特性的关键。

根据考古学、分类学和形态学差异，古菌可分为六大类。然而，在 2001 年出版的《伯杰氏系统细菌学手册》第 2 版中，根据系统发育关系将古菌分为两个门，即泉古菌门（Crenarchaeota）和广古菌门（Euryarchaeota）。分子技术的进步大大拓展了人们对于古菌多样性的认识：古菌被分为广古菌门和 TACK 超级门，TACK 超级门包括奇古菌门（Thaumarchaeota）、曙古菌门（Aigarchaeota）、泉古菌门（Crenar chaeota）和初古菌门（Korarchaeota）。近年来新的系统发育分析显示古菌至少包括 4 个主要的超级门：广古菌门（Euryarchaeota）、TACK、Asgard 和 DPANN 古菌，如图 10-9 所示。TACK 增加了深古菌门（Bathyarchaeota）、地古菌门（Geoarchaeota）和韦斯特古菌门（Verstraetearchaeota）。Asgard 包括洛基古菌门（Lokiarchaeota）、索尔古菌门（Thorarchaeota）、奥丁古菌门（Odinarchaeota）和海姆达尔古菌门（Heimdallarchaeaota）等。DPANN 则包括丙盐古菌门（Diapherotrites）、盐纳古菌门（Nanohaloarchaeota）、乌斯古菌门（Woesearchaeota）、佩斯古菌门（Pacearchaeota）、纳古菌门（Nanoarchaeota）和微古菌门（Parvarchaeota）等。

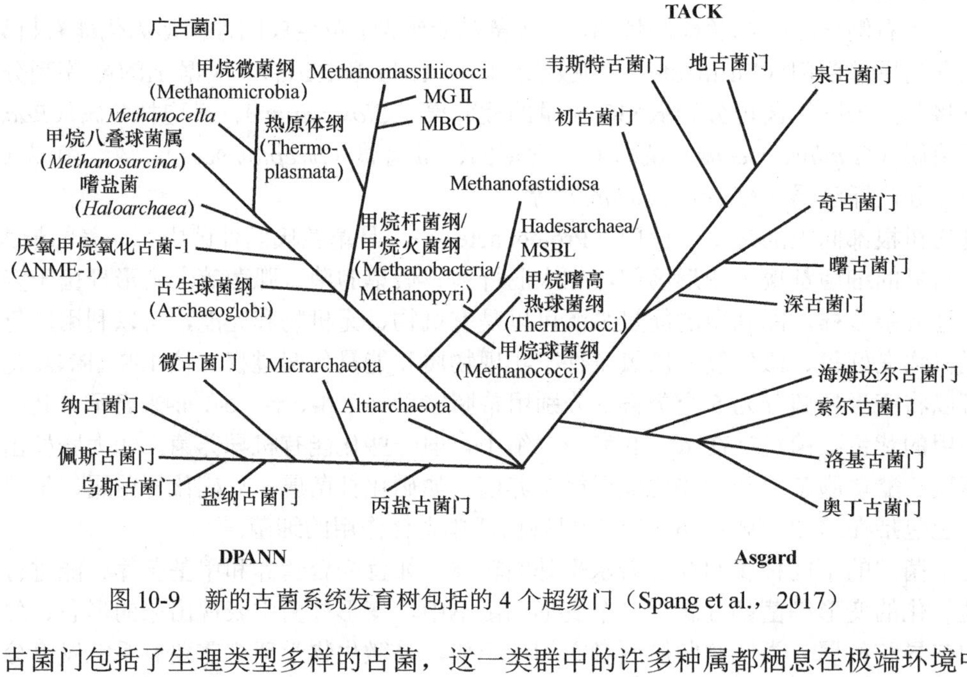

图 10-9　新的古菌系统发育树包括的 4 个超级门（Spang et al.，2017）

广古菌门包括了生理类型多样的古菌，这一类群中的许多种属都栖息在极端环境中，如严格厌氧的产甲烷菌（methanogens）、大部分专性好氧的嗜盐菌（halobacteria），还包括一部分超嗜热的热球菌属（*Thermococcus*）、火球菌属（*Pyrococcus*）和既产甲烷又极端嗜热的甲烷嗜高热球菌属（*Methanopyrus*）。另外，没有细胞壁的嗜热的热原体属（*Thermoplasma*）、铁原体属（*Ferroplasma*）、嗜苦菌属（*Picrophilus*）等也属于广古菌门。

泉古菌门主要为超嗜热菌，如热变形菌属（*Thermoproteus*）、热网菌属（*Pyrodictium*）等。它们属于化能无机自养型，最适生长温度高于 80℃。从系统发育树上看，超嗜热菌的进化速度比其他古菌要慢，在发育树上的分支相对较短形成紧密的簇，且位于根部，是最原始的古菌类群。最初分离的泉古菌都是来源于海底热泉和热液区等地，但通过 16S rRNA 基因序列分析发现，从低温环境和中温环境中均得到冷适应的泉古菌。

近年来，在土壤、沉积物、淡水、河口、海湾以及污水处理系统等中温环境中发现了与嗜热泉古菌 16S rRNA 基因序列不同的泉古菌系统发育分支，被命名为奇古菌门。海洋亚硝化短小杆菌（*Nitrosopumilus maritimus*）SCM1 菌株是从海洋中成功分离培养的第一株奇古菌，证实了这类古菌通过催化氨氧化获得能量进行自养生长的代谢特征，因此也被称为氨氧化古菌。此外，还从温泉中富集分离了加尔加亚硝化球菌（*Nitrososphaera gargensis*）、黄石亚硝化热泉菌（*Nitrosocaldus yellowstonii*）及从土壤环境中分离的维也纳亚硝化球菌（*Nitrososphaera viennensis*）EN76 菌株。揭示了奇古菌门的生理代谢特征及其在自然界物质循环尤其是氮和碳循环中的作用。

初古菌门是用分子生物学手段从美国黄石公园超热环境样品中检测到的一类古菌，目前只能通过荧光原位杂交（FISH）技术检测到它的存在。由于该古菌为超细的纤维状，常规的荧光原位杂交信号微弱，一直难以获得纯培养物。这类古菌在进化上与中温古菌比较接近，但在生物学特性上与嗜热微生物有许多共同点。在古菌系统发育树中，初古菌位于系统发育树的根部，这是生命热起源理论的又一理论依据。

纳古菌门是古菌中的寄生门类，迄今只包括一种，即由 Karl Stetter（2002）在冰岛的热泉口发现的骑行纳古菌（*Nanoarchaeum equitans*），在实验室可与另一种古菌燃球菌（*Ignicoccus hospitalis*）共培养。纳古菌的细胞直径大约为 400nm，能紧密吸附在燃球菌的细胞上。骑行纳古菌的基因组只有 0.48Mb，是目前发现的除病毒之外基因组最小的生物。因其基因组小，与初级代谢和能量代谢有关的大部分基因缺失，使得该菌株必须依赖于其宿主完成相关的代谢活动。

深古菌曾被命名为 miscellaneous crenarchaeotal group（MCG），种类繁多，分布广泛，是深海沉积物中主要的古菌类群之一，估计占海洋深部生物圈中总古菌数量的 30%～60%。2016 年王风平等对 MCG 古菌进行了基于串联核糖体蛋白基因的系统发育分析后发现，这类古菌在系统发育树上形成单独分支，靠近进化树根部且显著区别于其他古菌门类。因此，确定其为较古老的古菌门类，根据其在全球深海沉积物尤其是海洋深部（＞1000m 海水深度）生物圈中的广泛分布，将该古菌类群正式命名为深古菌门。2018 年王风平等还发现深古菌门代谢潜能多样，如固定 CO_2、降解木质素等大分子难降解有机质，有些类群还能参与甲烷代谢、产生乙酸、异化还原亚硝酸盐和硫酸盐，因而在全球生物地球化学循环中发挥重要作用。2019 年潘杰和李猛报道了红树林沉积物宏基因组组装得到的深古菌基因组存在光敏的视紫质和固碳的卡尔文循环途径。此外，基因组系统进化和嗜热菌特征基因的分析表明，深古菌具有热起源，即深古菌可能起源于热的环境，如海底热液或热泉等环境。在深古菌研究中，我国目前处于国际领先地位。

随着微生物分子生态学、海洋微生物学、环境基因组学和生物信息学等多学科的飞速发展，不断会有新的古菌类群被发现。

三、真核微生物系统发育概览

真核微生物主要包括菌物、单细胞藻类、原生动物和微型后生动物。据估计，全世界约有 150 万种菌物，其中已知的菌物超过 14 万种，至今每年新发现的菌物新种数还以 800～1500 种的速度递增。真核微生物在个体和群体形态、营养吸收、代谢类型和代谢产物、遗传特性和生态分布等方面，呈现丰富的多样性。

真核生物由原始的原核细胞间的内共生演化而来。目前公认的真核生物有 6 个超级类群：古植物界（Archaeplastida）、有孔虫界（Rhizaria）、囊泡藻界（Chromalveolata）、古虫界（Excavata）、变形虫界（Amoebozoa）和后鞭毛生物（Opisthokonta）。从图 10-10 中可以看出真核微生物进化呈辐射状，而且这种进化辐射是在系统发育早期同时发生的，它包括了所有的甚至现代真核生物祖先。

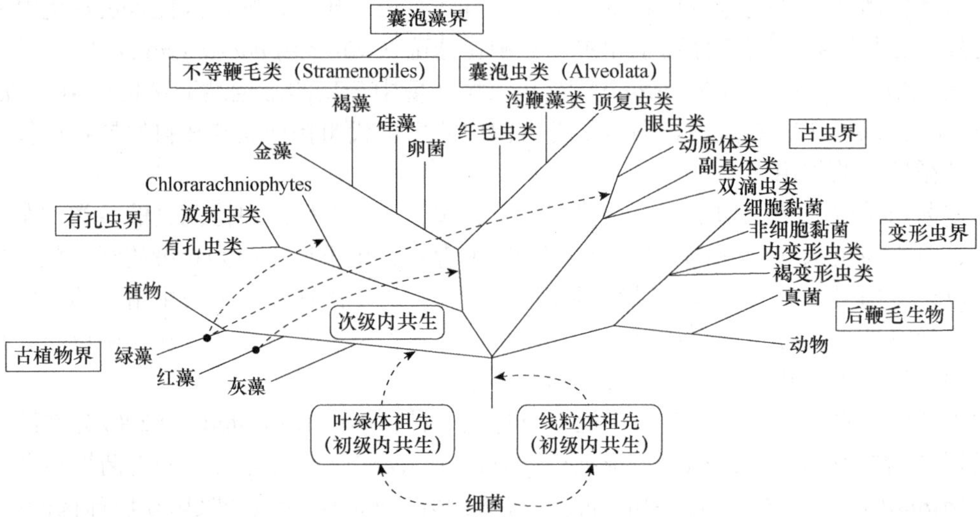

图 10-10 真核微生物系统发育谱系树（Madigan et al.，2019）

在真核微生物的系统发育树中，真菌的亲缘关系密切，其分化约于 15 亿年前。目前真菌分类不仅以形态、生理生化特征和有性生活史作为分类的依据，同时还以 SSU rRNA 基因序列、延长因子、细胞骨架重要蛋白质分子为指征，更好地了解各种真菌类群之间的系统发育关系。近年来，利用不依赖于培养的分子生物学方法研究环境真核微生物的多样性，基于环境真菌序列的分析，建立了一个新的门——隐真菌门（*Cryptomycota*）。系统进化分析显示，隐真菌门位于真菌进化树的基部，依据已有的分子序列估计其种类非常丰富，在土壤、海洋与淡水环境中广泛分布。但目前对隐真菌的了解仍只建立在对个别代表种类的研究基础之上。因此，真菌仍然被分成前文所述的 7 门，其中球囊菌门以与植物共生形成内生菌根为特征；子囊菌和担子菌产生有隔膜的菌丝，而且同一菌落里的菌丝之间可以互相融合，这种融合可以使放射状的菌落形成三维网络型菌丝体联合；而接合菌门和壶菌门就没有这种隔膜菌丝和菌丝融合现象，这两个门也称为低等真菌，这是与担子菌门和子囊菌门的“高等菌丝”相对而言的。常见真菌类群和主要特征见表 10-7。

表 10-7 常见真菌类群和主要特征

类群	特征	代表属
壶菌门（Chytridiomycota）	无隔膜多核菌丝，细胞壁主要成分为几丁质和 β-1,3-葡聚糖、β-1,6-葡聚糖，细胞内碳源贮藏物为糖原，无性繁殖形成游动孢子，有性繁殖尚不清楚，腐生型或寄生型	油壶菌属（有争议）、集壶菌属、节壶菌属

续表

类群	特征	代表属
接合菌门（Zygomycota）	无隔膜多核菌丝，细胞壁主要成分为几丁质，无性繁殖产生孢囊孢子、厚垣孢子等，有性繁殖产生接合孢子，多数腐生型，少数寄生型	毛霉属、须霉属、根霉属、梨头霉属
球囊菌门（Glomeromycota）	无隔膜多核菌丝，缺乏纤毛，无性繁殖产生具有多层壁的大孢子或形成孢子果，与植物共生，大多数形成内生菌根	无柄囊霉属、内养囊霉属、球囊霉属
子囊菌门（Ascomycota）	有隔菌丝，细胞壁主要成分几丁质，有性繁殖过程是在子囊中通过二倍体核减数分裂产生单倍体子囊孢子，大多数能在特殊菌丝体上进行无性繁殖产生分生孢子，腐生型和寄生型	曲霉属、念珠菌属、脉孢菌属、麦角菌属、酵母属
担子菌门（Basidiomycota）	有隔菌丝，细胞壁主要成分几丁质，有性繁殖在担子上产生担孢子，担孢子的数目通常是 4 个，包括许多常见的蘑菇和陆生真菌	伞菌属、牛肝菌属、花耳属、柄锈菌属、黑粉菌属

小　　结

在生物的演化过程中，有些生物大分子（如 rRNA）的进化速度是基本恒定的，它们可以作为反映生物进化关系的主要指征，从分子水平上获取生物进化的信息。Woese 的三域学说正是通过对各类生物 rRNA 序列的比较提出的。微生物分类学包括分类、命名和鉴定三部分。《伯杰氏系统细菌学手册》是目前比较权威的进行细菌分类、鉴定的参考书，而 Ainsworth 分类系统和《真菌词典》被认为是两个较为理想的真菌分类系统。

多相分类学是目前使用较多的微生物分类和鉴定方法，可以综合表型、化学组分和核酸水平等多方面来确定微生物菌株的分类地位。随着计算机、分子生物学、自动化控制等技术的发展及与微生物学科的交叉和渗透，出现了许多快速、准确的微生物鉴定自动化系统，推动着微生物分类学的发展。生物信息学方法在微生物系统学中的应用越来越广泛，在生物溯源分析、微生物的鉴定及揭示微生物物种相互关系的研究中发挥着关键作用。

根据 16S rRNA（18S rRNA）序列分析，可了解细菌、古菌和真核微生物在系统发育进化路线上的分布及各类群的多样性。

复习思考题

1. 为什么蛋白质和核酸可作为衡量进化的分子时钟，而糖、脂肪等物质却不可以？
2. 相比其他分子，16S rRNA 用于分子系统发育有何优势和不足之处？
3. 三域学说指的是什么？提出此学说的依据是什么？
4. 微生物分类学有哪些内容？它们之间的相互关系如何？
5. 什么是分类单元？微生物分类单元有哪些等级？最基本的分类单位是什么？在种以下还有哪些常用的重要类群术语？
6. 试述《伯杰氏系统细菌学手册》第 1、2 版的分类大纲及其在各卷中的内容安排。
7. 多相分类学主要包括哪些类信息？其中表型信息主要包括哪些内容？
8. 如果初步分离获得一个微生物培养物，怎样对它进行分类鉴定？
9. 微量多项试验微生物鉴定系统的原理是什么？
10. 试述古菌物种的多样性及应用潜力。
11. 简述真菌各门中代表属的主要特征。

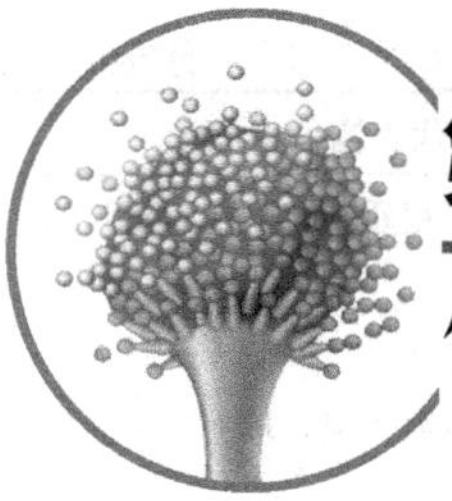

第十一章 作物微生物组与绿色农业发展

微生物组是微生物学发展史上一个重要的飞跃性概念，它描绘生活在一定环境空间内的微生物类群，相互影响并彼此平衡，从而形成相对稳定的生态环境。微生物组不仅能维持生态系统的健康功能，而且其应用还涉及人类健康、能源和工农业等领域，对于经济和社会的可持续发展起到了巨大的推动作用。当前，微生物组学作为一个崭新的学科，已经成为生命科学关注的焦点，美国、加拿大、日本、法国等国家纷纷启动微生物组研究的国家计划。2017 年 12 月，中国科学院重点部署并启动了“人体与环境健康的微生物组共性技术研究”暨“中国科学院微生物组计划”，标志着我国进入了全球微生物组研究与应用领域中的科研战略发展时期。微生物组学是一门揭示微生物多样性与宿主及生态环境之间关系的新兴学科，研究成果已经广泛应用于工业、农业、水产和医药等领域，为解决人类面临的健康、农业、环境等问题提供了全新的视角和思路。

一、微生物群、微生物组与微生物组学

微生物群（microbiota）是特定时间与特定生境中所有微生物有机体的总称，其组成主要包括原核生物中的细菌和古菌、低（高）等真核生物及非细胞结构的病毒，可划分为细菌群、古菌群、真核微生物群及病毒群。微生物组（microbiome）是指一个特定生境或生态系统中全部微生物群及其基因组的所有遗传信息，涵盖了微生物群及它们的全部遗传与生理功能，并包含微生物与其环境和宿主的相互作用。微生物组学（microbiomics）是将微生物组作为研究对象，探讨微生物群落结构、功能、内部相互作用机制与进化关系，以及微生物组与环境或宿主之间相互关系的一门学科。根据微生物组的自身组成及其在环境和宿主中的分布特征，可以划分不同的种类。按照环境要素可分为土壤、水体、大气或人工环境微生物组；按照宿主种类分为人体、动物和植物微生物组；按照微生物菌群组成分为细菌组、古菌组、病毒组和真核微生物组。

由于人体与环境中微生物的复杂性和难培养性，人类对微生物多样性与其功能认识不深，暂且只能用“黑箱”来概括。生物大数据方法技术的不断突破，结合计算机与合成生物学的交叉发展，为揭示微生物组的复杂性提供了重要机遇。微生物组的结构，是针对微生物群落而言，即准确描述一定空间范围内的微生物种类与数量，并定量各类物种的丰度。个体微生物的共性特点决定了微生物群落结构具有个体微小、数量巨大、种类繁多、分布不均匀等主要特征。

二、微生物组学大数据

伴随高通量测序技术的快速发展，微生物组学研究获得了强大的数据输出能力，包括基因组学、转录组学、蛋白质组学、代谢组学、脂类组学、免疫组学及表观组学等多组学生物

学数据，并形成了涵盖宏基因组学、宏转录组学、宏蛋白质组学和宏代谢组学在内的宏组学技术，推动了对微生物群落的多样性、结构与功能方面的深入研究。

（一）微生物组的研究层次

1．微生物培养水平 主要采用培养组学的研究手段，即通过固体培养或96孔板高通量液体培养的方式，获得微生物群落中可培养的菌落，然后结合标记基因测序与分离纯化等方法对菌种进行鉴定与保藏。

2．DNA水平 通过提取环境样品的总DNA，选择合适的通用引物进行扩增子高通量测序，原核生物选择16S rRNA作为标记基因，真核生物选择18S rRNA基因及内在转录间隔区（internal transcribed spacer，ITS）等。扩增子测序仅能获得微生物群落的物种结构组成信息，若要进一步挖掘认识微生物的基因功能，还需要借助宏基因组测序手段。

3．mRNA水平 以环境样品中微生物群落的转录本mRNA为研究对象，从群体水平出发，研究环境微生物功能基因的表达水平及其在不同环境条件下的转录调控规律。

4．蛋白质水平 对环境中微生物群落的所有蛋白质开展大规模分析，获取微生物的蛋白质种类、表达水平、通路富集及注释等生物学信息，通过揭示微生物群落中蛋白质的组成与丰度、不同修饰及其相互作用等，认识微生物群落的演替、互作、代谢特征及其生理功能等。

5．代谢物水平 以环境微生物中所有小分子代谢物为研究对象，通过识别与宿主生理功能变化关联的关键代谢物，观测代谢物的变化规律，从而分析微生物群落与宿主在代谢水平上的相互作用及其互作机制。

（二）微生物宏组学方法

近年来以高通量测序和基因芯片为代表的宏基因组学技术得到了广泛应用，通过与宏转录组学、宏蛋白质组学、宏代谢组学和宏表型组学的联合分析，实现了微生物从单一过程向群落水平研究层次的转变，从而使得科学家可以在更高更复杂的整体水平上认识微生物群落的系统功能。宏组学技术为研究未培养微生物和未知基因资源提供了重要工具，它可以获得基于种水平上微生物群落的物种组成及其丰度，同时可以鉴定和分析微生物群落中的关键功能基因和代谢途径，深入了解微生物的作用机制。宏基因组学、宏转录组学和宏蛋白质组学技术在DNA、RNA和蛋白质三个层次上揭示了微生物群落的结构、系统发生、代谢功能、调控规律等，宏表型组学则是多组学系统的综合体现与表征。

1．宏基因组学（metagenomics） 不依赖于微生物纯培养、采用基因组学的研究策略，系统性研究环境样品中所包含的全部微生物的遗传组成及其群落功能，从而揭示微生物与自然环境或生物体之间关系的一门科学。宏基因组学研究主要包括两个层面：一是分析环境中某些特定基因，即通过构建宏基因组文库，采用序列筛选或者功能筛选手段鉴别某种功能基因，并对其深度测序；二是针对环境中所有DNA进行深度测序，分析环境中全部微生物的组成与相关功能。凭借宏基因组学技术，可以发现大量不可培养微生物的遗传信息，同时鉴定出了更多新的功能基因或基因簇，丰富了我们对微生物群落组成、演替及其互相作用的认识。

2．宏转录组学（metatranscriptomics） 宏转录组学即在某个特定条件或特定时空下，以环境样品中微生物基因全部的转录本或mRNA为研究对象，采用RNA-Seq高通量测序技术，对微生物的基因表达水平和调控规律进行研究的一门新兴学科。它可以用于衡量微生物群落宏基因组的表达水平，并筛选出目标功能基因与特征微生物。宏转录组学、测序数据的质量控制、序列拼装、功能基因注释与分类及差异表达基因的筛选识别等。

3．宏蛋白质组学（metaproteomics） 宏蛋白质组学即在某个特定条件或某一特定时间内，对环境微生物群落所表达的全部蛋白质组成展开大规模鉴定分析的学科。宏蛋白质组学通过质谱技术采集微生物群落中的全部蛋白质信息，分析蛋白质的组成、丰度、修饰及其相互关系，揭示微生物组与其代谢方式，从而帮助我们认识微生物群落的发展、种内或种间相互关系，以及营养竞争关系等。宏蛋白质组学检测技术流程包括蛋白质样品制备、分离及其鉴定等。目前液相色谱和高分辨率质谱技术等方法的进步，推动了宏蛋白质组学的发展。宏蛋白质组学作为研究微生物群落时空特征的一种有效方法，凭借一个精确的蛋白质序列数据库，人们便可以知道这些蛋白质属于哪个微生物物种（或更精确层次的分类群，如科、属等），并进一步理解群落中不同微生物成员的功能角色和相互作用。

4．宏代谢组学（metabonomics） 宏代谢组学即对于某一种微生物或细胞在一特定生理时期内所有低分子量的代谢产物，采用高通量质谱技术进行定性和定量分析，研究外界环境发生变化过程中微生物代谢产物变化规律的一门新学科。代谢组研究可以帮助了解生物体的基因型和表型是如何关联的，以及外界环境如何影响微生物代谢过程。靶向或非靶向代谢组学分析包括代谢物分离、检测、鉴定和定量及多元数据分析。代谢物的分离与检测是代谢组学研究的关键步骤，目前代谢组学最常用的检测分析技术是核磁共振、液相色谱串联质谱和气相色谱串联质谱，这些分析方法都可以用于代谢物结构的鉴定与浓度的测定。

5．宏表型组学（metaphenomics） 宏表型组学是指资源、空间，以及生物和非生物限制等环境作用下，研究微生物成员基因组（宏基因组）编码的组合遗传潜力、群落整体的生理状态，以及它们对资源获取、与其他生物和信号分子的接触及其响应环境变化的遗传能力。宏表型组学是整个组学涉及内容的综合外在体现，包括宏基因组、宏转录组、宏蛋白质组和宏代谢组等多组学系统。

（三）组学大数据的特征与种类

组学大数据通常具有“4V”特征，即数据容量（volume）大、种类多（variety）、产生和更新速度（velocity）快及科学价值（value）大。除此之外，还存在数据真实性（veracity）特征，也就是数据可靠。高通量测序技术的特点也决定了测序数据一般存在噪声多与不完整性的特征。

微生物组数据分析主要包括 4 个方面：①物种组成，主要通过物种多样性测定分析，包括三个空间尺度，即 α 多样性、β 多样性和 γ 多样性。简而言之，α 多样性是指某个群落或生境内部的物种多样性（within-habitat diversity）；β 多样性是指沿环境梯度从一个生境到另一个生境所发生种的多样性变化的速率和范围，也被称为生境间的多样性（between-habitat diversity）；γ 多样性则是一定区域内总的物种多样性的度量，即区域多样性（regional diversity），是 α 多样性与 β 多样性的综合分析。α 多样性和 β 多样性可以用标量表示，而 γ 多样性是一个矢量，既有大小还有方向的变化。②功能组成，通过基因生物学功能的高通量注释，预测分析多种功能基因参与的生物合成途径或代谢通路。③差异分析，鉴定不同处理条件之间微生物组的差异特征分析。④元分析（meta-analysis），又称为整合分析、统合分析或荟萃分析等，即整合现有数据与参考数据库，或积累的研究成果，分析与理解生物系统如何行使功能。

三、农业微生物组与绿色发展

通过近年来大量的科学研究，我们逐渐认识了人体微生物特别是肠道微生物组对身体健康的重要性。相比而言，对于农业生产所涉及的土壤、植物和动物的微生物组及其影响还不够了解。通过微生物组技术，从分子水平上理解土壤、植物和动物微生物组及其与环境、宿主的相互作用，在此基础上通过微生态调整改善土壤结构、提高养分利用率、增强作物对环境和病原菌的抵抗力等，将农业生产由依赖化肥农药的传统模式转变为尊重自然生态规律、对环境友好的绿色健康农业生产，这是世界农业发展的必然趋势。其中，土壤和农作物微生物组之间相互作用的表征非常关键。农作物微生物组与特定的农作物种类及其种植环境关系密切，并与农作物共同进化。农作物微生物组与环境和气候变化中的碳、氮及诸多其他元素的循环息息相关，并通过一些尚未被人类认知的生态过程，影响着全球关键生态系统功能。认识农作物微生物组并了解它们在养分循环中的作用，对于确保全球农业可持续性生产至关重要。

（一）作物微生物组的基本组成

作物微生物组主要包括根际、根区土壤、叶际微生物组及地上地下部分的内生菌群。根际和根区土壤中主要细菌群落的组成及其相对丰度类似，变形菌门（Proteobacteria）在根际土中的丰度略有增加。根际与作物内生、叶际之间的微生物群落组成差异较大，其中，作物内生菌群中变形菌门（Proteobacteria）和厚壁菌门（Firmicutes）的丰度较大，两者在植物内部的相对丰度往往是根际的两倍；而拟杆菌门（Bacteroidetes）的丰度则较低；酸杆菌门（Acidobacteria）、浮霉菌门（Planctomycetes）、绿弯菌门（Chloroflexi）和疣微菌门（Verrucomicrobia）较为稀少，这些内生群落的相对丰度显著低于根际。叶际微生物中的细菌主要属变形菌门、酸杆菌门、厚壁菌门和放线菌门 （Actinomycetes），其中变形菌门细菌的组成约占群落组成的 50%。无论地上还是地下，真菌主要包括子囊菌门（Ascomycota）和担子菌门（Basidiomycota）。而目前研究较多的丛枝真菌和外生菌根真菌，在作物根系真菌群落中则丰度较低。细菌和真菌群落中某些种类微生物的成功定植，可能是由于作物与微生物组之间共同进化的结果。另外，生态位适应性也可能在作物对微生物的选择性过滤和招募中具有重要的作用。这些栖居在相同宿主作物上的定植微生物，可能会对一些营养资源进行竞争，也可能通过共同协作形成稳定的共生群落。

塑造细菌和真菌群落组成的决定因素包括宿主作物的不同部位、环境因素及作物基因型。与细菌相比，真菌在作物根际和根系的定植受随机变化的影响可能更大，并且对环境因素的反应也不同。作物不同部位的微生物群落组成之间存在明显差异，表明作物不同部位是影响微生物群落组成的主要决定因素。从土壤到作物根部，再到地上部，作物相关微生物的多样性迅速减少，这表明从根土界面到根冠区域，宿主作物对微生物群落组成的选择越来越强。在门或科等较大的系统发育水平上，田间条件下不同作物物种的根际微生物群落组成较为相似，说明根际微生物群落的形成主要受作物性状本身影响，而与宿主系统发育不相关。相比之下，宿主作物种类的差异对根内微生物组的组装影响较大。

除细菌和真菌群落以外，作物的生长过程还受到其他种类微生物的影响，包括病毒、古菌、线虫和原生生物。最近的研究报道，与作物相关的古菌群落高度多样化，并且具有特定的生态位与作物特异性，目前已经通过宏基因组学研究在作物古菌群落中确定了一些有关环境胁迫与养分循环的功能基因。病毒在土壤细菌群落的组装和更新中起着重要作用，但是在作物相关环境中的功能尚不完全清楚。最近的一些研究发现，环境中噬菌体群落可以影响叶际微生物群落的组装。另外，原生生物和线虫极大地增加了微生物组的多样性，并与其他微生物共同影响了土壤与作物之间能量和物质的交换及生态系统功能。原生生物可以通过调节不同营养级别的捕食者与猎物之间的关系，控制细菌和真菌的群落组装。

（二）作物微生物组与养分吸收

正如第九章所说，有些微生物可以与植物之间形成互利共生的关系，如菌根真菌与植物形成菌根，植物为菌根真菌提供碳源和能量，菌根则扩大了植物根系吸收范围，提高了植物对氮、磷养分和水分的吸收，从而促进植物生长。共生固氮体系中的根瘤菌-豆科植物与弗兰克氏菌-非豆科植物共生体系所固定的氮素，是农业生态系统中不可替代的清洁氮源。接种根瘤菌等固氮菌不仅可以满足豆科作物本身的氮素需求，同时还可以促进与其间作或套作的其他作物如小麦、玉米的氮素吸收及生长。此外，非共生促进作物生长的细菌，可以增强不溶性矿物质营养元素的生物利用性，也可以改善宿主作物的根系结构，从而增加根对水分和矿物质的吸收能力。研究发现，水稻不同品种籼稻和粳稻对氮利用效率的差异，是由于籼稻根系比粳稻富集了更多与氮循环相关的微生物类群，从而导致籼稻根系环境中的氮肥利用效率比粳稻品种更高。

（三）作物微生物组与抗病性

微生物组参与的作物防御响应对作物健康的影响，最直接的证据便是土传病害现象。作物根系分泌物介导下土壤微生物群落的更新与组装，被视为防御土传病害的第一道防线。对抑病土壤的微生物群落分析表明，在门分类水平上，一般不存在与作物抑病性直接相关的单个特异性的微生物物种，而是多个物种的微生物参与诱导作物抗病。尽管参与抗病的微生物菌群与某种特定病原体之间的互作机制相对复杂，但是，赋予土壤对不同病原菌产生抗性的原因类似，如某些种类的细菌可以通过产生抗真菌代谢物和挥发物抑制病原菌的生长繁殖。如果病原体突破了作物根际介导抵御病害的第一道防线，作物内生微生物组通过选择性富集一些产生抗病原真菌酶的微生物成员，为作物抗病提供额外的途径。研究表明，根际放线菌和芽孢杆菌门或纲相对丰度的改变，决定了作物对枯萎病的病原菌的抑制作用。微生物组介导的植物保护，可以通过土壤移植微生物菌群来调控和维持，通过分析抑病土壤中的微生物群落组成与结构并以此为契机构建出合成菌群，可以用于农作物病原菌的防治。

（四）作物微生物组与环境适应

微生物组对农作物的生长、发育和健康至关重要，利用微生物组潜力作为一个新的平台以提高作物生产力和抗逆性，是未来气候变化背景下农业面临的巨大挑战之一。目前，提升作物对环境胁迫的响应与耐受性主要通过三种途径：①改变个体作物基因型的适应性；②调控环境适应性有关的作物性状表达；③选择作物对环境胁迫适应性的微生物组。在环境胁迫条件下，作物通常会选择具有促进抵御胁迫的微生物组。在逆境条件下呈现出的作物性状，可能取决于相关微生物组的变化。例如，干旱胁迫会导致放线菌门链霉菌科中一些微生物在根内显著富集，说明微生物组中的一些成员有利于协助宿主作物耐受干旱等非生物胁迫。另外，干旱诱导植物激素脱落酸的产生，会削弱作物的免疫反应，从而促进作物根部内生微生物群落发生转变，这些微生物群落的应答响应可能通过诱导作物激素的产生和（或）改变宿主作物相关代谢活性，来减轻干旱引起的胁迫。因此，宿主作物如何调控相关微生物组以应对环境扰动，以及这些微生物组的改变是否表征宿主作物的环境适应，是理解作物微生物组生态和进化重要性的关键。

（五）作物微生物组与现代育种

传统的作物驯化和育种过程中，主要侧重于选择在高养分投入条件下与生产力密切相关的作物基因性状，导致作物从与微生物组互作的生态进化进程中抽离出来，忽视了微生物组对作物生长、发育和健康的贡献。驯化和育种过程也不可避免地降低了作物微生物组群落的遗传多样性，可持续的作物育种有必要了解作物的驯化历史及其环境适应性，以确定野生和栽培种质中可利用的微生物性状和形成这些性状的植物基因。探索人类的驯化选择如何影响作物根系性状及作物-微生物组根际间相互作用，有助于了解作物根系与微生物组相关联的优良等位基因多样性，从而筛选与调控招募有益微生物根际定植的作物关键基因。通过将基因组信息、先进育种技术和精确育种方法纳入常规育种和选择计划，可以精确、快速地改善对农业生产力和农产品质量有重要影响的生物性状；同时，选择适当的作物育种措施来改良作物-微生物组的相互作用，是增加作物微生物组效益的可行途径。另外，运用原位微生物组工程的创新方法，如使用一些能够招募有益微生物在作物根际定植的信号分子、对作物进行基因编辑从而提高作物对这些有益微生物群落的富集能力等，将微生物组成功整合到传统农业中，并且结合现代育种技术与高效的农艺实践，为土壤健康和粮食安全提供保障。

四、微生物组对未来农业的影响

微生物组与作物的相互作用是决定作物生长、适应性和生产力的重要因素。越来越多的研究表明，根系相关微生物是陆地植物进化的关键，也是基本生态系统过程的基础。例如，对分化长达 1.4 亿年以上的 30 种被子植物根际及根内微生物类群的研究表明，宿主植物种的进化影响着根系细菌的多样性和组成；反过来，宿主间根系微生物群落相似性的增加，会通过土壤反馈而对植物生长产生不利，同时根内和根际的特定微生物类群可能会影响植物种间的相互竞争及其对逆境如干旱的响应。越来越多的学者将根际微生物群落的宏基因组看作植物的第二基因组，认为植物不单单是一个独立的生物体，而是一个宏生物体，是植物与周围微生物组的结合体。因此，了解作物微生物组及其与宿主植物之间的相互作用，能够为制定可持续农业实践策略提供依据。作物微生物组有望为未来的农业生产带来革新，构建有益的作物-微生物组互作体系对农业系统十分重要，是实现土壤健康和农业绿色发展的一项根本措施。2019 年年末美国科学院公布的未来农业发展中亟待突破的五大研究方向中，农业微生物组位列其中之一。

合成生物学把作物中的一些功能基因转移到微生物中，用于生产合成某些特定的物质，这有可能完全改变当前某些传统农作物的生产方式。合成生物学在提高粮食产量与农产品质量及促进农业高效生产和可持续发展方面，主要采用的策略包括：①开发改善 CO_2 固定和碳保存的合成代谢途径；②通过对作物中固氮工程的工程学改造和合成作物微生物群落的构建，以减少农业中天然肥料和合成肥料的使用；③改善农作物营养价值的工程策略；④利用光合自养型微生物作为生物能源产品的大规模生产平台。当前，工程化合成微生物组的研究与应用，已经在改善作物营养、提高养分利用率和降低化肥施用量等方面发挥重要作用。另外，进一步构建作物的简易微生物组，提升作物抗逆抗病能力，加速养分循环周转，减轻现代农业对化肥、农药和除草剂等的严重依赖，同时大幅度提高作物的产量和品质，是促进农业可持续发展的必经之路。

小　结

微生物组学研究作物微生物组与农业发展的关系，为未来农业提供了新的思路。作物微生物组对养分吸收、抗病性和环境适应性等起着关键作用。通过调节微生物组成，可以改善土壤质量、提高作物产量和品质，减少对化肥和农药的依赖，推动农业向绿色健康方向发展。利用合成生物学技术，可构建有益微生物组，提高作物对逆境和病害的抵抗力，从而实现农业生产的可持续性。此外，作物微生物组的研究也为生物育种提供了新的视角，通过调控作物与微生物相互作用，可以创新育种策略，改良作物品种，提高农业生产力。因此，作物微生物组学的发展对未来农业的影响将日益重要，为实现绿色、高效、可持续的农业生产提供了关键支持。

参 考 文 献

阿历索保罗 C J，明斯 C W，布莱克韦尔 M．2002．菌物学概论．4 版．姚一建，李玉，译．北京：中国农业出版社．

蔡信之，黄君红．2002．微生物学．2 版．北京：高等教育出版社．

岑沛霖，蔡谨．2019．工业微生物学．2 版．北京：化学工业出版社．

陈代杰．2008．微生物药物学．北京：化学工业出版社．

陈三风，刘德虎．2011．现代微生物遗传学．2 版．北京：化学工业出版社．

池振明．2017．现代微生物生态学．2 版．北京：科学出版社．

戴灼华，王亚馥．2016．遗传学．3 版．北京：高等教育出版社．

邓子新，陈锋．2017．微生物学．北京：高等教育出版社．

邓子新，喻子牛．2014．微生物基因组学及合成生物学进展．北京：科学出版社．

东秀珠，蔡妙英．2001．常见细菌系统鉴定手册．北京：科学出版社．

贺小贤．2016．现代生物技术与生物工程导论．2 版．北京：科学出版社．

黄汉菊．2015．医学微生物学．3 版．北京：高等教育出版社．

黄秀梨，辛明秀．2020．微生物学．4 版．北京：高等教育出版社．

姜成林．2001．微生物资源开发利用．北京．中国轻工业出版社．

焦瑞身．2003．微生物工程．北京：化学工业出版社．

金志华，金庆超．2015．工业微生物育种学．北京：化学工业出版社．

李阜棣，胡正嘉．2010．微生物学．6 版．北京：中国农业出版社．

李季伦，张伟心，杨启瑞，等．1993．微生物生理学．北京：北京农业大学出版社．

李素玉．2005．环境微生物分类与检测技术．北京：化学工业出版社．

李颖，李友国．2019．微生物生物学．2 版．北京：科学出版社．

李振刚．2014．分子遗传学．4 版．北京：科学出版社．

林稚兰，罗大珍．2011．微生物学．北京：北京大学出版社．

刘庆昌．2015．遗传学．3 版．北京：科学出版社．

刘志恒．2008．现代微生物学．2 版．北京：科学出版社．

刘志恒，姜成林．2004．放线菌现代生物学与生物技术．北京：科学出版社．

路福平．2005．微生物学．北京：中国轻工业出版社．

闵航．2005．微生物学．杭州：浙江大学出版社．

瞿礼嘉，顾红雅，胡苹，等．2004．现代生物技术．北京：高等教育出版社．

沈萍，陈向东．2016．微生物学．8 版．北京：高等教育出版社．

盛祖嘉．2007．微生物遗传学．3 版．北京：科学出版社．

施巧琴，吴松刚．2018．工业微生物育种学．4 版．北京：科学出版社．

隋新华．2015．原核生物进化与系统分类学实验教程．北京：科学出版社．

孙军德，杨幼慧，赵春燕．2009．微生物学．南京：东南大学出版社．

汪天虹．2005．微生物分子育种原理与技术．北京：化学工业出版社．

汪钊．2017．微生物工程．北京：科学出版社．
王贺祥．2003．农业微生物学．北京：中国农业大学出版社．
王家岭．2004．环境微生物学．2 版．北京：高等教育出版社．
王镜岩，朱圣庚，徐长法．2002．生物化学．3 版．北京：高等教育出版社．
王伟东．2015．微生物学．北京：中国农业大学出版社．
谢天恩，胡志红．2002．普通病毒学．北京：科学出版社．
邢来君，李明春．2013．真菌细胞生物学．北京：科学出版社．
邢来君，李明春，魏东盛．2010．普通真菌学．2 版．北京：高等教育出版社．
杨革．2020．微生物学．北京：化学工业出版社．
杨家新．2004．微生物生态学．北京：化学工业出版社．
杨汝德．2015．现代工业微生物学教程．北京：高等教育出版社．
杨汝德．2015．现代工业微生物学实验技术．2 版．北京：科学出版社．
杨苏声．1997．细菌分类学．北京：中国农业大学出版社．
杨苏声，周俊初．2011．微生物生物学．北京：科学出版社．
杨文博，李明春．2010．微生物学．北京：高等教育出版社．
喻子牛，邵宗泽，孙明．2012．中国微生物基因组研究．北京：科学出版社．
袁生．2006．基础微生物学．北京：高等教育出版社．
袁婺洲．2019．基因工程．2 版．北京：化学工业出版社．
张洪勋．2003．微生物生态学研究进展．北京：气象出版社．
张利平．2012．微生物学．北京：科学出版社．
张素琴．2005．微生物分子生态学．北京：科学出版社．
张致平．2003．微生物药物学．北京：化学工业出版社．
赵寿元，乔守怡．2008．现代遗传学．2 版．北京：高等教育出版社．
周德庆．2011．微生物学教程．3 版．北京：高等教育出版社．
周德庆．2020．微生物学教程．4 版．北京：高等教育出版社．
周群英，王士芬．2008．环境工程微生物学．3 版．北京：高等教育出版社．
周云龙，马绍斌．2013．常见野生蘑菇识别手册．北京：化学化工出版社．
朱玉贤，李毅．2019．现代分子生物学．5 版．北京：高等教育出版社．
诸葛健．2008．工业微生物育种学．北京：化学工业出版社．
诸葛健，李华钟．2009．微生物学．2 版．北京：科学出版社．
Black J G. 2008．微生物学：原理与探索．6 版．蔡谨，译．北京：化学工业出版社．
Glazer A N, Nikaido H. 2002．微生物生物技术．陈守文，喻子牛，译．北京：科学出版社．
Jay J M, Loessner M J, Golden D A. 2008．现代食品微生物学．5 版．何国庆，译．北京：中国农业大学出版社．
Krebs J E, Goldstein E S, Kilpatrick S T. 2018．基因XII．北京：高等教育出版社．
Moat A G, Foster J W, Spector M P. 2009．微生物生理学．4 版．李颖，文莹，关国华，译．北京：高等教育出版社．
Nei M, Kumar S. 2002．分子进化和系统发育．吕保忠，译．北京：高等教育出版社．
Nicklin J, Graeme-Cook K, Killington R. 2004．微生物学．2 版．林稚兰，译．北京：科学出版社．
Richard A H, Pamela C C, Bruce D F. 2011．图解微生物学．2 版．佘菲菲，强华，译．北京：科学出版社．
Willey J M, Sherwood L M, Woolverton C J. 2018．Prescott 微生物学．10 版．北京：高等教育出版社．

Abrahão J, Silva L, Silva L S, et al. 2018. Tailed giant Tupanvirus possesses the most complete translational apparatus of the known virosphere. Nat Commun, 9(1): 749.

Amaresan N, Senthil Kumar M, Sankaranarayanan A. 2020. Beneficial Microbes in Agro-Ecology: Bacteria and Fungi. Amsterdam: Elsevier Inc.

Batt C A, Tortorello M L. 2014. Encyclopedia of Food Microbiology. 2nd ed. Oxford: Elsevier Ltd.

Behncke H, Sthr A C, Heckers K O, et al. 2013. Mass-mortality in green striped tree dragons (*Japalura splendida*) associated with multiple viral infections. Vet Rec, 173(10): 248.

Chiba S, Castón J R, Ghabrial S A, et al. 2019. ICTV Virus Taxonomy Profile: Rhabdoviridae. J Gen Virol, 100(2): 135-136.

Flint S J, Racaniello V R, Rall G F, et al. 2015. Principles of Virology. 4th ed. Washington DC: ASM Press.

Fuquay J W. 2011. Encyclopedia of Dairy Sciences. 2nd ed. Oxford: Elsevier Ltd.

Haas M, Bureau M, Geldreich A, et al. 2002. Cauliflower mosaic virus: still in the news. Mol Plant Pathol, 3(6): 419-429.

Hyman P, Abedon S T. 2012. Smaller fleas: viruses of microorganisms. Scientifica, 4814: 734023.

Kavanagh K. 2017. Biology and Applications. 3rd ed. New York: Wiley.

Lee S C, Ni M, Li W, et al. 2010. The evolution of sex: a perspective from the fungal kingdom. Microbiol Mol Biol Rev, 74(2): 298-340.

Madigan M T, Bender K S, Buckley D H, et al. 2019. Brock Biology of Microorganisms. 15th ed. New York: Pearson Education Limited.

Madigan M T, Martinko J M, Bender K S, et al. 2008. Brock Biology of Microorganisms. 12th ed. New York: Pearson Education Limited.

Manteca A, Jung H R, Schwämmle V, et al. 2010. Quantitative proteome analysis of *Streptomyces coelicolor* nonsporulating liquid cultures demonstrates a complex differentiation process comparable to that occurring in sporulating solid cultures. J Proteome Res, 9: 4801-4811.

Mattarelli P, Biavati B, Holzapfel W H, et al. 2018. The Bifidobacteria and Related Organisms: Biology, Taxonomy, Applications. Amsterdam: Elsevier Inc.

Prescott L M, Harley J P, Klein D A. 2005. Microbiology. 6th ed. New York: McGraw-Hill Education.

Riquelme M. 2013. Tip Growth in Filamentous Fungi: A Road Trip to the Apex. Annu Rev Microbiol, 67: 587-609.

Schaechter M. 2009. Encyclopedia of Microbiology. 3rd ed. Amsterdam: Elsevier Inc.

Scherr N, Nguyen L. 2009. Mycobacterium versus Streptomyces: we are different, we are the same. Curr Opin Microbiol, 12(6): 699-707.

Spang A, Caceres E F, Ettema T J G. 2017. Genomic exploration of the diversity, ecology, and evolution of the archaeal domain of life. Science, 357(6351): eaaf3883.

Talaro K P, Chess B. 2018. Foundations in Microbiology. 10th ed. New York: McGraw-Hill Education.

Tang Y W, Sussman M, Liu D Y, et al. 2015. Molecular Medical Microbiology. 2nd ed. Oxford: Elsevier Ltd.

Tortora G J, Funke B R, Case C L, et al. 2019. Microbiology: An Introduction .13th ed. Boston: Pearson.

Watkinson S C, Money N P. 2016. The Fungi. 3rd ed. Oxford: Elsevier Ltd.

Willey J M, Sherwood L M, Woolverton C J. 2020. Prescott's Microbiology. 11th ed. New York: McGraw-Hill Education.

Yagüe P, Rodríguez-García A, López-García MT, et al. 2013. Transcriptomic analysis of *Streptomyces coelicolor* differentiation in solid sporulating cultures: first compartmentalized and second multinucleated mycelia have different and distinctive transcriptomes. PLoS One, 8(3): e60665.

